Jörg Bensch und Christiane Wachholz

Praktische Fälle aus dem Rechnungswesen

Das ganze Buchprogramm auf einen B(K)lick:
www.kiehl.de

Testen Sie das neue Kiehl-Portal:
Fachinfos und mehr rund um die Ausbildung.

www.kiehl.de

Praktische Fälle aus dem Rechnungswesen

Von Dipl.-Hdl. Jörg Bensch und
Christiane Wachholz

4., aktualisierte Auflage

ISBN 978-3-470-**51514**-4 · 4., aktualisierte Auflage 2010

© NWB Verlag GmbH & Co. KG, Herne 2007

Satz: NINODRUCK GmbH, Neustadt/Weinstraße
Druck: Stückle Druck und Verlag, Ettenheim

Vorwort

„Es ist schlimm genug, dass man jetzt nicht
mehr für sein ganzes Leben lernen kann.
Unsere Vorfahren hielten sich an den Unterricht,
den sie in ihrer Jugend empfangen,
wir aber müssen jetzt alle fünf Jahre umlernen,
wenn wir nicht ganz aus der Mode kommen wollen."

J. W. von Goethe
Wahlverwandtschaften

Schülerinnen und Schüler, die Probleme mit den Lerninhalten des Faches Rechnungswesen haben, gibt es wohl solange dieses Fach unterrichtet wird. Es gibt viele Lernende, die nur mit großem Groll an dieses Fach denken, die den Sinn hinter all den Fachbegriffen und Buchungsregeln nicht verstehen und das Fach einfach abschaffen würden. Sucht man nach den Gründen für diese ablehnende Haltung, so wird häufig die sehr theorielastige Vermittlung der Lerninhalte als Ursache entdeckt. Überlieferte Theorien und Formalismen rücken im Unterricht häufig an die Stelle einer praxisorientierten, die betrieblichen Abläufe abbildenden Darstellung. Diese Tendenz ist in zweierlei Hinsicht bedauerlich. Zum einen handelt es sich bei den Lerninhalten dieses Fachs nicht um theoretische Sachzusammenhänge, sondern vielmehr um die unterrichtsadäquat aufbereitete Vermittlung realer betrieblicher Abläufe. Zum anderen ist es Ziel des Rechnungswesenunterrichts, Schülerinnen und Schüler zu selbstständigen und flexibel einsetzbaren Sachbearbeiterinnen und Sachbearbeitern für den Bereich der Finanz- und Betriebsbuchhaltung auszubilden. Mit der Vermittlung abstrakter und von der Praxis losgelöster Inhalte kann dieses Ziel schwerlich erreicht werden.

Mit diesem Buch wird versucht, einen praxisnahen Zugang zu den Regeln des Rechnungswesens zu erschließen. Die Abbildung der Praxis und damit die Veranschaulichung praktischer Arbeiten steht dabei im Vordergrund und führt zu einer erhöhten Sinnhaftigkeit der Sachbearbeitung. Ausgewählte Lerninhalte des Faches werden im Zusammenhang mit den betriebswirtschaftlichen Hintergründen dargestellt. Beginnend mit einem von traditionellen Regeln abgehobenen Einstieg in die Grundlagen wird den Lernenden jedes Kapitel mithilfe eines selbstständig zu bearbeitenden Beleggeschäftsganges erschlossen. Durch die sukzessive Erarbeitung werden dem Lernenden die inhaltlichen Verbindungen der einzelnen Lernbereiche innerhalb des Rechnungswesens sowie der übrigen betrieblichen Zusammenhänge verdeutlicht. Die vorhandenen Materialien bilden dabei die Praxis realitätsnah ab. Sie eignen sich sowohl zur lehrergestützten Vermittlung als auch zum Selbststudium, da das Material sowohl praxis- als auch schülergerecht aufbereitet wurde. Jeder Fall wird durch Leitfragen unterstützt, die die Lernenden an die im Kapitel vorhandenen Zusammenhänge heranführen. Lernzielkontrollen werden darüber hinaus durch erweiterte Fälle und Aufgaben zur Beurteilung und Entscheidung erreicht. Bei der lehrergestützten Inhaltsvermittlung dient die unterschiedliche Aufbereitung der Fälle außerdem dem Methodenwechsel. Dem Lernenden wird der Sinn seines Tuns deutlich; er erkennt Zusammenhänge und die Ziele des Rechnungswesen als zentrales betriebliches Informationssystem.

Die dargestellten Lerninhalte sind angelehnt an die Rahmenlehrpläne für Industrie- und Bürokaufleute. Durch geringfügige Fallvariationen kann das Material jedoch für die Vermittlung der Lerninhalte an fast jede Zielgruppe angepasst werden; von der Berufsfachschule über die Berufsschule bis hin zu universitären Propädeutika. Durch die praxisnahe Ausrichtung der Erarbeitungsmaterialien wird der Zugang zu den Fachinhalten für jede Zielgruppe erleichtert und anschaulicher.

Den Autoren war es beim Entwurf des vorliegenden Materials wichtig, einen von der gängigen Schulbuchliteratur abweichenden Zugang zu den Lerninhalten des Faches Rechnungswesen zu finden. Sowohl die inhaltliche als auch die methodische Konzeption sind das Ergebnis dieses Zieles. Tradierte Erarbeitungszusammenhänge und aus Sicht der Autoren von der betrieblichen Praxis abgehobene Lerninhalte wurden entsprechend modifiziert. Beispielhaft sei an dieser Stelle auf die alternative Erarbeitung des Grundlagenwissens, die modular gebündelten Themeneinheiten sowie die häufig anzutreffenden differenzierten Begriffs- und Lerninhaltsdefinitionen hingewiesen. Dennoch wurde auf die ausreichende Vorbereitung der Lernenden auf die Anforderungen von Zwischen- und Abschlussprüfungen Wert gelegt. Die teilweise alternative Konzeption soll unter anderem Lehrende zu einem Überdenken der langjährig praktizierten Unterrichtstätigkeit im Fach Rechnungswesen anstoßen. Über eine hierdurch ausgelöste kritisch-konstruktive Diskussion würden sich die Autoren sehr freuen.

Solingen, im Sommer 2010   *Jörg Bensch*

Inhaltsverzeichnis

Kapitel 1: Inventur, Inventar, Bilanz

Lektion 1: Die Inventur

Situation

Sie sind in der Buchhaltung Ihres Ausbildungsunternehmens eingesetzt. An Ihrem ersten Tag sollen Sie sich mit dem Thema „Inventur" beschäftigen. Ihr Ausbilder übergibt Ihnen daher den nachfolgend abgebildeten Auszug aus dem Handelsgesetzbuch (HGB) sowie aus den Einkommensteuerrichtlinien. Fassen Sie die wichtigsten Inhalte des Gesetzestextes mit Ihren eignen Worten zusammen.

Auszug aus dem Handelsgesetzbuch (HGB)

§ 240 Inventar

(1) Jeder Kaufmann hat zu Beginn seines Handelsgewerbes seine Grundstücke, seine Forderungen und Schulden, den Betrag seines baren Geldes sowie seine sonstigen Vermögensgegenstände genau zu verzeichnen und dabei den Wert der einzelnen Vermögensgegenstände und Schulden anzugeben.

(2) Er hat demnächst für den Schluss eines jeden Geschäftsjahres ein solches Inventar aufzustellen. Die Dauer des Geschäftsjahres darf zwölf Monate nicht überschreiten. Die Aufstellung des Inventars ist innerhalb der einem ordnungsgemäßen Geschäftsgang entsprechenden Zeit zu bewirken.

(3) Vermögensgegenstände des Sachanlagevermögens sowie Roh-, Hilfs- und Betriebsstoffe können, wenn sie regelmäßig ersetzt werden und ihr Gesamtwert für das Unternehmen von nachrangiger Bedeutung ist, mit einer gleich bleibenden Menge und einem gleich bleibenden Wert angesetzt werden, sofern ihr Bestand in ihrer Größe, seinem Wert und seiner Zusammensetzung nur geringen Veränderungen unterliegt. Jedoch ist in der Regel alle drei Jahre eine körperliche Bestandsaufnahme durchzuführen.

§ 241 Inventurvereinfachungsverfahren

(1) Bei der Aufstellung des Inventars darf der Bestand der Vermögensgegenstände nach Art, Menge und Wert auch mithilfe anerkannter mathematisch-statistischer Methoden aufgrund von Stichproben ermittelt werden. Das Verfahren muss den Grundsätzen ordnungsgemäßer Buchführung entsprechen. Der Aussagewert des auf diese Weise aufgestellten Inventars muss dem Aussagewert eines aufgrund einer körperlichen Bestandsaufnahme aufgestellten Inventars gleichkommen.

(2) Bei der Aufstellung des Inventars für den Schluss eines Geschäftsjahres bedarf es einer körperlichen Bestandsaufnahme der Vermögensgegenstände für diesen Zeitpunkt nicht, soweit durch Anwendung eines den den Grundsätzen ordnungsgemäßer Buchführung entsprechenden anderen Verfahrens gesichert ist, dass der Bestand der Vermögensgegenstände nach Art, Menge und Wert auch ohne die körperliche Bestandsaufnahme für diesen Zeitpunkt festgestellt werden kann.

(3) In dem Inventar für den Schluss eines Geschäftsjahres brauchen Vermögensgegenstände nicht verzeichnet zu werden, wenn

1. der Kaufmann ihren Bestand aufgrund einer körperlichen Bestandsaufnahme oder aufgrund eines nach Absatz 2 zulässigen anderen Verfahrens nach Art, Menge und Wert in einem besonderen Inventar verzeichnet hat, das für einen Tag innerhalb der letzten drei Monate vor oder der ersten beiden Monate nach dem Schluss des Geschäftsjahres aufgestellt ist, und

2. aufgrund des besonderen Inventars durch Anwendung eines den Grundsätzen ordnungsgemäßer Buchführung entsprechenden Fortschreibungs- oder Rückrechnungsverfahrens gesichert ist, dass der am Schluss des Geschäftsjahres vorhandene Bestand der Vermögensgegenstände für diesen Zeitpunkt ordnungsgemäß bewertet werden kann.

§ 242 Pflicht zur Aufstellung

(1) Der Kaufmann hat zu Beginn seines Handelsgewerbes und für den Schluss eines jeden Geschäftsjahres einen, das Verhältnis seines Vermögens und seiner Schulden darstellenden Abschluss (Eröffnungsbilanz, Bilanz) aufzustellen. Auf die Eröffnungsbilanz sind die für den Jahresabschluss geltenden Vorschriften entsprechend anzuwenden, soweit sie sich auf die Bilanz beziehen.

(2) Er hat für den Schluss eines jeden Geschäftsjahres eine Gegenüberstellung der Aufwendungen und Erträge des Geschäftsjahres (Gewinn- und Verlustrechnung) aufzustellen.

(3) Die Bilanz und die Gewinn- und Verlustrechnung bilden den Jahresabschluss.

Auszug aus den Einkommensteuerrichtlinien (EStR)

EStR 5.3. Bestandsaufnahme des Vorratsvermögens

Inventur

(1) Die Inventur für den Bilanzstichtag braucht nicht am Bilanzstichtag vorgenommen zu werden. Sie muss aber zeitnah - in der Regel innerhalb einer Frist von 10 Tagen vor oder nach dem Bilanzstichtag - durchgeführt werden. Dabei muss sichergestellt sein, dass die Bestandsveränderungen zwischen dem Bilanzstichtag und dem Tag der Bestandsaufnahme anhand von Belegen oder Aufzeichnungen ordnungsgemäß berücksichtigt werden. […]

Zeitverschobene Inventur

(2) Nach § 241 Abs. 3 HGB kann die jährliche körperliche Bestandsaufnahme ganz oder teilweise innerhalb der letzten 3 Monate vor oder der ersten 2 Monate nach dem Bilanzstichtag durchgeführt werden. Der dabei festgestellte Bestand ist nach Art und Menge in einem besonderen Inventar zu verzeichnen, das auch auf Grund einer permanenten Inventur erstellt werden kann. Der in dem besonderen Inventar erfasste Bestand ist auf den Tag der Bestandsaufnahme (Inventurstichtag) nach allgemeinen Grundsätzen zu bewerten. Der sich danach ergebende Gesamtwert des Bestands ist dann wertmäßig

auf den Bilanzstichtag fortzuschreiben oder zurückzurechnen. Der Bestand braucht in diesem Fall auf den Bilanzstichtag nicht nach Art und Menge festgestellt zu werden; es genügt die Feststellung des Gesamtwerts des Bestands auf den Bilanzstichtag. Die Bestandsveränderungen zwischen dem Inventurstichtag und dem Bilanzstichtag brauchen ebenfalls nicht nach Art und Menge aufgezeichnet zu werden. Sie müssen nur wertmäßig erfasst werden. […]

Nichtanwendbarkeit der permanenten und der zeitverschobenen Inventur

(3) Eine permanente oder eine zeitverschobene Inventur ist nicht zulässig

1. für Bestände, bei denen durch Schwund, Verdunsten, Verderb, leichte Zerbrechlichkeit oder ähnliche Vorgänge ins Gewicht fallende unkontrollierbare Abgänge eintreten, es sei denn, dass diese Abgänge auf Grund von Erfahrungssätzen schätzungsweise annähernd zutreffend berücksichtigt werden können;

2. für Wirtschaftsgüter, die - abgestellt auf die Verhältnisse des jeweiligen Betriebs - besonders wertvoll sind.

Aufgaben

1. Welche Inventurverfahren werden in den vorgenannten Gesetzen beschrieben? Stellen Sie die Inventurverfahren gegenüber und zeigen Sie die Vor- und Nachteile auf.

2. Füllen Sie in dem nachfolgend abgebildeten Schaubild die leeren Felder aus.

Übersicht über die Inventurarten

Vermögen		**Schulden**
Materielle und immaterielle Werte, die zum .... des Unternehmens gehören.		.... gegenüber Dritten (z. B. ....
.... **Vermögenswerte**	.... **Vermögenswerte**	z. B.: ○ .... ○ ....
z. B.: ○ .... ○ .... ○ .... ○	z. B.: ○ .... ○	
Erfassung durch körperliche Inventur	**Erfassung durch buchmäßige Inventur**	
Erfassung der .... Bestände durch ○ .... ○ .... ○	Erfassung der .... Bestände durch .... (z. B. auf der Grundlage von .... Zu beachten: Auch die Bestände der .... Vermögenswerte können mithilfe der Buchinventur ermittelt werden. In diesem Fall ergeben sich jedoch .... Diese können von den tatsächlich vorliegenden Werten (............) abweichen, da es zu .... kommen kann (Eintragungen über Veränderungen wurden nicht oder nicht richtig vorgenommen). Aus diesem Grund sind bei den materiellen Vermögenswerten einmal jährlich durchzuführende körperliche Inventuren vorgeschrieben.	

Lektion 2:   Das Inventar

Situation

Nachdem Sie sich mit der Inventur beschäftigt haben, sollen Sie nun das Inventar kennen lernen. Das Inventar ist das schriftlich zusammengefasste Ergebnis der Inventur. Es ist ein mengen- und wertmäßiges Bestandsverzeichnis aller Vermögens- und Schuldenbestände, die sich aufgrund der Inventur ergeben haben. Die angegebenen Werte beziehen sich auf den Bilanzstichtag (Zeitpunktbetrachtung). Materielle Vermögenswerte sind in Menge, Einzel- und Gesamtwert angegeben. Sämtliche Bestände können detailliert aus dem Inventar entnommen werden (genaue Übersicht über die Bestände). Für finanzielle Auswertungen ist das Inventar wegen seiner Detailliertheit jedoch kaum geeignet.

Das Inventar ist in drei Teile gegliedert:

A. Vermögen

    I. Anlagevermögen

(Vermögensteile, deren Bestände sich in der Regel kaum ändern und die dem Unternehmen langfristig zur Verfügung stehen)

Beispiel:

1. Grundstücke und Gebäude
2. Maschinen und Anlagen
3. Betriebs- und Geschäftsausstattung

    II. Umlaufvermögen

(Vermögensteile, deren Bestände sich ständig verändert und die dem Unternehmen kurzfristig zur Verfügung stehen)

Beispiel:

1. Vorräte
2. Forderungen gegenüber Kunden
3. Liquide Mittel

Das Vermögen wird nach dem Prinzip der zunehmenden Liquidität gegliedert, d. h., dass langfristig gebundene Vermögensgegenstände vor kurzfristig gebundenen genannt werden.

B. Schulden

    I. Langfristige Schulden

(Fremdkapital mit einer Laufzeit von mindestens fünf Jahren)

Beispiel:

1. Hypotheken
2. Darlehen

    II. Kurzfristige Schulden

(Fremdkapital mit einer Laufzeit bis fünf Jahre)

Beispiel:

1. Kredite
2. Verbindlichkeiten gegenüber Lieferanten

Die Schulden werden nach dem Prinzip der Fälligkeit gegliedert, d. h., dass langfristig zur Verfügung stehendes Fremdkapital vor kurzfristig zur Verfügung stehendem Fremdkapital steht.

C. Ermittlung des Reinvermögens (Eigenkapitals)

    Summe des Vermögens
-     Summe der Schulden
    _____
    Reinvermögen/Eigenkapital

Das Reinvermögen ist der Teil des Vermögens, der nicht mit Schulden belastet ist.

Aufgabe 1

Die Inventur der „Monteferro AG", Leichlingen, eines Unternehmens der Stahlbearbeitung, ergibt für den Bilanzstichtag (31. März) folgende Ergebnisse:

Liquiditätsbestände

Kassenbestand	8.200,00 €
Girokonto Commerzbank Solingen	69.700,00 €
Girokonto Postbank Essen	88.500,00 €
Tagesgeldkonto VAG-Bank Wolfsb.	122.400,00 €
Anlagekonto SEB-Bank Köln	145.300,00 €

Darlehen

Commerzbank Düsseldorf	858.800,00 €
Deutsche Kreditbank Köln	711.400,00 €
Stadtsparkasse Leichlingen	498.800,00 €

Fuhrpark

LKW MB Actros	7 St.	201.000,00 €/St.
LKW MAN Compact	2 St.	152.200,00 €/St.
VW Transporter	2 St.	43.800,00 €/St.

Forderungen

Lekaro AG Köln	152.200,00 €
Gerling & Wöhe GmbH & Co. KG	22.500,00 €
Lehnkehring AG Mainz	201.100,00 €
Franz Kehr GmbH Düsseldorf	260.600,00 €
Metallo KG, Köln	270.100,00 €
Petermann & Renger GmbH	98.800,00 €

Hilfs-/Betriebsstoffe

Zinksulfat	3.200 kg	2,59 €/kg
Nickelsulfit	4.400 kg	5,59 €/kg
Sonstige Sulfate	6.020 kg	6,67 €/kg
Maschinenöle	5.400 l	0,88 €/l
Maschinenfette	580 l	0,26 €/l

Fertigerzeugnisse

Walzstahl

Art.Nr. 78000	8.700 m	5,58 €/m
Art.Nr. 78001	12.400 m	6,20 €/m
Art.Nr. 78002	2.100 m	8,80 €/m
Art.Nr. 78003	1.300 m	9,20 €/m

Stahlbleche

Art.Nr. 79000	352 qm	2,20 €/qm
Art.Nr. 79001	210 qm	2,39 €/qm

Arbeitshinweis

Erstellen Sie ein Inventar für den Bilanzstichtag.

Verbindlichkeiten

Stahlhandel WEKO AG	122.900,00 €
Kögler Stahl GmbH & Co.KG	126.700,00 €
Frings & Karges Metall AG	69.900,00 €
Leegers OHG Magdeburg	54.400,00 €
Pezeto Espagna Stahlhandelsg. mbH	227.800,00 €
Berenger Büromöbelgroßhandel AG	82.100,00 €
KATO Maschinen GmbH	55.700,00 €

Rohstoffe

Rohstahl unbearbeitet

Art.Nr. 34000	580,00 qm	1.250,00 €/qm
Art.Nr. 34001	310,00 qm	1.330,00 €/qm
Art.Nr. 34002	980,00 qm	1.450,00 €/qm
Art.Nr. 34003	240,00 qm	1.490,00 €/qm

Rohstahl verzinkt

Art.Nr. 35000	560,00 qm	2.050,00 €/qm
Art.Nr. 35001	270,00 qm	2.190,00 €/qm
Art.Nr. 35002	150,00 qm	2.540,00 €/qm

Kredite

Stadtsparkasse Leichlingen	198.800,00 €
Postbank Essen	159.500,00 €
SEB Bank Köln	136.900,00 €
Commerzbank Solingen	72.500,00 €

Maschinen und Anlagen

Walzen	25 St.	152.200,00 €/St.
Pressen	21 St.	58.800,00 €/St.
Versiegelungsanlagen	5 St.	24.800,00 €/St.
Verpackungsanlagen	3 St.	22.400,00 €/St.
Etikettiermaschine	1 St.	2.900,00 €/St.

Sonderposten

Wertpapiere des Anlagevermögens	152.000,00 €
Derivater Firmenwert*	160.000,00 €

Betriebs- und Geschäftsausstattung

Schreibtische	64 St.	252,00 €/St.
Schreibtischstühle	68 St.	128,00 €/St.
Computer (inkl. Monitor)	32 St.	1.360,00 €/St.
Drucker	7 St.	458,00 €/St.
Sonstige BGA (lt. Anlage)		25.850,00 €

* Derivater Firmenwert = Wert des Firmennamens, der beim Kauf des Unternehmens gezahlt wurde.

Aufgabe 2

Erstellen Sie anhand folgender Inventurergebnisse ein Inventar für die Heinz Schlau OHG (Bilanzstichtag: 31.12.). Verwenden Sie hierzu die nachstehende Tabelle.

Rohstoffbestände

5.000 qm Fichtenholz	3,22 €/qm
7.500 qm Buchenholz	1,85 €/qm
9.900 qm Eichenholz	3,56 €/qm
6.600 qm Kiefernholz	0,99 €/qm

Liquiditätsbestände

Kassenbestand	980,00 €
Bankbestand Commerzbank	39.700,00 €
Bankbestand Postbank	105.700,00 €

Bestände an Fertigerzeugnissen

650	Schreibtische	350,00 €/St.
920	Schreibtischstühle	390,00 €/St.
880	Büroregale	250,00 €/St.
530	Computertische	99,00 €/St.
110	Büroschränke	1.150,00 €/St.

Kurzfristige Schulden

Kredite bei der Commerzbank	85.500,00 €
Kredite bei der Postbank	120.000,00 €
Kredite bei der Hypobank	320.000,00 €

Verbindlichkeiten a. L. u. L. (Kreditoren)

Herbertz Holz GmbH	25.600,00 €
Metallhandel GmbH	37.500,00 €
Lampe & Hellweg AG	13.800,00 €
Petermann KG	14.300,00 €
Liebherr Farbenfabrik OHG	35.700,00 €

Handelswaren und Vorprodukte

25 St.	Metallschrankwände	2.500,00 €/St.
110 St.	Schreibtischlampen	25,00 €/St.
diverse	Metallteile lt. Detailliste (Scharniere, Griffe etc.)	16.300,00 €

Gebäude und Grundstücke

Grundstück Suitbertusstraße	980.000,00 €
Gebäude Suitbertusstraße	1.125.000,00 €

Langfristige Schulden

Hypotheken Sparkasse	2.780.400,00 €
Darlehen Postbank	1.205.600,00 €
Darlehen Hypobank	809.500,00 €

Maschinen und techn. Anlagen

6	Sägeautomaten	260.500,00 €/St.
5	Furnierautomaten	125.800,00 €/St.
5	Universalbohrmaschinen	52.200,00 €/St.
3	Transportanlagen	12.500,00 €/St.
6	Lackierautomaten	36.900,00 €/St.

Forderungsbestände (Debitoren)

Lokardt KG	15.800,00 €
Fehnder & Kleiber OHG	100.000,00 €
Siepmann GmbH	220.000,00 €
Bernd Gerling e. K.	16.300,00 €

Fuhrpark

3	Pkw VW Golf	15.200,00 €/St.
5	Lkw MAN	224.000,00 €/St.
2	Pkw Audi A6	45.200,00 €/St.

Betriebs- und Geschäftsausstattung

52	Schreibtische	650,00 €/St.
12	Personalcomputer	5.500,00 €/St.
15	Büroregale	890,00 €/St.
54	Schreibtischstühle	360,00 €/St.
5	Registraturschränke	550,00 €/St.
2	Faxgeräte	210,00 €/St.
diverse sonstige Einrichtungsgegenstände lt. Detailliste		99.800,00 €

Arbeitshinweis

Erstellen Sie ein Inventar für den Bilanzstichtag.

Übungsaufgaben

1. Führen Sie in einer Tabelle die Unterschiede zwischen Inventar und Bilanz auf.

2. Welche Aussage umschreibt umfassend den Begriff Inventur?

   1. Inventur ist die körperliche Bestandsaufnahme aller Vermögensteile und Schulden.
   2. Inventur ist ein Verzeichnis, dass alle Vermögensteile und Schulden ausweist.
   3. Inventur ist die mengen- und wertmäßige Bestandsaufnahme aller Vermögensteile und Schulden.
   4. Inventur ist ein Verzeichnis, dass die Vermögensteile nach Art, Menge und Wert ausweist.
   5. Inventur ist die mengen- und wertmäßige Bestandsaufnahme des Umlaufvermögens.
   6. Inventur ist die körperliche Bestandsaufnahme des Anlage- und Umlaufvermögens.

3. Stellen Sie fest, ob folgende Bilanzposten [1] zum Anlagevermögen [2] zum Umlaufvermögen [3] weder zum Anlage- noch zum Umlaufvermögen gehören.

   a) Forderungen aus Lieferungen und Leistungen
   b) Eigenkapital
   c) Bank
   d) Fuhrpark
   e) Vorräte (Roh-, Hilfs-, Betriebsstoffe)
   f) Anzahlungen auf Vorräte
   g) Gebäude und Grundstücke
   h) Verbindlichkeiten aus Lieferungen und Leistungen

4. Entscheiden Sie, ob die folgenden Aussagen [1] richtig oder [9] falsch sind.

   a) Sowohl im Inventar als auch in der Bilanz werden die materiellen Vermögensgegenstände mengenmäßig dargestellt.
   b) Der Saldo aus der Summe des Vermögens und der Summe der Schulden stellt das Reinvermögen dar.
   c) Nur Großbetriebe müssen, Klein- und Mittelbetriebe können alljährlich eine Inventur durchführen.
   d) Die Verpflichtung zur Durchführung einer Inventur findet sich im BGB.
   e) Bei Auflösung oder Veräußerung seiner Unternehmung ist der Kaufmann verpflichtet, sein Vermögen und seine Schulden festzustellen.
   f) Um eine genaue Bestandsaufnahme zu gewährleisten, muss ein Betrieb während der Inventur geschlossen werden.
   g) Aus der Bilanz kann der Gewinn bzw. Verlust des zurückliegenden Geschäftsjahres geschlossen werden.
   h) Aus dem Inventar kann der Gewinn bzw. Verlust des zurückliegenden Geschäftsjahres geschlossen werden.
   i) Handelsbilanz und Inventar einer Unternehmung können wertmäßig voneinander abweichen.
   j) Die Aktivseite der Bilanz zeigt, wie die finanziellen Mittel der Unternehmung angelegt wurden.
   k) Die Eröffnungsbilanz des nachfolgenden Geschäftsjahres muss mit der Schlussbilanz des vergangenen Geschäftsjahres übereinstimmen.

5. Was versteht man unter permanenter Inventur?

   1. Die Bestandsaufnahme am Bilanzstichtag
   2. Die Errechnung des Bestandes am Ende des Geschäftsjahres
   3. Die laufende Bestandsaufnahme während des Jahres und ihre Fortschreibung bis zum Jahresende
   4. Das Schätzen des Bestandes am Jahresende

6. Prüfen Sie die nachstehenden Aussagen über das Inventar und die Bilanz. Entscheiden Sie, ob die Aussagen [1] richtig oder [9] falsch sind.

   a) Das Inventar enthält Mengen- und Wertangaben, die Bilanz dagegen nur Wertangaben.
   b) Die Bilanz ist eine kurzgefasste Gegenüberstellung von Kapitalquellen und Kapitalverwendung.
   c) Inventar und Bilanz können nur vom Prokuristen oder vom Inhaber unterschrieben werden.
   d) Sowohl im Inventar als auch in der Bilanz wird das Vermögen nach dem Prinzip der zunehmenden Liquidität angeordnet.
   e) Im Inventar finden sich Istwerte, in der Bilanz hingegen Sollwerte.

7. Das Handelsgesetzbuch gestattet die „verlegte Inventur". Welche der nachstehenden Aussagen über den Zeitpunkt der verlegten Inventur ist zutreffend?

   Diese Inventur darf erfolgen ...

   1. ... innerhalb der letzten drei Monate vor oder innerhalb der beiden ersten Monate nach dem Schluss des Geschäftsjahres
   2. ... innerhalb von einem Monat vor und innerhalb von drei Monaten nach dem Schluss des Geschäftsjahres
   3. ... innerhalb der letzten vier Monate vor oder innerhalb der beiden ersten Monate nach dem Schluss des Geschäftsjahres
   4. ... innerhalb der letzten zwei Monate vor oder innerhalb der drei ersten Monate nach dem Schluss des Geschäftsjahres
   5. ... innerhalb der letzten drei Monate vor oder innerhalb der ersten drei Monate nach dem Schluss des Geschäftsjahres

Kapitel 2: Kaufmännisches Rechnen

Etwas Wichtiges zu Beginn: Rundung von Rechenergebnissen

Bei den folgenden Aufgaben werden Sie immer wieder Zwischenergebnisse berechnen. Diese Ergebnisse brauchen Sie, um weiterführende Berechnungen anstellen zu können. Dabei sollten Sie generell folgende Regeln beachten:

- Wird ein Zwischenergebnis **als Ergebnis einer Teilaufgabe verlangt**, so runden Sie es bitte kaufmännisch nach der zweiten Nachkommastelle. Bei einem Wert von 1 bis 4 in der dritten Nachkommastelle müssen Sie daher abrunden, bei einem Wert von 5 bis 9 entsprechend aufrunden. Sie müssen dann **mit diesem gerundeten Wert weiterrechnen** (z. B. Rechenergebnis 12,156 => auszuweisendes Ergebnis 12,16; Rechenergebnis 12,133699 => auszuweisendes Ergebnis 12,14). Es gilt also:

  Ist ein Zwischenergebnis das Ergebnis einer (Teil-)Aufgabe, so rechnen Sie bei folgenden Aufgaben **mit dem gerundeten Ergebnis** weiter.

- Ist ein Zwischenergebnis hingegen lediglich ein Wert innerhalb einer Abfolge von mehreren Berechnungen, so rechnen Sie bitte immer **mit dem ungerundeten Wert weiter**. Es gilt also:

  Ist ein Zwischenergebnis nicht das Ergebnis einer (Teil-)Aufgabe, so rechnen Sie bei folgenden Aufgaben **mit dem ungerundeten Ergebnis** weiter.

Lektion 1: Rechnen mit dem Dreisatz

Leittext Lernschritt 1: Der Dreisatz mit geradem Verhältnis

In unserem Leben stehen viele Dinge in einem festen mathematischen Verhältnis zueinander, d. h. aus einer bestimmten Bedingung folgt eine andere wobei das Verhältnis zwischen beiden konstant ist. Typische Beispiele für derartige mathematische Verhältnisse sind:

a) *Zehn Liter Milch kosten 0,48 € pro Liter.*
b) *Für den Weg zur Schule, der bisher 5 km betrug, benötigte eine Schülerin auf dem Fahrrad bisher 20 Minuten.*
c) *Für die Herstellung eines Zaunes von 5 Meter Länge werden 60 Holzlatten benötigt.*
d) *Für einen Euro bekommt man 1,8032 Schweizer Franken.*
e) *Die Ausstrahlung eines Werbespots von 30 Sekunden Länge kostet 21.000,00 €.*
f) *Ein Schulbuch mit 384 Seiten hat eine Höhe von 1,6 cm.*

Bei jedem dieser Beispiele besteht zwischen den beiden genannten Bedingungen ein festes mathematisches Verhältnis. Ändert sich nun eine der Bedingungen, so ändert sich automatisch auch die andere. Bezogen auf das erste dargestellte Verhältnis beispielsweise:

Wenn ein Liter Milch 0,48 € kostet, dann kosten zwei Liter logischerweise das Doppelte, also 0,96 €.

Etwas schwieriger wird es jedoch, wenn man danach fragt, wie viel Liter Milch man für 10,00 € bekommt. Da auch in diesem Fall das ursprüngliche Verhältnis gilt, greift man bei der Lösung auf dieses zurück. Das bestehende Verhältnis bildet bei der Lösung also den Bedingungssatz. Da nach der Menge Milch gefragt wird, muss man diese beim Bedingungssatz zuerst nennen. Es gilt also:

0,48 € = 1 Liter Milch

Im nächsten Lösungsschritt ist die erste Bedingung auf eine Einheit zurückzurechnen. Der Zwischensatz lautet dann:

1 € = 1 Liter Milch : 0,48 €

Die zweite Bedingung ist also durch die erste Bedingung zu teilen. Nun weiß man, dass man für einen Euro 2,083 Liter Milch bekommt. Jetzt ist es gar nicht mehr so schwierig zu berechnen, wie viel Liter Milch man für 10,00 € bekommt. Dies müssen dann zehnmal mehr sein. Der Lösungssatz lautet sodann:

10 € = (1 Liter Milch : 0,48 €) x 10 Liter

Für 10,00 € bekommt man also 20,83 Liter Milch.

Um einen Dreisatz mit geradem Verhältnis aufzustellen müssen also folgende drei Sätze gebildet werden:

1. Satz (Bedingungssatz):	Hier werden die beiden vorgegebenen Bedingungen genannt, wobei die gesuchte Bedingung als zweites genannt werden muss.
2. Satz (Zwischensatz):	In diesem Schritt wird die vorgegebene Bedingung auf eine Einheit zurückgerechnet. Dies geschieht, indem man die gesuchte Bedingung durch die vorgegebene Bedingung teilt (dividiert).
3. Satz (Lösungssatz):	Im letzten Schritt wird das zuvor gebildete Zwischenergebnis mit der gesuchten Bedingung multipliziert und man erhält das gesuchte Ergebnis.

Zur Übung berechnen Sie für die oben genannten Beispiele die Lösungen, wenn folgende Bedingungen gesucht sind:

b) *Wie viel Minuten benötigt die Schülerin für die Strecke zur Schule, wenn sich der Weg wegen einer Umleitung auf 14 Kilometer verlängert?*

c) *Wie viel Holzlatten werden für einen Zaum mit 16 Metern Länge benötigt?*

d) *Wie viel Schweizer Franken muss ein Reisender umtauschen, um 1.500,00 Euro zu bekommt.*

e) *Wie lang darf ein Werbespot sein, wenn das zur Verfügung stehende Werbebudget 29.400,00 € beträgt.*

f) *Wie dick wird ein Schulbuch, das 576 Seiten haben wird?*

Leittext Lernschritt 2: Der Dreisatz mit ungeradem Verhältnis

Bei Dreisatz mit ungeradem Verhältnis stehen auch zwei Bedingungen in einem festen Verhältnis zueinander. Typische Beispiele sind:

a) *10 Minidisks mit einer Laufzeit von 60 Minuten, Stückpreis 60 Cent werden umgetauscht in Minidisks mit einer Laufzeit von 90 Minuten, Stückpreis 75 Cent.*

b) *Mit einer Tankfüllung kann ein Autofahrer 650 Kilometer fahren, wenn das Auto einen durchschnittlichen Verbrauch von 7 Liter auf 100 Kilometer hat.*

c) *Für die Fahrt in den Urlaub rechnet ein Schüler mit einer Fahrtzeit von 6 Stunden, wenn er einen Regionalzug benutzt (Durchschnittsgeschwindigkeit 90 Km/Std.).*

d) *Für einen Klassenausflug sollen die Kosten für den Bus auf die mitfahrenden Klassenmitglieder verteilt werden. In der Klasse befinden sich 30 Schülerinnen und Schüler. Der Lehrer berechnet daraufhin, dass die Fahrt 14,00 € pro Schüler kostet.*

e) *Für ein Schulbuch wird kalkuliert, dass auf eine DIN A5-Seite 48 Zeilen passen. Das Buch würde in diesem Fall eine Stärke von 320 Seiten erreichen.*

f) *Im Lager eines Maschinenherstellers liegen Schrauben einer bestimmten Art. Der Bestand liegt bei 8.960 Stück. Zurzeit werden durchschnittlich täglich 320 Stück verbraucht.*

Die Aufgaben zum Dreisatz mit ungeradem Verhältnis scheinen bei der Aufgabenstellung bereits etwas schwieriger zu lösen zu sein. Dies liegt daran, dass die eine vorgegebene Bedingung zu der anderen Bedingung in keinem geraden Verhältnis steht. Beim *geraden Verhältnis* gilt Folgendes:

Erhöht man die eine Bedingung so *erhöht* sich auch die andere und umgekehrt.

Bei *ungeraden Verhältnis* ist dies nicht so. Hier gilt:

Erhöht man die eine Bedingung so *verringert* sich die andere und umgekehrt.

Dieser Zusammenhang soll am ersten Beispiel verdeutlicht werden.

Wenn 10 Minidisks mit einer Laufzeit von 60 Minuten 0,60 € pro Stück kosten und diese in Minidisks mit einer Laufzeit von 90 Minuten zu einem Stückpreis 0,75 € umgetauscht werden sollen, dann erhöht sich zum einen der Stückpreis, zum anderen verringert sich dadurch jedoch die Anzahl der zu kaufenden Minidisks.

Zur Lösung dieser Aufgabe geht man jedoch ähnlich vor wie beim Dreisatz mit geradem Verhältnis. Zunächst stellt man die bekannte Bedingung auf. Es ist wiederum darauf zu achten, dass die gesuchte Bedingung (hier: die Anzahl der zu kaufenden Minidisks) im Bedingungssatz als zweites genannt wird. Es gilt also:

60 Cent/Stück = 10 Minidisks

Im nächsten Lösungsschritt wird diese Bedingung wiederum eine Einheit zurückgerechnet. Der Zwischensatz lautet dann:

1 Cent/Stück = 10 Minidisks x 60 Cent

Die zweite Bedingung ist also mit der ersten Bedingung zu multiplizieren, da man von einer Minidisk zum Preis von einem Cent 60 mal mehr kaufen kann als von einer zum Stückpreis von 75 Cent. Zur Lösung kommt man natürlich auch, wenn man sich überlegt, wie viel Geld man ausgeben muss um 10 Minidisks zu 60 Cent/Stück kaufen zu können. Das Ergebnis ist 6 Euro. Mit 6 Euro kann man dann wiederum 600 (10 x 60) Minidisks kaufen, wenn diese lediglich 1 Cent kosten.
Jetzt ist es gar nicht mehr so schwierig zu berechnen, wie viel Minidisks man bei einem Stückpreis von 75 Cent bekommt. Dies müssen 75 mal weniger sein als bei einem Stückpreis von einem Cent. Der Lösungssatz lautet sodann:

75 Cent = (10 Minidisks x 60 Cent) : 75 Cent

Bei einem Stückpreis von 75 Cent bekommt man also 8 Minidisks.

Um einen Dreisatz mit ungeradem Verhältnis aufzustellen müssen also folgende drei Sätze gebildet werden:

1. Satz (Bedingungssatz):	Hier werden die beiden vorgegebenen Bedingungen genannt, wobei die gesuchte Bedingung als zweites genannt werden muss.
2. Satz (Zwischensatz):	In diesem Schritt wird die vorgegebene Bedingung auf eine Einheit zurückgerechnet. Bis zu dieser Stelle stimmt der Lösungsweg mit dem des Dreisatzes bei geradem Verhältnis überein. Nun kommt es jedoch zu einer entschiedenen Abweichung: Die gesuchte Bedingung muss mit der vorgegebenen Bedingung multipliziert werden.
3. Satz (Lösungssatz):	Im letzten Schritt wird das zuvor gebildete Zwischenergebnis durch die gesuchte Bedingung geteilt und man erhält das gesuchte Ergebnis.

Zur Übung lösen Sie bitte die oben genannten Beispielaufgaben. Es soll folgende Lösung herbeigeführt werden.

b) *Durch eine Verbesserung der Zündung schafft es ein Werkstattmitarbeiter, den Verbrauch um 0,5 Liter auf 100 Kilometer zu senken. Wie viele Kilometer kann man nun mit einer Tankfüllung erreichen?*

c) *Der Schüler stellt sich die Frage, wie viele Stunden die Fahrtzeit betragen würde, wenn er für die Fahrt einen Intercity nutzen würde (Durchschnittsgeschwindigkeit 120 km/Std.).*

d) *Am Tag des Ausflug sind zwei Schüler wegen Krankheit an der Mitfahrt verhindert. Wie hoch fallen nun die anteiligen Kosten pro mitfahrendem Schüler aus?*

e) *Der Redakteur des Verlages schlägt vor, dass aus Gründen der Übersichtlichkeit die Anzahl der Zeilen pro Seite auf 40 reduziert werden sollte. Wie viele Seite sind nun für ein Buch einzuplanen?*

f) *Ab der kommenden Woche wird wegen eines Auftragsrückgangs nur noch mit einem Tagesverbrauch von durchschnittlich 280 Stück gerechnet. Wie viel Tage reicht nun der Lagerbestand an Schrauben aus?*

Wiederholungsaufgaben

Aufgaben zum Dreisatz mit geradem Verhältnis

1. Auf dem Trödelmarkt werden 3 Meter Verkaufsfläche pro Tag für 36,00 € vermietet. Mit welchen Kosten muss ein Anbieter rechnen, wenn er für zwei Tage einen Stand mit einer Länge von 5 Metern mieten möchte.

2. Bei Verkauf von 150 kg Obst macht ein Einzelhändler 45,00 € Gewinn. Wie viel Obst muss der Händler verkaufen, um einen Gewinn von 57,00 € zu erzielen.

3. Der Preis für Telefongespräche mit einer Gesamtdauer von 42 Stunden und 26 Minuten auf einem Handy kosten bei einem Anbieter 270,74 €, wobei der Handynutzer 20 Freistunden bekommt und die Grundgebühr 15,00 € beträgt. Mit welchen Telefonkosten muss der Handynutzer rechnen, wenn er 63 Stunden und 3 Minuten telefoniert?

4. Für Büroräume mit insgesamt 590 m² fallen pro Monat 129,80 € an Heizkosten an. Mit wie viel Heizkosten müsste unter den selben Bedingungen bei einer Fläche von 690 m² gerechnet werden?

5. In einem Großraumbüro werden von einer Call-Center-Agentur 44 Mitarbeiter eingesetzt die pro Person durchschnittlich 48 Kundenbetreuungen täglich vornehmen. Die tägliche Arbeitszeit beträgt zurzeit 8 Stunden. Wie viele Mitarbeiter müssen zusätzlich eingestellt werden, wenn

   a) die täglichen Kundenbetreuungen auf 52 pro Mitarbeiter steigen werden.

   b) sich die tägliche Arbeitszeit auf 7,5 Sunden verringert.

6. Der PKW eines Außendienstmitarbeiters hat bei einer täglichen Reisestrecke von 390 km durchschnittlich 29,25 Liter Benzin verbraucht. Der Benzinpreis liegt zurzeit bei 1,10 €/l. Der Tank des PKW fasst maximal 78 Liter.

   a) Wie viel Kilometer kann der Außendienstmitarbeiter mit einer Tankfüllung bewältigen?

   b) Wie viel Euro müssen als Benzinkosten für einen Vertreterbesuch einkalkuliert werden, für den der Mitarbeiter 712 Kilometer fahren muss?

   c) Wie viele Kilometer kann der Außendienstmitarbeiter in einer Woche bewältigen, wenn er in einer 5-Tage-Woche maximal 165,00 € als Benzinkosten verbrauchen darf?

7. In einem Baumarkt kostet eine Parkettpanele mit einer Länge von 1,4 m und einer Breite von 150 mm 9,90 € pro Stück.

   a) Wie teuer ist das Holz, wenn in einem Raum insgesamt 126 m dieser Panele verlegt werden müssen.

   b) Wie viel Stück dieser Holzpanele benötigt man für einen Raum mit der Größe 4 m x 6 m und wie teuer ist das Holz in diesem Fall.

8. Um eine schriftliche Ausarbeitung auszudrucken benötigt ein Laserdrucker 2 ½ Stunden, wobei mit einer Druckausgabe von 4 Seiten pro Minute gerechnet wird.

   a) Wie lange dauert der Ausdruck einer Arbeit mit 1.320 Seiten?

   b) Um wie viel Stunden würde sich die Ausdruckszeit verkürzen, wenn man bei der Arbeit mit 1.320 Seiten einen Drucker mit einer durchschnittlichen Leistung von 6 Seiten pro Minute zur Verfügung hätte?

9. Von einem Lieferanten beschaffen wir 152 kg der Ware A und 344 kg der Ware B. Insgesamt stellt uns der Lieferant gewichtsabhängige Transportkosten in Höhe von 257,92 € in Rechnung.

   a) Wie hoch ist der Transportkostenanteil für Ware A?

   b) Wie hoch ist der Transportkostenanteil für Ware B?

   c) Um wie viel Euro würden die Transportkosten ansteigen, wenn man statt der 152 g der Ware A 278 kg eingekauft hätte?

   d) Wie viel Kilogramm von Warte A hätte man eingekauft, wenn man von Ware B 390 kg eingekauft hätte und die Transportkosten für Ware A und B insgesamt 346,84 € ausgemacht hätten?

Aufgaben zum Dreisatz mit ungeradem Verhältnis

1. Um im Rohstofflager eine Inventur durchzuführen werden 12 Mitarbeiter eingesetzt. Sie haben nach 5 Tagen ihre Arbeit erledigt. Wie viele Mitarbeiter müssten eingesetzt werden, wenn die Arbeit bereits nach 4 Tagen erledigt sein soll?

2. Eine Schülerin fährt zurzeit ein Auto mit einem Benzinverbrauch von 8 Liter auf 100 km. Pro Monat muss sie daher mit Benzinkosten in Höhe von 39,96 € rechnen, wenn der Benzinpreis bei 1,10 €/Liter liegt. Um wie viel Euro werden die Benzinkosten monatlich sinken, wenn sich die Schülerin einen neuen Pkw kauft, der nur noch durchschnittlich 6,5 Liter verbraucht?

3. Im Einzeleinzugsfach eines Druckers können 126 Blatt eingelegt werden. Dieser Vorrat reicht bei einer Sekretärin durchschnittlich 7 Arbeitstage. Wie viele Arbeitstage würde der Vorrat reichen, wenn der Tagesbedarf um 4 Seiten pro Tag ansteigt?

4. Der Akku eines Handy reicht bei einer Leistungsabnahme von 0,02 Kilowattstunden 140 Stunden. Wie lange kann der Akku genutzt werden, wenn es dem Hersteller gelingt, die Leistungsabnahme auf 0,014 Kilowattstunden zu senken?

5. In der Verpackungsabteilung sind zurzeit vier Mitarbeiterinnen damit beschäftigt, Waren in Pappkartons einzupacken. Täglich können bisher 480 Waren auf diese Weise versandfertig gemacht werden. Die tägliche Arbeitszeit liegt bei 8 Stunden. Wie viele Stunden werden die Verpackungsarbeiten dauern, wenn eine Mitarbeiterin wegen Krankheit ausfällt?

6. Ein Call-Center bietet sechs Unternehmen seine Dienste an. Die anfallenden Kosten in Höhe von 126.000,00 € monatlich werden auf die nutzenden Unternehmen verteilt. Wie hoch wird der Nutzungsanteil, wenn ein Unternehmen die Dienste des Call-Centers nicht mehr benötigt und daher aus dem Verbund aussteigt?

7. Für eine Urlaubsreise werden die Fahrtkosten kalkuliert: Wenn sich vier Freunde zusammenschließen und das Auto eines Freundes nutzen, das durchschnittlich 7 Liter auf 100 km verbraucht, dann werden die Fahrtkosten 29,26 € pro Mitfahrer betragen und die Strecke 650 km beträgt.

   a) Wie hoch wären die Fahrtkosten pro Person, wenn sich nur drei Freunde an der Urlaubsreise beteiligen würden?

   b) Wie viel Kilometer könnten die vier Freunde reisen, wenn man sich dazu entschließen würde, das Auto eines anderen Mitfahrers zu nutzen, dass lediglich 6,5 Liter auf 100 km verbraucht?

Aufgaben zum Dreisatz mit geradem und ungeradem Verhältnis

1. Im Montageabschnitt eines Fahrradherstellers werden von fünf Mitarbeitern Vorder- und Hinterräder in Fahrradgestelle eingesetzt. Pro Stunde setzt ein Mitarbeiter dabei durchschnittlich 20 Räder (bei 10 Fahrrädern) ein. Die tägliche Arbeitszeit beträgt zurzeit 8 Stunden.

   a) Wie viele Fahrräder könnten an einem Tag montiert werden, wenn ein Mitarbeiter krankheitsbedingt ausfällt?

   b) Wie viele Stunden wird für die Montage von 1.200 Fahrräder benötigt, wenn fünf Mitarbeiter eingesetzt werden?

   c) Wie lange würde die Montage der 1.200 Fahrräder dauern, wenn ein Mitarbeiter durch Krankheit ausfällt und durch einen anderen Mitarbeiter ausgetauscht wird, der jedoch nur die Hälfte eines normalen Mitarbeiters leisten kann.

2. Für einen Raum mit 18 m x 2,4 m benötigen zwei Arbeiter für Tapezier- und Streicharbeiten zusammen 12 Stunden. Für Tapeten und Farbe fallen insgesamt 154,00 € an.

   a) Wie viele Stunden würden die Arbeiter für einen Raum mit dem Maßen 22 m x 2,2 m benötigen?

   b) Wie hoch sind die Kosten für Tapete und Farbe in dem Raum mit den Maßen 22 m x 2,2 m?

   c) In wie viel Stunden könnten drei Arbeiter den Raum mit den Maßen 22 m x 2,2 m fertig stellen?

3. Eine Abfüllanlage für Ölfässer hat einen Tank mit 6.000 m^3. Täglich können mit der Anlage im Zwei-Schicht-Betrieb (zweimal 8 Stunden) 750 Fässer mit einem Fassungsvermögen von 0,5 m^3 abgefüllt werden.

   a) Wie viele Fässer können mit einer Tankfüllung befüllt werden?

   b) Wie viele Fässer könnten an einem Tag bei Drei-Schicht-Betrieb befüllt werden.

   c) Nach wie vielen Stunden wäre der Tank entleert, wenn die Befüllungsgeschwindigkeit um 1/3 gesteigert werden kann?

4. Von einem Lieferanten wurden bisher monatlich 12.420 Stück eines Rohstoffs zum Gesamtpreis von 5.589,00 € bezogen und gelagert. Für jeden Einkaufsvorgang fielen dabei durchschnittlich 140,00 € an.

   Durch einen neuen Kunden würde der Verbrauch des Rohstoffs auf 20.700 Stück pro Monat ansteigen. Bei diesem Bestellvolumen kann uns der Lieferant den Rohstoff jedoch nur noch zu Preis von 9.729,00 € anbieten, da die Transportkosten ansteigen.

   a) Um wie viel € pro Stück steigt der Angebotspreis des Lieferanten bei Bestellung von 20.700 Stück?

   b) Wie viel Tage würde der Rohstoffbestand ausreichen, wenn man wie üblich 12.420 Stück je Bestellung einkaufen würde?

   c) Wie häufig müsste in einem Jahr die Bestellmenge von 12.420 Stück bestellt werden, wenn der Auftrag des neuen Kunden angenommen würde (es wird ein Jahr mit 360 Arbeitstagen unterstellt)?

   d) Welche der folgenden Alternativen würden Sie bei Annahme des neuen Kunden wählen?
   Alternative A: Es werden weiterhin 12.420 Stück je Bestellung eingekauft.
   Alternative B: Ab jetzt werden 20.700 Stück je Bestellung eingekauft.
   Begründen Sie Ihre Entscheidung!

Aufgaben zur Vertiefung (Teil 1)

1. Aufgabe:

Die Bauer KG expandiert und sieht sich dazu gezwungen, Bauland hinzuzukaufen. Es liegen ihr nachfolgende Angebote vor:

Angebot	Fläche	Preis je m²
A	8.000 m²	62,00 EUR
B	9.000 m²	83,00 EUR
C	8.500 m²	79,50 EUR
D	8.200 m²	61,00 EUR

a) Wie hoch sind die Kosten für einen Quadratmeter im Durchschnitt?
b) Um wie viel Prozent weicht der günstigste Quadratmeterpreis für die Gesamtfläche vom höchsten ab?

2. Aufgabe:

In der Einkaufsabteilung errechnen Sie die Versicherungsanteile. Bei einem Wareneinkauf fallen 175,00 EUR Versicherung für drei Waren an.

	Gewicht	Preis je kg
Ware I	400 kg	1,72 EUR
Ware II	600 kg	2,05 EUR
Ware III	500 kg	3,95 EUR

Berechnen Sie die Versicherungskosten in EUR, die auf die Ware I entfallen, wenn eine Verteilung über den Gesamtwert der Waren erfolgen soll.

3. Aufgabe:

20 Aushilfskräfte transportieren anlässlich einer Messe in 90 Minuten 800 Stühle. Wie viel Minuten brauchen 15 Arbeitskräfte bei unterstellter gleicher Leistung für den Transport von 700 Stühlen?

4. Aufgabe:

Nach einer Inventur wird folgende Auswertung aufgestellt:

Artikel	Stückzahl	Gesamtwert in EUR
A	2.540	456.825,00 EUR
B	1.950	98.750,00 EUR
C	950	245.225,00 EUR
D	600	75.000,00 EUR

Wie viel EUR beträgt der Durchschnittspreis eines Artikels?

5. Aufgabe:

Die Kosten für eine Gemeinschaftswerbung in Höhe von 70.000,00 EUR sollen nach dem Umsatz der Hersteller verteilt werden. Auf Hersteller A entfallen $\frac{1}{5}$, auf B 15 %, auf C ¼ und auf D der Rest des gesamten Umsatzes. Wie viel Tausend EUR entfallen auf den Hersteller D?

6. Aufgabe:

Um 28.800 Teile zu stanzen benötigt Ihr Unternehmen bei Einsatz von 15 vollautomatischen Stanzmaschinen 10 Arbeitstage. Wie viele Arbeitstage sind notwendig, um weitere 62.208 Stück des gleichen Teils zu stanzen, wenn 3 zusätzliche Automaten eingesetzt werden?

7. Aufgabe:

Um 1.800 Werbesendungen versandfertig zu machen benötigen Sie und 2 weitere Mitarbeiter 9 Stunden. Wie viele Stunden dauert die Arbeit, wenn insgesamt 4 Mitarbeiter 1.600 Werbesendungen versandfertig machen sollen?

8. Aufgabe:

In der Buchhaltung liegt Ihnen eine Quittung vor. Damit wird eine Zahlung in Höhe von 380,21 EUR inklusive 19 % Umsatzsteuer ausgewiesen. Für die Eintragung in das Kassenbuch benötigen Sie den Nettobetrag (gezahlter Betrag ohne Umsatzsteuer). Wie hoch ist der Nettobetrag?

9. Aufgabe:

Der Vorrat an Papier einer Bestellung reicht in Ihrem Unternehmen normalerweise für 32 Tage, wenn täglich 6.400 Blatt verbraucht werden. Nach Ihrer Planung wird der Papierverbrauch wegen zunehmenden Aufträgen ansteigen. Wie viele Tage reicht der Papiervorrat aus, wenn Sie 10 % mehr Blätter als normal bestellt haben, weil Sie mit einer Zunahme des täglichen Verbrauchs um 640 Blätter rechnen?

10. Aufgabe:

Der Wert einer Aktie ist nach dem Kauf zunächst um 22 % gestiegen und dann um 18 % gefallen. Der Kurs beträgt heute 50,02 EUR. Wie hoch war der Kurs beim Ankauf?

11. Aufgabe:

Ein Lagervorrat an Schrauben wird ausschließlich für den Einsatz an vollautomatischen Schraubmaschinen mit gleicher Leistung benötigt. Normalerweise reicht der Vorrat 16 Tage, wenn 6 Maschinen eingesetzt werden. Die tägliche Einsatzzeit der Maschinen beträgt 8 Stunden. Vier Tage nach einem Lagerzugang neuer Schrauben fallen zwei Maschinen komplett aus. Wie viele Stunden reicht der Vorrat an Schrauben nun noch aus?

12. Aufgabe:

Ein Mitarbeiter in der Produktion erhält für ein gefertigtes Teil eine Vergütung von 0,80 EUR. Weil er im Akkord arbeitet, bekommt er darauf einen Akkordzuschlag in Höhe von 20 %. Bei Normalleistung sollte der Arbeiter ein Stück in 2 Minuten gefertigt haben (Vorgabezeit).

a) Wie hoch ist der Stundenlohn des Mitarbeiters bei Normalleistung?
b) Wie viele Teile muss der Mitarbeiter in einer Stunde fertigen, wenn er einen Stundenlohn von 38,40 EUR erreichen möchte?
c) Durch die Änderung der Konstruktion muss die Vorgabezeit für ein Stück um 50 % angehoben werden. Der Arbeiter fertigt daraufhin an einem 8-Stunden-Tag 192 Stück. Wie hoch fällt nun sein Tageslohn aus?
d) Wie viele Minuten benötigte der Mitarbeiter für die Herstellung eines Stücks, wenn er 192 Stück an einem 8-Stunden-Tag fertigen konnte?

13. Aufgabe:

Der Preis für einen Rohstoff, der zuvor 11,50 EUR je Kilogramm gekostet hat, wird vom Lieferanten um 23 % angehoben. Ihr Unternehmen benötigt diesen Rohstoff für die Herstellung von drei Produkten. Der prozentuale Anteil des Rohstoffs in den jeweiligen Endprodukten ist folgender Übersicht zu entnehmen:

Produkt	Anteil des-Rohstoffs am Gesamtgewicht	Gesamt-gewicht pro Stück	Produktions-menge je Monat
A	16 %	4 kg	5.000 St.
B	3 %	11 kg	7.200 St.
C	9 %	8 kg	8.800 St.

Wie hoch waren die Kosten für den Rohstoff

a) vor der Preisanhebung bezogen auf die monatliche

Aufgaben zur Vertiefung (Teil 2)

1. Aufgabe:

In der Kantine eines Industrieunternehmens sind normalerweise 6 Küchenhilfen beschäftigt. Wenn 450 Mitarbeiter ein Frühstück, 600 Mitarbeiter ein Mittagessen und 120 Mitarbeiter ein Abendessen einnehmen, sind die Küchenhilfen 2 ½ Stunden mit dem Abwasch beschäftigt. Zusätzlich werden für die Essensausgabe 4 Stunden eingeplant.

a) Wie viele Stunden pro Tag wären die Küchenhilfen mit der Essensausgabe beschäftigt, wenn 2 Mitarbeiterinnen ausfallen und die Zeit für den Abwasch sich nicht ändern soll?

b) Wie viel Stunden pro Tag wären die Küchenhilfen mit dem Abwasch und der Essensausgabe zusammen beschäftigt, wenn 3 Mitarbeiterinnen ausfallen und nur 150 Mitarbeiter am Frühstück, nur 300 Mitarbeiter am Mittagessen aber 360 Mitarbeiter am Abendessen teilnehmen würden?

2. Aufgabe:

Die 43 Mann starke Mannschaft eines Öltankers kommt mit 22 Wassertanks 5½ Wochen aus. Ein Wassertank hat ein Fassungsvermögen von 10¾ Litern. Wie lange würden 30 Wassertanks mit einem Fassungsvermögen von 40 Litern ausreichen, wenn nur 40 Mann auf dem Öltanker anheuern würden?

3. Aufgabe:

Das Einkommen von Herrn Maier ist in diesem Jahr 6 % niedriger als im vergangenen Jahr. Er verdient heute 2.597,00 €. Wie hoch war sein Gehalt im vergangenen Jahr?

4. Aufgabe:

Ein Händler senkte den Preis einer Ware zunächst um 5 % und dann um 10 %. Die Ware kostet nun 1.214,10 €. Wie teuer war die Ware vor den beiden Preissenkungen?

Produktionsmenge bei Produkt A?

b) vor der Preisanhebung bezogen auf die Produktion von 1.000 Stück des Produktes B?

c) nach der Preiserhöhung bezogen auf die monatliche Produktionsmenge des Produktes C?

14. Aufgabe:

Für die Herstellung von Stahlregalen werden unter anderem Stahlbleche mit dem Maß 3 m x 2,5 m bezogen. Bei der Bestellung wird mit einem Verschnitt (Verlust durch das Zuschneiden) je Blech von 5 % gerechnet. Aus einem Blech können bisher 50 Regalbödeneinlagen gefertigt werden.

a) Welche Größe in Quadratzentimeter hat eine Regalbodeneinlage?

b) Wie viele Regalbodeneinlagen können aus einem Blech gefertigt werden, wenn kein Verschnitt anfallen würde?

5. Aufgabe:

Ein Händler senkt den Preis einer Ware zunächst um 27,00 € und dann um 14 %. Der Preis beträgt nun 3.846,78 €. Um wie viel Prozent wurde die Ware insgesamt im Preis gesenkt?

6. Aufgabe:

Der Leiter einer Monteurmannschaft hat zurzeit 6 Männer beschäftigt. Zusammen erhalten sie ein monatliches Gehalt von 19.200,00 € brutto.

a) Wie hoch werden die Gehaltskosten im kommenden Jahr insgesamt sein, wenn der Montageleiter beabsichtigt, ab Januar 2 weitere Monteure einzustellen?

b) Bisher haben die 6 Monteure täglich zusammen 96 Aufträge abarbeiten können. Wie viele Arbeitsaufträge wird die Gruppe in einer 5-Tage-Woche schaffen, wenn die beiden neuen Mitarbeiter eingestellt werden?

c) Bisher wurden die 96 Arbeitsaufträge von den 6 Monteuren an einem 8-Stunden-Tag erledigt. Wie viel Stunden wird die Montagegruppe bei gleicher Auslastung benötigen, wenn die neuen Mitarbeiter eingestellt werden?

7. Aufgabe:

Ein Handelsvertreter erhält zusätzlich zu seinem Gehalt in Höhe von 1.800,00 € eine umsatzabhängige Provision von 2 %. Im letzten Monat erzielte er einen Umsatz in Höhe von 105.000,00 €. Sein Gehalt belief sich auf 3.900,00 €. Im nächsten Monat strebt der Handelsvertreter einen Umsatz in Höhe von 120.000,00 € an. Wie hoch wird in diesem Fall sein Gehalt sein?

8. Aufgabe:

Eine Lieferung von 56 Paketen mit einem Gewicht von je 2,5 kg wurde gegen Transportschäden versichert. Der gewichtsabhängige Versicherungsbeitrag (entspricht dem

Versicherungswert) beträgt für die gesamte Lieferung 126,00 €. Bei Auftreten eines Versicherungsschadens zahlt die Versicherung je Kilogramm 12 $\frac{2}{3}$ % des Versicherungswertes.

a) Wie hoch wäre der Versicherungsbeitrag für eine Lieferung von 16 Paketen mit einem Gewicht von jeweils 3,2 kg?
b) Wie hoch wird die Versicherungszahlung ausfallen, wenn es im Ausgangsfall zu einem Transportschaden von insgesamt 5 Paketen kommt?

9. Aufgabe:
Der Fahrer eines LKW hat eine 924 km lange Strecke nach 8 Stunden und 24 Minuten zurückgelegt. Wie lange wird der Fahrer für die Wegstrecke benötigen, wenn er bei der Rückfahrt durchschnittlich 120 Stundenkilometer (km/Std.) erreichen wird? (Ergebnis bitte in vollen Stunden und Minuten niederschreiben. Bei den Minuten können Sie ggf. nach der zweiten Stelle hinter dem Komma runden).

Aufgaben zur Vertiefung (Teil 3)

1. Aufgabe:
In einem Automobilwerk werden im Drei-Schicht-Betrieb zurzeit mit 320 Mitarbeitern in der Produktion täglich 1.022 PKW hergestellt. Aufgrund von Tarifverhandlungen soll ab dem kommenden Monat ein neues Arbeitszeitmodell eingeführt werden, wonach die Arbeitszeit der Mitarbeiter der Produktion um 12 $\frac{1}{2}$ % je Arbeitsschicht gesenkt wird. Um den Produktivitätsrückgang abzufedern soll an geeigneten Stellen die menschliche Arbeit durch Maschineneinsatz ersetzt werden. Insgesamt ist mit einer Leitungssteigerung von 10 % zu rechnen.

Hinweis: Bitte Zwischenergebnisse nicht runden.

a) Wie hoch wird die Monatsproduktion an PKW ab dem kommenden Monat bei 20 Arbeitstagen sein? (Ergebnis auf volle PKW aufrunden.)
b) Wie viele PKW können täglich produziert werden, wenn zusätzlich die Mitarbeiterzahl um 0,5 % der bisherigen Belegschaft angehoben wird? (Ergebnis auf volle PKW aufrunden.)

2. Aufgabe:
In einer Druckerei wird ein Auftrag über 11.295 Bücher mit je 720 Seiten von 36 Mitarbeitern auf 6 Maschinen bei einer täglichen Arbeits- und Maschinenlaufzeit von 7,75 Stunden innerhalb von 1 $\frac{1}{2}$ Wochen erledigt (6 Arbeitstage pro Woche). An einem Montag wird mit der Produktion begonnen.

a) Bereits am Mittwochmorgen fällt eine Maschine aus und kann für circa drei Wochen nicht mehr eingesetzt werden. Da der Liefertermin für die Bücher dem Kunden fest zugesagt wurde, soll durch den Einsatz zusätzlicher Mitarbeiter der Maschinenausfall aufgefangen werden. Wie viele Mitarbeiter müssten ab Mittwoch zusätzlich eingesetzt werden? (Es können nur „ganze" Mitarbeiter eingesetzt werden.)
b) Angenommen, im vorliegenden Fall würden sich die für die Bücherproduktion bisher eingeplanten Mitarbeiter bereit erklären, die tägliche Arbeitszeit (bisher: 7,75 Stunden) um eine halbe Stunde zu erhöhen. Wie viele Mitarbeiter werden nun für die fristgerechte Erstellung des Auftrags benötigt? (Es können nur „ganze" Mitarbeiter eingesetzt werden.)

10. Aufgabe:
Der Hersteller von Compact Disks verpackt jeweils 10 CDs in ein Päckchen und jeweils 15 dieser Päckchen in einen Karton. Für den Versand von 26 Kartons hat er insgesamt 48,75 € Frachtkosten bezahlt.

a) Wie teuer wäre der Versand von 12 Kartons gewesen?
b) Wie hoch sind die anteiligen Frachtkosten für 50 CDs?

c) Angenommen, der Kunde würde sich bereit erklären, den Liefertermin zu verschieben, weil die Druckerei keine zusätzlichen Arbeitskräfte einsetzen kann und auch die Arbeitszeit unverändert bleiben soll. An welchem Tag könnten nun die Bücher an den Kunden ausgeliefert werden?
d) Angenommen, es würde nicht zu einem Maschinenausfall kommen und der Druckerei würde es gelingen, drucktechnisch die Seitenanzahl um 5 Seiten pro Buch zu reduzieren. Auf Grund dieser Tatsache erhöht der Kunde die Bestellung um 1 %. Wie viele Mitarbeiter müssten nun eingesetzt werden, um den Auftrag fristgerecht abarbeiten zu können?

3. Aufgabe:
Bei einer Taktzeit von vier Minuten werden in einer 7-Stunden-Schicht 2.400 Geräte montiert. Die Fertigungsplanung gibt für Donnerstag, 39. KW, 2.880 Geräte vor. Finden Sie zur Lösung des Problems verschiedene Wege!

4. Aufgabe:
12 Webautomaten schaffen in einer 8-Stunden-Schicht 4.800 m Stoffbahn. Die Schichtzeit wird um eine halbe Stunde verkürzt. Ein Automat fällt wegen Reparatur aus; ein weiterer kann nur mit drei Viertel seiner Leistung arbeiten. Wie viel Stoff (in Metern) kann nun produziert werden?

5. Aufgabe:
Eine Druckerei fertigt einen Auftrag von 72.000 zweiseitigen Prospekten in 4 Tagen auf 5 Druckmaschinen. Ein neuer Auftrag umfasst 120.000 Prospekte mit je 6 Seiten. Nach einen Tag fällt eine Druckmaschine längerfristig aus. Wie viel Tage werden nun insgesamt zur Erledigung des Auftrags benötigt?

6 Aufgabe:
Eine Bestellung sollte den Bedarf der kommenden 8 Wochen decken. Wegen Materialknappheit hat der Lieferer nur $\frac{3}{4}$ der bestellten Menge geliefert. Außerdem ist der Bedarf um $\frac{1}{3}$ gestiegen. Wie lange (in Wochen) reicht der Vorrat nun aus?

Lektion 2: Verteilungsrechnen

Leittext Lernschritt 1: Einfache Verteilungsrechnung

Häufig ergeben sich im Alltag Situationen, in denen ein bestimmter Wert auf mehrere Positionen verteilt werden muss. In einem solchen Fall ist die so genannte Verteilungsrechnung anzuwenden.

<u>Beispiel:</u>

Jens, Annika und Klaus haben sich dazu entschlossen, am kommenden Samstag gemeinsam im Lotto zu spielen. Sie werfen ihr Erspartes zusammen. Jens verfügt über 12,00 €, Annika über 16,00 €, und Klaus über 10,00 €. Von diesem Geld erwerben sie Lottoscheine. Sie haben vereinbart, bei einem Treffer den Gewinn „gerecht" zu verteilen. Die Verteilung soll entsprechend des eingezahlten Geldes erfolgen. Und tatsächlich: Die Lottogemeinschaft gewinnt. Ihnen werden 9.880,00 € ausgezahlt. Doch wie viel Euro bekommt jeder der drei Lottospieler?

Name des Lottospielers	Ausgaben für Lottoschein		Anteil am Lottogewinn	
Jens	12,00 €		3.120,00 €	
Annika	16,00 €	①	4.160,00 €	⑤
Klaus	10,00 €		2.600,00 €	
	38,00 €	②	9.880,00 €	③
	1,00 €		260,00 €	④

Schritt ①: Die Verteilungsgrundlage (hier: Ausgaben für Lottoscheine je Person) wird untereinander aufgeschrieben.

Schritt ②: Die Summe der Verteilungsgrundlage wird berechnet.

Schritt ③: Die zu verteilende Größe wird neben die Summe der Verteilungsgrundlage geschrieben.

Schritt ④: Die zu verteilende Größe wird durch die Summe der Verteilungsgrundlage geteilt. Man erhält den Verteilungswert für <u>eine Einheit</u> der Verteilungsgrundlage.

Schritt ⑤: Der zuvor berechnete Wert wird nun mit <u>jedem</u> Wert der Verteilungsgrundlage multipliziert. Es ergibt sich der Anteil für jeden Lottospieler.

Mit dieser Vorgehensweise lassen sich im Grunde alle Verteilungsaufgaben lösen. Probieren Sie es doch einmal aus.

Aufgaben

1. An einem Unternehmen beteiligen sich drei Gesellschafter. Sie bringen folgende Kapitalanteile ein:

Alfred Gerks	250.000,00 €
Josef Frinks	240.000,00 €
Beate Vogel	70.000,00 €

   Das Unternehmen erzielt einen Jahresgewinn in Höhe von 2.856.000,00 €. Wie hoch wird der Gewinn je Gesellschafter sein, wenn die Verteilung des Gewinns anhand der Kapitalanteile erfolgt?

2. In einem Mehrfamilienhaus werden die Kosten für die Ölheizung entsprechend der gemieteten Fläche auf die Mieter verteilt. Die Heizkosten belaufen sich auf 5.054,40 €. Das Haus wird von folgenden Mietern bewohnt.

Steffens	80,00 m²
Kleinhans	78,00 m²
Lobaido	38,00 m²
Nickel	55,00 m²
Özkaya	61,00 m²

3. In einer Arbeitsgruppe sind vier Arbeitnehmer beschäftigt. Da ihre Leistung über dem Normalmaß lag, erhalten Sie eine Prämie in Höhe von 2.142,14 €. Diese soll entsprechend ihrer Leistung verteilt werden.

Jokiel	3.450.000 St.
Lohmann	1.225.000 St.
Terstegen	984.000 St.
Rogalla	2.580.000 St.

4. Vier Erben erhalten gemäß den Bestimmungen des Testaments folgende Anteile am Erbe in Höhe von 64.020,00 €.

Name	Anteil
Hagemann	4
Lange	3
Gerling	3
Uchtmann	1

5. Fünf Investoren haben ein Mehrfamilienhaus erbaut. Die Mieteinnahmen in Höhe von 27.800,00 € sollen wie folgt verteilt werden:

Name	Anteil
Hermann	35 %
Singer	5 %
Kampen	¼
Dammers	16 %
Richter	Rest

Leittext Lernschritt 2: Verteilungsrechnung mit Bruchzahlen

Im Gegensatz zur bisher dargestellten Verteilungsrechnung mit ganzen Zahlen kann das Verteilungsverhältnis auch mit Bruchzahlen durchgeführt werden.

Beispiel:

Ein Unternehmen bezieht vier verschiedene Waren per Lkw. Für den Transport fallen 1.040,00 € an. Die Kosten sollen nun nach folgendem Verteilungsschlüssel aufgeteilt werden: Ware A trägt ½, Ware B trägt ¼, Ware C trägt $^1/_5$ und Ware D trägt den Rest der Frachtkosten.

Ware	Verteilungsgrundlage		Frachtkostenanteil	
A	$^1/_2 = \ ^{10}/_{20}$		520,00 €	
B	$^1/_4 = \ ^{5}/_{20}$	① ②	260,00 €	⑤
C	$^1/_5 = \ ^{4}/_{20}$		208,00 €	
D	$^1/_{20}$		52,00 €	
	$^{20}/_{20}$	③	1.040,00 €	
	$^1/_{20}$	④	52,00 €	

$$\frac{1}{2} + \frac{1}{4} + \frac{1}{5}$$
$$= \frac{10}{20} + \frac{5}{20} + \frac{4}{20}$$
$$= \frac{19}{20}$$

$$\frac{20}{20} - \frac{19}{20} = \frac{1}{20}$$

Schritt ①: Die Verteilungsgrundlage (hier: Bruchzahlen) wird untereinander aufgeschrieben.

Schritt ②: Nun müssen Sie den kleinsten gemeinsamen Vielfachen der Brüche herausfinden.

Schritt ③: Ermitteln Sie nun den Bruch, der für das Gesamte steht (es ist eine Erweiterung der Zahl 1).

Schritt ④: Ermitteln Sie nun die Verteilungsgrundlage für die kleinste Verteilungseinheit und berechnen Sie den entsprechenden Verteilungswert.

Schritt ⑤: Verteilen Sie den zuvor berechneten Verteilungswert auf die einzelnen Verteilungsgrundlagen.

Aufgaben

6. Ein Arbeitnehmer kann pro Jahr 6.000,00 € sparen. Er verteilt das Ersparte auf folgende Anlageformen: Sparbuch $1/2$, Aktienfond $1/3$ Rentenfond Rest

7. In einer Maschinenfabrik werden die Kosten für Betriebsstoffe in Höhe von 12.400,00 € anhand folgendem Verteilungsschlüssel aufgeteilt:

Maschine A $1/4$
Maschine B $1/8$
Maschine C $1/2$
Maschine D   Rest

8. In einem Lager mit der Größe von 3.560,00 m^2 stehen für die zu lagernden Werkstoffe unterschiedliche Lagerflächen zur Verfügung.

Die Verteilung ist wie folgt vorgesehen: Rohstoffe $1/3$, Hilfsstoffe $1/4$, Betriebsstoffe $1/8$, Vorprodukte Rest

9. In einem Unternehmen sollen langjährig beschäftigte Mitarbeiter/innen eine Gratifikation erhalten. Die Verteilung soll anhand der Beschäftigungsdauer erfolgen. Insgesamt sind 76.500,00 € zu verteilen. Die Beschäftigungsdauer beträgt:

Sabine Klausner	$5\,1/2$ Jahre
Henrik Löhser	$2\,2/3$ Jahre
Ulrike Riek	$1\,5/12$ Jahre
Mehmet Frahid	$1\,1/2$ Jahre
Janine Müller	$4\,5/6$ Jahre
Bernd Kempken	$2\,1/12$ Jahre

Leittext Lernschritt 3: Verteilungsrechnung mit Vor- und Nachleistungen

Häufig ergeben sich im Alltag Verteilungsprobleme, da von dem zu verteilenden Wert vor oder nach der Verteilung Abzüge vorzunehmen sind. Diese Vor- oder Abzüge müssen jedoch bei der Durchführung der Verteilung beachtet werden.

Beispiel:

Die bereits bekannte Lottogemeinschaft, die aus Jens, Annika und Klaus besteht, beschließt, regelmäßig Lottoscheine zu kaufen. Jeden Monat zahlen daher die drei Spieler ihr Geld auf ein Konto ein. Jens wurde damit beauftragt, die Kontoführung vorzunehmen und jeden Donnerstag Lottoscheine zu kaufen. Sollte die Gemeinschaft im Lotto gewinnen, so soll Jens für seine Tätigkeit zunächst 500,00 € erhalten. Der Restgewinn soll dann entsprechend den eingezahlten Lottoausgaben erfolgen. Jeden Monat zahlt Jens 12,00 €, Annika 16,00 € und Klaus 10,00 € ein. Und tatsächlich: Wenige Monate später gewinnen die drei Spieler erneut: der Gewinn beträgt 42.300,00 €. Wie viel Euro stehen den einzelnen Spielern nun zu?

Name des Lottospielers	Ausgaben für Lottoschein		Anteil am Lottogewinn	
Jens	12,00 €		13.200,00 €	
Annika	16,00 €	②	17.600,00 €	⑥
Klaus	10,00 €		11.000,00 €	
	38,00 €	③	41.800,00 €	④
	1,00 €		1.100,00 €	⑤

Nebenrechnung: ①

Gesamtgewinn   42.300,00 €
- Vorwegabzug
   für Jens   500,00 €
= Restgewinn   41.800,00 €

Jens erhält einen Gewinnanteil von 13.200,00 € sowie seinen Vorwegabzug in Höhe von 500,00 €. Sein Gewinnanteil beträgt somit insgesamt 13.700,00 €.

Gewinn
- Vorwegabzug
= zu verteilender Restgewinn !!!

Schritt ①: Bevor mit der eigentlichen Verteilung begonnen werden kann, muss zunächst der zu verteilende Wert bestimmt werden (hier: zu verteilender Restgewinn). Da Jens einen Vorwegabzug erhält, wird dieser von der Gewinnsumme abgezogen.

Schritt ②: Die Verteilungsgrundlage (hier: Ausgaben für Lottoscheine je Person) wird untereinander aufgeschrieben.

Schritt ③: Die Summe der Verteilungsgrundlage wird berechnet.

Schritt ④: Die zu verteilende Größe (Restgewinn) wird neben die Summe der Verteilungsgrundlage geschrieben.

Schritt ⑤: Die zu verteilende Größe wird durch die Summe der Verteilungsgrundlage geteilt. Man erhält den Verteilungswert für eine Einheit der Verteilungsgrundlage.

Schritt ⑥: Der zuvor berechnete Wert wird nun mit jedem Wert der Verteilungsgrundlage multipliziert. Es ergibt dich der Anteil für jeden Lottospieler.

Mit dieser Vorgehensweise lassen sich im Grunde alle Verteilungsaufgaben mit einem Vorwegabzug lösen. Probieren Sie es doch einmal aus.

In einem anderen Fall muss zuerst die Verteilung erfolgen und erst dann wird eine Besonderheit berücksichtigt.

Beispiel:

In der Lottogemeinschaft von Jens, Annika und Klaus wurde vereinbart, dass Klaus von einem möglichen Gewinn 500,00 € weniger bekommen soll als die übrigen Mitspieler. Die Spieler können nach einer kurzen Zeit einen Gewinn in Höhe von 41.300,00 € erzielen.

Name des Lottospielers	Ausgaben für Lottoschein		Anteil am Lottogewinn	
Jens	12,00 €		13.200,00 €	
Annika	16,00 €	②	17.600,00 €	⑥
Klaus	10,00 €		11.000,00 €	
	38,00 €	③	41.800,00 €	④
	1,00 €		1.100,00 €	⑤

Nebenrechnung: ①

Gesamtgewinn	41.300,00 €
+ Abzug für Klaus	500,00 €
= Erhöhter Gewinn	41.800,00 €

Klaus erhält einen rechnerischen Gewinnanteil von 11.000,00 € von dem sein Minderertrag in Höhe von 500,00 € abgezogen werden muss. Sein Gewinnanteil beträgt somit insgesamt 10.500,00 €.

Gesamtgewinn!!!
+ nachträglicher Abzug
= erhöhter Gewinn

Aufgaben

10. An einem Unternehmen sind vier Gesellschafter finanziell wie folgt beteiligt:

Ingo Peters   62.000,00 €
Sabine Kohl   41.000,00 €
Ute Quadflick   20.000,00 €
Lothar Franken   15.000,00 €

Im Gesellschaftsvertrag wurde vereinbart, dass allein Herr Peters das Unternehmen leiten soll. Für diese Aufgabe erhält er vom Jahresgewinn einen Vorwegabzug von 50.400,00 €. Das Geschäftsjahr wird mit einem Gewinn in Höhe von 55.450,00 € abgeschlossen. Wie hoch sind die Gewinnanteile der Gesellschafter?

11. Drei Bedienungen in einem Restaurant sollen sich das Trinkgeld in Höhe von 58,00 € aufteilen. Manfred soll doppelt so viel bekommen wie Sandra und Pamela bekommt gleich viel wie Sandra. Und Pamela hat bereits 10,00 € (in den 58 € enthalten) von einem Gast bekommen, die verrechnet werden sollen.

12. An einem Unternehmen sind folgende drei Gesellschafter mit den angegebenen Kapitalanteilen beteiligt:

Martin Burger   340.000,00 €
Anna Klems   250.000,00 €
Bastian Holbusch   120.000,00 €

Im Gesellschaftsvertrag wurde vereinbart: Martin Burger erhält als Geschäftsführer vorab vom Gewinn 29.400,00 €. Anna Klems hat innerhalb des Geschäftsjahres monatlich 1.200,00 € entnommen, die bei der Gewinnverteilung zu verrechnen sind. Der Jahresgewinn beträgt 100.200,00 €.

13. An einem Unternehmen sind folgende drei Gesellschafter mit den angegebenen Kapitalanteilen beteiligt:

Dieter Reims   380.000,00 €
Jana Kivic   320.000,00 €
Jasemin Yagir   100.000,00 €

Im Gesellschaftsvertrag wurde die Gewinnverteilung wie folgt geregelt:
Jeder Gesellschafter erhält vom Jahresgewinn zunächst 4 % seiner Kapitalanlage. Dieter Reims erhält als Geschäftsführer vorab 24.000,00 €. Der Restgewinn soll in folgendem Verhältnis verteilt werden:

Dieter Reims   3 Teile
Jana Kivic   2 Teile
Jasemin Yagir   1 Teil

Der Gewinn des Geschäftsjahres beläuft sich auf 296.000,00 €.

14. Vier Geschwister erhalten ein Erbe in Höhe von 250.000,00 €. Die minderjährige Ulrike soll für ihre anstehende Berufsausbildung 20.000,00 € zusätzlich erhalten. Frank soll für die bereits erhaltene Eigentumswohnung 25.000,00 € weniger bekommen. Daniel muss sich für das bereits abgeschlossene Studium 15.000,00 € anrechnen lassen. Bei Franziska sind keine Besonderheiten zu beachten.

Lektion 3: Prozentrechnen

Lernschritt 1: Grundlegendes

Einstiegssituation

Frage: Welches Berufskolleg war in diesem Jahr beim Börsenspiel tatsächlich erfolgreicher?

Mithilfe der Prozentrechnung werden absolute Zahlen vergleichbar gemacht

Das Wort Prozent stammt ab vom Lateinischen Wort „pro centum" und bedeutet nichts anderes als „vom Hundert". Die Zahl 100 spielt bei der Prozentrechnung nämlich eine ganz besondere Rolle. Sie steht stellvertretend für den Grundwert, von dem aus Zu- und Abschläge berechnet werden. Denn bei der Prozentrechnung geht es im Grunde immer um einen Zu- oder Abschlag vom Grundwert in einem bestimmten Verhältnis. Schauen wir uns zur Verdeutlichung einmal zwei Beispiele an:

Beispiel 1:	Beispiel 2:
Eine Schülerin erhält von ihren Eltern bisher ein Taschengeld in Höhe von 20,00 € pro Woche. Die Eltern haben sich nun dazu entschlossen, der Tochter ab kommendem Monat 25,00 € pro Woche zu geben.	*Den Bus, der vom Hauptbahnhof zur Schule fährt, nutzen bisher täglich rund 560 Schülerinnen und Schüler. Nachdem das Busunternehmen modernere Busse einsetzte und Fahrtzeiten verkürzen konnte, stieg die Zahl auf 700 Personen an.*

Eigentlich haben die beiden Beispiel nichts miteinander zu tun. Bei beiden Beispielen geht es jedoch um eine zahlenmäßige Veränderung. In beiden Fällen ist der ursprüngliche Wert angestiegen, wobei jedoch die Zahlen sehr unterschiedlich sind. Beachtenswert ist jedoch, dass in beiden Fällen der zahlenmäßige Anstieg in einem bestimmten Verhältnis zum Ausgangswert (Grundwert) steht. Betrachten wir dazu die Beispiele noch etwas näher:

Beispiel 1:	Beispiel 2:
Die Höhe des Taschengeldes betrug 20,00 € pro Woche und wird um 5 € pro Woche ansteigen.	*Die Mitfahrerzahl betrug 560 und ist um 140 angestiegen.*

Die Frage ist nun, in welchem Verhältnis 5 zu 20 bzw. 140 zu 560 steht. An dieser Stelle kommt nun die Prozentrechnung ins Spiel: Man setzt nämlich den Grundwert (20 € bzw. 560 Mitfahrer) mit der Zahl 100 gleich. Es gilt also:

Beispiel 1:	Beispiel 2:
20,00 € = 100	*560 Mitfahrer = 100*

Nun fragt man, welcher Zahl die Veränderung (5 € bzw. 560 Mitfahrer) entspricht, wenn der Grundwert der Zahl 100 entspricht. Um dies zu lösen, stellt man einen Dreisatz auf:

Beispiel 1:
20,00 € = 100
1,00 € = 100 : 20
5,00 € = ?

Beispiel 2:
560 Mitfahrer = 100
1 Mitfahrer = 100 : 560
140 Mitfahrer = ?

Um diese Aufgabe zu lösen, muss man die Zahl 100 durch den Grundwert teilen und dann mit der Veränderung multiplizieren:

Beispiel 1:
$\dfrac{100}{20 \, €} \bullet 5 \, € = 25$

Beispiel 2:
$\dfrac{100}{560 \text{ Mitfahrer}} \bullet 140 \text{ Mitfahrer} = 25$

In beiden Fällen ergibt sich die Zahl 25. Dass heißt nun, dass in *beiden* Fällen ein Anstieg um 25 Prozent stattgefunden hat. Die Prozentangabe zeigt also, dass in beiden Fällen trotz ganz unterschiedlicher Zahlen ein und dieselbe Veränderung (vom Grundwert aus gesehen) stattgefunden hat. Mithilfe der Prozentrechnung können derartige (absolute) Veränderungen besser miteinander verglichen werden. Und durch den Vergleich von Prozentzahlen lässt sich häufig viel einfacher eine Aussage über die Veränderung treffen.

Beim Prozentrechnen immer schön die Formeln lernen!!!

Lernschritt 2: Wichtige Zusammenhänge der Prozentrechnung

Situation I

Sabine und Klaus sind Geschwister. Beide bekommen monatlich von Ihrer Mutter Taschengeld. Die jüngere Sabine erhält 60,00 €, Klaus 80,00 €.
Schon lange kommen die beiden nicht mehr mit ihrem Geld aus. Sie bitten daher ihre Mutter um eine Erhöhung. Eines Tages gibt sich die Mutter geschlagen. Beide erhalten jeweils 20,00 € mehr pro Monat.
Finden Sie die Entscheidung der Mutter gerecht?

Problem

Sabine und Klaus erhalten jeweils 20,00 € mehr Taschengeld. Dies erscheint zunächst gerecht, da beide _____ bekommen. Bezogen auf die ursprüngliche Höhe des Taschengeldes erhält Sabine jedoch _____ . Das Verhältnis zwischen _____ und _____ ist ein anderes.

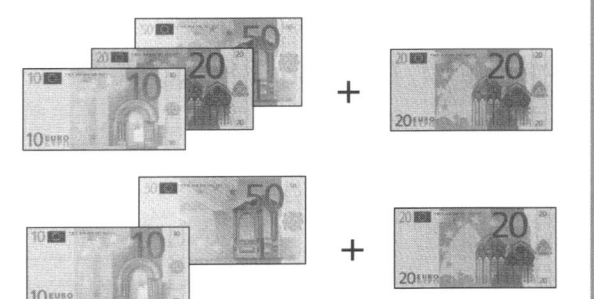

Problemlösung

Um die Auswirkung der Taschengelderhöhung beurteilen zu können muss die tatsächliche Gelderhöhung auf die ursprüngliche Taschengeldhöhe bezogen werden. Man rechnet also am besten:

$$\frac{\text{Taschengelderhöhung}}{\text{ursprüngliche Taschengeldhöhe}}$$

Für Klaus gilt: _____ =

Für Sabine gilt: _____ =

Ebenso ließe sich das Problem lösen, indem man die Höhe der Taschengelderhöhung auf eine einheitliche Basis beziehen würde. In diesem Fall biete sich die Zahl 100 an. Zur Berechnung nutzt man nun das Wissen über den Dreisatz.

Die Frage, die zu beantworten ist, lautet:

„Wie hoch wäre die Taschengelderhöhung für Klaus und Sabine ausgefallen, wenn sie beide 100,00 € Taschengeld bekommen hätten und die Taschengelderhöhung im gleichen Verhältnis wie in der Ausgangssituation ausgefallen wäre?"

Lösung mit dem Dreisatz (für Klaus):

Taschengeld　　Taschengelderhöhung

Bedingungssatz: _____

Zwischensatz: _____

Lösungssatz: _____

Dies bedeutet, dass Klaus je 100 € Taschengeld eine Erhöhung von 25 € bekommen hätte.

Bezieht man das Ergebnis auf die Basis 100, dann spricht man auch von Prozent. Das Wort „Prozent" stammt nämlich aus dem lateinischen und bedeutet so viel wie „bezogen auf 100". Die Erhöhung seines Taschengeldes entspricht somit 25 Prozent (%).

Doch wie sieht das nun bei Sabine aus?

Lösung mit dem Dreisatz (für Sabine):

Taschengeld　　Taschengelderhöhung

Bedingungssatz: _____

Zwischensatz: _____

Lösungssatz: _____

Dies bedeutet, dass Sabine je 100 € Taschengeld eine Erhöhung von _____ € bekommen hätte.

Die Erhöhung ihres Taschengeldes entspricht somit _____ Prozent (%).

Zusammenfassung

Sabine bekommt somit prozentual eine _____ Taschengelderhöhung als Klaus. Ihre Erhöhung entspricht _____ im Vergleich zu Klaus, der _____ mehr bekommt.

Mathematiker ...

verwenden zur Lösung mathematischer Probleme gerne Fachbegriffe. Bei der Prozentrechnung sind dies folgende Begriffe:

Klaus erhält bei einem Taschengeld in Höhe von ...	... eine Taschengelderhöhung in Höhe von ...	Dies entspricht ...

Achtung!

Bei den nun folgenden Aufgaben soll der Grundwert immer 100 % entsprechen.

Grundwert ꞊ *100 %*
Prozentrechnung mit dem reinen Grundwert

Rechenweg so...

oder so...

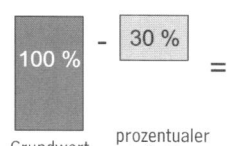

Situation II

Sabine möchte sich von ihrem ersparten Taschengeld eine Hose kaufen. Der reguläre Preis beträgt 70,00 €. Ein Geschäft, in dem auch die gesuchte Hose angeboten wird, bietet zurzeit 20 % Rabatt auf alle Waren an. Wie viel muss Sabine nun für die Hose zahlen?

Problemlösung

Gegeben sind: Grundwert   ....

                Prozentsatz   ....

Gesucht ist: Prozentwert   ....

Rechnet man mit dem Dreisatz, so gilt:

Bedingungssatz: -

Zwischensatz: - ——————

Lösungssatz: - ——————

Der Preisnachlass entspricht somit _____ €.

Verwendet man die oben eingeführten Fachbegriffe der Prozentrechnung, so gilt:

Prozentwert = ————————————

Es gilt also:

☐   entsprechen

☐   entsprechen

☐   entsprechen

Situation III

Sabine probiert eine Hose in dem Geschäft an. Dabei fällt ihr auf, dass die Hose an einer Stelle leicht ausgeblichen ist. Sie weist den Händler auf diesen Mangel hin. Dieser wäre bereit, den Preis der Hose, die normalerweise 80,00 € kostet, um 15,00 € zu reduzieren. Ist der Preisnachlass wirklich vorteilhaft?

Problemlösung

Gegeben sind: Grundwert   ....

                Prozentwert   ....

Gesucht ist: Prozentsatz   ....

Rechnet man mit dem Dreisatz, so gilt:

Bedingungssatz: 80 €   -

Zwischensatz: 1 €   - ——————

Lösungssatz: 15 €   - ——————

Der Preisnachlass entspricht somit _____ .

Verwendet man die Fachbegriffe der Prozentrechnung, so gilt:

Prozentsatz = ————————————

Der Händler verkauft die Hose also zu teuer, denn Sabine würde bei einer einwandfreien Hose 20 % Sonderrabatt bekommen.

20 % Rabatt

Situation IV

In einem anderen Geschäft sieht Sabine eine Hose, die ihr auch gefallen würde. Da der Preis Sabine besonders niedrig erscheint, erkundigt sie sich bei der Verkäuferin. Diese erklärt ihr, dass sie den Preis der Hose im Rahmen einer Angebotsaktion um 28,50 € gesenkt hat. Dies entspräche einem Preisnachlass in Höhe von 30 %. Sabine fragt sich nun, wie teuer die Hose ursprünglich war.

Problemlösung

Gegeben sind: Prozentwert ....

Prozentsatz ....

Gesucht ist: Grundwert ? %

Rechnet man mit dem Dreisatz, so gilt:

Bedingungssatz: - _____

Zwischensatz: - _____

Lösungssatz: - _____

Die Hose kostet somit vorher _____ €.

Verwendet man die Fachbegriffe der Prozentrechnung, so gilt:

Grundwert = ―――――――――

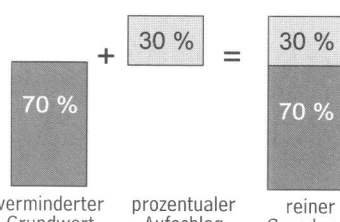

Achtung!

*Bei den nun folgenden Aufgaben soll der Grundwert immer **weniger** als 100 % entsprechen.*

Grundwert < 100 %

Prozentrechnung mit vermindertem Grundwert

Der Rechenweg geht so...

70 % + 30 % = 30 % / 70 %

verminderter Grundwert | prozentualer Aufschlag | reiner Grundwert

Situation V

In einem Kaufhaus findet Sabine ein Paar Schuhe, die mit einem Preis in Höhe von 23,75 € ausgezeichnet sind. Auf dem Preisschild findet sie die Angabe, dass der Preis um 5 % gesenkt wurde. Sie überlegt nun, wie hoch der ursprüngliche Preis war.

Problemlösung

Gegeben sind:

verminderter Grundwert in € ....

Prozentsatz ....

verminderter Grundwert in % ....

Gesucht ist: Grundwert ?

Rechnet man mit dem Dreisatz, so gilt:

Bedingungssatz: -

Zwischensatz: - _____

Lösungssatz: - _____

Der ursprüngliche Preis betrug somit _____ €.

Verwendet man die Fachbegriffe der Prozentrechnung, so gilt:

Grundwert = ―――――――――

Es gilt also:

verminderter Grundwert + Prozentwert = Grundwert

% | % | %

% entsprechen € | entsprechen € | entsprechen €

Situation VI

Im gleichen Kaufhaus findet Sabine ein zweites Paar Schuhe. Auch diese wurden um 5 % im Preis reduziert. Sie sollen nun 83,60 € kosten. Sabine möchte gerne die Höhe des Preisnachlasses berechnen.

Problemlösung

Gegeben sind:

verminderter Grundwert in €   ....

Prozentsatz   ....

verminderter Grundwert in %   ....

Gesucht ist: Prozentwert   ?

Rechnet man mit dem Dreisatz, so gilt:

Bedingungssatz: -

Zwischensatz: - —————————

Lösungssatz: - —————————

Der Preisnachlass entspricht somit _____ €.

Verwendet man die Fachbegriffe der Prozentrechnung, so gilt:

$$\text{Prozentwert} = \underline{}$$

Es gilt also:

Achtung!

*Bei den nun folgenden Aufgaben soll der Grundwert immer **mehr** als 100 % entsprechen.*

Grundwert > 100 %

Prozentrechnung mit vermehrtem Grundwert

Der Rechenweg geht so...

Situation VII

Sabine hat sich endlich entschieden. Sie kauft sich ein paar Schuhe zum Preis von 48,30 €. Von einem Bekannten erfährt sie, dass das Kaufhaus 15 % Gewinn auf jedes Schuhpaar aufgeschlagen hat. Dieser Gewinn ist im Verkaufspreis enthalten. Sie fragt sich nun, was die Schuhe ohne Gewinnaufschlag gekostet hätten.

Problemlösung

Gegeben sind:

vermehrter Grundwert in € ....

Prozentsatz ....

vermehrter Grundwert in % ....

Gesucht ist: Grundwert ?

Rechnet man mit dem Dreisatz, so gilt:

Bedingungssatz: -

Zwischensatz: - ————————

Lösungssatz: - ————————

Der Preis ohne Gewinn beträgt somit _____ €.

Verwendet man die Fachbegriffe der Prozentrechnung, so gilt:

$$\text{Grundwert} = \underline{\hspace{5cm}}$$

Es gilt also:

vermindeter Grundwert		Prozentwert		Grundwert
% entsprechen €	-	% entsprechen €	=	% entsprechen €

Situation VIII

Sabine hat sich im Kaufhaus nun auch noch eine Hose gekauft. Sie kostet 58,65 €. Da auch in diesem Preis 15 % Gewinn enthalten sind, möchte sie gerne wissen, wie hoch dieser Gewinn in Euro ist.

Problemlösung

Gegeben sind:

vermehrter Grundwert in € ....

Prozentsatz ....

vermehrter Grundwert in % ....

Gesucht ist: Prozentwert ?

Rechnet man mit dem Dreisatz, so gilt:

Bedingungssatz: -

Zwischensatz: - ————————

Lösungssatz: - ————————

Der Gewinn beträgt somit _____ €.

Verwendet man die Fachbegriffe der Prozentrechnung, so gilt:

$$\text{Prozentwert} = \underline{\hspace{5cm}}$$

Es gilt also:

vermindeter Grundwert		Prozentwert		Grundwert
% entsprechen €	-	% entsprechen €	=	% entsprechen €

Übungsaufgaben (Teil 1)

Lösen Sie zunächst die folgenden Aufgaben. Vergleichen Sie Ihre Ergebnisse mit den unten angegebenen und übernehmen Sie die angegebenen Lösungsbuchstaben in die Lösungstabelle. Wenn Sie alles richtig gemacht haben, ergibt sich eine sehr weise Lebensregel.

1. Ein Händler hebt seine Verkaufpreise um 2 % an. Wie hoch ist der Preis für eine Ware, die vorher 12,50 EUR gekostet hat?

2. Ein Händler hat den Verkaufspreis einer Ware um 2 % angehoben. Sie kostet nun 11,22 EUR. Wie teuer war die Ware vor der Preiserhöhung?

3. Ein Händler kauft eine Ware für 10,70 EUR netto ein. Auf diesen Einstandspreis schlägt er einen Gewinn von 3,5 % auf. Zu welchem Nettopreis wird er sie anbieten? (Anmerkung: Handlungskosten fielen nicht an.)

4. Wie hoch wird der Bruttoverkaufspreis der Ware aus Aufgabe 3 sein? (Umsatzsteuersatz 19 %)

5. Ein Händler stellt einem Kunden eine Rechnung über 14,52 EUR inklusive 19 % Umsatzsteuer aus. Wie hoch ist der Rechnungsbetrag netto?

6. Ein Händler stellt einem Kunden eine Rechnung über 84,79 EUR inklusive Umsatzsteuer aus. Wie hoch ist die in diesem Betrag enthaltene Umsatzsteuer (Umsatzsteuersatz 19 %)?

7. Ein Händler verkauft eine Ware für 10,36 EUR netto. Zuvor hat er einen Gewinn in Höhe von 4,6 % aufgeschlagen. Wie hoch war der Einstandspreis der Ware? (Anmerkung: Handlungskosten fielen nicht an.)

8. Ein Händler kauft eine Ware für 8,80 EUR ein. Auf diesen Einstandpreis schlägt er 15 % zur Deckung seiner Handlungskosten auf. Wie hoch sind seine Selbstkosten?

9. Der Händler hat auf die in Aufgabe 8 eingekaufte Ware einen Gewinn in Höhe von 2,8 % aufgeschlagen. Der Nettoverkaufspreis beträgt nun 10,40 EUR. Wie hoch ist der Gewinnaufschlag in EUR?

10. Wie hoch wird der Bruttoverkaufspreis sein, wenn der Händler auf die Ware aus Aufgabe 9 die Umsatzsteuer in Höhe von 19 % aufschlägt?

11. Wie hoch war der Einstandspreis (netto) einer Ware, wenn der Nettoverkaufspreis 10,45 EUR beträgt? Der Händler kalkulierte mit einem Handlungskostenzuschlag in Höhe von 12 % und einem Gewinnaufschlag in Höhe von 2,5 %.

12. Ein Händler bezieht eine Ware für 10,50 EUR netto. Er schlägt Handlungskosten in Höhe von 12 % und einen Gewinn in Höhe von 2,5 % auf. Wie hoch wird der Verkaufspreis brutto (also inklusive 19 % Umsatzsteuer) sein?

13. Ein Händler bezieht eine Ware für 9,80 EUR netto. Er schlägt Handlungskosten in Höhe von 12 % und einen Gewinn in Höhe von 2,5 % auf. Wie hoch ist der Gewinn in EUR?

14. Ein Händler hat auf eine bezogene Ware 12 % Handlungskosten und 2,5 % Gewinn aufgeschlagen. Der Verkaufspreis netto beträgt nun 14,50 EUR. Wie hoch war der Einstandspreis netto?

15. Ein Händler gewährt einem Kunden auf eine Ware, die er für 13,50 EUR brutto angeboten hat, 5 % Sonderrabatt. Wie hoch ist nun der Bruttoverkaufspreis?

16. Wie hoch ist die Umsatzsteuer, die der Kunde auf Aufgabe 15. an den Händler zu zahlen hat?

17. Ein Händler hat einem Kunden einen Sonderrabatt in Höhe von 5 % gewährt. Der Kunde zahlte daraufhin 12,16 EUR brutto. Wie hoch war der ursprüngliche Bruttoverkaufspreis?

18. Ein Händler hat einem Kunden einen Sonderrabatt in Höhe von 5 % gewährt. Der Kunde zahlte daraufhin 12,73 EUR brutto. Wie hoch war der Preisnachlass?

19. Wie hoch ist die Umsatzsteuer, die in dem vom Kunden aus Aufgabe 18 zu zahlenden Bruttoverkaufspreis enthalten ist? (Umsatzsteuersatz 19 %)

20. Ein Händler hat für eine Ware Selbstkosten in Höhe von 10,70 EUR kalkuliert. Wie hoch wird der Bruttoverkaufspreis sein, wenn er einen Gewinn in Höhe von 12 % aufschlägt? (Umsatzsteuersatz 19 %).

21. Wie hoch war der Einstandspreis der Ware auf Aufgabe 20, wenn der Händler eine Handlungskostenzuschlagssatz von 20 % angewandt hat?

22. Ein Händler hat eine Ware für 14,40 EUR brutto angeboten. Er gewährt einem Kunden einen Sonderrabatt in Höhe von 4,5 %. Wie viel EUR muss der Kunde nun noch zahlen?

23. Wie hoch ist die Umsatzsteuer, die im ursprünglichen Verkaufspreis der Ware aus Aufgabe 22 enthalten ist?

24. Wie hoch war der ursprüngliche Verkaufspreis (brutto), wenn der Händler die Ware aus Aufgabe 22 bereits um 5 % gesenkt hatte?

25. Ein Händler hat eine Ware für 16,40 EUR angeboten. Nach der Preissenkung beträgt der Verkaufspreis 14,43 EUR. Wie hoch war die Preissenkung in Prozent?

26. Ein Händler bezieht eine Ware zum Einstandspreis von 11,70 EUR. Nachdem er die Handlungskosten aufgeschlagen hat, errechnet er Selbstkosten in Höhe von 13,21 EUR. Wie hoch war der Aufschlag für die Handlungskosten in Prozent?

Lösung	12,80	0,28	12,20	13,75	0,27	2,03	12,38	14,34	0,67	13,54	12,83	14,26	2,30
Buchstabe	A	A	C	C	D	D	E	E	E	H	I	I	I

Lösung	10,12	15,16	11,07	12,75	9,90	11,00	9,10	8,92	13,17	12,91	2,05	12,01	12,63
Buchstabe	L	M	N	N	O	O	S	S	S	S	T	U	V

Lösungsspruch:

1.	2.	3.		4.	5.	6.	7.	8.	9.	10.		11.	12.	13.

14.	15.	16.	17.	18.		19.	20.	21.	22.	23.	24.	25.	26.

Übungsaufgaben (Teil 2)

Lösen Sie zunächst die folgenden Aufgaben. Vergleichen Sie Ihre Ergebnisse mit den unten angegebenen und übernehmen Sie die angegebenen Lösungsbuchstaben in die Lösungstabelle. Wenn Sie alles richtig gemacht haben, ergibt sich ein sehr weiser Spruch.

1. Das Gehalt von Frau Berling ist um 12 % angestiegen. Es beträgt nun 2.800,00 €. Wie hoch war das Gehalt vor der Gehaltsanhebung?

2. Im Sommerschlussverkauf wird der Verkaufspreis eines Kleides um 20 % gesenkt. Es kostet nun 46,40 €. Wie teuer war das Kleid vorher?

3. Ein Vermieter verlangte bisher 580,00 € pro Monat Miete für eine Wohnung. Er hebt nun die Miete um 9 % an. Wie hoch ist nun die monatliche Miete?

4. Im Rahmen einer Sonderangebotsaktion wird der Preis eines Fernsehers um 8 % gesenkt. Die Preissenkung beträgt 238,40 €. Wie teuer war der Fernseher vor der Preissenkung?

5. Der Preis für ein Auto wird um 15 % gesenkt. Der neue Preis beläuft sich nun auf 27.200,00 €. Wie hoch war die Preissenkung?

6. Ein Kunde erhält beim Kauf einer Ware 5 % Mengenrabatt. Die Ware kostete vorher 42.100,00 €. Wie hoch ist der Mengenrabatt in Euro?

7. Von ihrem Gehalt spart eine Arbeitnehmerin monatlich 5,5 %. Dies entspricht 139,70 €. Wie hoch ist das Gehalt der Arbeitnehmerin?

8. Ein Monatsticket für öffentliche Verkehrsmittel kostet nach einer Preisanhebung 79,56 €. Der Preis wurde um 2 % erhöht. Wie teuer war das Ticket vor der Preisabhebung?

9. In einer Klasse haben 10 % der Schüler/innen eine sehr gute Leistung in einer Klassenarbeit erbracht. Dies sind 3 Schüler/innen. 50 % haben eine befriedigende Leistung erbracht. Wie viele Schüler haben die Note „3" erbracht?

10. Eine Ware kostet 1.200,00 €. Der Lieferant schlägt bei einer Belieferung 15 % Frachtkosten auf. Wie hoch werden die Frachtkosten sein?

11. Ein Kunde hat sich eine Ware nach Hause liefern lassen und musste 1.725,00 € zahlen. Darin enthalten waren 15 % Frachtkosten. Wie hoch waren die Frachtkosten in Euro?

12. Im Kaufpreis einer Ware sind 19 % Umsatzsteuer enthalten. Die Ware kostet inklusive Umsatzsteuer 5.355,00 €. Wie hoch ist die enthaltene Umsatzsteuer?

13. Im Kaufpreis einer Ware sind 19 % Umsatzsteuer enthalten. Die Ware kostet inklusive Umsatzsteuer 10.591,00 €. Wie teuer ist die Ware ohne Umsatzsteuer?

14. Durch zu schnelles Fahren ist der Verbrauch eines Autos um 5 % angestiegen. Der Verbrauch liegt nun bei 8,4 Liter auf 100 Kilometer. Wie hoch ist der Verbrauch bei gewöhnlicher Fahrweise?

15. In einem Jogurt sind 3,5 % Fett enthalten. Wie hoch ist der Fettgehalt in Gramm, wenn der Jogurt 1.000 g wiegt?

16. In wie viel Gramm Jogurt sind 308 g Fett enthalten, wenn der Fettgehalt 3,5 % beträgt?

17. Für einen Kuchen werden 500 g Mehl, 150 g Butter, 60 g Zucker und 40 g sonstige Zutaten benötigt. Wie hoch ist der prozentuale Anteil Mehl am gesamten Kuchenteig?

18. Wie hoch ist der prozentuale Anteil der Butter im Kuchenteig aus Aufgabe 17?

19. Der Preis einer Ware wurde zunächst um 5 % angehoben und dann um 3 % gesenkt. Er beträgt nun 101,85 €. Wie hoch war der Preis vor den Preisveränderungen.

20. Eine Aktie stieg nach dem Kauf um 17 % und ist nun 63,18 € wert. Wie hoch war der Kurswert beim Ankauf?

21. Eine Aktie kostete beim Ankauf 58,00 € und stieg um 1,16 €. Wie hoch war der prozentuale Anstieg?

22. In einer Gesamtschule mit 3.580 Schülern/innen schaffen 179 Schüler/innen die Hochschulreife. Wie viel Prozent der Schüler sind dies?

23. Eine Ware kostete vor einer 14 %igen Preissenkung 520,00 €. Um wie viel Euro wurde die Ware im Preis reduziert?

24. Nach einem Verkehrsunfall übernimmt die Haftpflichtversicherung 53 % des Schadens an einem Auto. Dies entspricht 779,10 €. Wie hoch war der gesamte Schaden?

25. Wenn die Versicherung aus Fall 25 nicht 53 % sondern 63 % des Schadens übernommen hätte, wie hoch wäre dann der Eigenanteil gewesen, den der Versicherte selbst tragen müsste?

26. Der Preis einer Ware stieg erst um 20 %, wurde dann um 10 % und dann noch einmal um 10 % gesenkt. Die Ware kostet nun 972,00 €. Wie teuer war die Ware vor den Preisveränderungen?

Lösung	180	20	8	58	15	4.800	72,80	632,20	100	35	2.105	8.900	66,67
Buchstabe	A	C	C	C	D	E	E	H	H	H	I	I	I

Lösung	1.470	2.500	8.800	1.000	855	2.540	78	2	543,90	225	54	2.980	5
Buchstabe	I	I	N	S	S	S	S	S	S	S	T	W	W

Lösungsspruch:

1.	2.	3.

4.	5.	6.	7.	8.

9.	10.	11.	12.

13.	14.	15.

16.	17.	18.	19.	20.	21.

22.	23.	24.	25.	26.

Übungsaufgaben (Teil 3)

Lösen Sie zunächst die folgenden Aufgaben. Vergleichen Sie Ihre Ergebnisse mit den unten angegebenen und übernehmen Sie die angegebenen Lösungsbuchstaben in die Lösungstabelle. Wenn Sie alles richtig gemacht haben, ergibt sich ein sehr weiser Spruch.

1. Ein Kunde erhält eine Rechnung: Warenwert 500,00 € netto. Wie hoch ist der Bruttowert (inklusive 19 % Umsatzsteuer)?

2. Wie hoch wird der Überweisungsbetrag des Kunden aus Aufgabe 1 sein, wenn er sich nachträglich einen Rabatt in Höhe von 5 % abzieht?

3. Wie hoch ist die im Überweisungsbetrag aus Aufgabe 2 enthaltende Umsatzsteuer?

4. Wie hoch ist der Nettowarenwert, wenn ein Kunde ohne Abzüge 773,50 € überweist und der Betrag 19 % Umsatzsteuer enthält?

5. Ein Kunde erhält eine Rechnung: Warenwert 1.200,00 € netto, 5 % Rabatt, 3 % Skonto. Wie hoch wird der Überweisungsbetrag, wenn der Kunde innerhalb der Skontofrist überweist?

6. Der Ankaufskurs einer Aktie betrug 65,00 €. Nach dem Ankauf stieg die Aktie zunächst um 4 % und fiel dann um 9 %. Wie hoch ist der aktuelle Aktienwert?

7. Eine Aktie kostete beim Einkauf 58,00 €. Sie stieg zunächst um 27 % und fiel dann um 5 %. Wie hoch ist der prozentuale Wertanstieg?

8. Der Kurs einer Aktie fiel zunächst um 15 % und stieg dann um 5 %. Der Aktienwert beträgt nun 53,55 €. Wie hoch war der Ankaufskurs der Aktie?

9. Ein Bankkunde erhält bei einem Kreditinstitut einen Kredit in Höhe von 5.000,00 € auf. Er muss pro Jahr 5 % Zinsen Zahlen. Wie hoch ist die Zinsenzahlung nach einem Jahr?

10. Wie hoch wird der Kredit des Bankkunden gewesen sein, wenn er bei einem Zinssatz von 5 % pro Jahr nach einem Jahr 325,00 € Zinsen zahlt?

11. Wie hoch war der jährliche Zinssatz eines Kunden, der für einen Kredit in Höhe von 7.000,00 € nach einem Jahr 245,00 € Zinsen zahlt?

12. Sie erhalten eine Rechnung über 360,82 € brutto. Die Zahlungsbedingungen lauten: „Die Rechnung ist zahlbar innerhalb von 30 Tagen ohne Abzug, innerhalb von 14 Tagen 3 % Skonto." Wie hoch wird der Überweisungsbetrag nach Abzug von Skonto sein?

13. Wie hoch ist die Ersparnis, wenn Sie bei der Rechnung aus Aufgabe 12 den Skontoabzug nutzen?

14. Angenommen, Sie haben zum Ausgleich der Rechnung aus Aufgabe 12 nicht die notwendige Deckung auf ihrem Girokonto. Sie entschließen sich daher, 350,00 € als Kredit aufzunehmen. Der Zinssatz beträgt 5 %. Sie nehmen den Kredit für 16 Tage in Anspruch. Wie hoch werden die Zinsen des Kredits sein? (Zinsjahr = 360 Tage)

15. Das Gewicht eines Kuchens verringert sich beim Backen um circa 2 % durch den Flüssigkeitsverlust. Der Kuchen wiegt nach dem Backen 735 g. Wie viel wog der Kuchen im Rohzustand?

16. Ein Lieferant führt folgende Änderungen durch: Er erhöht seine Listenpreis um 5 % und senkt gleichzeitig seinen Rabattsatz um einen Prozentpunkt auf 15 %. Um wie viel Prozent steigen seine Zielverkaufspreise (Listenpreis abzüglich Rabatt)?

17. Eine Ware kostete bisher 300,00 €. Der Preis wird um 10 % erhöht. Um wie viel Euro wird der Preis erhöht?

18. Nach einer Gehaltserhöhung um 2 % verdient ein Arbeitnehmer 48,20 € mehr. Wie hoch ist sein jetziges Gehalt?

19. Die Einrittspreise in einem Kino werden um 0,44 € angehoben. Dies entspricht 8 %. Wie hoch war der ursprüngliche Eintrittspreis?

20. Der Gewinner der Goldmedaille eines Wettkampfs erhält von den Punktrichtern insgesamt 255 Punkte. Dies sind zwei Prozent mehr als sein Konkurrent. Wie viel Punkte erhielt der Konkurrent?

21. Die Auflage eines Buches stieg um 1.200 Stück. Dies entspricht einer 25%igen Steigerung. Wie hoch war die Auflage vorher?

22. Die Heizkosten für ein Mehrfamilienhaus stiegen um 14 %. Dies entspricht 198,80 €. Wie hoch sind die Heizkosten jetzt?

23. Sie mischen eine Vollmilch mit 3,5 % Fett und eine fettarme Milch mit 1,5 % Fett. Sie verwenden 1,5 Liter Vollmilch und 0,5 Liter fettarme Milch. Wie viel Prozent Fett sind in der Mischung enthalten?

24. Sie mischen 5,5 Liter Vollmilch und 6,75 Liter fettarme Milch. Wie viel Fett (in Litern) sind in der Mischung enthalten?

25. Ein Händler hat den Preis einer Ware um 15 % gesenkt. Dies entspricht 22,50 €. Wie viel kostete die Ware vor der Preissenkung?

26. An einer Schule haben 95 % eines Jahrgangs das Klassenziel erreicht und wurden versetzt. Dies waren insgesamt 1.349 Schüler/innen. Wie viele Schüler/innen blieben sitzen?

27. Ein Händler senkte den Preis einer Ware zunächst um 5 % und dann um 4 %. Die Ware kostet nun 684,00 €. Wie teuer war die Ware vor den beiden Preissenkungen?

28. Ein Händler hob den Preis einer Ware zunächst um 5 % und dann um 10 % an. Die Ware kostete nun 800,00 €. Wie teuer war die Ware vor den Preisanhebungen?

29. Auf eine Ware hat ein Händler 19 % Umsatzsteuer aufgeschlagen. Dies entspricht 153,90 €. Wie hoch ist der Warenwert netto?

30. Ein Händler senkt den Preis einer Ware zunächst um 27,00 € und dann um 14 %. Der Preis beträgt nun 3.846,78 €. Um wie viel Prozent wurde die Ware insgesamt im Preis gesenkt?

31. Die Schüler Klaus, Frank und Peter gewinnen im Lotto. Klaus erhält vom Gewinn 23 %, Frank 52 % und Peter 1.875,00 €. Wie hoch war der Lottogewinn in Euro?

Lösung	A	A	B	C	E	E	E	E	G	G	H
Buchstabe	2.458,20	150	1.105,80	250	1.618,80	595	6,25	14,52	90,25	10,82	6.500

Lösung	I	I	M	N	N	R	S	S	S	S
Buchstabe	60	650	0,29	71	20,65	3	7.500	565,25	250	4.800

Lösung	S	S	T	T	T	T	T	U	U	U
Buchstabe	30	350	800	810	750	61,52	3,5	0,78	5,5	692,64

1.	2.

3.	4.	5.	6.

7.	8.	9.	10.	11.	12.

13.	14.	15.	16.	17.

18.	19.	20.	21.	22.	23.

24.	25.	26.

27.	28.	29.

30.	31.

Lektion 4: Währungsrechnen

Situation

Sie sind als Auszubildende/r in der Finanzbuchhaltung des Kugellagerproduzenten GKF GmbH, Düsseldorf, eingesetzt. Ihr Ausbildungsbetrieb hat zahlreiche wirtschaftliche Beziehungen mit Europäischen und Außereuropäischen Unternehmen.

Aufgaben

Lesen Sie sich zunächst den Informationstext auf der folgenden Seite gut durch. Bearbeiten Sie sodann die folgenden Aufgaben indem Sie die ausländischen Währungen in Euro umrechnen und ggf. Wechselkursverluste oder -gewinn ermitteln.

1. Eingangsrechnung E001 eines japanischen Stahlproduzenten vom 25.05.: Rechnungsbetrag 12.550.000,00 Yen. Lieferbedingung: CFR Hamburg.

2. Sorten-Abrechnung S002 der Bank vom 25.05.: Für eine Auslandsreise hebt ein Außendienstmitarbeiter 2.500,00 EUR vom Geschäftskonto ab und tauscht sie in Türkische Lira, Bankprovision: 1 % des Tauschwertes.

3. Eingangsrechnung E003 von einem Schweizer Verpackungshersteller vom 25.05.: Rechnungsbetrag 22.600 sfr.

4. Ausgangsrechnung A004 vom 25.05.: Verkauf von 22.000 Kugellagern, Listenpreis 1,20 EUR/St. an einen Kanadischen Importeur. Die Rechnung wurde in Kanadischen Dollar fakturiert.

5. Ausgangsrechnung A005 vom 25.05. an einen Britischen Importeur: Verkauf von 150.000 Kugellagern, Listenpreis 0,50 EUR/St. Die Rechnung wurde in britischen Pfund fakturiert.

6. Eingangsrechnung E006 vom 25.05.: Kauf von Maschinenöl von einem Südafrikanischen Exporteur, Rechnungsbetrag 44.500,00 Rand.

7. Kontoauszug vom 05.06.: Ausgleich der Eingangsrechnung Nr. 001.

8. Kontoauszug vom 05.06.: Der Kanadische Importeur gleicht die Rechnung Nr. 004 aus.

9. Sortenabrechnung S009 der Bank vom 05.06.: Der Mitarbeiter (zur Abrechnung S002) tauschte seine nicht benötigten 120.000.000,00 Türkische Lira in Euro um. Bankprovision: 1 % des Tauschwertes. Der Betrag wird dem Bankkonto gutgeschrieben.

10. Kontoauszug vom 05.06.: Gutschrift zur Rechnung Nr. A005.

11. Kontoauszug vom 05.06.: Ausgleich der Rechnung E006.

INFO-TEXT: *Währungsrechnung*

Das Geld, das in einem Land als gesetzliches Zahlungsmittel verwendet wird, bezeichnet man als Währung. Fast jedes Land der Erde hat eine eigene Währung. Staatliche Grenzen und Währungsgrenzen sind häufig identisch. Mit der Europäischen Wirtschafts- und Währungsunion wurde dieser Zusammenhang erstmals in größerem Rahmen aufgegeben. Durch den grenzüberschreitenden Waren- und Dienstleistungsverkehr ist häufig ein Tausch der unterschiedlichen Währungen verbunden.

Der Tausch von unterschiedlichen Währungen wird durch den Leistungsaustausch zwischen Ländern mit unterschiedlicher Währung ausgelöst.	
In Deutschland werden beispielsweise US-$ benötigt, weil ...	In den USA werden beispielsweise Euro benötigt, weil ...
<ul><li>ein deutsches Unternehmen die in US-$ fakturierte*) Rechnung eines US-amerikanischen Exporteurs bezahlen muss.</li><li>ein Deutscher eine Reise in die USA antreten soll und dort seine Ausgaben in US-$ erfolgen.</li><li>ein Mitarbeiter an seine in den USA lebende Familie Geld überweisen möchte.</li></ul>	<ul><li>ein US-amerikanisches Unternehmen die in € fakturierte Rechnung eines deutschen Exporteurs bezahlen muss.</li><li>ein Amerikaner eine Reise nach Deutschland antreten soll und dort seine Ausgaben in € erfolgen.</li><li>ein Mitarbeiter an seine in Deutschland lebende Familie Geld überweisen möchte.</li></ul>

Kurzfristig verfügbare Guthaben ausländischer Währung (auch Sichtguthaben genannt) werden als Devisen bezeichnet. Der Preis, zu dem eine Währung in eine andere getauscht wird, heißt Devisen- bzw. Wechselkurs. Der Devisenkurs ist dabei der Preis inländischer Währung für *eine* Einheit ausländischer Währung. Der Wechselkurs ist der Kehrwert, also der Preis in ausländischer Währung für eine Einheit der inländischen Währung.

Devisen im weiteren Sinne	
Sorten = Bargeld	**Devisen (im engeren Sinne) = Buchgeld**
Zu den Sorten zählen Münzen und Banknoten in ausländischer Währung. Sie werden von Banken vor allem für die Abwicklung von Bargeldzahlungen von Auslandsreisenden bereitgehalten. Man unterscheidet zwischen dem Ankaufs- und dem Verkaufskurs der Bank.	Hierunter fallen die Guthaben auf Bankkonten in ausländischer Währung sowie Schecks und Wechsel, die auf ausländische Währungen lauten und im Ausland zahlbar sind. Devisen werden im bargeldlosen Außenwirtschaftsverkehr benötigt. Man unterscheidet zwischen Geld- und Briefkurs der Bank.
Die Differenz zwischen Ankaufs-/Briefkurs und Verkaufs-/Geldkurs bei Sorten ist deutlich größer als bei Devisen.	

Der Wechsel- oder Devisenkurs steht also für das Tauschverhältnis zweier Währungen. Dabei unterscheidet man zwischen:

Mengennotierung	Preisnotierung
Bei Devisen (Forderungsrechten in Fremdwährung) gibt der Kurs an, wie viel Einheiten einer Fremdwährung man für einen Euro zahlen muss.	Bei Noten (Privatkundengeschäft mit Bargeld) gibt der Kurs an, wie viel Euro man für 100 Einheiten (Ausnahme: 1 Einheit bei US-$ und £) zahlen muss.
Beispiel: Kurs des US-$: 1,29	*Beispiel: Kurs des US-$: 0,78 €*
Dies bedeutet: Man erhält für einen Euro 1,29 US-$.	*Dies bedeutet: Ein US-$ entspricht 0,78 Euro.*
Achtung: Bei der Mengennotierung entspricht der Briefkurs dem Verkaufskurs für Euro.	Achtung: Bei der Preisnotierung entspricht der Briefkurs dem Verkaufskurs für die ausländische Währung.
Dies bedeutet, dass bei der Begleichung einer in US-$ fakturierten Rechnung die Bank an den Geldschuldner die Euro für die benötigten US-$ verkauft.	*Dies bedeutet, dass bei der Begleichung einer in US-$ fakturierten Rechnung die Bank an den Geldschuldner die benötigten US-$ gegen Euro verkauft.*

*) Fakturiert = ausgestellt.

Bei der so genannten Mengennotierung eines Wechselkurses gibt der Kurs den Wert an Fremdwährung an, der einem Euro entspricht.

Beispiel: *Der Kurs des USD beträgt 1,20.*
              Dies bedeutet, dass 1 EUR dem Wert von 1,20 USD entspricht. Oder anders: Für 100 EUR erhält man 120 USD. Im Gegenzug entsprechen 100 USD somit 83,33 EUR.

Steigt der Kurs an, so bedeutet dies, dass man für einen Euro mehr ausländische Währung erhält.

Beispiel: *Der Kurs des USD steigt von 1,20 auf 1,30.*
              Dies bedeutet, dass man vorher für 100 EUR 120 USD erhielt und nun 130 USD erhält.

Banken bieten Fremdwährungen an und kaufen sie zurück. Wie andere Unternehmen auch versuchen die Banken, durch den An- und Verkauf einen Gewinn zu erzielen. Hierzu kaufen sie die Fremdwährung billiger ein als sie diese verkaufen. Beim Kauf wird dann ein anderer Kurs verwendet als beim Verkauf.

> *Zu beachten ist, dass die deutschen Banken mit Euro handeln. Benötigt also ein deutscher Importeur US-Dollar (USD) zum Ausgleich einer Rechnung, so muss er Euro gegen USD tauschen. Die deutsche Bank kauft dann EUR an; sie verwendet hierzu den Geldkurs. Erhält hingegen ein deutscher Importeur USD für den Verkauf von Erzeugnissen, so muss er diese bei seiner Bank gegen EUR tauschen. Die deutsche Bank verkauft daher EUR und wendet den Briefkurs an.*
>
> Merke: Der Briefkurs ist immer größer als der Geldkurs, der Ankaufskurs immer größer als der Verkaufskurs.

Beispiel: *Für eine Reise in die USA möchte ein Reisender 1.000,00 EUR in USD umtauschen. Die Sortenkurse der Bank belaufen sich auf: Verkaufs-/Geldkurs 1,1925, Ankaufs-/Briefkurs 1,2152.*

              Am gleichen Tag stellt der Reisende fest, dass er die USD doch nicht bar benötigt und tauscht sie daher bei der Bank zurück.

              Lösung:
              Beim Tausch der Euro gegen Dollar erhält der Reisende zunächst 119,25 USD.

              100 EUR • 1,1925 = 119,25 USD

              Beim Rücktausch der Dollar gegen EUR erhält er dann 98,13 EUR zurück

              119,25 USD : 1,2152 = 98,13 EUR

Die Bank **verkauft fremde** Währung   Die Bank **kauft fremde** Währung

BANK

Die Bank verkauft US-$ teuer = Die Bank kauft Euro billig

Die Bank kauft US-$ billig = Die Bank verkauft Euro teuer

| Geldkurs des US-$ | **0,891** |

Der Kunde "bezahlt" mit Euro = Die Bank **kauft** Euro

Die Bank zahlt 0,891 US-$ für einen Euro.

Geldkurs (= Ankaufskurs für 1 Euro) 0,891

Der Kurs gibt an, wie viel Einheiten der Fremdwährung einem Euro entsprechen.

Die Bank "bezahlt" mit Euro = Der Kunde **verkauft** Euro

Die Bank zahlt für einen Euro 0,922 US-$.

Briefkurs (= Verkaufskurs für 1 Euro) 0,922

| Briefkurs des US-$ | **0,922** |

Bei der Mengennotierung gilt:

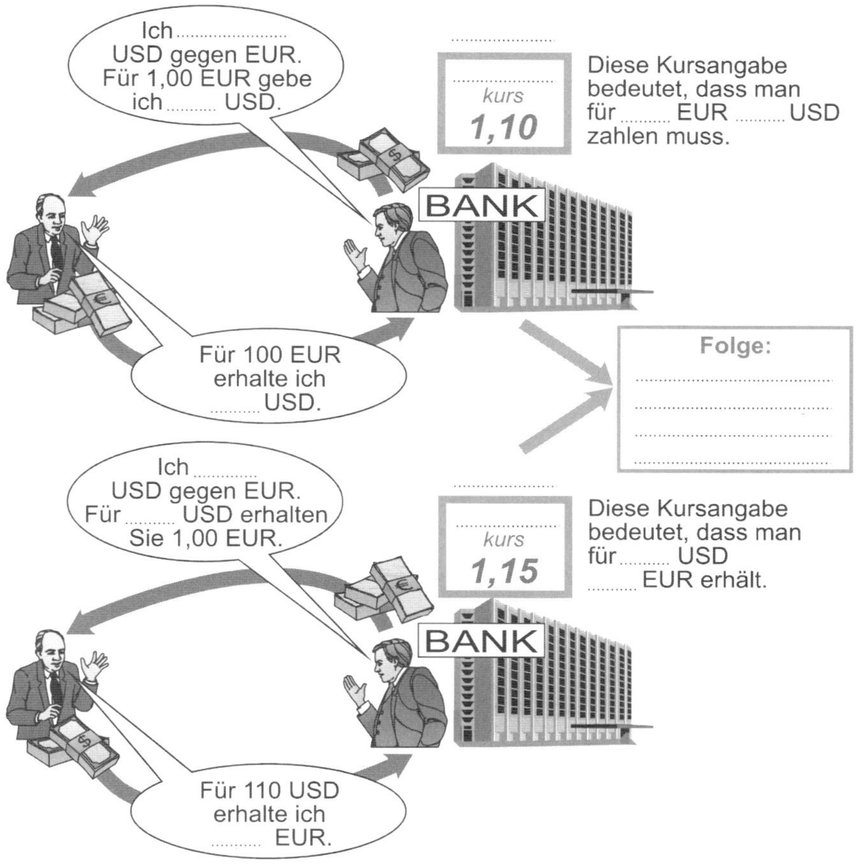

Ich .... USD gegen EUR. Für 1,00 EUR gebe ich .... USD.

....
kurs
1,10

Diese Kursangabe bedeutet, dass man für .... EUR .... USD zahlen muss.

BANK

Für 100 EUR erhalte ich .... USD.

Folge:
....
....
....
....

Ich .... USD gegen EUR. Für .... USD erhalten Sie 1,00 EUR.

....
kurs
1,15

Diese Kursangabe bedeutet, dass man für .... USD .... EUR erhält.

BANK

Für 110 USD erhalte ich .... EUR.

Bei der Preisnotierung gilt:

Ich .... USD gegen EUR. Für 1,00 USD müssen Sie .... EUR zahlen.

....
kurs
0,91

Diese Kursangabe bedeutet, dass man für .... USD .... EUR zahlen muss.

BANK

Für 100 EUR erhalte ich .... USD.

Folge:
....
....
....
....

Ich kaufe USD gegen EUR. Für .... USD erhalten Sie .... EUR.

....
kurs
0,87

Diese Kursangabe bedeutet, dass man für .... USD .... EUR erhält.

BANK

Für 110 USD erhalte ich .... EUR.

Sorten und Devisenkurse

Datum: 25.05.

Geld für Reisende (1 € =)	Ankauf	Verkauf	Devisenkurse (1 € =)	Geld	Brief
Australien (A$)	1.5720	1.7320	Australien (A$)	1.6415	1.6610
Dänemark (dkr)	7.0850	7.8850	England (£)	0.6709	0.6749
England (£)	0.6460	0.6925	Japan (YEN)	130.7100	131.1900
Kanada (C$)	1.5750	1.7250	Kanada (C$)	1.6400	1.6520
Norwegen (nKr)	8.1600	9.0100	Schweiz (sfr)	1.5615	1.5655
Polen (Zloty)	4.4000	5.4500	Südafrika (Rand)	8.0460	8.2860
Schweden (sKr)	8.8950	9.8450	USA ($)	1,2601	1,2607
Schweiz (sfr)	1.5320	1.5970			
Tschechien (Kron)	30.1000	35.1000			
Türkei (TL)	1600000	1800000			
Ungarn (Ft)	1.1920	320.0000			
USA ($)	1.2276	1.2976			

Quelle: FAZ

DEVISENKURSE

Währungen 05.06.	Sortenkurse (Euro)		variable Kurse, 14:00 Uhr (Euro)	
	Ankauf	Verkauf	Geld	Brief
Australien, 1 A$	0,5820	0,6500	0,6155	0,6162
Dänemark, 100 dkr	12,7020	14,2390	13,4100	13,4200
Großbritannien, 1 £	1,4470	1,5480	1,4865	1,4874
Hongkong, 100 HK$	9,3850	11,6210	10,3778	10,3851
Japan, 100 Yen	0,6990	0,7460	0,7254	0,7260
Kanada, 1 C$	0,5850	0,6410	0,6100	0,6105
Malaysia, 1 Ringgit	-	-	0,2127	0,2128
Neuseeland, 1 NZ$	0,4880	0,6250	0,5502	0,5509
Norwegen, 100 nkr	11,3445	12,9956	12,3053	12,3196
Polen, 1 Zloty	0,1960	0,2220	0,2094	0,2095
Russland, 1 Rubel	-	-	0,0283	0,0283
Schweden, 100 skr	10,3780	11,5130	10,9100	10,9200
Schweiz, 100 sfr	62,1120	64,5990	63,2400	63,2800
Singapur, 1 S$	0,4420	0,5100	0,4741	0,4744
Südafrika, 1 Rd	0,1020	0,1560	0,1217	0,1222
Tschechien, 100 czk	2,7770	3,3320	3,0227	3,0282
Türkei, 1.000.000 TL	0,5464	0,6173	0,5981	0,6014
USA, 1 US$	0,8146	0,7707	0,7936	0,7932
Ungarn, 100 Ft	0,335	0,4790	0,3939	0,3936

Quelle: Die Welt

Lektion 5: Zinsrechnen

Leittext Lernschritt 1

Die Zinsrechnung ist im Grunde eine Sonderform der Prozentrechnung. Ausgangspunkt ist eine Kapitalanlage, also Geld, dass zum Beispiel einer Bank von einem Privatkunden zur Verfügung gestellt wird.

Beispiel:

Susanne Kleinschmidt hat von ihrer Oma 100,00 EUR zum Geburtstag geschenkt bekommen. Natürlich könnte sie das Geld gut gebrauchen, um sich beispielsweise endlich eine neue Jeans und ein paar CD's zu kaufen. Trotzdem entscheidet sie sich dazu, dass Geld zunächst einmal zu sparen. Sie geht mit ihrer Mutter zur Bank und eröffnet dort ein Sparbuch. Die 100,00 EUR, die Susanne einzahlt, werden von der Sachbearbeiterin der Bank in das Sparbuch eingetragen. Die Bank bewart das eingezahlte Geld nun jedoch nicht in einem Save auf, sondern sie lässt es „arbeiten". Zum Beispiel erhält ein anderer Bankkunde, der Geld benötigt, die 100,00 EUR von Susanne „geliehen".

Damit sich das Sparen bei der Bank für Susanne auch lohnt, erhält sie die so genannten Zinsen. Ein Aushang in der Bank weist darauf hin, dass der aktuelle Zinssatz 2 % pro Jahr (die Mitarbeiter/innen der Bank sagen auch „per anno", was auf Latein „pro Jahr" bedeutet). Doch was bedeutet diese Angabe? 2 % Zinsen per anno bedeuten, dass Susanne für ihre 100,00 EUR nach genau einem Jahr (also nach 360 Tagen) 2 % Zinsen bekommt. Aus den 100,00 gesparten Euro werden also nach einem Jahr 102,00 EUR. Normalerweise bekommt Susanne diese Zinsen nach Ablauf eines Jahres auf ihrem Sparbuch gutgeschrieben.

> **Achtung:** Nach der deutschen Zinsrechnungsmethode besteht ein Jahr aus 360 Tagen. Es wird also nicht taggenau mit 365 bzw. 366 Tagen gerechnet.

Doch was ist nun, wenn Susanne ihr Geld nicht genau ein Jahr anlegt? Vielleicht benötigt sie ihr Geld bereits nach einem halben oder einem viertel Jahr wieder zurück. Auch in diesem Fall hat sie einen Anspruch auf Zinsen. Nur wird sie nun nicht mehr genau 2 % bekommen, schließlich hat sie das Geld nur einen kürzeren Zeitraum angelegt.

Wahrscheinlich haben Sie es bereits erraten: Die Zinsen werden sich genau halbieren: Anstatt 2,00 EUR wird Susanne nun nur noch einen Euro Zinsen erhalten.

Aufgaben

1. Wie hoch wird der Zinsertrag bei Anlage von 100,00 EUR zu 2 % p. a. bei folgenden Anlagezeiträumen?

   a) $\frac{1}{4}$ Jahr

   b) $\frac{1}{3}$ Jahre

   c) $\frac{1}{6}$ Jahr

2. Wie hoch wird der Zinsertrag für einen Anlagezeitraum von $\frac{1}{2}$ Jahr und 2 % p .a. bei folgenden Anlagebeträgen?

   a) 500,00 EUR

   b) 750,00 EUR

   c) 3.500,00 EUR

3. Wie hoch wird der Zinsertrag innerhalb der Anlagezeiträume?

   a) 500,00 EUR, $\frac{1}{2}$ Jahr, 3 % p. a.

   b) 600,00 EUR, $\frac{1}{4}$ Jahr, 5 % p. a.

   c) 1.300,00 EUR, $\frac{1}{3}$ Jahre, 4,5 % p. a.

Einleitung

Zinsen stellen ein Entgelt für die Überlassung von Kapital dar. Ein Kapitalanleger überlässt sein Kapital einer Person oder Institution (z. B. einer Bank) und er erhält dafür im Gegenzug Zinsen. Die Höhe der Zinsen hängt dabei von folgenden Größen ab:

- ....
- ....
- ....

Die Zinsrechnung ist mathematisch eng mit der Prozentrechnung verbunden. Bei der Prozentrechnung spielt jedoch im Gegensatz zur Zinsrechnung die Zeit keine Rolle.

Beispiel:

Der Kunde einer Bank legt 1.500,00 EUR für ein Jahr auf einem Sparkonto an. Der Zinssatz beträgt 2 % pro Jahr.

Lösung mithilfe des Dreisatzes:

100 % - ....

1 % - ....

2 % - ....

Zu beachten:
Bei der Zinsrechnung bezieht sich der angegebene Zinssatz immer auf ein Jahr. Man sagt auch „per anno" (lat. = pro Jahr).

Problem: Kapitalanlage über mehrere Jahre

Beispiel:

Der Kunde einer Bank legt 1.500,00 EUR für 2 ½ Jahre auf einem Sparkonto an. Der Zinssatz beträgt 3,2 % pro Jahr.

Bedingung: Die erwirtschafteten Zinsen hebt der Kunde unverzüglich nach der Gutschrift ab.

Lösung mithilfe des zusammengesetzten Dreisatzes:

Bedingung:

100 EUR - *1 Jahr* - *3,2 EUR Zinsen*
               -         -

Lösung:

x = ...

Allgemein gilt also:

Jahreszinsen = ———————————————— = ————————————————

Leittext Lernschritt 2

Im Gegensatz zur Prozentrechnung spielt bei der Zinsrechnung der Anlagezeitraum offensichtlich eine bedeutende Rolle. Beträgt der Anlagezeitraum genau ein Jahr, so kann man den Zins mit folgender Formel berechnen:

$$\text{Zinsen (Z)} = \frac{\text{Kapital (K)} \bullet \text{Prozentsatz (p)}}{100}$$

Wird der Anlagezeitraum jedoch vergrößert oder verkleinert, muss die Formel entsprechend verändert werden. Bei Anlagezeiträumen von ganzen Monaten gilt:

$$\text{Zinsen (Z)} = \frac{\text{Kapital (K)} \bullet \text{Prozentsatz (p)} \bullet \text{Monate (m)}}{100 \bullet 12}$$

Wird der Anlagezeitraum in Tagen gemessen, gilt die Formel:

$$\text{Zinsen (S)} = \frac{\text{Kapital (K)} \bullet \text{Prozentsatz (p)} \bullet \text{Tage (t)}}{100 \bullet 360}$$

Problem: Kapitalanlage für mehrere Monate

Beispiel:

Der Kunde einer Bank legt 1.500,00 EUR für 2 ½ Monate auf einem Sparkonto an. Der Zinssatz beträgt 3,2 % pro Jahr.

Lösung mithilfe des zusammengesetzten Dreisatzes:

Bedingung:

100 EUR - 12 Monate - 3,2 EUR Zinsen
- -

Lösung:

x = ...

Allgemein gilt also:

Monatszinsen = _____

Problem: Kapitalanlage für mehrere Tage

Beispiel:

Der Kunde einer Bank legt 1.500,00 EUR für 45 Tage auf einem Sparkonto an. Der Zinssatz beträgt 3,2 % pro Jahr.

Zu beachten:

Bei der kaufmännischen Zinsrechnung wird (aus Vereinfachungsgründen) das Jahr mit 360 Tagen gleichgesetzt.

Lösung mithilfe des zusammengesetzten Dreisatzes:

Bedingung:

100 EUR - 360 Tage - 3,2 EUR Zinsen
- -

Lösung:

x = ...

Aufgaben

4. Berechnen Sie die Zinsen für folgende Kapitalanlagen:

   a) 2.500,00 EUR, 3 Monate, 4,5 % p. a.

   b) 5.800,00 EUR, 8 Monate, 2,7 % p. a.

   c) 10.400,00 EUR, 11 Monate, 3,3 % p. a.

   d) 3.200,00 EUR, 25 Tage, 12 % p. a.

   e) 6.750,00 EUR, 96 Tage, 2,5 % p. a.

   f) 12.100,00 EUR, 255 Tage, 2,2 % p. a.

Leittext Lernschritt 3

Natürlich kann man die Zinsformel auch umwandeln. Aus der Formel

$$\text{Zinsen (Z)} = \frac{\text{Kapital (K)} \bullet \text{Prozentsatz (p)} \bullet \text{Tage (t)}}{100 \bullet 360}$$

wird

$$\text{Tage (t)} = \frac{360 \bullet 100 \bullet \text{Zinsen (Z)}}{\text{Kapital (K)} \bullet \text{Prozentsatz (p)}}$$

oder

$$\text{Zinssatz (t)} = \frac{360 \bullet 100 \bullet \text{Zinsen (Z)}}{\text{Kapital (K)} \bullet \text{Tage (t)}}$$

oder

$$\text{Kapital (K)} = \frac{360 \bullet 100 \bullet \text{Zinsen (Z)}}{\text{Prozentsatz (p)} \bullet \text{Tage (t)}}$$

Umstellung der Tageszinsformel:

Natürlich kann man die Zinsformel auch umwandeln. Aus der Formel

$$\text{Zinsen (Z)} = \frac{\text{Kapital (K)} \bullet \text{Prozentsatz (p)} \bullet \text{Tage (t)}}{100 \bullet 360}$$

wird

Tage (t) = _____

oder

Zinssatz (t) = _____

oder

Kapital (K) = _____

Aufgaben

5. Wie viele Tage muss ein Kapital angelegt werden, um folgenden Zinsertrag zu erwirtschaften?

   a) Kapital 5.000,00 EUR, 3,60 % p. a., Zinsertrag 10,00 EUR.

   b) Kapital 7.500,00 EUR, 2,4 % p. a., Zinsertrag 108,00 EUR.

   c) Kapital 22.300,00 EUR, 4,2 % p. a., Zinsertrag 520,33 EUR.

6. Bei welchem Prozentsatz muss das folgende Kapital angelegt werden?

   a) Kapital 4.100,00 EUR, 210 Tage, Zinsertrag 86,10 EUR.

   b) Kapital 3.960,00 EUR, 130 Tage, Zinsertrag 48,66 EUR.

   c) Kapital 82.800,00 EUR, 30 Tage, Zinsertrag 186,30 EUR.

7. Wie hoch muss die Kapitalanlage sein, um bei folgenden Bedingungen den genannten Zins zu erbringen?

   a) 21 Tage, 3,0 % p. a., Zinsertrag 32,76 EUR.

   b) 182 Tage, 2,2 % p. a., Zinsertrag 880,88 EUR.

   c) 329 Tage, 2,5 % p. a., Zinsertrag 4.013,80 EUR.

Leittext Lernschritt 4

Häufig ist die Zeit, in der eine Kapitalanlage erfolgte, nicht in Tagen, Monaten oder Jahren angegeben. Angegeben werden vielmehr das Datum der Einzahlung und das Datum der Auszahlung bzw. das Abrechnungsdatum. Anhand dieser Angaben muss dann erst der Anlagezeitraum berechnet werden. Dabei gelten folgende Regeln:

- Am **ersten Tag** wird das angelegte Kapital nicht verzinst.
- Am **letzten Tag** findet eine Kapitalverzinsung statt.
- Das Abrechnungsjahr hat **360 Tage** (*keine* kalendergenaue Abrechnung).
- Der Abrechnungsmonat hat (immer) **30 Tage**
  (Ausnahme: Die Zinslaufzeit endet am Ende eines Monats. Dann ist die tatsächliche Anzahl der Tage des betreffenden Monats anzusetzen, also 30 bzw. 31 Tage, im Februar 28 bzw. 29 Tage).

Die Monate Januar bis Dezember haben die folgende Anzahl an Tagen:

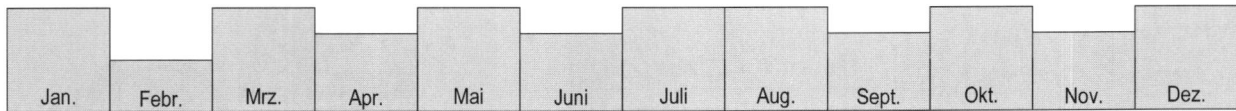

| Jan. | Febr. | Mrz. | Apr. | Mai | Juni | Juli | Aug. | Sept. | Okt. | Nov. | Dez. |

Zur Ermittlung des Anlagezeitraums ermitteln Sie zunächst die Laufzeit vom Einzahlungstag bis zum End des Monats und dann die Restlaufzeit.

<u>Beispiel 1:</u>

Anlagezeitraum vom 10.03. bis 15.07.:

  ①   Vom 10.03. bis zum 15.03:   **5** Tage   (15 Tage - 10 Tage = 5 Tage)

  ②   Vom 01.04. bis zum 30.06.:   **90** Tage   (3 • 30 Tage = 90 Tage)

       Laufzeit: **95** Tage   (5 Tage + 90 Tage = 95)

Beispiel 2:

Anlagezeitraum vom 25.01. bis 05.09.:

①	Vom 25.01. bis zum 30.01:	**5** Tage	(30 Tage - 25 Tage = 5 Tage)
②	Vom 01.02. bis zum 31.08:	**210** Tage	(7 • 30 Tage = 210 Tage)
③	Vom 01.09. bis zum 05.09.:	**5** Tage	(5 Tage - 0 Tage = 5 Tage)
	Laufzeit:	**220** Tage	(5 Tage + 210 Tage + 5 Tage = 222 Tage)

Problem: Ermittlung der Anlagetage

Es gelten folgende Regeln:

- 1 Jahr = 360 Tage
- 1 Monat = 30 Tage
- Sonderregelungen für Monate:
  - ➡ Der 31. Tag eines Monats wird nicht mit- gerechnet, wenn die Laufzeit über den Monat hinweg geht und wenn die Lauf- zeit hier endet.
  - ➡ Der 31. Tag eines Monats wird mitge- rechnet, wenn die Laufzeit hier endet („bis Ende Januar").
  - ➡ Der Februar wird bei Laufzeiten bis zum Ende des Monats mit 28 bzw. 29 Tagen, die übrigen Monate mit 30 Tagen ange- setzt.
  - ➡ Der erste Tag der Laufzeit wird nicht mitgerechnet.

Beispiele:

30.07.	*-*	*31.07.*	*= 1*	*Zinstag*
29.07.	*-*	*02.08.*	*= 3*	*Zinstage*
19.02.	*-*	*28.02.*	*= 9*	*Zinstage*
19.02.	*-*	*01.03.*	*= 12*	*Zinstage*
28.03.	*-*	*05.07.*	*= 97*	*Zinstage*

Berechnungstipps:

01.01. – 16.01.	
01.01. – 16.02.	
15.01. – 26.03.	
16.01. – 10.03.	
22.02. – 01.03.	
15.05. – 06.12.	

Aufgaben

8. Berechnen Sie die Zinstage für folgende Kapitalanlagen:

a) vom 13.03. bis 30.06.   d) vom 04.04. bis 16.12.   g) vom 08.04. bis 27.09.

b) vom 17.05. bis 02.11.   e) vom 12.12.(01) bis 31.03.(02)   h) vom 03.05. bis 16.11.

c) vom 23.09. bis 22.12.   f) vom 12.05. bis 27.08.   i) vom 23.09.(01) bis 23.01.(02)

Leittext Lernschritt 5

Auf einem Sparbuch kann sich im Laufe der Zeit das angelegte Kapital verändern.

<u>Beispiel:</u>

Susanne eröffnet am 12. Januar ihr Konto, indem sie 100,00 EUR einzahlt. Der Zinssatz beträgt 2 % p. a. Am 15. März hat sie wiederum 100,00 EUR gespart und legt das Geld auf ihr Sparbuch. Nach ihrem Geburtstag im Juli kann sie erneut etwas sparen; sie zahlt am 4. Juli 350,00 EUR auf ihr Sparbuch ein. Im August benötigt sie einen neuen CD-Player und hebt daher am 29. Aug. 100,00 EUR von ihrem Sparbuch ab. Wie hoch wird die Zinsgutschrift der Bank am 31.12. ausfallen?

Die Lösung kann ermittelt werden, in dem man sich den Verlauf der Kapitalanlagen auf dem Sparbuch bildlich darstellt:

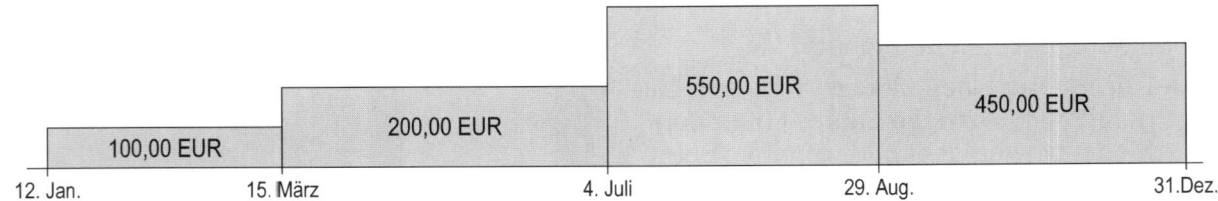

Man kann nun für die einzelnen Bestände die Anlagedauer und damit die Verzinsung berechnen:

① 100,00 EUR, 63 Tage, 2 % p. a. => 0,35 EUR Zinsen

② 200,00 EUR, 109 Tage, 2 % p. a. => 1,21 EUR Zinsen

③ 550,00 EUR, 55 Tage, 2 % p. a. => 1,68 EUR Zinsen

④ 450,00 EUR, 122 Tage, 2 % p. a. => 3,05 EUR Zinsen

  Gesamtertrag 6,29 EUR Zinsen

In der Formeldarstellung ergibt sich:

$$Z = \frac{100 \bullet 63 \bullet 2}{100 \bullet 360} + \frac{200 \bullet 109 \bullet 2}{100 \bullet 360} + \frac{550 \bullet 55 \bullet 2}{100 \bullet 360} + \frac{450 \bullet 122 \bullet 2}{100 \bullet 360} = 6,29 \text{ EUR}$$

Betrachtet man die einzelnen Elemente der zuvor entwickelten Formel, so fällt auf, dass der Zinssatz von 2 % sowie der Divisor 365 mehrmals vorkommt. Man kann diese beiden Werte aus der Formel ausklammern. Es folgt:

$$Z = \left(\frac{100 \bullet 63}{100} + \frac{200 \bullet 109}{100} + \frac{550 \bullet 55}{100} + \frac{450 \bullet 122}{100} \right) \bullet \frac{2}{360}$$

Der Multiplikation mit einem Bruch entspricht die Division mit dessen Kehrwert (es gilt die Regel „Man dividiert durch einen Bruch, in dem man mit dessen Kehrwert multipliziert").

$$Z = \left(\frac{100 \bullet 63}{100} + \frac{200 \bullet 109}{100} + \frac{550 \bullet 55}{100} + \frac{450 \bullet 122}{100} \right) : \frac{360}{2}$$

Die Summanden in der Klammer werden **Zinszahlen** (# = $\frac{\text{Kapital} \bullet \text{Tage}}{100}$), der Bruch wird

$\frac{360}{\text{Zinssatz}}$ **Zinsdivisor** genannt.

Problem: Summarische Zinsrechnung

In der Praxis kommt es vor, dass Zinsen von unterschiedlichen Kapitalhöhen zu einem einheitlichen Zinssatz über eine bestimmte Laufzeit berechnet werden müssen.

Beispiel:

Kapital	Anlagezeitraum	Anlagezeit
18.000,40 EUR	10.01. – 15.08.	
6.750,73 EUR	09.04. – 24.05.	
2.027,30 EUR	04.05. – 10.08.	
13.100,83 EUR	15.06. – 27.08.	

Wie hoch sind die Zinsen für die Kapitalanlagen? Es soll ein Zinssatz in Höhe von 6 % p. a. gelten.

Lösung:

Zunächst können die Zinsen für jede Kapitalanlage gesondert berechnet werden. Es gilt dann:

1.
$z =$

2.
$z =$

3.
$z =$

4.
$z =$

Bei der Lösung fällt auf, dass in jedem Rechenschritt der konstante Zinssatz durch 360 geteilt wird. Dieser Quotient wird Zinsdivisor genannt.

Der Rest des jeweiligen Bruches nennt man Zinszahl (abgekürzt mit #). Ändert man im Zinsdivisor Zähler und Nenner, so erhält man den Zinsteiler. Es gilt also:

Zinsdivisor = _____

Zinsteiler = _____

Zinszahl = _____

Die gesamte Zinshöhe lässt sich mit berechnen:

Zinsen = _____

oder:

Zinsen =

Zu beachten: Die Zinszahlen sind kaufmännisch auf volle Werte zu runden.[*]

Vereinfachend lässt sich die Aufgabe also folgendermaßen lösen:

Kapital	Anlagezeitraun	Tage	#
18.000,40 EUR	10.01. – 15.08.		
6.750,73 EUR	09.04. – 24.05.		
2.027,30 EUR	04.05. – 10.08.		
13.100,83 EUR	15.06. – 27.08.		
	Summe Zinszahlen		

Zinsen =

[*] In den kaufmännischen Abschlussprüfungen werden bei der Berechnung der Zinszahlen die Cent-Beträge des Kapitals nicht in die Berechnung einbezogen. Dieses Vorgehen entspricht jedoch nicht der Praxis und wird hier nicht angewandt.

Aufgaben

9. Ermitteln Sie für folgende Zinssätze die Zinsdivisoren:

a) 3,0 %   c) 4 %   e) 9 %
b) 2,5 %   d) 8 %   f) 12 %

10. Berechnen Sie die folgenden Größen der Tabelle:

	Kapital	Tage	Zinszahlen	Zinssatz	Zinsteiler	Zinsen
a)	3.600,00 EUR	34	?	6,00 %	?	?
b)	4.200,00 EUR	48	?	3,00 %	?	?
c)	6.800,00 EUR	?	21.760	?	?	272,00 EUR
d)	?	72	36.288	?	?	252,00 EUR
e)	4.800,00 EUR	?	4.080	?	120	?
f)	?	90	6.480	?	90	?

11. Errechnen Sie den Zinsertrag bei folgenden Kapitalanlagen. Es gilt ein Zinssatz von 2,5 % p. a. Die Abrechnung soll zum 31.12. erfolgen.

a) Kontoeröffnung: Einzahlung 5.600,00 am 17.03.,
Einzahlung in Höhe von 200,00 EUR am 05.04,
Einzahlung in Höhe von 550,00 EUR am 16.05.,
Auszahlung in Höhe von 700,00 EUR am 28.08.,
Einzahlung in Höhe von 1.200,00 EUR am 02.10.,
Auszahlung in Höhe von 5.000,00 EUR am 15.12.

b) Kontoeröffnung: Einzahlung von 1.000,00 EUR am 04.05.,
Auszahlung in Höhe von 620,00 EUR am 09.07.,
Einzahlung in Höhe von 1.500,00 EUR am 19.07.,
Einzahlung in Höhe von 900,00 EUR am 21.10.,
Auszahlung in Höhe von 1.200,00 EUR am 12.12.

c) Kontoeröffnung: Einzahlung von 1.500,00 EUR am 03.08.,
Einzahlung in Höhe von 2.300,00 EUR am 15.08.,
Auszahlung in Höhe von 1.100,00 EUR am 09.09.,
Auszahlung in Höhe von 900,00 EUR am 18.09.,
Einzahlung in Höhe von 2.700,00 EUR am 19.10.,
Einzahlung in Höhe von 1.900,00 EUR am 02.11.,
Auszahlung in Höhe von 2.200,00 EUR am 27.11.

d) Anfangsbestand Sparkonto am 01.01.: 770,00 EUR[*]
Einzahlung in Höhe von 150,00 EUR am 15.01.,
Einzahlung in Höhe von 200,00 EUR am 05.02.,
Auszahlung in Höhe von 350,00 EUR am 10.04.,
Auszahlung in Höhe von 150,00 EUR am 29.05.,
Einzahlung in Höhe von 740,00 EUR am 06.06.,
Einzahlung in Höhe von 320,00 EUR am 19.07.,
Einzahlung in Höhe von 130,00 EUR am 02.08.,
Auszahlung in Höhe von 720,00 EUR am 27.08.,
Einzahlung in Höhe von 250,00 EUR am 05.11.,
Einzahlung in Höhe von 50,00 EUR am 01.12.

[*] Bitte beachten: Da die Abrechnung für ein ganzes Jahr erfolgt, muss in diesem Fall der 01.01. bei der Bestimmung des Anlagezeitraum mitgerechnet werden.

Bitte beachten: Bei der Berechnung der Zinsen für ein ganzes Jahr wird das Jahr (zur Vereinfachung) mit 360 Tagen angesetzt. Für Anlagezeiträume bis zum 31.12. wird der Dezember daher mit 30 Tagen angesetzt (obwohl die Laufzeit theoretisch am 31.12. endet und dann der Monat mit 31 Tagen angesetzt werden müsste). Dieses Vorgehen wird jedoch angewandt, weil der Anlagenzeitraum über den 31.12. hinausgeht und der Monat Dezember daher - wie bei allen anderen Monaten auch - mit 30 Tagen berücksichtigt wird.

Problem: Zinsberechnung vom vermehrten und verminderten Grundwert

Beispiel 1:

Ein Darlehen wurde am 15. Januar aufgenommen und zusammen mit 3 % Zinsen am 27. Juni mit 1.697,35 EUR zurückgezahlt. Wie hoch war das Darlehen?

Lösung:

Zunächst wird der Jahreszinssatz mithilfe eines Dreisatzes auf die Laufzeit umgerechnet:

360 Tage   -   ....

  1 Tag   -   ....

162 Tage   -   ....

Nun wird mithilfe eines Dreisatzes die Höhe des Zinsgrundwertes ermittelt:

102,25 %   -   ....

100,00 %   -   ....

  2,25 %   -   ....

Beispiel 2:

Unsere Hausbank zahlt einen 6-Monatskredit nach Abzug von 10 % Zinsen und 1 % Bearbeitungsgebühr am 21.04. mit 61.100,00 EUR aus. Wie hoch ist der Kredit, die Zinsen sowie die Gebühren?

Lösung:

Zunächst wird der Jahreszinssatz auf die Laufzeit umgerechnet:

1 Jahr   -   ....

½ Jahr   -   ....

Nun wird die prozentuale Gesamtbelastung ermittelt:

5 % Zinsen + 1 % Gebühren = 6 % Abschlag

Jetzt kann die ursprüngliche Kredithöhe mithilfe eines Dreisatzes ermittelt werden:

 94 %   -   ....

  1 %   -   ....

100 %   -   ....

Anwendungsbeispiele für die einzelnen Zinsmethoden

Die beschriebenen Zinsmethoden sind bei folgenden Anlage-/Kreditformen gebräuchlich:

Deutsche Methode (30 Tage/360 Tage)	Englische, taggenaue Methode (taggenau/taggenau)	Französische Zinsmethode/ Euromethode (taggenau/360 Tage)
○ Deutsche kaufmännische Zinsrechnung ○ Kontokorrentkonten ○ Festgelder ○ Ratenkredite ○ Langfristige Darlehen	○ Deutsche, bürgerliche Zinsrechnung ○ Obligationen ○ Schatzbriefe ○ Festverzinsliche Anleihen	○ Geldanlagen bei der Europäischen Zentralbank ○ Anleihen mit variablem Zins (Floating Rate Notes, „Floater")
Angewendet z. B. in ○ Bundesrepublik Deutschland ○ Norwegen ○ Schweiz ○ Schweden ○ Dänemark	Angewendet z. B. in ○ Großbritannien ○ USA ○ Portugal	Angewendet z. B. in ○ Frankreich ○ Belgien ○ Holland ○ Italien ○ Spanien ○ Österreich

Lektion 1: Die Bilanz

In einer Bilanz wird das .... eines Unternehmens dem Kapital gegenübergestellt.

Unter dem Vermögen versteht man die .... und .... Eigentumswerte des Unternehmens.

Hierzu gehören zum Beispiel:

....

Das Kapital steht für die finanziellen Mittel des Unternehmens. Grundsätzlich kann ein Unternehmen über .... (...............................) und .... Finanzmittel (...............................) verfügen.

Zum Fremdkapital gehören zum Beispiel:

....

....

Vermögen und Kapital werden in der Bilanz in .... gegenübergestellt. Es gilt:

Aktiva	**Eröffnungsbilanz**	Passiva
I. Anlagevermögen	I.	
•	II. Fremdkapital	
•	•	
•	•	
•	•	
II. Umlaufvermögen	•	
•		
•		
•		
•		
•		
....	....	

Die linke Seite der Bilanz ...

- Die linke Seite der Bilanz wird .... genannt.

- Hier findet man die ...., in die das Unternehmen investiert hat.

- Die Vermögenswerte werden hier nach dem Prinzip der .... aufgelistet.
  Dies bedeutet, dass Vermögensteile, die .... im Unternehmen gebunden sind, ganz .... in der Liste stehen. Weiter .... stehen Vermögenswerte, die nur .... Zeit im Unternehmen gebunden sind.

- Zum Anlagevermögen gehören Vermögenswerte, in die das Unternehmen ....
  Kapital investiert hat. Diese Vermögenswerte binden das investierte Kapital für .... Zeit.

- Zum Umlaufvermögen gehören Vermögenswerte, in die das Unternehmen nur .... Kapital investiert hat. Diese Vermögenswerte werden relativ .... wieder in liquide Mittel (Buch- oder Bargeld) umgewandelt, die dann wiederum für neue Investitionen zur Verfügung stehen.

Die rechte Seite der Bilanz ...

- Die rechte Seite der Bilanz wird .... genannt.

- Hier findet man die ...., die dem Unternehmen für Investitionen in das Vermögen zur Verfügung stehen.

- Grundsätzlich kann das Unternehmen Vermögenswerte mit .... oder .... finanzieren.

- Bei Eigenkapitalfinanzierungen wird ein Vermögenswert angeschafft, ohne dass hierfür eine .... gegenüber außen stehenden Dritten (Banken, Lieferanten) eingegangen wird (Finanzierung mit ....).

- Wird ein Vermögenswert angeschafft und hierdurch erhöhen sich die .... gegenüber außen stehenden Dritten (Schulden bei Banken oder Lieferanten), so spricht man von einer .... -finanzierung.

- Das Fremdkapital wird nach dem Prinzip der .... gegliedert. Dies bedeutet, dass .... Schulden oben, ... Schulden weiter unten stehen. Auf diese Weise wird erreicht, dass die Bilanzangaben auf der Aktiv- und der Passivseite zeitlich einander ....

Die Aktiv- und die Passivseite weisen den gleichen Wert auf, weil das Vermögen .... genau gleich groß ist wie das Kapital. Dies liegt daran, dass im Grunde auf beiden Bilanzseiten .... steht.

Es gilt:

Wirtschaftsgut eines Unternehmens (z. B. Rechenmaschine)

Gehört der Gegenstand zum Vermögen des Unternehmens?

Ist der Gegenstand mit Eigen- oder Fremdkapital finanziert?

<u>Aus der Investierungssicht:</u>

Gehört das Wirtschaftsgut zum .... des Unternehmens oder nicht?

<u>Aus Finanzierungssicht:</u>

Ist das Wirtschaftsgut mit .... - und/oder mit .... finanziert?

Bei jedem Vermögenswert kann man feststellen, auf welche Art und Weise er finanziert wurde. Da die Antwort nur „...................................“ oder „...................................“ lauten kann, muss die Aktivseite der Bilanz .... mit der Passivseite ....

Lektion 2: Die Bilanzwertveränderung

Die Bestände der Bilanz ergeben sich aufgrund der Ergebnisse der .... am Bilanzstichtag.

Die Angaben in der Eröffnungsbilanz gelten also nur für den .... (Zeitpunktbezogenheit).

Geschäftsfälle führen dazu, dass sich die Bestände in der Bilanz .... verändern.

Typische .... eines Unternehmens sind:

....

....

Interessant ist nun, welche Auswirkung ein Geschäftsfall auf die Bilanz hat. Grundsätzlich kann es nämlich nur .... Möglichkeiten geben. Dies liegt daran, dass die Bilanzseiten wertmäßig immer .... sein müssen.

Es soll von folgender Bilanz ausgegangen werden:

Aktiv		**Bilanz**	Passiv
BGA	16.000	EK	20.000
Waren	5.000	FK	
Forder.	8.000	Kredit	3.000
Kasse	1.000	Verbindl.	7.000
	30.000		30.000

Möglichkeit 1:

Beispiel

Waren werden für 5.000 EUR gegen Bargeld verkauft.

Lösung:

Ein Bestand der

....

und

ein Bestand der

....

um den gleichen Wert.

Möglichkeit 2:

Beispiel

Um eine Lieferantenschuld begleichen zu können wird ein Kredit in Höhe von 1.000 EUR aufgenommen.

Lösung:

Ein Bestand der

....

und

ein Bestand der

....

um den gleichen Wert.

Aktiv	**Bilanz**		Passiv
BGA	16.000	EK	20.000
⊖ Waren	0	FK	
Forder.	8.000	Kredit	3.000
⊕ Kasse	6.000	Verbindl.	7.000
	30.000		30.000

Fachbegriff: ....

Die Bilanzsumme bleibt ....

Aktiv	**Bilanz**		Passiv
BGA	16.000	EK	20.000
Waren	6.000	FK	
Forder.	8.000	Kredit	4.000 ⊕
		Verbindl.	6.000 ⊖
	30.000		30.000

Fachbegriff: ....

Die Bilanzsumme bleibt ....

Möglichkeit 3:

Beispiel

Waren werden für 2.000 EUR auf Ziel eingekauft.

Lösung:

Ein Bestand der

....

und

ein Bestand der

....

um den gleichen Wert.

Aktiv	**Bilanz**		Passiv
BGA	16.000	EK	20.000
⊕ Waren	7.000	FK	
Forder.	8.000	Kredit	3.000
Kasse	1.000	Verbindl.	9.000 ⊕
	32.000		32.000

Fachbegriff: ....

Die Bilanzsumme .... sich.

Möglichkeit 4:

Beispiel

Eine Lieferantenschuld in Höhe von 500 EUR wird bar beglichen.

Lösung:

Ein Bestand der

....

und

ein Bestand der

....

um den gleichen Wert.

Aktiv	**Bilanz**		Passiv
BGA	16.000	EK	20.000
Waren	5.000	FK	
Forder.	8.000	Kredit	3.000
⊖ Kasse	500	Verbindl.	6.500 ⊖
	29.500		29.500

Fachbegriff: ....

Die Bilanzsumme .... sich.

Andere Möglichkeiten kann es grundsätzlich nicht geben, da die Bilanz wertmäßig immer im .... sein muss.

Jeder Geschäftsfall kann somit einer der folgenden Bilanzwertveränderungen zugeordnet werden:

1. ....:

    Es kommt zu einer Veränderung im .... des Unternehmens
    (Verbesserung oder Verschlechterung der ....)

2. ....:

    Es kommt zu einer Veränderung des .... des Unternehmens
    (Verbesserung oder Verschlechterung der Abhängigkeit von ....)

3. ....:

    Es kommt zu einer wertmäßigen .... des Vermögens und des Kapitals.
    Der Vermögenszuwachs kann dabei mit .... oder mit ....
    Mitteln finanziert worden sein.

4. ....:

    Es kommt zu einer wertmäßigen .... des Vermögens und zu einer
    gleichzeitigen .... Vermögenswerte können zum Beispiel zur
    Tilgung (Rückzahlung) von Schulden genutzt worden sein.

Lektion 3: Die Bestandskonten

> Bestände sind bewertete Mengen. Oder einfacher: Das was jetzt vorhanden ist...

Bestandskonten werden aus der .... abgeleitet.

Für jeden Vermögens- und für jeden Kapitalbestand wird ein eigenes .... eröffnet.

Aktiva	**Eröffnungsbilanz**	Passiva
I. Anlagevermögen		I. Eigenkapital
II. Umlaufvermögen		II. Fremdkapital
Bilanzsumme		Bilanzsumme

Die Bestände der Aktivseite (Vermögensbestände) der Bilanz werden in .... übertragen.

.... enthalten die .... des Unternehmens.

Soll	**Aktivkonto**	Haben
....		

Die Bestände der Passivseite (Eigen- und Fremdkapital) werden in .... übertragen.

.... enthalten die .... des Unternehmens.

Soll	**Passivkonto**	Haben
	....	

Achtung: Bitte beachten! Der Anfangsbestand wird bei Aktivkonten auf der Sollseite, bei Passivkonten jedoch auf der Habenseite eingetragen („Spiegelbildlich").

Bei .... gilt nun:
- Mehrungen werden im .... eingetragen.
- Minderungen werden im .... eingetragen.
- Der Schlussbestand („Saldo") steht immer (!) auf der ....

Soll	**Aktivkonto**	Haben

Bei .... gilt nun:
- Mehrungen werden im .... eingetragen.
- Minderungen werden im .... eingetragen.
- Der Schlussbestand („Saldo") steht immer (!) auf der ....

Soll	**Passivkonto**	Haben

Dass Aktiv- und Passivkonten spiegelbildlich aufgebaut sind liegt daran, dass es grundsätzlich nur .... Bilanzwertveränderungen gibt und dass diese immer zu einer Veränderung bei einem Konto im .... und bei einem anderen Konto im .... führen.

Durch diese Regelung kann jeder Geschäftsvorgang in einen einheitlichen .... umgewandelt werden. Dieser lautet immer

„..".

Dies bedeutet: • Nenne das Konto, das durch den Geschäftsvorgang im .... berührt wird, als Erstes.

                     • Nenne das Konto, das durch den Geschäftsvorgang im .... berührt wird, als Zweites.

                     • Verbinde beide Kontennamen durch das Wort „*an*".

Beweis:

	Bilanzwertveränderung	Veränderung 1. Konto	Veränderung 2. Konto
1.	Aktiv-Tausch	S **Aktivkonto** H	S **Aktivkonto** H
2.	Passiv-Tausch	S **Passivkonto** H	S **Passivkonto** H
3.	Aktiv-Passiv-Mehrung	S **Aktivkonto** H	S **Passivkonto** H
4.	Aktiv-Passiv-Minderung	S **Aktivkonto** H	S **Passivkonto** H

Am Ende des Geschäftsjahres werden die Endbestände der Bestandskonten in das
.... (..............) übernommen. Hierzu wird ein so genannter
.... -buchungssatz gebildet.

Dieser lautet bei Aktivkonten: Dieser lautet bei Passivkonten:

.... an .... an ....

Soll	**Aktivkonto**	Haben

Soll	**Passivkonto**	Haben

Aktiva	....	Passiva

Übung 1

MEIN TIPP!

Soll	Aktivkonto	Haben	Soll	Passivkonto	Haben
AB (+)		(−) EB	(−)		AB (+) EB

Übungsaufgabe Rechnungswesen	Buchung auf Bestandskonten								
Beleg / Geschäftsfall	1. Konto			2. Konto *Die Reihenfolge der genannten Konten spielt keine Rolle!*			Buchungssatz		Liquiditäts-veränderung	EK-/FK-veränderung
	Bezeichnung	Kontenart	Veränderung	Bezeichnung	Kontenart	Veränderung	Soll	Haben		
1. Quittung: Kauf eines Druckers für die Verwaltung	BGA	Aktivk.	Mehrung	Kasse	Aktivk.	Minderung	BGA	Kasse	Verringer.	keine
2. Eingangsrechnung: Kauf eines Computers für die Verwaltung										
3. Kontoauszug: Ausgleich der Rechnung aus Fall 2.										
4. Kopie der Ausgangsrechnung: Verkauf eines gebrauchten Pkw.										
5. Kontoauszug: Ausgleich der Rechnung aus Fall 4.										
6. Kontoauszug: Aufnahme eines Darlehens zu Verringerung eines Sollsaldos auf dem Bankkonto.										
7. Kontoauszug: Tilgung eines Darlehens.										
8. Eigenbeleg: Der Unternehmer entnimmt Bargeld für priv. Zwecke.										
9. Eigenbeleg: Im Rahmen der Inventur wird bei den Waren ein Fehlbestand ermittelt.										
10. Quittungskopie: Verkauf eines gebrauchten Druckers.										
11. Gutschrift: Autohaus gewährt Preisnachlass (Mängelrüge).										
12. Kontoauszug: Ein Kredit wird in ein Darlehen umgewandelt.										

Übung 2

Aufgabe 1

Bilden Sie die Buchungssätze für folgende Geschäftsvorgänge.

a) Eingangsrechnung: Kauf eines neuen PKW.
b) Kontoauszug: Einzahlung der Tageseinnahmen.
c) Quittung: Kauf eines neuen Computers inklusive Drucker.
d) Eingangsrechnung: Kauf von Rohstoffen.
e) Kontoauszug: Ausgleich der Rechnung aus Fall d).
f) Ausgangsrechnung: Verkauf einer gebrauchten Maschine.
g) Mängelrüge: Rücksendung der Rohstoffe aus Fall d) aufgrund einer Falschlieferung.
h) Ausgangsrechnung: Verkauf einer gebrauchten Computeranlage.
i) Kontoauszug: Gutschrift zu Fall h).
j) Kontoauszug: Aufnahme eines Darlehens, welches dem Bankkonto gutgeschrieben wird.
k) Kontoauszug: Zur Überbrückung eines Liquiditätsengpasses (das Konto war überzogen und wies daher einen Sollsaldo auf) wurde ein Darlehen aufgenommen.
l) Kontoauszug: Rückzahlung einer Darlehensrate (Fall j) durch Banküberweisung.
m) Kontoauszug: Ausnutzung des Dispositionsrahmens zum Ausgleich einer Lieferantenverbindlichkeit.
n) Mängelrüge: Der Kunde aus Fall h) sendet uns einen Teil der Computeranlage zurück, da diese defekt ist. Wir korrigieren daraufhin die ursprüngliche Buchung.
o) Korrekturbuchung: Eine Eingangsrechnung für Betriebsstoffe wurde versehentlich als Ausgangsrechnung gebucht. Diese Buchung ist zu korrigieren und die richtige Buchung zu bilden.

Aufgabe 2

Sortieren und gliedern Sie folgende Vermögens- und Schuldenwerte gemäß § 240 HGB:

- Verbindlichkeiten a. L. u. L.
- Bank
- Grundstücke
- Fuhrpark
- Forderungen a. L. u. L.
- Kasse
- Fertige Erzeugnisse
- Techn. Anlagen und Maschinen
- Betriebs- und Geschäftsausstattung
- Hypotheken
- Werkstoffe
- Darlehen
- Gebäude
- Unfertige Erzeugnisse
- Handelsware
- Eigenkapital

Aufgabe 3

Entscheiden Sie bei den folgenden Geschäftsvorgängen, ob sich [1] die Bilanzsumme erhöht, [2] die Bilanzsumme verringert oder [3] die Bilanzsumme unverändert bleibt.

a) Eingangsrechnung: Kauf einer Computeranlage für die Verwaltung.
b) Kontoauszug: Rückzahlung einer Darlehensrate.

c) Bankquittung: Kauf von Aktien eines Unternehmens, welches neu an der Börse gehandelt wird.
d) Ausgangsrechnung: Verkauf eines gebrauchten Lkw.
e) Kontoauszug: Bankgutschrift zu Fall d).
f) Kontoauszug: Ausgleich der Rechnung aus Fall a).
g) Quittung: Kauf mehrerer Schreibtischlampen.
h) Eingangsrechnung: Kauf diverser Büromöbel.
i) Mängelrüge: Rücksendung eines Teils der unter h) gekauften Büromöbel (Falschlieferungen).
j) Kontoauszug: Der Unternehmer tätigt zur Überbrückung eines Liquiditätsengpasses eine Privateinlage.

Aufgabe 4

Entscheiden Sie bei den folgenden Geschäftsvorgängen, ob diese zu einer [1] Liquiditätserhöhung oder [2] Liquiditätsver-ringerung führen. Vergeben Sie eine [9], wenn sich die Liquidität durch den Geschäftsvorgang nicht verändert.

a) Eingangsrechnung: Kauf von diversen Hilfsstoffen.
b) Quittung: Kauf diverser Lagerregale.
c) Kontoauszug: Ausgleich einer Eingangsrechnung.
d) Kontoauszug: Aufnahme eines Darlehens.
e) Ausgangsrechnung: Verkauf von fertigen Erzeugnissen.
f) Kontoauszug: Ausgleich eines Kredits.
g) Quittierte Eingangsrechnung: Kauf eines neuen Computermonitors.
i) Mängelrüge: Rücksendung von Rohstoffen an den Lieferanten aufgrund einer Falschlieferung.
j) Kontoauszug: Der Unternehmer tätigt zur Überbrückung eines Liquiditätsengpasses eine Privateinlage.
k) Kontoauszug: Zinsgutschrift für Kapitalanlage.
l) Quittierte Ausgangsrechnung: Aushändigung fertiger Erzeugnisse an einen Spediteur, der vom Kunden mit der Ablieferung beauftragt wurde.
m) Eigenbeleg: Der Unternehmer entnimmt 100 € für private Zwecke aus der Kasse.

Aufgabe 5

Welche Geschäftsvorgänge liegen diesen Buchungen zu Grunde? Nennen Sie den zu Grunde liegenden Geschäftsvorgang und den zu buchenden Beleg.

a) Kasse	an	Bank
b) BGA	an	Kasse
c) Verbindlichkeiten	an	Bank
d) Forderungen	an	BGA
e) EK	an	Bank
f) Rohstoffe	an	Verbindlichkeiten
g) Darlehen	an	Bank
h) Fuhrpark	an	Kasse
i) Maschinen	an	Forderungen
j) Bank	an	Kasse
k) Bank	an	Forderungen

Übung 3

1. Aufgabe

Nennen Sie für jeden Geschäftsvorgang die beiden <u>beiden</u> Bilanzbestände, die verändert werden und entscheiden Sie, wie sich diese Bestände verändern.

a) Eingangsrechnung: Kauf eines neuen PC für die Verwaltung.

b) Kontoauszug: Eine Hypothek wird ausgeglichen.

c) Quittung: Kauf eines neuen Schreibtischstuhles für die Verwaltung.

d) Eingangsrechnung: Kauf einer neuen Werkbank für die Produktion.

e) Eigenbeleg: Der Unternehmer entnimmt Bargeld für private Zwecke.

f) Ausgangsrechnung: Verkauf einer gebrauchten Maschine zum Buchwert an einen Schrotthändler.

g) Kontoauszug: Der Händler aus Fall f) gleicht die Rechnung aus.

h) Kontoauszug: Rechnungsausgleich zu Fall d).

i) Eigenbeleg: Ein Pkw, der bisher als Geschäftswagen genutzt wurde, wird verschrottet.

j) Eingangsrechnung: Kauf eines neuen Geschäftswagens.

k) Kontoauszug: Zur Finanzierung des Geschäftswagens (Fall j) wird ein Kredit aufgenommen.

l) Quittung: Verkauf von gebrauchten Winterreifen des alten Geschäftswagens zum Buchwert.

2. Aufgabe

Entscheiden Sie bei den folgenden Geschäftsvorgängen, welche Art von Bilanzwertveränderung vorliegt.

a) Eingangsrechnung: Kauf eines neuen Lieferwagens.

b) Quittung: Verkauf eines gebrauchten Computers aus der Verwaltung zum Buchwert.

c) Kontoauszug: Rückzahlung einer Darlehensrate.

d) Ausgangsrechnung: Verkauf von Waren.

e) Kontoauszug: Der Kunde aus Fall d) gleicht die Rechnung aus.

f) Schreiben der Bank: Zum Ausgleich einer Lieferantenschuld wird ein Kredit aufgenommen.

g) Quittung: Kauf einer neuen Telefonanlage.

h) Eingangsrechnung: Kauf von Rohstoffen.

i) Eigenbeleg: Im Rahmen der Inventur im Lager wird bei den Waren ein Fehlbestand festgestellt.

j) Kontoauszug: Erhöhung der Barliquidität.

3. Aufgabe

Bilden Sie die Buchungssätze zu den folgenden Geschäftsvorgängen.

a) Quittung: Kauf eines neuen Schreibtisches für die Verwaltung.

b) Eingangsrechnung: Kauf von Waren.

c) Kontoauszug: Rechnungsausgleich zu Fall b.

d) Ausgangsrechnung: Verkauf einer gebrauchten Telefonanlage zum Buchwert.

e) Kontoauszug: Rechnungsausgleich zu Fall d.

f) Kontoauszug: Rückzahlung eines Kredites.

g) Kontoauszug: Kunde gleicht Rechnung aus.

h) Quittung: Verkauf einer gebrauchten CNC-Maschine.

i) Eingangsrechnung: Kauf von Waren.

j) Eigenbeleg: Im Rahmen der Jahresinventur wird bei den Warenbeständen ein Fehlbestand festgestellt.

k) Kontoauszug: Einzahlung der Tageseinnahmen.

l) Schreiben der Bank: Zur Begleichung eines fälligen Kredites wird ein Darlehen aufgenommen.

m) Kontoauszug: Ausgleich einer Lieferantenrechnung.

n) Ausgangsrechnung: Verkauf einer Lagerhalle, die nicht mehr benötigt wird, zum Buchwert.

4. Aufgabe

In der Buchhaltung Ihres Unternehmens liegen am 31.12.20.. (Bilanzstichtag) folgende Konten vor:

S	BGA	H
AB 832.000		92.400
114.200		
88.600		

S	Waren	H
AB 52.300		2.800
41.700		38.500
52.800		

S	Bank	H
AB 104.000		71.100
58.800		98.700
24.400		

S	Kasse	H
AB 8.800		1.100
2.800		5.300
700		

S	Forderungen	H
AB 98.000		162.000
47.700		
26.400		

S	Verbindlichkeiten	H
72.900	AB	54.900
		1.200
		178.400

Die körperliche Inventur zum Bilanzstichtag ergab folgende Ergebnisse:

BGA	942.300,00 EUR
Waren	104.500,00 EUR
Kasse	6.000,00 EUR

a) Ermitteln Sie die Bestände, die in die Schlussbilanz übernommen werden müssen.

b) Ermitteln Sie die Soll-Ist-Abweichungen, die bei einigen Beständen aufgetreten sind und nennen Sie Gründe, die diese Abweichungen ausgelöst haben könnten.

c) Erklären Sie, auf welche Weise (Inventurverfahren/Inventurarten) die sechs genannten Bestände im Rahmen der Inventur erfasst werden.

d) Erstellen Sie mithilfe der sechs Konten eine „kleine" Schlussbilanz und ermitteln Sie die Höhe des Eigenkapitals.

e) Wie lauten die Buchungssätze für den Abschluss der sechs Konten?

Lektion 4: Der Kontenabschluss

Informationstext

Der Abschlussbuchungssatz

Bisher haben Sie gelernt, dass in einem Buchungssatz zunächst ein Konto im Soll und dann ein Konto im Haben gebucht wird. Diese Regel soll auch beim Abschluss von Bestandskonten aufrecht erhalten bleiben. Sie haben darüber hinaus auch bereits gelernt, dass der Endbestand von Vermögens- und Schuldenbeständen sich nicht (allein) aufgrund der Ergebnisse der Buchhaltung ermitteln lässt, da in der Buchhaltung lediglich Soll-Bestände ermittelt werden können. Der Wert des Endbestandes ergibt sich jedoch durch eine Inventur zum Bilanzstichtag. Fasst man beide Regeln zusammen, so wird klar, dass als Endbestand in der Schlussbilanz lediglich der Ist-Bestand Gültigkeit hat. Dieser Wert muss daher auch im Hauptbuch als Schlussbestand gebucht werden. Um diesen Zusammenhang besser zu verstehen soll folgendes Beispiel dienen:

Alternative 1: Soll- und Istbestand eines Vermögenswertes stimmen überein.

In der Buchhaltung wird beim Rohstoffbestand ein Endbestand am Bilanzstichtag in Höhe von 15.400,00 € geführt. Dieser Wert wird auch im Rahmen der Inventur ermittelt. Als Schlussbestand muss somit der Wert von 15.400,00 € eingebucht werden. Der Endbestand bei Aktivkonten steht immer auf der Habenseite, d. h. der Buchungssatz für die Abschlussbuchung muss im Haben das Konto „Rohstoffe" berühren. Da jeder Buchungssatz aber auch eine Buchung im Soll haben muss, bildet man ein geeignetes Gegenkonto für den Abschlussbuchungssatz. Dieses Gegenkonto wird „Schlussbilanzkonto" (kurz: SBK) genannt. Der Buchungssatz für den Abschluss des Kontos „Rohstoffe" lautet dann:

SBK an Rohstoffe   15.400,00 € an 15.400,00 €

Konto „Rohstoffe" **vor** der Abschlussbuchung   Konto „Rohstoffe" **nach** der Abschlussbuchung

Soll	Rohstoffe		Haben
Anfangsbestand	16.200,00	Minderungen	6.100,00
Mehrungen	5.300,00		

Soll	Rohstoffe		Haben
Anfangsbestand	16.200,00	Minderungen	6.100,00
Mehrungen	5.300,00	SBK (Endbestand)	15.400,00
Kontensumme	21.500,00	Kontensumme	21.500,00

Buchungssatz:
SBK an Rohstoffe

Soll	Schlussbilanzkonto		Haben
Rohstoffe	15.400,00		

Nach Durchführung des Abschlussbuchungssatzes wird deutlich, dass das Konto richtig abgeschlossen wurde, schließlich weist die Sollseite des Rohstoffkontos denselben Wert wie die Habenseite auf.

*Alternative 2: Soll- und Istbestand eines Vermögenswertes stimmen **nicht** überein.*

In der Buchhaltung wird beim Rohstoffbestand ein Endbestand am Bilanzstichtag in Höhe von 15.400,00 € geführt. Im Rahmen der Inventur wird jedoch festgestellt, dass der tatsächliche Bestand bei 15.100,00 € liegt. Es ist also zu einer Soll-Ist-Abweichung in Höhe von 300,00 € gekommen, die z. B. auf einen Diebstahl oder den Verderb von Rohstoffen zurückzuführen ist.

In diesem Fall muss das Konto „Rohstoffe" mit einem Wert von 15.100,00 € abgeschlossen werden. Der Buchungssatz würde also lauten:

SBK an Rohstoffe   15.100,00 € an 15.100,00 €

*Konto „Rohstoffe" **vor** der Abschlussbuchung*   *Konto „Rohstoffe" **nach** der Abschlussbuchung*

Soll	**Rohstoffe**	Haben
Anfangsbestand 16.200,00	Minderungen	6.100,00
Mehrungen 5.300,00		

Soll	**Rohstoffe**	Haben
Anfangsbestand 16.200,00	Minderungen	6.100,00
Mehrungen 5.300,00		300,00
	SBK (Endbestand)	15.100,00
Kontensumme 21.500,00	Kontensumme	21.500,00

Buchungssatz:
SBK an Rohstoffe

Soll	**Schlussbilanzkonto**	Haben
Rohstoffe	15.100,00	

Nun würde jedoch auffallen, dass der Wert des Abschlussbuchungssatzes nicht mit dem Schlussbestand des Kontos „Rohstoffe" übereinstimmt. Der Abschlussbuchungssatz deckt somit eine Soll-Ist-Abweichung in der Buchhaltung auf. Um das Konto richtig abschließen zu können, muss somit zunächst ein Korrekturbuchungssatz für die Abweichung gebildet werden. Da es sich um einen Verlust bei den Rohstoffen handelt, der nicht aufgeklärt wurde, muss der Unternehmer mit seinem Eigenkapital dafür haften. Der Korrekturbuchungssatz lautet sodann:

Eigenkapital an Rohstoffe   300,00 € an 300,00 €

Es ergibt sich dann im Hauptbuch folgendes Bild:

*Konto „Rohstoffe" **vor** der Abschlussbuchung*   *Konto „Rohstoffe" **nach** der Abschlussbuchung*

Soll	**Rohstoffe**	Haben
Anfangsbestand 16.200,00	Minderungen	6.100,00
Mehrungen 5.300,00		

Soll	**Rohstoffe**	Haben
Anfangsbestand 16.200,00	Minderungen	6.100,00
Mehrungen 5.300,00	SBK (Endbestand)	15.100,00
		300,00
Kontensumme 21.500,00	Kontensumme	21.500,00

Soll	**Eigenkapital**	Haben
Rohstoffe	300,00	Anfangsbestand

Soll	**Schlussbilanzkonto**	Haben
Rohstoffe	15.100,00	

Das Schlussbilanzkonto besitzt somit eine wichtige Funktion im Hauptbuch.

Generell kann zusammengefasst werden:

Der Abschlussbuchungssatz für Vermögenskonten lautet: SKB an Vermögenskonto

Der Abschlussbuchungssatz für Kapitalkonten lautet: Kapitalkonto an SBK

Übungsaufgaben

1. Aufgabe

Übertragen Sie folgende Tabelle eines Grundbuchs in Ihr Heft (mit vierundzwanzig Buchungsspalten).

GRUNDBUCH				
Buchungs-nummer	Buchung Konto Soll	Buchung Konto Haben	Buchung Wert Soll	Buchung Wert Haben

Erstellen Sie sodann in Ihrem Heft auf einer gesonderten Seite ein Hauptbuch, indem Sie Konten mit folgenden Anfangsbeständen eröffnen.

Technische Anlagen und Maschinen 320.000,00 €, Betriebs- und Geschäftsausstattung 277.800,00 €, Fuhrpark 180.000,00 €, Rohstoffe 128.700,00 €, Betriebsstoffe 95.400,00 €, Fertige Erzeugnisse 54.400,00 €, Forderungen 78.900,00 €, Bankguthaben Commerzbank 54.400,00 €, Bankguthaben Postbank 32.900,00 €, Kassenbestand 6.900,00 €, Darlehen 501.100,00 €, Kredite 147.700,00 €, Verbindlichkeiten 81.400,00 €.

Buchen Sie sodann folgende Geschäftsvorgänge im Grund- und im Hauptbuch:

a) Eingangsrechnung: Kauf eines neuen LKW, Wert 59.900,00 €.

b) Kontoauszug Commerzbank: Ausgleich einer Verbindlichkeit in Höhe von 5.500,00 €.

c) Kontoauszug Postbank: Kunde gleich Rechnung in Höhe von 10.400,00 € aus.

d) Quittung: Kauf mehrerer Schreibtischlampen, Wert 2.100,00 €.

e) Kontoauszug Commerzbank: Zahlung einer Kreditrate in Höhe von 8.000,00 €.

f) Ausgangsrechnung: Verkauf einer gebrauchten Maschine für 4.500,00 €.

g) Kunde aus Fall f) überweist das Geld auf das Konto bei der Postbank.

h) Eingangsrechnung: Kauf einer neuen Maschine, Wert 20.000,00 €.

i) Kontoauszug Postbank: Überweisung von 10.000,00 € auf das Konto bei der Commerzbank.

j) Quittung: Kauf von Betriebsstoffen, Wert 1.500,00 €.

Nachdem Sie alle Geschäftsvorgänge gebucht haben, ermitteln Sie bitte die Endbestände (Salden) in allen Konten.

2. Aufgabe

In einem Unternehmen liegen zum Beginn des Geschäftsjahres aufgrund einer Inventur folgende Anfangsbestände vor:

Gebäude und Grundstücke 3.658.800,00 €, Maschinen und Anlagen 1.987.700,00 €, Betriebs- und Geschäftsausstattung 1.880.200,00 €, Rohstoffbestand 495.500,00 €, Betriebsstoffbestand 278.400,00 €, Bestand an fertigen Erzeugnissen 298.800,00 €, Forderungen 514.200,00 €, Bankguthaben bei der Postbank 301.700,00 €, Bankguthaben bei der Commerzbank 259.800,00 €, Kassenbestand 5.600,00 €, Hypotheken 2.056.600,00 €, Darlehen 3.988.200,00 €, Kredite bei der Postbank 290.800,00 €, Kredite bei der Commerzbank 155.600,00 €, Verbindlichkeiten 396.700,00 €.

Innerhalb des Geschäftsjahres kommt es zu folgenden Geschäftsvorgängen.

a) Eingangsrechnung: Kauf von Bürotischen für die Verwaltung, Gesamtwert 16.800,00 €.

b) Kontoauszug Commerzbank: Rückzahlung einer Darlehensrate, 100.000,00 €.

c) Ausgangsrechnung: Verkauf einer gebrauchten Maschine, Gesamtwert 120.000,00 €.

d) Quittung: Einkauf von Rohstoffen zum Gesamtwert von 2.900,00 €.

e) Kontoauszug Postbank: Ausgleich einer Eingangsrechnung, 9.700,00 €.

f) Kontoauszug Commerzbank: Ein Kunde gleich eine Rechnung aus, 5.200,00 €.

g) Eingangsrechnung: Kauf einer neuen Maschinen für 292.000,00 €.

h) Kontoauszug Postbank: Ausgleich der Rechnung aus Fall g).

i) Kontoauszug Commerzbank: Überweisung von 100.000,00 € auf das Bankkonto bei der Postbank.

j) Kontoauszug Commerzbank: Ausgleich einer Kreditrate bei der Commerzbank, 50.000,00 €.

k) Kontoauszug Commerzbank: Kunde gleicht Rechnung aus, 230.000,00 €.

l) Kontoauszug Commerzbank: Für die Portokasse werden 500,00 € abgehoben.

1. Erstellen Sie eine Eröffnungsbilanz anhand der vorliegenden Inventurdaten. Berechnen Sie die Höhe des Eigenkapitals durch Saldierung.

2. Übertragen Sie die Anfangsbestände in Aktiv- und Passivkonten.

3. Bilden Sie die Buchungssätze zu den oben genannten Geschäftsfällen und übertragen Sie die Bestandsveränderungen in die entsprechenden Bestandskonten.

4. Ermitteln Sie die Endbestände der Aktiv- und Passivkonten.

5. Erstellen Sie eine Schlussbilanz für das Ende des Geschäftsjahres aufgrund der ermittelten Salden. Es wird davon ausgegangen, dass keine Soll-Ist-Abweichungen vorliegen.

Lektion 1: Sinn und Wesen der Umsatzbesteuerung

Situation

Sie sind als Auszubildende/r in der Finanzbuchhaltung des Bekleidungsherstellers Heller Natur GmbH, Düsseldorf, eingesetzt. Heute sollen Sie die Bedeutung und die buchhalterische Erfassung der Umsatzsteuer kennen lernen.

Aufgaben

1. Lesen Sie sich zunächst den in der Anlage (S. 78) abgebildeten Auszug aus dem Umsatzsteuergesetz (UStG) durch. Fassen Sie sodann die wichtigsten Inhalte in einer Übersicht zusammen.

2. Aus Sicht eines Unternehmens wird die Umsatzsteuer häufig auch als „durchlaufender Posten" verstanden. Erklären Sie, was darunter zu verstehen ist.

3. Füllen Sie die Abbildung auf Seite 76 vollständig aus.

4. Welche Anforderungen werden gemäß Umsatzsteuergesetz an umsatzsteuerrechtlich relevante Rechnungen gestellt?

5. Betrachten Sie die Belege 1 bis 7 in der Anlage. Stellen Sie fest, um welche Art von Belegen es sich handelt und buchen Sie diese sodann im Grundbuch.

6. Sie haben für einen Monat die Konten „Vorsteuer" und „Umsatzsteuer" geführt. Am 31.01. ergibt sich folgendes Ergebnis:

Soll	Vorsteuer		Haben		Soll	Umsatzsteuer		Haben
...	32.500,00	...	5.300,00		...	8.200,00	...	59.100,00

Nehmen Sie alle nötigen Buchungen vor.

7. Nachdem Sie die Konten „Vorsteuer" und „Umsatzsteuer" einen Monat geführt haben, liegt Ihnen am 30.06. folgendes Ergebnis vor:

Soll	Vorsteuer		Haben		Soll	Umsatzsteuer		Haben
...	51.200,00	...	1.100,00		...	5.900,00	...	46.200,00

Nehmen Sie erneut alle nötigen Buchungen vor.

ZU IHRER INFORMATION: Kennen Sie den Unterschied zwischen einem Esel und einem Maultier?

Wer sein Wissen aus dem Biologieunterricht nicht vollständig verloren hat, kann es leicht erklären: Die Eltern eines Esels sind eine Eselstute und ein Eselhengst. Dagegen ist das Maultier eine Kreuzung zwischen einem Eselhengst und einer Pferdestute. Doch so biologisch einfach ist die Sache für die Bürokraten in Berlin leider nicht. Sie erklären den Unterschied quasi mit dem Beitrag zum Etat des Finanzministers: Für Esel gilt nämlich der volle Mehrwertsteuersatz von derzeit 16 und ab Januar 19 Prozent, während das Maultier mit dem ermäßigten Satz von 7 Prozent besteuert wird. Das ist nur eine der für den Normalbürger nicht immer nachvollziehbaren Unterscheidungen, die fleißige Beamte des Bundesfinanzministeriums aufgelistet haben. Akribisch legen Sie fest, für welche Produkte und Dienstleistungen welcher Mehrwertsteuersatz gilt. Der ermäßigte Steuersatz, der 2007 nicht erhöht wird, kommt etwa bei Lebensmitteln, Gütern des täglichen Bedarfs oder Büchern zur Anwendung und soll Steuerbürger mit niedrigem Einkommen entlasten. Sozialen Ausgleich nennen das die Politiker im Zusammenhang mit der vom Bundestag beschlossenen Mehrwertsteuererhöhung gerne.

Zwei Beispiele zeigen die Logik: Krabben und Garnelen, diese wohlschmeckenden Meerestiere für Freunde der gehobenen Küche, unterliegen dem ermäßigten Steuersatz - wohl wegen des sozialen Ausgleichs. Die ebenso exklusive Languste kommt aber nicht in den Genuss der Steuerermäßigung. Auch bei den bei Gourmets so beliebten Pilzen und Trüffeln gibt es feine Unterschiede. Sind sie mit Essig oder Essigsäure zubereitet oder haltbar gemacht, gilt der normale Steuersatz. Ein sozialer Ausgleich wird hingegen geschaffen, wenn die Pilze anders als mit Essig oder Essigsäure zubereitet sind. Alles klar?

Die Büroberufe 06/2006 (L. Kurz)

8. Nachdem Sie die Konten „Vorsteuer" und „Umsatzsteuer" für den Dezember geführt haben, liegt Ihnen am 31.12. folgendes Ergebnis vor:

Soll	Vorsteuer	Haben		Soll	Umsatzsteuer	Haben
...	42.800,00	... 2.200,00		...	3.700,00	... 66.900,00

Nehmen Sie erneut alle nötigen Buchungen vor. Beachten Sie, dass der 31.12. der Bilanzstichtag Ihres Unternehmens ist.

9. Erklären Sie, was man unter einer Umsatzsteuervoranmeldung zu verstehen hat.

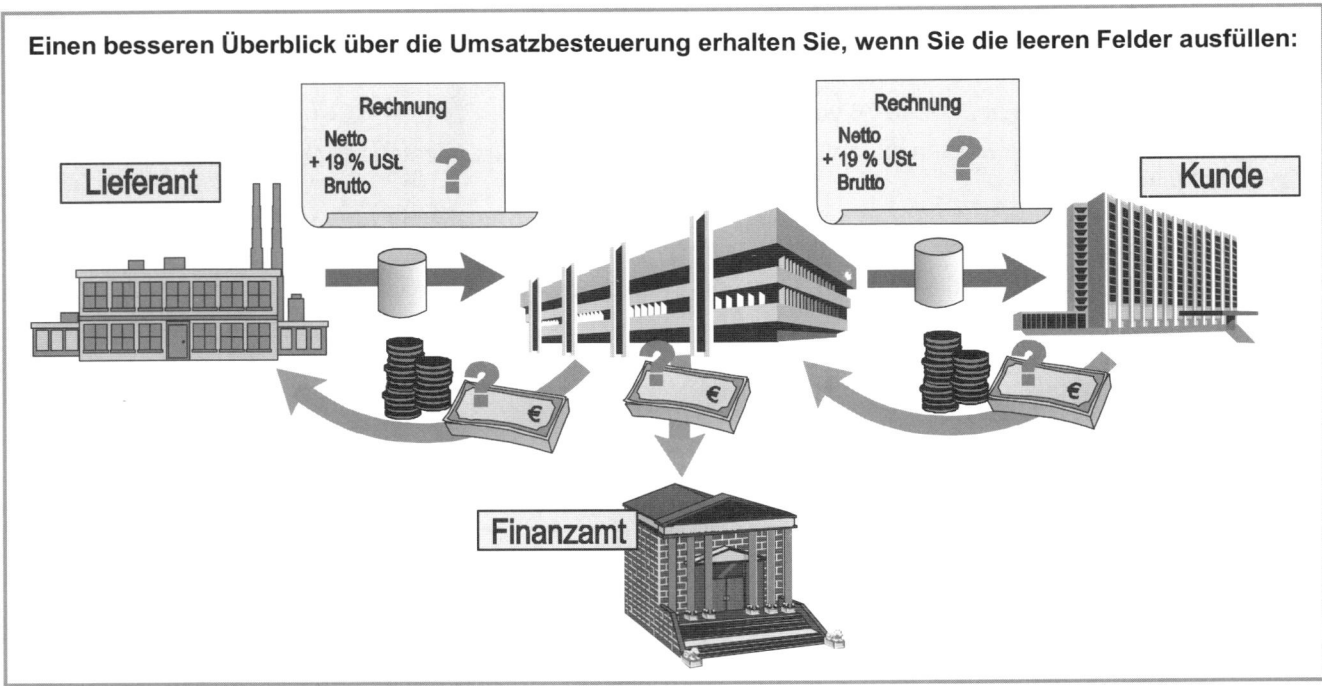

Einen besseren Überblick über die Umsatzbesteuerung erhalten Sie, wenn Sie die leeren Felder ausfüllen:

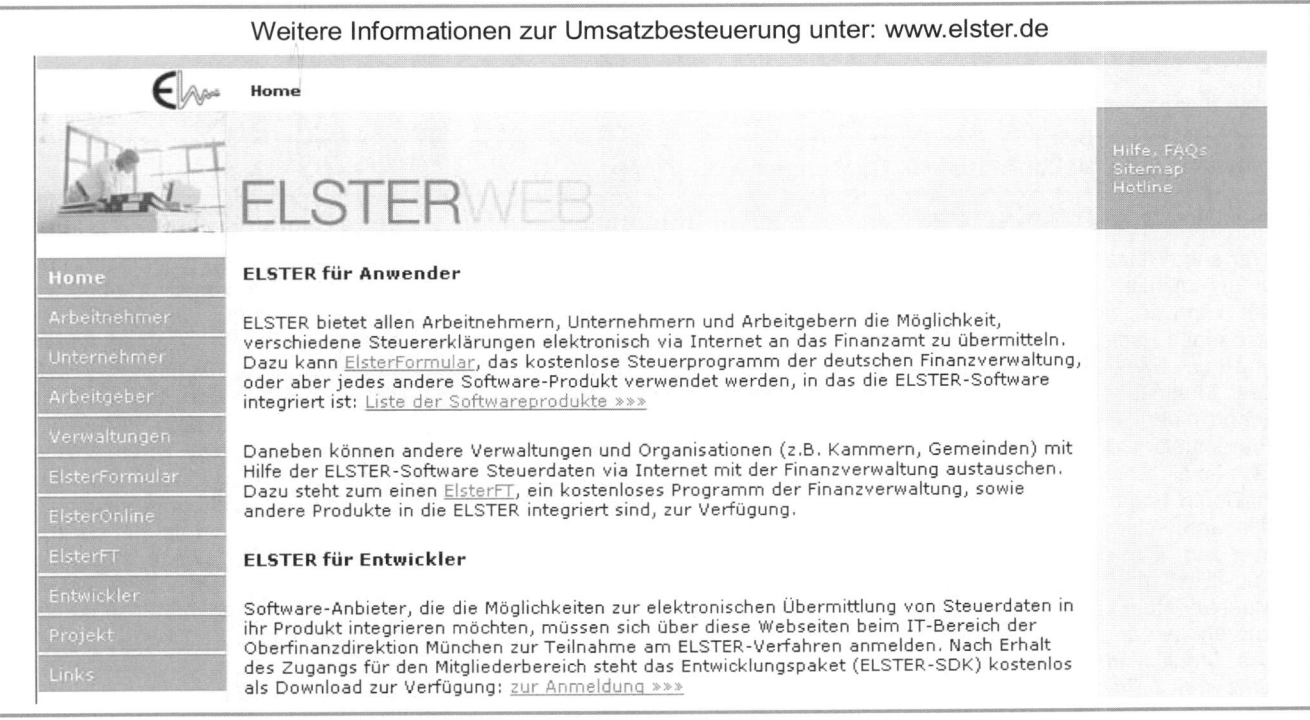

Weitere Informationen zur Umsatzbesteuerung unter: www.elster.de

VDTW AG ✦ Postfach 1010 ✦ D-51519 Odenthal

Heller Natur GmbH
Herr Kammann
Auf'm Hennekamp 39
40225 Düsseldorf

Unsere Auftragsnummer:	20 447
Lieferschein-Nr.:	20 652
Versanddatum:	25.02.2010
Versandart:	- - -
Verpackungsart:	- - -
Verkäufer/in:	Frau Özhan
Unsere Zeichen:	pu-öz

Ihr Zeichen/Bestellung Nr. vom
ka-km/78850/05.02.2010

Kundennummer
50 780

Bitte bei Zahlung angeben:	
Rechnungs-Nr.:	30 447
Rechnungsdatum:	13.03.2010

Rechnung

Artikelbezeichnung	Menge	Einzelpreis	Gesamtbetrag
Baumwolle, Natur, Chargen-Nr. 452201, Art.-Nr. 45210-10220, Gütekl. A, abgebündelt	700 Bd.	18,90 EUR/Bd.	13.230,00 EUR
Rechnungsbetrag netto			13.230,00 EUR
Umsatzsteuer 19 %			+ 2.513,70 EUR
Rechnungsbetrag brutto			15.743,70 EUR

Zahlbar innerhalb von 30 Tagen ab Rechnungsdatum netto.

USt.-Id.-Nr. DE99321564   - St.-Nr. 493/454/64555

Vereinigte Deutsche Texil AG
Werk Odenthal
Geschäftsräume:
Hansenweg 89, 51521 Odenthal

Handelsregistereintragung:
Handelsregister Odenthal, HR B 5223

Sitz Konzernzentrale: Königstein

Bankverbindungen:
Stadtsparkasse Odenthal   Kto. 520 200 122 (BLZ 760 501 01)
Commerzbank Königstein   Kto. 980 020 11 (BLZ 760 200 70)

Beleg 1

PersonalComputer, Drucker, Monitore, Fax, Netzwerke, Support
Ihr kompetenter Partner in Hard- und Software
www.pc-partner.com   info@pc-partner.de

PC
Partner

PC-Partner GmbH • Karl-Schiller-Allee 7 - 12 • 42781 Haan-Gruiten

Heller Natur GmbH
Einkauf
Auf'm Hennekamp 39
40225 Düsseldorf

LIEFERSCHEIN/RECHNUNG

Auftragsnr.	vom	Verkäufer/in	Tel.	Rechnungsnr.	vom
A254101	16.03.2010	S. Gerks	- 174	R254320	18.03.2010

Pos.	Menge	Beschreibung	Einzelwert	Gesamtwert
01	2 St.	Fujitsu PC Masterseries inkl. 19" TFT, Funk-Maus, Ergo-Tastatur, DVD-ROM, DVD-Rec., Standard-Software, Recovery-DVD, Art.-Nr. 5288741	499,00 €	998,00 €
		Rechnungsbetrag netto		998,00 €
		+ 19 % Umsatzsteuer		189,62 €
		Rechnungsbetrag brutto		1.187,62 €

Rechnung zahlbar bis 18.04.2010 ohne Abzüge.

Telefon 02104/8679-0	Kreissparkasse Düsseldorf	Stadt-Sparkasse Haan	HRB Mettmann 2361
Telefax 0214/8679-22	Kto.-Nr. 377481	Kto.-Nr. 541745	Geschäftsführer:
info@pc-partner.de	(BLZ 301 502 00)	(BLZ 303 512 20)	Dr. Bernd B. Baltes, Hilden
Rechtsform: GmbH	Sitz der Gesellschaft: Haan		
USt.-Id.-Nr.: DE452632401	St.-Nr.: 422/741/501441		

Beleg 2

AUTO KLEIN GmbH
Harff Str. 12
40255 Düsseldorf

QUITTUNG

Nr. 15884

```
PKW AUDI A8          Amtl. Kennzeichen: D TU 221
                     20.03.2010

Verr.-Nr.  Leistung              Menge/Einheit          Preis

1002       Ölwechsel 4,5 l       0,5 ZE                 20,00 EUR
           Material                                     25,00 EUR

           Gesamtleistung                               45,00 EUR
           + 19 % USt.                                   8,55 EUR
           Summe                                        53,55 EUR

           Gegeben bar                                  55,00 EUR
           Zurück                                        1,45 EUR
```

Steuer-Nr. 255/4108/1004

Beleg 3

```
              ALLKAUF
          Hohenzollernring 15
        42697  S O L I N G E N

   *   BENZIN  BLEIFREI      31,93   *
   *                      49,23 l    *

     MWST-BRUTTOUMSATZ     31,93 EUR
     MWST 19,00 %           5,10 EUR
     NETTOUMSATZ           26,83 EUR

     BAR                   40,00 EUR
     RÜCKGELD               8,07 EUR

     *****   GUTE FAHRT!!!   *****
      BON      DATUM    BED-NR  KASSE
      6002   21.03.2010   450     002
```

Beleg 4

Netto	€ ⬛⬛⬛ ct ⬛	**Quittung**
+ 7 % Ust.	€ ⬛⬛⬛ ct ⬛	Nr.: 25601
Gesamt	€ ⬛⬛ 49 ct 90	

Gesamtbetrag € in Worten

Neunundvierzig ̲ ̲ ̲ ̲ ̲ ̲ ̲ ̲ ̲ ̲ Ct wie oben

(Im Gesamtbetrag sind 7 % Umsatzsteuer enthalten)

von Heller Natur GmbH

für Fachliteratur „Das Assessmentcenter"

richtig erhalten zu haben, bestätigt

Ort Düsseldorf   Datum 21. Juni 2010

Stempel/Unterschrift des Empfängers
Buchhandlung
Ulrich Jensen
Leichlingen

Beleg 5

DekorLux AG
Farbenfabriken

DekorLux AG ✦ Ostendstraße 45 ✦ 79102 Stuttgart

Heller Natur GmbH
Herr Kallmus
Auf'm Hennekamp 39
40225 Düsseldorf

Verkaufsabteilung feuerfeste Lacke und
Beschichtungsmaterialien, Keramikglasuren

Sachbearbeiter/in: Bernd Schuster

Rechnung

Rechnungsnummer	Kundennummer	Tel. (0711) 7874 -	Stuttgart
65788	344200	410	22.06.2010

Artikelbezeichnung	Artikel-Nr.	Menge	Einzelpreis	Gesamtpreis
Fassardenfarbe DekorLux Supreme Beige	47-12002	55 Geb.	59,99 EUR	3.299,45 EUR

HAFT IT®

Die Farbe wurde zum Anstrich des Hauptgebäudes verwandt.
Meinert

Zwischensumme	Umsatzsteuersatz	Umsatzsteuer	Endbetrag
3.299,45 EUR	19 %	626,90 EUR	3.926,35 EUR

Rechnungsbetrag zahlbar innerhalb von 30 Tagen ohne Abzug.

DekorLux AG
Ostendstraße 45
79102 Stuttgart
USt.-Id.-Nr. DE75289621

Rechtsform: GmbH
HRB Stuttgart 55417
Vorstand: Karl Hillenbrand
St.-Nr. 322/400/458956221

Bankverbindungen:
Noris Bank Stuttgart   Kto. 45 12 26 (BLZ 760 204 00)
Dresdner Bank Stuttgart   Kto. 37 40 52 2 (BLZ 300 300 20)

Beleg 6

Heller Natur GmbH • Auf'm Hennekamp 39 • 40225 Düsseldorf

Mehrkamp & Lange Mode GmbH
Frau Kärntner
Otto-Hahn-Str. 12
42369 Wuppertal

Lieferschein/Rechnung

Rechnungsnummer	Auftrag	Kunden-Nr.	Kundebetreuer/in	Datum
255841-211	4285577	DE-52885	Herr Frentzen	22. Juni. 2010

Leistung	Menge	Einzelpreis (EUR)	Gesamtpr. (EUR)
T-Shirts Rundhals mit Stick-Logo „Heller Natur", Gr. M, Art.-Nr. 85550410	100	12,90	1.290,00

Zwischen-summe (EUR)	Fracht/Ver-packung (EUR)	Rechnungs-betrag netto (EUR)	USt. Satz (EUR)	Umsatz-steuer (EUR)	Rechn.betrag brutto (EUR)
1.290,00	0,00	1.290,00	19 %	245,10	1.535,10

Bitte gleichen Sie die Rechnung bis zum 22.07.2010 ohne Abzüge auf eines unserer Geschäftskonten aus. Vielen Dank. Wir freuen uns auf Ihre nächste Bestellung.

USt.-Id.-Nr. DE42551410 - St.-Nr. 340/654/125421

Heller Natur GmbH
Auf'm Hennekamp 39
40225 Düsseldorf
Telefon (0211) 458 0
Telefax (0211) 457780

Firmensitz und Registergericht:
Düsseldorf HRB 89978

Geschäftsführer:
Dr. Dieter Mertens, Marianne Gerfurth

Bankverbindungen: Deutsche Bank AG Düsseldorf
BLZ 340 400 00, Kto. 745 211 233
Postbank Essen
BLZ 360 100 43, Kto. 604 644 433

Beleg 7

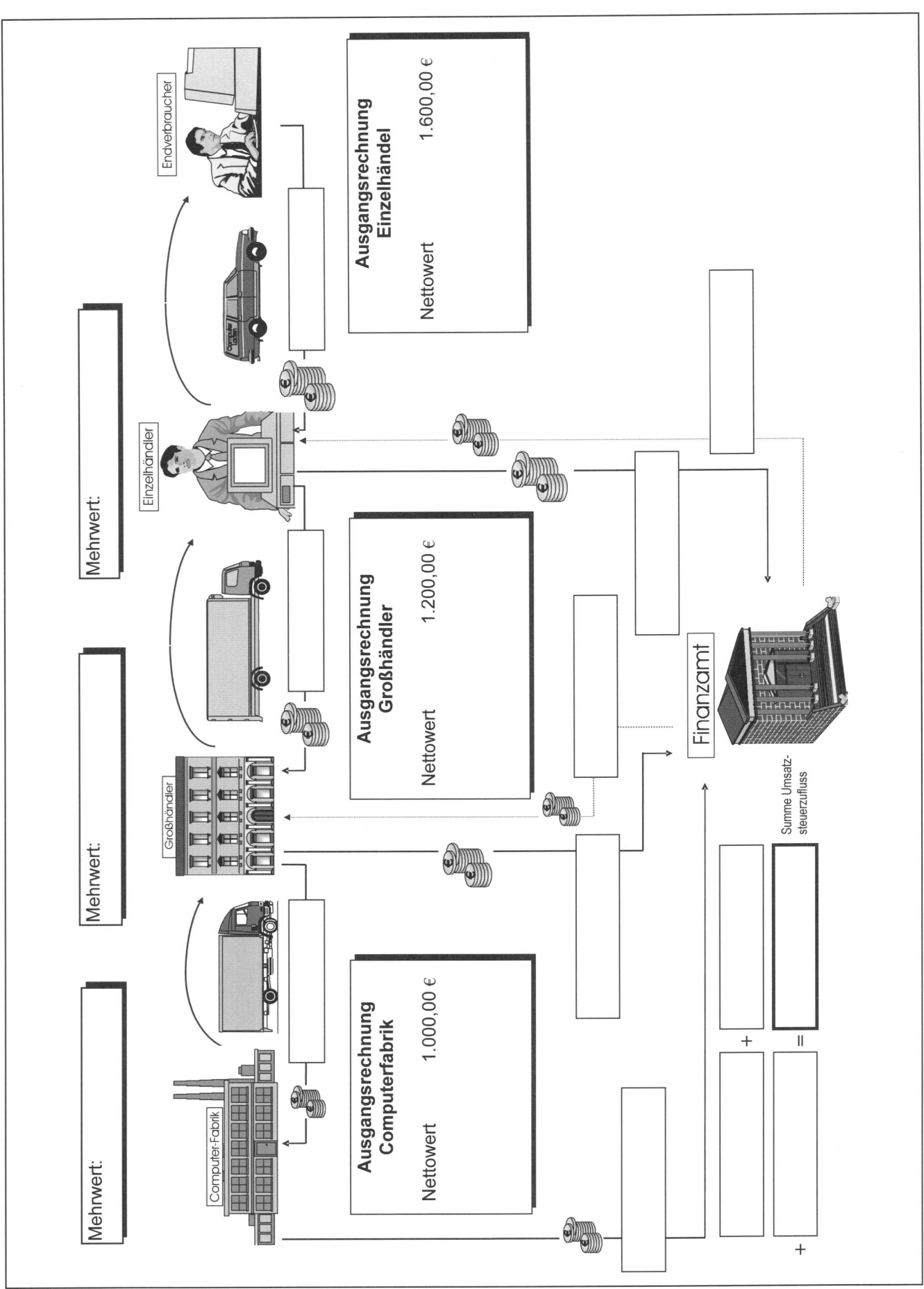

Schaubild

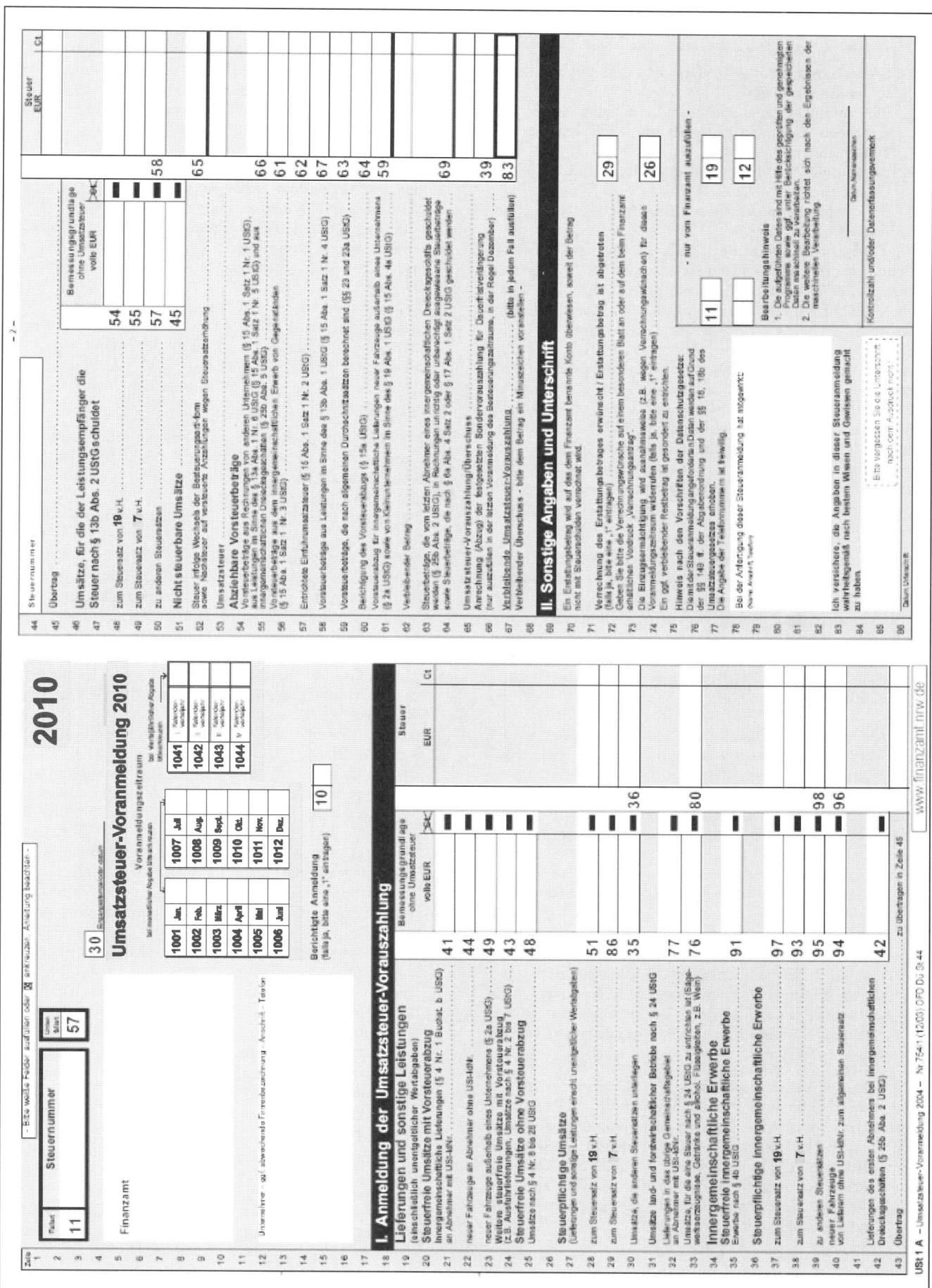

Formular der Umsatzsteuervoranmeldung (Vorder- und Rückseite)

Auszug aus dem Umsatzsteuergesetz (UStG)

§ 1 Steuerbare Umsätze. (1) Der Umsatzsteuer unterliegen die folgenden Umsätze:

1. die Lieferungen und sonstigen Leistungen, die ein Unternehmer im Inland gegen Entgelt im Rahmen seines Unternehmens ausführt. [...]
4. die Einfuhr von Gegenständen im Inland [...] (Einfuhrumsatzsteuer);
5. der innergemeinschaftliche Erwerb im Inland gegen Entgelt.

[...] (2) Inland im Sinne dieses Gesetzes ist das Gebiet der Bundesrepublik Deutschland [...] Ausland im Sinne dieses Gesetzes ist das Gebiet, das danach nicht Inland ist. Wird ein Umsatz im Inland ausgeführt, so kommt es für die Besteuerung nicht darauf an, ob der Unternehmer deutscher Staatsangehöriger ist, seinen Wohnsitz oder Sitz im Inland hat, im Inland eine Betriebsstätte unterhält, die Rechnung erteilt oder die Zahlung empfängt. (2a) Das Gemeinschaftsgebiet im Sinne dieses Gesetzes umfasst das Inland im Sinne des Absatzes 2 Satz 1 und die Gebiete der übrigen Mitgliedstaaten der Europäischen Gemeinschaft, die nach dem Gemeinschaftsrecht als Inland dieser Mitgliedstaaten gelten (übriges Gemeinschaftsgebiet). [...] Drittlandsgebiet im Sinne dieses Gesetzes ist das Gebiet, das nicht Gemeinschaftsgebiet ist. (3) [...]

§ 1a Innergemeinschaftlicher Erwerb. (1) Ein innergemeinschaftlicher Erwerb gegen Entgelt liegt vor, wenn die folgenden Voraussetzungen erfüllt sind:

1. Ein Gegenstand gelangt bei einer Lieferung an den Abnehmer (Erwerber) aus dem Gebiet eines Mitgliedstaates in das Gebiet eines anderen Mitgliedstaates [...], auch wenn der Lieferer den Gegenstand in das Gemeinschaftsgebiet eingeführt hat;

[...] (2) Als innergemeinschaftlicher Erwerb gegen Entgelt gilt das Verbringen eines Gegenstandes des Unternehmens aus dem übrigen Gemeinschaftsgebiet in das Inland durch einen Unternehmer zu seiner Verfügung, ausgenommen zu einer nur vorübergehenden Verwendung, auch wenn der Unternehmer den Gegenstand in das Gemeinschaftsgebiet eingeführt hat. Der Unternehmer gilt als Erwerber. (3) Ein innergemeinschaftlicher Erwerb im Sinne der Absätze 1 und 2 liegt nicht vor, wenn die folgenden Voraussetzungen erfüllt sind:

[...]
2. der Gesamtbetrag der Entgelte für Erwerbe im Sinne des Absatzes 1 Nr. 1 und des Absatzes 2 hat den Betrag von 12.500 Euro im vorangegangenen Kalenderjahr nicht überstiegen und wird diesen Betrag im laufenden Kalenderjahr voraussichtlich nicht übersteigen (Erwerbsschwelle). [...]

§ 2 Unternehmer, Unternehmen. (1) Unternehmer ist, wer eine gewerbliche oder berufliche Tätigkeit selbstständig ausübt. Das Unternehmen umfasst die gesamte gewerbliche oder berufliche Tätigkeit des Unternehmers. Gewerblich oder beruflich ist jede nachhaltige Tätigkeit zur Erzielung von Einnahmen, auch wenn die Absicht, Gewinn zu erzielen, fehlt oder eine Personenvereinigung nur gegenüber ihren Mitgliedern tätig wird. (2) [...]

§ 3 Lieferung, sonstige Leistung. (1) Lieferungen eines Unternehmers sind Leistungen, durch die er oder in seinem

Auftrag ein Dritter den Abnehmer oder in dessen Auftrag einen Dritten befähigt, im eigenen Namen über einen Gegenstand zu verfügen (Verschaffung der Verfügungsmacht). [...] (1b) Einer Lieferung gegen Entgelt werden gleichgestellt

1. die Entnahme eines Gegenstandes durch einen Unternehmer aus seinem Unternehmen für Zwecke, die außerhalb des Unternehmens liegen;
2. die unentgeltliche Zuwendung eines Gegenstandes durch einen Unternehmer an sein Personal für dessen privaten Bedarf, sofern keine Aufmerksamkeiten vorliegen;
3. jede andere unentgeltliche Zuwendung eines Gegenstandes, ausgenommen Geschenke von geringem Wert und Warenmuster für Zwecke des Unternehmens.

Voraussetzung ist, dass der Gegenstand oder seine Bestandteile zum vollen oder teilweisen Vorsteuerabzug berechtigt haben. [...]

§ 4 Steuerbefreiungen bei Lieferungen und sonstigen Leistungen. Von den unter § 1 Abs. 1 Nr. 1 fallenden Umsätzen sind steuerfrei:

1. a) die Ausfuhrlieferungen [...]
   b) innergemeinschaftliche Lieferungen (§ 6a);
[...]
3. die folgenden sonstigen Leistungen: [...]
6. a) die Lieferungen und sonstigen Leistungen der Eisenbahnen des Bundes auf Gemeinschaftsbahnhöfen, Betriebswechselbahnhöfen, Grenzbetriebsstrecken und Durchgangsstrecken an Eisenbahnverwaltungen mit Sitz im Ausland; [...]
8. a) die Gewährung und die Vermittlung von Krediten;
   b) die Umsätze und die Vermittlung der Umsätze von gesetzlichen Zahlungsmitteln.
9. a) die Umsätze, die unter das Grunderwerbsteuergesetz fallen,
   b) die Umsätze, die unter das Rennwett- und Lotteriegesetz fallen, sowie die Umsätze der zugelassenen öffentlichen Spielbanken, die durch den Betrieb der Spielbank bedingt sind. [...]
10. a) die Leistungen aufgrund eines Versicherungsverhältnisses im Sinne des Versicherungsteuergesetzes. Das gilt auch, wenn die Zahlung des Versicherungsentgelts nicht der Versicherungsteuer unterliegt; [...]
11. b.) die unmittelbar dem Postwesen dienenden Umsätze der Deutsche Post AG;
12. a) die Vermietung und die Verpachtung von Grundstücken, [...] Nicht befreit sind die Vermietung von Wohn- und Schlafräumen, die ein Unternehmer zur kurzfristigen Beherbergung von Fremden bereithält, die Vermietung von Plätzen für das Abstellen von Fahrzeugen, die kurzfristige Vermietung auf Campingplätzen und die Vermietung und die Verpachtung von Maschinen und sonstigen Vorrichtungen aller Art, die zu einer Betriebsanlage gehören (Betriebsvorrichtungen), auch wenn sie wesentliche Bestandteile eines Grundstücks sind; [...]
14. die Umsätze aus der Tätigkeit als Arzt, Zahnarzt, Heilpraktiker, Physiotherapeut (Krankengymnast), Hebamme oder aus einer ähnlichen heilberuflichen Tätigkeit und aus der Tätigkeit als klinischer Chemiker.
15. die Umsätze der gesetzlichen Träger der Sozialversicherung, der Bundesagentur für Arbeit [...]

Auszug aus dem Umsatzsteuergesetz (UStG)

20. a) die Umsätze folgender Einrichtungen des Bundes, der Länder, der Gemeinden oder der Gemeindeverbände: Theater, Orchester, Kammermusikensembles, Chöre, Museen, botanische Gärten, zoologische Gärten, Tierparks, Archive, Büchereien sowie Denkmäler der Bau- und Gartenbaukunst. [...]

§ 6 Ausfuhrlieferung. (1) Eine Ausfuhrlieferung [...] liegt vor, wenn bei einer Lieferung

1. der Unternehmer den Gegenstand der Lieferung in das Drittlandsgebiet [...] befördert oder versendet hat oder

2. der Abnehmer den Gegenstand der Lieferung in das Drittlandsgebiet [...] befördert oder versendet hat und ein ausländischer Abnehmer ist oder 3. der Unternehmer oder der Abnehmer den Gegenstand der Lieferung in [...] Gebiete befördert oder
versendet hat und der Abnehmer

   a) ein Unternehmer ist, der den Gegenstand für sein Unternehmen erworben hat, oder

   b) ein ausländischer Abnehmer, aber kein Unternehmer, ist und der Gegenstand in das übrige Drittlandsgebiet gelangt. [...]

(2) Ausländischer Abnehmer im Sinne des Absatzes 1 Nr. 2 und 3 ist

1. ein Abnehmer, der seinen Wohnort oder Sitz im Ausland [...] hat oder

2. eine Zweigniederlassung eines im Inland [...] ansässigen Unternehmers, die ihren Sitz im Ausland [...] hat, wenn sie das Umsatzgeschäft im eigenen Namen abgeschlossen hat. [...]

§ 10 Bemessungsgrundlage für Lieferungen, sonstige Leistungen und innergemeinschaftliche Erwerbe. (1) Der Umsatz wird bei Lieferungen und sonstigen Leistungen (§ 1 Abs. 1 Nr. 1 Satz 1) und bei dem innergemeinschaftlichen Erwerb (§ 1 Abs. 1 Nr. 5) nach dem Entgelt bemessen. Entgelt ist alles, was der Leistungsempfänger aufwendet, um die Leistung zu erhalten, jedoch abzüglich der Umsatzsteuer. Zum Entgelt gehört auch, was ein anderer als der Leistungsempfänger dem Unternehmer für die Leistung gewährt. Bei dem innergemeinschaftlichen Erwerb sind Verbrauchsteuern, die vom Erwerber geschuldet oder entrichtet werden, in die Bemessungsgrundlage einzubeziehen. [...]

§ 11 Bemessungsgrundlage für die Einfuhr. (1) Der Umsatz wird bei der Einfuhr (§ 1 Abs. 1 Nr. 4) nach dem Wert des eingeführten Gegenstandes nach den jeweiligen Vorschriften über den Zollwert bemessen. [...] (5) Für die Umrechnung von Werten in fremder Währung gelten die entsprechenden Vorschriften über den Zollwert der Waren, die in Rechtsakten des Rates oder der Kommission der Europäischen Gemeinschaften festgelegt sind.

§ 12 Steuersätze. (1) Die Steuer beträgt für jeden steuerpflichtigen Umsatz neunzehn vom Hundert der Bemessungsgrundlage (§§ 10, 11, 25 Abs. 3 und § 25a Abs. 3 und 4). (2) Die Steuer ermäßigt sich auf sieben vom Hundert für die folgenden Umsätze:

1. die Lieferungen, die Einfuhr und den innergemeinschaftlichen Erwerb der in der Anlage 2 bezeichneten Gegenstände;

2. die Vermietung der in der Anlage 2 bezeichneten Gegenstände; [...]

§ 14 Ausstellung von Rechnungen. (1) Rechnung ist jedes Dokument, mit dem über eine Lieferung oder sonstige Leistung abgerechnet wird, gleichgültig, wie dieses Dokument im Geschäftsverkehr bezeichnet wird. Rechnungen sind auf Papier oder vorbehaltlich der Zustimmung des Empfängers auf elektronischem Weg zu übermitteln. (2) Führt der Unternehmer eine Lieferung oder eine sonstige Leistung nach § 1 Abs. 1 Nr. 1 aus, ist er berechtigt, eine Rechnung auszustellen. [...] (3) Bei einer auf elektronischem Weg übermittelten Rechnung müssen die Echtheit der Herkunft und die Unversehrtheit des Inhalts gewährleistet sein durch

1. eine qualifizierte elektronische Signatur oder eine qualifizierte elektronische Signatur mit Anbieter Akkreditierung nach dem Signaturgesetz [...] oder

2. elektronischen Datenaustausch (EDI) [...], wenn in der Vereinbarung über diesen Datenaustausch der Einsatz von Verfahren vorgesehen ist, die die Echtheit der Herkunft und die Unversehrtheit der Daten gewährleisten und zusätzlich eine zusammenfassende Rechnung auf Papier oder unter den Voraussetzungen der Nummer 1 auf elektronischem Weg übermittelt wird.

(4) Eine Rechnung muss folgende Angaben enthalten:

1. den vollständigen Namen und die vollständige Anschrift des leistenden Unternehmers und des Leistungsempfängers,

2. die dem leistenden Unternehmer vom Finanzamt erteilte Steuernummer oder die ihm vom Bundesamt für Finanzen erteilte Umsatzsteuer-Identifikationsnummer,

3. das Ausstellungsdatum,

4. eine fortlaufende Nummer mit einer oder mehreren Zahlenreihen, die zur Identifizierung der Rechnung vom Rechnungsaussteller einmalig vergeben wird (Rechnungsnummer),

5. die Menge und die Art (handelsübliche Bezeichnung) der gelieferten Gegenstände oder den Umfang und die Art der sonstigen Leistung,

6. den Zeitpunkt der Lieferung oder sonstigen Leistung oder der Vereinnahmung des Entgelts oder eines Teils des Entgelts in den Fällen des Absatzes 5 Satz 1, sofern dieser Zeitpunkt feststeht und nicht mit dem Ausstellungsdatum der Rechnung identisch ist,

7. das nach Steuersätzen und einzelnen Steuerbefreiungen aufgeschlüsselte Entgelt für die Lieferung oder sonstige Leistung (§ 10) sowie jede im Voraus vereinbarte Minderung des Entgelts, sofern sie nicht bereits im Entgelt berücksichtigt ist und

8. den anzuwendenden Steuersatz sowie den auf das Entgelt entfallenden Steuerbetrag oder im Fall einer Steuerbefreiung einen Hinweis darauf, dass für die Lieferung oder sonstige Leistung eine Steuerbefreiung gilt.

In den Fällen des § 10 Abs. 5 sind die Nummern 7 und 8 mit der Maßgabe anzuwenden, dass die Bemessungsgrundlage für die Leistung (§ 10 Abs. 4) und der darauf entfallende Steuerbetrag anzugeben sind. Unternehmer, die § 24 Abs. 1 bis 3 anwenden, sind jedoch auch in diesen Fällen nur zur Angabe des Entgelts und des darauf entfallenden Steuerbetrags berechtigt. [...]

Auszug aus dem Umsatzsteuergesetz (UStG)

§ 14b Aufbewahrung von Rechnungen. (1) Der Unternehmer hat ein Doppel der Rechnung, die er selbst oder ein Dritter in seinem Namen und für seine Rechnung ausgestellt hat, sowie alle Rechnungen, die er erhalten oder die ein Leistungsempfänger oder in dessen Namen und für dessen Rechnung ein Dritter ausgestellt hat, zehn Jahre aufzubewahren. Die Rechnungen müssen für den gesamten Zeitraum lesbar sein. Die Aufbewahrungsfrist beginnt mit dem Schluss des Kalenderjahres, in dem die Rechnung ausgestellt worden ist; [...]. (2) Der im Inland oder in einem der in § 1 Abs. 3 bezeichneten Gebiete ansässige Unternehmer hat alle Rechnungen im Inland oder in einem der in § 1 Abs. 3 bezeichneten Gebiete aufzubewahren. Handelt es sich um eine elektronische Aufbewahrung, die eine vollständige Fernabfrage (Online-Zugriff) der betreffenden Daten und deren Herunterladen und Verwendung gewährleistet, darf der Unternehmer die Rechnungen auch im übrigen Gemeinschaftsgebiet [...] aufbewahren. [...]

§ 14c Unrichtiger oder unberechtigter Steuerausweis. (1) Hat der Unternehmer in einer Rechnung für eine Lieferung oder sonstige Leistung einen höheren Steuerbetrag, als er nach diesem Gesetz für den Umsatz schuldet, gesondert ausgewiesen (unrichtiger Steuerausweis), schuldet er auch den Mehrbetrag. [...]

§ 15 Vorsteuerabzug. (1) Der Unternehmer kann die folgenden Vorsteuerbeträge abziehen:
1. die gesetzlich geschuldete Steuer für Lieferungen und sonstige Leistungen, die von einem anderen Unternehmer für sein Unternehmen ausgeführt worden sind. Die Ausübung des Vorsteuerabzugs setzt voraus, dass der Unternehmer eine nach den §§ 14, 14a ausgestellte Rechnung besitzt. Soweit der gesondert ausgewiesene Steuerbetrag auf eine Zahlung vor Ausführung dieser Umsätze entfällt, ist er bereits abziehbar, wenn die Rechnung vorliegt und die Zahlung geleistet worden ist;
2. die entrichtete Einfuhrumsatzsteuer für Gegenstände, die für sein Unternehmen nach § 1 Abs. 1 Nr. 4 eingeführt worden sind;
3. die Steuer für den innergemeinschaftlichen Erwerb von Gegenständen für sein Unternehmen; [...]

§ 16 Steuerberechnung, Besteuerungszeitraum und Einzelbesteuerung. (1) Die Steuer ist, soweit nicht § 20 gilt, nach vereinbarten Entgelten zu berechnen. Besteuerungszeitraum ist das Kalenderjahr. Bei der Berechnung der Steuer ist von der Summe der Umsätze nach § 1 Abs. 1 Nr. 1 und 5 auszugehen, soweit für sie die Steuer in dem Besteuerungszeitraum entstanden und die Steuerschuldnerschaft gegeben ist. [...] (6) Werte in fremder Währung sind zur Berechnung der Steuer und der abziehbaren Vorsteuerbeträge auf Euro nach den Durchschnittskursen umzurechnen, die das Bundesministerium der Finanzen für den Monat öffentlich bekannt gibt, in dem die Leistung ausgeführt oder das Entgelt oder ein Teil des Entgelts vor Ausführung der Leistung (§ 13 Abs. 1 Nr. 1 Buchstabe a Satz 4) vereinnahmt wird. [...]

§ 18 Besteuerungsverfahren. (1) Der Unternehmer hat bis zum 10. Tag nach Ablauf jedes Voranmeldungszeitraums eine Voranmeldung nach amtlich vorgeschriebenem Vordruck abzugeben, in der er die Steuer für den Voranmeldungszeitraum (Vorauszahlung) selbst zu berechnen hat. [...] Die Vorauszahlung ist am 10. Tag nach Ablauf des Vor-

anmeldungszeitraums fällig. (2) Voranmeldungszeitraum ist das Kalendervierteljahr. Beträgt die Steuer für das vorangegangene Kalenderjahr mehr als 6.136 Euro, ist der Kalendermonat Voranmeldungszeitraum. Beträgt die Steuer für das vorangegangene Kalenderjahr nicht mehr als 512 Euro, kann das Finanzamt den Unternehmer von der Verpflichtung zur Abgabe der Voranmeldungen und Entrichtung der Vorauszahlungen befreien. Nimmt der Unternehmer seine berufliche oder gewerbliche Tätigkeit auf, ist im laufenden und folgenden Kalenderjahr Voranmeldungszeitraum der Kalendermonat. [...] (3) Der Unternehmer hat für das Kalenderjahr oder für den kürzeren Besteuerungszeitraum eine Steuererklärung nach amtlich vorgeschriebenem Vordruck abzugeben, in der er die zu entrichtende Steuer oder den Überschuss, der sich zu seinen Gunsten ergibt, nach § 16 Abs. 1 bis 4 und § 17 selbst zu berechnen hat (Steueranmeldung). [...] Die Steueranmeldung muss vom Unternehmer eigenhändig unterschrieben sein. [...]

§ 19 Besteuerung der Kleinunternehmer. (1) Die für Umsätze im Sinne des § 1 Abs. 1 Nr. 1 geschuldete Umsatzsteuer wird von Unternehmern, die im Inland oder in den in § 1 Abs. 3 bezeichneten Gebieten ansässig sind, nicht erhoben, wenn der in Satz 2 bezeichnete Umsatz zuzüglich der darauf entfallenden Steuer im vorangegangenen Kalenderjahr 17.500 Euro nicht überstiegen hat und im laufenden Kalenderjahr 50.000 Euro voraussichtlich nicht übersteigen wird. [...]

§ 21 Besondere Vorschriften für die Einfuhrumsatzsteuer. (1) Die Einfuhrumsatzsteuer ist eine Verbrauchsteuer im Sinne der Abgabenordnung. (2) Für die Einfuhrumsatzsteuer gelten die Vorschriften für Zölle sinngemäß; [...]

§ 22 Aufzeichnungspflichten. (1) Der Unternehmer ist verpflichtet, zur Feststellung der Steuer und der Grundlagen ihrer Berechnung Aufzeichnungen zu machen. (3) Die Aufzeichnungspflichten nach Absatz 2 Nr. 5 und 6 entfallen, wenn der Vorsteuerabzug ausgeschlossen ist.

Anlage zu § 12 Abs. 2 Nr. 1
Liste der dem ermäßigten Steuersatz unterliegenden Gegenstände:
1. Lebende Tiere [...],
2 Fleisch [...],
3. Fische [...],
4. Milch und Milcherzeugnisse [...],
5. Andere Waren tierischen Ursprungs,
10. Gemüse [...],
11. Genießbare Früchte [...],
12. Kaffee, Tee, Mate und Gewürze [...],
13. Getreide [...],
14. Müllereierzeugnisse [...],
26. Genießbare tierische und pflanzliche Fette und Öle [...],
29. Zucker und Zuckerwaren [...],
31. Zubereitungen auf der Grundlage von Getreide, Mehl der Stärke; Backwaren, [...]
34. Wasser [...],
39. Speisesalz [...],
48. Holz [...],
49. Bücher, Zeitungen und andere Erzeugnisse des graphischen Gewerbes [...],
53 Kunstgegenstände [...],
54. Sammlungsstücke [...]

Auszug aus der Umsatzsteuer-Durchführungsverordnung (UStDV)

Zu § 14 UStG:

UStDV 1980 § 31 Angaben in der Rechnung

(1) Eine Rechnung kann aus mehreren Dokumenten bestehen, aus denen sich die nach § 14 Abs. 4 des Gesetzes geforderten Angaben insgesamt ergeben. In einem dieser Dokumente sind das Entgelt und der darauf entfallende Steuerbetrag jeweils zusammengefasst anzugeben und alle anderen Dokumente zu bezeichnen, aus denen sich die übrigen Angaben nach § 14 Abs. 4 des Gesetzes ergeben. Die Angaben müssen leicht und eindeutig nachprüfbar sein. (2) Den Anforderungen des § 14 Abs. 4 Satz 1 Nr. 1 des Gesetzes ist genügt, wenn sich aufgrund der in die Rechnung aufgenommenen Bezeichnungen der Name und die Anschrift sowohl des leistenden Unternehmers als auch des Leistungsempfängers eindeutig feststellen lassen. (3) Für die in § 14 Abs. 4 Satz 1 Nr. 1 und 5 des Gesetzes vorgeschriebenen Angaben können Abkürzungen, Buchstaben, Zahlen oder Symbole verwendet werden, wenn ihre Bedeutung in der Rechnung oder in anderen Unterlagen eindeutig festgelegt ist. Die erforderlichen anderen Unterlagen müssen sowohl beim Aussteller als auch beim Empfänger der Rechnung vorhanden sein. (4) Als Zeitpunkt der Lieferung oder sonstigen Leistung (§ 14 Abs. 4 Satz 1 Nr. 6 des Gesetzes) kann der Kalendermonat angegeben werden, in dem die Leistung ausgeführt wird. (5) Eine Rechnung kann berichtigt werden, wenn

a) sie nicht alle Angaben nach § 14 Abs. 4 oder § 14a des Gesetzes enthält oder

b) Angaben in der Rechnung unzutreffend sind.

Es müssen nur die fehlenden oder unzutreffenden Angaben durch ein Dokument, das spezifisch und eindeutig auf die Rechnung bezogen ist, übermittelt werden. Es gelten die gleichen Anforderungen an Form und Inhalt wie in § 14 des Gesetzes.

UStDV 1980 § 32 Rechnungen über Umsätze, die verschiedenen Steuersätzen unterliegen

Wird in einer Rechnung über Lieferungen oder sonstige Leistungen, die verschiedenen Steuersätzen unterliegen, der Steuerbetrag durch Maschinen automatisch ermittelt und durch diese in der Rechnung angegeben, ist der Ausweis des Steuerbetrages in einer Summe zulässig, wenn für die einzelnen Posten der Rechnung der Steuersatz angegeben wird.

UStDV 1980 § 33 Rechnungen über Kleinbeträge

Eine Rechnung, deren Gesamtbetrag 100 Euro nicht übersteigt, muss mindestens folgende Angaben enthalten:
1. den vollständigen Namen und die vollständige Anschrift des leistenden Unternehmers,
2. das Ausstellungsdatum,
3. die Menge und die Art der gelieferten Gegenstände oder den Umfang und die Art der sonstigen Leistung und
4. das Entgelt und den darauf entfallenden Steuerbetrag für die Lieferung oder sonstige Leistung in einer Summe sowie den anzuwendenden Steuersatz oder im Fall einer Steuerbefreiung einen Hinweis darauf, dass für die Lieferung oder sonstige Leistung eine Steuerbefreiung gilt.
Die §§ 31 und 32 sind entsprechend anzuwenden. Die Sätze 1 und 2 gelten nicht für Rechnungen über Leistungen im

Sinne der §§ 3c, 6a und 13b des Gesetzes.

UStDV 1980 § 32 Rechnungen über Umsätze, die verschiedenen Steuersätzen unterliegen

Wird in einer Rechnung über Lieferungen oder sonstige Leistungen, die verschiedenen Steuersätzen unterliegen, der Steuerbetrag durch Maschinen automatisch ermittelt und durch diese in der Rechnung angegeben, ist der Ausweis des Steuerbetrages in einer Summe zulässig, wenn für die einzelnen Posten der Rechnung der Steuersatz angegeben wird.

UStDV 1980 § 33 Rechnungen über Kleinbeträge

Eine Rechnung, deren Gesamtbetrag 100 Euro nicht übersteigt, muss mindestens folgende Angaben enthalten:
1. den vollständigen Namen und die vollständige Anschrift des leistenden Unternehmers,
2. das Ausstellungsdatum,
3. die Menge und die Art der gelieferten Gegenstände oder den Umfang und die Art der sonstigen Leistung und
4. das Entgelt und den darauf entfallenden Steuerbetrag für die Lieferung oder sonstige Leistung in einer Summe sowie den anzuwendenden Steuersatz oder im Fall einer Steuerbefreiung einen Hinweis darauf, dass für die Lieferung oder sonstige Leistung eine Steuerbefreiung gilt.
[...]

Zu §§ 16 und 18 UStG:

UStDV 1980 § 46 Fristverlängerung

Das Finanzamt hat dem Unternehmer auf Antrag die Fristen für die Abgabe der Voranmeldungen und für die Entrichtung der Vorauszahlungen (§ 18 Abs. 1, 2 und 2a des Gesetzes) um einen Monat zu verlängern. Das Finanzamt hat den Antrag abzulehnen oder eine bereits gewährte Fristverlängerung zu widerrufen, wenn der Steueranspruch gefährdet erscheint.

UStDV 1980 § 47 Sondervorauszahlung

(1) Die Fristverlängerung ist bei einem Unternehmer, der die Voranmeldungen monatlich abzugeben hat, unter der Auflage zu gewähren, dass dieser eine Sondervorauszahlung auf die Steuer eines jeden Kalenderjahres entrichtet. Die Sondervorauszahlung beträgt ein Elftel der Summe der Vorauszahlungen für das vorangegangene Kalenderjahr. [...]

UStDV 1980 § 61 Vergütungsverfahren

(1) Der Unternehmer hat die Vergütung nach amtlich vorgeschriebenem Vordruck bei dem Bundesamt für Finanzen oder bei dem [...] zuständigen Finanzamt zu beantragen. (2) Die Vergütung muss mindestens 200 Euro betragen. Das gilt nicht, wenn der Vergütungszeitraum das Kalenderjahr oder der letzte Zeitraum des Kalenderjahres ist. Für diese Vergütungszeiträume muss die Vergütung mindestens 25 Euro betragen. Für Unternehmer, die nicht im Gemeinschaftsgebiet ansässig sind, erhöhen sich der Betrag in Satz 1 auf 500 Euro und der Betrag in Satz 3 auf 250 Euro. (3) Der Unternehmer muss der zuständigen Finanzbehörde durch behördliche Bescheinigung des Staates, in dem er ansässig ist, nachweisen, dass er als Unternehmer unter einer Steuernummer eingetragen ist.

Übung 1

Beleg / Geschäftsfall	Buchungssatz				Bilanzwert-veränderung	Liquiditäts-veränderung	Erfolgs-veränderung
	Kto. Soll	Kto. Haben	Wert Soll	Wert Haben			
1. Eingangsrechnung: Kauf von 500 Stück eines Rohstoffs, Listenpreis 15,00 EUR/St. netto.							
2. Mängelrüge: 20 Stück der unter 1. bezogenen Rohstoffe werden an den Lieferanten zurückgesandt.							
3. Kontoauszug: Ausgleich der Restverbindlichkeit aus Fall 1 und 2.							
4. Materialentnahmeschein: 25 Stück der unter 1. bezogenen Rohstoffe werden in die Produktion eingesetzt.							
5. Quittung: Kosten eines Geschäftsessens, Rechnungsbetrag 116,62 EUR.							
6. Kontoauszug: Aufnahme eines Darlehens, 10.000,00 EUR, Gutschrift erfolgt auf dem mit 1.200,00 EUR überzogenen Kontokorrentkonto.							
7. Kontoauszug: Tilgung einer Darlehensrate, 2.000,00 EUR sowie der angefallenen Zinsen, 52,00 EUR.							
8. Quittung: Verkauf von 250 St. eines Fertigerzeugnisses, Rechnungsbetrag gesamt 22.312,50 EUR inkl. Umsatzsteuer.							
9. Ausgangsrechnung: Verkauf einer gebrauchten Computeranlage, Buchwert 3.500,00 EUR für 3.808,00 EUR inkl. Umsatzsteuer.							
10. Kontoauszug: Überweisung der Miete für eine Lagerhalle, 12.000,00 EUR.							
12. Quittung: Kauf von Briefmarken für die Poststelle, Rechnungsbetrag 216,00 EUR.							
13. Kontoauszug: Überweisung der Gewerbesteuer, 5.600,00 EUR sowie der Umsatzsteuerzahllast für den letzten Monat, 12.200,00 EUR.							
14. Eigenbeleg: Der Unternehmer entnimmt 5 Fertigerzeugnisse, Listenpreis 160,00 EUR netto für private Zwecke.							

Lektion 2: Grundlegendes zur Umsatzsteuer

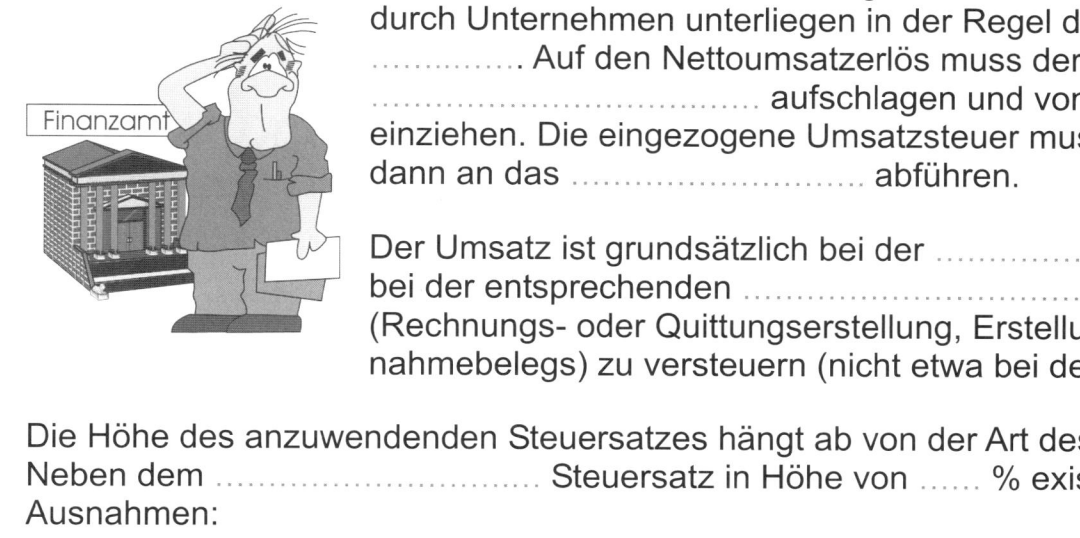

Verkäufe von Gütern und die Abgabe von Dienstleistungen durch Unternehmen unterliegen in der Regel der .... Auf den Nettoumsatzerlös muss der Verkäufer die .... aufschlagen und vom Kunden mit einziehen. Die eingezogene Umsatzsteuer muss der Verkäufer dann an das .... abführen.

Der Umsatz ist grundsätzlich bei der .... bzw. bei der entsprechenden .... (Rechnungs- oder Quittungserstellung, Erstellung eines Entnahmebelegs) zu versteuern (nicht etwa bei der Bezahlung).

Die Höhe des anzuwendenden Steuersatzes hängt ab von der Art des Umsatzes. Neben dem .... Steuersatz in Höhe von ...... % existieren folgende Ausnahmen:

ermäßigter Steuersatz ...... %	Steuerfreie Umsätze
○	○ ....
○	○ ....
○	
....	○ ....
○	○ ....
○	....
○	....

Zu den umsatzsteuerpflichtigen Umsätzen zählen:

○ Lieferungen (Zugang von Vermögensgegenständen wie Werkstoff- und Warenlieferungen), die durch Unternehmen gegen .... im .... ausgeführt werden,

○ Leistungen (Nutzung von Leistungen wie Reparaturen, Säuberungen, Instandhaltungen), die durch Unternehmen gegen .... im .... ausgeführt werden,

○ .... Lieferungen und Leistungen, die von einem Unternehmen erbracht werden (z. B. Warenentnahmen durch einen Unternehmer für private Zwecke, privater Nutzungsanteil an Unternehmensgegenständen),

○ Lieferungen und Leistungen, die von .... Unternehmen gegen Entgelt für inländische Unternehmen erbracht werden.

Die Umsatzsteuer soll jedoch tatsächlich nur den .... (= letzter Nutzer einer Ware oder einer Leistung) belasten. Dies führt dazu, dass Unternehmen, die Waren beziehen, um diese weiterzuverkaufen oder Dienstleistungen nutzen, um ihrerseits wiederum Leistungen abzugeben, die Umsatzsteuer zwar .... müssen, diese jedoch mit der über die Umsatzerlöse erhaltenen Umsatzsteuer .... können. Die Umsatzsteuer ist für Unternehmen daher ein „..".

Da sowohl beim Ein- als auch beim Verkauf bzw. beim Bezug oder bei der Abgabe von Leistungen die Umsatzsteuer aufgeschlagen wird, nutzt man zwei unterschiedliche Konten:

Das Konto, das beim Einkauf bzw. beim Bezug von Leistungen genutzt wird, nennt man .... (weil man die Umsatzsteuer quasi „.....................").

Das Konto, das beim Verkauf bzw. bei der Abgabe von Leistungen genutzt wird, nennt man .... (weil man sie auf den Umsatz ....).

Soll	....	Haben

Soll	....	Haben

Da das Unternehmen die Vorsteuer zwar an den Lieferanten zahlt, diese jedoch vom Finanzamt zurückfordern kann, ist das Vorsteuerkonto ein .... (........................ gegenüber dem Finanzamt).

Da das Unternehmen die Umsatzsteuer an das Finanzamt abführen muss, ist das Umsatzsteuerkonto ein .... (........................ gegenüber dem Finanzamt).

In der Regel werden die beiden Konten monatlich abgeglichen. Dabei können sich folgende Situationen ergeben:

Situation 1: Die Vorsteuer ist größer als die Umsatzsteuer

=> Es besteht eine .... gegenüber dem Finanzamt

Buchhalterisch muss der Saldo aus dem Konto „............................." in das Konto „............................." umgebucht werden.

Der Buchungssatz am Ende des Monats lautet:

.... an ....

Soll	**Vorsteuer**			Haben	
AB	100	Minderungen	40		
Mehrungen	20				

Soll	**Umsatzsteuer**			Haben	
Minderungen	60	AB		80	
		Mehrungen		30	

Dieser .... stellt eine Forderung gegenüber dem Finanzamt dar. Der Saldo des Kontos „Vorsteuer" kann gegenüber dem Finanzamt als Forderung geltend gemacht werden. Hierzu nutzt man das Formular „..". Das Finanzamt gleicht dann den Betrag durch Banküberweisung aus. Der Buchungssatz lautet:

.... an ....

Soll	Vorsteuer	Haben	
AB	100	Minderungen	40
Mehrungen	20		

Das Konto „Vorsteuer" ist nun ausgeglichen.

Situation 2: Die Vorsteuer ist kleiner als die Umsatzsteuer

=> Es besteht eine .... gegenüber dem Finanzamt

Buchhalterisch muss der Saldo aus dem Konto „.............................." in das Konto „.............................." umgebucht werden.

Der Buchungssatz am Ende des Monats lautet:

.... an ....

Soll	Vorsteuer	Haben			Soll	Umsatzsteuer	Haben	
AB	100	Minderungen	40		Minderungen	60	AB	200
Mehrungen	20						Mehrungen	20

Diese Umsatzsteuerzahllast stellt eine .... gegenüber dem Finanzamt dar. Dem Finanzamt muss gemeldet werden, dass eine .... vorliegt. Hierzu nutzt man ebenfalls das Formular „..". Spätestens bis zum .... des Folgemonats muss die Umsatzsteuerverbindlichkeit überwiesen werden.

Der Buchungssatz lautet:

.... an ....

Soll	....		Haben
Minderungen	50	AB	200
		Mehrungen	20

Das Konto „Umsatzsteuer" ist nun ausgeglichen.

Am Ende des Geschäftsjahres muss ebenfalls festgestellt werden, ob gegenüber dem Finanzamt eine Forderung (Vorsteuerüberhang) oder eine Verbindlichkeit (Umsatzsteuerzahllast) besteht. Die Vorgehensweise entspricht der der Monate zuvor. Der einzige Unterschied kommt dadurch zu Stande, dass die Zahlung erst .... Geschäftsjahr erfolgt. Der Vorsteuerüberhang bzw. die Umsatzsteuerzahllast muss daher in die .... übernommen werden.

Im Fall des Vorsteuerüberhangs gilt:

Soll	**Vorsteuer**		Haben
AB	100	Minderungen	40
Mehrungen	20	USt.	50

Soll	....		Haben

Der Buchungssatz für diese Aktivierung des Vorsteuerüberhangs lautet:

.... an ....

Im Fall der Umsatzsteuerzahllast gilt:

Soll	....		Haben

Soll	**Umsatzsteuer**		Haben
Minderungen	60	AB	200
VSt.	50	Mehrungen	20

Der Buchungssatz für diese Passivierung des Umsatzsteuerüberhangs lautet:

.... an ....

Lektion 3: Buchung von Transaktionen mit ausländischen Lieferanten und Kunden

Situation

Sie sind als Auszubildende/r in der Finanzbuchhaltung des Bekleidungsherstellers Heller Natur GmbH, Düsseldorf, eingesetzt. Da Ihr Ausbildungsbetrieb auch Werkstoffe aus dem Ausland bezieht, sollen Sie sich heute mit den Buchungen von Im- und Exporten auseinander setzen.

Lesen Sie sich zunächst die Informationstexte in der Anlage gut durch.

Aufgaben

1. Füllen Sie die beiden Schaubilder auf Seite 88 aus.
2. Bilden Sie den Buchungssatz für Beleg 1 (verwenden Sie die Kurstabelle vom 25.05.).
3. Ermitteln Sie den Zollwert sowie die Bemessungsgrundlage für die Berechnung der Einfuhrumsatzsteuer. Zur Unterstützung dient Ihnen der Einfuhrabgabenbescheid des Hauptzollamtes (Beleg 2).
4. Bilden Sie den Buchungssatz für Beleg 3. Die Spedition HT Sea Air Transport GmbH hat den Beleg 2 als Anlage beigelegt (für die im Beleg 2 ausgewiesenen Kosten ist der Spediteur in Vorkasse getreten).
5. Buchen Sie den Ausgleich der Rechnung des amerikanischen Lieferanten (Beleg 1) am 05.06.2007.

Vertiefungsaufgaben

Nehmen Sie die Buchungen folgender Geschäftsfälle unter Einbeziehung der in der Anlage abgebildeten Devisentabellen vor.

Beleg-Nr.	Geschäftsfall
0010	Eingangsrechnung eines japanischen Reißverschlussherstellers vom 25.05.: Rechnungsbetrag 12.550.000,00 Yen. Lieferbedingung: CFR Hamburg.
0011	Abrechnung vom Zoll zur Eingangsrechnung 0010: Zollsatz 10 %, zuzüglich 19 % Einfuhrumsatzsteuer (Ansatz: Devisenkurs vom 25.05.).
0012	Sorten-Abrechnung der Bank vom 25.05.: Für eine Auslandsreise hebt ein Mitarbeiter 2.500,00 EUR vom Geschäftskonto ab und tauscht sie in Türkische Lira, Bankprovision: 1 % des Tauschwertes (wird zusätzlich in Rechnung gestellt).
0013	Eingangrechnung von einem Schweizer Verpackungshersteller vom 25.05.: Rechnungsbetrag 22.600 sfr.
0014	Ausgangsrechnung vom 25.05.: Verkauf von 22.000 Kugellagern, Listenpreis 1,20 EUR/St. an einen Kanadischen Importeur. Die Rechnung wurde in Kanadischen Dollar fakturiert.
0015	Ausgangsrechnung vom 25.05. an einen Britischen Importeur: Verkauf von 150.000 Kugellagern, Listenpreis 0,50 EUR/St. Die Rechnung wurde in britischen Pfund fakturiert.
0016	Eingangsrechnung vom 25.05.: Kauf von Maschinenöl von einem Südafrikanischen Exporteur, Rechnungsbetrag 44.500,00 Rand.
0017	Kontoauszug vom 05.06.: Ausgleich der Eingangsrechnung Nr. 0010.
0018	Kontoauszug vom 05.06.: Der Kanadische Importeur gleicht die Rechnung Nr. 0014 aus.
0019	Sortenabrechnung der Bank vom 05.06.: Der Mitarbeiter (zur Abrechnung 0012) tauschte seine nicht benötigten 120.000.000,00 Türkische Lira in Euro um. Bankprovision: 1 % des Tauschwertes. Der Betrag wird dem Bankkonto gutgeschrieben.
0020	Kontoauszug vom 05.06.: Gutschrift aus Rechnung Nr. 0015
0021	Kontoauszug vom 05.06.: Ausgleich der Rechnung aus Fall 0016

Bei der **Mengennotierung** gilt:

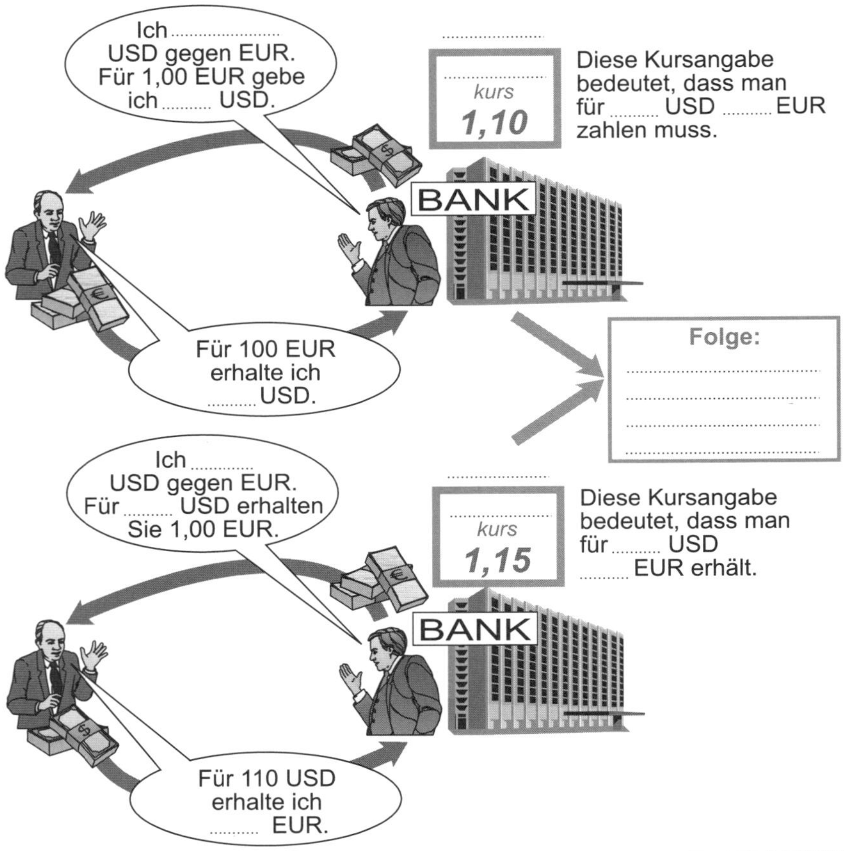

Ich ....
USD gegen EUR.
Für 1,00 EUR gebe
ich .... USD.

kurs
1,10

Diese Kursangabe
bedeutet, dass man
für .... USD .... EUR
zahlen muss.

BANK

Für 100 EUR
erhalte ich
.... USD.

Folge:
....
....
....
....

Ich ....
USD gegen EUR.
Für .... USD erhalten
Sie 1,00 EUR.

kurs
1,15

Diese Kursangabe
bedeutet, dass man
für .... USD
.... EUR erhält.

BANK

Für 110 USD
erhalte ich
.... EUR.

Bei der **Preisnotierung** gilt:

Ich ....
USD gegen EUR.
Für 1,00 USD müssen
Sie .... EUR
zahlen.

kurs
0,91

Diese Kursangabe
bedeutet, dass man
für .... USD .... EUR
zahlen muss.

BANK

Für 100 EUR
erhalte ich
.... USD.

Folge:
....
....
....
....

Ich kaufe
USD gegen EUR.
Für .... USD erhalten
Sie .... EUR.

kurs
0,87

Diese Kursangabe
bedeutet, dass man
für .... USD
.... EUR erhält.

BANK

Für 110 USD
erhalte ich
.... EUR.

INFO-TEXT: *Der Europäische Binnenmarkt*

Mit den Bestimmungen zum Europäischen Binnenmarkt (in Kraft getreten am 1. Jan. 1993) wurde der freie Güterverkehr zwischen den Mitgliedsstaaten der Europäischen Union geregelt. Hiernach findet der Handel zwischen diesen Ländern zollfrei statt.

Zu den EU-Zollgebieten*) zählen:

• Belgien • Bundesrepublik Deutschland (ohne Helgoland und Büsingen) • Dänemark (ohne Faröer und Grönland) <small>Achtung: Zahlungsmittel ist weiterhin die Dänische Krone.</small> • Estland • Finnland • Frankreich (ohne überseeische Gebiete) • Griechenland	• Großbritannien (ohne Gibraltar, überseeische Gebiete mit Nordirland, Kanalinseln, Isle of Man) <small>Achtung: Zahlungsmittel ist weiterhin das Britische Pfund.</small> • Irland • Italien (ohne Livigno, Campione d'Italia, Teile des Luganer Sees) • Lettland • Litauen • Luxemburg	• Malta • Niederlande (ohne außereuropäische Gebiete) • Österreich • Polen • Portugal • Schweden • Slowakei • Slowenien • Tschechien • Ungarn • Zypern

Die Nicht-EU-Mitgliedsstaaten werden als Drittländer bezeichnet. Hierzu zählen:

• folgende europäischen Länder, die nicht zur EU gehören:
  ○ Island
  ○ Norwegen
  ○ Schweiz
  ○ Türkei
<small>(zwischen der EU und der Türkei besteht eine Zollunion. Der Handel ist liberalisiert und gegenüber Drittländern gilt ein gemeinsamer Zoll)</small>
	• alle außereuropäischen Länder

Durch die Aufteilung in Mitgliedsstaaten der EU und außereuropäischen Ländern (Drittländer) wird zwischen folgenden Begrifflichkeiten unterschieden:

	Handel zwischen EU-Mitgliedsländern	Handel mit Drittländern
bei der Beschaffung	• Innergemeinschaftlichem Erwerb	• Einfuhr
beim Absatz	• Innergemeinschaftliche Lieferung	• Ausfuhr

---

*) Die EU-Mitgliedsstaaten haben einige Zollausschluss- und -anschlussgebiete, sodass das Zollgebiet regional nicht mit den Mitgliedsstaaten übereinstimmt.

INFO-TEXT: *Die Besteuerung des Umsatzes beim Außenhandel*

Umsätze unterliegen in der Regel der Umsatzsteuer (steuerbare Umsätze gemäß Umsatzsteuergesetz). Zu den steuerbaren Umsätzen zählen:

○ Lieferungen (Zugang von Vermögensgegenständen wie Werkstoff- und Warenlieferungen), die durch Unternehmen gegen Entgelt im Inland ausgeführt werden,

○ Leistungen (Nutzung von Leistungen wie Reparaturen, Reinigung, Instandhaltungen), die durch Unternehmen gegen Entgelt im Inland ausgeführt werden,

○ Unentgeltliche Lieferungen und Leistungen, die von einem Unternehmen erbracht werden (z. B. Warenentnahmen durch einen Unternehmer für private Zwecke, privater Nutzungsanteil an Unternehmensgegenständen),

○ Lieferungen und Leistungen, die von ausländischen Unternehmen gegen Entgelt für inländische Unternehmen erbracht werden.

Im Zusammenhang mit dem Außenhandel gilt somit, dass sowohl innergemeinschaftliche Lieferungen als auch Ausfuhren für den Exporteur von der Umsatzsteuer befreit sind. In den entsprechenden Ausgangsrechnungen wird keine Umsatzsteuer ausgewiesen. Bei innergemeinschaftlichem Erwerb und Einfuhren hingegen muss die Umsatzsteuer des Einfuhrlandes erhoben werden ("Bestimmungslandprinzip"). Da auch in diesen Fällen keine Umsatzsteuer ausgewiesen wird, muss die Umsatzbesteuerung gesondert buchhalterisch erfasst werden.

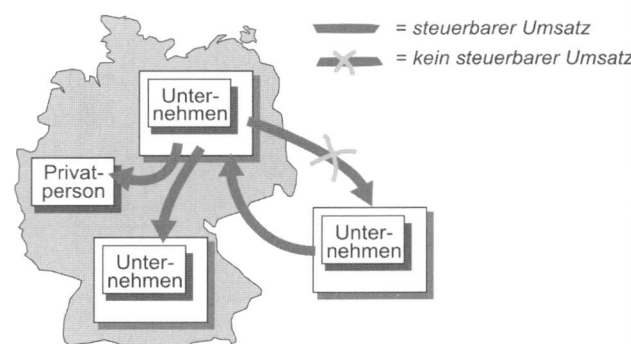

= steuerbarer Umsatz
= kein steuerbarer Umsatz

Abhängig von der Art des Landes, mit dem Handel betrieben wird, gilt somit:

	Handel zwischen EU-Mitgliedsländern	Handel mit Drittländern
bei der Beschaffung	• Vorsteuer aus innergemeinschaftlichem Erwerb	• Einfuhrumsatzsteuer
beim Absatz	• keine Besteuerung durch Exporteur (Besteuerung übernimmt der Importeur)	

Fall A: Erwerb von Rohstoffen aus einem Nicht-EU-Land (Drittland)

In diesem Fall findet bei der Einfuhr eine Verzollung durch das zuständige Zollamt statt. Das Zollamt versendet einen Einfuhrabgabenbescheid, in dem die Höhe des Zolls (wenn nicht eine zollfreie Einfuhr vorliegt) sowie die Höhe der Einfuhrumsatzsteuer ausgewiesen wird.

a) Buchung der Eingangsrechnung des Exporteurs:

Buchung Soll	Buchung Haben
Aufwendungen für Rohstoffe	Verbindlichkeiten

b) Buchung des Einfuhrabgabenbescheides:

Buchung Soll	Buchung Haben
Bezugskosten für Rohstoffe	
Einfuhrumsatzsteuer	Verbindlichkeiten

Die Einfuhrumsatzsteuer wird an das Zollamt gezahlt. Es ergibt sich somit die gleiche Wirkung wie bei der Buchung der Vorsteuer bei inländischem Erwerb. Die Einfuhrumsatzsteuer stellt also eine Forderung gegenüber dem Finanzamt dar und wird mit der Umsatzsteuerzahllast verrechnet.

Fall B: Kauf von Rohstoffen aus einem EU-Land

Da in diesem Fall ein zollfreier Güterverkehr stattfindet, erhält der Importeur keinen Einfuhrabgabenbescheid. Um dennoch das System der Umsatzbesteuerung einzuhalten, findet eine so genannte „Nullbuchung" statt. Diese hat wertmäßig keine Auswirkungen, da die gebuchte Forderung gegenüber dem Finanzamt (Vorsteuer aus innergemeinschaftlichem Erwerb) durch die Verbindlichkeit (Umsatzsteuer aus innergemeinschaftlichem Erwerb) ausgeglichen wird.

a) Buchung der Eingangsrechnung des Exporteurs:

Buchung Soll	Buchung Haben
Aufwendungen für Rohstoffe	Verbindlichkeiten

b) Durchführung der Null-Buchung:

Buchung Soll	Buchung Haben
Vorsteuer a. i. E.	Umsatzsteuer a. i. E.

Fall C: Verkauf von Fertigerzeugnissen an ein EU-Land

Aufgrund des Bestimmungslandprinzips findet in Deutschland keine Besteuerung des Umsatzes statt. In der Ausgangsrechnung ist somit keine Umsatzsteuer ausgewiesen. Eine buchhalterische Erfassung erfolgt nicht.

Buchung der Ausgangsrechnung:

Buchung Soll	Buchung Haben
Forderungen	Umsatzerlöse aus innergemeinschaftlicher Lieferung

Fall D: Verkauf von Fertigerzeugnissen an ein Nicht-EU-Land

Auch in diesem Fall gilt das Bestimmungslandprinzip. Eine buchhalterische Erfassung der Umsatzsteuer findet somit nicht statt.

Buchung der Ausgangsrechnung:

Buchung Soll	Buchung Haben
Forderungen	Umsatzerlöse aus Ausfuhrlieferungen

INFO-TEXT: Die Ermittlung des Zollwertes und der Bemessungsgrundlage für die Berechnung der Einfuhrumsatzsteuer

Bei der Einfuhr von Waren aus Drittländern fällt häufig Zoll an. Der vom Zollamt anzusetzende Zollsatz hängt von der Warenart ab und liegt zwischen 0 % und 70 %. Für die Bestimmung des Zollsatzes kann die Zolltarif-Nummer der Ware beim Zollservicezentrum ermittelt werden. In Verbindung mit dem exportierenden Land ergibt sich dann der Zollsatz. Der Zollwert stellt dabei die Grundlage für die Anwendung des Zollsatzes dar. Durch eine entsprechende Berechnung wird dann die Bemessungsgrundlage für die Ermittlung der Einfuhr-Umsatzsteuer festgelegt.

Ermittlung des Zollwertes*)	Ermittlung der Bemessungsgrundlage für die EUSt
Wert der Gütersendung	Zollwert
+ Kosten der Verpackung	+ Zoll (Zollsatz 0 % - 70 %)
+ Transportkosten im Ausland	+ Verbrauchssteuern (z. B. Tabaksteuer)
- Skonto	+ Frachtkosten Inland
Zollwert	EUSt-Bemessungsgrundlage

---

*) Der Zollwert fasst alle Kosten zusammen, die für den Bezug der Güter **bis zur EU-Grenze** angefallen sind, unabhängig davon, wo die Verzollung stattfand (so kann beim Warenimport aus den Vereinigten Staaten beispielsweise auch eine Verzollung in Spanien vorgenommen werden).

Sorten und Devisenkurse

Datum: 25.05.

Geld für Reisende (1 € =)	Ankauf	Verkauf	Devisenkurse (1 € =)	Geld	Brief
Australien (A$)	1.5720	1.7320	Australien (A$)	1.6415	1.6610
Dänemark (dkr)	7.0850	7.8850	England (£)	0.6709	0.6749
England (£)	0.6460	0.6925	Japan (YEN)	130.7100	131.1900
Kanada (C$)	1.5750	1.7250	Kanada (C$)	1.6400	1.6520
Norwegen (nKr)	8.1600	9.0100	Schweiz (sfr)	1.5615	1.5655
Polen (Zloty)	4.4000	5.4500	Südafrika (Rand)	8.0460	8.2860
Schweden (sKr)	8.8950	9.8450	USA ($)	1.2601	1.2607
Schweiz (sfr)	1.5320	1.5970			
Tschechien (Kron)	30.1000	35.1000			
Türkei (TL)	1600000	1800000			
Ungarn (Ft)	1.1920	320.0000			
USA ($)	1.2276	1.2976			

Quelle: FAZ

DEVISENKURSE

Währungen 05.06.	Sortenkurse (Euro)		variable Kurse, 14:00 Uhr (Euro)	
	Ankauf	Verkauf	Geld	Brief
Australien, 1 A$	0,5820	0,6500	0,6155	0,6162
Dänemark, 100 dkr	12,7020	14,2390	13,4100	13,4200
Großbritannien, 1 £	1,4470	1,5480	1,4865	1,4874
Hongkong, 100 HK$	9,3850	11,6210	10,3778	10,3851
Japan, 100 Yen	0,6990	0,7460	0,7254	0,7260
Kanada, 1 C$	0,5850	0,6410	0,6100	0,6105
Malaysia, 1 Ringgit	-	-	0,2127	0,2128
Neuseeland, 1 NZ$	0,4880	0,6250	0,5502	0,5509
Norwegen, 100 nkr	11,3445	12,9956	12,3053	12,3196
Polen, 1 Zloty	0,1960	0,2220	0,2094	0,2095
Russland, 1 Rubel	-	-	0,0283	0,0283
Schweden, 100 skr	10,3780	11,5130	10,9100	10,9200
Schweiz, 100 sfr	62,1120	64,5990	63,2400	63,2800
Singapur, 1 S$	0,4420	0,5100	0,4741	0,4744
Südafrika, 1 Rd	0,1020	0,1560	0,1217	0,1222
Tschechien, 100 czk	2,7770	3,3320	3,0227	3,0282
Türkei, 1.000.000 TL	0,5464	0,6173	0,5981	0,6014
USA, 1 US$	0,8146	0,7707	0,7936	0,7940
Ungarn, 100 Ft	0,335	0,4790	0,3939	0,3942

Quelle: Die Welt

IWC INTERNATIONAL WOOL COMPANY LTD.

P.O. Box 090019 MILWAUKEE,
WI 52209
(414) 540-1300 (800) 577-2917
FAX: (414) 540-2350

INVOICE

INVOICE NUMBER: 0005-1102

INVOICE DATE: 04/27/10

Eingang
25.05.2010

SOLD
TO: Sabine Hansen
Postfach 10 20 12
40225, Düsseldorf GERMANY
Accounts Payable

SHIP
TO: Heller Natur GmbH
Auf'm Hennekamp 39
40225, Düsseldorf GERMANY

SHIP VIA: AIR OCEAN SYSTEMS		CUST. I. D.: HELGER	
SHIP DATE: 04/27/10		P.O. NUMBER: 20031152	
DISPATCH: Milwaukee, WI		ORDER DATE: 04/0210	
TERMS: 73		OUR ORDER NO.: 0003-2485	
		SALES PERSON: HTE	

DESCRIPTION	QUANTITY	LIMIT	PRICE	TOTAL
FTS Wool 2,200# bulk	44000	44000	0.2680	11,792.0000
Bulk Bag(M) - Lift	20	20	22.7500	455.0000
Pallet Charge	20	20	8.0000	160.0000

Thank You For Your Order!

INTERMEDIATE RES.	12,407.0000
TAX	0.0000
TOTAL	12,407.0000

PLEASE INDICATE INVOICE NUMBERS ON ALL CHECKS

Beleg 1

| Hauptzollamt Krefeld
Zollamt Schwanenhaus

Dellerweg 112
41334 Nettetal | Original

für den Beteiligten | **Einfuhrabgabenbescheid**
AT/C/40/000986/05/2004/2901
vom 16.05.2010 |

Zollanmeldungsart	Einzelzollanmeldung	**Bearbeiter** Telefon Telefax	Hr. F. Frantzen (02157) / 8145-0 (02157) / 8145-50

Anmelder

| (4588751)
Heller Natur GmbH
Auf'm Hennekamp 39
DE-40225 Düsseldorf | Eingang
25.05.2010 | vertreten
durch | (4808517)
Horst Meyer
Brassertweg 22
DE-41334 Nettetal
Postfach 4874
41316 Nettetal |

Datenübermittlungsdienstleister

RKZ ATC-0040-000986-05-2010-2901

Bezugsnummer

Abgabenbetrag 1 - schriftlich mitgeteilt   am 16.05.2010   Buchmäßig erfasst am 16.05.2010

WKZ   EUR   Währungskennzeichen für alle Betragsfelder, die nicht durch einen expliziten
              Währungsschlüssel gekennzeichnet sind

Aufstellung der Abgaben

Art	Buch-Schl.	Betrag	Zahlungsart	Kontonr.	A-Frist	Aufschubnehmer
ZOLLEU	10100	569,08	F	D 006208	16.06.10	3522510
EUST	20000	1.975,58	F	D 061420	16.06.10	3522510

Gesamtabgabensumme   2.544,66

Aufstellung der Sicherheiten

Art	Buch-Schl.	Barsicherheit	Zahlungsart
Sicherheit	9900	0,00	SICH

Gesamtsicherheitensumme   0,00

Berechnungsgrundlage

Nettopreis in EUR	9.846,04	Lieferkosten	bis Antwerpen 1.535,65
Zollwert	11.381,69	Warennummer	2738 9000 90 0
Zollmenge	- - -	Überlassungsdatum	16.05.2010
Kosten zum EUSt-Wert	396,60		

Abgabenberechnung

Art	Wert/Menge	Abgabensatz	Betrag
ZOLLEU	11.381,69	5 %	569,08
EUST	12.347,37	19 %	2.346,00

Berechnungshinweise

04   EUSt-Wert = Zollwert + zum EUSt-Wert gehörende Kosten + Abgabenbeträge (Zölle/VSt ohne EUSt)

0785/IT Überführung von Waren in den freien Verkehr   Version 3.0   VSF Z 1001 Abs. 2; KoSt ATLAS

Beleg 2 (Anlage zu Beleg 3)

HTGROUP
Kompetenz in Logistik

HT Sea Air Transport GmbH
Im Freihafen 9
47138 Duisburg
Telefon +49 (0) 203/8007-361
Telefax +49 (0) 203/8007-332
info@htseaair.com
http://www.htseaair.com

HT Sea Air Transport GmbH • Im Freihafen 9 • 47138 Duisburg

Heller Natur GmbH
Einkaufsabteilung
Auf'm Hennekamp 39
40225 Düsseldorf

> Eingang
> 25.05.2010

```
R E C H N U N G   Nr.    63353 Datum: 23.05.2010  Seite:   1
                 Konto:  40049 UST-ID:
                             Abtlg:  16         Anlagen:
Pos Datum Sendungs-Nr. Frankatur  KM E-OKL Fracht/Fr-Satz Marge
Zeichen-Nr.             Anz. Verp. Inhalt    T-KGBetrag
-------------------------------------------------------------------
1   17.05. 5321         12 EX WORKS
    ab INDUSTRIAL WOOL TECH USA MILWAUKEE, WI. 53209
    an HELLER NATUR GMBH 40225 DUESSELDORF
    TMMI 421 184-7/40DV UNTREATED SHEEPS WOOL
====================
P.O 2035521
====================
SEESCHIFF:     00CL BELGIUM      VOYAGE: 1789
ETD MONTREAL:  05.05.2010        CONTAINER: 1 X 40' DV
ETA ANTWERPEN: 13.05.2010        FCL/FCL, CY/CY
ANLIEFERDATUM: 17.05.2010        AIR OCEAN SYSTEMS
===================================================================
=  L E I S T U N G S M O N A T   0 5 / 2 0 1 0   -  I M P O R T =
===================================================================
ZOLLBELEG: AT/C/40/000985/05/2010/2091 VOM 16.05.2010
ZOLLAMT:   SCHWANENHAUSEN

                HANDLING CHARGES IN USA, US$ 100,00     81,16  1
   FRACHT DOOR MILWAUKEE/DOOR DUESSELDORF, US$ 2050,00 1.663,83 1
       IFP-INTERIM FUEL PARTICIPATION BAF, US$ 286,00  232,12  1
        EINFUHRZOLLABFERTIGUNG (1 ZOLLTARIFPOSITION)    40,00  0
                        ZOLL LT ZOLLBELEG              569,08  1
                        EUST LT. ZOLLBELEG          1.975,58  1
                                                       40,00  <
                                                    4.521,77

===================================================================
Porti/Papiere
durchl. P.       st.frei     st.pfl.     Mwst.      Rechnungsbetr.
  2.544,66      1.977,11     40,00    19,00 % 7,60  EUR 4.569,37
===================================================================
Zahlbar innerhalb 12 Tagen, spätestens bis zum 06.06.2010
Bankverbindung: Dresdner Bank AG, Filiale Bocholt,
Kto.Nr. 786 045 500  BLZ 400 800 40 SWIFT-Adr.: DRESDEFF541
```

Geschäftsführer:
Rainer Terhagens
Niederlassungen: Bocholt, Köln-Bonn

Erfüllungsort und Gerichtsstand:
Duisburg
St.-Nr. 330/4771/6643

Bankverbindung:
Dresdner Bank AG, Filiale Bocholt
BLZ 400 800 40, Konto-Nr. 786 045 500

Wir arbeiten ausschließlich auf der Grundlage der Allgemeinen Deutschen Speditionsbedingungen (ADSp), neuesten Fassung und haben den TVS gezeichnet.

Beleg 3

Übungsaufgaben

1. Aufgabe:

Buchen Sie die folgenden Geschäftsvorgänge mithilfe des Kontenplanes sowie mit Wertangabe.

1. Eingangsrechnung: Kauf von 6 Schreibtischen, Listenpreis 650,00 €/St. netto.
2. Kontoauszug: Ausgleich der Rechnung aus Fall 1.
3. Eingangsrechnung: Kauf von 250 St. Rohstoffen, Listenpreis 7,735 €/St. brutto.
4. Kontoauszug. Ausgleich der Rechnung aus Fall 3.
5. Eingangsrechnung: Kauf von 750 St. eines Hilfsstoffs, 2,38 €/St. brutto.
6. Mängelrüge: 50 St. der unter 5. bezogenen Hilfsstoffe sind defekt und werden an den Lieferanten zurück geschickt. Wir erhalten eine entsprechende Gutschrift.
7. Kontoauszug: Ausgleich der Restschuld aus Fall 5.
8. Ausgangsrechnung: Verkauf eines gebrauchten Druckers für 100,00 € netto.
9. Kontoauszug: Kunde aus Fall 8. gleicht Rechnung aus.
10. Quittung: Verkauf einer gebrauchten Telefonanlage für 833,00 € brutto.

2. Aufgabe:

Am Ende eines Monats liegen folgende Konten vor:

Soll	2600 Vorsteuer	Haben	Soll	4800 Umsatzsteuer	Haben
7.500,00		500,00	1.200,00		9.800,00
10.200,00					25.400,00
2.600,00					9.800,00

a) Buchen Sie die Ermittlung der Zahllast/des Vorsteuerüberhangs.
b) Buchen Sie die Überweisung der Zahllast/die Bankgutschrift des Vorsteuerüberhangs.

3. Aufgabe:

Bilden Sie die Buchungssätze für den Abschluss folgender Konten:

1. Rohstoffe	4. Forderungen	7. Vorsteuer
2. Eigenkapital	5. Darlehen	8. Bank
3. Umsatzsteuer	6. Verbindlichkeiten	9. Hypotheken

4. Aufgabe:

Buchen Sie die folgenden Geschäftsvorgänge einer Möbelfabrik mithilfe des Kontenplanes sowie mit Wertangabe.

1. Eingangsrechnung: Kauf von 1.200 l Holzleim, Listenpreis 5,60 € je 5 L-Fass netto.
2. Eingangsrechnung: Kauf von 15 St. Computern, Listenpreis 1.428,00 €/St. brutto sowie von 10 Laserdruckern, 654,50 €/St. brutto.
3. Kontoauszug: Ausgleich der Rechnung aus Fall 2.
4. Eingangsrechnung: Kauf von 5 automatischen Aktenvernichtern, Listenpreis 306,73 € je Stück brutto.
5. Kontoauszug: Ausgleich der Rechnung aus Fall 4.
6. Quittung: Ein Büroartikelhändler stellt uns für Aktenordner 3.022,60 € brutto in Rechnung.
7. Kontoauszug: Ein Kunde gleicht eine Rechnung in Höhe von 12.802,76 € aus.
8. Eigenbeleg: Ein Gebinde mit 10 l des unter 1. beschafften Holzleims platzt und kann nicht mehr genutzt werden.
9. Ausgangsrechnung: Verkauf einer gebrauchten Maschine für 6.264,00 € netto.
10. Ausgangsrechnung: Verkauf von 500 St. eines Fertigerzeugnisses, Listenpreis 350,00 €/St. netto.
11. Kontoauszug: Ausgleich der Rechnung aus Fall 10.
12. Kontoauszug: Das Finanzamt schreibt uns einen Vorsteuerüberhang in Höhe von 13.420,00 € gut.

5. Aufgabe:

Kontenplan:

Maschinen und Anlagen, Fuhrpark, Betriebs- und Geschäftsausstattung, Rohstoffe, Hilfsstoffe, Forderungen, Vorsteuer, Bank, Kasse, Eigenkapital, Privat, Darlehen, Verbindlichkeiten, Umsatzsteuer.

Anfangsbestände laut Inventur (Angaben in EUR):

Maschinen und Anlagen 535.600,00; Fuhrpark 36.000,00; Betriebs- und Geschäftsausstattung 48.250,00; Rohstoffe 12.200,00; Hilfsstoffe 8.700,00; Forderungen 3.120,00, Bank 12.850,00; Kasse 2.500,00; Eigenkapital ?; Darlehen 321.780,00; Verbindlichkeiten 48.700,00.

Geschäftsvorgänge:

1. Eingangsrechnung: Kauf eines neuen Lieferwagens, Rechnungsbetrag 35.700,00 EUR brutto.
2. Bankbeleg: Aufnahme eines Darlehens in Höhe von 14.200,00 EUR, der Betrag wird dem Bankkonto gutgeschrieben.
3. Kontoauszug: Überweisung der Eingangsrechnung aus Fall 1.
4. Ausgangsrechnung: Verkauf einer gebrauchten Computeranlage, Buchwert 5.200,00 EUR.
5. Kontoauszug: Einzahlung der Tageseinnahmen auf das Bankkonto, 1.200,00 EUR.
6. Eingangsrechnung: Kauf von Rohstoffen, Rechnungsbetrag 3.303,28 EUR.
7. Quittung: Kauf eines neuen Schreibtisches, Listenpreis 990,00 EUR.
8. Kontoauszug: Kunde begleicht offene Rechnung; Gutschrift 6.370,60 EUR.
9. Kassenbeleg: Der Unternehmer legt zur Überbrückung eines Liquiditätsengpasses 250,00 EUR in die Kasse.
10. Mängelrüge: Rohstoffe zum Nettowert von 260,00 EUR werden an den Lieferanten zurückgesandt; die Rechnung wurde noch nicht bezahlt.
11. Ausgangsrechnung: Verkauf einer gebrauchten Maschine, Rechnungsbetrag 16.330, 00 EUR; die Hälfte des Rechnungsbetrages wurde bei Übergabe bar beglichen.
12. Bankauszug: Rückzahlung einer Darlehensrate; 1.000,00 EUR.

Arbeitsaufgaben:

1. Erstellen Sie anhand der Inventurangaben eine Eröffnungsbilanz.
2. Buchen Sie die Geschäftsvorgänge in Grund- und Hauptbuch.
3. Bilden Sie folgende Buchungssätze im Rahmen der vorläufigen Abschlussbuchungen:
   a) Im Rahmen der Inventur wird ein Kassenfehlbetrag in Höhe von 10,00 EUR ermittelt.
   b) Ermittlung der Umsatzsteuerzahllast.
4. Bilden Sie die Buchungssätze zum Jahresabschluss.
5. Erstellen Sie anhand der Abschlussangaben eine Schlussbilanz (*Achtung: Stimmen die beiden Seiten der Bilanz wertmäßig überein ???*)

Eröffnungsbilanz

MuA		

Fuhrpark		

BuGA		

Rohstoffe		

Hilfsstoffe		

Ford. a.L.u.L.		

Bank		

Kasse		

Privat		

EK		

Darlehen		

Verbindl.		

VSt.		

USt.		

Lektion 1: Die Erfolgskonten

ERARBEITUNGSTEXT *Die Aufwands- und Ertragskonten*

Bisher haben Sie sich mit Buchungen auf Bestandskonten auseinander gesetzt. Sie haben aktive und passive Bestandskonten kennen gelernt und Bestandsmehrungen und -minderungen darauf erfasst. Vielleicht ist Ihnen dabei aufgefallen, dass im Grunde alle Bestandskonten durch Geschäftsvorgänge wertmäßig verändert wurden. Eine Ausnahme stellte jedoch das Konto „Eigenkapital" dar. Dieses wurde durch die bisherigen Buchungen nie verändert (sieht man einmal von den Veränderungen durch die Privattätigkeit des Unternehmers ab). Warum ist das so? Finden Sie einen plausiblen Grund!

_____

_____

_____

_____

_____

_____

Mit der Höhe des Eigenkapitals hat es eine ganz besondere Bewandnis. Überlegen Sie einmal, durch welche Veränderungen in der Bilanz sich eine Erhöhung bzw. Verminderung des Eigenkapitals ergeben könnte. Im Fall der Eigenkapitalerhöhung sind folgende Möglichkeiten denkbar:

- **Möglichkeit 1 für eine Eigenkapitalerhöhung:**
  Das Vermögen erhöht sich und das Fremdkapital verändert sich im gleichen Zeitraum nicht.

  Stellen Sie in nachfolgend abgebildeter Bilanz diesen Zusammenhang dar.

	Bilanz VOR der Veränderung				Bilanz NACH der Veränderung	
Soll		Haben		Soll		Haben
	Eigenkapital	2.500.000				
Vermögen	4.000.000					
	Fremdkapital	1.500.000				
	4.000.000	4.000.000				

Durch welche Geschäftsvorfälle könnte sich diese Aktiv-Passiv-Mehrung ergeben? Finden Sie zutreffende Beispiele.

_____

_____

- **Möglichkeit 2 für eine Eigenkapitalerhöhung:**
  Das Vermögen verändert sich nicht und das Fremdkapital verringert sich im gleichen Zeitraum.

Stellen Sie in nachfolgend abgebildeter Bilanz diesen Zusammenhang dar.

Bilanz
VOR der Veränderung

Soll			Haben	
		Eigenkapital	2.500.000	
Vermögen	4.000.000			
		Fremdkapital	1.500.000	
	4.000.000		4.000.000	

Bilanz
NACH der Veränderung

Soll		Haben

Durch welche Geschäftsvorfälle könnte sich dieser Passiv-Tausch ergeben? Finden Sie zutreffende Beispiele.

- **Möglichkeit 1 für eine Eigenkapitalverringerung:**
  Das Vermögen verringert sich und das Fremdkapital verringert sich im gleichen Zeitraum nicht.

Stellen Sie in nachfolgend abgebildeter Bilanz diesen Zusammenhang dar.

Bilanz
VOR der Veränderung

Soll			Haben	
		Eigenkapital	2.500.000	
Vermögen	4.000.000			
		Fremdkapital	1.500.000	
	4.000.000		4.000.000	

Bilanz
NACH der Veränderung

Soll		Haben

Durch welche Geschäftsvorfälle könnte sich diese Aktiv-Passiv-Mehrung ergeben? Finden Sie zutreffende Beispiele.

- **Möglichkeit 2 für eine Eigenkapitalverringerung:**
  Das Vermögen verändert sich nicht und das Fremdkapital erhöht sich im gleichen Zeitraum.

Stellen Sie in nachfolgend abgebildeter Bilanz diesen Zusammenhang dar.

Bilanz VOR der Veränderung		
Soll		Haben
	Eigenkapital	2.500.000
Vermögen 4.000.000		
	Fremdkapital	1.500.000
4.000.000		4.000.000

Bilanz NACH der Veränderung		
Soll		Haben

Durch welche Geschäftsvorfälle könnte sich dieser Passiv-Tausch ergeben? Finden Sie zutreffende Beispiele.

Betrachten Sie die von Ihnen zuvor genannten beispielhaften Geschäftsvorgänge. Wodurch unterscheiden Sie sich von den bisher erarbeiteten Geschäftsvorgängen?

Zu einer Eigenkapital**erhöhung** kommt es, wenn ein Geschäftsvorgang …

Zu einer Eigenkapital**verringerung** kommt es, wenn ein Geschäftsvorgang …

Geschäftsvorgänge, die das **Eigenkapital erhöhen**, nennt man …

Geschäftsvorgänge, die das **Eigenkapital verringern**, nennt man …

ÜBERSICHT

Stellen Sie den Zusammenhang zwischen den Erfolgskonten und dem Eigenkapital schematisch dar.

a) Gehen Sie davon aus, das das Unternehmen im zurückliegenden Geschäftsjahr einen **Gewinn** gemacht hat, die Aufwendungen also geringer als die Erträge waren.

Soll	Aufwandskonten	Haben

Soll	Ertragskonten	Haben

Soll	Gewinn- und Verlust-Rechnung	Haben

Soll	Eigenkapital	Haben

b) Gehen Sie davon aus, dass das Unternehmen im zurückliegenden Geschäftsjahr einen **Verlust** gemacht hat, die Aufwendungen also größer als die Erträge waren.

Soll	Aufwandskonten	Haben

Soll	Ertragskonten	Haben

Soll	Gewinn- und Verlust-Rechnung	Haben

Soll	Eigenkapital	Haben

Situation

Sie sind als Auszubildende/r in der Finanzbuchhaltung des Bekleidungsherstellers Heller Natur GmbH, Düsseldorf, eingesetzt. Am heutigen Tag legt Ihnen der Buchhalter Klaus Wiedemann nachfolgend abgebildete Belege vor, und er bittet Sie, die Kontierung vorzunehmen.

Aufgaben*)

1. Um welche Art von Belegen handelt es sich? Erläutern Sie die wichtigsten Inhalte, und stellen Sie die Bedeutung der Belege für das Unternehmen heraus.

2. Nehmen Sie die Buchungen für die Belege vor.

3. Welche Auswirkungen haben die Buchungssätze auf die Bestände der Bilanz?

Hildener Stadtkurier • Lukasstraße 34 • 40724 Hilden

Heller Natur GmbH
Finanzbuchhaltung
Auf'm Henneklamp 39
40225 Düsseldorf

Hilden, 04. Mai 2010

Anzeigenschaltung im Zeitraum 01. bis 31. März 2010

Sehr geehrte Damen und Herren,

für die Anzeigenschaltung in unserer Zeitung berechnen wir Ihnen wie vereinbart

Ausgabe I/04/2006 ganzseitig, vierfarb.	700,00 €
Ausgabe II/04/2006 ganzseitig, vierfarb.	700,00 €

Wir bitten Sie, den Gesamtbetrag in Höhe von 1.400,00 € inkl. 19 % Umsatzsteuer auf eines unserer unten angegebenen Geschäftskonten zu überweisen. Vielen Dank für Ihre Auftragsvergabe.

Mit freundlichen Grüßen

Klaus Andresen

K. Andresen, Anzeigenverwaltung

Beleg 1

---

*) In den Belegen wird die Umsatzsteuer nicht ausgewiesen, da das Thema Umsatzsteuer erst im nächsten Kapitel thematisiert wird.

Stadtsparkasse Düsseldorf 300 501 10

Buch.-Tag	Wert	Erklärung/Verwendungszweck	Umsatz (S = Soll, H = Haben)
Kontostand 11.05.10		Auszug Nr. 487	14.578,27 H
11.05.10	12.05.10	Provision fuer Handelsgeschaeft, Fa. Jakobi KG	4.500,00 H

Waehrung: EUR   St.-Nr. 305 5188 0123

Kontostand am   12.05.10, 09:32 Uhr   19.078,27 H

Heller Natur GmbH
Finanzbuchhaltung
Auf'm Hennekamp 39
40225 Düsseldorf

Ṡ = **KONTO-AUSZUG**

Beleg 2

Auftragsnummer 800579-5224	**MATERIALENTNAHMESCHEIN** Beleg-Nr.: MA 491	**HELLER NATUR**

Menge	Einheit	Gegenstand / Abmessung	DIN-/Modell-/Zeichn-Nr.	Werk-stoffart	Preis pro Einheit (in €)
50	Rollen	Nähgarn, BW schwarz	52410	Baumw.	5,50

ausgegeben am durch	Aussteller	genehmigt	Bitte die Karte sauber halten und nicht knicken!
22.05.10 Gel.	Bernd Bauer	V. Schmitt	

Mon. /Jahr			Mat.-Nr.			Auftrag		Kostenstelle			Stück			Mat.-Nr.			Lieferbed.			Sonstiges		
1	2	3	4	5	6	7	8	9	10	11	12	13	14	15	16	17	18	19	20	21	22	23

Beleg 3

Geschäftstelle : W.-Becker-Allee 11, 40202 Düsseldorf

Bei Vertragsangelegenheiten erreichen Sie uns:
persönlich in der Geschäftsstelle
Mo-Do: 8:00-18:00, Fr: 8:00-16:00
telefonisch
Mo-Fr: 8:00-20:00

Ihre Kundebetreuung
Telefon 0180 2 153 153*
Telefax 0180 2 153 486*

* 6 ct je Anruf aus dem Festnetz der Deutschen Telekom

Bei Schadenangelegenheiten erreichen Sie uns unter:
Telefon 0180 2 HUK HILFE bzw. 0180 2 48544533**
Telefax 0211 7706-270

** Rund um die Uhr, 6 ct je Anruf aus dem Festnetz der Deutschen Telekom

Coburg, 15.05.2010

Heller Natur GmbH
Finanzbuchhaltung
Auf'm Hennekamp 39
40225 Düsseldorf

Beitragsrechnung für Kraftfahrtversicherung Nr. 531/377490-A

Pkw, VW GOLF, amtl. Kennzeichen: D-HN 388
Die für Ihren Vertrag berücksichtigten Tarifmerkmale finden Sie auf der Rückseite.

Kraftfahrzeug-Haftpflichtversicherung

unbegrenzte Deckungssumme;
bei Personenschäden Versicherungssumme 8.000.000 € je geschädigte Person.
Beitragszahlung vorschüssig für Abrechnungszeitraum 2010/11.

	Regional-klasse	Typklasse	Schadensfrei-heitsklasse	Beitragssatz in %	Versicherungs-beitrag in €	Versicherungs-beitrag in €
bisheriger Beitrag	B6	21	6	55	302,29	
neuer Beitrag	B6	20	7	50	259,00	259,00

Fahrzeugversicherung (Kasko)

Vollkaskoversicherung mit 300 € Selbstbeteiligung
einschließlich Teilkaskoversicherung ohne Selbstbeteiligung.
Beitragszahlung vorschüssig für Abrechnungszeitraum 2010/11.

	Regional-klasse	Typklasse	Schadensfrei-heitsklasse	Beitragssatz in %	Versicherungs-beitrag in €	
bisheriger Beitrag	B4	16	15	35	181,32	
neuer Beitrag	B4	16	15	35	191,00	191,00

Kraftfahrt-Unfallversicherung
- nicht abgeschlossen -

Der Jahresbeitrag ist am 01.07.2010 fällig
(einschließlich der Versicherungssteuer von zurzeit 19 %)

450,00

Bitte überweisen Sie fristgerecht

450,00

* * * * Diese Rechnung wird auch als Beitragsnachweis von Behörden (z. B. Finanzamt) anerkannt * * * *
Es ist niemand berechtigt, in unserem Namen Versicherungsbeiträge einzuziehen!

HELLER NATUR

Heller Natur GmbH • Auf'm Hennekamp 39 • 40225 Düsseldorf

Manhattan Streetwear GmbH
Einkaufsabteilung
Am Hohlstein 22 - 26
47798 Krefeld

Lieferschein/Rechnung

Rechnungsnummer	Auftrag	Kunden-Nr.	Kundebetreuer/in	Datum
854100-522	4285658	DE-22485	Frau Zeitz	21. Mai. 2010

Leistung	Menge	Einzelpreis (EUR)	Gesamtpr. (EUR)
Langarmpullover Blau, Art.-Nr. 42752551, 100 % Baumwolle, Gr. XL	100	39,90	3.990,00

Zwischen-summe (EUR)	Fracht/Ver-packung (EUR)	Rechnungs-betrag netto (EUR)	USt. Satz (EUR)	Umsatz-steuer (EUR)	Rechn.betrag brutto (EUR)
3.990,00	0,00	3.990,00	19 %	758,10	4.748,10

Bitte gleichen Sie die Rechnung bis zum 04.05.2010 **abzüglich** 3 % **Skonto oder bis zum** 21.05.2010 **ohne Abzüge auf eines unserer Geschäftskonten aus. Vielen Dank. Wir freuen uns auf Ihre nächste Bestellung.**

USt.-Id.-Nr. DE42551410   -   St.-Nr. 340/654/125421

Heller Natur GmbH	Firmensitz und Registergericht:	Bankverbindungen:	Deutsche Bank AG Düsseldorf
Auf'm Hennekamp 39	Düsseldorf HRB 89978		BLZ 340 400 00, Kto. 745 211 233
40225 Düsseldorf			Postbank Essen
Telefon (0211) 458 0	Geschäftsführer:		BLZ 360 100 43, Kto. 604 644 433
Telefax (0211) 457780	Dr. Dieter Mertens, Marianne Gerfurth		

Beleg 5

Übung 1

1. Aufgabe

Entscheiden Sie bei den folgenden Geschäftsvorgängen, ob sich der Unternehmensgewinn [1] vergrößert, [2] verringert oder [3] nicht verändert.

a) Eingangsrechnung: Kauf eines neuen Lieferwagens.
b) Kontoauszug: Die Bank schreibt uns Zinsen gut.
c) Kontoauszug: Rückzahlung einer Darlehensrate.
d) Kontoauszug: Überweisung der Miete.
e) Quittung: Kauf von Büromaterial.
f) Quittung: Verkauf eines gebrauchten Druckers über Buchwert.
g) Eigenbeleg: Im Rahmen der Inventur wird ein Fehlbestand bei den Waren festgestellt.
h) Eigenbeleg: Der Unternehmer entnimmt Bargeld für private Zwecke.
i) Ausgangsrechnung: Verkauf eines gebrauchten Pkw zum Buchwert.
j) Quittung: Ein Pkw des Fuhrparks wurde betankt.

2. Aufgabe

Bilden Sie die Buchungssätze zu folgenden Geschäftsvorgängen.

a) Kontoauszug: Für eine Kontoüberziehung stellt die Bank uns Soll-Zinsen in Rechnung.
b) Kontoauszug: Ausgleich einer Darlehensrate.
c) Eingangsrechnung: Kauf eines neuen Pkw für einen Außendienstmitarbeiter.
d) Quittung: Betankung des neuen Pkw.
e) Schreiben des Finanzamtes: Die Kfz-Steuer für den neuen Pkw wird in Rechnung gestellt.
f) Kontoauszug: Ausgleich der Kfz-Steuer für den neuen Pkw.
g) Eingangsrechnung: Kauf eines Satzes neuer Winterreifen für den neuen Pkw.
h) Kontoauszug: Überweisung der Mitarbeitergehälter.
i) Ausgangsrechnung: Verkauf eines Druckers unter Buchwert.
j) Provisionsabrechnung: Ein Außendienstmitarbeiter rechnet seine Provisionsforderungen ab.
k) Kontoauszug: Zahlung der Miete für das Verwaltungsgebäude.

3. Aufgabe

Entscheiden Sie bei den folgenden Geschäftsvorgängen, ob

[1] ein Aktiv-Tausch
[2] ein Passiv-Tausch
[3] eine Aktiv-Passiv-Mehrung
[4] eine Aktiv-Passiv-Minderung   vorliegt.

a) Eingangsrechnung: Kauf einer Maschine für die Produktion.
b) Eingangsrechnung: Kauf eines Druckers für die Verwaltung.
c) Eingangsrechnung: Kauf von Druckerpapier.
d) Kontoauszug: Ausgleich der Rechnung aus Fall b).
e) Kontoauszug: Ausgleich der Rechnung aus Fall c).
f) Kontoauszug: Kunde gleicht Rechnung aus.
g) Eigenbeleg: Der Unternehmer überführt seinen Privat-Pkw in das Geschäftsvermögen.
h) Eigenbeleg: In der Kasse wird ein Mehrbestand aufgedeckt.
i) Kontoauszug: Überweisung der Monatsmiete.
j) Kontoauszug: Ausgleich einer Eingangsrechnung, wodurch das Konto überzogen wird.

4. Aufgabe

Am Ende des Geschäftsjahres liegen folgende Konten vor:

S	Fuhrpark	H
AB 124.000	12.400	
25.700	1.450	

S	Verbindlichkeiten	H
54.700	AB 258.800	
25.700	1.470	

S	Kasse	H
AB 58.800	14.700	
	2.200	

S	Eigenkapital	H
	AB 5.852.200	

S	Privat	H
125.000	14.700	

S	Mieterträge	H
	161.100	

S	Zinserträge	H
	1.400	

S	Provisionserträge	H
	58.700	

S	Mietaufwand	H
25.800		

S	Zinsaufwand	H
4.700		

S	Büromaterial	H
57.900		

S	Energiekosten	H
12.200		

a) Schließen Sie die Konten durch Bildung entsprechender Abschlussbuchungssätze ab.
b) Ermitteln Sie den Unternehmenserfolg des zurückliegenden Geschäftsjahres.
c) Berechnen Sie die Eigenkapitalrentabilität.

Übung 2

a) Eröffnen Sie das Hauptbuch mit folgenden Konten. Bei den Bestandskonten sind die entsprechenden Eröffnungsbuchungen im Grundbuch vorzunehmen.

Techn. Anlagen u. Maschinen	452.200,00	Aufwendungen für Werkstoffe
Betriebs- u. Geschäftsausstattung	378.100,00	Löhne und Gehälter
Werkstoffe	255.400,00	Zinsaufwendungen
Fertigerzeugnisse	99.800,00	Verluste aus dem Abgang von Vermögenswerten
Handelswaren	158.200,00	Büromaterial
Forderungen a. L. u. L.	206.600,00	Betriebliche Steuern
Bank	155.500,00	Umsatzerlöse für Fertigerzeugnisse/Handelswaren
Kasse	27.800,00	Mieterträge
Darlehen	410.100,00	Zinserträge
Kredite	355.800,00	Vorsteuer
Verbindlichkeiten a. L. u. L.	199.600,00	Umsatzsteuer

EBK, GuV, Privat, SBK

b) Buchen Sie die folgenden Geschäftsvorfälle im Grundbuch und übertragen Sie die Buchungen in das Hauptbuch.

Geschäftsvorfälle:

1. Eingangsrechnung: Kauf eines neuen Schreibtisches, 500,00 EUR netto.
2. Kontoauszug: Begleichung einer Darlehensrate, 5.000,00 EUR.
3. Kontoauszug: Die Bank schreibt uns Zinsen gut, 200,00 EUR.
4. Ausgangsrechnung: Verkauf von Fertigerzeugnissen, 5.000,00 EUR netto.
5. Quittung: Betankung des Geschäftswagens, 50,00 EUR netto.
6. Eigenbeleg: Der Unternehmen tätigt eine Barentnahme, 1.000,00 EUR.
7. Eingangsrechnung: Kauf von Werkstoffen, 7.000,00 EUR netto.
8. Kontoauszug: Ausgleich der Rechnung aus Fall 7.
9. Kontoauszug: Überweisung der Gewerbesteuer, 1.000,00 EUR.
10. Kontoauszug: Kunde gleicht Rechnung aus, 10.000,00 EUR.
11. Eigenbeleg: Verschrottung einer Maschine, Restwert 1.000,00 EUR.
12. Quittung: Kauf eines neuen Drucker, 500,00 EUR.
13. Quittung: Kauf von Druckerpapier, 500,00 EUR.
14. Ausgangsrechnung: Verkauf von Handelswaren, 100,00 EUR.
15. Materialentnahmeschein: Werkstoffe werden in die Produktion eingesetzt, 5.000,00 EUR.
16. Kontoauszug: Der Mieter einer nicht genutzten Lagerhalle überweist 1.000,00 EUR.
17. Kontoauszug: Die Zinsen für einen Kredit werden abgebucht, 200,00 EUR.
18. Kontoauszug: Überweisung der Mitarbeiterentgelte (Löhne/Gehälter), 14.000,00 EUR.
19. Eingangsrechnung: Kauf einer neuen Computeranlage, 17.850,00 EUR brutto.
20. Kontoauszug: Ausgleich einer Eingangsrechnung, 1.500,00 EUR.

c) Führen Sie den Kontenabschluss durch. Gehen Sie dabei wie folgt vor:

1. Ermittlung des Vorsteuerüberhangs.
2. Abschluss der Erfolgskonten
3. Abschluss des GuV-Kontos
4. Abschluss des Privatkontos
5. Aktivierung des Vorsteuerüberhangs
6. Abschluss der Bestandskonten

Aktiva	Eröffnungsbilanz	Passiva

Aktiva	Schlussbilanz	Passiva

Soll	EBK	Haben	Soll	SBK	Haben

Hauptbuch

Soll	Techn. Anlagen u. Masch.	Haben

Soll	BGA	Haben

Soll	Werkstoffe	Haben

Soll	Fertigerzeugnisse	Haben

Soll	Handelswaren	Haben

Soll	Forderungen a. L. u. L.	Haben

Soll	Bank	Haben

Soll	Kasse	Haben

Soll	Eigenkapital	Haben

Soll	Darlehen	Haben

Soll	Kredite	Haben

Soll	Verbindlichkeiten a. L. u. L.	Haben

Hauptbuch

Soll	Privat	Haben		Soll	Vorsteuer	Haben

Soll	Aufwendungen für Werkstoffe	Haben		Soll	Löhne und Gehälter	Haben

Soll	Zinsaufwendungen	Haben		Soll	Verluste aus dem Abgang von VW	Haben

Soll	Büromaterial	Haben		Soll	Betriebliche Steuern	Haben

Soll	Umsatzerlöse FE/Handelswaren	Haben		Soll	Mieterträge	Haben

Soll	Zinserträge	Haben		Soll	Umsatzsteuer	Haben

Soll	GuV	Haben

	Grundbuch			
lfd. Nr.	Buchung Soll	Wert Soll	Buchung Haben	Wert Haben
I. Eröffnungsbuchungen				
II. Laufende Buchungen				

III. Vorbereitende Abschlussbuchungen

IV. Abschlussbuchungen

Lektion 2: Grundlegendes zu den Erfolgskonten

Betriebswirtschaftlich unterscheidet man zwischen einem .... und einem .... Erfolg eines Geschäftsjahres.

Von einem positiven Erfolg spricht man, wenn sich das .... des Unternehmens während eines Geschäftsjahres .... hat. Natürlich darf diese Eigenkapitalveränderung nicht auf .... durch den Unternehmer zurückzuführen sein.

Eine Eigenkapitalerhöhung kann dabei auf folgenden Veränderungen basieren:

*   Das Vermögen hat sich vergrößert **und** das .... hat sich nicht verändert.

    => ....

    => ....

Aktiva	**Bilanz**	Passiva
Vermögen (↑)	Eigenkapital (↑)	
	Fremdkapital	

*   Das Vermögen hat sich nicht verändert **und** das .... hat sich verringert.

    => ....

    => ....

Aktiva	**Bilanz**	Passiva
Vermögen	Eigenkapital (↑)	
	Fremdkapital (↓)	

Eine Eigenkapitalerhöhung, die sich durch die Unternehmensleistung innerhalb eines Geschäftsjahres ergibt, wird .... genannt. Umgekehrt führt ein Verlust zu einer Eigenkapital-............................. .

Geschäftsfälle, die zu einer (auf der Unternehmensleistung basierenden) Eigenkapitalerhöhung führen, werden .... genannt. Geschäftsfälle, die hingegen das Eigenkapital verringern, nennt man ....

Ein Geschäftsfall, der zu einem Ertrag führt, ist zum Beispiel:	Ein Geschäftsfall, der zu einem Aufwand führt, ist zum Beispiel:
....	....
....	....

Diese Geschäftsfälle kann man nun direkt über das Eigenkapital-Konto buchhalterisch erfassen.

.... an ....

Soll	Haben

.... an ....

Soll	Haben

Auf diese Weise würde das Eigenkapital-Konto jedoch stark überlastet. Man eröffnet daher besser für jeden Ertrag und für jeden Aufwand ein eigenes Konto.

Tipp: Schauen Sie einmal in den Kontenplan Ihres Schuldbuches. Dort finden Sie alle
....

Der Buchungssatz lautet nun:

.... an ....

Soll		Haben

.... an ....

Soll		Haben

Diese Vorgehensweise führt zu Folgendem:

Ertragskonten werden im .... gebucht (sie stellen eine Eigenkapitalmehrung dar und das Eigenkapital-Konto wird bei .... auch im Haben gebucht).

Aufwandskonten werden im .... gebucht (sie stellen eine Eigenkapitalminderung dar und das Eigenkapital-Konto wird bei .... auch im Soll gebucht).

Am Ende des Geschäftsjahres werden die Erfolgskonten über das Sammelkonto „..." (kurz: ....) abgeschlossen.

Der Saldo von Ertragskonten steht immer im .... Er wird daher immer auf der ....-Seite des GuV-Kontos abgeschlossen.

Der Saldo von Aufwandskonten steht immer im .... Er wird daher immer auf der ....-Seite des GuV-Kontos abgeschlossen.

.... an ....

Soll	**Ertragskonto**	Haben

.... an ....

Soll	**Aufwandskonto**	Haben

Soll	....	an

Nach dem Abschluss der Erfolgskonten können sich im GuV-Konto folgende Möglichkeiten ergeben:

Die Erträge übersteigen die Aufwendungen wertmäßig.

=> Das Geschäftsjahr wurde mit einem
.... abgeschlossen.

Soll	**GuV**	Haben

Der Gewinn-Saldo des GuV-Kontos wird nun noch in das Eigenkapitalkonto abgeschlossen.

.... an ....

Die Aufwendungen übersteigen die Erträge wertmäßig.

=> Das Geschäftsjahr wurde mit einem
.... abgeschlossen.

Soll	**GuV**	Haben

Der Verlust-Saldo des GuV-Kontos wird nun noch in das Eigenkapitalkonto abgeschlossen.

.... an ....

Aufwendungen sind grundsätzlich nichts schlechtes. Denn ohne einen Aufwand gibt es auch keinen Ertrag.

Übung 3

1. Aufgabe

Nehmen Sie die Buchungen zu folgenden Geschäftsvorgängen vor.

a) Ausgangsrechnung: Verkauf von 100 St. einer Ware, Listenpreis 15,60 EUR/St. netto.
b) Kontoauszug: Gutschrift zu Fall a).
c) Kontoauszug: Die Bank schreibt uns Zinsen für ein Guthaben gut (Höhe des Guthabens: 15.000,00 EUR, Zinssatz 3 %, Anlagezeitraum 15.03. bis 17.08. dieses Jahres, 360/30 Jahr/Monat).
d) Kontoauszug: Überweisung der Miete für eine Lagerhalle, 5.000,00 EUR.
e) Quittung: Kauf von Büromaterial, Rechnungsbetrag 82,11 EUR brutto.
f) Quittung: Verkauf eines gebrauchten Druckers zum Buchwert von 250,00 EUR.
g) Eigenbeleg: Im Rahmen der Inventur wird ein Fehlbestand bei den Waren in Höhe von 600,00 EUR festgestellt.
h) Eigenbeleg: Der Unternehmer entnimmt Bargeld für private Zwecke, 1.000,00 EUR.
i) Ausgangsrechnung: Verkauf eines gebrauchten Pkw, Buchwert 12.400,00 EUR, Rechnungsbetrag 15.708,00 EUR brutto.
j) Quittung: Ein Pkw des Fuhrparks wurde betankt, Rechnungsbetrag 61,88 EUR.
k) Kontoauszug: Überweisung der Kfz-Steuer für einen Pkw des Fuhrparks, 320,00 EUR.
l) Eingangsrechnung. Kauf von 150 St. einer Ware, Listenpreis 35,00 EUR/St. zuzüglich Umsatzsteuer.
m) Mängelrüge: 50 St. der unter l bezogenen Waren sind mangelhaft und werden an den Lieferanten zurückgesendet. Laut Rücksprache mit dem Lieferanten werden wir eine Gutschrift erhalten.
n) Kontoauszug: Ausgleich der Restverbindlichkeit aus den beiden vorhergehenden Fällen.

2. Aufgabe

Entscheiden Sie bei den nachfolgenden Geschäftvorgängen, ob diese sich

[1]   gewinnmindernd
[2]   gewinnmehrend oder
[3]   gewinnneutral

auf das Geschäftsergebnis auswirken.

a) Kontoauszug: Die Bank stellt uns für eine Kontoüberziehung Zinsen in Rechnung.
b) Eingangsrechnung: Kauf eines neuen PC für die Verwaltung.
c) Eingangsrechnung: Kauf eines Druckers für den unter b beschafften PC.
d) Quittung: Kauf von Druckerpapier für den unter c beschafften Drucker.
e) Schreiben des Finanzamtes: Die Kfz-Steuer für den neuen Pkw wird in Rechnung gestellt.
f) Kontoauszug: Ausgleich der Kfz-Steuer für den neuen Pkw.
g) Eingangsrechnung: Kauf von Handelswaren (bestandsorientierte Buchung).

h) Kontoauszug: Ausgleich der Rechnung aus Fall g.
i) Eigenbeleg: Der Unternehmer überführt seinen Pkw in das Geschäftsvermögen.
j) Kontoauszug: Überweisung der Umsatzsteuerzahllast an das Finanzamt.
k) Kontoauszug: Kunde gleicht Rechnung aus.

3. Aufgabe

Aufgrund eines Liquiditätsengpasses war Ihr Unternehmen gezwungen, das Kontokorrentkonto zu überziehen. Vom 14.07. bis zum 08.09. dieses Jahres war das Konto mit 25.600,00 EUR im Soll belastet. Die Bank berechnet für Überziehungen des Kontokorrentkontos 8,5 % Zinsen p. a.

a) Berechnen Sie die Zinsen, die am Ende der Überziehung an die Bank zu zahlen sind (30/360 Monat/Jahr).
b) Bilden Sie den Buchungssatz für die Tilgung des Darlehens und die Zinszahlung an die Bank.

4. Aufgabe

Entscheiden Sie bei den folgenden Geschäftsvorgängen, ob diese zu

[1] einem Aktiv-Tausch
[2] einem Passiv-Tausch
[3] einer Aktiv-Passiv-Mehrung
[4] einer Aktiv-Passiv-Minderung

führen.

a) Eingangsrechnung: Kauf von Ware (bestandsorientierte Buchung).
b) Kontoauszug: Ausgleich der Rechnung aus Fall a).
c) Kontoauszug: Überweisung der Gewerbesteuer.
d) Kontoauszug: Kunde gleicht Rechnung aus.
e) Ausgangsrechnung: Verkauf von Handelsware.
f) Mängelrüge: Der Kunde aus Fall e sendet einen Teil der Ware auf Grund einer Falschlieferung an uns zurück.

5. Aufgabe

Entscheiden Sie bei den folgenden Konten, ob es sich um

[1]   ein Aktivkonto
[2]   ein Passivkonto
[3]   ein Aufwandskonto
[4]   ein Ertragskonto
[5]   um keines der zuvor genannten Kontenarten

handelt.

a) Forderungen a. L. u. L.
b) Zinsen
c) Darlehen
d) GuV
e) Verbindlichkeiten a. L. u. L.
f) Eigenkapital
g) Umsatzsteuer
h) Fuhrpark
i) Kasse
j) Hypotheken

Lektion 3: Geldauszahlungen sind in der Buchführung nicht immer mit einem Aufwand verbunden

Bei der Erarbeitung der Grundlagen der Buchführung wurde deutlich, dass Geschäftsvorgänge der Auslöser für Wertveränderungen in der Bilanz sind. Jeder Geschäftsvorgang, also jede finanzielle Veränderung der betrieblichen Bestände, wird im Grundbuch als Buchungssatz erfasst und führt im Hauptbuch zu (mindestens) zwei Bestandsveränderungen.

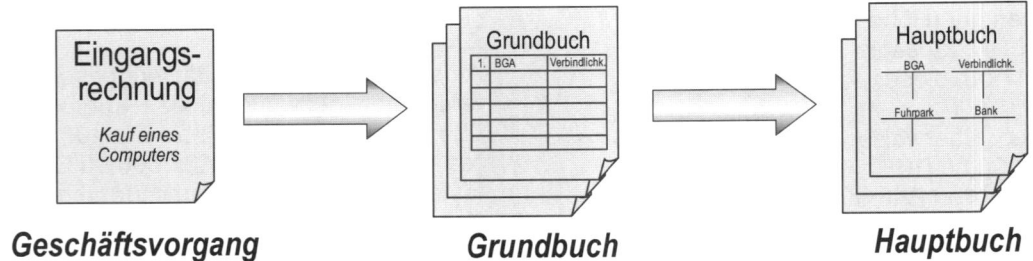

| Geschäftsvorgang | Grundbuch | Hauptbuch |

Interessant ist nun, welche Veränderungen ein Geschäftsfall im Einzelnen auslösen kann. Zu unterscheiden sind die Bilanzwertveränderung, die Liquiditätsveränderung und die Erfolgsveränderung.

Die Bilanzwertveränderung

Generell, so wurde bereits erarbeitet, können sich die Veränderungen auf die Aktiv- und/oder auf die Passivseite der Bilanz auswirken. Im Fall des Aktivtausches wird ein Aktivbestand erhöht und ein Aktivbestand verringert. Beim Passivtausch geschieht dasselbe, jedoch auf der Passivseite der Bilanz. In beiden Fällen wird die Bilanzsumme nicht verändert. Bei der Aktiv-Passiv-Mehrung wird ein aktives und ein passives Bestandskonto durch einen Geschäftsvorgang erhöht. Logischerweise erhöht sich sodann auch die Bilanzsumme. Bei der Aktiv-Passiv-Minderung geschieht entsprechend eine Verringerung.

Möglichkeit	Bestandswertveränderung	Erste Bestandsveränderung	Zweite Bestandsveränderung	Veränderung der Bilanzsumme
1.	Aktivtausch	Erhöhung eines Aktivbestandes	Verringerung eines Aktivbestandes	Keine Veränderung
2.	Passivtausch	Erhöhung eines Passivbestandes	Verringerung eines Passivbestandes	Keine Veränderung
3.	Aktiv-Passiv-Mehrung	Erhöhung eines Aktivbestandes	Erhöhung eines Passivbestandes	Erhöhung
4.	Aktiv-Passiv-Minderung	Verringerung eines Aktivbestandes	Verringerung eines Passivbestandes	Verringerung

Dass diese vier Möglichkeiten die einzigen Alternativen sind, ergibt sich aus der Logik der Bilanzgleichung. Da der Wert der Aktivseite immer mit dem Wert der Passivseite übereinstimmen muss ist beispielsweise ein Aktiv-Passiv-Tausch nicht möglich; schließlich würde in diesem Fall ein Aktivbestand verringert und im gleichen Zug ein Passivbestand erhöht.

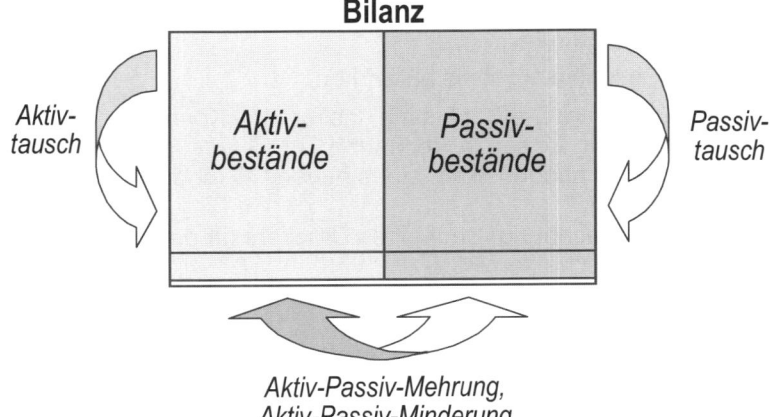

Aktiv-Passiv-Mehrung, Aktiv-Passiv-Minderung

Die Liquiditätsveränderung

Die Kategorisierung eines Geschäftsfalles nach dem Kriterium der Bilanzwertveränderung allein führt zunächst zu keinerlei betriebswirtschaftlicher Beurteilung. Erst wenn man sich vergegenwärtigt, welche Bestände durch einen Geschäftsfall verändert werden, kann man die betriebswirtschaftliche Auswirkung abschätzen. Besondere Beachtung findet in diesem Zusammenhang die Liquidität des Unternehmens. Unter der Liquidität versteht man die Zahlungsfähigkeit, also die Fähigkeit des Unternehmens, seinen Zahlungsverpflichtungen nachzukommen. Es ist logisch, dass ein Unternehmen ständig in der Lage sein muss, Verbindlichkeiten auszugleichen. Fehlt eine solche Liquidität (es entsteht ein so genannter Liquiditätsengpass oder gar eine völlige Illiquidität, also eine Zahlungsunfähigkeit), können Lieferantenverbindlichkeiten nicht ausgeglichen, Mitarbeiterlöhne nicht gezahlt und Kredite nicht beglichen werden.

Die Höhe der Liquidität wird durch die Guthabenbestände bei den Kreditinstituten (Bank, Postbank) und in der Kasse abgebildet. Jeder Geschäftsfall der (direkt) zu einer Erhöhung einer dieser drei Bestände führt, stellt eine Liquiditätserhöhung dar. Man spricht in diesem Fall auch von einer Einzahlung. Jeder Geschäftsfall, der einen dieser Bestände verringert, führt logischerweise zu einer Liquiditätsverringerung. Man sagt hierzu auch Auszahlung. Zu beachten ist, dass bei der Beurteilung eines Geschäftsfalles bezogen auf die Liquiditätsveränderung lediglich die Veränderung gemeint ist, die durch den Geschäftsfall direkt ausgelöst wird. So wird zwar beispielsweise eine Eingangsrechnung über kurz oder lang zu einer Liquiditätsverringerung führen, zunächst ist die Erfassung dieses Geschäftsvorgangs jedoch liquiditätsneutral, da sich lediglich die Verbindlichkeiten gegenüber dem Lieferanten erhöhen. Erst, wenn die Verbindlichkeit (z. B. dokumentiert durch eine Sollbuchung auf dem Kontoauszug des Unternehmens) ausgeglichen wird, entsteht eine Liquiditätsverringerung.

Möglichkeit	Liquiditäts-veränderung	Veränderung der Liquiditätsbestände	Vorgang
1.	Erhöhung	Der Bestand des Bank- oder des Postgirokontos bzw. der Kassenbestand erhöhen sich.	Auszahlung
2.	Verringerung	Der Bestand des Bank- oder des Postgirokontos bzw. der Kassenbestand verringert sich.	Einzahlung
3.	Keine Veränderung	Weder der Bestand des Bank- oder des Postgirokontos noch der des Kassenbestandes verändern sich.	Keine Auswirkung

Die Erfolgsveränderung

Eine zweite Möglichkeit zur betriebswirtschaftlichen Beurteilung eines Geschäftsvorganges stellt die Analyse der Auswirkung auf den Unternehmenserfolg dar. Generell kann ein Geschäftsvorgang den Erfolg des Unternehmens erhöhen, verringern oder nicht beeinflussen. Eine Erhöhung des Geschäftserfolgs wird immer dann erreicht, wenn durch einen Geschäftsvorgang ein Ertrag erwirtschaftet wird. Ein Ertrag führt zu einer Eigenkapitalerhöhung und stellt somit eine Gewinnmehrung (bzw. Verlustverringerung) dar. Umgekehrt führt ein Aufwand zu einer Eigenkapitalminderung und es liegt eine Gewinnminderung (bzw. Verlusterhöhung) vor. Natürlich werden auch viele Geschäftsvorgänge erfasst, die den Erfolg des Unternehmens nicht verändern. Diese sind erfolgsneutral, führen also nicht (direkt) zu einer Veränderung des Eigenkapitals.

Möglichkeit	Erfolgs-veränderung	Veränderung des Eigenkapitals	Vorgang
1.	Erhöhung	Erfassung eines Ertrags, der zur Erhöhung des Eigenkapitals führt.	Gewinnmehrung
2.	Verringerung	Erfassung eines Aufwands, der zur Verringerung des Eigenkapitals führt.	Gewinnminderung
3.	Keine Veränderung	Weder ein Aufwand, noch ein Ertrag werden erfasst.	Keine Auswirkung

Sowohl die gewinnmehrenden als auch die gewinnmindernden Geschäftsvorgänge führen also zu Buchungen auf Aufwands- bzw. Ertragskonten, die wiederum über die Gewinn- und Verlustrechnung abgeschlossen werden.

Zusammenfassung

Anhand einiger Beispiele sollen nun die unterschiedlichen Auswirkungen verschiedener Geschäftsvorgänge dargestellt werden. Versuchen Sie einmal selbst herauszufinden, welche Bilanzwertveränderung jeder Geschäftsvorgang auslöst und wie er sich auf die Liquidität und den Erfolg des Unternehmens auswirkt. Ob Sie mit Ihrer Einschätzung richtig gelegen haben, können Sie mithilfe der kommentierten Lösungen überprüfen.

Geschäftsvorgang 1:

Eingangsrechnung: Kauf eines neuen Pkw für einen Außendienstmitarbeiter.

Lösung:
Dieser Geschäftsvorgang bewirkt eine Aktiv-Passiv-Mehrung. Der Kauf des Pkw auf Ziel erhöht zum einen die Aktivbestände „Fuhrpark" und „Vorsteuer" und zum anderen den Passivbestand „Verbindlichkeiten". Darüber hinaus wirkt sich der Geschäftsvorgang weder auf die Liquidität noch auf den Erfolg des Unternehmens aus, da weder eines der Liquiditätskonten (Bank, Postgiro, Kasse) noch ein Aufwands- oder Ertragskonto berührt wird.

Geschäftsvorgang 2:

Kontoauszug: Ausgleich der Eingangsrechnung (siehe Geschäftsvorgang 1).

Lösung:
In diesem Fall liegt eine Aktiv-Passiv-Minderung vor, schließlich wird sowohl das aktive Bestandskonto „Bank" als auch das passive Bestandskonto „Verbindlichkeiten" verringert. Der Geschäftsvorgang verringert somit die Liquidität. Der Erfolg wird jedoch auch in diesem Fall nicht berührt, da keine Buchung auf einem Aufwands- oder Ertragskonto stattfindet.

Geschäftsvorgang 3:

Kontoauszug: Überweisung der Miete für die Geschäftsräume.

Lösung:
Dieser Geschäftsvorgang führt zu einer Aktiv-Passiv-Minderung. Durch die Buchung wird zum einen das Bankkonto wertmäßig verringert (Buchung des Aktivkontos im Haben). Zum anderen wird mit dem Mietaufwand eine Eigenkapitalverringerung erfasst. Dadurch verringert sich die Passivseite der Bilanz um den entsprechenden Wert. Somit liegt in diesem Fall sowohl eine Auszahlung (Liquiditätsverringerung) als auch ein Aufwand (Erfolgsverringerung) vor.

Geschäftsvorgang 4:

Eigenbeleg: Der Unternehmer entnimmt für private Zwecke Geld aus der Kasse des Unternehmens.

Lösung:
In diesem Fall führt der Geschäftsvorgang wiederum zu einer Aktiv-Passiv-Minderung. Durch die Barentnahme verringert sich zum einen auf der Aktivseite der Kassenbestand, zum anderen verringert sich auf der Passivseite das Eigenkapital. In diesem Fall liegt somit eine Liquiditätsverringerung (Auszahlung) durch die Verringerung des Kassenbestandes, jedoch keine Erfolgsveränderung vor, schließlich wurde weder ein Aufwand noch ein Ertrag erfasst.

Geschäftsvorgang 5:

Kontoauszug: Ein Kunde gleicht seine Rechnung für erhaltene Leistungen aus.

Lösung:
Dieser Geschäftsvorgang führt zu einem Aktivtausch. Dadurch, dass der Kunde einen Rechnungsausgleich herbeiführt, erhöht sich zum einen unser Bankbestand (aktives Bestandskonto). Zum anderen verringern sich unsere Forderungen gegenüber diesem Kunden (ebenfalls ein aktives Bestandskonto). Durch die Überweisung erhöht sich die Liquidität, der Erfolg wird jedoch nicht beeinflusst.

Übung 1

Beleg / Geschäftsfall	Buchungssatz		Bilanzwert-veränderung	Liquiditäts-veränderung	Erfolgs-veränderung
	Kto. Soll	Kto. Haben			
1. Eingangsrechnung: Kauf von Kopierpapier für die Verwaltung.					
2. Quittung: Kauf von Druckertonerkartuschen.					
3. Kontoauszug: Zinsgutschrift für ein Guthaben auf dem Kontokorrentkonto.					
4. Kontoauszug: Begleichung der Rechnung aus Fall 1.					
5. Materialentnahmeschein: Entnahme von Betriebsstoffen, die in der Produktion benötigt werden.					
6. Quittung: Verkauf eines gebrauchten Bürotisches an einen Gebrauchtwarenhändler zum Buchwert.					
7. Kontoauszug: Der Unternehmer tätigt zur Überbrückung eines Liquiditätsengpasses eine Privateinlage in bar.					
8. Kontoauszug: Überweisung der Miete an den Vermieter der von uns genutzten Lagerhalle..					
9. K.auszug: Aufnahme eines Darlehens, der Betrag wird auf dem Konto-korrentkonto gutgeschrieben, das bisher geringfügig überzogen war.					
10. Quittung: Der Unternehmer legt die Rechnung für ein Geschäftsessen in einem Restaurant vor, die sich nun bar erstatten lässt.					
11. Kontoauszug: Überweisung der Gewerbesteuer an das Finanzamt.					
12. Kontoauszug: Umsatzsteuerzahllast für den letzten Monat an das Finanzamt.					
13. Quittung: Auffüllung der Frankiermaschine bei der Post.					

Übung 2

Um das Erarbeitete noch weiter einzuüben, bearbeiten Sie bitte folgende Aufgaben.

Aufgabe 1:

Entscheiden Sie bei den folgenden Geschäftsvorgängen ob,

[1]   ein Aktivtausch,
[2]   ein Passivtausch,
[3]   eine Aktiv-Passiv-Mehrung,
[4]   eine Aktiv-Passiv-Minderung vorliegt.

Ordnen Sie den Geschäftsvorgängen die richtige Ziffer zu.

a) Ausgleich einer Lieferantenrechnung durch Bankscheck.
b) Rücksendung einer Maschine an den Lieferanten aufgrund einer Mängelrüge.
c) Zinsgutschrift der Bank.
d) Der Unternehmer überführt seinen Privatwagen in das Vermögen des Unternehmens.
e) Verkauf von Fertigerzeugnissen auf Ziel.
f) Überweisung der Umsatzsteuerzahllast an das Finanzamt.
g) Kauf eines neuen PC in bar.
h) Überweisung der Gewerbesteuer an das Finanzamt.

Aufgabe 2:

Entscheiden Sie bei den folgenden Geschäftsvorgängen ob,

[1]   eine Auszahlung,
[2]   eine Einzahlung,
[3]   weder eine Auszahlung noch eine Einzahlung vorliegt.

Ordnen Sie den Geschäftsvorgängen die richtige Ziffer zu.

a) Verkauf eines gebrauchten Schreibtisches in bar.
b) Ein Kunde sendet Fertigerzeugnisse an uns zurück, da diese mit Mängeln behaftet sind.
c) Überweisung der Gewerbesteuer an das Finanzamt.
d) Einkauf von Rohstoffen auf Ziel.
e) Zur Überbrückung eines Liquiditätsengpasses legt der Unternehmer Bargeld in die Kasse.
f) Kauf einer Maschine auf Ziel.
g) Wir gleichen eine Rechnung durch Bankscheck aus.
h) Zinsgutschrift der Bank.

Aufgabe 3:

Entscheiden Sie, ob folgende Geschäftsvorgänge
[1]   erfolgserhöhend,
[2]   erfolgsverringernd,
[3]   erfolgsneutral sind.

Ordnen Sie den Geschäftsvorgängen die richtige Ziffer zu.

a) Verkauf von Fertigerzeugnissen auf Ziel.
b) Kunde aus Fall a) gleicht Rechnung durch Banküberweisung aus.
c) Der Unternehmer überweist von seinem Privatkonto Geld auf das Geschäftskonto.
d) Einkauf von Rohstoffen, die vor der Bearbeitung in der Produktion gelagert werden.
e) Einsatz von Rohstoffen in die Produktion laut Materialentnahmeschein.
f) Überweisung der Umsatzsteuer an das Finanzamt.
g) Überweisung der Gewerbesteuer an das Finanzamt.
h) Überweisung der Einkommensteuer des Unternehmers an das Finanzamt.
i) Ausgleich einer Lieferantenrechnung durch Banküberweisung.

Kapitel 6: Buchungen von Privatentnahmen und -einlagen

Lektion 1: Privattätigkeit des Unternehmers bei unterschiedlichen Unternehmensformen

 **Das Privatkonto**

Neben dem Erfolg eines Geschäftsjahres können auch der Unternehmer bzw. die Gesellschafter Einfluss auf die Eigenkapitalhöhe nehmen.[*)]

Privateinlagen erhöhen dabei das **Eigenkapital**, Privatentnahmen verringern es. Wie bei den Erfolgsbuchungen könnte man die Privateinlagen und -entnahmen sodann direkt im Konto „Eigenkapital" erfassen. Um einen besseren Überblick zu gewährleisten nutzt man jedoch ein spezielles Konto, das passive Bestandskonto **„Privat"**.

Beispiel: _Geschäftsfall 1: Der Eigentümer einer Einzelunternehmung überführt seinen Privat-Pkw in das Geschäftsvermögen, Buchwert 10.000,00 EUR._

> _Folge:_ _Der Bestand im Fuhrpark erhöht sich (das aktive Bestandskonto wird im Soll gebucht), das Eigenkapital erhöht sich ebenfalls (das passive Bestandskonto „Privat" wird im Haben gebucht)._
>
> _=> Aktiv-Passiv-Mehrung_

Buchung:

Buchung Soll	Wert Soll	Buchung Haben	Wert Haben
Fuhrpark	10.000,00	Privat	10.000,00

Geschäftsfall 2: Der Eigentümer einer Unternehmung entnimmt für private Zwecke 1.000,00 EUR aus der Kasse des Unternehmens.

> _Folge:_ _Der Bestand in der Kasse verringert sich (das aktive Bestandskonto wird im Haben gebucht), das Eigenkapital verringert sich ebenfalls (das passive Bestandskonto „Privat" wird im Soll gebucht)._
>
> _=> Aktiv-Passiv-Minderung_

Buchung:

Buchung Soll	Wert Soll	Buchung Haben	Wert Haben
Privat	1.000,00	Kasse	1.000,00

Soll	Privat		Haben
2.	1.000,00	1.	10.000,00

Am Ende des Geschäftsjahres wird das passive Bestandskonto in das Eigenkapitalkonto abgeschlossen. Dabei sind folgende Alternativen zu unterscheiden:

○ Die Privateinlagen entsprechen wertmäßig den Privatentnahmen
  => der Saldo des Kontos „Privat" entspricht dem Wert „Null" und es erfolgt keine Umbuchung.

○ Die Privateinlagen übersteigen wertmäßig die Privatentnahmen
  => der Saldo des Kontos „Privat" bildet sich auf der Soll-Seite und muss auf die Haben-Seite des Kontos „Eigenkapital" umgebucht werden.

[*)] Aus Vereinfachungsgründen soll an dieser Stelle nur auf Einzelunternehmen und Personengesellschaften eingegangen werden.

Hauptbuch:

Soll	Privat	Haben
Entnahmen	Einlagen	
Saldo		

Soll	Eigenkapital	Haben
SBK	...	EBK	...
	Saldo	

Grundbuch:

Buchung Soll	Buchung Haben
Privat	EK

○ Die Privatentnahmen übersteigen wertmäßig die Privateinlagen
=> der Saldo des Kontos „Privat" bildet sich auf der Haben-Seite und muss auf die Soll-Seite des Kontos „Eigenkapital" umgebucht werden.

Hauptbuch:

Soll	GuV	Haben
Entnahmen	Einlagen	
	Saldo	

Soll	Eigenkapital	Haben
SBK	...	EBK	...
Saldo		

Grundbuch:

Buchung Soll	Buchung Haben
EK	Privat

1. Aufgabe

In einer Einzelunternehmung entnahm der Geschäftsinhaber während des Geschäftsjahres 54.000,00 EUR in bar. Während des gleichen Zeitraums überführte der Unternehmer seinen Privat-Pkw (Wert: 15.000,00 EUR) in das Geschäftsvermögen.

a) Buchen Sie die Privatentnahmen und die Privateinlage.

b) Schließen Sie das Konto „Privat" ab, indem Sie den entsprechenden Buchungssatz bilden.

Soll	Privat	Haben		Soll	Eigenkapital	Haben
					Anfangsbest.	5.452.200,00

c) Erläutern Sie, wie sich die Privatentnahmen bzw. -einlagen auf das Eigenkapital auswirken.

2. Aufgabe

Bei einer Einzelunternehmung lag zu Beginn des Geschäftsjahres ein Eigenkapital in Höhe von 11.250.000,00 EUR vor. Während des Geschäftsjahres tätigte der Unternehmer Privatentnahmen in Höhe von 105.000,00 EUR und Privateinlagen im Gesamtwert von 22.000,00 EUR. Das Geschäftsjahr wurde mit einem Gewinn in Höhe von 989.000,00 EUR abgeschlossen. Berechnen Sie die Höhe des Eigenkapitals am Ende des Geschäftsjahres.

3. Aufgabe

Zu Beginn eines Geschäftsjahres betrug das Eigenkapital einer Einzelunternehmung 4.780.000,00 EUR. Während des Geschäftsjahres entnahm der Unternehmer 62.000,00 EUR und tätigte Einlagen in Höhe von 11.000,00 EUR. Am Ende des Geschäftsjahres wurde eine Eigenkapitalhöhe von 5.010.000,00 EUR festgestellt. Errechnen Sie, ob und in welcher Höhe das Geschäftsjahr mit einem Gewinn bzw. Verlust abgeschlossen wurde.

 **Das Privatkonto bei der Einzelunternehmung**

In einer Einzelunternehmung übernimmt der Eigentümer des Unternehmens (= Unternehmer) das gesamte Geschäftsrisiko. Wird beispielsweise ein Geschäftsjahr mit einem Verlust abgeschlossen, muss der Unternehmer allein damit zurecht kommen. Im Gegenzug steht ihm dafür der gesamte Gewinn zu, wenn das Geschäftsjahr mit positivem Erfolg abgeschlossen wird. Entsteht während eines Geschäftsjahres ein Gewinn, so kann der Unternehmer diesen entweder ganz oder teilweise entnehmen (Privatentnahmen) oder er kann ihn ganz oder teilweise im Unternehmen belassen (Selbstfinanzierung). Im letzten Fall erhöht sich das eingesetzte Eigenkapital.

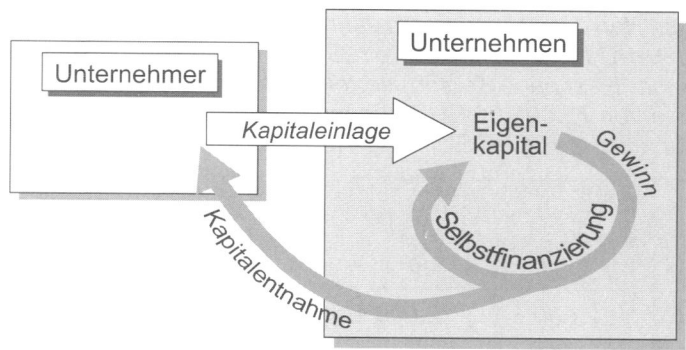

Beispiel: Ein Einzelunternehmer gründet mit 600.000,00 EUR ein Unternehmen. Das erste Geschäftsjahr wird mit einem Gewinn in Höhe von 72.000,00 EUR abgeschlossen. Während des Geschäftsjahres entnahm der Unternehmer monatlich 2.000,00 EUR durch Banküberweisung für die private Lebensführung.

Hauptbuch:

Soll	GuV		Haben
Aufw.	242.000,00	Ertr.	314.000,00
1.	72.000,00		
	314.000,00		314.000,00

Soll	Privat		Haben
...	24.000,00	2.	24.000,00
	24.000,00		24.000,00

Soll	EK		Haben
2.	24.000,00	EBK	600.000,00
SBK	648.000,00	1.	72.000,00
	672.000,00		672.000,00

Grundbuchung:

lfd. Nr.	Buchung Soll	Wert Soll	Buchung Haben	Wert Haben
1.	GuV	72.000,00	EK	72.000,00
2.	EK	24.000,00	Privat	24.000,00
3.	EK	648.000,00	SBK	648.000,00

Die Eigenkapitalrentabilität (Unternehmer-Rentabilität) beträgt 12 %.

$$\frac{\text{Gewinn} \cdot 100}{\text{Eigenkapital}} = \frac{72.000,00 \cdot 100}{600.000,00} = 12\%$$

Das Eigenkapital stieg um 8 %.

$$\frac{\text{Eigenkapitalveränderung} \cdot 100}{\text{Eigenkapital zu Beginn des Jahres}} = \frac{48.000,00 \cdot 100}{600.000,00} = 8\%$$

4. Aufgabe

Berechnen Sie auf der Basis der Ergebnisse der Aufgaben 2 und 3 die Eigenkapitalrentabilität und die prozentuale Eigenkapitalveränderung.

INFO-TEXT Die Privatkonten bei der Offenen Handelsgesellschaft

Bei einer OHG schließen sich mehrere Gesellschafter zusammen. Sie legen ihre Kapitalanteile in das Unternehmen ein und übernehmen in der Regel die Geschäftsführung und Vertretung des Unternehmens. Jeder Gesellschafter haftet mit seinem Geschäfts- und Privatvermögen. Im Gegenzug hat jeder Gesellschafter ein Recht auf Privatentnahmen.

Beispiel: *Heinz Maier und Gundula Schmidt gründen gemeinsam eine OHG. Im Gesellschaftsvertrag wird festgelegt, dass Herr Maier eine Kapitaleinlage in Höhe von 320.000,00 EUR und Frau Schmidt eine Kapitaleinlage in Höhe von 280.000,00 EUR übernimmt. Darüber hinaus wird vereinbart, dass Herr Maier von einem Jahresgewinn einen Vorwegabzug in Höhe von 12.000,00 EUR erhält. Ansonsten soll ein Gewinn nach den Vorschriften des HGB (4 % des Kapitalanteils, der Rest nach Köpfen) verteilt werden. Das erste Geschäftsjahr wird mit einem Gewinn in Höhe von 72.000,00 EUR abgeschlossen. Während des Geschäftsjahres entnahm Herr Maier monatlich 2.000,00 EUR und Frau Schmidt 1.200,00 EUR.*

Gesell-schafter	EK zu Beginn des GJ	Vorweg-abzug	4 %-Ver-zinsung	Rest-verteilung	Gewinn-anteil	Privat-ent-nahmen	EK am Ende des GJ
Maier	*320.000 €*	*12.000 €*	*12.800 €*	*18.000 €*	*42.800 €*	*24.000 €*	*338.800 €*
Schmidt	*280.000 €*	*0 €*	*11.200 €*	*18.000 €*	*29.200 €*	*14.400 €*	*294.800 €*
Summe	*600.000 €*	*12.000 €*	*24.000 €*	*36.000 €*	*72.000 €*	*38.400 €*	*633.600 €*

Hauptbuch:

Soll	GuV		Haben
Aufw.	242.000,00	Ertr.	314.000,00
1.	42.800,00		
2.	29.200,00		
	314.000,00		314.000,00

Soll	Privat Maier		Haben
...	24.000,00	3.	24.000,00
	24.000,00		24.000,00

Soll	Privat Schmidt		Haben
...	14.400,00	4.	14.400,00
	14.400,00		14.400,00

Soll	EK Maier		Haben
3.	24.000,00	EBK	320.000,00
SBK	338.800,00	1.	42.800,00
	362.800,00		362.800,00

Soll	EK Schmidt		Haben
4.	14.400,00	EBK	280.000,00
SBK	294.800,00	2.	29.200,00
	309.200,00		309.200,00

Grundbuchung:

lfd. Nr.	Buchung Soll	Wert Soll	Buchung Haben	Wert Haben
1.	GuV	42.800,00	EK Maier	42.800,00
2.	GuV	29.200,00	EK Schmidt	29.200,00
3.	EK Maier	24.000,00	Privat Maier	24.000,00
4.	EK Schmidt	14.400,00	Privat Schmidt	14.400,00

		Maier	Schmidt
Eigenkapitalrentabilität =	$\dfrac{\text{Gewinn} \bullet 100}{\text{Eigenkapital zu Beginn des Jahres}}$	13,375 %	10,429 %
Eigenkapitalanstieg =	$\dfrac{\text{Eigenkapitalveränderung} \bullet 100}{\text{Eigenkapital zu Beginn des Jahres}}$	5,875 %	5,286 %

 **Die Privatkonten bei der Kommanditgesellschaft**

Wie bei einer OHG schließen sich auch bei der KG mehrere Personen zusammen und gründen ein Unternehmen. Die Vollhafter (Komplementäre) übernehmen dabei vergleichbare Rechte und Pflichten wie die Gesellschafter der OHG. Die Teilhafter (Kommanditisten) hingegen sind im Grunde nur Kapitalgeber. Sie haben keine Geschäftsführungs- und Vertretungsrechte. Darüber hinaus ändert sich ihr Kapitalanteil auch nach durchgeführter Gewinnverteilung nicht, da diese in das Handelsregister als Haftungskapital eingetragen sind.

Beispiel: _Heinz Maier und Gundula Schmidt gründen gemeinsam eine KG. Im Gesellschaftsvertrag wird festgelegt, dass Herr Maier eine Kapitaleinlage in Höhe von 320.000,00 EUR und Frau Schmidt eine Kapitaleinlage in Höhe von 280.000,00 EUR übernimmt. Darüber hinaus wird vereinbart, dass Herr Maier als Komplementär von einem Jahresgewinn einen Vorwegabzug in Höhe von 12.000,00 EUR erhält. Ansonsten soll ein Gewinn wie folgt verteilt werden: 4 % des Kapitalanteils, Rest im Verhältnis 3 (Maier) zu 1 (Schmidt). Das erste Geschäftsjahr wird mit einem Gewinn in Höhe von 72.000,00 EUR abgeschlossen. Während des Geschäftsjahres entnahm Herr Maier monatlich 2.000,00 EUR. Als Komplementärin sind Frau Schmidt Privatentnahmen nicht erlaubt._

Gesell-schafter	EK zu Beginn des GJ	Vorweg-abzug	4 %-Ver-zinsung	Rest-verteilung	Gewinn-anteil	Privat-ent-nahmen	EK am Ende des GJ
Maier	320.000 €	12.000 €	12.800 €	27.000 €	51.800 €	24.000 €	347.800 €
Schmidt	280.000 €	0 €	11.200 €	9.000 €	20.200 €		300.200 €
Summe	600.000 €	12.000 €	24.000 €	36.000 €	72.000 €	24.000 €	648.000 €

Hauptbuch:

Soll	GuV		Haben
Aufw.	242.000,00	Ertr.	314.000,00
1.	51.800,00		
2.	20.200,00		
	314.000,00		314.000,00

Soll	Privat Maier		Haben
...	24.000,00	3.	24.000,00
	24.000,00		24.000,00

Soll	Verb. gg. Gesellschaftern		Haben
		2.	20.200,00
	20.200,00		20.200,00

Soll	EK Maier		Haben
3.	24.000,00	EBK	320.000,00
SBK	347.800,00	1.	51.800,00
	371.800,00		371.800,00

Soll	EK Schmidt		Haben
SBK	280.000,00	EBK	280.000,00
	280.000,00		280.000,00

Grundbuchung:

lfd. Nr.	Buchung Soll	Wert Soll	Buchung Haben	Wert Haben
1.	GuV	51.800,00	EK Maier	51.800,00
2.	GuV	20.200,00	Verbindl. gg. Gesell.	20.200,00
3.	EK Maier	24.000,00	Privat Maier	24.000,00

	Maier	Schmidt
$\text{Eigenkapitalrentabilität} = \dfrac{\text{Gewinn} \bullet 100}{\text{Eigenkapital zu Beginn des Jahres}}$	16,188 %	7,214 %
$\text{Eigenkapitalanstieg} = \dfrac{\text{Eigenkapitalveränderung} \bullet 100}{\text{Eigenkapital zu Beginn des Jahres}}$	8,688 %	7,214 %

5. Aufgabe

An einer OHG sind zwei Gesellschafter mit folgenden Kapitalanteilen beteiligt:

Heuer   940.000,00 EUR
Kaufhold   820.000,00 EUR

Der Geschäftsjahresgewinn belief sich auf 244.000,00 EUR. Die Gewinnverteilung erfolgt nach den gesetzlichen Bestimmungen. Während des Geschäftsjahres entnahmen die Gesellschafter:

Heuer   36.000,00 EUR
Kaufhold   32.000,00 EUR

a) Führen Sie die Gewinnverteilung durch.
b) Berechnen Sie die Höhe der Eigenkapitalrentabilität der beiden Gesellschafter.
c) Führen Sie die Abschlussbuchungen des GuV-Kontos sowie der Privatkonten durch.

6. Aufgabe

An einer KG sind drei Gesellschafter mit folgenden Kapitalanteilen beteiligt:

Franzen (Komplementär)   900.000,00 EUR
Gerling (Kommanditist)   120.000,00 EUR
Ullmann (Kommanditist)   130.000,00 EUR

Der Geschäftsjahresgewinn beläuft sich auf 95.500,00 EUR. Bei der Gewinnverteilung sollen die folgenden Regelungen beachtet werden:

- Herr Franzen tätigte Privatentnahmen in Höhe von 42.000,00 EUR (12 x 3.500,00 EUR monatlich), vom Gewinn erhält er zunächst einen Vorwegabzug in Höhe von 10.000,00 EUR für seine Geschäftsführertätigkeit.

- Jeder Gesellschafter erhält 6 % seiner Kapitaleinlage (anzurechnender Betrag: Kapitalhöhe zu Beginn des Geschäftsjahres).

- Ein möglicher Restgewinn wird im Verhältnis 3 (Komplementär) : 2 (Kommanditist Gerling) : 1 (Kommanditist Ullmann) auf die Gesellschafter aufgeteilt."

a) Führen Sie die Gewinnverteilung durch.
b) Berechnen Sie die Höhe der Eigenkapitalrentabilität der beiden Gesellschafter.
c) Führen Sie die Abschlussbuchungen des GuV-Kontos sowie der Privatkonten durch.

7. Aufgabe

An einer OHG sind die Gesellschafter Scholz und Peters mit folgenden Kapitaleinlagen beteiligt:

Scholz: 1.280.000,00 €
Peters: 580.000,00 €

Gemäß Gesellschaftsvertrag haben Privatentnahmen während des Geschäftsjahres keinen Einfluss auf die 5 %ige Einlagenverzinsung. Des Weiteren wurde festgelegt, dass Herr Scholz kaufmännischer und Herr Peters technischer Leiter des Unternehmen sein sollen. Ansonsten sollen die Regelungen des HGB gelten. Für das zurückliegende Geschäftsjahr liegen folgende Daten vor:

Reingewinn   771.000,00 €
Privatentnahme Scholz   580.000,00 €

a) Führen Sie die Gewinnverteilung durch.
b) Berechnen Sie die Höhe der Eigenkapitalrentabilität der beiden Gesellschafter.
c) Führen Sie die Abschlussbuchungen des GuV-Kontos sowie der Privatkonten durch.

8. Aufgabe

Kurt Stein, Bernd Freitag und Hilde Reik haben am 01.02.20(01) eine Kommanditgesellschaft gegründet. Folgende Kapitalanteile wurden im Gesellschaftsvertrag vereinbart:

Kurt Stein (Komplementär)   250.000,00 EUR
Bernd Freitag (Kommanditist)   120.000,00 EUR
Hilde Reik (Kommanditistin)   70.000,00 EUR

Im Gesellschaftsvertrag wird vereinbart: „Bei einem positiven Geschäftsergebnis soll jeder Gesellschafter 5 % seiner Kapitaleinlage, bei einem zu geringen Gewinn einen entsprechend niedrigeren Satz, erhalten. Der Rest wird im Verhältnis 3 (Stein) zu 1 (Freitag) zu 1 (Reik) verteilt. Gleiches soll bei einem Verlust gelten. Kurt Stein bekommt für seine Geschäftsführung vom Gewinn vorweg einen Anteil in Höhe von 30.000,00 EUR."

Am Ende des ersten Geschäftsjahres liegen folgende Konten vor:

Soll		GuV	Haben
Summe Aufwendungen	2.450.400,00	Summe Erträge	2.493.600,00

Soll	Privat K. Stein		Haben
Bank	22.000,00		

Berechnen Sie
a) den Erfolg des Geschäftsjahres.
b) den Gewinnanteil von Kurt Stein.
c) den Gewinnanteil von Bernd Freitag.
d) den Kapitalanteil nach erfolgter Gewinnausschüttung
    da) von Kurt Stein,
    db) von Hilde Reik.
e) Berechnen Sie die Höhe der Eigenkapitalrentabilität der Gesellschafter.

 **Entnahme von Gegenständen und sonstigen Leistungen durch den Unternehmer**

Neben Entnahmen von Bar- oder Buchgeld für private Zwecke kann ein Unternehmer auch Gegenstände oder sonstige Unternehmensleistungen für unternehmensfremde (in erster Linie private) Zwecke entnehmen. Dies ist buchtechnisch unproblematisch, wenn der Unternehmer für die Leistungen das entsprechende Entgelt zahlt.

Beispiel: *Geschäftsfall 1: Der Eigentümer einer Einzelunternehmung entnimmt ein Fertigerzeugnis, welches einen Herstellwert in Höhe von 1.000,00 EUR aufweist, und zahlt dafür 1.190,00 EUR inklusive Umsatzsteuer bar.*

Buchung:

Buchung Soll	Wert Soll	Buchung Haben	Wert Haben
Kasse	1.190,00	Umsatzerlöse für Fertigerzeugnisse	1.000,00
		Umsatzsteuer	190,00

Geschäftsfall 2: Der Eigentümer einer Einzelunternehmung lässt sich von einem Monteur des Unternehmens in sein privates Wohnhaus eine Duschkabine einbauen. Der Monteur war 3 Stunden beschäftigt, er erhält einen Stundenlohn in Höhe von 18,00 € netto. Nach erbrachter Leistung zahlt der Unternehmer 64,26 € in bar.

Buchung:

Buchung Soll	Wert Soll	Buchung Haben	Wert Haben
Kasse	64,26	Umsatzerlöse für erbrachte Leistungen	54,00
		Umsatzsteuer	10,26

In der Praxis wird der Unternehmer für die Leistungsentnahme jedoch nicht bezahlen. Unabhängig davon müssen umsatzsteuerpflichtige Leistungen jedoch mit der Umsatzsteuer belegt werden. Anstelle der bisher gebuchten Ertragskonten wird nun jedoch das Ertragskonto „Entnahme von Gegenständen und sonstigen Leistungen" gebucht. Es gilt dann:

Beispiel: *Geschäftsfall 1: Der Eigentümer einer Einzelunternehmung entnimmt ein Fertigerzeugnis, welches einen Herstellwert in Höhe von 1.000,00 EUR aufweist. Der Unternehmer zahlt für die private Leistungsinanspruchnahme nicht.*

Buchung:

Buchung Soll	Wert Soll	Buchung Haben	Wert Haben
Privat	1.1960,00	Entn. v. Geg.st. u. sonst. Leist. *)	1.000,00
		Umsatzsteuer	190,00

*) Entnahme von Gegenständen und sonstigen Leistungen

Geschäftsfall 2: Der Eigentümer einer Einzelunternehmung lässt sich von einem Monteur des Unternehmens in sein privates Wohnhaus eine Duschkabine einbauen. Der Monteur war 3 Stunden beschäftigt, er erhält einen Stundenlohn in Höhe von 18,00 € netto. Der Unternehmer zahlt für die private Leistungsinanspruchnahme nicht.

Buchung:

Buchung Soll	Wert Soll	Buchung Haben	Wert Haben
Privat	64,26	Entn. v. Geg.st. u. sonst. Leist.	54,00
		Umsatzsteuer	10,26

Das Konto „Entnahme von Gegenständen und sonstigen Leistungen" wird wie jedes andere Ertragskonto in das GuV-Konto abgeschlossen.

Grundbuch:

Geschäftsfall 3: Abschluss des Kontos „Sonstige unentgeltliche Leistungen" am Ende des Geschäftsjahres.

Buchung Soll	Wert Soll	Buchung Haben	Wert Haben
Entn. v. Geg.st. u. sonst. Leist.	1.054,00	GuV	1.054,00

Hauptbuch:

Soll	Entn. v. Geg.st. u. sonst. Leist.	Haben			Soll	GuV	Haben
3.	1.054,00	1.	1.000,00			3.	1.054,00
		2.	54,00				
	1.054,00		1.054,00				

INFO-TEXT   **Die private Nutzung sonstiger Geschäftsausstattung**

Bei der Privatnutzung betrieblicher Vermögensgegenstände ist wie folgt zu verfahren:

○ Anschaffung von Vermögensgegenständen, die auch privat genutzt werden:

Bei der Anschaffung wird zunächst der private Nutzenanteil nicht beachtet.

Beispiel: Ein Unternehmen beschafft sich einen PC, der zu 10 % auch privat genutzt werden soll. In der Eingangsrechnung des Händlers wird ausgewiesen: Rechnungsbetrag des PC 1.190,00 EUR inklusive Umsatzsteuer.

Buchung:

Buchung Soll	Wert Soll	Buchung Haben	Wert Haben
BGA	1.000,00		
Vorsteuer	190,00	Verbindlichkeiten a. L. u. L.	1.190,00

Der PC wird nun am Ende des Geschäftsjahres über 4 Jahre linear abgeschrieben.

Buchung:

Buchung Soll	Wert Soll	Buchung Haben	Wert Haben
Abschr. auf Sachanlagen	250,00	BGA	250,00

Nun muss der Abschreibungsaufwand um den Privatanteil korrigiert werden (10 % von 250,00 EUR netto = 25,00 EUR).

Buchung:

Buchung Soll	Wert Soll	Buchung Haben	Wert Haben
Privat	29,75	Entn. v. Geg.st. u. sonst. Leist.	25,00
		Umsatzsteuer	4,75

Durch diese Buchung wird erreicht, dass

○ dem Abschreibungsaufwand in Höhe von 250,00 EUR der private Nutzungsanteil als Leistung in Höhe von 25,00 EUR (= 10 % Nutzenanteil) gegenübersteht.

○ der private Nutzungsanteil der Umsatzsteuer unterworfen wird. Der Unternehmer kann den PC somit nicht zum Nettowert nutzen, sondern er muss wie jede andere Privatperson Umsatzsteuer zahlen.

○ das Privatkonto um den Bruttowert der Nutzung belastet wird: Da der Unternehmer für den privaten Nutzungsteil keine Zahlung leistet, wird der Nutzungsanteil als Eigenkapitalverringerung (das Konto „Privat" ist ein Unterkonto des Eigenkapitalkontos) erfasst.

Bei der privaten Nutzung von als unternehmerischem Aufwand erfassten Leistungen wird analog verfahren:

Beispiel: *Ein Unternehmen erhält für die Nutzung eines Telefonanschlusses folgende Rechnung: Grundgebühr 27,00 EUR netto zu Gesprächsgebühren, 173,00 EUR netto zuzüglich 19 % Umsatzsteuer.*

Buchung:

Buchung Soll	Wert Soll	Buchung Haben	Wert Haben
Telefongebühren	200,00		
Vorsteuer	38,00	Verbindlichkeiten a. L. u. L.	238,00

Das Telefon wird zu 30 % privat genutzt.

Buchung:

Buchung Soll	Wert Soll	Buchung Haben	Wert Haben
Privat	71,40	Sonst. unentg. Leistungen	60,00
		Umsatzsteuer	11,40

9. Aufgabe

Buchen Sie die folgenden Geschäftsfälle einer Einzelunternehmung.

a) Quittung: Kauf eines Handys für den Geschäftsinhaber, 306,73 EUR inklusive Umsatzsteuer.

b) Kontoauszug: Überweisung der Gewerbesteuer, 32.000,00 EUR sowie der Einkommensteuer, 12.000,00 EUR.

c) Eigenbeleg: Ein Mitarbeiter der Werkstatt hat am Pkw des Geschäftsinhabers eine Inspektion durchgeführt, Materialwert 120,00 EUR netto, Arbeitslohn 80,00 EUR.

d) Eigenbeleg. Der Unternehmer entnimmt Fertigerzeugnisse zum Herstellungswert von 1.000,00 EUR.

e) Eingangsrechnung: Der Mobilfunkanbieter (Fall a) stellt für die Handynutzung 180,88 EUR brutto in Rechnung (Grundgebühr und Gesprächskosten). Der Unternehmer nutzt das Handy zu 30 % privat. Buchen Sie die Eingangsrechnung und separat den Privatanteil.

10. Aufgabe

Buchen Sie die nachfolgend abgebildeten Belege 1 bis 3, die sich auf Privattätigkeiten eines Einzelunternehmers beziehen.

BUCHHANDLUNG WÖLK GBR
Luisenstraße 12
402256 Düsseldorf

Steuer-Nr.: 255/5024/4850

QUITTUNG 255892　　　　　　　　　　　　　　　　　　　20.12.2010

Artikel	Anzahl	Einzelpreis	Gesamt
Reiseführer „Mexiko", ABC-Verlag	1	26,75 EUR	26,75 EUR

Gesamtbetrag　　　　　　　　　　　　　　　　　　　　26,75 EUR

Im Gesamtbetrag sind **7 % Umsatzsteuer** enthalten.

Betrag dankend bar erhalten.

Beleg 1

REIFEN SCHUHMACHER GmbH　　　　　　　　**QUITTUNG**

Harff Str. 12
40255 Düsseldorf　　　　　　　　　　　　　　Nr. 15884

PKW AUDI A8　　　　　Amtl. Kennzeichen: D TU 221
　　　　　　　　　　　　20.12.2010

Verr.-Nr.	Leistung	Menge/Einheit	Preis
1002	Reifenwechsel	0,5 ZE	20,00 EUR

　　　　　Gesamtleistung　　　　　　　　　　　20,00 EUR
　　　　　+ 19 % USt.　　　　　　　　　　　　　3,80 EUR
　　　　　Summe　　　　　　　　　　　　　　　　23,80 EUR

　　　　　Gegeben bar　　　　　　　　　　　　25,00 EUR
　　　　　Zurück　　　　　　　　　　　　　　　1,20 EUR

Steuer-Nr. 255/4108/1004

Beleg 2

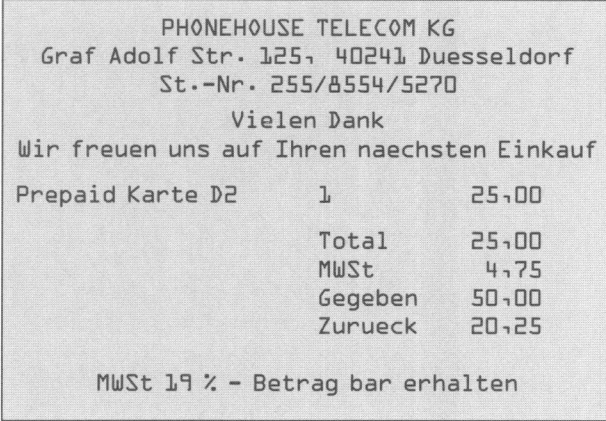

```
      PHONEHOUSE TELECOM KG
 Graf Adolf Str. 125, 40241 Duesseldorf
       St.-Nr. 255/8554/5270
           Vielen Dank
 Wir freuen uns auf Ihren naechsten Einkauf

Prepaid Karte D2      1      25,00

               Total    25,00
               MWSt      4,75
               Gegeben  50,00
               Zurueck  20,25

    MWSt 19 % - Betrag bar erhalten
```

Beleg 3

Wiederholungsaufgaben

1. Aufgabe

Nehmen Sie die Buchungen zu folgenden Geschäftsvorgängen vor.

a) Eingangsrechnung: Kauf von 100 St. einer Ware, Listenpreis 15,60 EUR/St. netto, 5 % Rabatt.

b) Kontoauszug: Lastschrift zu Fall a).

c) Eigenbeleg: Der Geschäftsinhaber entnimmt 30 St. der unter a) bezogenen Waren für private Zwecke.

d) Kontoauszug: Überweisung der Miete für das Verwaltungsgebäude, 5.000,00 EUR.

e) Eigenbeleg: Das Verwaltungsgebäude (Fall d) wird zu 20 % privat vom Geschäftsinhaber genutzt.

f) Quittung: Kauf eines Druckers, Rechnungsbetrag 614,49 EUR inklusive Umsatzsteuer.

g) Eigenbeleg: Abschreibung des Druckers (Fall f), linear über 3 Jahre, 10 Nutzungsmonate im ersten Nutzungsjahr.

h) Eigenbeleg: Der Privatanteil am Drucker (Fall f und g) beträgt 30 %.

i) Quittung: Kauf von Theaterkarten für den Geschäftsinhaber, Preis 136,96 EUR inklusive 7 % Umsatzsteuer.

j) Kontoauszug: Überweisung der Umsatzsteuerzahllast für den zurückliegenden Monat, 41.200,00 EUR.

k) Kontoauszug: Überweisung der Einkommensteuer des Geschäftsinhabers, 22.400,00 EUR.

l) Kontoauszug: Der Unternehmer tätigt zur Überbrückung eines Liquiditätsengpasses eine Privateinlage in Höhe von 10.000,00 EUR.

m) Eigenbeleg: Der Unternehmer lässt sich von einem Betriebsmechaniker ein Garagentor in die Privatgarage einbauen. Die Materialkosten belaufen sich auf 700,00 EUR. Für die Arbeitzeit erhielt der Mechaniker von seinem Arbeitgeber einen Lohn in Höhe von 300,00 EUR.

2. Aufgabe

Entscheiden Sie bei den nachfolgenden Geschäftsvorgängen, ob diese sich

[1]   gewinnmehrend
[2]   gewinnmindernd oder
[3]   gewinnneutral

auf das Geschäftsergebnis auswirken.

a) Kontoauszug: Der Geschäftsinhaber tätigt eine Barentnahme.

b) Quittung: Betankung des Geschäftswagens.

c) Eingangsrechnung: Kauf eines PC, den der Geschäftsinhaber privat nutzen wird.

d) Eingangsrechnung: Der Telekommunikationsanbieter des betrieblichen Telefonanschlusses stellt die Kosten des Abrechnungsmonats in Rechnung. Der Anschluss wird zum Teil auch privat genutzt.

e) Schreiben des Finanzamtes: Die Kfz-Steuer für einen neuen Pkw wird in Rechnung gestellt.

f) Kontoauszug: Ausgleich der Kfz-Steuer für den neuen Pkw.

g) Kontoauszug: Tilgung eines Darlehens.

h) Eigenbeleg: Der Unternehmer überführt seinen Pkw in das Geschäftsvermögen.

i) Kontoauszug: Überweisung der Umsatzsteuerzahllast an das Finanzamt.

j) Kontoauszug: Kunde gleicht Rechnung aus.

3. Aufgabe

Aufgrund eines Liquiditätsengpasses war Ihr Unternehmen gezwungen, das Kontokorrentkonto zu überziehen. Vom 14.07. bis zum 08.09. dieses Jahres war das Konto mit 25.600,00 EUR im Soll belastet. Die Bank berechnet für Überziehungen des Kontokorrentkontos 8,5 % Zinsen p. a.

a) Berechnen Sie die Zinsen, die am Ende der Überziehung an die Bank zu zahlen sind. Methode: 30 Tage pro Monat/360 Tag pro Jahr.

b) Bilden Sie den Buchungssatz für die Tilgung und die Zinszahlung an die Bank.

4. Aufgabe

Entscheiden Sie bei den folgenden Geschäftsvorgängen, ob diese zu

[1] einem Aktiv-Tausch
[2] einem Passiv-Tausch
[3] einer Aktiv-Passiv-Mehrung
[4] einer Aktiv-Passiv-Minderung

führen.

a) Eingangsrechnung: Der Geschäftsinhaber hat über das Unternehmen einen Restaurantführer bestellt, den er privat nutzen möchte.

b) Kontoauszug: Überweisung der Umsatzsteuerzahllast.

c) Kontoauszug: Überweisung der Einkommensteuer des Unternehmers.

d) Eingangsrechnung: Kauf eines Regals für die Verwaltung.

e) Ausgangsrechnung: Verkauf von Ware.

f) Eingangsrechnung: Kauf einer Palette Kopierpapier.

5. Aufgabe

Entscheiden Sie bei den folgenden Geschäftsvorgängen, ob

[1]   das Konto „Vorsteuer" im Soll,
[2]   das Konto „Vorsteuer" im Haben,
[3]   das Konto „Umsatzsteuer" im Soll,
[4]   das Konto „Umsatzsteuer" im Haben,
[5]   weder das Konto „Vorsteuer" noch das Konto „Umsatzsteuer"

zu buchen ist.

a) Quittung: Kauf einer Software zur Erstellung der Einkommensteuer für den Unternehmer.

b) Eingangsrechnung: Die Telekom stellt die Kosten des Telefonanschlusses in Rechnung, der auch privat genutzt wird.

c) Eingangsrechnung: Kauf von Büromaterial.

d) Eigenbeleg: Der Unternehmer entnimmt Fertigerzeugnisse für private Zwecke.

e) Eigenbeleg: Der Unternehmer entnimmt einen gebrauchten Drucker für private Zwecke.

f) Passivierung einer Zahllast.

Lektion 2: Grundlagen zur buchhalterischen Erfassung der Privattätigkeit des Unternehmers

Bei Einzelunternehmungen und Personengesellschaften bringen die .... das .... bei der Unternehmensgründung auf. Dies bedeutet, dass diese Personen (Unternehmer, Gesellschafter) einen Teil des betrieblichen Vermögens mit ihrem .... finanzieren. Hierzu müssen sie ihr Kapital (Geld- oder Sachwerte) in das Vermögen des Unternehmens ....

Die .... haben während des Geschäftsjahres die Möglichkeit, weiteres Eigenkapital in das Unternehmen zu überführen oder aber - bis zu einer bestimmten Höhe - .... zu tätigen. In beiden Fällen wird das Konto „.....................................“ eingerichtet. Es ist ein Unterkonto des Kontos „.....................................“. Damit ist auch das Konto „.....................................“ ein passives Bestandskonto. Man unterscheidet folgende Fälle:

Privat-.....................................:

Kontoauszug: ....

....

....

....

Buchungssatz:

.... an ....

Soll	....	Haben

Privat-.....................................:

....

....

....

....

Buchungssatz:

.... an ....

Soll	....	Haben

Am Ende des Geschäftsjahres wird das Privat-Konto in das Eigenkapital-Konto umgebucht. Abhängig davon, ob die Privateinlagen oder -entnahmen überwiegen, ergeben sich unterschiedliche Buchungssätze:

Alternative 1:	Alternative 2:
Die Privateinlagen überwiegen.	Die Privateinlagen überwiegen.

Soll	**Privat**	Haben		Soll	**Privat**	Haben

Soll	**Eigenkapital**	Haben		Soll	**Eigenkapital**	Haben
	AB				AB	

Der Abschlussbuchungssatz lautet dann:	Der Abschlussbuchungssatz lautet dann:
.... an	.... an ....

Neben dem Privat-Konto beeinflusst das ....-Konto die Höhe des Eigenkapitals des Unternehmens. Beide Konten werden über das Eigenkapital-Konto abgeschlossen. Auf diese Weise ist es möglich, dass das Eigenkapital während eines Geschäftsjahres trotz .... ansteigt (Voraussetzung: Gewinn ist größer als Privatentnahmen).

Übungsaufgabe:

Zu Beginn des Geschäftsjahres wies das Eigenkapitalkonto einer Einzelunternehmung 152.000,00 EUR aus. Während des Geschäftsjahres entnahm der Unternehmer 36.000,00 EUR für private Zwecke und überführte einen Pkw (Wert 12.000,00 EUR) aus seinem Privatvermögen in das Unternehmen. Am Ende des Jahres ist aus der Bilanz die Eigenkapitalhöhe von 196.000,00 EUR zu entnehmen. Wie hoch war der Gewinn bzw. der Verlust des zurückliegenden Geschäftsjahres?

Bisher wurden die liquiditätsbezogenen Kapitalentnahmen (Barentnahme, Überweisung auf das private Girokonto) betrachtet. Daneben kann der Geschäftsinhaber auch .... oder .... aus dem Unternehmen entnehmen. Zu beachten ist dabei, dass die Entnahme in der Regel .... ist, da der Unternehmer Leistungsempfänger ist.

Beispiel: *Der Eigentümer einer Einzelunternehmung entnimmt ein Fertigerzeugnis, welches einen Herstellwert in Höhe von 1.000,00 EUR aufweist, und zahlt dafür 1.190,00 EUR inklusive Umsatzsteuer bar.*

Buchungssatz: .... an ....

....

Die Buchung entspricht der Buchung des Verkaufs an eine dritte Person.

Beispiel: *Der Eigentümer einer Einzelunternehmung entnimmt ein Fertigerzeugnis,welches einen Herstellwert in Höhe von 1.000,00 EUR aufweist. Die Entnahme bezahlt der Unternehmer nicht.*

Buchungssatz: .... an ....

....

Zum einen stellt die Entnahme eine Eigenkapitalverringerung dar (Buchung des Privatkontos in Höhe von .... EUR im Soll). Zum anderen wird die Netto-Entnahme als Ertrag erfasst (das Konto „.." ist ein Ertragskonto, das über GuV abgeschlossen wird).

Lektion 1: Beschaffung von Werkstoffen

Situation

Sie sind als Auszubildende/r in der Finanzbuchhaltung des Bekleidungsherstellers Heller Natur GmbH, Düsseldorf, eingesetzt. Ihr Ausbilder, Herr Kammann, legt Ihnen heute einige Belege vor.

Aufgaben

1. Bearbeiten Sie Beleg 1.

   1.1 Nehmen Sie die Buchung des Belegs vor.

   1.2 Wie würde der Buchungssatz zum Ausgleich der Rechnung ohne Skontoabzug lauten?

2. Bearbeiten Sie Beleg 2.

   2.1 Buchen Sie die Eingangsrechnung.

   2.2 Wie würde der Buchungssatz zum Ausgleich der Rechnung lauten?

3. Der Beleg 3.1 stellt eine Alternative für die weitere Fallentwicklung dar und bezieht sich auf Beleg 1.

   3.1 Buchen Sie den Beleg.

   3.2 Wie lautet der Buchungssatz zum Ausgleich der Restverbindlichkeit aus Beleg 1?

4. Der Beleg 3.2 stellt eine andere Alternative für die weitere Fallentwicklung dar und bezieht sich auf Beleg 1.

   4.1 Buchen Sie den Beleg.

   4.2 Wie lautet der Buchungssatz zum Ausgleich der Restverbindlichkeit aus Beleg 1?

5. Der Beleg 3.3 ist eine weitere Variation der Fallentwicklung und bezieht sich ebenfalls nur auf Beleg 1. Wie lautet der Buchungssatz für diesen Beleg?

6. Wie hoch ist der Einstandspreis ohne Umsatzsteuer für 100 Bündel Schafswolle Natur, Chargen-Nr. 232541, wenn Beleg 1, Beleg 2 und Beleg 3.3 in die Berechnung einbezogen werden und die Bezugskosten entsprechend der im Beleg 1 ausgewiesenen Listenpreise verteilt werden?

INFO-TEXT: Die Beschaffung

Aufgabe der Einkaufsabteilung eines Industriebetriebes ist es, die Bedarfsstellen in der Produktion bzw. der Verwaltung zur richtigen Zeit am richtigen Ort mit den richtigen Artikeln zu versorgen. Abhängig vom geäußerten Bedarf kann man zwischen folgenden Gütern unterscheiden:

- **Werkstoffe**
  Werkstoffe werden in der Produktion bzw. in der Montage benötigt. Hierzu gehören die **Rohstoffe**, die den Hauptbestandteil des Endprodukts ausmachen (z. B. Holz in der Möbelfabrikation), die **Hilfsstoffe**, die als Nebenbestandteil in das Endprodukt einfließen (z. B. Schrauben und Lacke) sowie die **Betriebsstoffe**, die nicht in das Endprodukt einfließen (z. B. Schmiermittel, Energie), für die Produktion jedoch unablässig sind. Die Betriebsstoffe fließen in die Betriebsmittel ein.

- **Vorprodukte**
  Hierbei handelt es sich um **fertig zusammengesetzte Baugruppen/Teile**, die in der Produktion in das Endprodukt eingebaut werden. Im Gegensatz zu den Werkstoffen haben Vorprodukte somit bereits eine so genannte **Produktionsreife**, sie sind jedoch in ihrem aktuellen Zustand nicht allein zu verwenden (z. B. Scheinwerfer in der Automobilfertigung).

- **Handelsware**
  Im Gegensatz zu den Werkstoffen werden Handelswaren **nicht be- oder verarbeitet**. Sie werden eingekauft und unverändert weiterverkauft. Handelswaren fallen vor allem bei **Handelsbetrieben** an. Industriebetriebe nehmen Sie jedoch in ihr **Verkaufsprogramm** auf, um dieses zu **komplettieren**.

Vereinigte Deutsche Textil Werke

VDTW AG ✦ Postfach 1010 ✦ D-51519 Odenthal

Heller Natur GmbH
Herr Kammann
Auf'm Hennekamp 39
40225 Düsseldorf

Unsere Auftragsnummer:	20 447
Lieferschein-Nr.:	20 652
Versanddatum:	25.02.2010
Versandart:	- - -
Verpackungsart:	- - -
Verkäufer/in:	Frau Özhan
Unsere Zeichen:	pu-öz

Ihr Zeichen/Bestellung Nr. vom
ka-km/78850/05.02.2010

Kundennummer
50 780

Bitte bei Zahlung angeben:	
Rechnungs-Nr.:	30 447
Rechnungsdatum:	13.03.2010

Rechnung

Artikelbezeichnung	Menge	Einzelpreis	Gesamtbetrag
Baumwolle, Natur, Chargen-Nr. 452201, Art.-Nr. 45210-10220, Gütekl. A, abgebündelt	700 Bd.	18,90 EUR/Bd.	13.230,00 EUR
Baumwolle, Natur, Chargen-Nr. 425542, Art.-Nr. 45210-10254, Gütekl. B, abgebündelt	500 Bd	21,30 EUR/Bd.	10.650,00 EUR
Schafswolle, Ireland, Chargen-Nr. 232541, Art.-Nr. 43122-10524, Gütekl. D, abgebündelt	1.000 Bd	9,50 EUR/Bd.	9.500,00 EUR
Großkundenrabatt 25 %			- 8.345,00 EUR
Rechnungsbetrag netto			25.035,00 EUR
Umsatzsteuer 19 %			+ 4.756,65 EUR
Rechnungsbetrag brutto			29.791,65 EUR

Zahlbar innerhalb von 30 Tagen ab Rechnungsdatum netto, innerhalb 10 Tagen 3 % Skonto.

USt.-Id.-Nr. DE99321564 - St.-Nr. 493/454/64555

Vereinigte Deutsche Textil AG   Handelsregistereintragung: Bankverbindungen:
Werk Odenthal   Handelsregister Odenthal, HR B 5223   Stadtsparkasse Odenthal   Kto. 520 200 122 (BLZ 760 501 01)
Geschäftsräume: Commerzbank Königstein   Kto. 980 020 11 (BLZ 760 200 70)
Hansenweg 89, 51521 Odenthal   Sitz Konzernzentrale: Königstein

Beleg 1

KEMPFERT SPEDITION ➤

Kempfert Spedition GmbH • Vogelheimer Straße 21 • 45346 Essen

Heller Natur GmbH
Herr Kammannn
Auf'm Hennekamp 39
40225 Düsseldorf

Ihr Zeichen, Ihre Nachricht vom	Unser Zeichen, unsere Nachricht vom tr-kl	☎ (0201) 999 -, Name 4242, Frau Klein	Datum 14.03.2010

Rechnung Nr. 23554

Auftrag	Leistung	Transportmittel	Gewicht	Preis netto (EUR)
7850788	Transport von Odenthal nach Düsseldorf, Auslieferung 10.03.2010 2.200 Bündel Rohwolle, Auftragsnummer: 20 447	LKW	pauschal	550,00

Netto-Betrag (EUR)	Umsatzsteuersatz	Umsatzsteuer (EUR)	Bruttobetrag (EUR)
550,00	19 %	104,50	654,50

Rechnung innerhalb von 30 Tagen ab Rechnungsdatum zahlbar ohne Abzüge.

Wir arbeiten ausschließlich auf Grund der Allgemeinen Deutschen Spediteurbedingungen (ADSp) neuster Fassung.
Gerichtsstand ist Essen. Zahlungen sind grundsätzlich ohne Abzug zu leisten.

| Kempfert Spedition GmbH
Vogelheimer Straße 21
45346 Essen
USt.-Id.-Nr. DE52285541 | Tel.: 0201/999-0l
Fax: 0201/999-422
kempfert@gmx.de
St.-Nr. 492/335/588741 | Geschäftsführer:
Frank Kempfert, Bärbel Kempfert
Handelsregister Essen: HRA 21001 | Bankverbindungen:
Postbank Dortmund, Kto.Nr. 895 452, BLZ 320 200 20
Commerzbank Essen Kto.Nr. 285 474 101, BLZ 300 100 10 |

Beleg 2

Heller Natur GmbH • Auf'm Hennekamp 39 • 40225 Düsseldorf

VDTW AG
Frau Özhan
Postfach 1010
51519 Odenthal

Ihr Zeichen, Ihre Nachricht vom	Unser Zeichen, unsere Nachricht vom	☎ 0211/458-	Datum
pu-öz, 13.03.2010	ka-km, 05.02.2010	223 Hr. Kammann	15.03.2010

Mängelrüge zum Auftrag 20 447, RG-Nr.: 30 447 vom 13.03.2010

Sehr geehrte Frau Özhan,

am 10.03.2010 erhielten wir durch die Spedition Kempfert, Essen, diverse Bündel Naturwolle ausgeliefert.

Bei der Eingangsprüfung in unserem Labor mussten wir feststellen, dass die gesamte Charge 452201 nicht den von Ihnen garantierten Qualitätsstandard aufweist. Unter anderem das Mischungsverhältnis sowie die Porenstruktur rechtfertigen nicht die Qualitätseinstufung A.

Die Baumwolle können wir in dieser Qualität nicht verwenden. Wir haben die betroffene Charge zur Abholung eingelagert. Bitte sorgen Sie für eine Ersatzlieferung innerhalb der nächsten 30 Tage. Bis zum Eintreffen der Ersatzlieferung werden wir den Teil der Rechnung stornieren.

Da wir nur über sehr geringe Sicherheitsbestände verfügen, dürfen sich derartige Falschlieferungen nicht wiederholen. Bitte kontrollieren Sie in Zukunft Ihre Auslieferungen gründlicher.

Mit freundlichem Gruß

Heller Natur GmbH

Andreas Kammann

Kammann
Werkstoffeinkauf

HAFT IT®
Telefonat vom 16.03.:
Frau Özhan sichert Ersatz-
lieferung bis zum 25.03. zu.
Bis zum Eintreffen der
Ersatzlieferung RG 30 447
um die Falschlieferung korrigieren.
R. Stemberg

Heller Natur GmbH	Firmensitz und Registergericht:	Bankverbindungen: Deutsche Bank AG Düsseldorf
Auf'm Hennekamp 39	Düsseldorf HRB 89978	BLZ 340 400 00 · Kto. 745 211 233
40225 Düsseldorf	USt.-Id.-Nr. DE45875801	Postbank Essen
Telefon (0211) 458 0	St.-Nr. 481/330/788540	BLZ 360 100 43 · Kto. 604 644 433
Telefax (0211) 457780	Geschäftsführer: Dr. Dieter Mertens	

Beleg 3.1

VDTW AG ◆ Postfach 1010 ◆ D-51519 Odenthal

Heller Natur GmbH
Herr Kammann
Auf'm Hennekamp 39
40225 Düsseldorf

Unsere Auftragsnummer:	20 447
Lieferschein-Nr.:	20 652
Versanddatum:	25.02.2010
Rechnungs-Nr.:	30 447
Rechnungs-Datum:	13.03.2010

Ihr Zeichen, Ihre Nachricht vom	Unser Zeichen, unsere Nachricht vom	☎ 02022/9512-	Datum
ka-km, 15.03.2010	pu-öz, 13.03.2010	145 Fr. Özhan	17.03.2010

Preisnachlass aufgrund Mängelrüge

Sehr geehrter Herr Kammann,

vielen Dank für Ihren Anruf und Ihren Hinweis auf den Mangel an der Charge 425542. Nach Rücksprache mit der Produktion habe ich die Ursache für den Mangel aufdecken können. Die Baumwolle wurde zwar ordnungsgemäß hergestellt und verpackt, dann jedoch kurzzeitig falsch gelagert. Die Nässeschäden wurden durch diesen Lagerungsfehler hervorgerufen.

Ich kann mich für diesen Mangel nur noch einmal bei Ihnen entschuldigen. Nach eigenen Angaben könnten Sie den Feuchtigkeitsgrad auf das gewohnte Maß reduzieren. Für Ihr kulantes Verhalten danke ich Ihnen. Natürlich möchten wir den durch unser Versehen entstandenen Schaden wieder gut machen. Für die betroffene Charge 425542 bieten wir Ihnen einen Preisnachlass in Höhe von 40 % an.

Ich hoffe, dass wir Ihren Schaden durch den Preisnachlass abdecken können. Gleichfalls versichere ich Ihnen, dass derartige Mängel in Zukunft nicht mehr vorkommen werden.

Mit freundlichem Gruß

Vereinigte Deutsche Textil Werke

Ayse Özhan

i. V. A. Özhan

> HAFT IT®
>
> *RG 30 447
> kann um den
> Preisnachlass
> korrigiert werden.*
>
> *R. Stemberg*

Vereinigte Deutsche Texil AG
Werk Odenthal
Geschäftsräume:
Hansenweg 89, 51521 Odenthal

Handelsregistereintragung:
Handelsregister Odenthal, HR B 5223

Sitz Konzernzentrale: Königstein

Bankverbindungen:
Stadtsparkasse Odenthal   Kto. 520 200 122 (BLZ 760 501 01)
Commerzbank Königstein   Kto. 980 020 11 (BLZ 760 200 70)

USt.-Id.-Nr. DE74410021   St.-Nr. 352/741/874522

Beleg 3.2

| Kontoauszug in EURO | Kontonummer 604 644 433 Datum 30.03.2010 | Auszug 501 Blatt 4 | Postbank |

Vorgang/Buchungsinformationen	PN-Nummer	Buchung	Wertstellung	Umsatz in Euro
RG-AUSGLEICH VDTW AG RG 30 447 ABZGL. SKT.	4220	20.03.	20.03.	28.897,90 −

Postbank Essen • D - 45125 Essen

HELLER NATUR GMBH
FINANZBUCHHALTUNG
AUF'M HENNEKAMP 39
40225 DUESSELDORF

| Postanschrift: Postbank Essen 45125 Essen | Direktservice: Telefon-Banking: Erreichbarkeit: | Tel.: 01 80 - 30 40 600 Tel.: 01 80 - 30 40 700 7 x 24 Std. | Telefax: E-Mail: Internet: | (02 01) 22 87 69 direkt@postbank.de http://www.postbank.de | Bankleitzahl 360 100 43 |

Beleg 3.3

INFO-TEXT: *Wichtige Buchungsregeln der Werkstoffbeschaffung*

Bei der so genannten **aufwandsorientierten Buchung** wird der Zugang von Werkstoffen direkt auf den entsprechenden **Aufwandskonten** (Aufwendungen für Rohstoffe, Hilfsstoffe, Betriebsstoffe) erfasst.

Gewährt der Lieferant bereits in seiner Rechnung einen **Preisnachlass** (z. B. Mengen-, Treuerabatt), so wird dieser **Sofortrabatt** buchtechnisch **nicht gesondert erfasst**. Dies bedeutet, dass der Preisnachlass nicht auf einem gesonderten Konto (z. B. Nachlässe für Rohstoffe) erfasst wird.

Fallen für den **Transport** vom Lieferanten zusätzliche Frachtkosten an (z. B. bei der Lieferbedingung „ab Werk" durch den Lieferanten), so sind diese **Bezugskosten für Werkstoffe** auf den entsprechenden **Unterkonten** (z. B. Bezugskosten für Rohstoffe) zu buchen.

Stellt der Käufer nach dem Zugang der Werkstoffe fest, dass diese **Mängel** aufweisen, so stehen ihm verschiedene Rechte gemäß BGB zu. Zum Beispiel kann er eine **Wandlung/Teilwandlung** verlangen. In diesem Fall lehnt er die Annahme der gesamten mangelhaften Güter bzw. einen Teil der Lieferung ab und stellt sie zur Abholung bereit. Häufig wird auf eine Ersatzlieferung verzichtet. In diesem Fall muss in der Buchhaltung die ursprünglich gebuchte Eingangsrechnung **korrigiert** werden. Dies wird erreicht, indem man den ursprünglichen Buchungssatz um die zu korrigierenden Werte **storniert** („umdreht").

Möchte der Kunde bei einer mangelhaften Lieferung eine **Preisminderung** durchsetzen und erklärt sich der Verkäufer damit einverstanden, so muss in der Buchhaltung ebenfalls eine **Korrektur** des ursprünglichen Buchungssatzes erfolgen. In diesem Fall kann der ursprüngliche Buchungssatz jedoch nicht einfach storniert (im Sinne von „umgedreht") werden. Der Wert der Preisminderung wird vielmehr auf dem entsprechenden **Unterkonto „Nachlässe"** (z. B. Nachlässe für Rohstoffe) erfasst. Ansonsten gleicht der Aufbau dieses Buchungssatzes dem der Stornierung.

Wird eine Eingangsrechnung für Werkstoffe unter **Abzug von Skonto** ausgeglichen, so ist neben dem **Werkstoffaufwand** auch die **Vorsteuer** zu korrigieren. Buchtechnisch unterscheidet man zwischen einer Brutto- und einer Nettobuchungsmethode. Bei der **Bruttobuchungsmethode** wird zunächst der entsprechende Aufwand um den Brutto-Skontoertrag verringert. In einem zweiten Buchungssatz wird sodann die Vorsteuer korrigiert. Bei der **Nettobuchungsmethode** finden beide Korrekturen in einem Buchungssatz statt. Der Skontoertrag, der zu einer Verringerung des entsprechenden Werkstoffaufwandes führt, wird auf dem entsprechenden **Unterkonto „Nachlässe"** (z. B. Nachlässe für Rohstoffe) gebucht.

Überblick über den Buchungszusammenhang:

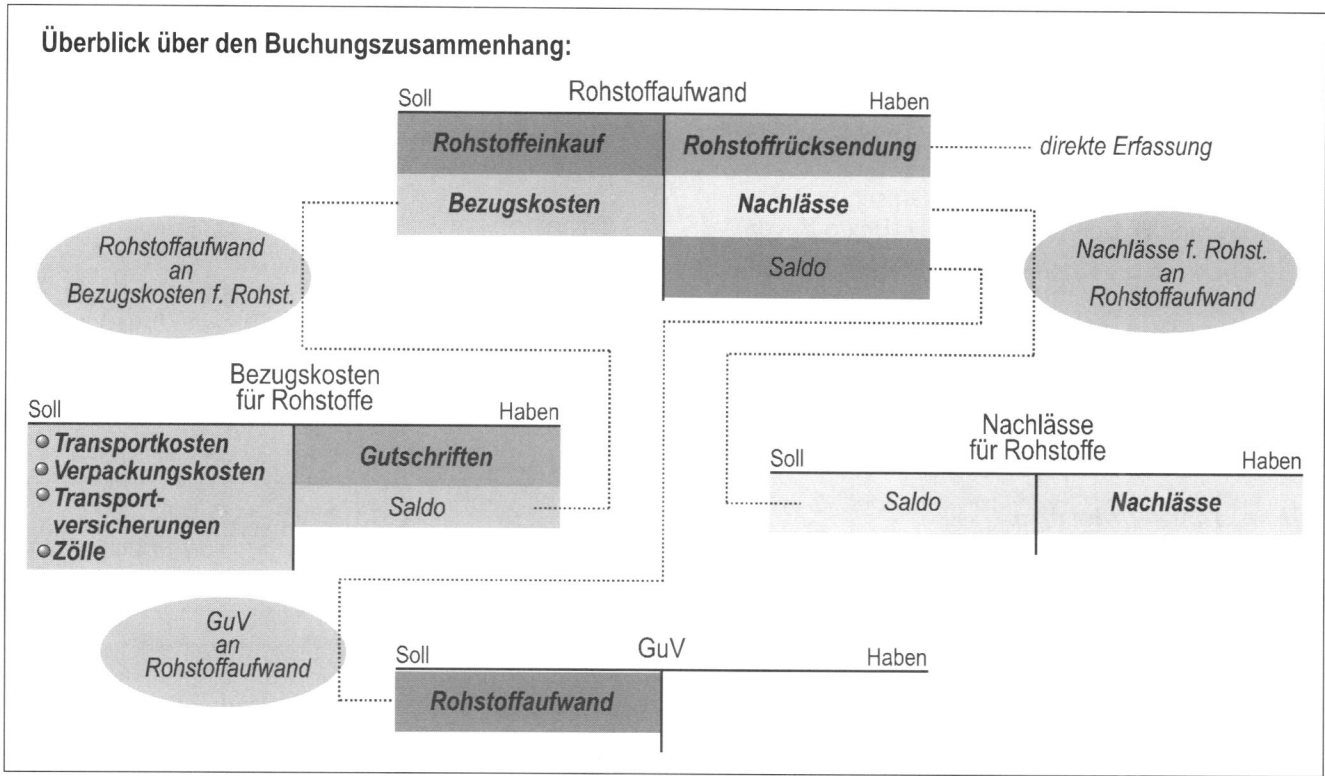

Lektion 2   Übungsaufgabe Buchungen im Beschaffungsbereich (Bezug von Handelsware)

Situation

Sie sind Mitarbeiter/in in der Buchhaltung der Computer Koller KG in Düsseldorf. Das Einzelhandelsunternehmen handelt mit Computerhard- und -software. Sie sollen die nachfolgend aufgeführten Aufgaben erledigen.

Aufgaben

1. Buchen Sie die Rechnung der Systemtec IT Commerce GmbH (Beleg 1) für gelieferte Handelswaren.

2. Nehmen Sie die Buchung der Gutschrift der Systemtec IT Commerce GmbH (Beleg 2) vor.

3. Buchen Sie die Rechnung der Merkur AG (Beleg 3).

4. Erfassen Sie die Rechnung der Spedition Schiffer e. Kfm. (Beleg 4) buchhalterisch.

5. Buchen Sie die Rechnung der Datasave GmbH & Co. KG (Beleg 5).

Situationserweiterung 1

Ihnen liegt am 22.10.2010 der Kontoauszug der Postbank vor (Beleg 6)

6. Buchen Sie die Kontenbewegung (Nettobuchungsverfahren)

    6.1   vom 17.10.2010.

    6.2   vom 18.10.2010.

    6.3   vom 19.10.2010.

Situationserweiterung 2

Am 28.10.2010 werden Sie von Frau Jürgens, einer Sachbearbeiterin der Buchhaltung der Datasave GmbH & Co. KG darauf hingewiesen, dass Sie beim Rechnungsausgleich der Rechnung Nr. 25225-03 (Beleg 5) versehentlich 3 % statt wie vereinbart 2 % und entgegen der vertraglichen Abmachung (siehe Angaben in der Rechnung) auch von den Nebenleistungen Skonto abgezogen haben.

7. Korrigieren Sie die Falschbuchung im Grund- und Hauptbuch.

8. Sie erhalten die Nachricht, dass die Leihverpackung an die Datasave GmbH & Co. KG zurückgesandt wurde und sie eine entsprechende Gutschrift erhalten haben.

    Buchen Sie diese Gutschrift.

Situationserweiterung 2

Herr Engler möchte wissen, wie hoch der Einstandspreis für eine 100er-Spindel DVD-Rohlinge ist, die von der Datasave GmbH & Co. KG bezogen wurden.

9. Berechnen Sie den Einstandspreis für eine Spindel DVD-Rohlinge. Die Kosten für Leihverpackung wurden in der Zwischenzeit vom Lieferanten erstattet, der Fehler beim Skontoabzug korrigiert. Die Frachtkosten sollen anteilig - bezogen auf den Listenpreis - auf die beiden bezogenen Artikel verteilt werden.

Situationserweiterung 3

Ende Oktober 2010 (Bilanzstichtag: 31.10.2010) liegen die nachfolgend abgebildeten Konten im Hauptbuch der Koller KG vor. Die von Ihnen zuvor gebuchten Geschäftsfälle wurden noch nicht erfasst. Bei den Skontobuchungen wurde das Nettobuchungsverfahren angewandt.

Hauptbuchauszug:

Soll	2060 Warenbestand		Haben
AB	544.100,00		

Soll	6060 Wareneingang		Haben
...	1.854.200,00		

Soll	6061 Bezugskosten für Waren		Haben
...	24.300,00		

Soll	6062 Nachlässe für Waren		Haben
		...	33.700,00

Soll	6063 Lieferskonti für Waren		Haben
		...	38.900,00

Hauptbuchauszug *(Fortsetzung)*:

Soll	2600 Vorsteuer		Haben
...	342.500,00		

Soll	4800 Umsatzsteuer		Haben
		...	498.800,00

Im Rahmen der körperlichen Inventur wurde bei den Warenbeständen ein Schlussbestand in Höhe von 562.200,00 EUR ermittelt.

Aufgaben

10. Übertragen Sie die von Ihnen zuvor erarbeiteten Buchungssätze in die entsprechenden Konten des abgebildeten Hauptbuchs.

11. Schließen Sie nun alle Unterkonten des Kontos „Wareneingang" ab.

12. Bilden Sie den Buchungssatz für den Abschluss des Kontos „Warenbestand". Führen Sie vorher die Umbuchung einer Bestandsmehrung/-minderung aus.

13. Schließen Sie das Konto „Warenbestand" buchhalterisch ab.

14. Bilden Sie den Buchungssatz für die Ermittlung des Vorsteuerüberhangs/der Umsatzsteuerzahllast.

Situationsalternative

Angenommen in der Koller KG werden Lieferantenskonti nach der Bruttobuchungsmethode buchhalterisch erfasst. Am Ende des Monats liegen folgende Konten im Hauptbuch vor:

Hauptbuchauszug:

Soll	6060 Wareneingang		Haben
...	1.422.700,00		

Soll	6063 Lieferskonti für Waren		Haben
		...	46.291,00

Soll	2600 Vorsteuer		Haben
...	342.500,00		

Aufgaben

15. Bilden Sie den Buchungssatz für die Korrekturbuchung zum Konto „Lieferskonti für Waren".

16. Schließen Sie das Konto „Lieferskonti für Waren" ab.

SYSTEMTEC IT COMMERCE

Bahnhofsstraße 21, 89269 Vöhringen
Tel.: 07306-927970; Fax: 07306-927972
vertrieb@systemtec-it.com, www.systemtec-it.com

Systemtec IT Commerce GmbH • Bahnhofstr. 21 • 89269 Vöhringen

Computerhandel Koller KG
Einkaufsabteilung
Fährstraße 12
40217 Düsseldorf
Deutschland

Seite:	1
Kunden-Nr.:	53150
Bearbeiter:	Zlatko Shapic
Steuer-Nr.:	278 002 23
USt-Id:	DE223815991
Lieferdatum:	05.10.2010
Rechnungsdatum:	05.10.2010

Rechnung Nr. 283466

Ihre Online-Bestellung Nr. 2708027 vom 27.09.2010, 9:00

Menge		Text	Einzelpreis EUR	Gesamtpreis EUR
50	Stück	Fujitsu Siemens Computers KBPC SX Keyboard Art-Nr. S26381-K397-V120	11,5100	575,50
10	Stück	Fujitsu Siemens TFT-Bildschirme TFTC DT Monitor Art-Nr. M55258-T397-G210	223,2759	2.232,76
60	Stück	Deutsche Post (Versand nach DE: 103,00 kg)		211,36
Zwischsumme				3.019,62
Preisminderungen		Mengenrabatt 5 % auf 2.808,26		140,41
Gesamt netto				2.879,21
zzgl. 19,00 % MwSt. auf			2.879,21	547,05
Gesamtbetrag				3.426,26

Lieferart: Paketversand per DHL
Zahlungsart: 30 Tage netto, 14 Tage 3 % Skonto ab Rechnungsdatum per Überweisung

Systemtec IT Commerce GmbH   Bankverbindungen: Postbank München   Stadtsparkasse Neu-Ulm/Illertissen
Bahnhofstr. 21, 89269 Vöhringen   BLZ   700 100 800   BLZ   730 500 00
Postfach 2145, 89260 Vöhringen   Kto.Nr. 1357805   Kto.Nr. 440040905
Geschäftsführer: Manfred Klein
HRB München 45887   USt.-IdNr.: DE 154784   St.-Nr. 347/321/852874

Beleg 1

SYSTEMTEC IT COMMERCE

Bahnhofsstraße 21, 89269 Vöhringen
Tel.: 07306-927970; Fax: 07306-927972
vertrieb@systemtec-it.com, www.systemtec-it.com

Systemtec IT Commerce GmbH • Bahnhofstr. 21 • 89269 Vöhringen

Computerhandel Koller KG
Klaus Engler
Fährstraße 12
40217 Düsseldorf
Deutschland

Seite:	1
Kunden-Nr.:	53150
Bearbeiter:	Zlatko Shapic
Steuer-Nr.:	278 002 23
USt-Id:	DE223815991
Datum:	10.10.2010

Gutschrift zur Rechnung 283466 vom 05.10.2010

Sehr geehrter Herr Engler,

vielen Dank für den Hinweis auf die Mängel an den TFT-Monitoren. Wir sind erfreut, dass Sie die Geräte dennoch behalten möchten. Wir schreiben Ihnen wie telefonisch besprochen daher gut:

10 % von 2.121,12 EUR	212,11 EUR
Umsatzsteuer 19 %	40,30 EUR
Endsumme	252,41 EUR

Wir hoffen, Sie trotzdem auch zukünftig zu unseren Kunden zählen zu dürfen.

Mit freundlichen Grüßen

Systemtec IT Commerce GmbH

Zlatko Shapic

Systemtec IT Commerce GmbH
Bahnhofstr. 21, 89269 Vöhringen
Postfach 2145, 89260 Vöhringen
Geschäftsführer: Manfred Klein
HRB München 45887

Bankverbindungen:

USt.-IdNr.: DE 154784

Postbank München
BLZ 700 100 800
Kto.Nr. 1357805

St.-Nr. 347/321/852874

Stadtsparkasse Neu-Ulm/Illertissen
BLZ 730 500 00
Kto.Nr. 440040905

Beleg 2

Merkur AG ✦ Postfach 1010 ✦ D-51519 Odenthal

Computerhandel Koller KG
Klaus Engler
Fährstraße 12
40217 Düsseldorf

Unsere Auftragsnummer:	20 447
Lieferschein-Nr.:	20 652
Versanddatum:	07.10.2010
Versandart:	Abholer
Verpackungsart:	Karton/Palette
Verkäufer/in:	Frau Özhan
Unsere Zeichen:	pu-öz

Ihr Zeichen/Bestellung Nr. vom ka-en/78850/05.10.2010	Kundennummer 50 80	**Bitte bei Zahlung angeben:** **Rechnungs-Nr.:** 30 447 **Rechnungsdatum:** 07.10.2010

Rechnung

Artikelbezeichnung	Menge	Einzelpreis	Gesamtbetrag
EYECRAFT Grafikkarte, Art.Nr. 25587260	50 St.	19,39 EUR	969,50 EUR
REM Controllerkarte, USB, Art.Nr. 47788021	150 St.	25,79 EUR	3.868,50 EUR
MASTER Mouse, 3 Tasten, Funk, Art.Nr. 52887714	50 St.	17,16 EUR	858,00 EUR
Zwischensumme			5.696,00 EUR
Wiederverkäuferrabatt 25 %			- 1.424,00 EUR
Rechnungsbetrag netto			4.272,00 EUR
Umsatzsteuer 19 %			+ 811,68 EUR
Rechnungsbetrag brutto			5.083,68 EUR

Zahlbar innerhalb von 30 Tagen ab Rechnungsdatum netto, innerhalb 10 Tagen 3 % Skonto.

Merkur AG
Fachmarkt für Har- und Software
Geschäftsräume:
Hansenweg 89, 51521 Odenthal

Handelsregister Odenthal, HR B 5223
Sitz Konzernzentrale: Königstein
USt.-IdNr.: DE 425874
St.-Nr. 344/713/585874

Bankverbindungen:
Stadtsparkasse Odenthal   Kto. 520 200 122 (BLZ 760 501 01)
Commerzbank Königstein   Kto. 980 020 11 (BLZ 760 200 70)

Beleg 3

Int. Spedition Peter Schiffer e. Kfm. - Zeigelstraße 9 - 47798 Krefeld

Computerhandel Koller KG
Klaus Engler
Fährstraße 12
40217 Düsseldorf

Internationale Spedition
Peter Schiffer e. Kfm.
Krefeld - Karlsruhe - München
Täglicher innerdeutscher Transport
Auslandsfracht, Schwertransporte

Telefon: 02151/770770
Telefax: 02151/7707701

Bankverbindung:
Sparda Bank Krefeld
BLZ 350 200 10, Kto-Nr. 45526201

R E C H N U N G   09.10.2010
Nr. 200511

Für die Belieferung von diversen Computerartikeln, Lieferschein 20 652

ab: Merkur AG, 51521 Odenthal

an: Koller KG, 426898 Düsseldorf

berechnen wir Ihnen:

LKW-Fracht	122,00 EURO
+ 19 % Umsatzsteuer	23,18 EURO
Rechnungsbetrag	145,18 EURO

Wir bitten um Rechnungsausgleich innerhalb von 30 Tagen ohne Abzug.

Betrag bar erhalten
J. Hansen

Wir arbeiten ausschließlich auf Grund der Allgemeinen Deutschen Spediteurbedingungen (ADSp) neuster Fassung.
Gerichtsstand ist Krefeld. Zahlungen sind grundsätzlich ohne Abzug zu leisten.
Peter Schriffer Internationale Transporte e. Kfm., HRA 12210 Krefeld
USt.-IdNr.: DE 785541 - St.-Nr. 322/798/652287

Beleg 4

DATENSICHERHEITSSYSTEME
DATASAVE
ALLROUNDSPEICHERMEDIEN

Datasave GmbH & Co. KG ✦ Ittertalstraße 19 ✦ 42781 Haan

Computerhandel Koller KG
Klaus Engler
Fährstraße 12
40217 Düsseldorf

Lieferschein/Rechnung

Rechnungsnr.	Lieferdatum	Kundennr.	Tel. (02129) 7700 -	Haan / Rhld.
25225-10	11.10.2010	78455/5851	150	11.10.2010

Artikelbezeichnung	Menge (St.)	Einzelpr. (€/Einh.) (nach 4. Nachkomma-stelle gerundet)	Gesamtpreis (€)
DVD-Rohlinge, 100er Spindel, beschreibbar, alle Geschw., Art.-Nr. 4588774	400	17,6951	7.078,02
abzgl. Mengenrabatt 5 %	400	- 0,8848	- 353,92
DVD-RAM-Cartridges, 10er-Pack, Art.-Nr. 4581471	750	30,5895	22.942,16
abzgl. Mengenrabatt 7 %	750	2,1413	- 1.605,95
+ Fracht (Haan - Düsseldorf)			450,00
+ Leihverpackung (Colli)			250,00

Die Leihverpackung wird bei unversehrter Rücksendung in voller Höhe vergütet.

Zwischensumme (€)	USt-Satz (%)	Umsatzsteuer (€)	Endbetrag (€)
28.760,31	19 %	5.464,46	34.224,77

Rechnungsbetrag zahlbar innerhalb 14 Tagen unter Abzug von 2 % Skonto, innerhalb 30 Tagen ohne Abzug.
Bitte beachten Sie: Nebenleistungen (Fracht, Verpackung, Service) sind nicht skontoabzugsfähig.

Datasave GmbH & Co. KG
Ittertalstraße 19, 42781 Haan
Postfach 25401 - 42780 Haan
Tel.: 02129 - 7700 - 0
Fax: 02129 - 77012

Handelsregistereintragung:
Handelsregister Haan HRB 21221
Geschäftsführer:
Dr. rer. oec. Frank Hillenbrandt
USt.-IdNr.: DE 583211 - St.-Nr. 301/820/147287

Bankverbindungen:
Postbank Essen   Kto. 604 644 433 (BLZ 360 100 43)
Stadtsparkasse Haan   Kto. 788 259 201 (BLZ 303 512 20)

Beleg 5

Kontoauszug Kontonummer 135 780 5 Auszug 501 *Postbank*
Datum 20.10.2010 Blatt 4

Vorgang/Buchungsinformationen	PN-Nr	Buchung	Wertstellung	Umsatz in Euro
RG NR. 283466 ABZGL. SKT.				
SYSTEMTEC IT COMMERCE GMBH	4220	17.10.	17.10.	3.078,63 –
RG 30447 ABZGL. SKT.				
MERKUR AG	4110	18.10.	18.10.	4.931,17 –
RG Nr. 25225-03				
DATASAVE GMBH & CO KG	4711	19.10.	19.10.	33.198,03 –

Postbank Essen • D - 45116 Essen

COMPUTERHANDEL KOLLER KG
FINANZBUCHHALTUNG
FÄHRSTR. 12
40217 DUESSELDORF

Postanschrift:	Direktservice:	Tel.: 01 80 - 30 40 600	Telefax:	0180 - 30 40 800	Bankleitzahl
Postbank Essen	Telefon-Banking:	Tel.: 01 80 - 30 40 700	E-Mail:	direkt@postbank.de	360 100 43
45116 Essen	Erreichbarkeit:	7 x 24 Std.	Internet:	http://www.postbank.de	

Beleg 6

Lektion 3: Lieferboni, Mängelrügen und Bestandsveränderungen bei Werkstoffen

Situation

Sie sind als Auszubildende/r in der Finanzbuchhaltung des Bekleidungsherstellers Heller Natur GmbH, Düsseldorf, eingesetzt. Ihre Ausbilderin, Frau Lutz, legt Ihnen heute einige Belege vor.

Aufgaben

1. Buchen Sie Beleg 1.

2. Betrachten Sie die unten stehenden Bestandskonten. Am Ende des Geschäftsjahres werden im Rahmen der körperlichen Inventur folgende Endbestände ermittelt:

   Endbestand Rohstoffe
   233.900,00 EUR

   Endbestand Hilfsstoffe
   102.100,00 EUR

   2.1 Führen Sie die Umbuchung der Bestandsmehrung bzw. -minderung bei den beiden Beständen durch.

   2.2 Buchen Sie den Abschluss der Konten.

Soll	Rohstoffe	Haben
Anfangsbestand lt. Inventur 230.100,00		

Soll	Hilfsstoffe	Haben
Anfangsbestand lt. Inventur 114.700,00		

Der Lieferant belohnt Kunden, die häufig und viel einkaufen mit Rabatten. Zu diesen Preisnachlässen gehören Mengen-, Treue-, Jubiläums- und Wertrabatte. Ob diese Rabatte gewährt werden, hängt von den Bedingungen der einzelnen Bestellungen ab.

Häufig wollen Anbieter ihre Kunden jedoch langfristig an sich binden. Sie sollen regelmäßig bei ihnen einkaufen. Aus diesem Grund gewähren Sie abhängig vom erreichten Jahresumsatz einen so genannten Umsatzbonus. Dieser entspricht einer Umsatzrückvergütung. Im Gegensatz zu den bereits bekannten Rabatten wird der Bonus (Plural: Boni) nachträglich, also in der Regel am Ende des Geschäftsjahres gewährt.

Wie nachträgliche Preisnachlässe werden auch Liefererboni auf einem gesonderten Konto erfasst. Bei der Buchung ist auf die Korrektur der Vorsteuer zu achten.

INFO-TEXT: *Die Bestandsveränderung*

Bei der aufwandsorientierten Werkstoffbuchung wird davon ausgegangen, dass sämtliche beschaffte Werkstoffe innerhalb des Geschäftsjahres in der Produktion ge- oder verbraucht werden. Dies liegt jedoch in den seltensten Fällen vor. Entweder wurde ein Teil der beschafften Werkstoffe nicht verbraucht oder es wurde mehr verbraucht als eingekauft.

Welcher dieser beiden Fälle vorliegt, wird durch einen Lagerabgleich aufgedeckt. Man vergleicht die Höhe des Anfangsbestandes mit dem des Endbestandes. Bei einer Lagerbestandsmehrung wurden während des Geschäftsjahres weniger Werkstoffe benötigt als eingekauft. Die nicht benötigten Werkstoffe erhöhen den Lagerbestand. Bei einer Lagerbestandsminderung liegt der umgekehrte Fall vor. Während des Geschäftsjahres wurden mehr Werkstoffe benötigt als eingekauft.

Lagerbestandsmehrungen bzw. -minderungen müssen buchhalterisch auf den entsprechenden Werkstoffbestandskonten erfasst werden.

3. Buchen Sie
   3.1 Beleg 2.
   3.2 den Ausgleich der Rechnung (Beleg 2) unter Abzug von Skonto.
   3.3 Beleg 3.

RENE RIEGE

HERSTELLUNG VON KNÖPFEN
AUS NATURMATERIAL SEIT 1785

Rene Riege GmbH & Co. KG ◆ Postfach ◆ 38093 Braunschweig

Heller Natur GmbH
Frau Bertrams
Auf'm Hennekamp 39
40225 Düsseldorf

TEL: 0531 21202
NET: WWW.RENE-RIEGE.COM
MAIL: INFO@RENE-RIEGE.DE

Ihr Zeichen, Ihre Nachricht	Unser Zeichen, unsere Nachricht vom	☎ 0531/212-	Datum
be-kl	ad-po	233	22.01.2010

Umsatzbonus für 2009

Sehr geehrte/r Frau Bertrams,

wir möchten uns bei Ihnen für die positive Geschäftsentwicklung im zurückliegenden Kalenderjahr bedanken. Wir werten dies als Zufriedenheit mit unseren Produkten sowie unserem Service.

Da die Umsatzhöhe die Schwelle von 200.000,00 EUR überschritten hat, gewähren wir Ihnen einen Jahresbonus in Höhe von 5 % auf den Warenwert.

Ihr Jahresbonus beträgt konkret:

Jahresumsatz im Geschäftsjahr 2009	234.120,00 EUR
zuzgl. Umsatzsteuer (19 %)	44.482,80 EUR
Bruttojahresumsatz	278.6020,80 EUR
Entspricht einem Umsatzbonus von	13.930,14 EUR

Die Umsatzvergütung werden wir in den nächsten Tagen auf Ihrem Geschäftskonto gutschreiben.

Wir hoffen, dass Sie auch in Zukunft mit unserer Leistung zufrieden sind. Über eine weiterhin positive Geschäftsentwicklung freuen wir uns.

Mit freundlichen Grüßen

Rene Riege GmbH & Co. KG

G. Adams

Gerd Adams
Verkaufsleiter

USt.-IdNr.: DE 744581 - St.-Nr. 421/754/38510412

Briefadresse:	Telefon: (05 31) 2 12 02	Sitz der Gesellschaft: Braunschweig	Geschäftsführung:	Bankverbindung:
38093 Braunschweig	Telefax: (05 31) 2 12 22 75	Amtsgericht Braunschweig, HRB 1819	Rainer Blank	Volksbank, Braunschweig
Hausadresse:		Vorsitzender des Aufsichtsrates:	Roland Gleisner	(BLZ 270 900 77) Kto.-Nr. 4877420
Klaus-Hoffmann-Str. 14		Norbert M. Massfeller	Uwe R. Hoffmann	Deutsche Bank Braunschweig
38112 Braunschweig				(BLZ 270 700 30) Kto.-Nr. 22025960

Beleg 1

<u>Franken GmbH ✦ Ittertalstraße 19 ✦ 42781 Haan</u>

Heller Natur GmbH
Herr Schmitt
Auf'm Hennekamp
40225 Düsseldorf

Lieferschein/Rechnung

Rechnungsnummer	Kundennummer	Tel. (0 21 29) 77 00 -	Haan / Rhld.
25225-10	78455/5851	150	16.04.2010

Artikelbezeichnung	Menge (St.)	Einzelpr. (€/Einh.)	Gesamtpreis (€)
Reißverschluss KV 1235007/2011, 21 cm, Schwarz/Silber, mit Naht-kante 2 cm, Cotton	20.000	0,19	3.800,00
Reißverschluss KV 1235007/2024, 24 cm, Schwarz/Silber, mit Naht-kante 2 cm, Cotton	20.000	0,21	4.200,00
Reißverschluss KV 1235007/2019, 24 cm, Schwarz/Messing, mit Naht-kante 2 cm, Cotton	30.000	0,21	6.300,00
- 25 % Mengenrabatt			3.575,00

Zwischensumme (€)	USt-Satz (%)	Umsatzsteuer (€)	Endbetrag (€)
10.725,00	19 %	2.037,75	12.762,75

Rechnungsbetrag zahlbar innerhalb 14 Tagen unter Abzug von 3 % Skonto, innerhalb 30 Tagen ohne Abzug.

USt.-IdNr.: DE 652884   St.-Nr. 342/392/25445874

Franken GmbH - Ittertalstraße 19 Postfach 25401 - 42781 Haan Tel.: 02129 - 7700 - 0 Fax: 02129 - 77012	Handelsregistereintragung: Handelsregister Haan HRB 21221 Geschäftsführer: Dr. rer. oec. Frank Hillenbrandt	Bankverbindungen: Postbank Essen Kto. 604 644 433 (BLZ 360 100 43) Stadtsparkasse Haan Kto. 788 259 201 (BLZ 303 512 20)

Franken GmbH ◆ Ittertalstraße 19 ◆ 42781 Haan

Heller Natur GmbH
Herr Schmitt
Auf'm Hennekamp
40225 Düsseldorf

Ihr Zeichen, Ihre Nachricht vom	Unser Zeichen, unsere Nachricht vom	☎ 02129/7700-	Datum
sm-kl,16.04.2010	gb-kö, 16.04.2010	41, Hr. Gerstenberg	20.04.2010

Mängelrüge zur Rechnung Nr. 25225-10

Sehr geehrter Herr Schmitt,

wir bedauern die fehlerhafte Verarbeitung an den Reißverschlüssen,
Art.-Nr. KV 1235007/2019. Das von Ihnen übersandte Muster zeigt, dass die
Verwebung der Nahtkante nicht ordnungsgemäß bearbeitet wurde. Der Fehler
ist auf eine falsch eingestellte Webmaschine zurückzuführen. Offensichtlich ist jedoch nur ein Teil der Lieferung (ein Karton á 5.000 St.) betroffen.

Bitte schicken Sie die fehlerhaften Reißverschlüsse bei der nächsten
Lieferung an uns zurück.

Da Sie die Rechnung bereits unter Abzug von Skonto ausgeglichen haben,
schreiben wir Ihrem Konto folgenden Betrag gut:

	1.050,00	EUR	
–	262,50	EUR	Rabatt
	787,50	EUR	
–	23,63	EUR	Skonto
	763,87	EUR	
+	145,14	EUR	Umsatzsteuer
	909,01	EUR	

Bitte entschuldigen Sie die fehlerhafte Lieferung. Wir haben aus der Angelegenheit gelernt und die Qualitätsendkontrolle intensiviert.

Mit freundlichen Grüßen

Franken GmbH

M. Gerstenberg

Martin Gerstenberg,
Qualitymanagement

Franken GmbH - Ittertalstraße 19
Postfach 25401 - 42781 Haan
Tel.: 02129 - 7700 - 0
Fax: 02129 - 77012

Handelsregistereintragung:
Handelsregister Haan HRB 21221
Geschäftsführer:
Dr. rer. oec. Frank Hillenbrandt

Bankverbindungen:
Postbank Essen
Stadtsparkasse Haan

Kto. 604 644 433 (BLZ 360 100 43)
Kto. 788 259 201 (BLZ 303 512 20)

Beleg 3

Kapitel 8: Buchungen im Absatzbereich

Lektion 1: Verkauf von Handelswaren, Rabatte und Skonti

Situation

Sie sind als Auszubildende/r in der Finanzbuchhaltung des Bekleidungsherstellers Heller Natur GmbH, Düsseldorf, eingesetzt. Ihre Ausbilderin, Frau Lutz, legt Ihnen heute einige Belege vor, die aus der Verkaufsabteilung der Handelsfiliale in der Düsseldorfer Innenstadt stammen. Sie sollen die Buchung dieser Belege übernehmen.

Aufgaben

1. Bearbeiten Sie Beleg 1.

    1.1 Nehmen Sie die Buchung des Belegs vor.

    1.2 Wie würde der Buchungssatz zum Ausgleich der Rechnung ohne Skontoabzug lauten?

2. Bearbeiten Sie Beleg 2.

    2.1 Buchen Sie die Eingangsrechnung.

    2.2 Wie würde der Buchungssatz zum Ausgleich der Rechnung lauten?

3. Der Beleg 3.1 stellt eine Alternative für die weitere Fallentwicklung dar und bezieht sich auf Beleg 1.

    3.1 Buchen Sie den Beleg.

    3.2 Wie lautet der Buchungssatz zum Ausgleich der Restverbindlichkeit aus Beleg 1?

INFO-TEXT:

Buchungen in der Debitorenbuchhaltung

Der Verkauf von Waren wird buchhalterisch auf dem Ertragskonto **„Umsatzerlöse für Waren"** erfasst. In der Ausgangsrechnung ausgewiesene Sofortrabatte werden dabei buchhalterisch nicht gesondert auf einem speziellen Konto erfasst. Werden in der Ausgangsrechnung weitere Kosten (z. B. für Verpackung oder für den Transport) ausgewiesen, so werden diese ebenfalls zum Umsatzerlös hinzugerechnet.

Fallen für das Unternehmen, das die Ware verkauft, hingegen zusätzliche Kosten für den **Transport** an (z. B. Frachtkosten durch einen Spediteur, weil die Ware „frei Haus" an den Kunden geliefert wurde), so sind diese auf dem Aufwandskonto **„Frachten"** zu buchen. Bei diesem Konto handelt es sich im Übrigen **nicht** um ein **Unterkonto** des Kontos „Umsatzerlöse".

Sendet der Kunde Waren aufgrund einer Mängelrüge **zurück**, so muss dies durch eine **Stornierung** („Umdrehung") des ursprünglichen Buchungssatzes berücksichtigt werden. Erhält der Kunde hingegen einen **Preisnachlass** bei mangelhaften Waren, so ist dieser auf dem Konto **„Erlösberichtigungen"** buchhalterisch zu erfassen. Bei dem Konto „Erlösberichtigungen" handelt es sich um ein **Unterkonto** des Kontos „Umsatzerlöse".

Gleicht der Kunde die Ausgangsrechnung durch Banküberweisung aus, so verringert sich die Forderung in voller Höhe und die ursprüngliche Forderung führt auf dem Bankkonto zu einer Erhöhung. Zieht sich der Kunde jedoch **Skonto** beim Rechnungsausgleich ab, so muss der **Netto-Preisnachlass** ebenfalls auf dem Konto **„Erlösberichtigung"** erfasst werden.

4. Der Beleg 3.2 stellt eine andere Alternative für die weitere Fallentwicklung dar und bezieht sich auf Beleg 1.

    4.1 Buchen Sie den Beleg.

    4.2 Wie lautet der Buchungssatz zum Ausgleich der Restverbindlichkeit aus Beleg 1?

5. Der Beleg 3.3 ist eine weitere Variation der Fallentwicklung und bezieht sich ebenfalls nur auf Beleg 1. Wie lautet der Buchungssatz für diesen Beleg?

6. Berechnen Sie die Höhe des Verkaufserlöses für 100 Pullover, Art.Nr. 98001410, wenn der Kunde 40 % Preisnachlass erhalten und beim Rechnungsausgleich 3 % Skonto abgezogen hat.

HELLER NATUR

Heller Natur GmbH • Auf'm Hennekamp 39 • 40225 Düsseldorf

EZEE WEAR Deutschland GmbH
Frau Hansen
Wilhelmstr. 15 - 36
70182 Stuttgart

Lieferschein/Rechnung

Rechnungsnummer	Auftrag	Kunden-Nr.	Kundebetreuer/in	Datum
255841-211	4285577	DE-52885	Herr Frentzen	21. Jan. 2010

Leistung	Menge	Einzelpreis (EUR)	Gesamtpr. (EUR)
Pullover, 100 % Lambswool, grau, Gr. M, Art.-Nr. 98001410	100	59,90	5.990,00
Pullover, 100 % Lambswool, grau, Gr. L, Art.-Nr. 98001411	100	59,90	5.990,00
Pullover, 100 % Lambswool, grau, Gr. XL, Art.-Nr. 98001410	100	59,90	5.990,00
Pullover, 100 % Lambswool, beige, Gr. M, Art.-Nr. 98001420	100	59,90	5.990,00
Pullover, 100 % Lambswool, beige, Gr. XL, Art.-Nr. 98001422	100	59,90	5.990,00
Neukundenrabatt 10 %			2.995,00

Zwischensumme (EUR)	Fracht/Verpackung (EUR)	Rechnungsbetrag netto (EUR)	USt. Satz (EUR)	Umsatzsteuer (EUR)	Rechn.betrag brutto (EUR)
26.955,00	545,00	27.500,00	19 %	5.225,00	32.725,00

Bitte gleichen Sie die Rechnung bis zum 04.02.2010 **abzüglich** 3 % **Skonto oder bis zum** 21.02.2010 **ohne Abzüge auf eines unserer Geschäftskonten aus. Vielen Dank. Wir freuen uns auf Ihre nächste Bestellung.**

USt.-Id.-Nr. DE42551410   -   St.-Nr. 340/654/125421

Heller Natur GmbH
Auf'm Hennekamp 39
40225 Düsseldorf
Telefon (0211) 458 0
Telefax (0211) 457780

Firmensitz und Registergericht:
Düsseldorf HRB 89978

Geschäftsführer:
Dr. Dieter Mertens, Marianne Gerlurth

Bankverbindungen: Deutsche Bank AG Düsseldorf
BLZ 340 400 00, Kto. 745 211 233
Postbank Essen
BLZ 360 100 43, Kto. 604 644 433

Int. Spedition Peter Schiffer e. K. - Zeigelstraße 9 - 47798 Krefeld

HELLER NATUR GMBH
HERR HOEGER
AUF'M HENNEKAMP 39
40225 DÜSSELDORF

**Internationale Spedition
Peter Schiffer e. Kfm.
Krefeld - Karlsruhe - München
Täglicher innerdeutscher Transport
Auslandsfracht, Schwertransporte**

**Telefon: 02151/770770
Telefax: 02151/7707701**

**Bankverbindung:
Sparda Bank Krefeld
BLZ 350 200 10, Kto-Nr. 45526201**

AUFTRAG NR.:	578004259	RECHNUNG-NR:	200954
RECHNUNGSDATUM:	21.01.2010	KUNDEN-NR:	DE-254887400

LIEFERANSCHRIFT: EZEE WEAR DT. GMBH,
WILHELMSTR. 15 - 36, 70182 STUTTGART

ABSENDER: SIEHE RECHNUNGSANSCHRIFT

LIEFERUMFANG: 20 KARTON

ABHOLUNG: 12. JAN. 2010

ABLIEFERUNG: 13. JAN. 2010

TRANSPORTMITTEL: LKW

VERPACKUNG: KARTON

ÜBERGEBEN AN: FRAU LARUCIC.

BESONDERHEITEN: - - -

RECHNUNGSBETRAG: 454,58 EUR INKL. MEHRWERTST.

WIR BITTEN UM RECHNUNGSAUSGLEICH INNERHALB VON 30 TAGEN AB
RECHNUNGSDATUM OHNE ABZUG.

Wir arbeiten ausschließlich auf Grund der Allgemeinen Deutschen Spediteurbedingungen (ADSp) neuster Fassung.
Gerichtsstand ist Krefeld. Zahlungen sind grundsätzlich ohne Abzug zu leisten.

Peter Schiffer Internationale Transporte e. Kfm., HRA 12210 Krefeld
USt.-IdNr.: DE 785541 - St.-Nr. 322/798/652287

Beleg 2

DIVISION GERMANY

EZEE WEAR Deutschland GmbH • 70180 Stuttgart

Heller Natur GmbH
Herr Frentzen
Auf'm Hennekamp 39
40225 Düsseldorf

Ihr Zeichen, Ihre Nachricht vom	Unser Zeichen, unsere Nachricht vom	☎ 0771/2030-	Datum
ht-fr, 03.01.2010	po-hs, 08.01.2010	108 Fr. Hansen	02.02.2010

Mängelrüge zum Auftrag 4285577

Sehr geehrter Herr Frentzen,

am 13. Januar dieses Jahres wurden uns 500 Pullover durch Ihre Spedition geliefert. Bei der Eingangskontrolle mussten wir feststellen, dass Sie einen
falschen Artikel disponiert haben: Bestellt und in der Rechnung ausgewiesen
sind 100 Pullover, Art.Nr. 98001420 in der Größe M. Geliefert wurde uns jedoch der gleiche Artikel, jedoch in der Größe L.

Wir möchten Sie bitten, die Falschlieferung unbedingt zu korrigieren. Da wir
die Pullover dringend benötigen, müssen wir auf eine Ersatzlieferung innerhalb von 10 Tagen bestehen. Die 100 falsch gelieferten Pullover werden wir
bei Anlieferung der korrekten Ware zurückgeben.

Bis zum Eintreffen der Ersatzlieferung werden wir den gekürzten Rechnungsbetrag ausgleichen. Bitte berücksichtigen Sie dies in Ihrer Buchhaltung.

Wir hoffen, dass derartige Zwischenfälle die Ausnahme bleiben.

Mit freundlichen Grüßen

Ezee Wear GmbH

Myriam Hansen

Myriam Hansen
Leiterin Einkauf

HAFT IT®
Ersatzlieferung unver-
züglich ausgelöst. Vorauss.
Lieferung am 15. Febr.
Die Transport und Fracht-
kosten werden in der ursprüng-
lichen Rechnung belassen und
bei der Ersatzlieferung be-
rücksichtigt. R. Stemberg

EZEE WEAR
DEUTSCHLAND GmbH
Wilhelmstr. 15 - 36
Postfach 40000
70180 Stuttgart

Geschäftsführer: Dr. Dietmar Meyer-Ikler
Registergericht: Stuttgart, HRB 2100
Division der
EZEE WEAR INTERNATIONAL LTD.,
NEW YORK CITY - USA

Tel: 0771-850-0
Fax: 0771-85252
Net.: www.ezee-wear.de
www.ezee-wear.com
www.ezee-wear.net

Bankverbindungen:
Commerzbank Stuttgart,
BLZ 600 400 71, Kto.Nr. 521895601
Trinkaus & Burkhardt,
BLZ 600 304 00, Kto.Nr. 520C3601

Beleg 3.1

Heller Natur GmbH • Auf'm Hennekamp 39 • 40225 Düsseldorf

EZEE WEAR GmbH
Frau Hansen
Postfach 40000
70180 Stuttgart

Ihr Zeichen, Ihre Nachricht vom	Unser Zeichen, unsere Nachricht vom	☎ 0211/458-	Datum
po-hs, 08.01.2010	ht-fr, 03.01.2010	450 Hr. Frentzen	02.02.2010

Ihre Mängelrüge

Sehr geehrter Frau Hansen,

von Herrn Reinhardt wurde mir heute mitgeteilt, dass Sie mit unserer Lieferung, Auftrag Nr. 4285577 nicht zufrieden sind. Nach den mir vorliegenden Informationen weisen 80 Pullover der Art.-Nr. 98001410 starke Farbabweichungen auf. Leichte Farbabweichungen sind bei Naturprodukten nie ganz auszuschalten. Sie sind vielmehr ein Zeichen für die natürliche Verarbeitung der Materialien. Natürlich sind starke Farbunterschiede nicht hinzunehmen.

Ich möchte Sie bitten, die betroffenen Pullover unfrei an uns zurückzusenden. Unsere Materialkontrolle wird der Sache unverzüglich auf den Grund gehen. Ich werde Ihnen das Ergebnis der Untersuchung natürlich mitteilen, sobald es mir vorliegt.

Ich möchte Sie noch einmal bitten, die Unannehmlichkeiten, die die mangelhafte Ware bei Ihnen hervorgerufen haben mag, zu entschuldigen.

Mit freundlichem Gruß

Heller Natur GmbH

Werner Frentzen

Werner Frentzen
Sales Assistent Manager

> HAFT IT®
> Da der Kunde die Ware trotz der Farbabweichungen behalten möchte gewähren wir einen Preisnachlass in Höhe von 40 % auf die betroffene Ware.
> R. Stemberg

Heller Natur GmbH
Auf'm Hennekamp 39
40225 Düsseldorf

Telefon (0211) 458 0
Telefax (0211) 457780

Firmensitz und Registergericht:
Düsseldorf HRB 89978

Geschäftsführer:
Dr. Dieter Mertens, Marianne Gerfurth

Bankverbindungen: Deutsche Bank AG Düsseldorf
BLZ 340 400 00
Kto. 745 211 233
Postbank Essen
BLZ 360 100 43
Kto. 604 644 433

Beleg 3.2

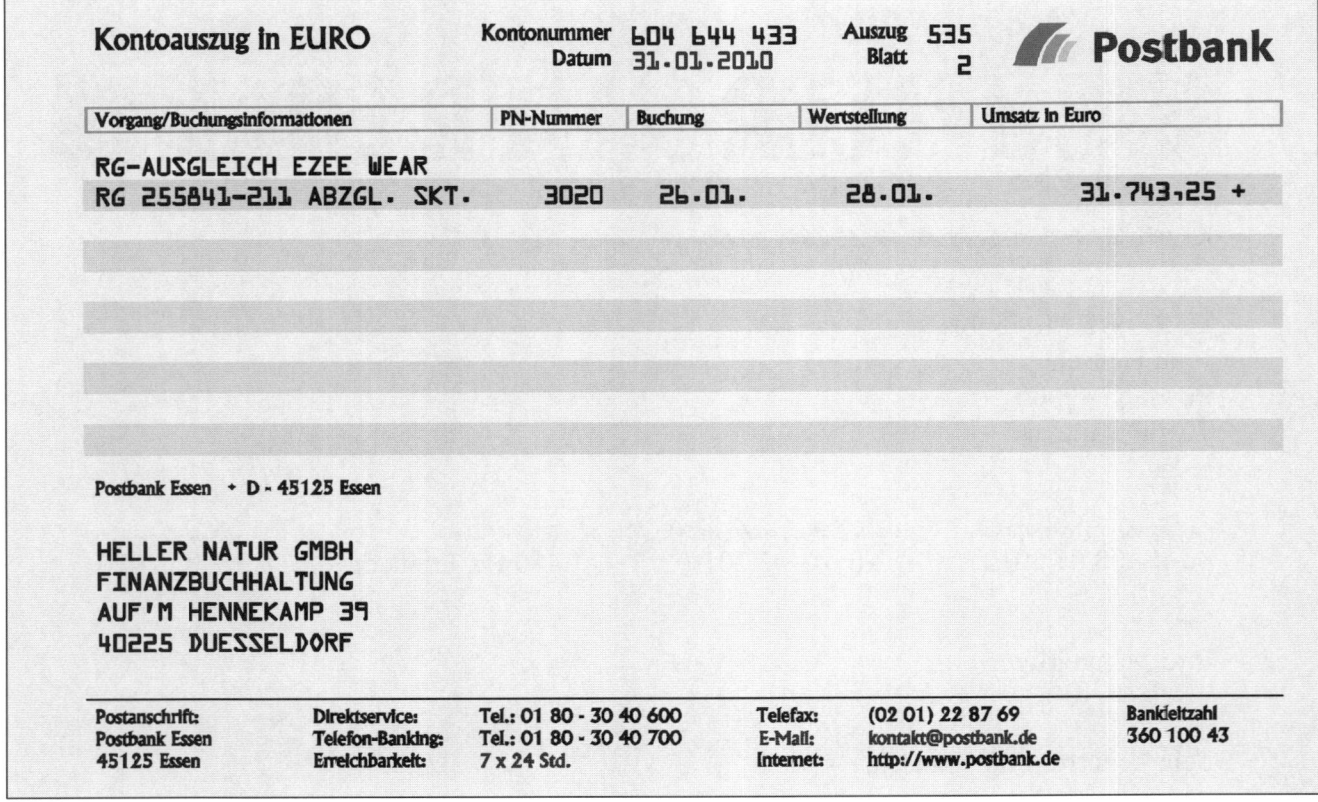

Beleg 3.3

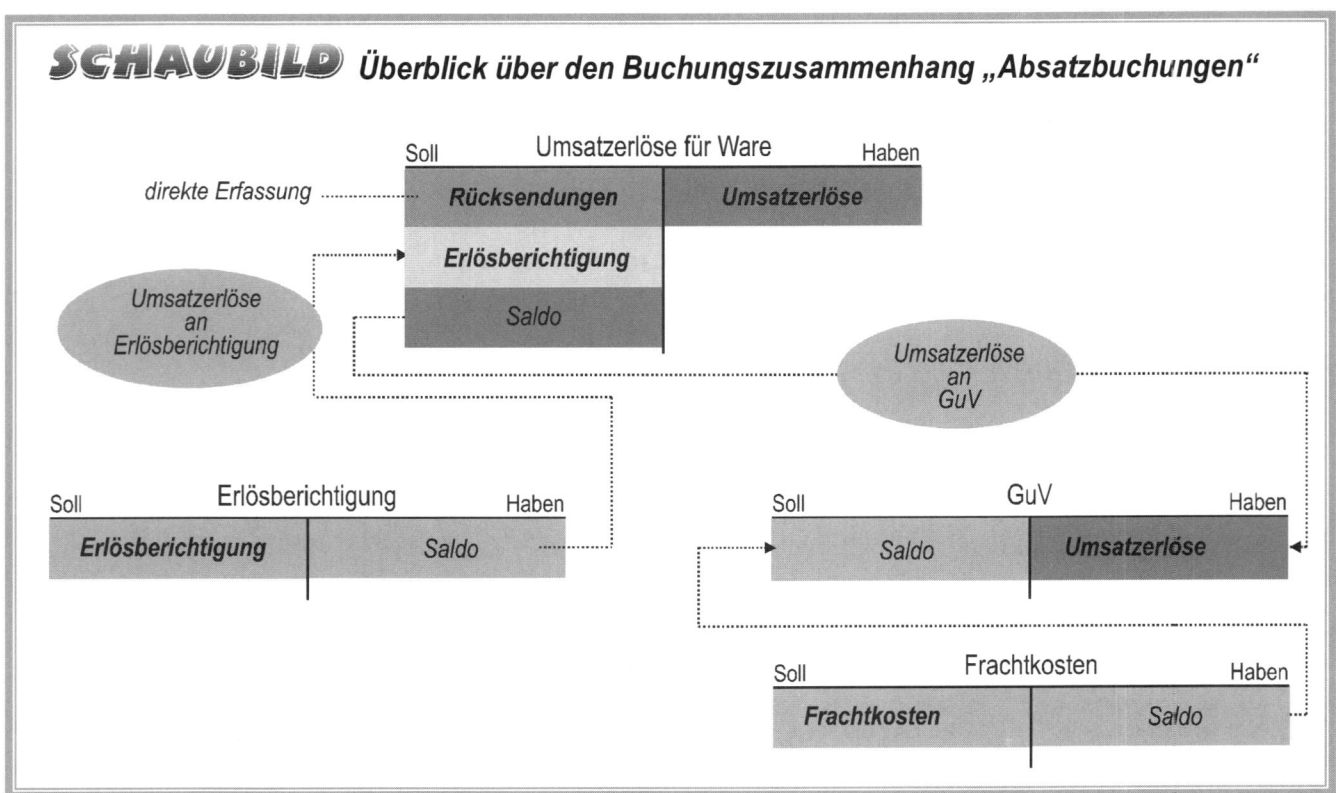

Lektion 2: Verkauf von Handelswaren – Rabatte, Skonti und Kundenboni

---

Situation

Sie sind als Auszubildende/r in der Finanzbuchhaltung des Bekleidungsherstellers Heller Natur GmbH, Düsseldorf, eingesetzt. Ihre Ausbilderin, Frau Lutz, legt Ihnen heute einige Belege vor, die aus der Verkaufsabteilung der Handelsfiliale in der Düsseldorfer Innenstadt stammen. Sie sollen die Buchung dieser Belege übernehmen.

Aufgaben

1. Buchen Sie

   1.1 Beleg 1.

   1.2 Beleg 2.

   1.3 Beleg 3.1 (Buchungsalternative A bezogen auf Beleg 1).

   1.4 Beleg 3.2 (Buchungsalternative B bezogen auf Beleg 1).

   1.5 Beleg 3.3 (Buchungsalternative C bezogen auf Beleg 1).

2. Berechnen Sie die Höhe des Verkaufserlöses für 100 T-Shirts, Art.Nr. 28510542, wenn der Kunde 10 % Wiederverkäuferrabatt sowie 5 % Preisnachlass auf den Listenpreis erhält und beim Rechnungsausgleich 3 % Skonto abgezogen hat.

3. Der Beleg 4 bildet das Debitorenkonto des Kunden Johnson Retail GmbH ab. Im Rahmenkaufvertrag wurde mit diesem Kunden vereinbart, dass dieser ab folgenden Umsatzhöhen einen Jahresbonus erhalten soll:

ab einem Netto-Umsatz von	Jahresbonus
50.000,00 EUR	1 %
75.000,00 EUR	2 %
100.000,00 EUR	3 %
150.000,00 EUR	4 %
200.000,00 EUR	5 %

   3.1 Bilden Sie den Buchungssatz für die Erteilung des Jahresbonus.

   3.2 Ermitteln Sie den Betrag, um den sich der Erfolg der Heller Natur GmbH durch die Erteilung der Bonusgutschrift verringert.

4. Die Johnson Retail GmbH hatte 200 Sweatshirts zum Listenpreis von 48,80 EUR das Stück gekauft.

   4.1 Buchen Sie die zugehörige Ausgangsrechnung.

   4.2 Buchen Sie den Rechnungsausgleich unter Abzug von 3 % Skonto.

   4.3 Wie ist in diesem Zusammenhang der Beleg 5 zu buchen, wenn der Kunde die zugehörige Rechnung bereits unter Abzug von Skonto beglichen hat?

Heller Natur GmbH • Auf'm Hennekamp 39 • 40225 Düsseldorf

Johnson Retail GmbH
Einkaufsabteilung
Altendorfer Str. 340
45355 Essen

Lieferschein/Rechnung

Rechnungsnummer	Auftrag	Kunden-Nr.	Kundebetreuer/in	Datum
255855-381	4292001	DE-68541	Frau Schönborn	10. Febr. 2010

Leistung	Menge	Einzelpreis (€)	Gesamtpreis (€)
Strickjacke, 100 % Cotton, Zipper, mit Logoaufnähung, beige, Gr. S, Art.-Nr. 20441010	50	29,90	1.495,00
Strickjacke, 100 % Cotton, Zipper, mit Logoaufnähung, beige, Gr. L, Art.-Nr. 20441012	50	29,90	1.495,00
T-Shirt, 100 % Cotton, V-Neck, weiß, Doppelpack, Gr. L, Art.-Nr. 28520042	100	9,90	990,00
T-Shirt, 100 % Cotton, Rundhals, olive, Doppelpack, Gr. L, Art.-Nr. 28520052	100	9,90	990,00
Wiederverkäuferrabatt 10 %			497,00

Zwischen-summe (€)	Fracht/Ver-packung (€)	Rechnungs-betrag netto (€)	USt. Satz (€)	Umsatz-steuer (€)	Rechnungsbetrag brutto (€)
4.473,00	57,00	4.530,00	19 %	860,70	5.390,70

Bitte gleichen Sie die Rechnung bis zum 24.02.2010 **abzüglich** 3 % **Skonto oder bis zum** 10.03.2010 **ohne Abzüge auf eines unserer Geschäftskonten aus. Vielen Dank. Wir freuen uns auf Ihre nächste Bestellung.**

USt.-Id.-Nr. DE42551410 - St.-Nr. 340/654/125421

Heller Natur GmbH   **Firmensitz und Registergericht:**   **Bankverbindungen:** **Deutsche Bank AG Düsseldorf**
Auf'm Hennekamp 39   **Düsseldorf HRB 89978**   **BLZ 340 400 00, Kto. 745 211 233**
40225 Düsseldorf   **Postbank Essen**
Telefon (0211) 458 0   **Geschäftsführer:**   **BLZ 360 100 43, Kto. 604 644 433**
Telefax (0211) 457780   **Dr. Dieter Mertens, Marianne Gerfurth**

Beleg 1

Internationale Spedition
Peter Schiffer e. Kfm.
Krefeld - Karlsruhe - München
Täglicher innerdeutscher Transport
Auslandsfracht, Schwertransporte

Telefon: 02151/770770
Telefax: 02151/7707701

Bankverbindung:
Sparda Bank Krefeld
BLZ 350 200 10, Kto-Nr. 45526201

Int. Spedition Peter Schiffer e. K. - Zeigelstraße 9 - 47798 Krefeld

HELLER NATUR GMBH
HERR HOEGER
AUF'M HENNEKAMP 39
40225 DÜSSELDORF

AUFTRAG NR.:	578004377	RECHNUNG-NR:	201024
RECHNUNGSDATUM:	11.02.2010	KUNDEN-NR:	DE-254887400

LIEFERANSCHRIFT: JOHNSON RETAIL GMBH,
                    ALTENDORFER STR. 340, 45355 ESSEN

ABSENDER: SIEHE RECHNUNGSANSCHRIFT

LIEFERUMFANG: 8 KARTON

ABHOLUNG: 28. JAN. 2010

ABLIEFERUNG: 28. JAN. 2010

TRANSPORTMITTEL: LKW

VERPACKUNG: KARTON

ÜBERGEBEN AN: HERR KRESS

BESONDERHEITEN: - - -

RECHNUNGSBETRAG: 49,98 EUR INKL. MEHRWERTST.

WIR BITTEN UM RECHNUNGSAUSGLEICH INNERHALB VON 30 TAGEN AB
RECHNUNGSDATUM OHNE ABZUG.

Wir arbeiten ausschließlich auf Grund der Allgemeinen Deutschen Spediteurbedingungen (ADSp) neuster Fassung.
Gerichtsstand ist Krefeld. Zahlungen sind grundsätzlich ohne Abzug zu leisten.
Peter Schiffer Internationale Transporte e. Kfm., HRA 12210 Krefeld
USt.-IdNr.: DE 785541 - St.-Nr. 322/798/652287

Beleg 2

JOHNSON RETAIL GMBH

Johnson Retail GmbH • Altendorfer Str. 340 • 45355 Essen

Heller Natur GmbH
Frau Schönborn
Auf'm Hennekamp 39
40225 Düsseldorf

Ihr Zeichen, Ihre Nachricht vom	Unser Zeichen, unsere Nachricht vom	☎ 0175/55410-	Datum
10.02.2010	ju-fu, 08.01.2010	202 Hr. Fuhrmann	12.02.2010

Mängelrüge zum Auftrag 4292001

Sehr geehrte Frau Schönborn,

bedauerlicherweise muss ich Ihnen mitteilen, dass es bei der Ausführung des
Auftrags 4292001 zu einer Falschlieferung gekommen ist. An Stelle der bestellten Strickwesten, Art.-Nr. 20441010 in Größe S erhielten wir Strickjacken, Art.-Nr. 204412020 in der Größe S.

Wir benötigen die bestellten Strickjacken unbedingt. Bitte liefern Sie uns
den fehlenden Artikel so schnell wie möglich nach. Die falsch gelieferten
Westen werden wir bei der Lieferung der Ersatzware retournieren.

Mit freundlichen Grüßen

Johnson Retail GmbH

Frank Fuhrmann

Frank Fuhrmann
Einkaufsdisposition

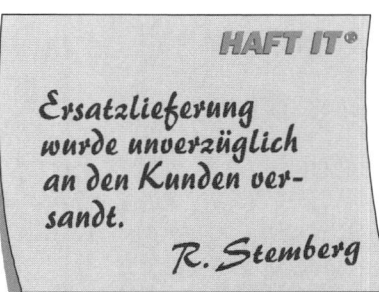

HAFT IT®

Ersatzlieferung
wurde unverzüglich
an den Kunden ver-
sandt.
R. Stemberg

JOHNSON RETAIL GMBH
altendorfer str. 340
D-45355 essen
t (0049) 0175 2323500
f (0049) 0175 2323451
e info@johrsonretail.com
Amtsgericht Essen, HRB 31075, VAT-ID: DE 126045055
Geschäftsführer: Heinz Krogner, John C. Poon
Bankverbindung: Dresdner Bank, Essen, Kto.-Nr. 302 304 721, BLZ 360 800 80

Beleg 3.1

Heller Natur GmbH • Auf'm Hennekamp 39 • 40225 Düsseldorf

Johnson Retail GmbH
Frank Fuhrmann
Altendorfer Str. 340
45355 Essen

Ihr Zeichen, Ihre Nachricht vom	Unser Zeichen, unsere Nachricht vom	☎ 0211/458-	Datum
ju-fu, 08.01.2010	ht-sö, 03.01.2010	452 Fr. Schönborn	12.02.2010

Ihre Mängelrüge

Sehr geehrter Herr Fuhrmann,

vielen Dank für Ihre E-Mail. Es tut uns sehr Leid, dass es bei der Lieferung zum Auftrag Nr. 4292001, zu einer Falschlieferung kam. Offensichtlich wurde an Stelle des Artikels Nr. 28520042, T-Shirt mit V-Neck, der Artikel Nr. 28520052, T-Shirt mit Rundhals verpackt.

Wir bitten die Verwechslung zu entschuldigen. Gerne kommen wir Ihrem Wunsch nach und werden Ihnen den bestellten Artikel nachliefern. Da Sie jedoch auch den falsch gelieferten Artikel behalten möchten, können wir Ihnen für Ihre Unannehmlichkeiten einen weiteren, einmaligen Preisnachlass von 5 % auf den Listenpreis dieses Artikels gewähren.

Ich hoffe, dass Sie diese Regelung akzeptieren können. Natürlich werden wir in Zukunft verstärkt darauf achten, dass nu die bestellten Waren unser Ausgangslager verlassen.

Mit freundlichem Gruß

Heller Natur GmbH

Ursula Schönborn

Ursula Schönborn
Sales Assistent Managerin

USt.-Id.-Nr. DE42551410 - St.-Nr. 340/654/125421

Heller Natur GmbH	Firmensitz und Registergericht:	Bankverbindungen:	Deutsche Bank AG Düsseldorf
Auf'm Hennekamp 39	Düsseldorf HRB 89978		BLZ 340 400 00
40225 Düsseldorf			Kto. 745 211 233
	Geschäftsführer:		Postbank Essen
Telefon (0211) 458 0	Dr. Dieter Mertens, Marianne Gerturth		BLZ 360 100 43
Telefax (0211) 457780			Kto. 604 644 433

Beleg 3.2

| Kontoauszug in EURO | | Kontonummer | 604 644 433 | | Auszug | 535 | | Postbank |
| | | Datum | 31.01.2010 | | Blatt | 2 | | |

Vorgang/Buchungsinformationen	PN-Nummer	Buchung	Wertstellung	Umsatz in Euro
RG-AUSGLEICH JOHNSON GMBH				
RG 255855-381 ABZGL. SKT.	3020	15.02.	17.02.	5.228,98 +

Postbank Essen ◆ D - 45125 Essen

HELLER NATUR GMBH
FINANZBUCHHALTUNG
AUF'M HENNEKAMP 39
40225 DUESSELDORF

Postanschrift:	Direktservice:	Tel.: 01 80 - 30 40 600	Telefax:	(02 01) 22 87 69	Bankleitzahl
Postbank Essen	Telefon-Banking:	Tel.: 01 80 - 30 40 700	E-Mail:	kontakt@postbank.de	360 100 43
45125 Essen	Erreichbarkeit:	7 x 24 Std.	Internet:	http://www.postbank.de	

Beleg 3.3

KONTOAUSZUG   DEBITOREN   HELLER NATUR

Konto: 2405 Johnson Retail GmbH   Stichtag: 31.03.2010   USt-Satz: 19 %

Buch. index	Beleg- datum	Nr.	Buchungs- text	Gegen- konto	USt./ VSt.	Betrag (in EUR)	
						Soll	Haben
			Anfangsbestand			41.650,00	
255	07.03.	2202	Ausgangsrechnung	5000	1	30.940,00	
491	08.03.	2580	Rechnungsausgleich	2800			41.650,00
625	10.03.	2699	Ausgangsrechnung	5000	1	14.756,00	
701	12.03.	2780	Rechnungsausgleich	2800			30.940,00
741	22.03.	3021	Ausgangsrechnung	5000	1	26.656,00	
812	26.03.	3120	Rechnungsausgleich	2800			14.756,00
822		3257	Ausgangsrechnung	5000	1	17.612,00	
839		3621	Rechnungsausgleich	2800			26.656,00
965		3788	Ausgangsrechnung	5000	1	30.226,00	
1014		3850	Teilausgleich	2800			9.520,00
1022		3982	Ausgangsrechnung	5000	1	14.994,00	
Kontoumsatz						176.834,00	123.522,00
Saldo							53.312,00

Beleg 4

JOHNSON RETAIL GMBH

Johnson Retail GmbH • Altendorfer Str. 340 • 45355 Essen

Heller Natur GmbH
Frau Schönborn
Auf'm Hennekamp 39
40225 Düsseldorf

Ihr Zeichen, Ihre Nachricht vom	Unser Zeichen, unsere Nachricht vom	☎ 0175/55410-	Datum
kl-sö, 19.02.2010	ju-fu, 16.02.2010	202 Hr. Fuhrmann	01.03.2010

Fehlender Mengerabatt zum Auftrag 4292658

Sehr geehrte Frau Schönborn,

am 20. Februar dieses Jahres erhielten wir eine Rechnung zum oben genannten Auftrag. Im Rahmen unserer Rechnungsprüfung ist uns aufgefallen, dass Sie vergessen haben müssen, den Mengenrabatt in Ansatz zu bringen.

Wir kauften 200 Sweatshirts, Art.-Nr. 45041052 zum Stückpreis von 48,80 EUR netto. Gemäß Ihren Angebotsbedingungen steht uns ab einer Abnahmenge von 100 Stück ein Preisnachlass von 2 % zu.

Bitte prüfen Sie die Angelegenheit und teilen Sie uns Ihre Erklärung mit.

Mit freundlichen Grüßen

Johnson Retail GmbH

Frank Fuhrmann

Frank Fuhrmann
Einkaufsdisposition

HAFT IT®
Die Angaben des Kunden sind korrekt. Ich habe ihm heute telefonisch mitgeteilt, dass er eine Gutschrift über den Preisnachlass erhalten wird.

R. Stemberg

JOHNSON RETAIL GMBH
altendorfer str. 340
D-45355 essen
t (0049) 0175 2323500
f (0049) 0175 2323451
e info@johnsonretail.com
Amtsgericht Essen, HRB 31075, VAT-ID: DE 126045055
Geschäftsführer: Heinz Krogner, John C. Poon
Bankverbindung: Dresdner Bank, Essen, Kto.-Nr. 302 304 721, BLZ 360 800 80

Beleg 5

Kapitel 9: Buchungen im Beschaffungs- und Absatzbereich

Lektion 1: Buchungen im Beschaffungs- und Absatzbereich eines Handelsunternehmens – Die Erfolgsermittlung

Situation

Sie sind als Auszubildende/r in der Finanzbuchhaltung des Bekleidungsherstellers Heller Natur GmbH, Düsseldorf, eingesetzt. Ihre Ausbilderin, Frau Lutz, legt Ihnen heute einige Daten vor, die sich auf die Handelsfiliale in der Düsseldorfer Innenstadt beziehen. Sie sollen das Datenmaterial auswerten und die entsprechenden Buchungen durchführen.

Das Geschäftsjahr 2010 ist abgelaufen. In der Finanzbuchhaltung liegen folgende Konten vor:

Soll	Wareneingang	Haben		Soll	Bezugskosten f. Ware	Haben		Soll	Nachlässe f. Ware	Haben
...	1.520.200,00	... 12.400,00		...	54.300,00				...	58.500,00

Soll	Umsatzerlöse f. Ware	Haben		Soll	Frachtkosten	Haben		Soll	Erlösberichtigungen f. Ware	Haben
...	141.500,00	... 3.840.800,00		...	58.700,00			...	244.100,00	

Soll	Vorsteuer	Haben		Soll	Umsatzsteuer	Haben		Soll	Eigenkapital	Haben
...	320.400,00	... 1.800,00				... 544.200,00				AB 15.214.400,00

Soll	Warenbestand	Haben		Soll	GuV	Haben		Soll	Schlussbilanzkonto	Haben
AB	281.100,00			Sonstige Aufw. 854.400,00						

Laut Inventur beträgt der Endbestand des Kontos „Warenbestand" 303.200,00 EUR.

Aufgaben

1. Lesen Sie sich zunächst den Informationstext in der Anlage durch. Schließen Sie sodann sämtliche Konten ab. Beachten Sie dabei, welche Salden in welche Konten zu überführen sind.

2. Lag im zurückliegenden Geschäftsjahr eine Warenbestandsmehrung bzw. eine Warenbestandsminderung vor?

3. Wurde das Geschäftsjahr mit einem Gewinn oder einem Verlust abgeschlossen?

4. Welche Bedeutung auf den Erfolg des Geschäftsjahres hatte die Warenbestandsmehrung bzw. -minderung?

5. Wie hoch war der Rohgewinn sowie der Reingewinn des zurückliegenden Geschäftsjahres?

Übungsaufgabe zur Erfolgsermittlung

Im Folgenden werden unterschiedliche Daten aus fünf verschiedenen Konten dargestellt (Angaben in EUR). Ermitteln Sie jeweils den Roh- und den Reinerfolg des Geschäftsjahres.

Ge-schäfts-jahr	Anfangsbe-stand Waren	Endbe-stand Waren	Saldo Waren-eingang	Saldo Umsatzerlöse	Sonstige Aufwen-dungen	Sonstige Erträge	Rohgewinn	Reingewinn
1.	214.400	255.800	2.512.700	5.788.200	1.475.500	549.600		
2.	255.800	202.400	2.850.500	5.654.400	1.665.100	852.400		
3.	202.400	234.700	3.120.200	4.010.100	1.330.300	678.200		
4.	234.700	355.800	2.781.100	3.028.700	1.365.400	541.700		
5.	355.800	155.800	1.988.600	3.147.100	902.200	456.900		

Aufwendungen und Erträge müssen in einem optimalen Verhältnis zueinander stehen, damit sich alles lohnt!

INFO-TEXT:

Die Auswirkungen von Warenbestandsveränderungen auf den Rohgewinn

Kauft das Unternehmen Waren ein, so wird in der Buchhaltung unterstellt, dass diese in vollem Umfang während des Geschäftsjahres wieder verkauft werden. Dies liegt daran, dass der Zugang der Waren als Aufwand (auf dem Konto „Wareneingang") erfasst wird. Im Grunde müsste der Warenzugang nämlich als Erhöhung des Warenbestands auf dem entsprechenden Bestandskonto gebucht werden. Schließlich erhöht sich der Bestand durch die nun zusätzlich auf Lager liegenden Waren. Erst beim Verkauf dürfte dann zugleich ein Warenaufwand und ein Umsatzerlös gebucht werden.

Da innerhalb des Geschäftsjahres jedoch der größte Teil der beschafften Waren auch wieder verkauft wird, erspart man sich die Buchung der Bestandserhöhung und die beim Verkauf folgende Erfassung der Bestandsminderung. Man geht vielmehr davon aus, dass die (meisten) beschafften Waren während des Geschäftsjahres wieder verkauft werden. Ob diese Annahme tatsächlich zutrifft, wird mithilfe einer Warenbestandskontrolle überprüft. Hierzu erfasst man sowohl zu Beginn des Geschäftsjahres als auch am Ende die Höhe des Warenbestandes. Dabei kann es zu folgenden Alternativen kommen:

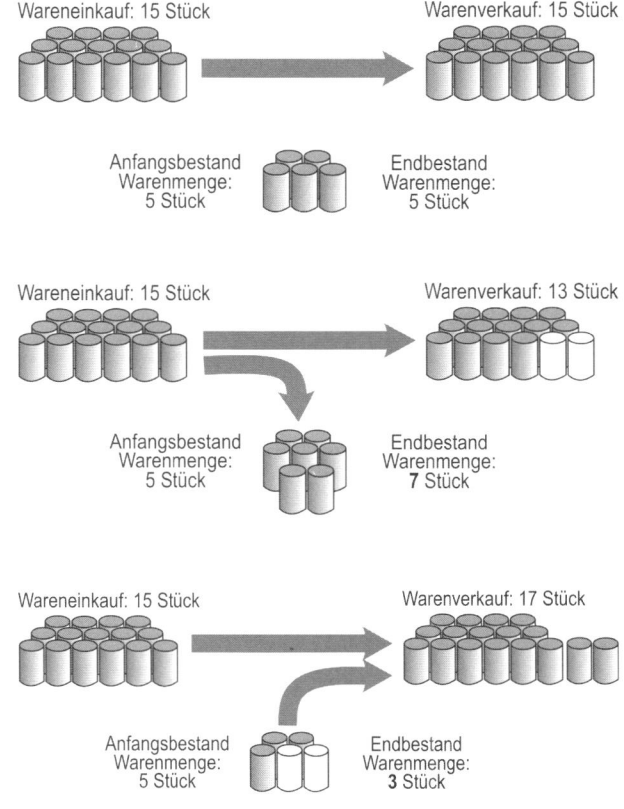

Alternative A:

Anfangsbestand Warenbestandskonto
= Endbestand Warenbestandskonto

Hieraus folgt: Die gesamten während des Geschäftsjahres beschafften Waren wurden innerhalb des Geschäftsjahres auch verkauft. Daraus ergibt sich, dass der Warenbestand nicht verändert wurde.

Alternative B:

Anfangsbestand Warenbestandskonto
< Endbestand Warenbestandskonto

Hieraus folgt: Während des Geschäftsjahres wurden nicht alle eingekauften Waren verkauft. Die nicht verkauften Waren haben dazu geführt, dass sich der Warenbestand vergrößerte.

Alternative C:

Anfangsbestand Warenbestandskonto
> Endbestand Warenbestandskonto

Hieraus folgt: Während des Geschäftsjahres wurden mehr Waren verkauft als eingekauft. Die größere Verkaufsmenge wurde dadurch möglich, dass Waren zusätzlich zum Wareneinkauf aus dem Lager entnommen wurden.

Die buchtechnische Erfassung von Warenbestandsveränderungen

Die Auswirkung der Warenbestandsveränderung wird folgendermaßen erfasst:

① Zu Beginn des Jahres wird der Anfangsbestand des Warenbestandes im Rahmen der körperlichen Inventur ermittelt und auf das Warenbestandskonto übertragen.

② Während des Geschäftsjahres werden die Warenzugänge direkt als Aufwand auf dem Konto „Wareneingang" erfasst. Die Warenverkäufe werden als Ertrag auf dem Konto Umsatzerlöse gebucht.

③ Am Ende des Geschäftsjahres wird erneut der Warenbestand durch körperliche Inventur ermittelt. Nun kann durch Vergleich mit dem Anfangsbestand festgestellt werden, ob eine Lagerbestandsmehrung bzw. -minderung vorliegt.

④ Im Fall einer Lagerbestandsminderung wird die Minderung in das Konto „Wareneingang" umgebucht. Begründung: Der Aufwand des Wareneingangs ist zu niedrig, er muss um die Lagerbestandsminderung erhöht werden (schließlich wurden während des Geschäftsjahres mehr Waren verkauft als eingekauft).

Im Fall der Lagerbestandsmehrung muss die Mehrung in das Konto „Wareneingang" umgebucht werden. Begründung: Der Aufwand des Wareneingangs ist zu hoch, er muss um die Lagerbestandsmehrung gemindert werden (schließlich wurden während des Geschäftsjahres weniger Waren verkauft als eingekauft).

⑤ Nachdem die Lagerbestandsmehrung bzw. -minderung umgebucht wurde kann das Warenbestandskonto abgeschlossen werden. Es erfolgt die bekannte Abschlussbuchung in das Schlussbilanzkonto (SBK). Wurde der richtige Wert der Lagerbestandsmehrung/-minderung in das Konto „Wareneingang" umgebucht, muss der Saldo des Warenbestandskontos mit dem Ist-Bestand der körperlichen Inventur übereinstimmen.

Die Konten „Wareneingang" und „Umsatzerlöse für Ware" können ebenfalls wie bekannt in das Gewinn- und Verlustkonto (GuV) abgeschlossen werden. Aus der Differenz zwischen den Aufwendungen aus dem „Wareneingang" und dem Ertrag aus den „Umsatzerlösen für Ware" lässt sich der so genannte Rohgewinn ermitteln. Dieser entspricht nicht dem „tatsächlichen", also dem Reingewinn, da die sonstigen Kosten und Erträge, die in der GuV noch aufgenommen werden, nicht beachtet werden.

Es ergibt sich folgender Buchungszusammenhang:

(I) Kontenabschluss mit Warenbestandsminderung

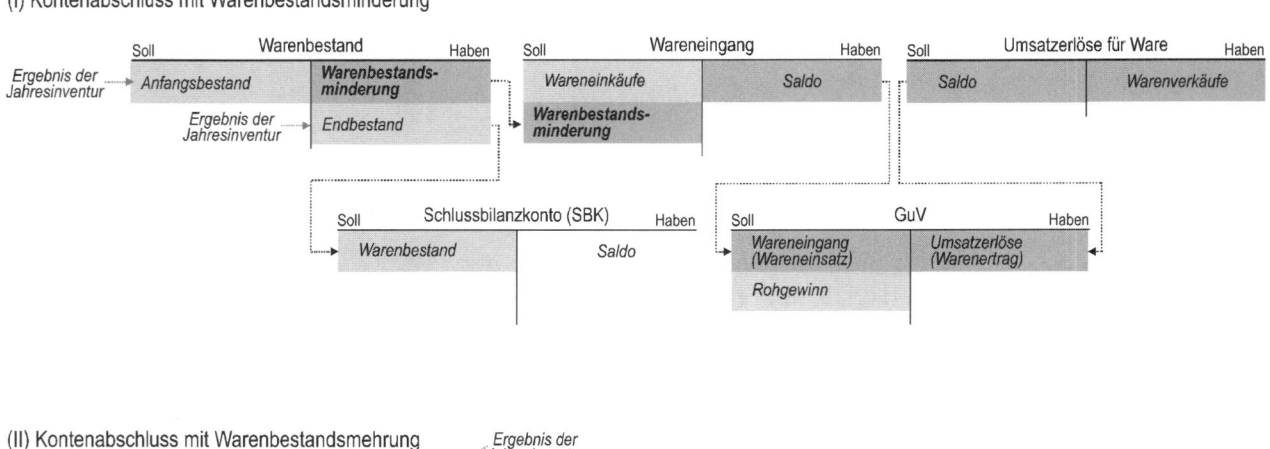

(II) Kontenabschluss mit Warenbestandsmehrung

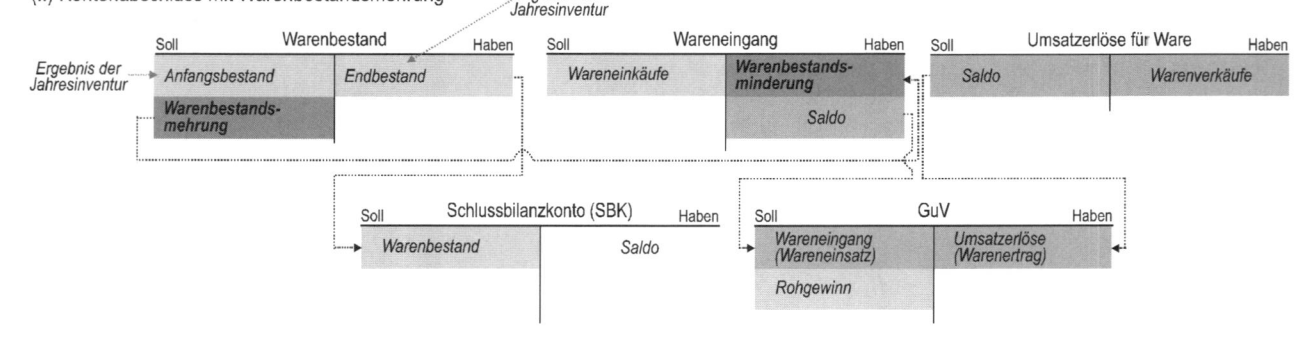

Lektion 2: Buchungen im Beschaffungs- und Absatzbereich eines Handelsunternehmens - Der Gesamtprozess

Situation

Sie sind als Auszubildende/r in der Finanzbuchhaltung des Bekleidungsherstellers Heller Natur GmbH, Düsseldorf, eingesetzt. Ihre Ausbilderin, Frau Lutz, legt Ihnen heute einige Belege vor, die sich auf die Verkaufsniederlassung in der Düsseldorfer Innenstadt beziehen. Sie sollen die Buchung dieser Belege übernehmen.

Aufgaben

1. Bilden Sie den Buchungssatz zu Beleg 1 (unter Einbeziehung des darunter abgebildeten Kontoauszugs).

2. Buchen Sie Beleg 2.

3. Buchen Sie den Ausgleich der Rechnung (Beleg 2) unter Abzug von Skonto (kein Beleg in der Anlage).

4. Nehmen Sie die Buchung der Anzahlung in Höhe von 1.000,00 EUR netto der Ezee Wear GmbH für den Auftrag 4285601 (siehe Beleg 3) vor. In der Anlage ist kein Beleg für die Anzahlung abgebildet.

5. Buchen Sie Beleg 3.

6. Bilden Sie den Buchungssatz für den Ausgleich der Rechnung (Beleg 4) unter Beachtung der erhaltenen Anzahlung (siehe Aufgabe 4).

7. Berechnen Sie den Einstandspreis für 100 Ledergürtel.

8. Berechnen Sie die Selbstkosten für 100 Ledergürtel. Der Handlungskostenzuschlagssatz wird mit 80 % angesetzt.

9. Berechnen Sie den Gewinn für 100 Gürtel.

INFO-TEXT:

Die Handelskalkulation

Der Händler einer Ware möchte wissen, welchen Gewinn er mit einer Ware erzielen kann. Die Berechnung, die ihm dieses Ergebnis liefert, nennt man Kalkulation.

Im ersten Schritt ermittelt der Händler den so genannten Einstandspreis. Dabei wendet er folgendes Kalkulationsschema an (die Prozentangaben stellen Beispiele dar und sollen den rechnerischen Ablauf der Kalkulation verdeutlichen).

Listeneinkaufspreis (netto)	100 %	
- Lieferantenrabatt	5 %	
= Zieleinkaufspreis	105 %	100 %
- Lieferantenskonto		3 %
= Bareinkaufspreis		103 %
+ Bezugskosten *)		
= Einstandspreis/Bezugspreis		

Auf der Grundlage des Einstandspreises schlägt der Händler einen Aufschlag für seine eigenen Handlungskosten sowie einen ausreichenden Gewinn auf. Es folgt:

Einstandspreis/Bezugspreis	100 %	
+ Handlungskosten	150 %	
= Selbstkosten	250 %	100 %
+ Gewinn		50 %
= Barverkaufspreis		150 %

Der auf diese Weise ermittelte Barverkaufspreis stellt jedoch nicht den Listenverkaufspreis dar, da der Kunde sich natürlich auch Skonto und Rabatt abziehen möchte. Aus diesem Grund schlägt der Händler diese beiden Größen auf den Barverkaufspreis auf. Ebenso kann es möglich sein, dass der Vertreter des Produkts eine Provision erhält. Auch diese muss bei der Kalkulation berücksichtigt werden. Es gilt also:

Barverkaufspreis	89 %	
+ Vertreterprovision	8 %	
+ Kundenskonto	3 %	
= Zielverkaufspreis	100 %	90 %
+ Kundenrabatt		10 %
= Nettoverkaufspreis		100 %

---

*) Bei der Kalkulation des Einstandspeises ist darauf zu achten, dass unter Umständen die Bezugskosten ebenfalls skontoabzugsfähig sind. Vereinfachend gilt: Werden die Bezugskosten durch einen Spediteur (also nicht durch den Lieferanten) in Rechnung gestellt, so gilt das abgebildete Kalkulationsschema. Ansonsten müssen die Bezugkosten in den Zieleinkaufspreis eingerechnet und bei der Skontoberechnung berücksichtigt werden.

Cordial Lederwarenfabrik AG • Karl-Zeiss-Str. 23 • 34117 Kassel

Heller Natur GmbH
Frau Kärntner
Auf'm Hennekamp 39
40225 Düsseldorf

Ihr Zeichen, Ihre Nachricht vom	Unser Zeichen, unsere Nachricht vom	☎ (0561) 9370-, Name	Datum
kä-li,05.01.2010	jä-kl	441, Fr. Jäger	05.03.2010

Anzahlung

Sehr geehrte Frau Kärntner,

gerne bestätigen wir Ihnen den Zugang Ihrer Anzahlung. Für den Auftrag
Nr. 7850202 erhielten wir vertragsgemäß

     5.950,00 EUR inkl. Umsatzsteuer.

Die Lieferung der Ledergürtel werden wir in der 22. Kalenderwoche ausführen.

Mit freundlichen Grüßen

Beleg 1

Kontoauszug in EURO

	Kontonummer	604 644 433	Auszug	241		
	Datum	28.02.2010	Blatt	15		**Postbank**

Vorgang/Buchungsinformationen	PN-Nummer	Buchung	Wertstellung	Umsatz in Euro
ANZAHLUNG AN CORDIAL AG				
FÜR AUFTR. NR. 7850202	5410	27.02.	27.02.	5.950,00 −

Postbank Essen • D - 45125 Essen

HELLER NATUR GMBH
FINANZBUCHHALTUNG
AUF'M HENNEKAMP 39
40225 DUESSELDORF

Postanschrift:	Direktservice:	Tel.: 01 80 - 30 40 600	Telefax:	(02 01) 22 87 69	Bankleitzahl
Postbank Essen	Telefon-Banking:	Tel.: 01 80 - 30 40 700	E-Mail:	kontakt@postbank.de	360 100 43
45125 Essen	Erreichbarkeit:	7 x 24 Std.	Internet:	http://www.postbank.de	

Cordial Lederwarenfabrik AG ● Karl-Zeiss-Str. 23 ● 34117 Kassel

Heller Natur GmbH
Frau Kärntner
Auf'm Hennekamp 39
40225 Düsseldorf

Rechnung/Commercial Invoice

Rechnungsnummer Invoice number	Kundennummer Buyer's Reference	Auftragsnummer Commission number	Sachbearbeiter/in Official in charge	Kassel
4251210	5201104	7850202	Mr. Henke	12.05.2010

Artikelbezeichnung Description	Art.-Nr. Ref.-No.	Menge Quanity	Einzelpreis je St. Unit price p.p.	Gesamtpreis (EUR) Amount (in EUR)
Ledergürtel mit Logo „Heller Natur", schwarz, L 85	422101	750	15,42	11.565,00
Ledergürtel mit Logo „Heller Natur", schwarz, L 90	422102	750	15,42	11.565,00
Ledergürtel mit Logo „Heller Natur", schwarz, L 95	422103	750	15,42	11.565,00
Ledergürtel mit Logo „Heller Natur", schwarz, L 100	422104	750	15,42	11.565,00
Ledergürtel mit Logo „Heller Natur", schwarz, L 105	422105	750	15,42	11.565,00
Ledergürtel mit Logo „Heller Natur", schwarz, L 110	422106	750	15,42	11.565,00
abzgl. Sonderrabatt 5 %				3.469,50

Zwischensumme Total cost	Fracht freight	Skonto Cash disc.	USt-Satz Tax-rate	Umsatzsteuer Tax	Endbetrag Invoice total
65.920,50	6.939,00	2 %	19 %	13.843,31	86.702,81

Vom Rechnungsbetrag sind 5.800,00 EUR vor dem Ausgleich aufgrund der Anzahlung vom 27.02.10 abzuziehen. Wir bitten um Rechnungsausgleich unter Abzug von Skonto bis zum 26.05.2010, ohne Abzug bis zum 12. Juni 2010.

USt.-Id.-Nr. DE85441781 - St.-Nr. 330/352/778450

Cordial Lederwarenfabrik AG	Sitz der Gesellschaft: Kassel	Vorstand: Klaus J. Olschewski, Sprecher
Karl-Zeiss-Str. 23 ● 34117 Kassel	Eintragung im Handelsregister	Bernd Schafstein, Frank Schafstein
Klaus Gawurnke, Dieter Damert, Frank Molitor	Amtsgericht Kassel HRB 1927	Vorsitzender des Aufsichtsrates: Reinhard Conrads
Tel.: (0561) 9370 -0 ● Fax (0561) 30084		

Beleg 2

Heller Natur GmbH • Auf'm Hennekamp 39 • 40225 Düsseldorf

EZEE WEAR Deutschland GmbH
Frau Hansen
Wilhelmstr. 15 - 36
70182 Stuttgart

Lieferschein/Rechnung

Rechnungsnummer	Auftrag	Kunden-Nr.	Kundebetreuer/in	Datum
255841-299	4285601	DE-52885	Herr Frentzen	21. Juni 2010

Leistung	Menge	Einzelpreis (EUR)	Gesamtpr. (EUR)
Ledergürtel mit Logo „Heller Natur", Gr. 85, Art.-Nr. 98001470	50	45,90	2.295,00
Ledergürtel mit Logo „Heller Natur", Gr. 90, Art.-Nr. 98001471	50	45,90	2.295,00
Ledergürtel mit Logo „Heller Natur", Gr. 95, Art.-Nr. 98001472	20	45,90	918,00
Ledergürtel mit Logo „Heller Natur", Gr. 100, Art.-Nr. 98001473	10	45,90	459,00
Ledergürtel mit Logo „Heller Natur", Gr. 105, Art.-Nr. 98001474	10	45,90	459,00
Ledergürtel mit Logo „Heller Natur", Gr. 110, Art.-Nr. 98001475	50	45,90	2.295,00
Wiederverkäuferrabatt 6 %			- 523,26

Zwischensumme (EUR)	Fracht/Verpackung (EUR)	Rechnungsbetrag netto (EUR)	USt. Satz (EUR)	Umsatzsteuer (EUR)	Rechn.betrag brutto (EUR)
8.197,74	145,00	8.342,74	19 %	1.585,12	9.927,86

Bitte gleichen Sie die Rechnung bis zum 05.07.2010 **abzüglich** 3 % **Skonto oder bis zum** 21.07.2010 **ohne Abzüge auf eines unserer Geschäftskonten aus. Vielen Dank. Wir freuen uns auf Ihre nächste Bestellung.**

USt.-Id.-Nr. DE42551410 - St.-Nr. 340/654/125421

Heller Natur GmbH
Auf'm Hennekamp 39
40225 Düsseldorf
Telefon (0211) 458 0
Telefax (0211) 457780

Firmensitz und Registergericht:
Düsseldorf HRB 89978

Geschäftsführer:
Dr. Dieter Mertens, Marianne Gerfurth

Bankverbindungen: Deutsche Bank AG Düsseldorf
BLZ 340 400 00, Kto. 745 211 233
Postbank Essen
BLZ 360 100 43, Kto. 604 644 433

Beleg 3

| Kontoauszug in EURO | | Kontonummer 604 644 433 | Auszug 578 | **Postbank** |
| | | Datum 31.07.2010 | Blatt 5 | |

Vorgang/Buchungsinformationen	PN-Nummer	Buchung	Wertstellung	Umsatz in Euro
RG-AUSGLEICH EZEE WEAR				
RG 255841-299 ABZGL. SKT.	3020	28.06.	29.06.	8.440,03 −

Postbank Essen • D - 45125 Essen

HELLER NATUR GMBH
FINANZBUCHHALTUNG
AUF'M HENNEKAMP 39
40225 DUESSELDORF

Postanschrift:	Direktservice:	Tel.: 01 80 - 30 40 600	Telefax:	(02 01) 22 87 69	Bankleitzahl
Postbank Essen	Telefon-Banking:	Tel.: 01 80 - 30 40 700	E-Mail:	kontakt@postbank.de	360 100 43
45125 Essen	Erreichbarkeit:	7 x 24 Std.	Internet:	http://www.postbank.de	

Beleg 4

Lektion 3: Buchungen im Beschaffungs- und Absatzbereich eines Handelsunternehmens – Der Handel mit Waren

Aufgaben

Sie sind Buchhalter/in in der Buchhaltung der Data4You OHG, einem Großhändler für Computersoft- und -hardware. Betrachten Sie die beigefügten Belege und lösen Sie die nachfolgenden Aufgaben. In der Buchhaltung wurden für die CD-Rohlinge folgende Konten eingerichtet:

Artikel	Artikelnummer	Kontenbezeichnung Einkauf	Kontenbezeichnung Einkauf
CD-R Silver Safer 700 MB	230500	Warenaufwand CD-R 00	Umsatzerlöse CD-R 00
CD-R Read-Right 700 MB	230501	Warenaufwand CD-R 01	Umsatzerlöse CD-R 01
CD-R Bestsafer 700 MB	230502	Warenaufwand CD-R 02	Umsatzerlöse CD-R 02
CD-R Platinium 800 MB	230503	Warenaufwand CD-R 03	Umsatzerlöse CD-R 03

Beleg 1

a) Buchen Sie den Beleg. Bei der Buchung der Unterkonten sollen die Verpackungskosten anteilig über die Liefermenge verteilt werden.

b) Berechnen Sie den Einstandspreis für einhundert Packungen CD-R Read-Right und einhundert Spindeln CD-R Silver Safer. Die Verpackungskosten werden erneut anteilig über die Liefermenge verteilt.

Beleg 2

a) Buchen Sie den Beleg.

b) Berechnen Sie den Einstandspreis für einhundert Packungen CD-R Read-Right und einhundert Spindeln CD-R Silver Safer.

Beleg 3

a) Buchen Sie den Beleg.

b) Berechnen für einhundert Packungen CD-R Read-Right die Höhe des durchschnittlichen Gewinnzuschlags sowie des Kalkulationszuschlags. Voraussetzungen: Das Unternehmen

kalkuliert mit einem Handlungskostenzuschlagssatz von 35 %. Die Rechnungen (Beleg 1 und 2) wurden ohne Abzug von Skonto ausgeglichen. Im Lager lag vor der Beschaffung (Beleg 1 und 2) kein Lagerbestand an diesen Rohlingen vor. Bei der Berechnung des durchschnittlichen Einstandspreises ist der gewogene Durchschnitt anzusetzen (Gewichtung erfolgt mit der Beschaffungsmenge).

Beleg 4

a) Buchen Sie den Beleg.

b) Warum hat dieser Beleg keinen direkten Einfluss auf die Höhe des Kalkulationszuschlags?

Beleg 5

a) Legen Sie den Wert der entnommenen CD-Rohling fest. Bei den entnommenen Rohlingen handelt es sich um die in der Eingangsrechnung (Beleg 1) bezogene Ware. Beim Ausgleich der Rechnung wurde kein Skontoabzug vorgenommen (siehe Aufgabe 3).

b) Buchen Sie den Beleg.

Es gilt der kaufmännische Grundsatz: Der Gewinn liegt im Einkauf!

WERO - Werner Rokisch KG
Herstellung von Speichermedien

CD-R, CD-RW, ZIP'S,
DATA-TAPES, STREAMER

24-Stunden-Service unter
www.wero.de
rokisch@datasave.de

Werner Rokisch KG ◆ Richrather Str. 45 ◆ 40723 Hilden

Data4You OHG
Computerdiskount
Jens-Otto-Kranges-Str. 12
52146 Würselen

RECHNUNG

Rechnungs-Nr.	Kunden-Nr.	Aufrags-Nr.	Lieferdatum	Verkäufer/in	Datum
14558	K5825	01-433	09.11.2010	Fr. Seybold	10.11.2010

Wir danken für Ihren Auftrag und berechnen Ihnen wie folgt:

Pos.	Menge	Bezeichnung	Einzelpreis (€)	Gesamtpreis (€)
01	500	CD-R Rohlinge Read-Right, silver blue, 700 MB im Jewel-Case, 1-16x, 10er-Pack	3,19	1.595,00
02	100	CD-R Rohlinge Silver-Safer, silver blue, 700 MB in 25er-Spindel, 1-16 x	5,99	599,00
03	500	CD-R Rohlinge Bestsafer Carbon, Carbon-schwarz, 700 MB, max. 16-fach brennbar im Jewel-Case	0,44	220,00
04	1000	CD-R Rohlinge Platinium 800, 800 MB silver blue im Jewel-Case max. 16-fach brennbar	0,49	490,00
		Zwischensumme		2.904,00
		- Wiederverkäuferrabatt (5 %)		145,20
		+ Verpackungs-/Transportkosten		55,18
		Nettowarenwert		2.813,98
		+ Umsatzsteuer (19 %)		534,66
		Warenwert brutto		3.348,64

Zahlungsbedingungen: **Zahlbar innerhalb von 30 Tagen ab Rechnungsdatum ohne Abzug, innerhalb 14 Tagen 2 % Skonto auf den Zielverkaufspreis der Ware.**

WERO HILDEN
Werner Rokisch KG
Postfach 32 32
Richrather Str. 45
40723 Hilden

Herstellung und Vertrieb von Speichermedien
CD-R, CD-RW, ZIP'S, DATA-TAPES, STREAMER
Haftender Gesellschafter: Werner Rokisch, Haan Rhl.
Eingetragen beim Amtsgericht Mettmann HRA 67851
USt.-Id.-Nr. DE2054178 - St.-Nr. 322/785/522487

Bankverbindungen: Postbank Essen
Kto.-Nr. 50121743, BLZ 360 100 43
Stadtsparkasse Hilden
Kto.-Nr. 369985102, BLZ 303 500 00

Beleg 1

ICM Deutschland GmbH
Hardware - Software
Devision Datastorage

Tel.: 07032 / 155050
Fax.: 07032 / 1549311
storage@de.icm.com
www.icm.storage.com

ICM GmbH ✦ Postfach 12 43 ✦ 70548 Stuttgart

Data4You
Frau Schwetzel
Jens-Otto-Kranges-Str. 12
52146 Würselen

Rechnung

Rechnungsnummer	Kundennummer	Bestellnummer	Kundenreferenz
R 45402-01	70014	20025114	Fr. Schwetzel
Versandart	**Verkäufer/in**	**Tel. (0 70 32) 15 50 -**	**Stuttgart**
Postpaket	Hr. Freitag	321	22.11.2010

Artikelbezeichnung	Menge (St.)	Einzelpreis (€/St.)	Gesamtpreis (€)
CD-R Silver Safer, 700 MB, 25er-Spindel. Art.Nr. 45020	250	6,95	1.737,50
CD-R Read-Right, 700 MB, 10er-Pack inkl. Jewel Case, Art.Nr. 45031	1.500	3,89	5.835,00
abzgl. 12 % Rabatt wegen Lagerräumung			908,65

Nettowarenwert (€)	Versandkosten (€)	Zwischensumme (€)	Rechnungsbetrag (€)
5.599,83	frei	6.663,80	6.663,80

Im Rechnungsbetrag sind (19 %)   1.063,97 € Umsatzsteuer enthalten.

Rechnung zahlbar innerhalb von 30 Tagen ab Rechnungsdatum, innerhalb 10 Tagen 3 % Skonto.

ICM GmbH
International Computing
Pascalstraße 110-126
Postfach 12 43
70548 Stuttgart

www.icm.de
www.icm.storage.com
storage@de.icm.com

Tel./phone: 07032 / 155050
Fax: 07032 / 15493112

Geschäftsführer Klaus Grohwinkels
Amtsgericht Stuttgart HRB 1002

USt.-Id.-Nr. DE3450082
St.-Nr. 326/332/8554710

Bankverbindungen:
Postbank Stuttgart
Nr. 201 455 985, BLZ 600 100 70
Commerzbank Stuttgart
Nr. 774 400 121, BLZ 600 400 71

Beleg 2

THE DIGITAL COMPANY
HERSTELLUNG UND VERTRIEB
VON HARD- UND SOFTWARE

Data4You OHG ✦ Postfach 7785 ✦ 52140 Würselen

Richter Fördertechnik GmbH
Herr Pelzer
Industriestraße 66-68
50389 Wesseling

Rechnung

Rechnungsnummer	Kundennummer	Tel. (0 24 05) 45 08 -	Würselen
R 45402-10	70014	321	22.11.2010

Artikelbezeichnung	Artikel-Nr.	Menge (St.)	Einzelpreis (€/St.)	Gesamtpreis (€)
CD-R Read-Right, 700 MB, 10er-Pack	230501	50	4,76	238,00
CD-R Platinum 800, 800 MB, inkl. Jewel-Case	230503	500	0,68	340,00
abzgl. 10 % Jubiläumsrabatt				57,80

Zwischensumme (€)	Umsatzsteuersatz	Umsatzsteuer (€)	Endbetrag (€)
520,20	19 %	98,84	619,04

Rechnung zahlbar innerhalb von 30 Tagen ab Rechnungsdatum, innerhalb 10 Tagen 3 % Skonto.

Data4You OHG Computerdiskount

Jens-Otto-Kranges-Str. 12, Postfach 7785	Groß-, Einzelhandel, Internetversandhandel	St.-Nr. 254/358/966541	USt.-Id.-Nr. DE80054174
52146 Würselen, Germany	Gesellschafter:	Konten:	foreign currency account:
Tel./Phone: +49/24 05/45 08-0	Dipl.-Ing. Frank Wadenpohl, Aachen	Sparkasse Aachen	USD Sparkasse Aachen
Fax: +49/24 05/45 08-11	Emilia Frangen-Heestern, Köln	Nr. 25 001 552, Blz 390 500 00	no. USD 926 363 300
www.data4you.com	Amtsgericht Aachen HRA 4542	Dresdner Bank	bank code no. 390 500 00
		Nr. 218 766 100, Blz 390 800 05	SWIFT Code: AACS DE 33

Beleg 3

Absender   **Bitte in der Filiale vorlegen.**   **POSTPAKET**   **Deutsche Post**

Ihr Einlieferungsbeleg   **EURO EXPRESS**

Data 4 You OHG
Jens-Otto-Kranges-Str. 12
52146 Würselen

Identcode: 58.134 483.909 0   Entgelt 16,00 EUR
Gewicht 3,2 kg p
8201235 3671 22.11.10 11:32
52140 Würselen

Extra Schnell

EXPRESS ☐ -Service

☐ vor 9:00 Uhr   ☐ vor 10:00 Uhr   ☐ vor 12:00 Uhr

☐ Samstagszustellung   ☐ Sonn/Feiertagszustell.

Gewicht	Entgelt
kg	EUR

Extra Inkasso

☐ Nachnahme   Betrag (EUR)
      Bank
      Konto-Nr.
☐ Unfrei   BLZ

Vorausverfügung

Empfänger

Richter Fördertechnik GmbH
Herr Pelzer
Industriestraße 66-68
50389 Wesseling

Extra Sicher

☐ Eigenhändig   ☐ Rückschein   ☐ Transportvers.

Extra Sonstiges

☐ Sperrgut   Zu versichernder Betrag

Beleg 4

BUCHUNGSBELEG

Nr. *478005*

DATA 4 YOU
THE DIGITAL MEDIA COMPANY

Kommentar:

Entnahme von 20 Stück Rohlingen CD-R Bestsafer 700 MB mit Jewel-Case,
Art.-Nr. 230502 für private Zwecke, entnommen durch Herr Frank Wadenpohl.

SOLL		HABEN	
Kto.	Wert	Kto.	Wert

Datum: **22.11.2010**   Unterschrift: *F. Wadenpohl*

Beleg 5

Wiederholungsaufgabe

1. Eingangsrechnung: Kauf von Handelsware zum Listenpreis von 65,00 EUR/St., Bezugsmenge 500 St. gewährter Mengenrabatt 5 %, zusätzlich wurden 2,20 EUR netto je Stück als Verpackungskosten berechnet, Zahlungsbedingung: 30 Tage netto, 14 Tage 2 % Skonto. Die Verpackungskosten sind nicht skontoabzugsfähig.

2. Eingangsrechnung: Der Spediteur, der mit dem Transport der Ware aus 1. beauftragt wurde, stellt Frachtkosten in Höhe von 3.153,50 EUR inklusive Umsatzsteuer in Rechnung.

3. Kontoauszug: Die Rechnung aus 1. wird unter Abzug von Skonto ausgeglichen (Nettobuchungsmethode). Beachten Sie, dass die Verpackungskosten nicht skontoabzugfähig sind.

4. Berechnen Sie den Einstandspreis für die 500 St. der bezogenen Ware unter Beachtung der vorstehenden Geschäftsfälle.

5. An einen Kunden wurden 450 St. der zuvor beschafften Waren verkauft. Dem Kunden wurde ein Mengenrabatt in Höhe von 10 % und eine Skontoabzugsmöglichkeit von 3 % gewährt. Nach Abzug von Skonto überwies er 51.943,50 EUR.

   5.1 Buchen Sie die Gutschrift der Überweisung des Kunden (Nettobuchungsverfahren).

   5.2 Buchen Sie - ausgehend von der vorherigen Buchung - den Geschäftsfall des Warenverkaufs an den Kunden (der zeitlich vor dem Rechnungsausgleich lag).

   5.3 Berechen Sie die Höhe des Gewinns in Euro und Prozent, der durch den Handel mit den Waren erzielt werden konnte. Der Händler kalkulierte mit einem Handlungskostenzuschlagssatz in Höhe von 20 %.

KONTENPLAN

Bestandskonten		Erfolgskonten		Abschlusskonten	
0500	Unbebaute Grundstücke	5000	Umsatzerlöse für eigene Erzeugnisse	8000	Eröffnungs-bilanzkonto
0510	Bebaute Grundstücke	5001	Erlösberichtigungen		
0530	Betriebsgebäude	5100	Umsatzerl. für Waren	8010	Schluss-bilanzkonto
0540	Verwaltungsgebäude	5101	Erlösberichtigungen		
0700	Anlagen und Maschinen	5210	Bestandsveränderung an unfert. Erzeugnissen	8020	GuV-Konto
0840	Fuhrpark	5220	Bestandsveränderung an fertigen Erzeugnissen		
0850	Betriebs-/Geschäftsausstattung	5300	Andere aktivierte Eigenleistungen		
0890	Geringwert. Vermögensgegenst.	5400	Mieterträge		
0900	Geleistete Anzahl. auf Sachanlagen	5410	Provisionserträge		
		5420	Steuerpflichtiger Eigenverbrauch		
1500	Wertpapiere des Anlagevermögens	5421	Steuerfreier Eigenverbrauch		
		5440	Erträge aus Werterh. von Gegenst. des AV		
2000	Rohstoffe	5450	Erträge aus der Auflösung von		
2001	Bezugskosten f. Rohst.		Wertberichtigungen auf Forderungen		
2002	Nachlässe f. Rohst.	5460	Erträge aus dem Abgang von		
2010	Vorprodukte/Fremdbauteile		Vermögensgegenständen		
2020	Hilfsstoffe	5480	Erträge aus der Herabsetzung		
2030	Betriebsstoffe		von Rückstellungen		
2100	Unfertige Erzeugnisse	5490	Periodenfremde Erträge		
2200	Fertige Erzeugnisse	5710	Zinserträge		
2280	(Handels-)Waren	5730	Diskonterträge		
2300	Gel. Anzahlungen auf Vorräte	5780	Erträge aus Wertpapieren des UV		
2400	Forderungen aLuL.	5800	Außerordentliche Erträge		
2450	Wechselford. aLuL. (Besitzwechsel)				
2470	Zweifelhafte Ford.	6000	Aufwendungen für Rohstoffe		
2600	Vorsteuer	6001	Bezugskosten für Rohstoffe		
2604	Einfuhrumsatzsteuer	6002	Nachlässe für Rohstoffe		
2620	VSt. aus innergem. Erwerb	6010	Aufw. für Vorprodukte		
2630	Sonst. Ford. an Finanzbehörden	6020	Aufwendungen für Hilfsstoffe		
2650	Forderungen an Mitarbeit.	6030	Aufwendungen für Betriebsstoffe		
2690	Sonstige Forderungen	6040	Aufw. für Verpackungsmaterial		
2700	Wertpapiere des UV	6050	Aufwendungen für Energie		
2800	Guthaben b. Kreditinstituten (Bank)	6060	Aufw. für Reparaturmaterial		
2850	Postbank	6070	Aufw. für sonstiges Material		
2860	Schecks	6080	Aufw. für Waren		
2880	Kasse	6140	Frachten und Fremdlager		
2900	Aktive Rechnungsabgrenzung	6150	Vertriebsprovision		
		6160	Fremdinstandhaltung		
3000	Eigenkapital	6200	Löhne		
3001	Privatkonto	6230	Freiwillige Zuwend.		
3610	Wertberichtigung zu Sachanlagen	6300	Gehälter		
3650	Wertberichtigung zu Finanzanlagen	6330	Freiwillige Zuwend.		
3670	Einzelwertberichtigung zu Ford.	6400	Arbeitgeberanteil zur Sozialversicherung		
3680	Pauschalwertberichtigung zu Ford.	6520	Abschreibungen auf Sachanlagen		
3700	Rückstellungen	6540	Abschreibungen auf GWG		
3800	Steuerrückstellungen	6700	Mieten, Pachten		
3900	Sonstige Rückstellungen	6750	Kosten des Geldverkehrs		
		6800	Büromaterial		
4200	Kurzfristige Bankverbindlichkeiten	6810	Zeitungen, Fachliteratur		
4250	Langfristige Bankverbindlichkeiten	6820	Postgebühren (einschl. Telefon, Telefax)		
4300	Erhaltene Anzahl. auf Bestellungen	6870	Werbung		
4400	Verbindlichkeiten aLuL.	6880	Spenden		
4500	Schuldwechsel	6900	Versicherungsbeiträge		
4800	Umsatzsteuer	6940	Sonstige Aufwendungen		
4802	Umsatzsteuer für innergemeinsch. Erw.	6951	Abschreibungen auf Forderungen		
4820	Noch abzuführende Abgaben	6952	Einstellung in Einzelwertberichtigung		
4830	Sonstige Verbindlichkeiten gegen-über Finanzbehörden	6953	Einstellung in Pauschalwertberichtigung		
		6960	Verluste aus dem Abgang von Verm.gegenst.		
4840	Verbindlichkeiten gegenüber Sozial-versicherungsträgern	6980	Zuführung zu Rückstellungen für Gewährl.		
		6990	Periodenfremde Aufwendungen		
4850	Verbindl. gegenüber Mitarbeitern				
4860	Verbindl. aus vermögenswirksamen Leistungen	7030	Kraftfahrzeugsteuer		
4900	Passive Rechnungsabgrenzung	7510	Zinsaufwendungen		
4920	Vorsteuer auf geleistete Anzahlungen	7530	Diskontaufwendungen		
		7600	Außerordentliche Aufwendungen		

Kapitel 10: Handelskalkulation

Lektion 1: Die Bezugskalkulation

Situation

Sie sind als Auszubildende/r in der Einkaufsabteilung des Bekleidungsherstellers Heller Natur GmbH, Düsseldorf,
eingesetzt. Ihr Unternehmen benötigt
monatlich circa 15.000 Knöpfe. Dieser
Bedarf wird bisher monatlich bei einem
Lieferanten bezogen. Um die Konditionen alternativer Lieferanten auszuloten,
hat Herr Kammann in Frage kommende
Lieferanten um die Abgabe von Angeboten gebeten. Zwei Anbieter haben auf
die Anfrage reagiert (Beleg 1 und 2).

Aufgaben

1. Vergleichen Sie die beiden Angebote.
   Worin unterscheiden sie sich?

2. Berechnen Sie die jeweiligen Ein-
   standspreise für den monatlichen
   Bedarf an Vierlochknöpfen. Für den
   Ansatz der Bezugkosten verwenden
   Sie bitte die Preisübersicht eines
   Spediteurs (Beleg 3).

3. Wie hoch sind die Einstandspreise
   der beiden Lieferanten für einen
   Knopf, wenn man sich zur monatlichen Beschaffung entscheiden sollte?

Grundsätzliches zur Kalkulation

Um den Verkaufspreis eines Gutes festlegen zu können,
müssen zunächst die Kosten ermittelt werden, die für die
Herstellung oder für die Beschaffung anfallen. Grundsätzlich
ist dabei zwischen Fertigerzeugnissen und Handelswaren zu
unterscheiden.

Fertigerzeugnisse werden im Unternehmen hergestellt. Hierzu müssen Werkstoffe (also Roh-, Hilfs- und Betriebsstoffe)
beschafft werden. In der Fertigung werden diese Werkstoffe
von Arbeitskräften mithilfe von Maschinen be- und verarbeitet. Mitarbeiter in der Verwaltung sind für eine optimale Planung und Abstimmung zuständig (z. B. Entlohnung der Mitarbeiter, Verkauf der Erzeugnisse). In jedem Bereich fallen
für die Herstellung der Fertigerzeugnisse Kosten an: Bei der
Beschaffung der Werkstoffe fallen Werkstoffkosten an, die
Mitarbeiter in der Produktion bekommen Löhne und Gehälter,
die Maschinen in der Produktion verbrauchen Energie usw.

Handelswaren werden ähnlich wie Werkstoffe beschafft. Im
Gegensatz zu den Werkstoffen werden Handelswaren jedoch nicht be- oder verarbeitet; sie werden unbearbeitet an
die Kunden verkauft. Offensichtlich fallen hierbei andere Kosten an. Die Kosten der Beschaffung stellen dabei einen wichtigen Ausgangspunkt der Kalkulation dar. Produktionskosten
fallen jedoch keine an.

Der Begriff „Kalkulation" steht für die Berechnung der Kosten
sowie des Verkaufspreises.

4. Wie hoch wäre der Einstandspreis, wenn man sich für die einmalige Bestellung des gesamten Jahresbedarfs
   entschließen würde?

5. Wie hoch sind die Einstandspreise der beiden Lieferanten für einen Knopf, wenn man zur einmaligen Beschaffung des Jahresbedarfs entscheiden sollte?

6. Sammeln Sie Gründe, die für und die gegen eine Bündelung des Jahresbedarfs zu einer Großbestellung
   sprechen.

7. Nachdem Sie Herrn Kammann Ihre Ergebnisse präsentiert haben, entschloss dieser sich, noch einmal mit
   den beiden Lieferanten zu verhandeln. Nach einem persönlichen Gespräch mit Herrn Adams, dem Verkaufsleiter der Rene Riege GmbH & Co. KG, konnte Herr Kammann diesen zu einer Verbesserung der Angebots-
   konditionen bewegen. Die Lieferung soll nun „frei Haus" erfolgen. Herr Meinert, der Verkäufer der Deckers &
   Lohse OHG erklärte sich daraufhin bereit, ebenfalls die Lieferbedingungen zu verbessern. Er erklärt sich bereit, je Karton (Füllmenge 50 Rohre) 8,50 EUR netto zu berechnen.

   Berechnen Sie nun die Einstandspreise bei Beschaffung der monatlichen Bedarfsmengen.

INFO-TEXT: *Die Handelskalkulation*

Handelswaren werden wie Werkstoffe bei Lieferanten beschafft. Bittet man einen Lieferanten um die Vergabe eines Verkaufspreises, so wird er einem in der Regel den Listenverkaufspreis nennen. Dies ist der Wert, den der Lieferant für ein Verkaufsprodukt selbst kalkuliert hat. In der Regel wird dieser Wert als Nettowert verstanden; es handelt sich also um einen Wert ohne Umsatzsteuer.

Natürlich spielt bei der Höhe des Verkaufspreises auch die zu beschaffende Menge eine Rolle. Je mehr ein Unternehmen dem Lieferanten von einer Ware abnehmen wird, desto mehr Rabatt wird dieser gewähren. Der Rabatt soll quasi den Kunden anreizen, viel von einem Produkt zu kaufen. Man rechnet also:

	Listeneinkaufspreis
-	Lieferantenrabatt
=	Zieleinkaufspreis

Der Zieleinkaufspreis ist sodann der Preis, den der Kunde innerhalb eines Zahlungszieles zahlen muss. Häufig möchte der Verkäufer den Kunden jedoch dazu bewegen, die Rechnung bereits früher (also nicht erst am Ende der vereinbarten Zahlungsfrist) zu begleichen. Hierzu gewährt er einen so genannten Skonto. Diesen Abzug darf der Kunde dann vom Zieleinkaufspreis abrechnen, wenn er innerhalb der vereinbarten Skontofrist die Rechnung zahlt. Es gilt also:

	Zieleinkaufspreis
-	Lieferantenskonto
=	Bareinkaufspreis

Der Bareinkaufspreis ist sodann der Wert, den der Kunde zahlt, wenn er sich den Rabatt und den Skonto abgezogen hat.

Häufig werden Waren vom Lieferanten unter der Lieferbedingung „ab Werk" oder „ab hier" verkauft. Dies bedeutet, dass der Kunde die Kosten für den Transport der Ware selbst zahlen muss. Es fallen zum Beispiel Fracht- oder Portokosten (Transport mit LKW, Bahn, Post), Verlade- und Umladekosten, Provisionen für Vertreter sowie Verpackungs- und Versicherungskosten an. Diese Bezugskosten erhöhen den Wert der bezogenen Ware. Man rechnet:

	Bareinkaufspreis
+	Bezugskosten
=	Einstandspreis

Der Begriff „Einstandspreis" deutet an, dass man nun den Wert der Ware berechnet hat, der bis zum vollständigen Bezug der Ware angefallen ist (früher sagte man, dass die Ware „eingestanden" ist, sobald sie beim Unternehmen angekommen ist).

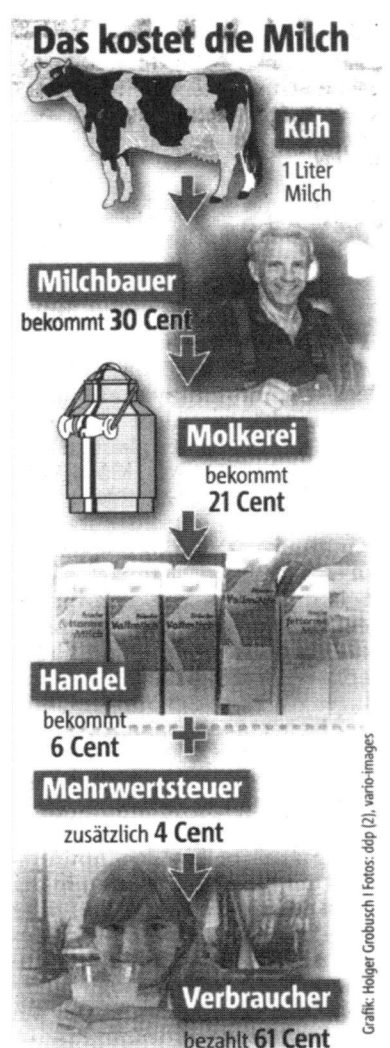

Quelle: in Anlehnung an Institut f. Ernährungswirtschaft

Rheinische Post, 07/2008

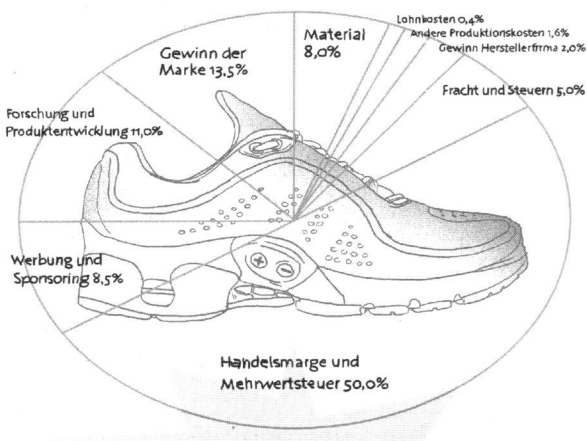

33 Euro ...

...bekommt ein Markenunternehmen, wenn ein Paar Sportschuhe im Geschäft für 100 Euro verkauft wird. Doch von den 33 Euro bleiben nur 13,50 Euro als Gewinn übrig.

Fluter, 05/2008; S. 42

RENE RIEGE

Rene Riege GmbH & Co. KG ✦ Postfach ✦ 56072 Koblenz

HERSTELLUNG VON KNÖPFEN
AUS NATURMATERIAL SEIT 1785

Heller Natur GmbH
Herr Kammann
Auf'm Hennekamp 39
40225 Düsseldorf

TEL: 0261 21202
NET: WWW.RENE-RIEGE.COM
MAIL: INFO@RENE-RIEGE.DE

Ihr Zeichen, Ihre Nachricht	Unser Zeichen, unsere Nachricht vom	☎ 0261/212--	Datum
be-ka, 15.01.2010	ad-po	233	22.01.2010

ANGEBOT

Sehr geehrter Herr Kammann,

wir danken für Ihre Anfrage und bieten Ihnen an

Hornknöpfe, Art.-Nr. 454220, natur, farbüberzogen Schwarz,
Vierloch, 100er-Rohr (100 g), Listenpreis 29,90 EUR netto/Rohr.

Es handelt sich um ständig vorhandene Lagerware, sodass wir Ihnen eine
kurze Lieferzeit garantieren können. Die angegebenen Nettopreise gelten ab
Lager. Die Zahlungsbedingung lautet 30 Tage netto, 14 Tage 3 % Skonto.

Es gilt folgende Rabattstaffel:

Ab einem Warenwert von	250,00 EUR	1 % Rabatt
	500,00 EUR	3 % Rabatt
	5.000,00 EUR	5 % Rabatt
	10.000,00 EUR	10 % Rabatt

Die Ware bleibt bis zur vollständigen Bezahlung unser Eigentum. Erfüllungsort und Gerichtsstand für beide Teile ist Koblenz.

Gerne nehmen wir Ihren Auftrag an.

Mit freundlichen Grüßen

G. Adams

Gerd Adams
Verkaufsleiter

Briefadresse:	Telefon: (05 31) 2 12 02	Sitz der Gesellschaft: Koblenz	Geschäftsführung GmbH:	Bankverbindung:
56069 Koblenz	Telefax: (05 31) 2 12 22 75	Amtsgericht Koblenz, HRA 1819	Rainer Blank	Volksbank Koblenz
Hausadresse:		Kommanditist:	Roland Gleisner	(BLZ 570 900 77) Kto.-Nr. 4877420
Klaus-Hoffmann-Str. 14	USt-IdNr: DE5840012	Norbert M. Massfeller	Uwe R. Hoffmann	Deutsche Bank Koblenz
56072 Koblenz	St-Nr: 200/425/4885214			(BLZ 570 700 30) Kto.-Nr. 22025960

Deckers & Lohse OHG ✦ Further Str. 34 ✦ 41462 Neuss

Heller Natur GmbH
Herr Kammann
Auf'm Hennekamp 39
40225 Düsseldorf

Ihr Zeichen, Ihre Nachricht vom	Unser Zeichen, unsere Nachricht vom	☎ 02131/9512-	Datum
ka-km, 15.01.2010	gh-me	112 Hr. Meinert	22.01.2010

Angebot

Sehr geehrter Herr Kammann,

vielen Dank für Ihre E-Mail. Gerne unterbreiten wir Ihnen folgendes Angebot:

> Vierlochknopf Vollkunststoff Schwarz, Artikel-Nr. 20014,
> 100er-Rohr, Bruttolistenpreis 35,70 EUR

Ab einer Bestellmenge von 10.000 St. erhalten Sie 5 %, ab einer Bestellmenge von 100.000 St. 8 % Rabatt.

Die Ware steht zwei Tage nach Eingang der Bestellung zur Abholung bereit. Die Ware ist ausreichend transport-verpackt (Kartonage mit je 50 Rohren, 6,2 kg inkl. Tara). Den Rechnungsausgleich erbitten wir innerhalb von 30 Tagen ohne Abzug. Bei Rechnungsausgleich innerhalb von 10 Tagen gewähren wir 2 % Skonto.

Ansonsten gelten die gesetzlichen Bestimmungen. An die in diesem Angebot genannten Preise und Preisab-schläge binden wir uns bis zum 31. März 2010.

Wir würden uns sehr über eine Auftragserteilung freuen. Bei Rückfragen stehe ich Ihnen jederzeit zur Verfügung.

Mit freundlichen Grüßen

Deckers & Lohse OHG

Ulf Meinert

Ulf Meinert

Deckers & Lohse OHG	Kontakt unter:		
Further Str. 34	www.deckers-lohse.com	Tel.: 02131 - 21551	Handelsregistereintragung:
41462 Neuss	info@deckers-lohse.de	Fax: 02131 - 215741	Handelsregister Neuss, HRA 75002
USt.-IdNr.: DE 45225011			
St.-Nr.:220/452/58964114			

Beleg 2

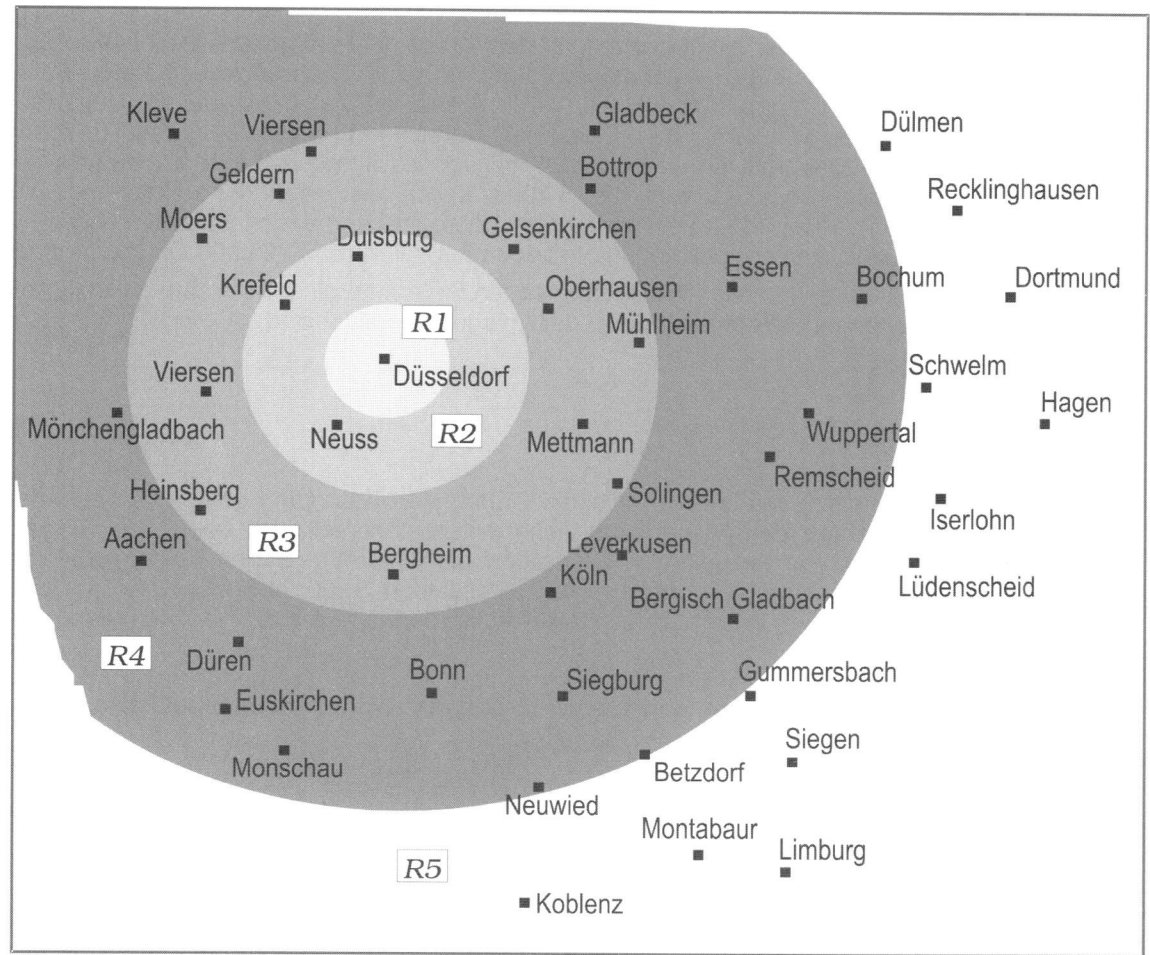

Preisuebersicht*)
Lieferungen 10 kg bis 300 kg
Stand: 01.01.20(01)

Regionalbereich R1:

bis	15	kg	20,00 EUR
bis	25	kg	28,00 EUR
bis	50	kg	60,00 EUR
bis	100	kg	126,00 EUR
bis	200	kg	140,00 EUR
bis	300	kg	365,00 EUR

Regionalbereich R2:

bis	15	kg	30,00 EUR
bis	25	kg	40,00 EUR
bis	50	kg	72,00 EUR
bis	100	kg	140,00 EUR
bis	200	kg	269,00 EUR
bis	300	kg	412,00 EUR

Regionalbereich R3:

bis	15	kg	44,00 EUR
bis	25	kg	56,00 EUR
bis	50	kg	90,00 EUR
bis	100	kg	164,00 EUR
bis	200	kg	312,00 EUR
bis	300	kg	487,00 EUR

Regionalbereich R4:

bis	15	kg	54,00 EUR
bis	25	kg	66,00 EUR
bis	50	kg	100,00 EUR
bis	100	kg	174,00 EUR
bis	200	kg	342,00 EUR
bis	300	kg	518,00 EUR

Regionalbereich R5:

bis	15	kg	60,00 EUR
bis	25	kg	77,00 EUR
bis	50	kg	106,00 EUR
bis	100	kg	196,00 EUR
bis	200	kg	285,00 EUR
bis	300	kg	581,00 EUR

*) Preisangaben zzg. USt.

Beleg 3

Lektion 2: Die Verkaufskalkulation

Situation

Sie sind als Auszubildende/r in der Einkaufsabteilung des Bekleidungsherstellers Heller Natur GmbH, Düsseldorf, eingesetzt. Ihr Ausbilder, Herr Kammann, stellt Ihnen heute folgendes Beschaffungsproblem dar: Ihr Ausbildungsbetrieb möchte das Angebotsprogramm gerne um Ledergürtel erweitern. Die Kunden haben schon häufiger angeregt, neben den Hosen auch passende Gürtel anzubieten. Herr Kammann hatte sich daraufhin mit Herrn Feldkamp, dem Leiter der Produktion in Verbindung gesetzt. Zusammen mit Herrn Feldkamp hat er überprüft, ob es technisch möglich ist, fremdbezogene Ledergürtel mit dem Markenlabel der Heller Natur GmbH zu versehen. Grundsätzlich bestanden keine Probleme. Daneben musste geklärt werden, ob genügend Lagerraum für die Ledergürtel vorhanden ist. Auch dieses Problem konnte schnell gelöst werden. Im Lager ist genügend Lagerplatz für maximal 20.000 Gürtel vorhanden.

Herr Kammann hatte sich daraufhin mit infrage kommenden Lieferanten in Verbindung gesetzt. Auf seine Anfragen hat er nun zwei Angebote erhalten, die in der Anlage abgebildet sind.

Aufgaben

1. Ermitteln Sie die Einstandspreise jeweils für einen Gürtel. Herr Kammann geht davon aus, dass je Bestellung 18.000 Gürtel geordert werden. Der Sicherheitsbestand soll bei 2.000 Gürteln liegen. Für den Transport der Gürtel von Kassel nach Düsseldorf plant Herr Kammann Kosten in Höhe von 1.500,00 EUR, für den Transport von Hamburg nach Düsseldorf 3.200,00 EUR ein. Zusätzlich müssen beim Import aus Australien Importzölle einkalkuliert werden. Diese setzt Herr Kammann mit 1 % des Warenwertes an.

2. Sammeln Sie Argumente, die für und gegen einen Bezug der Waren bei dem australischen Exporteur sprechen.

3. Sie haben in Einvernehmen mit Herrn Kammann beschlossen, die Ledergürtel bei der Cordial Lederwarenfabrik AG zu beschaffen. Welche Kosten werden Ihrem Ausbildungsunternehmen im Zusammenhang mit der Aufnahme der Gürtel in das Programm entstehen? Sammeln Sie mögliche Kostenarten und gruppieren Sie diese nach einheitlichen Kriterien.

4. Herr Kammann geht davon aus, das allgemeine Handlungskosten in Höhe von 35 % anfallen werden. Darüber hinaus soll auf die Ware ein Gewinn in Höhe von 55 % aufgeschlagen werden. Berechnen Sie die Selbstkosten und den Barverkaufspreis für einen Ledergürtel.

5. Sie sollen nun den Listenverkaufspreis für die Ledergürtel festlegen. Hierzu gibt Ihnen Herr Kammann vor, dass Kunden einen Einführungsrabatt in Höhe von 8 % erhalten sollen. Bei den Zahlungsbedingungen gewährt Ihr Ausbildungsunternehmen für gewöhnlich 2 %.

6. Die Gürtel sind zu den von Ihnen kalkulierten Konditionen in das Verkaufsprogramm aufgenommen worden. Ein Kunde hat 100 Stück geordert und die Rechnung ohne Skontoabzug ausgeglichen. Wie hoch ist der Gewinn, den Ihr Unternehmen durch den Verkauf realisieren konnte?

7. Ein Großkunde der Heller Natur GmbH wäre bereit, 10.000 Gürtel zu bestellen und eine Einführungsaktion durchzuführen. In diesem Fall fordert er jedoch einen einmaligen Sonderrabatt von 25 % anstelle der geplanten 8 %. Herr Kammann bittet Sie zu ermitteln, ob bei dieser Bedingung noch ein Gewinn erzielt werden kann.

8. Um Ihr Ergebnis aus der vorherigen Aufgabe zu optimieren gibt Herr Kammann Ihnen vor, dass die allgemeinen Handlungskosten sich zu 40 % aus variablen Kosten zusammensetzen, die auf der Basis der geplanten Absatzmenge von 18.000 Gürteln kalkuliert wurden. Durch den Großauftrag könnten nun 28.000 Gürtel bei der nächsten Bestellung geordert werden. Berücksichtigen Sie diese Vorgabe bei einer Neukalkulation. Gehen Sie davon aus, dass der Einstandspreis sich nicht verändert.

INFO-TEXT: *Die Verkaufskalkulation*

Wurde der Einstandspreis ermittelt, so kennt man den Wert, den die Ware beim Zugang im eigenen Lager hat. Hier ist jedoch die Kalkulation noch längst nicht abgeschlossen. Bis zum Verkauf ist es noch ein langer Weg: Die Ware muss nun häufig ausgepackt, geprüft und an einer geeigneten Stelle gelagert werden. Hierbei fallen diverse Kosten an (Lagerkosten in Form von Mieten und Gehältern für die Lagerarbeiter, Abschreibungen für die Regale usw.). Darüber hinaus fallen auch bei den Handelswaren Kosten in der Verwaltung des Unternehmens an (z. B. Gehälter der Materialdisponenten und Verkäufer, Kosten für Büromaterial in der Verkaufsabteilung). Diese Kosten werden als so genannte „Handlungskosten" auf den Einstandspreis aufgeschlagen. Häufig werden hierzu prozentuale Zuschläge verwandt (z. B. Vergangenheitswerte). Es ist zu rechnen:

     Einstandspreis
  + Handlungskosten
  ─────────────────
  = Selbstkosten

Nun muss noch ein Aufschlag für den Gewinn hinzugerechnet werden. Auch dieser liegt in der Regel in Form eines prozentualen Zuschlagssatzes vor:

     Selbstkosten
  + Gewinnaufschlag
  ─────────────────
  = Barverkaufspreis

Da der Kunde ebenfalls einen Rabatt- und einen Skontoabzug verlangen wird, werden diese nun auf den Barverkaufspreis aufgeschlagen. Man rechnet quasi entgegengesetzt zum Kunden. Daher schlägt man auch zunächst den Skonto auf:

     Barverkaufspreis   (97 %)
  + Skontoaufschlag (z. B. 3 %)   (3%)
  ───────────────────────────────────────
  = Zielverkaufspreis   (100 %)

Zu beachten ist dabei, dass der Barverkaufspreis nicht 100 % beträgt. Letztendlich schlägt man noch den Rabatt auf. Auch hier entspricht die Berechnungsbasis nicht 100 %, weil man „entgegengesetzt" zum Kunden kalkuliert:

     Zielverkaufspreis   (95 %)
  + Rabattaufschlag (z. B. 5 %) (5%)
  ──────────────────────────────────────
  = Listenverkaufspreis   (100 %)

DEVISEN

DEVISENKURSE

Währungen	Sortenkurse (€)		variable Kurse, 14:00 Uhr (€)				Veränderung (%)		
	Ankauf	Verkauf	Geld	Brief	Mitte	Vortag	4 Wo.	3. Mon.	1 Jahr
Australien, 1 A$	0,6059	0,709111	0,6496	0,6505	0,6501	0,6545	2,51	10,95	14,11
Dänemark, 100 dkr	12,8288	4,0748	13,4383	13,4495	13,4439	13,4447	-0,11	-0,09	0,40
Griechenland, 100 GD	0,2679	0,3467	0,3081	0,3075	0,3078	0,3078	-0,40	-0,07	-0,07
Großbritannien, 1 £	1,4751	1,5773	1,5280	1,5285	1,5283	1,5315	-1,07	2,79	1,60
Hongkong 100 HK$	10 5950	13 9700	12 6494	12 6596	12 6545	12 7337	2 46	6 61	6 45
Tschechien, 100 zk	2,4936	2,9328	2,7377	2,7406	2,7391	2,7549	1,65	4,41	-4,75
USA, 1 US$	0,9561	1,0195	0,9814	0,9818	0,9816	0,9873	2,47	6,74	5,78
Ungarn, 100 Ft	0,3369	0,4832	0,4015	0,4016	0,4016	0,4022	0,40	2,49	-5,13

Cordial Lederwarenfabrik AG • Karl-Zeiss-Str. 23 • 34117 Kassel

Heller Natur GmbH
Frau Kärntner
Auf'm Hennekamp 39
40225 Düsseldorf

Ihr Zeichen, Ihre Nachricht vom	Unser Zeichen, unsere Nachricht vom	☎ 0561/9370-	Datum
ka-km, 15.01.2010	gh-wa	33 Hr. Meinert	22.01.2010

Angebot

Sehr geehrter Herr Kammann,

vielen Dank für Ihre Anfrage. Wir sind Deutschlands größter Ledergür-
telhersteller und fertigen seit gut 90 Jahren ausschließlich in
Deutschland. Das Leder stammt von Europäischen und mittelamerikanischen
Produzenten, deren Produktion kontinuierlich ökologisch überwacht wird.
Die Tierzucht übertrifft die Europäischen Standards. Zahlreiche Quali-
tätsauszeichnungen und die Zertifizierung nach DIN ISO 9000 zeichnen
die Qualität unserer Produkte weiter aus.

Unser Ledergürtel Modell „Classic" in schwarzem Leder, Metallschließe,
Fünfloch gestanzt, von 85 bis 120 cm, ist ideal für Ihre Ansprüche. Mit
dem Kauf dieses Produkts erhalten Sie die Genehmigung, die Gürtel indi-
viduell zu labeln. Den Gürtel bieten wir Ihnen zu einem Nettolis-
tenpreis von 9,90 EUR an. Ab einer Bestellmenge von 1.000 Stück gewähren wir Ihnen 5 %, ab einer Bestellmenge von 5.000 Stück 8 % Rabatt.
Die Preise gelten ab Werk. Nach Zugang der Ware erhalten Sie ein Zahlungsziel von 30 Tagen. Bei Zahlung innerhalb 14 Tagen gewähren wir Ihnen 3 % Skonto.

Für Rückfragen stehe ich Ihnen gerne zur Verfügung. Über eine Auftragsvergabe würde wir uns sehr freuen.

Mit freundlichen Grüßen

Cordial Lederwarenfabrik AG

Ulrike Wachholz

Ulrike Wachholz

Cordial Lederwarenfabrik AG   Sitz der Gesellschaft: Kassel   Vorstand: Klaus J. Olschewski, Sprecher
Karl-Zeiss-Str. 23 • 34117 Kassel   Eintragung im Handelsregister   Bernd Schafstein, Frank Schafstein
Klaus Gawurnke, Dieter Damert, Frank Molitor   Amtsgericht Kassel HRB 1927   Vorsitzender des Aufsichtsrates: Reinhard Conrads
Tel.: (0561) 9370 -0 • Fax (0561) 30084   USt-IdNr. DE4202102, St-Nr. DE 250/455/45871411

Beleg 1

WILLIAMS LEATHER INTERNATIONAL LTD.

9 Alkira Street • Marothydoore 4558 • Queensland, Australia
Phone 0061-7-54-790795 • Williams-leather-int.com

Williams Int. Ltd. • Alkira Street Marothydoore 4558 • Queensland

Heller Natur GmbH
Einkaufsabteilung
Auf'm Hennekamp 39
40225 Düsseldorf

Dear Sirs or Madams!   Queensland, January 22, 2010

Offer

As you asked in your inquiry dated 5 January 2010, we offer

Item	Quantity	Description
01	1	leatherbelt „mexican", black, length from 30 to 48 inch, black, taned, 5-hole, metalbelt, for details see model total price 8.10 US-$

Because of our special quality management we guarantee 5 years for defective goods.

We attach your brand-label with your permission without extra charge. For further coordination we'll take contact.

Delivery will be made within 30 days after receipt of order. Our terms of delivery are: packing included, DDU Hamburg Hafen. Terms of payment are: D/P.

If you place your order this year, we can offer you a special 5 % discount because we celebrate our 50th anniversary. We hope to welcome you as a new client in the near future.

Yours sincerely

John Richardson

Sales assistent manager

WILLIAMS LEATHER INT. Ltd.   Phone 0061-7-54-790795   Office hours:
9 Alkira Street   Fax: 0061-7-790-3041   mon. to fri.: 08:00 - 17:00
Marothydoore 4558   Williams-machinery-int.com   Trading partner:
Queensland, Australia   www.williams-machinery-int@austranet.com   International Bank of Australia

Beleg 2

Lektion 3: Kalkulationszuschlag und Handelsspanne

Situation

Sie sind als Auszubildende/r in der Verkaufsabteilung des Bekleidungsherstellers Heller Natur GmbH, Düsseldorf, eingesetzt. Ihre Ausbilderin, Frau Jensen, legt Ihnen heute die Anfrage der R&C KG vor (Beleg 1).

Bei der R&C KG handelt es sich um einen für Ihren Ausbildungsbetrieb besonders wichtigen Kunden. Er ist bisher der Alleinabnehmer der angefragten T-Shirts.

Um über eine Auftragsvergabe entscheiden zu können, holen Sie sich bei dem Lieferanten der T-Shirts, der B. Franken GmbH, ein Angebot ein (Beleg 2).

Aus der Kundendatei der R&C KG haben Sie in der Zwischenzeit folgende Daten entnommen:

- Bisherige Bestellmenge je Monat: 800 Stück

- Bezug der 800 Stück durch die Deutsche Kleider Spedition OHG, Transportkosten 96,00 EUR netto.

- Großkundenrabatt: 5 %

- Lieferbedingungen: Ab Lager

- Zahlungsbedingungen: 30 Tage netto, 14 Tage 2 % Skonto

INFO-TEXT: *Vereinfachung der Verkaufskalkulation*

Bei der Darstellung der Handelskalkulation wurde deutlich, dass bei der Berechnung viele Zwischenergebnisse anfallen. In der Praxis hat man jedoch nicht immer so viel Zeit zur Verfügung, eine detaillierte Kalkulation durchzuführen. Aus diesem Grund bestimmt man für eine Warengruppe die einzelnen Zuschläge einmal und vergleicht sodann den Einstandspreis mit dem Listenverkaufspreis. Aus diesem Verhältnis kann man dann einen prozentualen Zuschlagssatz bilden, den man **Kalkulationszuschlagssatz** nennt. Es soll folgendes Beispiel gelten:

	Einstandspreis	1.000,00 €	
+	80 % Handlungskosten	800,00 €	
	Selbstkosten	1.800,00 €	
+	50 % Gewinn	900,00 €	Kalkulations-
	Barverkaufspreis	2.700,00 €	zuschlagssatz
+	3 % Kundenskonto	83,51 €	193,00 %
	Zielverkaufspreis	2.783,51 €	
+	5 % Kundenrabatt	146,50 €	
	Listenverkaufspreis	2.930,01 €	

Rechnet man in entgegen gesetzter Richtung, bildet also der Listenverkaufspreis die Basis der Berechnung, so spricht man von der **Handelsspanne**.

Aufgaben

1. Führen Sie die Handelskalkulation für die T-Shirts durch. Verwenden Sie dabei zunächst die Daten, die bisher für den Kunden R&C KG galten (siehe Angaben der Kundendatei). Der Handlungskostenzuschlagssatz soll 15 %, der Gewinnaufschlag soll 49,88 % betragen. Wie hoch ist der Kalkulationszuschlagssatz und die Handelsspanne?

2. Entscheiden Sie, ob der Sonderauftrag der Reep & Clagendorff KG zu den in der Anfrage genannten Bedingungen angenommen werden sollte. Begründen Sie Ihre Antwort ausführlich und gehen Sie insbesondere auf die Höhe des zu gewährenden Sonderrabatts ein. Die Kosten für den Transport der 20.000 T-Shirts mit der Deutschen Kleider Spedition GmbH werden auf 1.800,00 EUR geschätzt.

3. Wie hoch hätte der Rabatt, der der Reep & Clagendorff KG gewährt werden kann, maximal ausfallen können, damit weder ein Gewinn noch ein Verlust realisiert wird?

4. Die Reep & Clagendorff KG ist mit Ihrem Angebot sehr zufrieden. Sie fragt daher an, zu welchem Listenverkaufspreis Sie bereit wären, folgende Artikel im Rahmen einer Sonderangebotsaktion aufzunehmen. Die angegebenen Einstandspreise haben Sie aus der Artikelstammdatei entnommen.

Nachgefragte Artikel und Einstandspreise:

- Oberhemd „Classic Line" Unifarben, Button-down-Kragen, Einstandspreis 25,50 EUR,

- Polohemd „Sportive Line", Langarm, Unifarben, geschlitzter Saum, Einstandspreis 19,80 EUR,

- Sweatshirt „Trend Line", Unifarben, Rundsaum, Einstandspreis 21,60 EUR.

Sie kalkulieren mit einem Gewinnaufschlag von 48,79 % und einem Handlungskostenzuschlagssatz von 15 %. Der Kunde soll einen Sonderrabatt von 20 % erhalten. Ansonsten sollen die Bedingungen unverändert bleiben.

5. Die Reep & Clagendorff KG ist auch weiterhin an Sonderangebotsware interessiert. Insbesondere fragt sie folgende Artikel zu den angegebenen Listenverkaufspreisen an:

- Damebluse „Spanish Trend", Weiß, Rüschenkragen, Sonder-Listenverkaufspreis 79,90 EUR,

- Herrenhemd „Office Line", Unifarben, bügelarm, Sonder-Listenverkaufspreis 88,70 EUR,

- Kinderoverall „Kids", Unifarben, Niki-Stoff, Sonder-Listenverkaufspreis 21,40 EUR.

Sie kalkulieren mit einem Gewinnaufschlag von 48,79 % und einem Handlungskostenzuschlagssatz von 15 %. Der Kunde soll wiederum einen Sonderrabatt von 20 % erhalten. Ansonsten sollen die Bedingungen unverändert bleiben. Berechnen Sie den Einstandspreis, bis zu dem die einzelnen Artikel maximal bezogen werden dürfen. Führen Sie Ihre Kalkulation für je 1.000 Stück der jeweiligen Artikel durch, um Ihre Ergebnisse rechnerisch zu verbessern.

Übungsaufgaben

Aufgabe 1:

In einem Großhandelsbetrieb wird eine Ware zum Listeneinkaufspreis von 580,00 € bezogen. Der Hersteller gewährt 5 % Wiederverkäuferrabatt sowie 3 % Skonto. Die Bezugskosten belaufen sich pro Stück auf 15,53 €. Zusätzlich müssen 25 % Handlungskosten und 12 % Gewinn einkalkuliert werden. Die Verkaufsbedingungen des Großhändlers lauten: 2 % Skonto, 3 % Rabatt.

a) Stellen Sie das Kalkulationsschema auf und ermitteln Sie den Listenverkaufspreis des Großhändlers.

b) Betrachten Sie Ihr vollständig ausgefülltes Kalkulationsschema. Welche der berechneten Zuschläge werden sich aus der Sicht des Großhandelsbetriebes kurzfristig nicht ändern? Kennzeichnen Sie diese deutlich.

c) Telefonisch fragt ein Einzelhändler bei dem Großhandelsbetrieb an, zu welchem Preis er eine spezielle Ware beziehen kann. Da dieses nachgefragte Produkt nicht von dem Großhändler geführt wird, setzt er sich wiederum mit dem Hersteller in Verbindung und ermittelt einen Bezugspreis von 69,90 € netto. Berechnen Sie den Listenverkaufspreis, zu dem der Großhandelsbetrieb dem Einzelhändler diese Ware anbieten sollte.

d) Berechnen Sie anhand der Ergebnisse aus Aufgabe a) den Kalkulationszuschlag in € sowie in Prozent.

e) Berechnen Sie anhand der Ergebnisse aus d) den Listenverkaufspreis.

Aufgabe 2:

Bei einem umsatzstarken Einzelhändler kann der Großhändler aus Aufgabe 1 ein Produkt aus Konkurrenzgründen nur zu einem Listenpreis in Höhe von 224,52 € absetzen. Außerdem erhält dieser Kunde neben 3 % Skonto einen Mengenrabatt in Höhe von 10 %. Auch in diesem Fall ist mit einem Handlungskostenzuschlag von 25 % und einem Gewinnzuschlag von 12 % zu kalkulieren. Der entsprechende Artikel wird beim Hersteller unter Abzug von 6 % Rabatt und 2 % Skonto bezogen.

a) Zu welchem Listeneinkaufspreis darf der Großhändler die Ware höchstens beziehen? Stellen Sie ein ausführliches Kalkulationsschema auf.

b) Der Einzelhändler möchte von dem Großhändler ein neues Produkt beziehen. In einem Verkaufsgespräch äußert er, dass er bereit wäre, für dieses Produkt höchstens einen Listeneinkaufspreis in Höhe von 10,24 € zu zahlen. Wie hoch dürfte in diesem Fall der Einstandspreis für den Großhändler höchstens sein?

c) Berechnen Sie auf der Grundlage der Ergebnisse aus Aufgabe a) die Differenz zwischen Listenverkaufspreis und Einstandspreis in € (Handelsspanne). Wie hoch ist die Handelsspanne in Prozent?

d) Berechnen Sie anhand der unter c) berechneten Handelsspanne den Bezugspreis für die Problemstellung aus Aufgabe b).

Reek & Clagendorf KG ✦ Schadowstr. 125 ✦ 40212 Düsseldorf

Heller Natur GmbH
Frau Jensen
Auf'm Hennekamp 39
40225 Düsseldorf

Ihr Zeichen, Ihre Nachricht vom	Unser Zeichen, unsere Nachricht vom	☎ 0211/214-0-	Datum
	ul-it	211	10.11.2010

Anfrage

Sehr geehrte Frau Jensen,

für den anstehenden Winterschlussverkauf suchen wir noch preisgünstige Konfektionsware für Damen und Herren. Da wir mit der Qualität Ihrer Produkte immer sehr zufrieden waren, wenden wir uns daher nun an Sie. Besonders Ware, die sich für den zügigen Abverkauf eignet, erscheint uns für die anzuberaumende Sonderangebotsaktion sehr geeignet. Wir haben daher Ihre Long-Sleeve-T-Shirts ins Auge gefasst. Diese haben wir in der zurückliegenden Wintersaison zum Listenpreis von 19,90 EUR netto pro Stück bei Ihnen bezogen.

Wir wären bereit, Ihnen für unser gesamtes Filialnetz 20.000 Stück in den Größen S bis XXL abzunehmen (Aufteilung zu gleichen Teilen). Der Sonderrabatt müsste sich in diesem Fall auf 20 % bis 25 % belaufen. Die Lieferung der Ware soll frei Haus Zentrallager Düsseldorf über die Deutsche Kleiderspedition GmbH abgewickelt werden.

Bitte prüfen Sie, ob Sie an einem Auftrag zu den genannten Konditionen bereit wären. Eine Rückantwort erwarten wir bis spätestens Mitte Dezember. Die Belieferung sollte bis zum 10. Januar 2011 erfolgen.

Mit freundlichen Grüßen

Reek & Clausdorff KG

Beate Ulmeier

Beate Ulmeier,
Leiterin Zentraleinkauf

Reek & Clagendorf KG   Postanschrift: www.r&c.com   Handelsregister Düsseldorf,   Bankverbindungen:
Zentralverwaltung   Postfach 4452   Tel.: 0211 - 241-0   HRA 7745   Dresdner Bank Düsseldorf,
Schadowstr. 125   40200 Düsseldorf   Fax: 0211- 24478   Komplementäre: BLZ 30080000, Kto.-Nr. 87796331
40212 Düsseldorf   Dr. Klaus Reek, Düsseldorf   Trinkaus und Burkhardt,
                                                                     Marlies Clagendorff, Neuss   BLZ 30030888, Kto.-Nr. 25547801
USt-IdNr. DE22402102   St.-Nr. DE 252/332/45877840

Beleg 1

Baumwollstoffe

Bernd Franken GmbH ✦ Korbacher Str. 24 ✦ 34132 Kassel

Heller Natur GmbH
Herr Kammann
Auf'm Hennekamp 39
40225 Düsseldorf

EMAS
GEPRÜFTES
UMWELTMANAGEMENT

Ihr Zeichen, Ihre Nachricht vom	Unser Zeichen, unsere Nachricht vom	☎ 0561 - 3204-	Datum
tu-je, 15.01.2010	ir-tw	Fr. Tewessen	15.01.2010

Angebot

Sehr geehrte Frau Jensen,

wir danken für Ihre schriftliche Anfrage und bieten Ihnen an:

> T-Shirt Longsleeve, Art.-Nr. 425114M, weiß/schwarz/beige/blau/sand,
> S-XXL, 100 % Baumwolle, körpernah geschnitten, Preis 10,00 € je Stück

Die Baumwolle stammt aus kontrolliertem Anbau. Unsere hohe Materialqualität sowie der ökologische Anbau der Rohstoffe und die Beachtung ökologischer Produktionsbedingungen wurde uns von verschiedenen Stellen zertifiziert. Im Preis enthalten ist die Aufbringung des Logoaufdrucks „Heller Natur" gemäß beiliegendem Muster. Die Lieferung erfolgt ab Kassel. Bei Abnahme von weniger als 1.000 Stück müssen wir Ihnen einen Mindermengenzuschlag von 15 % berechnen.

Wir gewähren ab einer Abnahme von   mindestens   5.000 Stück   5 %   Rabatt,
   mindestens   10.000 Stück   8 %   Rabatt,
   mindestens   25.000 Stück   10 %   Rabatt.

Bitte beachten Sie, dass wir nur Bestellungen in 50er-Schritten realisieren können, da die Lieferung in Kartons mit je 50 Stück erfolgt. Ab einer Abnahme von 1.000 Stück erfolgt die Anlieferung durch eine von uns beauftragte Spedition. In diesem Fall berechnen wir Frachtkosten in Höhe von 15,00 EUR je Karton.

Aus Gründen des Umweltschutzes verwenden wir wieder verwendbare, besonders stabile Kartonverpackungen. Für jede Kartonverpackung berechnen wir 10,00 EUR, wobei wir Ihnen 80 % dieses Wertes bei Rückgabe an unseren Spediteur gutschreiben. Bitte beachten Sie, dass die Verpackungskosten nicht skontoabzugsfähig sind. Alle genannten Preise verstehen sich als Nettopreise zuzüglich 19 % Umsatzsteuer. Der Rechnungsbetrag ist zahlbar innerhalb von 30 Tagen ohne Abzug bzw. innerhalb von 10 Tagen unter Abzug von 3 % Skonto.

Mit freundlichem Gruß

Bernd Franken GmbH

i. V. Franka Tewessen

Franka Tewessen

Beleg 2

Lektion 4: Die Handelskalkulation (Teil 1)

Situation

Sie sind immer noch als Auszubildende/r in der Verkaufsabteilung des Bekleidungsherstellers Heller Natur GmbH, Düsseldorf, eingesetzt. Ihre Ausbilderin, Frau Jensen, legt Ihnen heute die Anfrage der SmithGrant Ltd. vor (Beleg 1).

Aufgaben

1. Berechnen Sie für die SmithGrant Ltd. den Barverkaufspreis. Der Kunde soll 5 % Rabatt und 2 % Skonto erhalten.

2. Frau Jensen hat der Nordtex GmbH eine Anfrage zugesandt, um für den Kunden SmithGrand Ltd. geeignete Ware zu beschaffen. Berechnen Sie auf der Grundlage des Angebots (Beleg 2) den Einstandspreis für die zu beschaffenden Anzüge. Frau Jensen geht von einem Beschaffungsvolumen in Höhe von 5.000 Stück aus.

INFO-TEXT: *Die Differenzkalkulation*

Im Rahmen der Bezugskalkulation berechnet man ausgehend vom Listen*ein*kaufspreis den Einstandspreis. Bei der Verkaufskalkulation wird der Listen*ver*kaufspreis auf der Basis des Einstandspreises berechnet. Hierzu müssen Zuschläge für die Handlungskosten und den Gewinn berücksichtigt werden. Häufig ist jedoch sowohl der Einstandspreis als auch der Listenverkaufspreis vorgegeben. In diesem Fall muss auf der Basis dieser Daten die Höhe des Gewinn- und/oder des Handlungskostenzuschlagssatzes berechnet werden:

	Einstandspreis	1.000,00 €
+	80 % Handlungskosten	800,00 €
	Selbstkosten	1.800,00 €
+	50 % Gewinn	900,00 €
	Barverkaufspreis	2.700,00 €
+	3 % Kundenskonto	83,51 €
	Zielverkaufspreis	2.783,51 €
+	5 % Kundenrabatt	146,50 €
	Listenverkaufspreis	2.930,01 €

3. Frau Jensen legt Ihnen unten stehende GuV-Rechnung vor. Ermitteln Sie mithilfe der vorliegenden Daten einen Handlungskostenzuschlagssatz.

4. Ermitteln Sie, ob das Angebot zu den von der SmithGrant Ltd. geforderten Konditionen angenommen werden sollte oder nicht. Begründen Sie Ihre Entscheidung.

Gewinn- und Verlustrechnung (Angaben in Tausend EUR)

Soll		Haben	
Aufwand für Wareneinkauf	459.752	Umsatzerlöse	708.022
Sonstige Aufwendungen	212.150		
Jahresergebnis	36.120		
	708.022		708.022

SmithGrant Ltd. ✦ 34 Lancaster Grove ✦ Manchester WZ1 4PH

Heller Natur GmbH
Mrs. Jensen
Auf'm Hennekamp 39
40225 Düsseldorf

your ref.	our ref.	date
je-rt, Jan 15, 2010	sm	Jan 28, 2010

Dear Mrs. Jensen!

Inquiry

many thanks for the kind conversation in „London fashion fair" last week. As already informed, our company is planning to base all our products in ecological reasonable raw material. This is necessary because of our recently effected ISO 14001 certification and our EMAS registration.

As we heart from you, Heller Natur GmbH will also launch a new ecological product line within this year. We are very interested in clothing that are based on ecological standard production. We are especially interested in ready-made suits in standard size. Please send us some more information about this new goods like brochures. Our price limit is up to 259,90 EUR fob Hamburg.

If already available, we are looking forward to receive some samples of these goods. We also are requesting from all our suppliers a certificate of origin according to ISO 14001 in which the supplier confirms the origin of its used textile materials.

Please be so kind and send all requested information, samples and certificates direct to our address.

Many thanks in advance for your help.

Yours sincerely

Smith Grant Ltd.

T. Jones

Tom Jones
assistant manager

NORDTEX   Bekleidung öko? Logisch!

Nordtex GmbH ✦ Wartburg Str. 89 ✦ 28217 Bremen

Heller Natur GmbH
Frau Jensen
Auf'm Hennekamp 39
40225 Düsseldorf

Ihr Zeichen, Ihre Nachricht vom	Unser Zeichen, unsere Nachricht vom	☎ 0421/3322-	Datum
je-ze, 10.02.2010	we-me	520 Fr. Weeke	17.10.2010

Angebot

Sehr geehrte Frau Jensen,

vielen Dank für Ihre Anfrage. Unter Beachtung unserer umseitig abgedruckten Allgemeinen Geschäftsbedingungen bieten wir Ihnen an:

Herrenanzug „Basic", Art.-Nr. 254887, Hellgrau, Anthrazit, Sand, teflonbeschichtet, Sakko, Weste, Bundfaltenhose ohne Umschlag, Größen 48 - 58, Zwischengrößen,

Listenpreis 129,00 EUR exklusive USt. Bei Abnahme von je 10 Stück erhalten Sie ein Exemplar als Draufgabe unberechnet. Die verarbeiteten Stoffe stammen zu 100 % aus ökologischer Produktion. Alle unsere Lieferanten sind EMAS-zertifiziert.

Die Anzüge können innerhalb von 10 Tagen nach Bestellungseingang geliefert werden. Gegen Aufpreis von 2,50 EUR netto je Stück bringen wir an jedes Kleidungsstück Ihr Markenlabel an.

Der Versand erfolgt hängend und einzeln verpackt in einer Cellophan-Schutzhülle. Für die Verpackung berechnen wir 3,50 EUR je Stück netto. Auf Ihren Wunsch lassen wir die Ware mit der Deutschen Kleider Spedition DKS GmbH zum Hamburger Hafen transportieren. Hierfür stellen wir Ihnen eine Transportkostenpauschale für je 50 Anzüge in Höhe von 110,00 EUR netto in Rechnung.

Unsere Zahlungsbedingungen lauten: 30 Tage netto Kasse, 14 Tage 3 % Skonto.

Bei Rückfragen stehen wir Ihnen jederzeit zur Verfügung. Wir hoffen, dass wir Ihren Auftrag erhalten werden.

Mit freundlichen Grüßen

Nordtex GmbH

Elke Weeke

i. V. Elke Weeke

Beleg 2

Übungsaufgaben zur Handelskalkulation

1. Aufgabe

Ein Lieferant bietet eine Ware zum Listenpreis von 2.850,00 €/St. an. Bei einer Abnahmemenge von 50 Stück wird uns ein Mengenrabatt in Höhe von 12 % gewährt. Des Weiteren bietet uns der Lieferant folgende Zahlungsbedingung an: „Rechnungsbetrag zahlbar innerhalb von 30 Tagen netto oder innerhalb von 14 Tagen unter Abzug von 2,5 % Skonto". Die Lieferbedingungen lauten „frei Haus".

Wir rechnen mit einem Handlungskostenzuschlag von 80 % sowie einem Gewinnzuschlag von 22 %.

Unserem Kunden bieten wir für die bezogene Ware einen Sonderrabatt in Höhe von 5 % sowie 2 % Skonto an.

a) Kalkulieren Sie den Listenverkaufspreis für *ein* Stück der Ware.

b) Angenommen, der Kunde der Ware steigert seine Nachfrage, sodass wir vom Lieferanten einen höheren Mengenrabatt erhalten. Wie hoch ist der Gewinn, wenn der Mengenrabatt auf 20 % ansteigt und die sonstigen Angaben weiterhin gelten?

c) Angenommen, unsere Unternehmen plant die Ware in einer Sonderangebotsaktion besonders günstig anzubieten. Auf welchen Wert dürfte der Listenverkaufspreis gesenkt werden, damit weder ein Gewinn noch ein Verlust erwirtschaftet wird? Es soll weiterhin ein Mengenrabatt des Lieferanten von 20 % unterstellt werden. Ansonsten bleiben alle Angaben unberührt.

2. Aufgabe

Ein Kunde ist bereit, eine Ware zum Listenpreis in Höhe von 890,00 €/St. zu erwerben. Unsere Zahlungsbedingungen lauten: „Zahlbar innerhalb eines Monats ohne Abzug, innerhalb 14 Tage 3 % Skonto". Der Kunde soll einen Sonderangebotsaktionsrabatt in Höhe von 5,5 % erhalten.

Wir kalkulieren mit einen Gewinnzuschlag in Höhe von 10 % und einem Handlungskostenzuschlagssatz in Höhe von 80 %.

Bei unserem Lieferanten erhalten wir einen Sonderrabatt in Höhe von 8 % sowie ebenfalls 3 % Skonto. Für den Bezug der Ware fallen 36,20 €/St. an.

a) Wie hoch darf der Listeneinkaufspreis höchsten sein, den der Lieferant uns anbietet?

b) Der Lieferant bietet uns einen Listeneinkaufspreis in Höhe von 450,00 €/St. Wie hoch ist nun der Gewinn (absolut und in Prozent), wenn alle anderen Angaben sich nicht verändern sollen?

c) Wir vereinbaren mit dem Lieferanten die Abnahme einer besonders hohen Abnahmemenge. Der Lieferant besteht weiterhin auf einen Listenverkaufspreis von 450,00 €/St., er ist aber bereit, den Rabatt auf 25 % zu erhöhen. Bei uns steigen durch die höhere Bezugsmenge die Handlungskosten um 5 %-Punkte an. Wie hoch ist nun der Gewinn in € und in Prozent?

d) Um den Gewinn der Aufgabe c zu steigern überlegt die Geschäftsleitung, ob es nicht günstiger wäre, die Ware mit unserem eigenen LKW beim Lieferanten abholen zu lassen. Die Handlungskosten würden in diesem Fall lediglich um 0,2 %-Punkte weiter ansteigen. Würden Sie diese Entscheidung befürworten?

3. Aufgabe

Ein Lieferant bietet uns eine Ware für 840,00 €/St. an. Bei einer Abgabemenge von 160 Stück wird der Rabatt 12 % und der Skonto 3 % betragen. Die Bezugskosten belaufen sich in diesem Fall auf 1.376,00 €.

Wir kalkulieren mit einem Gewinnaufschlag in Höhe von 60 % und Handlungskosten in Höhe von 180 %.

Unseren Kunden bieten wir für diese Ware einen Rabatt in Höhe von 16 % und 2 % Skontoabzugsmöglichkeit.

Kalkulieren Sie den Listenverkaufspreis für diese Ware.

4. Aufgabe

Von einem Lieferanten beziehen wir eine Ware für 980,00 €/St. Des Weiteren wird uns ein Rabatt in Höhe von 12 % sowie eine Skontoabzugsmöglichkeit in Höhe von 3 % gewährt. Die Bezugskosten betragen 26,40 €/St.

Wir kalkulieren mit einem Gewinnaufschlag in Höhe von 33,50 %. Unseren Kunden bieten wir die Ware zum Listenpreis von 1990,00 €/St. an. Kunden erhalten 5 % Sonderrabatt und 2,5 % Skonto.

Wie hoch sind in diesem Fall die Handlungskosten in € und in Prozent?

Lektion 5: Die Handelskalkulation (Teil 2)

Situation 1

Sie sind immer noch als Auszubildende/r in der Verkaufsabteilung des Bekleidungsherstellers Heller Natur GmbH, Düsseldorf, eingesetzt. Ihre Ausbilderin, Frau Jensen, legt Ihnen heute zwei Angebote vor (Beleg 1 und 2).

Aufgaben

1. Berechnen Sie bei beiden Lieferanten den Einstandspreis für je 1.000 Baseball-Kappen. Die Kappen sollen mit einer Aufnähung des Unternehmenslabels versehen sein.

2. Ihr Ausbildungsbetrieb entscheidet sich für das Angebot der BrownBilfiger Inc. Erläutern Sie drei Gesichtspunkte, die Sie beim Abschluss dieses Vertrages besonders beachten sollten.

3. Berechnen Sie den Listenverkaufspreis, wenn folgende Bedingungen gelten sollen: Handlungskosten 45 %, Gewinnaufschlag 120 %, Kundenrabatt 5 %, Kundenskonto 2 %. Führen Sie Ihre Kalkulation für 1.000 Kappen durch.

Situation 2

Der Verkauf der Baseball-Kappen läuft nicht gut an. Eine Umfrage bei den Kunden hat ergeben, dass die Verbraucher nicht bereit sind, die hohen Verkaufspreise zu bezahlen. Die Händler haben daher ihre Nachbestellungen ausgesetzt. In Ihrem Ausbildungsunternehmen wird nun überlegt, welche Maßnahmen man einleiten sollte. Während der Leiter der Absatzabteilung die Herausnahme des Artikels aus dem Sortiment fordert, möchte der Leiter der Kostenrechnung die Kalkulation noch einmal genauer überarbeiten. Dabei stellt er fest, dass die von Ihnen kalkulierten Handlungskosten zu 30 % aus fixen Kosten (bezogen auf einen Abrechnungsmonat) bestehen. Zurzeit werden 8.700 Kappen je Monat abgesetzt. Die Absatzabteilung hat herausgefunden, dass eine Preissenkung um 15 % zu einer Steigerung des Absatzes um 65 % führen würde.

Aufgaben

4. Berechnen Sie den Gewinn, der sich bei der aktuellen Absatzmenge ergibt. Beachten Sie bei Ihrer Kalkulation die variablen und fixen Bestandteile der Handlungskosten.

5. Ermitteln Sie rechnerisch, ob sich die Preissenkung lohnen würde.

D E V I S E N									
DEVISENKURSE									
Währungen	Sortenkurse (€)		variable Kurse, 14:00 Uhr (€)				Veränderung (%)		
	Ankauf	Verkauf	Geld	Brief	Mitte	Vortag	4 Wo.	3. Mon.	1 Jahr
Australien, 1 A$	0,6059	0,709111	0,6496	0,6505	0,6501	0,6545	2,51	10,95	14,11
Dänemark, 100 dkr	12,8288	4,0748	13,4383	13,4495	13,4439	13,4447	-0,11	-0,09	0,40
Griechenland, 100 GD	0,2679	0,3467	0,3081	0,3075	0,3078	0,3078	-0,40	-0,07	-0,07
Großbritannien, 1 £	1,4751	1,5773	1,5280	1,5285	1,5283	1,5315	-1,07	2,79	1,60
Hongkong 100 HK$	10 5950	13 9700	12 6494	12 6596	12 6545	12 7337	2 46	6 61	6 45
Tschechien, 100 zk	2,4936	2,9328	2,7377	2,7406	2,7391	2,7549	1,65	4,41	-4,75
USA, 1 US$	0,9561	1,0195	0,9814	0,9818	0,9816	0,9873	2,47	6,74	5,78
Ungarn, 100 Ft	0,3369	0,4832	0,4015	0,4016	0,4016	0,4022	0,40	2,49	-5,13

BB BrownBilfiger

BrownBilfiger Inc. ✦ 46 Franklin Lane ✦ California 91608

Heller Natur GmbH
Mr. Kammann
Auf'm Hennekamp 39
40225 Düsseldorf

your ref.	our ref.	date
ka-jb, Jan. 15, 2010	gor	Jan. 28, 2010

Dear Mr. Kammann!

Offer

Thank you for your inquiry. As we have already informed you at the fashion fair "Fashion Week" in Milan, our traditional house provides numerous customers all over the states. Our products are of first-class quality. This fact has been confirmed by many control centres.

Now we want to expand our market all over Europe. For this reason we are able to submit a special offer:

baseball cap with caption "Free your mind",
cap and visor with cotton cover, available colours: black, blue, beige, red,
single-wrapped in cellophane, packet in units of five (minimum unit),
price 5,90 US-$

As you mentioned you intend to provide the caps with your individual label. We are willing to do this for you. If you agree we will sew or embroider the caps with your cloth label. In case of sewing we charge 0,20 US-$ per cap, in case of embroidering 0,25 US-$ per cap. For packing we charge 0,50 US-$ per 5-piece-unit. The cardboard box can easily be disposed of and can be recycled. Our terms of payment are net cash within 60 days, if you remit the account within 20 days after delivery, we allow you a discount of 3 % off list.

We hope, that we could help you with this offer. We would be pleased to receive your order. Should you require any further information, please do not hesitate to contact us.

Yours faithfully

Brown Bilfiger Inc.

Martin L. Gore

Martin L. Gore
Sales assistant manager

Weitere Kosten je 5er-Einheit:
Zoll   5,25 EUR
Seefracht   3,60 US-$
Hausfracht 2,20 EUR

R. Stemberg

Mangoon Textil GmbH ✦ Willhelm-Bluhm-Str. 164 ✦ 30451 Hannover

Heller Natur GmbH
Frau Jensen
Auf'm Hennekamp 39
40225 Düsseldorf

Ihr Zeichen, Ihre Nachricht vom	Unser Zeichen, unsere Nachricht vom	☎ 0511/16581-	Datum
je-ze, 10.02.2010	kl-tz	215 Fr. Klein	17.10.2010

Angebot

Sehr geehrte Frau Jensen,

vielen Dank für Ihre Anfrage. Es hat mich sehr gefreut, dass Sie sich wieder einmal an uns wenden und dass Ihnen unsere Sortimentsausweitung zusagt. Wie Sie aus unserem aktuellen Katalog entnehmen können, haben wir unser Textilkernsortiment um modische Accessoires erweitert.

Im Rahmen der Sortimentausweitung können wir Ihnen folgendes Einführungsangebot unterbreiten:

Baseballcap/Schirmmütze, Art.-Nr. 741-2205,
Baumwollstoff, Farben: Schwarz, Rot, Beige,
Aufdrucke: Star, Boy, Girl, Fan, inkl. Firmenlabel
Nettopreise je Stück: 9,99 EUR (Label-Aufdruck), 10,29 EUR (Label-Aufnähung)

Die Artikel sind einzelverpackt. Die Mindestabnahmemenge beläuft sich auf 500 Stück. Bei Bestellung bis zum 31.03. können Sie noch den Einführungsrabatt von 15 % realisieren. Lieferbedingung: ab Werk; Zahlungsbedingung: 30 Tage netto, 14 Tage 2 % Skonto.

Über eine Auftragsvergabe würden wir uns sehr freuen.

Mit freundlichen Grüßen

Mangoon Textil GmbH

Maria Klein

i. A. Maria Klein

> HAFT IT®
> Weitere Kosten
> je 100 Stück:
> Bahnfracht 85,00 EUR
> Rollgeld 69,00 EUR
> *R. Stemberg*

Mangoon Textil GmbH
Willhelm-Bluhm-Str. 164
30451 Hannover

Postanschrift:
Postfach 418001
30400 Hannover

www.mangoon.com
Tel.: +49 511 177-350
Fax: +49 511 177-358

Handelsregister Hannover,
HRB 7745
Geschäftsführer:
Dr. Martin Klein-Heinrichs

Bankverbindungen:
Commerzbank Bank Hannover,
BLZ 250 400 66, Kto.-Nr. 3258052
Kreissparkasse Hannover,
BLZ 25 050 299, Kto.-Nr. 245 214

Lektion 6: Die Handelskalkulation - Der Gesamtprozess

1. Aufgabe:

Ein Händler erwirbt eine Ware zu folgenden Bedingungen.

Eingangsrechnung des Großhändlers:

3.500 St. einer Ware, Listenpreis 42,70 EUR/St. netto zuzüglich Leihverpackung 2,20 EUR/St. (3.500 St.) netto.

Rabattstaffelung:

Warenwert netto	Rabatt
ab 50.000 EUR	1 %
ab 100.000 EUR	2 %
ab 150.000 EUR	3 %

Zahlungsbedingungen: 3 % Skonto bei Zahlung innerhalb von 14 Tagen, ansonsten 30 Tage Zahlungsziel.

Eingangsrechnung des Spediteurs:

Für den Transport der Ware stellt der Spediteur 3.556,91 EUR brutto in Rechnung.

Gutschriftsanzeige des Großhändlers:

500 St. der Ware wiesen leichte Mängel auf. Der Verkäufer räumt für diese Waren einen Preisnachlass in Höhe von 25 % auf den Zieleinkaufspreis ein.

Gutschriftsanzeige des Großhändlers:

Der Lieferant schreibt die einwandfrei zurückgesandte Leihverpackung gut.

Kontoauszug der Bank:

Ausgleich der Rechnung an den Großhändler unter Abzug von Skonto.

---

a) Buchen Sie die angeführten Geschäftsfälle.

b) Berechnen Sie den Einstandspreis für ein Stück der bezogenen Waren (der Preisnachlass für die mangelhafte Ware soll nicht berücksichtigt werden).

2. Aufgabe:

Für ein Stück der in der ersten Aufgabe bezogenen Waren soll der Listenverkaufspreis kalkuliert werden. Dabei gelten folgende Angaben:

Handlungskostenzuschlagssatz	35 %
Gewinnaufschlag	56 %
Kundenskonto	2 %
Kundenrabatt	5 %

3. Aufgabe:

Berechnen Sie für die in den Aufgaben 1 und 2 bezogenen Waren

a) den Kalkulationszuschlag.
b) die Handelsspanne.

4. Aufgabe:

Die in der ersten Aufgabe bezogenen Waren werden unter den in der zweiten Aufgabe kalkulierten Bedingungen verkauft:

Ausgangsrechnung an eine Kunden:

2.500 St. der Ware werden zum Listenverkaufspreis verkauft. Der Kunde erhält einen Kundenrabatt in Höhe von 5 %. Zahlungsbedingungen: 2 % Skonto bei Zahlung innerhalb von 10 Tagen, innerhalb von 30 Tage netto.

Eingangsrechnung des Spediteurs:

Für den Transport der Ware an den Kunden werden durch den Spediteur 550,00 EUR netto in Rechnung gestellt.

Gutschriftsanzeige an den Kunden:

50 St. der Ware waren stark beschädigt und wurden vom Kunden retourniert.

Kontoauszug der Bank:

Der Kunde gleicht die Rechnung unter Abzug von Skonto aus.

---

a) Buchen Sie die angeführten Geschäftsfälle.

b) Berechnen Sie den Gewinn je Stück für eine Ware, wenn dem Kunden ausnahmsweise ein Rabatt von 8 % (anstatt 5 %) gewährt worden wäre.

5. Aufgabe:

Zu Beginn des Geschäftsjahres wurde im Rahmen der Inventur der Ware (siehe Aufgaben 1 bis 4) ein Anfangsbestand von 5.800 St. bei einem Einstandspreis von durchschnittlich 41,44 EUR/St. erfasst.

Während des Geschäftsjahres wurden - neben dem Einkauf gemäß Aufgabe 1 - 88.400 St. zu einem Einstandspeis von durchschnittlich 41,44 EUR/St. bezogen und - neben dem Verkauf gemäß Aufgabe 4 - 90.100 St. zu den in Aufgabe 2 kalkulierten Listenverkaufspreis verkauft.

a) Buchen Sie

   aa) die Eröffnung des Warenbestandes am Bilanzstichtag.

   ab) den Kauf der Waren während des Geschäftsjahres.

   ac) den Verkauf der Waren während des Geschäftsjahres.

   ad) die Umbuchung der Warenbestandsmehrung bzw. -minderung am Ende des Geschäftsjahres.

   ae) den Abschluss des Kontos Warenbestand am Bilanzstichtag.

b) Ohne die Wareneinkäufe und -verkaufe (Aufgabe 1 bis 4) wiesen die folgenden Konten die angegebenen Salden auf:

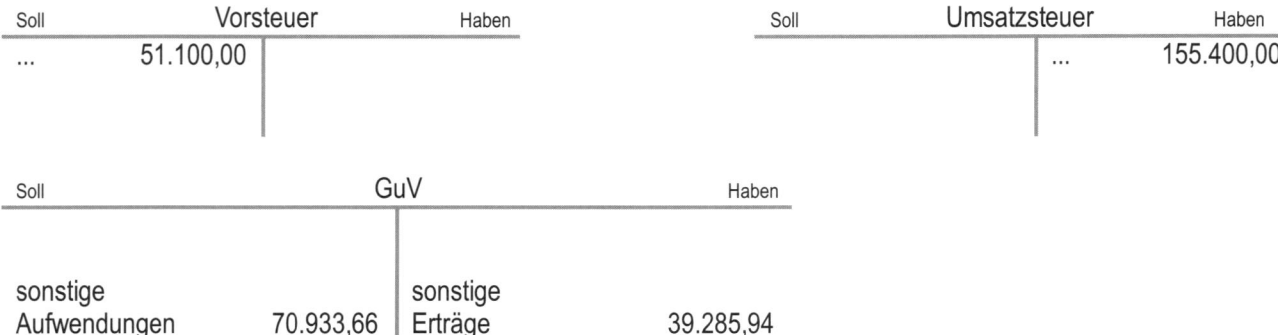

Übertragen Sie die Ergebnisse der Aufgaben 1 bis 3 in die oben abgebildeten Konten und schließen Sie diese ab.

Kapitel 11: Buchungen im Anlagenbereich

Lektion 1: Die buchhalterische Erfassung des Zugangs von Anlagevermögenswerten

Situation

Sie sind als Auszubildende/r in der Finanzbuchhaltung des Bekleidungsherstellers Heller Natur GmbH, Düsseldorf, eingesetzt. Das Unternehmen eröffnet in der Düsseldorfer Innenstadt eine Verkaufsniederlassung („Factory-outlet-store"). In diesem Zusammenhang erhalten Sie einige Beleg.

Aufgaben

Buchen Sie

1. Beleg 1.

2. Beleg 2.

3. Beleg 3.

4. Beleg 4.

5. Beleg 5: Überweisung am ...

    5.1 05.08.2010,

    5.2 06.08.2010,

    5.3 07.08.2010,

    5.4 08.08.2010.

    (*Im Fall des Skontoabzugs ist jeweils die Nettobuchungsmethode anzuwenden.*)

6. Berechnen Sie die Anschaffungskosten für die Verkaufstheke.

7. Berechnen Sie die Höhe der Vorsteuer, die durch den gesamten Beschaffungsvorgang buchhalterisch erfasst wurde.

INFO-TEXT:

Die Beschaffung von Anlagegütern ist vom Bezug von Verbrauchsgütern zu unterscheiden. Während Verbrauchsgüter (z. B. Kopierpapier) im Jahr der Anschaffung als Aufwand erfasst werden können, müssen Anlagegüter als Bestandsmehrung auf dem entsprechenden **Bestandskonto** erfasst werden (z. B. Kopierer, Konto Betriebs- und Geschäftsausstattung). Die Anlagegüter können dann über die betriebsgewöhnliche Nutzungsdauer **abgeschrieben** werden.

Die Buchungen, die im Rahmen der Anschaffung von Anlagegütern anfallen, ähneln denen beim Bezug von Werkstoffen. Zu beachten ist jedoch, dass bei Anlagegütern **keine Unterkonten** (z. B. Bezugskosten, Nachlässe) geführt werden. Sämtliche Wertmehrungen bzw. -minderungen werden auf dem Anlagenkonto erfasst. Dies ist im Übrigen auch bei der buchhalterischen Erfassung des Skontoabzugs der Fall.

Die Abschreibung erfolgt von den so genannten **Anschaffungskosten** des Anlagegutes. Diese setzen sich aus allen Kosten zusammen, die im Rahmen der Beschaffung anfallen (also der Wert des Gutes selbst aber auch sämtliche Nebenkosten wie Anschlusskosten, Dienstleistungen etc.). Die Anschaffungskosten setzen sich somit aus den Werten zusammen, die das Anlagegut zum Zeitpunkt des **betriebsbereiten Zustandes** aufweist.

Nicht zu den Anschaffungskosten gehören die Kosten, die aufgrund der Nutzung des Anlagegutes **regelmäßig wiederkehrend anfallen** (also z. B. Treibstoffkosten oder Kosten für Kfz-Versicherung bei einem Pkw).

Concept GmbH ✦ Postfach 25 14 ✦ 52078 Aachen

Heller Natur GmbH
Einkaufsabteilung
Auf'm Hennekamp 39
40225 Düsseldorf

Concept Ladenausstattung GmbH
- Der Profi für Ladeneinrichtungen -
Besuchen Sie uns virtuell:
www.concept.com
Einkaufen ohne Geschäftszeiten

RECHNUNG

Rechnungs-Nr.	Kunden-Nr.	Aufrags-Nr.	Verkäufer/in	Tel. 0241 - 231 41-	Datum
41001	NW 2552	5254114	Hr. Lohmeier	210	01.08.2010

Wir danken für Ihren Auftrag und berechnen Ihnen wie folgt:

Pos.	Menge	Bezeichnung	Einzelpreis (EUR)	Gesamtpreis (EUR)
01	15 St.	Regalwand „Modern Concept", Korpus Lackweiß, Einlegeböden Titansilber, Art. Nr. 240052	1.899,00	28.485,00
02	1 St.	Verkaufstheke „Studio Concept", Korpus Lackweiß, Oberflächenplatte Steingrau, Art. Nr. 542101	5.899,00	5.899,00
03	48 Std.	Montagekosten zum Verrechnungsstundensatz für drei Monteure für Regalwände 39 Std., für Verkaufstheke 9 Std.	105,00	5.040,00
		Zwischensumme		39.424,00
		- 5 % Rabatt für Neukunden		1.971,20
		Nettowarenwert		37.452,80
		+ 19 % Umsatzsteuer		7.116,03

Ware erhalten am: 12. Juli 2010
Montage erfolgte in Filiale Schadow-
straße 18, 40212 Düsseldorf
Frings

| **Warenwert brutto** | | | | 44.568,83 |

Zahlungsbedingungen: **Zahlbar innerhalb von 30 Tagen ab Rechnungsdatum ohne Abzug, innerhalb 10 Tagen 3 % Skonto auf den Zielverkaufspreis der Ware.**

USt.-Id.-Nr. DE32501147 - St.-Nr. 255/875/52264001

Concept Ladenausstattung GmbH
Postfach 25 14 - Erftstraße 23
52078 Aachen
Telefon: +49 (0) 241 231 41-0
Telefax: +49 (0) 241 231 641-41
Internet: http://www.concept.com

Geschäftszeiten:
Mo.-Fr. 8:00 - 20:30 Uhr
Sa. 9:00 - 14:30 Uhr

Geschäftsführer: Frank Elsenbach
Handelsregister Aachen, HRB 2110

Bankverbindungen:
Sparkasse Aachen
Kto.-Nr. 4110528, BLZ 390 500 00
Dresdner Bank
Kto.-Nr. 24998547, BLZ 390 080 05
Volksbank Aachen Süd
Kto.-Nr. 8900141, BLZ 391 614 90

Schiller GmbH & Co. KG ✦ Pascalstraße 10 - 14 ✦ 70569 Stuttgart

SCHILLER
Elektronische Präzisionsgeräte
Made in Germany

Heller Natur GmbH
Frau Schwetzel
Auf'm Hennekamp 39
40225 Düsseldorf

Schiller? - Stimmt genau!

Rechnung

Rechnungsnummer	Kundennummer	Bestellnummer	Kundenreferenz
7855021	2584451	5841101	Fr. Schwetzel
Verpackungsart	**Verkäufer/in**	**Tel. (07 11) 25 25 --**	**Stuttgart**
Karton	Marlene Franken	152	02.08.2010

Artikelbezeichnung	Menge (St.)	Einzelpreis (EUR/St.)	Gesamtpreis (EUR)
Registrierkasse SCHILLER 2500 CRM,			
vollelektronische Registrierung inkl.			
Warenscanner, 4 bis 20 Bediener,			
Bon-/Journaldruck mit autom. Aufwicklung	2	1.599,00	3.198,00
Anschlusskabel für SCHILLER 2500 CRM	2	209,00	418,00
Tischrechner SCHILLER HR-1500			
mit Drucker, Ausdruck des Firmenlogos			
optional, 10-stellige LCD-Anzeige	6	59,90	359,40
Programmierung Firmenlogo für Drucker			
der Tischrechner HR-1500	6	7,00	42,00

Nettowarenwert (EUR)	Umsatzsteuersatz (in %)	Umsatzsteuer (EUR)	Rechnungsbetrag (EUR)
4.017,40	19	763,31	4.780,71

Rechnung zahlbar innerhalb von 30 Tagen ab Rechnungsdatum, innerhalb 14 Tagen 2 % Skonto.

Schiller GmbH & Co. KG   Fon: 0711 / 25 25-0   Geschäftsführer   Bankverbindungen:
Pascalstraße 10 - 14   Fax: 0711 / 25 36 662   Klaus-Dieter Kleinkämper   Sparda Bank Stuttgart
70569 Stuttgart   Net: www.schiller.net   Amtsgericht Stuttgart HRA 10041   Nr. 2011410, BLZ 600 908 00
                             Trinkaus & Burkhardt
         St-Nr 225/474/8500241   USt-Id-Nr DE52407895   Nr. 10488781, BLZ 600 304 00

Beleg 2

GEBRÜDER WENGER
Düsseldorf • Köln • Bonn • Frankfurt   Büro-Artikel-Megamarkt

Gebrüder Wenger KG ✦ Karlplatz 62 ✦ 40213 Düsseldorf

Heller Natur GmbH
Einkaufsabteilung
Auf'm Hennekamp 39
40225 Düsseldorf

Rechnung

Rechnungsnummer	Kundennummer	Tel. (02 11) 77 00 -	Düsseldorf
25225-02	78455/5851	150	02.08.2010

Pos.	Anzahl	Art.-Bezeichnung	Stückpreis (EUR)	Betrag (EUR)
01	50	Kassenrollen 37,5 mm x 58 m, 1fach, 10er-Pack, Art.Nr. RO 211441	4,69	234,50
02	50	Additionsrollen 57 mm x 40 m, 3fach, 10er-Pack, Art.-Nr. RO 211448	9,88	494,00
03	10	Farbrollen Crap 1 für SCHILLER/CASIO-Registrierkassen, 10er-Pack, Art.Nr. FR 210599	29,95	299,50
04	10	Abroller TESA 566 für Klebeband mit Standfuß und fünf Ersatzrollen	6,99	69,90

Summe Einzelbeträge (EUR)	Verpackungs-kosten (EUR)	Rechnungs-betrag (netto in EUR)	Umsatzsteuer (19 %)	Rechnungsbetrag (brutto in EUR)
1.097,90	- - -	1.097,90	208,60	1.306,50

Rechnungsbetrag zahlbar innerhalb 14 Tagen unter Abzug von 3 % Skonto, innerhalb 30 Tagen ohne Abzug.

Gebrüder Wenger KG	Klaus Theo Wenger	Bankverbindungen:		
Karlplatz 62	Fritz Wenger	Bank 24	Kto. 210 014 -	BLZ 300 700 24
40213 Düsseldorf	Handelsregister Düsseldorf HRA 42558	Stadtsparkasse Düsseldorf	Kto. 521 252 2 -	BLZ 300 501 10
Tel.: 0211 / 77 00 - 0	USt.-Id.-Nr. DE85526003	Postbank Essen	Kto. 604 644 433 -	BLZ 360 100 43
	St.-Nr. 340/247/85662210			

Beleg 3

KEMPFERT SPEDITION ➤➤

Kempfert Spedition GmbH • Vogelheimer Straße 21 • 45346 Essen

Heller Natur GmbH
Einkaufsabteilung
Auf'm Hennekamp 39
40225 Düsseldorf

Ihr Zeichen, Ihre Nachricht vom	Unser Zeichen, unsere Nachricht vom	☎ (02 01) 9 99 -, Name	Datum
	tr-an	42 42, Herr Andresen	04.08.2010

Rechnung Nr. 23554

Auftrag	Leistung	Transportmittel	Gewicht	Preis netto (€)
7850221	Transport von Aachen nach Düsseldorf: Verkaufstheke „Studio Concept" 25 Kolli div. Abmaße, Auftragsnummer: 5254114	LKW	5.140 kg	522,00
4525544	Transport von Düsseldorf nach Düsseldorf: Diverse Büromaterialien im Karton, Auftragsnummer: 25225-02	LKW	25,2 kg	45,30

Netto-Betrag (€)	Umsatzsteuersatz	Umsatzsteuer (€)	Bruttobetrag (€)
567,30	19 %	107,79	675,09

Rechnung innerhalb von 30 Tagen ab Rechnungsdatum zahlbar ohne Abzüge.

Wir arbeiten ausschließlich auf Grund der Allgemeinen Deutschen Spediteurbedingungen (ADSp) neuster Fassung.
Gerichtsstand ist Essen. Zahlungen sind grundsätzlich ohne Abzug zu leisten.
USt.-Id.-Nr. DE85596213 - St.-Nr. 214/332/985541203

Kempfert Spedition GmbH	Tel.: 0201/999-0l	Geschäftsführer:	Bankverbindungen:
Vogelheimer Straße 21	Fax: 0201/999-422	Frank Kempfert, Bärbel Kempfert	Postbank Dortmund, Kto.Nr. 895 452, BLZ 320 200 20
45346 Essen	kempfert@gmx.de	Handelsregister Essen: HRA 21001	Commerzbank Essen Kt.Nr. 285 474 101, BLZ 300 100 10

Beleg 4

| Kontoauszug in EURO | Kontonummer | 604 644 433 | Auszug | 748 | Postbank |
| | Datum | 10.08.2010 | Blatt | 4 | |

Vorgang/Buchungsinformationen	PN-Nummer	Buchung	Wertstellung	Umsatz in Euro
RG-AUSGLEICH CONCEPT				
RG 41001 ABZGL. SKT.	4220	05.08.	05.08.	43.231,77 −
RG-AUSGLEICH SCHILLER				
RG 7855021 ABZGL. SKT.	4220	06.08.	06.08.	4.685,10 −
RG-AUSGLEICH WENGER				
RG 25225-02	4220	07.08.	07.08.	1.267,30 −
RG-AUSGLEICH KEMPFERT SPED.				
RG 23554	4220	08.08.	08.08.	675,09 −

Postbank Essen • D - 45125 Essen

HELLER NATUR GMBH
FINANZBUCHHALTUNG
AUF'M HENNEKAMP 39
40225 DUESSELDORF

Postanschrift:	Direktservice:	Tel.: 01 80 - 30 40 600	Telefax:	(02 01) 22 87 69	Bankleitzahl
Postbank Essen	Telefon-Banking:	Tel.: 01 80 - 30 40 700	E-Mail:	kontakt@postbank.de	360 100 43
45125 Essen	Erreichbarkeit:	7 x 24 Std.	Internet:	http://www.postbank.de	

Beleg 5

AUSZUG AUS DEM HGB:

§ 255 HGB Anschaffungs- und Herstellkosten

(1) Anschaffungskosten sind die Aufwendungen, die geleistet werden, um einen Vermögensgegenstand zu erwerben und ihn in einen betriebsbereiten Zustand zu versetzen, soweit sie dem Vermögensgegenstand einzeln zugeordnet werden können. Zu den Anschaffungskosten gehören auch die Nebenkosten sowie die nachträglichen Anschaffungskosten. Anschaffungspreisminderungen sind abzusetzen.

(2) Herstellungskosten sind die Aufwendungen, die durch den Verbrauch von Gütern und die Inanspruchnahme von Diensten für die Herstellung eines Vermögensgegenstandes, seine Erweiterung oder für seine über seinen ursprünglichen Zustand hinausgehende wesentliche Verbesserung entstehen.

Lektion 2: Die Erfassung des Anlagegutes und Abschreibung

Situation

Sie sind als Auszubildende/r in der Finanzbuchhaltung des Bekleidungsherstellers Heller Natur GmbH, Düsseldorf, eingesetzt. Für die Verkaufsniederlassung, die in der Düsseldorfer Innenstadt eröffnet werden soll, werden Büromöbel benötigt. Der Einkaufsleiter, Herr Schuster, hat bereits eine entsprechende Bestellung getätigt. In diesem Zusammenhang erhalten Sie einige Beleg.

Aufgaben

1. Buchen Sie Beleg 1.

2. Buchen Sie Beleg 2.

3. Buchen Sie Beleg 3.

4. Buchen Sie Beleg 4 (*anzuwenden ist die Nettobuchungsmethode*).

5. Tragen Sie in die Anlagenkarte sämtliche Stammdaten ein. Zu den Stammdaten zählen diejenigen Daten, die bis zum Zeitpunkt des Zugangs des Anlagegutes vorliegen und unverändert bleiben. Für jede Schreibtischkombination wird eine eigene Anlagenkarte angelegt. Es soll zunächst eine lineare Abschreibung über 12 Jahre erfolgen.

6. Tragen Sie in die Anlagenkarte den Verlauf der Abschreibungsbeträge bei linearer Abschreibung ein. Das Geschäftsjahr der Heller Natur GmbH beginnt am 01.01. und endet am 31.12.2010.

INFO-TEXT:

Um einen Überblick über die Gegenstände des Anlagevermögens zu bekommen, legen Unternehmen **Anlagekarteien** bzw. **-dateien** an (Verpflichtung zur Führung eines Abschreibungsplanes für materielle Anlagevermögenswerte gemäß Einkommensteuergesetz). In diese werden sämtliche Daten, die mit dem Anlagegut zusammenhängen, aufgenommen (z. B. Anschaffungsdatum und -kosten, nutzende Kostenstelle, Abschreibungsmethode). Die Anlagenkarteien/-dateien werden sachlich geordnet über die Nutzungsdauer in der Finanzbuchhaltung **aufbewahrt**. Scheidet das Wirtschaftsgut aus dem Unternehmen aus, kann die Kartei/Datei abgeschlossen werden. Wegwerfen darf man sie jedoch nicht, da die 10-jährige **Aufbewahrungsfrist** zu beachten ist.

Ausgehend von den Anschaffungskosten kann das Wirtschaftsgut über die Nutzungsdauer hinweg **abgeschrieben** werden. Hierdurch soll der **Wertverlust**, den der Gegenstand erfährt, erfasst werden. Grundsätzlich kann zwischen drei **Abschreibungsmethoden** gewählt werden: zwischen der **linearen** und der **degressiven** Abschreibung sowie der **Abschreibung nach Leistung**. Bei der linearen Abschreibung errechnen sich die jährlichen Abschreibungsbeträge aufgrund der **betriebsgewöhnlichen Nutzungsdauer**. Diese wird durch Vorgaben des Finanzamtes festgelegt („AfA-Tabellen"). Bei der degressiven Abschreibung, die nur bei beweglichen Wirtschaftsgütern des Anlagevermögens angewendet werden darf, geht man von einem jährlichen Abschreibungssatz aus, der am jeweiligen **Buchwert** ansetzt. Dabei ist zu beachten, dass der Abschreibungssatz **maximal 20 %**[*] betragen darf. Zusätzlich darf der sich ergebende Abschreibungsbetrag nicht größer als der **doppelte lineare** Abschreibungsbetrag sein (Vorgabe des Einkommensteuergesetzes).

Die Abschreibung nach Leistung kann bei beweglichen Wirtschaftsgütern angewandt werden, bei denen sich die **Leistungsabgabe** technisch **ermitteln lässt** (z. B. Pkw: Kilometerleistung).

---

[*] Für die Jahre 2006 und 2007 wurde der maximale AfA-Satz vorübergehend von 20 % auf 30 % angehoben. In den Jahren 2009 und 2010 wurde er dann um 25 % gesenkt. In den Aufgaben wird vereinfachend immer mit einem Satz von 20 % gerechnet, da sich ansonsten in den unterschiedlichen Abschreibungsjahren unterschiedliche Werte ergeben, die den Erkenntnisgewinn erschweren.

Korrespondenz bitte an
Bürkra GmbH   •   Postfach 29 30   •   20095 Hamburg

Rechnungsanschrift:	Lieferanschrift:
Heller Natur GmbH Herrn Manfred Schuster Auf'm Hennekamp 39 40225 Düsseldorf	Heller Natur GmbH Verkaufsfiliale D-Zentrum Schadowstraße 18 40212 Düsseldorf

Nummer	Kunde	Auftrag	Datum	Ihr Zeichen	Seite
274-99522	434069	42115	05.08.2010	M. Schuster	1

Art.-Nr.	Bezeichnung	Menge	Einzelpreis exkl. USt.	Rabatt	Gesamtpreis exkl. USt.	USt.-Satz
910545	LARGO SCHREIBTISCH 160x80 GRAU	10	398,00	39,80	3.582,00	19
910547	LARGO VERBINDUNGSPLATTE GRAU ZU SCHREIBTISCH 910545	10	139,00	13,90	1.251,00	19
910548	LARGO SEITENTISCH GRAU ZU SCHREIBTISCH 910545	10	169,00	16,90	1.521,00	19
910549	LARGO KABELFÜHRUNGSSCHIENE ZU SCHREIBTISCH 910545	10	39,00	3,90	351,00	19
910541	LARGO ROLLCONTAINER 3 AUSZÜGE ZU SCHREIBTISCH GRAU 910545	20	169,00	16,90	3.042,00	19
000000	EINLÖSUNG NEUKUNDENGUTSCHEIN				86,21	19

Alle Preise in EURO

Herzlichen Dank für Ihre Bestellung bei
Bükra. Wir sind gern für Sie da:
Montag - Freitag 8:00 bis 20:00 Uhr,
Samstag 9:00 bis 16:00 Uhr.
Kostenlose Bestellhotline: 0800 / 404 30 30
Online-Shop: www.bükra.de

Gesamtsumme exkl. USt.	USt.-satz	USt. Betrag	Gesamtsumme inkl. USt.
9.660,79 €	19 %	1.835,55 €	11.496,34 €
0,00 €	7 %	0,00 €	0,00 €

**Rechnungsbetrag fällig innerhalb 30 Tagen ab Rechnungs-
datum, innerhalb 14 Tagen unter Abzug von 2 % Skonto.**

Es gelten unsere Allgemeinen Geschäftsbedingungen, Firma: International Product Sourcing Group BVBA
Mit Sitz in: Avenue Frederique Debrouxlaan 17, B-1160 Brüssel, Handelsregisternummer 741104.
Zahlungen bitte an: Bükra, Commerzbank • BLZ 200 400 00 • Kto. 333 799 905 • Deutsche USt-Ident-Nr. DE 584114142 • Steuer-Nr. 41.677.0251.5

Beleg 1

Kempfert Spedition GmbH • Vogelheimer Straße 21 • 45346 Essen

Heller Natur GmbH
Einkaufsabteilung
Auf'm Hennekamp 39
40225 Düsseldorf

Ihr Zeichen, Ihre Nachricht vom	Unser Zeichen, unsere Nachricht vom	☎ (02 01) 9 99 -, Name	Datum
	tr-an	4242, Herr Andresen	04.08.2010

Rechnung Nr. 23554

Auftrag	Leistung	Transportmittel	Gewicht	Preis netto (EUR)
7850221	Transport von Hamburg nach Düsseldorf: Diverse Büromöbel, 96 Kolli, Auftragsnummer: 274-99522	Bahn/LKW	Pauschal	1.780,00

Netto-Betrag (EUR)	Umsatzsteuersatz	USt. (EUR)	Bruttobetrag (EUR)
1.780,00	19 %	338,20	2.118,20

Rechnung innerhalb von 30 Tagen ab Rechnungsdatum zahlbar ohne Abzüge.

Wir arbeiten ausschließlich auf Grund der Allgemeinen Deutschen Spediteurbedingungen (ADSp) neuster Fassung.
Gerichtsstand ist Essen. Zahlungen sind grundsätzlich ohne Abzug zu leisten.
USt.-Id.-Nr. DE85596213 - St.-Nr. 214/332/985541203

Kempfert Spedition GmbH	Tel.: 0201/999-0l	Geschäftsführer:	Bankverbindungen:
Vogelheimer Straße 21	Fax: 0201/999-422	Frank Kempfert, Bärbel Kempfert	Postbank Dortmund, Kto.Nr. 895 452, BLZ 320 200 20
45346 Essen	kempfert@gmx.de	Handelsregister Essen: HRA 21001	Commerzbank Essen Kt.Nr. 285 474 101, BLZ 300 100 10

Beleg 2

Heller Natur GmbH • Auf'm Hennekamp 39 • 40225 Düsseldorf

Bükra GmbH
Frau Gerhardts
Postfach 29 30
20095 Hamburg

Ihr Zeichen, Ihre Nachricht vom	Unser Zeichen, unsere Nachricht vom	☎ 0211/458-	Datum
tz-ge, 05.08.2010	ne-sh	211 Hr. Schuster	12.08.2010

Mängelrüge

Sehr geehrte Frau Gerhardts,

wie heute bereits telefonisch mit Ihnen besprochen ist Ihre Lieferung mit der Auftrags-
nummer 42115 mangelhaft. Wir hatten bei Ihnen diverse Teile des Schreibtischpro-
gramms LARGO in Grau bestellt. Geliefert wurden uns jedoch sämtliche Teile in Buche
natur. Es liegt somit ein Mangel in der Art vor.

Um die Kosten und den Zeitaufwand, der durch einen Austausch der Artikel entstehen
würde, zu vermeiden haben wir uns darauf geeinigt, dass wir die Büroartikel behalten.
Wir erhalten von Ihnen im Gegenzug einen Preisnachlass in Höhe von 12 % auf den Warenwert.

Bei unserem Rechnungsausgleich werden wir den Nachlass entsprechend berücksichtigen.

Wir hoffen, dass derartige Fehler nicht mehr auftreten werden.

Mit freundlichem Gruß

Heller Natur GmbH

Michael Schuster

Michael Schuster
Einkaufsleiter

Heller Natur GmbH	Firmensitz und Registergericht:	Bankverbindungen:	Deutsche Bank AG Düsseldorf
Auf'm Hennekamp 39	Düsseldorf HRB 89978		BLZ 340 400 00
40225 Düsseldorf	USt.-Id.-Nr. DE45875801		Kto. 745 211 233
	St.-Nr. 481/330/788540		Postbank Essen
Telefon (0211) 458 0			BLZ 360 100 43
Telefax (0211) 457780	Geschäftsführer: Dr. Dieter Mertens		Kto. 604 644 433

Beleg 3

Kontoauszug in EURO	Kontonummer	604 644 433	Auszug 699	Postbank
	Datum	15.08.2010	Blatt 3	

Vorgang/Buchungsinformationen	PN-Nummer	Buchung	Wertstellung	Umsatz in Euro
RG-AUSGLEICH BUEKRA				
RG 274-99522 ABZGL. SKT.	4220	14.08.	14.08.	9.902,38 -

Postbank Essen ◆ D - 45125 Essen

HELLER NATUR GMBH
FINANZBUCHHALTUNG
AUF'M HENNEKAMP 39
40225 DUESSELDORF

Postanschrift:	Direktservice:	Tel.: 01 80 - 30 40 600	Telefax:	(02 01) 22 87 69	Bankleitzahl
Postbank Essen	Telefon-Banking:	Tel.: 01 80 - 30 40 700	E-Mail:	kontakt@postbank.de	360 100 43
45125 Essen	Erreichbarkeit:	7 x 24 Std.	Internet:	http://www.postbank.de	

Beleg 4

Datei-/Kartei Büromöbel			HELLER NATUR
Inventar-Nr.: 36 541 (lfd. Nr.)	**Bezeichnung:**	**Kostenstelle:**	**Anschaffungskosten:**
Anlagenkonto:	**Abschreibungskonto:**	**Abschreibungsbeginn:**	**Wiederbeschaff.kosten:** (110 % der Anschaffungskosten)

Nutzungsdauer (lt. AfA-Tabelle):   **Bilanzielle Abschreibung** (Afa-Satz entsprechend Nutzungsdauer bzw. AfA-Tabelle):

linear: degressiv:

Abschr.jahr	Datum	Jahres-AfA (EUR)	Summe AfA (EUR)	Buchwert (EUR)
1.				
2.				
3.				
4.				
5.				
6.				
7.				
8.				
9.				
10.				
11.				
12.				
13.				

Lektion 3: Die Wahl der Abschreibungsmethode

Situation

Sie sind als Auszubildende/r in der Finanzbuchhaltung des Bekleidungsherstellers Heller
Natur GmbH, Düsseldorf, eingesetzt. Das Unternehmen hat eine Verkaufsniederlassung in der
Düsseldorfer Innenstadt eröffnet. Die angeschafften Anlagevermögenswerte sollen nun am Ende
des Geschäftsjahres abgeschrieben werden. Sie
sollen dabei aktiv mithelfen, indem Sie die nachfolgenden Aufgaben lösen.

Aufgaben

1. Erläutern Sie, warum ein Unternehmen eine
   Abschreibung am Anlagevermögen durchführt
   bzw. durchführen sollte.

2. Buchen Sie Beleg 1.

3. Buchen Sie Beleg 2.

4. Buchen Sie Beleg 3.

5. Buchen Sie Beleg 4.

6. Buchen Sie Beleg 5 (Nettobuchungsverfahren).

7. Füllen Sie die Anlagenkarte in der Anlage für
   die Außenwerbung komplett aus. Gehen Sie
   zunächst davon aus, dass die Außenwerbung
   über 12 Jahre linear abgeschrieben wird.

8. Erstellen Sie eine neue Abschreibungstabelle.
   Die Außenwerbung soll nun über 12 Jahre
   degressiv zum höchst zulässigen Abschreibungssatz*) abgeschrieben werden.

9. Zeigen Sie auf, in welchem Jahr der Wechsel
   von der degressiven zur linearen Abschreibung sinnvoll wäre.

INFO-TEXT:

Die Abschreibung von Anlagegütern

In der Regel wird ein Wirtschaftsgut im Laufe des
Geschäftsjahres angeschafft. Offensichtlich kann
im Jahr der Anschaffung somit nur in Ausnahmefällen der Jahresabschreibungsbetrag in voller
Höhe abgeschrieben werden. Abhängig vom An-
schaffungszeitpunkt wird vielmehr eine **zeitanteilige Abschreibung** durchgeführt. Dies bedeutet,
dass für jeden Nutzungsmonat $\frac{1}{12}$ des Jahres-
abschreibungsbetrages anzusetzen sind. Der
Monat der Anschaffung wird dabei voll angerech-
net. **Beim Ausscheiden eines Wirtschaftsgutes wird der Monat des Ausscheidens bei der
Abschreibung nicht berücksichtigt.**

Werden Anlagegüter während der betriebsgewöhnlichen Nutzungsdauer veräußert, so muss
im Jahr des Verkaufs ebenfalls eine **zeitanteilige
Abschreibung** erfolgen. Für jeden Nutzungsmonat sind in diesem Fall wiederum $\frac{1}{12}$ des Jahres-
abschreibungsbetrages anzusetzen. Der Monat
des Verkaufs wird dabei mitgerechnet.

Liegt beim Verkauf der Buchwert über dem realisierten Verkaufswert, so kann der Differenzbetrag
(„**Buchverlust**" durch Verkauf unter Buchwert)
ebenfalls **außerplanmäßig abgeschrieben** werden. Liegt hingegen ein Verkauf über Buchwert
vor, ist der Differenzbetrag als **außerordentli-
cher Ertrag** buchhalterisch zu erfassen.

Bei einer Verschrottung von Anlagevermögenswerten während der betriebsgewöhnlichen Nutzungsdauer ist der Wertverlust analog als **außerplanmäßige Abschreibung** zu erfassen.

ELEKTRO INGO KOLD

Elektrohandlung I. Kold OHG • Hauptstr. 24 • 40764 Langenfeld

Heller Natur GmbH
Herr Werner
Schadowstraße 18
40212 Düsseldorf

Ihr Zeichen, Ihre Nachricht vom re-we, 15. Dez. 2009	Unser Zeichen, unsere Nachricht vom tz-pe, 12. Jan. 2010	☎ 02173 1254- Name 121, Frau Pecher	Datum 18. Jan. 2010

Rechnung/Auftrag 25545-001

Sehr geehrter Herr Werner,

in der Zeit vom 15. Dez. 2009 bis zum 17. Jan. 2010 brachten wir in Ihrer Verkaufsniederlassung Schadowstraße 18, Düsseldorf-Zentrum eine Außenwerbung an. Wir erlauben uns Ihnen daher folgende Kosten in Rechnung zu stellen:

Pos.	Bezeichnung	Einzelwert	Menge	Gesamtwert
01	Beleuchtbarer Werbekasten, Art. Nr. 414512	12.200,00 EUR	1 St.	12.200,00 EUR
02	Wandhalterung für Art. Nr. 414512	3.600,00 EUR	1 St.	3.600,00 EUR
03	Diverse Montagematerialien lt. Detailliste in der Anlage	2.880,00 EUR		2.880,00 EUR
04	Montageaufwand, 90,00 EUR je Verrechnungsstunde und Mitarbeiter	90,00 EUR	5,4 Std.	486,00 EUR

Zwischensumme	19.166,00 EUR
abzgl. 5 % Sonderrabatt auf den Warenwert	934,00 EUR
Netto-Rechnungsbetrag	18.232,00 EUR
zuzgl. 19 % Umsatzsteuer	3.464,08 EUR
Brutto-Rechnungsbetrag	21.696,08 EUR

Bitte überweisen Sie den Rechnungsbetrag bis zum 18. Feb. 2010 netto oder bis zum 2. Febr. 2010 unter Abzug von 3 % Skonto. Für Ihren Auftrag danken wir Ihnen.

Mit freundlichem Gruß

Elektro Ingo Kold OHG

i. A. *Petra Pecher*

Petra Pecher

Elektrohandlung Ingo Kold OHG Hauptstr. 24 9852136651 40764 Langenfeld	Tel.: 02173 1254-0 Fax: 02173 15522 Net: www.ingokoldelektro.de Gesellschafter: Marco Kold, Ingo Kold	Bankverbindungen: Stadtsparkasse Langenfeld (BLZ 375 517 80) Kto.-Nr. Stadtsparkasse Köln (BLZ 370 501 98) Kto.-Nr. 45872012
Rechtsform des Gesellschaft: Offene Handelsgesellschaft USt.-Id.-Nr. DE163540122	Sitz der Gesellschaft: Langenfeld St.-Nr. 363/481/214887	Registergericht: HRA 4579, Amtsgericht Langenfeld Finanzamt Langenfeld

Beleg 1

Kempfert Spedition GmbH • Vogelheimer Straße 21 • 45346 Essen

Heller Natur GmbH
Verkaufsniederlassung
Schadowstraße 18
40212 Düsseldorf

Ihr Zeichen, Ihre Nachricht vom	Unser Zeichen, unsere Nachricht vom	☎ (02 01) 9 99 -, Name	Datum
	tr-an	42 42, Herr Andresen	20.01.2010

Rechnung Nr. 27458

Auftrag	Leistung	Transportmittel	Gewicht	Preis netto (EUR)
7995210	Transport von Langenfeld (Rld.) nach Ratingen: Außenwerbung, verpackt Auftragsnummer: 25545-001	LKW	Pauschal	380,00
	Transport von Ratingen nach Düsseldorf-Zentrum, Außenwerbung, verpackt Auftragsnummer: 25545-001	LKW	Pauschal	380,00

Netto-Betrag (EUR)	Umsatzsteuersatz	USt. (EUR)	Bruttobetrag (EUR)
760,00	19 %	144,40	904,40

Rechnung innerhalb von 30 Tagen ab Rechnungsdatum zahlbar ohne Abzüge.

Wir arbeiten ausschließlich auf Grund der Allgemeinen Deutschen Spediteurbedingungen (ADSp) neuster Fassung.
Gerichtsstand ist Essen. Zahlungen sind grundsätzlich ohne Abzug zu leisten.

Kempfert Spedition GmbH	Tel.: 0201/999-0l	Geschäftsführer:	Bankverbindungen:
Vogelheimer Straße 21	Fax: 0201/999-422	Frank Kempfert, Bärbel Kempfert	Postbank Dortmund, Kto.Nr. 895 452, BLZ 320 200 20
45346 Essen	kempfert@gmx.de	Handelsregister Essen: HRA 21001	Commerzbank Essen Kt.Nr. 285 474 101, BLZ 300 100
10			
Rechtsform des Gesellschaft:	Sitz der Gesellschaft:	Registergericht:	Geschäftsführer:
GmbH	Essen	HRB 33521, Amtsgericht Essen	Dipl.Kfm. Dr. Martin Seifert
USt.-Id.-Nr. DE163854071	St.-Nr. 413/352/588041	Finanzamt Essen	

Beleg 2

DRUCKTECHNIK NADLER UND KUNTZ

Wir machen einen guten Eindruck

REPRO - LITHO - OFFSET - OVERLAY - FOLIEN - SCHILDER - PLAKATE

Nadler und Kuntz OHG • Bahnstraße 57 • 40878 Ratingen

Erreichbar von Mo. - Fr. von 8:00 bis 17:00 Uhr
und am Sa. von 9:00 bis 14:00 Uhr

| Ort: | Bahnstraße 57, 40878 Ratingen |
| Tel: | 02102 715220 |

Heller Natur GmbH
Verkaufsniederlassung
Schadowstraße 18
40212 Düsseldorf

24 Stunden erreichbar unter:

Fax:	02102 7155257
Web:	www.nadler-kuntz.de
E-Mail:	nadler-kuntz@aol.de

Rechnung

Rechnungsnummer	Auftrag	Kunden-Nr.	Datum
457410	457410	892-25441	21. Jan. 2010

Leistung	Menge	Einzelpreis (EUR)	Gesamtpreis (EUR)
Vierfarbdruck Firmenlogo „Heller Natur" lt. Vorlage für Außenwerbung	1	2.499,00	2.499,00
Aufbringung Firmenlogo auf Außenwerbekasten	1	249,00	249,00

Rechn.betrag netto	Umsatzsteuer	USt.-Satz	Rechn.betrag (brutto)
2.748,00 EUR	522,12 EUR	19 %	3.270,12 EUR

Zahlungsbedingungen: 30 Tage ab Rechnungsdatum netto, 14 Tage 3 %.

Nadler & Kuntz OHG
Bahnstraße 57 - Postfach 4254
40878 Ratingen - Tel: 02102 715220
Gesellschafter: Karl Heinz Nadler, Dieter Kuntz
Handelsregister Mettmann HRA 541201
USt.-Id.-Nr. DE455708511, St.-Nr. 344/854/300211

Bankverbindungen:
Sparkasse Ratingen (BLZ 301 516 60)
Kto.-Nr. 42588740
Commerzbank Düsseldorf (BLZ 300400 00)
Kto.-Nr. 601241447
Finanzamt Ratingen

Wir machen einen guten Eindruck

Beleg 3

ELEKTRO INGO KOLD

Elektrohandlung I. Kold OHG • Hauptstr. 24 • 40764 Langenfeld

Heller Natur GmbH
Herr Werner
Schadowstraße 18
40212 Düsseldorf

Ihr Zeichen, Ihre Nachricht vom	Unser Zeichen, unsere Nachricht vom	☎ 02173 1254- Name	Datum
re-we, 22. Dez. 2009	tz-pe, 18. Jan. 2010	121, Frau Pecher	25. Jan. 2010

Reaktion auf Mängelrüge

Sehr geehrter Herr Werner,

mit großem Bedauern haben wir Ihre Mängelrüge bezüglich der von uns installierten Außenwerbung zur Kenntnis genommen.

Nachdem Sie uns über den Mangel informierten, sind wir unverzüglich tätig geworden. Unsere Monteure haben festgestellt, dass in der Außenwerbung Leuchtkörper mit zu geringer Leistung eingebaut wurden. Hierdurch wurde die geringe Leuchtkraft der aufgedruckten Schriften ausgelöst. Die falschen Leuchtkörper wurden ausgebaut und durch passende ersetzt. Der Fehler wurde somit nicht, wie zuvor vermutet, durch einen fehlerhaften Werbeaufdruck verursacht.

Wir können uns gut vorstellen, dass die geringe Leuchtkraft der Außenwerbung Ihnen am Tag der Eröffnung und an den darauf folgenden Tagen nicht viel Freude bereitet hat. Wir bitten den Fehler zu entschuldigen. Um Ihren Ärger ein wenig zu lindern haben wir uns entschlossen, Ihnen eine Gutschrift in Höhe von 1.000,00 EUR zzgl. Umsatzsteuer zu gewähren, die Sie bitte beim Ausgleich unserer Rechnung ansetzen.

Wir bitten nochmals, den Fehler zu entschuldigen und hoffen, dass Sie auch in Zukunft unsere Dienste nutzen werden.

Mit freundlichem Gruß

Elektro Ingo Kold OHG

i. A. *Petra Pecher*

Petra Pecher

Elektrohandlung Ingo Kold OHG
Hauptstr. 24
9852136651
40764 Langenfeld

Tel.: 02173 1254-0
Fax: 02173 15522
Net: www.ingokoldelektro.de
Gesellschafter: Marco Kold, Ingo Kold

Bankverbindungen:
Stadtsparkasse Langenfeld (BLZ 375 517 80) Kto.-Nr.
Stadtsparkasse Köln (BLZ 370 501 98) Kto.-Nr. 4587 2012

Rechtsform des Gesellschaft:
Offene Handelsgesellschaft
USt.-Id.-Nr. DE163540122

Sitz der Gesellschaft:
Langenfeld
St.-Nr. 363/481/214887

Registergericht:
HRA 4579, Amtsgericht Langenfeld
Finanzamt Langenfeld

Beleg 4

Kontoauszug in EURO		Kontonummer	604 644 433	Auszug 642		Postbank
		Datum	28.01.2010	Blatt 1		

Vorgang/Buchungsinformationen	PN-Nummer	Buchung	Wertstellung	Umsatz in Euro
RG-AUSGLEICH KOLD OHG				
RG 25545-001 ABZGL. SKT.	4220	27.01.	27.01.	19.890,90 –

Postbank Essen • D - 45125 Essen

HELLER NATUR GMBH
FINANZBUCHHALTUNG
AUF'M HENNEKAMP 39
40225 DUESSELDORF

Postanschrift:	Direktservice:	Tel.: 01 80 - 30 40 600	Telefax:	(02 01) 22 87 69	Bankleitzahl
Postbank Essen	Telefon-Banking:	Tel.: 01 80 - 30 40 700	E-Mail:	kontakt@postbank.de	360 100 43
45125 Essen	Erreichbarkeit:	7 x 24 Std.	Internet:	http://www.postbank.de	

Beleg 5

INFO-TEXT: *Der Wechsel von der degressiven zur linearen Abschreibung*

Im Gegensatz zur linearen Abschreibung können bei Anwendung der degressiven Abschreibungsmethode in den ersten Nutzungsjahren höhere Abschreibungsbeträge angesetzt werden. Im Maximalfall ist der Abschreibungsbetrag doppelt so hoch. Im Laufe der Zeit sinken die Abschreibungsbeträge jedoch und ab einem bestimmten Zeitpunkt fallen sie sogar unter die der linearen Abschreibung. Des Weiteren führt die degressive Abschreibung dazu, dass am Ende der Nutzungsdauer noch ein relativ hoher Buch-/Restwert vorhanden ist. Um die Abschreibung nun nicht bis ins endlose fortzuführen, wird dann meist der Restwert am Ende des letzten Jahres der Nutzungsdauer voll abgeschrieben. Dies hat zur Folge, dass im Vergleich zu den Vorjahren ein sehr hoher Abschreibungsbetrag anfällt.

Um die Nachteile mit den Vorteilen der degressiven Abschreibung zu verbinden kann man zunächst ein Wirtschaftsgut degressiv abschreiben. Ab einem bestimmten Zeitpunkt kann dann ein Übergang zur linearen Abschreibung stattfinden. Der vorhandene Restwert wird dann linear über die Restnutzungsdauer abgeschrieben.

Die Frage ist nun, ab welchem Zeitpunkt der Wechsel von der degressiven zur linearen Abschreibung sinnvoll ist. Zu beachten ist, dass bei dieser Entscheidung nicht ein direkter Vergleich zwischen der linearen und der degressiven Abschreibung durchgeführt wird.

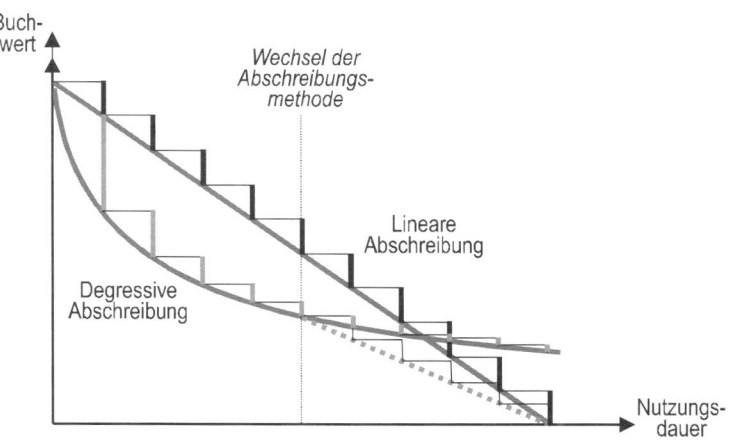

Der Wechsel ist vielmehr zu dem Zeitpunkt sinnvoll, bei dem die fortgeführten Abschreibungsbeträge unter denen der linearen Abschreibung des aktuell vorliegenden Restbuchwertes liegen. Diesen Zeitpunkt kann man auch mit folgender Formel einfach bestimmen:

$$\text{Übergangszeitpunkt} = \frac{\text{betriebsgewöhnliche}}{\text{Nutzungsdauer}} - \frac{100}{\text{degressiver Abschreibungssatz}}$$

Datei-/Kartei Geschäftsausstattung			HELLER NATUR
Inventar-Nr.: 36 543 (lfd. Nr.)	**Bezeichnung:**	**Kostenstelle:**	**Anschaffungskosten:**
Anlagenkonto:	**Abschreibungskonto:**	**Abschreibungsbeginn:**	**Wiederbeschaff.kosten:** (110 % der Anschaffungskosten)

Nutzungsdauer (lt. AfA-Tabelle): **Bilanzielle Abschreibung** (Afa-Satz entsprechend Nutzungsdauer bzw. AfA-Tabelle):
linear: degressiv:

Abschr.jahr	Datum	Jahres-AfA (EUR)	Summe AfA (EUR)	Buchwert (EUR)
1.				
2.				
3.				
4.				
5.				
6.				
7.				
8.				
9.				
10.				
11.				
12.				
13.				

Lektion 4: Die Abschreibung nach Leistung

Situation

Sie sind als Auszubildende/r in der Finanzbuchhaltung des Bekleidungsherstellers Heller Natur GmbH, Düsseldorf, eingesetzt. Das Unternehmen hat eine Verkaufsniederlassung in der Düsseldorfer Innenstadt eröffnet. Für den schnellen Transport von Bekleidungsstücken zwischen dem Unternehmen und der Verkaufsniederlassung wurde ein Pkw angeschafft. Der Beschaffungsvorgang wird durch die Belege in der Anlage dokumentiert.

Aufgaben

1. Bilden Sie den Buchungssatz
    1.1 zu Beleg 1.
    1.2 zu Beleg 2.
    1.3 zu Beleg 3 und 4.
    1.4 für den Ausgleich der Rechnungen (Beleg 1 und Beleg 2) unter Berücksichtigung der Inzahlungnahme (Beleg 3) unter Abzug von Skonto (ohne Beleg).

2. Ermitteln Sie
    2.1 die Anschaffungskosten des neuen Pkw.
    2.2 die Veränderung der Umsatzsteuerzahllast, die sich durch den gesamten Vorgang ergibt.

3. Der neu angeschaffte Pkw soll leistungsabhängig abgeschrieben werden. Es wird davon ausgegangen, dass die Maximalleistung 150.000 km beträgt. Füllen Sie die Anlagenkarte entsprechend aus.

INFO-TEXT:

Die leistungsabhängige Abschreibung

Bei beweglichen Wirtschaftsgütern des Anlagevermögens kann eine so genannte leistungsabhängige Abschreibung durchgeführt werden, wenn ein Nachweis der jährlichen **Leistungsinanspruchnahme** möglich ist.

Im Gegensatz zur linearen und zur degressiven Abschreibung, bei der vor dem Abschreibungsbeginn die **betriebsgewöhnliche Nutzungsdauer** festgelegt werden muss, wird bei der Abschreibung nach Leistung die **Maximalleistung** des Vermögensgutes während seiner Nutzbarkeit geschätzt.

Der Abschreibungswert je Leistungseinheit wird sodann mit folgender Formel berechnet:

$$\text{Abschreibungsbetrag je Leistungseinheit} = \frac{\text{Anschaffungskosten}}{\text{Maximalleistung}}$$

Die Erfassung der Leistung eines Wirtschaftsgutes kann dabei auf unterschiedliche Weise erfolgen. Typische Beispiele sind:

Wirtschaftsgut	Leistungsmessung
Pkw, Lkw	Fahrleistung in Kilometer
Maschinen	Maschinenlaufzeit in Stunden
	Hubvorgänge bei Pressen
	Umdrehungen
	produzierte Einheiten

Die jährliche Abschreibungshöhe wird dann ermittelt, in dem man den Abschreibungsbetrag je Leistungseinheit mit der tatsächlich **vorliegenden Leistung** gemessen in Leistungseinheiten multipliziert.

JAPANAUTOMOBILHANDEL

Japan Automobil Handel GmbH - Wipperauer Str. 143 - 42699 Solingen

Heller Natur GmbH
Herr Werner
Schadowstraße 18
40212 Düsseldorf

Rechnung

Rechnungsnummer	**Kundennummer**		**Solingen**
2536200	452581		12.01.2010

Gemäß Ihrem Auftrag vom   15. Dez. 2009
führten wir unten stehenden Auftrag am   05. Jan. 2010   aus.

Position	Art.-Nr.	Menge	Einzelpreis	Gesamtpreis
HONDA CRX 4Wheel 2,2 lt. Auftragsbestätigung		1		22.500,00 EUR
Navigationssystem BLAUPUNKT XP-5001 inkl. Montage		1		608,00 EUR

Rechnung zahlbar innerhalb von 14 Tagen ab Rechnungsdatum
unter Abzug von 2 % Skonto, innerhalb von 30 Tagen ohne Abzug netto.

Zwischensumme	**USt-Satz**	**USt**	**Endbetrag**
23.108,00 EUR	19 %	4.390,52 EUR	27.498,52 EUR

JAH Japan Automobil Handel GmbH   Tel: 0212 65146-0   Geschäftsführer: Bankverbindung:
Wipperauerstr. 143   Fax: 0212 654412   Dirk Klages, Solingen   Postbank Essen, Kto.-Nr. 6044 49-422, BLZ 360 100 43
42699 Solingen   www.japanautos.com   Maike Hofer, Düsseldorf   Commerzbank Solingen, Kto.-Nr. 255 144 128, BLZ 342 400 50
USt.-IdNr.: DE 125887   HRB 425525 Solingen
St.-Nr. 344/713/585874

Beleg 1

Japan Automobil Handel GmbH - Wipperauer Str. 143 - 42699 Solingen

Heller Natur GmbH
Herr Werner
Schadowstraße 18
40212 Düsseldorf

Rechnung

Rechnungsnummer	Kundennummer		Solingen
2536598	452581		14.01.2010

Gemäß Ihrem Auftrag vom   02. Jan. 2010
führten wir unten stehenden Auftrag am   05. Jan. 2010   aus.

Position	Art.-Nr.	Menge	Einzelpreis	Gesamtpreis
Spezialaufkleber mit Firmenlogo lt. Vorlagesatz		3	590,00 EUR	1.770,00 EUR
Anbringen von Spezialaufkleber mit Firmenlogo Fahrer/Beifahrertür		1		152,00 EUR

Rechnung zahlbar innerhalb von 14 Tagen ab Rechnungsdatum
unter Abzug von 2 % Skonto, innerhalb von 30 Tagen ohne Abzug netto.

Zwischensumme	USt-Satz	USt	Endbetrag
1.922,00 EUR	19 %	365,18	2.287,18 EUR

JAH Japan Automobil Handel GmbH   Tel: 0212 65146-0   Geschäftsführer: Bankverbindung:
Wipperauerstr. 143   Fax: 0212 654412   Dirk Klages, Solingen   Postbank Essen, Kto.-Nr. 6044 49-422, BLZ 360 100 43
42699 Solingen   www.japanautos.com   Maike Hofer, Düsseldorf   Commerzbank Solingen, Kto.-Nr. 255 144 128, BLZ 342 400 50
USt.-IdNr.: DE 125887   HRB 425525 Solingen
St.-Nr. 344/713/585874

Beleg 2

Heller Natur GmbH • Auf'm Hennekamp 39 • 40225 Düsseldorf

JAH Japan Automobil Handel GmbH
Herrn Mintrop
Wipperauerstr. 143
42699 Solingen

Ihr Zeichen, Ihre Nachricht vom	Unser Zeichen, unsere Nachricht vom	☎ 0211/458-	Datum
	ne-sh	211 Hr. Schuster	16.01.2010

Rechnung Nr. 40001-10, Inzahlungnahme eines gebrauchten Pkw

Sehr geehrter Herr Mintrop,

wie heute in Ihrem Verkaufsraum besprochen nehmen Sie folgenden gebrauchten Pkw in Zahlung:

Mitsubishi Colt C42, silbermet., Baujahr 2005

Der Pkw wurde heute von Ihnen übernommen. Als Kaufpreis wurden **2.500,00 EUR** netto vereinbart (siehe Kopie des Kaufvertrags in der Anlage).

Wir werden den Betrag mit Ihrer Rechnung Nr. 2536200 vom 12. Jan. 2010 verrechnen.

Mit freundlichem Gruß

Heller Natur GmbH
Michael Schuster

Michael Schuster
Einkaufsleiter

Heller Natur GmbH	Firmensitz und Registergericht:	Bankverbindungen:	Deutsche Bank AG Düsseldorf
Auf'm Hennekamp 39	Düsseldorf HRB 89978		BLZ 340 400 00
40225 Düsseldorf	Geschäftsführer:		Kto. 745 211 233
	Dr. Dieter Mertens, Marianne Gerfurth		Postbank Essen
Telefon (0211) 458 0	USt.-IdNr.: DE 58774		BLZ 360 100 43
Telefax (0211) 457780	St.-Nr.: 422/874/899541		Kto. 604 644 433

Beleg 3

Datei-/Kartei Fuhrpark			HELLER NATUR
Inventar-Nr.: 36 592 (lfd. Nr.)	**Bezeichnung:** Mitsubishi Colt C42	**Kostenstelle:** Vertriebsabt. OI/V	**Anschaffungskosten:** 16.576,08 EUR
Anlagenkonto: 0840	**Abschreibungskonto:** 6520	**Abschreibungsbeginn:** 01.01.2005	**Wiederbeschaff.kosten:** 18.233,69 EUR (110 % der Anschaffungskosten)

Nutzungsdauer (lt. AfA-Tabelle):   **Bilanzielle Abschreibung** (AfA-Satz entsprechend Nutzungsdauer bzw. AfA-Tabelle):

linear: 12,5 %   degressiv: – – –

Abschr.jahr	Datum	Jahres-AfA (EUR)	Summe AfA (EUR)	Buchwert (EUR)
1.	31.12.2005	2.072,01	2.072,01	14.504,07
2.	31.12.2006	2.072,01	4.144,02	12.432,06
3.	31.12.2007	2.072,01	6.216,03	10.360,05
4.	31.12.2008	2.072,01	8.288,04	8.288,04
5.	31.12.2009	2.072,01	10.360,05	6.216,03
6.				

Beleg 4

Datei-/Kartei Fuhrpark			HELLER NATUR
Inventar-Nr.: 36 595 (lfd. Nr.)	**Bezeichnung:**	**Kostenstelle:**	**Anschaffungskosten:**
Anlagenkonto:	**Abschreibungskonto:**	**Abschreibungsbeginn:**	**Wiederbeschaff.kosten:** (110 % der Anschaffungskosten)

Nutzungsdauer (lt. AfA-Tabelle):   **Bilanzielle Abschreibung** (Afa-Satz entsprechend Nutzungsdauer bzw. AfA-Tabelle):

linear: – – –   degressiv: – – –   leistungsabhängig: (geschätzte Maximalleistung angeben)

Abschr.jahr	Datum	Jahres-Leistung)	Jahres-AfA (EUR)	Summe AfA (EUR)	Buchwert (EUR)
1.	31.12.2010	15.000 km			
2.	31.12.2011	16.500 km			
3.	31.12.2012	23.200 km			
4.	31.12.2013	25.500 km			
5.	31.12.2014	13.400 km			
6.	31.12.2015	11.200 km			
7.	31.12.2016	23.700 km			
8.	31.12.2017	21.500 km			
9.					

Lektion 5: Anzahlungen, Skontoabzug und Leasing

Situation

Sie sind als Auszubildende/r in der Finanzbuchhaltung des Bekleidungsherstellers Heller Natur GmbH, Düsseldorf, eingesetzt.

Die Investitionsabteilung hat sich dazu entschlossen, eine neue Webmaschine anzuschaffen. In der Finanzbuchhaltung fallen in diesem Zusammenhang einige Belege an, die von Ihnen bearbeitet werden sollen.

Aufgaben

1. Bilden Sie den Buchungssatz

   1.1 für die Anzahlung (siehe Beleg 1), die durch Banküberweisung erfolgt.

   1.2 zu Beleg 1.

   1.3 für den Ausgleich der Rechnung (Beleg 1) unter Abzug von Skonto (ohne Beleg). Beim Skontoabzug ist die Vorauszahlung zu berücksichtigen.

INFO-TEXT: *Die Anzahlung*

Bei **kostspieligen Projekten** vereinbaren Lieferanten häufig Anzahlungen mit ihren Kunden. Da zwischen Auftragseingang und der Auslieferung bzw. Rechnungsausgleich eine lange Zeitspanne liegt und der Verkäufer die Vorfinanzierung des Auftrags übernehmen muss, **sichert** der Lieferant zugleich durch die Anzahlung **einen Teil des Zahlungseingangs** ab. Nach Abschluss des Auftrags muss der Kunde dann nur noch den Restbetrag ausgleichen.

In der Buchhaltung des Käufers werden die Anzahlungen als **Leistungsforderung** gebucht (aktives Bestandskonto des Umlaufvermögens). Geleistete Anzahlungen sind **umsatzsteuerpflichtig**. Dies bedeutet, dass bei der Buchung neben der Netto-Anzahlung die **Vorsteuer** zu buchen ist.

Zieht der Kunde beim Ausgleich der Restverbindlichkeit **Skonto** ab, so bezieht sich der Skontoertrag **auch auf die Netto-Anzahlung** (sie wurde schließlich weit vor dem Zahlungsziel geleistet). Bei der Berechnung des Skontoabzugs ist somit die Anzahlung mit einzurechnen.

2. Ermitteln Sie

   2.1 die Anschaffungskosten der beschafften Maschine.

   2.2 die Veränderung des Vorsteuerüberhangs, der sich durch den gesamten Vorgang ergibt.

3. Neben dem Kauf der Webmaschine steht Ihrem Unternehmen auch noch die Möglichkeit des Leasing zur Wahl. Von der „bod bank international S. A." erhalten Sie ein entsprechendes Angebot (Beleg 2).

   3.1 Stellen Sie fest, ob die geleaste Webmaschine bei der Finance-Leasing-Alternative wirtschaftlich Ihrem Unternehmen oder dem Leasinggeber zugerechnet wird. Die betriebsgewöhnliche Nutzungsdauer der Maschine beträgt gemäß AfA-Tabelle 16 Jahre.

   3.2 Wie hoch sind die monatlichen Kosten für das Leasing der Maschine während der Grundmietzeit und wie ist die Zahlung der Leasingraten zu buchen?

   3.3 Wie hoch sind die monatlichen Abschreibungen, wenn man die Maschine wie geplant anschaffen würde und man diese linear über die betriebsgewöhnliche Nutzungsdauer von 16 Jahren abschreiben würde?

   Wie lautet der Buchungssatz für die Abschreibung?

Maschinen: Großanlagen, Spezialmaschinen, Individuallösungen
Service: Objektplanung, Vor-Ort-Service, Fachberatung, Aftersale

info@pegasus-maschinen.de
www.pegasus-maschinen.de

Pegasus AG • Leichtmetallstraße 16-18 • 42781 Haan-Gruiten

Heller Natur GmbH
Herr Otten
Auf'm Hennekamp 39
40225 Düsseldorf

LIEFERSCHEIN/RECHNUNG

Auftragsnr.	vom	Verkäufer/in	Tel.	Rechnungsnr.	vom
A254101	15.03.2010	S. Gerks	- 174	R254320	01.04.2010

Pos.	Menge	Beschreibung	Einzelwert	Gesamtwert
01	1 St.	Webmaschine, Kommission 21445, Projekt GF-522414, Konstruktionszeichnungen VT1 bis VT 122 (siehe Anlage)	140.500,00 €	140.500,00 €
02	2 St.	Schaltschränke gemäß Detailangaben in der Anlage	14.300,00 €	28.600,00 €
03	---	Montage und Testlauf, Kostaufstellung siehe beiliegende Detailliste	22.100,00 €	22.100,00 €
04	---	Projektdokumentation, pauschal	1.100,00 €	1.100,00 €
		= Zwischensumme		192.300,00 €
		+ Frachtkosten		5.500,00 €
		= Nettorechnungsbetrag		197.800,00 €
		+ Umsatzsteuer 19 %		37.582,00 €
		= Bruttorechnungsbetrag		235.382,00 €
		- Vorauszahlung vom 03.02.2010		59.500,00 €
		= Offener Rechnungsbetrag		175.882,00 €

Rechnung zahlbar bis 01.06.2010 netto Kasse, bis 01.05.2010 unter Abzug von 3 % Skonto

Telefon 02104/8679-0
Telefax 0214/8679-22
info@pegasus-maschinen.de

Kreissparkasse Düsseldorf
Kto.-Nr. 377481
(BLZ 301 502 00)
USt-IdNr: DE 844020

Stadt-Sparkasse Haan
Kto.-Nr. 541745
(BLZ 303 512 20)
St-Nr: 225/420/4588631

HRB Mettmann 2361
Vorstand: Frank Otten
Aufsichtsrat: Dieter Kühn

Beleg 1

bod bank international S. A. • Envoi reponse 6400 • L-1060 Luxembourg

Heller Natur GmbH
Herr Otten
Auf'm Hennekamp 39
40225 Düsseldorf

Leasing-Angebot   01.04.2010

Sehr geehrter Herr Otten,

von unserer Vertragspartner, der Pegasus AG in Haan/Rld., erhielten wir die Information, dass
Sie an einem Leasingangebot für eine Webmaschine Interesse haben. Nach Rücksprache mit
Frau Schellenberg, der Projektbetreuerin, können wir Ihnen folgendes Angebot unterbreiten:

Leasingobjekt: Webmaschine (Pegasus-Projekt GF-522414) inkl. zwei Schalt-
                                  schränke, Montage und Testlauf

Konditionen für Finance-Leasing

Grund-Mietzeit: 144 Monate, kein Kündigungsrecht währen der Grundmietzeit,
Leasingzahlung monatlich: 2.000,00 EUR netto, zahlbar bis zum 10. des Folgemonats,
                                  abgedeckt sind damit auch die monatlich vom Leasinggeber
                                  durchzuführenden Maschinenwartungen,
Kaufoption: Im Anschluss an die Grundmietzeit

Dieses Angebot gilt bis zum 30.06.2010. Bei Rückfragen werden Sie sich bitte an:
Frau Maria Meyer, Hbv Leasing, maria.meyer@bod-bank.com
Frau Jeanine Lutzenkirchen, Hbv Leasing, jeanine.lutzenkirchen@bod-bank.com
Herrn Frank Mains, Hbv Finance-Leasing, frank.mains@bod-bank.com

Vielen Dank für Ihr Interesse. Wir würden uns freuen, Sie als Kunden bei uns begrüßen zu
können.

Mit freundlichen Grüßen

bod bank international S. A.

M. Meyer

M. Meyer

bod bank international S. A.   Bank for credit, leasing, rent
Envoi reponse 6400   www.bod-bank.luxembourg.com
L-1060 Luxembourg   information@bod-bank.com

Beleg 2

INFO-TEXT: *Leasing von Anlagegütern*

Eine Alternative zum Kauf von Wirtschaftsgütern stellt das Leasing dar. Leasing bedeutet frei übersetzt „**Mietkauf**". Im Gegensatz zum Kauf des Wirtschaftsgutes, bei dem der Käufer Eigentümer wird, bleibt der **Leasinggeber Eigentümer** des geleasten Wirtschaftsgutes. Der Leasingnehmer erhält im Gegenzug das Nutzungsrecht. Dafür zahlt er an den Leasinggeber regelmäßig eine **Leasinggebühr**.

Abhängig von der Vertragsdauer unterscheidet man zwischen Operate- und Finance-Leasing. Bei **Operate-Leasing** weist der Leasingvertrag eine unbestimmte Vertragsdauer auf und die Vertragspartner haben ein Kündigungsrecht. Beim **Finance-Leasing** hingegen wird im Leasingvertrag eine festgelegte Laufzeit vereinbart und die Vertragspartner haben während dieser Laufzeit kein Kündigungsrecht. Im Anschluss an diese Grundmietzeit kann der Leasingnehmer das Leasinggut zurückgeben, es weiter leasen oder es kaufen (Kaufoption). Entsprechende Regelungen werden in den Leasingvertrag aufgenommen.

Zu den **Vorteilen** des Leasing für den Leasingnehmer gehört die Nutzung des geleasten Wirtschaftsgutes **ohne hohe Kapitalbindung** und **ohne hohen Finanzierungsaufwand** für die Anschaffung. Darüber hinaus übernimmt bei einigen Leasingarten der Leasinggeber, das Investitionsrisiko, weil der Leasingnehmer das Leasinggut zurückgeben kann, wenn er es nicht mehr benötigt (z. B. bei technischer Veralterung, Fehlinvestition). Häufig verfügt auch der Leasinggeber über **gute Fachkenntnisse**, die er für die Auswahl des bestmöglichen Leasinggutes nutzen kann. Eine Lieferantenauswahl inklusive Qualitätskontrolle wird somit für den Leasingnehmer überflüssig. Die regelmäßig zu leistenden Leasingraten können mit den Einnahmen, die durch die Nutzung des Wirtschaftsgutes erzielt werden, finanziert werden. Die Leasingraten sind als Betriebsausgaben steuerliche absetzbar (betrieblicher Aufwand).

Beim **Finanzierungsleasing** ist wegen der langen Leasinggrundmietzeit zu beachten, dass das Leasinggut dem Leasinggeber dann zugerechnet wird (**wirtschaftlicher Eigentümer**), wenn die Grundmietzeit **mindestens 40 %** und **maximal 90 %** der betriebsgewöhnlichen Nutzungsdauer beträgt. Anderenfalls wird es wirtschaftliche dem Leasingnehmer zugerechnet.

Lektion 6: Die Erfassung des Wertverlusts am Anlagevermögen

Situation

Sie sind als Auszubildende/r in der Finanzbuchhaltung des Bekleidungsherstellers Heller Natur GmbH, Düsseldorf, eingesetzt. Bitte bearbeiten Sie folgende Aufgaben.

Aufgaben

1. Ihr Unternehmen schafft sich eine neue Registrierkasse an:

   Eingangsrechnung eines Elektronik-Händlers: Kauf einer vollelektronischen Registrierkasse, Listenpreis 15.200,00 EUR netto, 15 % Sonderrabatt zuzüglich Software, Listenpreis 999,00 EUR und Transportkosten 81,00 EUR netto.

   a) Nehmen Sie die Buchung des Zugangs der Registrierkasse vor.

   b) Nennen Sie bezogen auf den Fall die zu beachtenden Anschaffungspreisminderungen und -nebenkosten. Erweitern Sie sodann Ihre Antwort auf Beispiele für andere Anlagevermögenswerte.

Was ist bei der Anschaffung zu beachten?

Bei der planmäßigen Abschreibung von Anlagevermögenswerten sind folgende Dinge zu beachten:

- Der Zugang von Anlagevermögenswerten ist mit den Anschaffungskosten zu erfassen. Zu den Anschaffungskosten gehört der Anschaffungspreis zuzüglich aller Anschaffungsnebenkosten und abzüglich aller Anschaffungspreisminderungen.

- Zu den Anschaffungsnebenkosten gehören alle Kosten, die neben dem Kaufpreis des Anlagegutes vor, bei oder nach dem eigentlichen Zugang des Vermögenswertes anfallen. Hierunter fallen Kosten, die den Wert des Anlagegutes auf Dauer erhöhen und die dazu führen, dass das Anlagegut in einen betriebsbereiten Zustand versetzt wird (nicht dazu gehören Finanzierungskosten und Kosten, die zu einem Wertverlust innerhalb kurzer Zeit führen).

- Zu den Anschaffungspreisminderungen gehören alle Preisnachlässe, die beim oder nach dem Zugang des Vermögenswertes anfallen.

- Die auf diese Weise ermittelten Anschaffungskosten des Anlagevermögenswertes bilden die Grundlage für die Abschreibung. Durch die Abschreibung wird erreicht, dass der Anschaffungswert über die Nutzungsdauer verteilt und als Aufwand erfasst wird. Am Ende der Nutzungsdauer wird in der Regel der Restwert Null erreicht, sodass die gesamten Anschaffungskosten als Aufwand erfasst wurden.

 **Auszug aus dem Einkommensteuergesetz**

§ 7 Absetzung für Abnutzung oder Substanzverringerung. (1) Bei Wirtschaftsgütern, deren Verwendung oder Nutzung durch den Steuerpflichtigen zur Erzielung von Einkünften sich erfahrungsgemäß auf einen Zeitraum von mehr als einem Jahr erstreckt, ist jeweils für ein Jahr der Teil der Anschaffungs- oder Herstellungskosten abzusetzen, der bei gleichmäßiger Verteilung dieser Kosten auf die Gesamtdauer der Verwendung oder Nutzung auf ein Jahr entfällt (Absetzung für Abnutzung in gleichen Jahresbeträgen). Die Absetzung bemisst sich hierbei nach der betriebsgewöhnlichen Nutzungsdauer des Wirtschaftsguts. [...] Bei beweglichen Wirtschaftsgütern des Anlagevermögens, bei denen es wirtschaftlich begründet ist, die Absetzung für Abnutzung nach Maßgabe der Leistung des Wirtschaftsguts vorzunehmen, kann der Steuerpflichtige dieses Verfahren statt der Absetzung für Abnutzung in gleichen Jahresbeträgen anwenden, wenn er den auf das einzelne Jahr entfallenden Umfang der Leistung nachweist. Absetzungen für außergewöhnliche technische oder wirtschaftliche Abnutzung sind zulässig [...]. (2) Bei beweglichen Wirtschaftsgütern des Anlagevermögens kann der Steuerpflichtige statt der Absetzung für Abnutzung in gleichen Jahresbeträgen die Absetzung für Abnutzung in fallenden Jahresbeträgen bemessen. Die Absetzung für Abnutzung in fallenden Jahresbeträgen kann nach einem unveränderlichen Hundertsatz vom jeweiligen Buchwert (Restwert) vorgenommen werden; der dabei anzuwendende Hundertsatz darf höchstens das Doppelte des bei der Absetzung für Abnutzung in gleichen Jahresbeträgen in Betracht kommenden Hundertsatzes betragen und 20 vom Hundert nicht übersteigen.

2. Am Ende des Geschäftsjahres soll die planmäßige Abschreibung der Registrierkasse erfolgen.

   a) Welche Abschreibungsmethoden stehen Ihnen im konkreten Fall zur Auswahl? Nennen und beschreiben Sie die Möglichkeiten.

   b) Erstellen Sie für die Registrierkasse jeweils einen Abschreibungsplan für die lineare und die degressive Abschreibung. Die betriebsgewöhnliche Nutzungsdauer beträgt laut AfA-Tabelle 8 Jahre, die degressive Abschreibung soll zum höchst möglichen Satz durchgeführt werden. Achten Sie darauf, dass aus den Tabellen die jeweiligen Buchwerte, die Abschreibungsbeträge und die Restwerte jedes Abschreibungsjahres erkennbar werden.

   c) Gehen Sie nun davon aus, dass die betriebsgewöhnliche Nutzungsdauer der Registrierkasse 14 Jahre beträgt. Erstellen Sie nun erneut eine tabellarische Übersicht über den Abschreibungsverlauf bei linearer und degressiver Abschreibung.

   d) Die beiden vorherigen Beispiele haben gezeigt, dass die degressive Abschreibung im Grunde unendlich lang fortgeführt werden kann. Dies hat natürlich keinen Sinn. Entweder schreibt man daher nach dem letzten Nutzungsjahr den verbleibenden Restwert ab oder man wechselt während der Nutzungsdauer zur linearen. Dies ist gemäß EStG möglich. Lesen Sie sich § 7 EStG Abs. 3 (siehe Anlage) durch. Ermitteln Sie sodann am Beispiel aus Aufgabe 2 c, nach welchem Nutzungsjahr der Wechsel von der degressiven zur linearen Abschreibung sinnvoll ist.

INFO-TEXT:

Welche Besonderheiten sind bei den einzelnen Abschreibungsmethoden zu beachten?

Abhängig von der gewählten Abschreibungsmethode sind spezielle Besonderheiten zu beachten. Hierzu gehören:

- Grundsätzlich kann zwischen der linearen, der degressiven und der Abschreibung nach Leistung unterschieden werden.

- Um die lineare Abschreibung durchführen zu können, muss die betriebsgewöhnliche Nutzungsdauer bekannt sein. Diese kann aus den so genannten AfA-Tabellen des Finanzamtes entnommen werden (AfA steht dabei für „Absetzung für Abnutzung"). Die in diesen Tabellen angegebenen Jahresangaben sind Richtwerte, die unter bestimmten Bedingungen verringert werden können.

- Steuerrechtlich ist die lineare Abschreibung bei allen Vermögenswerten (also bei beweglichen und unbeweglichen) zulässig. Neben der planmäßigen Abschreibung sind bei ungeplanten, andauernden Wertminderungen außerplanmäßige Abschreibungen erlaubt.

- Bei der degressiven Abschreibung muss ein Abschreibungssatz gewählt werden. Dieser darf maximal 20 % des Buchwertes betragen. Der hierdurch ermittelte Abschreibungsbetrag darf jedoch nicht mehr als doppelt so groß sein wie der bei linearer Abschreibung. Dies schreibt das Einkommensteuergesetz vor. Aus diesem Grund spielt auch bei der degressiven Abschreibung die betriebsgewöhnliche Nutzungsdauer eine wichtige Rolle, da diese bei der Einhaltung dieser Regel wichtig ist.

- Die degressive Abschreibung darf nur bei beweglichen Anlagevermögenswerten angewandt werden.

- Bei der Abschreibung nach Leistung muss vor Beginn der Abschreibung die maximale Leistungsfähigkeit quantifiziert werden. Dies ist häufig nur durch Schätzungen oder aufgrund von Vergangenheitswerten möglich.

- Die Abschreibung nach Leistung darf nur bei Vermögensgegenständen angewandt werden, deren jährliche Leistung genau quantifiziert (also gemessen) werden kann. Darüber hinaus sollte die jährliche Leistungshöhe und der Wertverlust in einem sinnvollen Verhältnis stehen. In diesem Fall können dann starke Auslastungsschwankungen durch entsprechende Abschreibungsbeträge berücksichtigt werden.

 **Gesetzestext**   **Auszug aus dem Einkommensteuergesetz**

§ 7 Absetzung für Abnutzung oder Substanzverringerung. [...] (3) Der Übergang von der Absetzung für Abnutzung in fallenden Jahresbeträgen zur Absetzung für Abnutzung in gleichen Jahresbeträgen ist zulässig. In diesem Fall bemisst sich die Absetzung für Abnutzung vom Zeitpunkt des Übergangs an nach dem dann noch vorhandenen Restwert und der Restnutzungsdauer des einzelnen Wirtschaftsguts. Der Übergang von der Absetzung für Abnutzung in gleichen Jahresbeträgen zur Absetzung für Abnutzung in fallenden Jahresbeträgen ist nicht zulässig.

3. Die Abschreibung an der Registrierkasse soll nun am Ende des Geschäftsjahres (31.12.2010) erfasst werden.

   a) Bilden Sie den Buchungssatz für die Abschreibung (unterstellt werden soll eine lineare Abschreibung und eine 8-jährige Nutzungsdauer).

   b) Zeigen Sie auf, welche Folgen sich aus der Buchung der Abschreibung auf den Erfolg und die Bilanz des Unternehmens ergeben.

4. Von einem Buchhalter hören Sie folgenden Satz: „Im Grunde ist es ganz egal, welche Abschreibungsmethode wir anwenden. Am Ende der Nutzungsdauer ergibt sich doch der gleiche kumulierte Abschreibungsbetrag."

   a) Was könnte der Buchhalter mit diesem Satz gemeint haben? Begründen Sie Ihre Meinung.

   b) Welche Ziele werden durch die planmäßige Abschreibung am Anlagevermögen erreicht? Erarbeiten Sie unterschiedliche Ziele und versuchen Sie, diese zu sinnvollen Gruppen zusammenzufassen.

5. Ihr Ausbilder zeigt Ihnen, wie er die neue Registrierkasse im Buchhalterungsprogramm des Unternehmens erfasst hat (siehe Bildschirmmasken in der Anlage).

   a) Welche Besonderheit gegenüber der von Ihnen vorgenommenen Abschreibung fällt Ihnen auf? Beschreiben Sie den Unterschied.

   b) Sind Ihnen weitere Besonderheiten bei den Informationen aufgefallen, die Sie aus den Bildschirmmasken entnehmen konnten?

6. Angenommen, die Registrierkasse wird am 17.07.2010 für 11.900,00 EUR brutto verkauft, da eine Ersatzbeschaffung geplant ist.

   a) Ermitteln Sie den Buchwert, den de Registrierkasse am Tag der Veräußerung hatte.

   b) Buchen Sie die zeitanteilige Abschreibung.

   c) Nehmen Sie die Buchung des Verkaufs mit Wertangaben vor.

INFO-TEXT:

Die Abschreibung als Mittel der Bilanzpolitik

Durch die planmäßige Abschreibung soll der Wertverlust am Anlagevermögen erfasst werden. Unterlässt ein Unternehmen die Abschreibung, so führt dies unweigerlich dazu, dass dessen Bilanz unrichtige Werte ausweist: Das Anlagevermögen auf der Aktivseite ist zu groß. Durch das Bilanzgleichgewicht (Aktiv- und Passivseite haben den gleichen Wert) führt dies dazu, dass auch das „Gegengewicht" zum Vermögen, nämlich das Eigenkapital, zu groß ausgewiesen wird. Im Endeffekt täuscht eine solche Bilanz also sowohl den Unternehmer als auch außen stehende Dritte. Der Unternehmer geht davon aus, dass er über ein wertmäßig größeres Anlagevermögen verfügt. Außen stehende Dritte (z. B. Banken als Kreditgeber) werden durch das fälschlicherweise zu groß ausgewiesene Eigenkapital über die tatsächlichen Finanzierungsverhältnisse getäuscht.

Ein vernünftiger Unternehmer führt somit die Abschreibung schon allein aus eigenem Interesse durch. Dennoch sprechen einige Gründe dafür, dass das Instrument der Abschreibung bilanzpolitisch verwendet werden kann. Dies liegt daran, dass keine Abschreibungsmethode den tatsächlichen Wertverlust realistisch abbildet. Die buchhalterisch erfasste Abschreibung ist somit im Vergleich zum tatsächlichen Wertverlust entweder zu hoch oder zu niedrig. Darüber hinaus stimmt die in den AfA-Tabellen unterstellte Nutzungsdauer in der Regel nicht mit den tatsächlichen Nutzungsdauern überein.

Zieht man nun noch den Gewinn mindernden Charakter der Abschreibung in die Überlegung mit ein, erkennt man, welchen Manipulationsspielraum die Abschreibung bietet: Unternehmen müssen auf ihren Gewinn gewinnabhängige Steuern zahlen (Gewerbesteuer, Einkommensteuer, Körperschaftsteuer etc.). Aus diesem Grund ergibt sich ein Zielkonflikt. Auf der einen Seite möchte das Unternehmen einen möglichst hohen Gewinn erzielen (Ziel: Gewinnmaximierung). Auf der anderen Seite „verdient" das Finanzamt an diesem hohen Gewinn mit, denn über die Steuern wird ein Teil des Gewinns vom Finanzamt beansprucht. Der Unternehmer möchte seinen Gewinn somit möglichst „klein" rechnen. Hierzu kann er die Abschreibung nutzen. Bei einem hohen Gewinn wählt er beispielsweise die degressive Abschreibung. Hierdurch kann er in den ersten Nutzungsjahren einen hohen Aufwand verbuchen. Dieser führt zu einer starken Gewinnminderung und damit zu einer Senkung der Steuerlast.

Über die gesamte Nutzungsdauer spielt es jedoch auf den ersten Blick keine Rolle, welche Abschreibungsmethode man wählt, schließlich werden bei allen Abschreibungsmethoden über die Nutzungsdauer die gesamten Anschaffungskosten als Aufwand verteilt. Dies stimmt natürlich nicht ganz, denn die Einkommensteuer unterliegt beispielsweise einer Progression (mit zunehmender Gewinnhöhe steigt prozentual die Steuerbelastung). Aus diesem Grund kann beispielsweise eine hohe buchhalterische Belastung des Gewinns zu einer überproportionalen Steuereinsparung führen. Letztendlich führt die bilanzielle Abschreibung zu einer künstlichen Unterbewertung des Anlagevermögens und damit auch des Eigenkapitals („stille Rücklagen").

INFO-TEXT:

Auszug aus den Einkommensteuerrichtlinien (EStR)

Abschnitt 43: Bemessungsgrundlage für die AfA

Entgeltlicher Erwerb und Herstellung

(1) Bemessungsgrundlage für die AfA sind grundsätzlich die Anschaffungs- oder Herstellungskosten des Wirtschaftsgutes oder der an deren Stelle tretende Wert [...].

Abschnitt 44: Höhe der AfA

Beginn der AfA

(1) Die AfA ist vorzunehmen, sobald ein Wirtschaftsgut angeschafft oder hergestellt ist. Ein Wirtschaftsgut ist im Zeitpunkt seiner Lieferung angeschafft. Ist Gegenstand eines Kaufvertrages über ein Wirtschaftsgut auch dessen Montage durch den Verkäufer, ist das Wirtschaftsgut erst mit der Beendigung der Montage geliefert. Wird die Montage durch den Steuerpflichtigen oder in dessen Auftrag durch einen Dritten durchgeführt, ist das Wirtschaftsgut bereits bei Übergang der wirtschaftlichen Verfügungsmacht an den Steuerpflichtigen geliefert. [...]. Ein Wirtschaftsgut ist zum Zeitpunkt seiner Fertigstellung hergestellt.

AfA im Jahr der Anschaffung oder Herstellung

(2) Bei Wirtschaftsgütern, die im Laufe eines Jahres angeschafft oder hergestellt werden, kann für das Jahr der Anschaffung oder Herstellung grundsätzlich nur der Teil des auf ein Jahr entfallenden AfA-Betrags abgesetzt werden, der dem Zeitraum zwischen der Anschaffung oder Herstellung des Wirtschaftsgutes und dem Ende des Jahres entspricht; dies gilt nicht für die degressive AfA nach § 7 Abs. 5 EStG. Der Zeitraum vermindert sich um den Teil des Jahres, in dem das Wirtschaftsgut nicht zur Erzielung von Einkünften verwendet wird. [...] (3) Die AfA ist grundsätzlich so zu bemessen, dass die Anschaffungs- oder Herstellungskosten nach Ablauf der betriebsgewöhnlichen Nutzungsdauer des Wirtschaftsgutes voll abgesetzt sind. [...]

Bemessung der linearen AfA bei Gebäuden nach typisierten Vomhundertsätzen

(4) In anderen als den in Absatz 3 Satz 2 und 3 bezeichneten Fällen sind die in § 7 Abs. 4 Satz 1 EStG genannten AfA-Sätze maßgebend. Die Anwendung niedrigerer AfA-Sätze ist ausgeschlossen. Die AfA ist bis zur vollen Absetzung der Anschaffungs- oder Herstellungskosten vorzunehmen.

Bildschirmmasken zu Aufgabe 5:

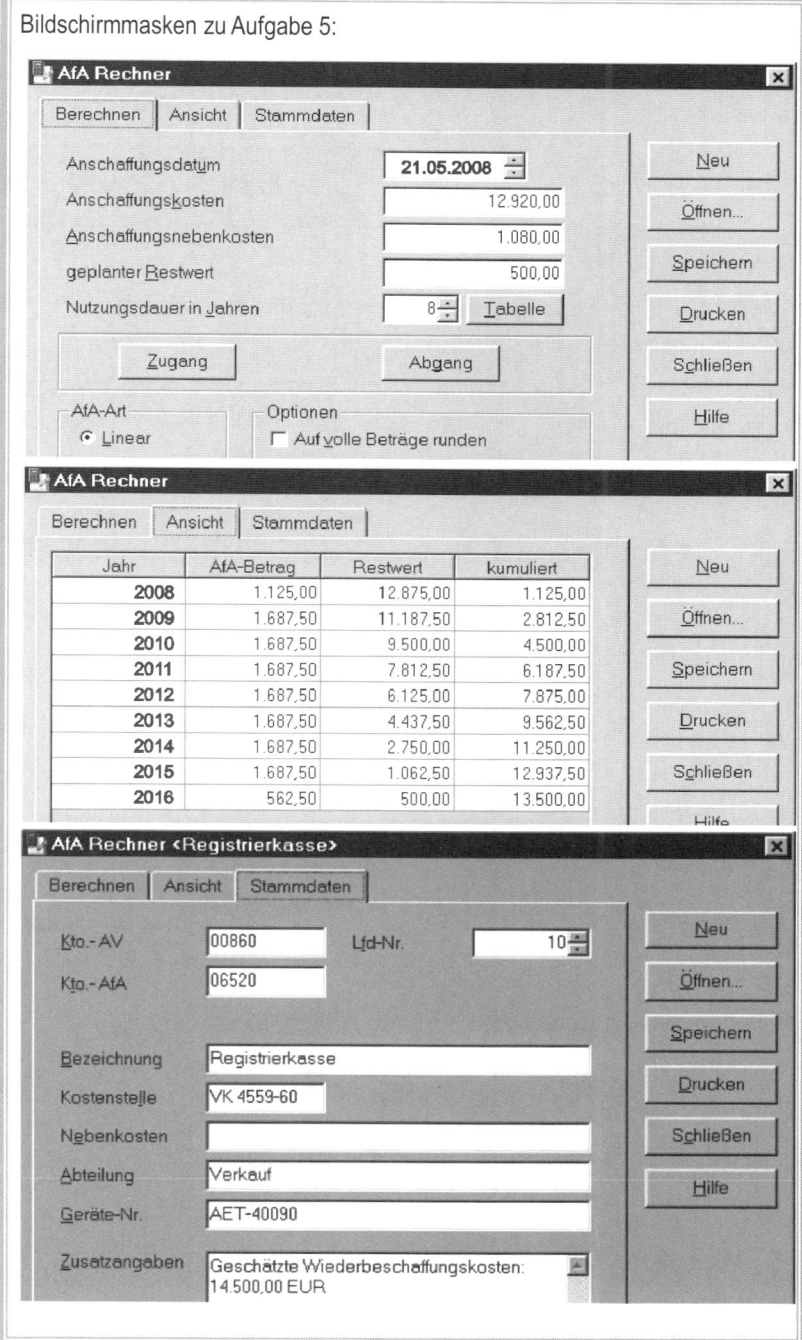

Wahl der AfA-Methode

(5) Bei beweglichen Wirtschaftsgütern des Anlagevermögens kann der Steuerpflichtige die AfA entweder in gleichen Jahresbeträgen (§ 7 Abs. 1 Satz 1 und 2 EStG) oder in fallenden Jahresbeträgen (§ 7 Abs. 2 EStG) bemessen. AfA nach Maßgabe der Leistung (§ 7 Abs. 1 Satz 5 EStG) kann bei beweglichen Wirtschaftsgütern des Anlagevermögens vorgenommen werden, deren Leistung in der Regel erheblich schwankt und deren Verschleiß dementsprechend wesentliche Unterschiede aufweist. Voraussetzung für AfA nach Maßgabe der Leistung ist, dass der auf das einzelne Wirtschaftsjahr entfallende Umfang der Leistung nachgewiesen wird. Der Nachweis kann z. B. bei einer Spezialmaschine durch ein die Anzahl der Arbeitsvorgänge registrierendes Zählwerk oder bei einem Kraftfahrzeug durch den Kilometerzähler geführt werden.

(6) Die degressive AfA nach § 7 Abs. 5 EStG ist nur mit den in dieser Vorschrift vorgeschriebenen Staffelsätzen zulässig.

Ende der AfA

(9) Bei Wirtschaftsgütern, die im Laufe eines Wirtschaftsjahres oder Rumpfwirtschaftsjahres veräußert oder aus dem Betriebsvermögen entnommen werden oder nicht mehr zur Erzielung von Einkünften im Sinne des § 2 Abs. 1 Satz 1 Nr. 4 bis 7 EStG dienen, kann für dieses Jahr nur der Teil des auf ein Jahr entfallenden AfA-Betrags abgesetzt werden, der dem Zeitraum zwischen dem Beginn des Jahres und der Veräußerung, Entnahme oder Nutzungsänderung entspricht. [...]

AfA nach nachträglichen Anschaffungs- oder Herstellungskosten

(10) Bei nachträglichen Herstellungskosten für Wirtschaftsgüter, die nach § 7 Abs. 1 oder Abs. 2 oder Abs. 4 Satz 2 EStG abgeschrieben werden, ist die Restnutzungsdauer unter Berücksichtigung des Zustands des Wirtschaftsgutes im Zeitpunkt der Beendigung der nachträglichen Herstellungsarbeiten neu zu schätzen. In den Fällen des § 7 Abs. 4 Satz 2 EStG ist es aus Vereinfachungsgründen nicht zu beanstanden, wenn die weitere AfA nach dem bisher angewandten Vomhundertsatz bemessen wird.[...]

Aufgabe 2 b)

Ergebnisse der Abschreibung
bei linearer Abschreibung:

	Buchwert	Abschreibung	kumulierte Abschreibung
1. Nutzungsjahr			
2. Nutzungsjahr			
3. Nutzungsjahr			
4. Nutzungsjahr			
5. Nutzungsjahr			
6. Nutzungsjahr			
7. Nutzungsjahr			
8. Nutzungsjahr			
9. Nutzungsjahr			

bei degressiver Abschreibung:

	Buchwert	Abschreibung	kumulierte Abschreibung
1. Nutzungsjahr			
2. Nutzungsjahr			
3. Nutzungsjahr			
4. Nutzungsjahr			
5. Nutzungsjahr			
6. Nutzungsjahr			
7. Nutzungsjahr			
8. Nutzungsjahr			
9. Nutzungsjahr			

Aufgabe 2 c)

Ergebnisse der Abschreibung

bei linearer Abschreibung:

	Buchwert	Abschreibung	kumulierte Abschreibung
1. Nutzungsjahr			
2. Nutzungsjahr			
3. Nutzungsjahr			
4. Nutzungsjahr			
5. Nutzungsjahr			
6. Nutzungsjahr			
7. Nutzungsjahr			
8. Nutzungsjahr			
9. Nutzungsjahr			
10. Nutzungsjahr			
11. Nutzungsjahr			
12. Nutzungsjahr			
13. Nutzungsjahr			
14. Nutzungsjahr			
15. Nutzungsjahr			

bei degressiver Abschreibung:

	Buchwert	Abschreibung	kumulierte Abschreibung
1. Nutzungsjahr			
2. Nutzungsjahr			
3. Nutzungsjahr			
4. Nutzungsjahr			
5. Nutzungsjahr			
6. Nutzungsjahr			
7. Nutzungsjahr			
8. Nutzungsjahr			
9. Nutzungsjahr			
10. Nutzungsjahr			
11. Nutzungsjahr			
12. Nutzungsjahr			
13. Nutzungsjahr			
14. Nutzungsjahr			
15. Nutzungsjahr			

Übung

Beleg / Geschäftsfall	Buchungssatz				Bilanzwert-veränderung	Liquiditäts-veränderung	Erfolgs-veränderung
	Kto. Soll	Kto. Haben	Wert Soll	Wert Haben			
1. Eingangsrechnung: Kauf eines Pkw, Listenpreis 15.000,00 EUR zzgl. USt, 5 % Sonderrabatt (Rechnungsdatum: 12. April 2010)							
2. Quittung: Werbeaufdruck für den unter 1. beschafften Pkw, Kosten inklusive Anbringung 1.785,00 EUR.							
3. Kontoauszug: Ausgleich der Rechnung aus Fall 1 unter Abzug von 2 % Skonto (Nettobuchungsverfahren).							
4. Eigenbeleg: Abschreibung des unter 1. beschafften Pkw am Ende des ersten Nutzungsjahres (31.12.2010), degressiv zum AfA-Höchstsatz.							
5. Eigenbeleg: Abschreibung des Pkw (siehe vorhergehende Fälle) am Ende des zweiten Nutzungsjahres (31.12.2011).							
6. Eigenbeleg: Der Pkw (Fall 1.–5.) wird am 06.04.2012 verkauft und muss daher nochmals abgeschrieben werden.							
7. Ausgangsrechnung: Verkauf des Pkw (Fälle 1.–6.) für 8.925,00 EUR inklusive Umsatzsteuer, Rechnungsdatum 06.04.2012.							
8. Ausgangsrechnung: Verkauf von 250 St. eines Fertigerzeugnisses, Listenpreis 12,00 EUR/St. netto, 5 % Mengenrabatt zzgl. 100,00 EUR für Transport und Verpackung netto.							
9. Eingangsrechnung: Für den Transport der zuvor verkauften Ware stellt uns der Spediteur 60,00 EUR zzgl. Umsatzsteuer in Rechnung.							
10. Kontoauszug: Der Kunde aus Fall 8. gleicht die Rechnung unter Abzug von 3 % Skonto aus (Nettobuchungsverfahren).							
11. Eingangsrechnung: Kauf von Rohstoffen, 250 St., Listenpreis 22,00 EUR/St. netto, 5 % Rabatt, 300,00 EUR netto Verpackungskosten.							
12. Eigenbeleg: Am Anfang des Geschäftsjahres wies das Warenbestandskonto einen Anfangsbestand von 12.000,00 EUR auf. Der Endbestand laut Inventur belief sich auf 14.400,00 EUR.							

Kapitel 12: Buchungen im Personalbereich

Lektion 1: Buchung von Entgeltabrechnungen (Teil 1)

Führen Sie für folgende Mitarbeiter die Entgeltabrechnung durch und ermitteln Sie den Auszahlungsbetrag. Danach führen Sie bitte sämtliche notwendigen Buchungen durch.

Aufgaben

1. Mitarbeiter/in: Irene Henkel, Düsseldorf   Alter: 41, kinderlos
    Bruttogehalt monatlich: 1.803,00 €   Vorauszahlung SV-Beiträge
    Steuer-/sozialvers.pfl. Zulagen: 19,00 € VL-Zulage   (geschätzter Sozialversiche-
    Abzüge vom Nettoentgelt: 39,00 € VL-Sparrate   rungsanteil von Arbeit-
    Steuermerkmale: I, ev, Kinderfreibetrag 0   nehmer und Arbeitgeber):
    sonst. Freibeträge monatl.: 0 €   725,16 €

2. Mitarbeiter/in: Frank Fuhrmann, Krefeld   Alter: 28, 1 Kind
    Bruttogehalt monatlich: 2.233,00 €   Vorauszahlung SV-Beiträge
    Steuer-/sozialvers.pfl. Zulagen: 26,00 € VL-Zulage   (geschätzter Sozialversiche-
    Abzüge vom Nettoentgelt: 39,00 € VL-Sparrate   rungsanteil von Arbeit-
    Besonderheiten: Arbeitnehmer erhielt im Ab-   nehmer und Arbeitgeber):
    rechnungsmonat einen Vor-   893,45 €
    schuss in Höhe von 500,00 €
    Steuermerkmale: III, ev., Kinderfreibetrag 1
    sonst. Freibeträge monatl. 417 €

3. Mitarbeiter/in: Franziska Kögler, Köln   Alter: 54, 2 Kinder
    Bruttogehalt monatlich: 4.275,00 €   Vorauszahlung SV-Beiträge
    Steuer-/sozialvers.pfl. Zulagen: 39,00 € VL-Zulage   (geschätzter Sozialversiche-
    Abzüge vom Nettoentgelt: 39,00 € VL-Sparrate   rungsanteil von Arbeit-
    Steuermerkmale: IV, rk., Kinderfreibetrag 2   nehmer und Arbeitgeber):
    sonst. Freibeträge jährl. 360 €   1.611,15 €

4. Mitarbeiter/in: Ayse Kaymak, Hilden, 34 Jahre alt, 2 Kinder
    Bruttogehalt monatlich: 5.560,00 €
    Angaben der Lohnsteuerkarte: III, Kinderfreibetrag 1, - , Steuerfreibetrag 1.247,00 € monatlich
    Abzüge vom Nettoentgelt: 39,00 € VL-Sparrate
    Vorauszahlung SV-Beiträge: 1.880,37 €

5. Mitarbeiter/in: Stefan Weidner, Mettmann, 22 Jahre alt, kinderlos
    Bruttogehalt monatlich: 1.541,00 €
    Angaben der Lohnsteuerkarte: IV, 0, rk
    Steuer-/sozialvers.pfl. Zulagen: 19,00 € VL-Zulage, 249,00 € Urlaubsgeld
    Abzüge vom Nettoentgelt: 39,00 € VL-Sparrate,
    Verrechnung einer Entnahme von Fertigerzeugnissen,
    Verrechnungswert 399,00 € netto
    Vorauszahlung SV-Beiträge: 715,48 €

6. Mitarbeiter/in: Vanessa Mihailov, Langenfeld, 57 Jahre alt, kinderlos
    Bruttogehalt monatlich: 4.416,00 €
    Steuer-/sozialvers.pfl. Zulagen: 39,00 € VL-Zulage
    Angaben der Lohnsteuerkarte: IV, 0, rk, Steuerfreibetrag 160,00 € monatlich
    Abzüge vom Nettoentgelt: 50,00 € VL-Sparrate
    Vorauszahlung SV-Beiträge: 1.659,41 €

Beitragssätze und Grenzwerte 2010			
Beitragssätze			
Sozialversicherungszweig	Beitragssatz	Finanzierung	
		Arbeitgeber	Arbeitnehmer
Angestellten-/Arbeiter-Rentenversicherung	19,9 %	9,950 %	9,950 %
Arbeitslosenversicherung	2,80 %	1,400 %	1,400 %
Krankenversicherung (AN Sonderbeitrag*)	14,90 %	7,000 %	7,900 %
Pflegeversicherung für Eltern	1,95 %	0,975 %	0,975 %
Pflegeversicherung für Kinderlose älter 23 J.**)	2,20 %	0,975 %	1,225 %
Beitragsbemessungsgrenzen (monatlich)			
Sozialversicherungszweig	BBG monatl.	Maximaler Beitrag Arbeitnehmer	
Angestellten-/Arbeiter-Rentenversicherung	5.500,00 EUR	547,25 EUR	
Arbeitslosenversicherung		77,00 EUR	
Krankenversicherung	3.750,00 EUR	262,50 EUR (AN und AG)	
Sonderbeitrag Krankenversicherung		33,75 EUR (nur AN)	
Pflegeversicherung für Eltern		36,56 EUR (AN / AG)	
Pflegeversicherung für Kinderlose		45,94 EUR (AN) / 36,56 EUR (AG)	
Arbeitnehmerpflichtversicherungsgrenze (monatlich)			
Kranken- und Pflegeversicherung einschließlich Sonderzuwendungen			4.162,00 EUR

*)   0,4 Prozentpunkte zur Finanzierung des Zahnersatzes, 0,5 Prozentpunkte zur Finanzierung des Krankengeldes.

**) Den verminderten Pflegeversicherungssatz zahlen alle Eltern, entscheidend ist nur, dass der Steuerpflichtige ein Kind hat oder hatte. Als Kinder gelten auch bereits volljährige Kinder, Kinder, die im Ausland leben, Stiefkinder, Adoptivkinder und verstorbene Kinder. Eine Zahlungsverpflichtung besteht nur für Arbeitnehmer/innen, die bereits das 23. Lebensjahr vollendet haben.

Hinweis: Betragsschuld Sozialversicherungsbeiträge

Seit dem 01.01.2006 muss der Gesamtsozialversicherungsbeitrag bis zum drittletzten Bankarbeitstag des Monats überwiesen worden sein, in dem die Beschäftigung ausgeübt wird. Als „Bankarbeitstage" gelten die Wochentage Montag bis Freitag, solange es sich nicht um einen Feiertag handelt. Da die endgültige Lohn- und Gehaltshöhe insbesondere in Betrieben mit leistungsabhängigen Entgeltbestandteilen zum geforderten Zeitpunkt noch gar nicht feststeht, müssen die Beiträge zunächst vorab „gewissenhaft geschätzt" werden. Die endgültige Abrechnung soll die Personalabteilungen dann zusammen mit der Schätzung des nächsten Monats vornehmen und die ermittelte Differenz nachzahlen bzw. einbehalten (§ 23 Sozialgesetzbuch).

INFO-TEXT: *Die Bestandteile der Entgeltabrechnung*

Bruttoentgelt (Lohn/Gehalt)*)	Die Höhe des Bruttoentgelts ergibt sich aufgrund der Angabe im Arbeitsvertrag (individuelle oder tarifvertragliche Regelung). Das Bruttoentgelt wird als Personalaufwand auf den Konten „Löhne" oder „Gehälter" gebucht.
+ steuer- und sozial-versicherungs-pflichtige Zulagen	Zu den Zulagen**) gehören Urlaubsgeld, Weihnachtsgeld, 13. Monatsgehalt, Geburtsbeihilfen, Arbeitgeberzulage zu den Vermögenswirksamen Leistungen des Arbeitnehmers, Jubiläumsgratifikationen, geldwerte Vorteile***), Überstundenzuschläge.
= Sozialvers.-pflichtiges Entgelt	Das sozialversicherungspflichtige Entgelt stellt die Grundlage für die Berechnung der Sozialversicherungsbeiträge dar.
- Steuerfreibetrag	Der Steuerfreibetrag ist ein Wert, der aus der Lohnsteuerkarte des Mitarbeiters zu entnehmen ist. Er wird dem Steuerpflichtigen auf Antrag vom Finanzamt auf der Lohnsteuerkarte eingetragen. Kinderfreibeträge wirken sich nur bei der Kirchensteuer und dem Solidaritätszuschlag aus.
= Steuerpfl. Entgelt	Das steuerpflichtige Entgelt stellt die Grundlage für die Ermittlung der Lohn- und Kirchensteuer sowie des Solidaritätszuschlags dar.
- Sozialver-sicherungs-beiträge des Arbeitnehmers: ◦ Kranken-vers. (KV) ◦ Pflege-vers. (PV) ◦ Renten-vers. (RV) ◦ Arbeits-losenvers. (AV)	Die aktuellen Beitragssätze (2010) belaufen sich auf: KV: 14,9 % (davon 0,9 % AN allein), PV: 1,95 % (Kinderlose zwischen 23 und 64 Jahren 2,2 %, wobei AN davon 1,225 % allein trägt), Paritätisch (zu gleichen Teilen von AG und AN) werden Beiträge geleistet zu RV: 19,9 %, AV: 2,8 %. Bei der Berechnung der Sozialversicherungsbeiträge sind die so genannten Beitragsbemessungsgrenzen (BBG) zu beachten. Nur bis zu dieser Höhe müssen Beiträge geleistet werden. Die aktuellen BBG (2010) betragen für KV und PV: 3.750,00 EUR, für RV und AV: 5.500,00 EUR Die Sozialversicherungsbeiträge werden (bis auf die genannten Ausnahmen) zu gleichen Teilen von AG und AN getragen. Der AG-Anteil wird als zusätzlicher Personalaufwand auf dem Konto „AG-Anteil zur SV" gebucht. AG- und AN-Anteil sind bis zum drittletzten Bankarbeitstag des laufenden Monats fällig. Bis zu diesem Zeitpunkt muss der AG die Krankenkasse über die Höhe informiert haben (Meldung mittels spezieller Software). Diese zieht die SV-Beiträge dann per Lastschriftverfahren ein. Sie werden zunächst auf dem Konto „SV-Vorauszahlungen" gebucht und im Rahmen der Entgeltabrechnung entsprechend berücksichtigt. Versicherungspflichtgrenze KV/PV: 4.162,00 EUR
- Steuerabzüge: ◦ Lohnsteuer ◦ Kirchensteuer ◦ Solidaritäts-zuschlag	Bei der Berechnung der Steuerabzüge ist darauf zu achten, dass hierbei das steuerpflichtige Entgelt angesetzt werden muss. Des Weiteren sind neben dem Steuerfreibetrag die Steuerklasse des Arbeitnehmers, die Anzahl der auf der Lohnsteuerkarte eingetragenen Kinderfreibeträge und die Religionszugehörigkeit zu beachten. Die Höhe der Lohnsteuer ist abhängig von der Höhe des steuerpflichtigen Entgelts. Die Kirchensteuer beträgt (abhängig vom Bundesland) 8 % oder 9 % der Lohnsteuer. Der Solidaritätszuschlag beträgt 5,5 % der Lohnsteuer. Einbehaltene Steuerabzüge werden auf dem Konto „Verbindlichkeiten gegenüber Finanzbehörden" gebucht. Eine Überweisung erfolgt bis zum 10. des Folgemonats.
= Nettoentgelt	Das Nettoentgelt ergibt sich aus der Differenz zwischen sozialversicherungspflichtigem Entgelt und den Sozialversicherungsbeiträgen sowie den Steuerabzügen.
- Abzüge	An dieser Stelle werden Abzüge vorgenommen wie die Verrechnung eines zuvor geleisteten Vorschusses oder für einen Verkauf von Waren an die/den Mitarbeiter/in. Ebenso zählen Mieten für Werkswohnungen und die VL-Sparrate des Arbeitnehmers zu diesen Abzügen. ****) Einbehaltene Abzüge werden auf dem entsprechenden Konto (z. B. „Verbindl. aus Vermögenswirksamen Leistungen") gebucht.
+ steuer- und sozial-versicherungs-freie Zulagen	Sonn-, Feiertags- und Nachtarbeitszuschläge (keine Steuerbefreiung, sofern die Zuschläge aus einem Grundlohn (Stundenlohn) berechnet werden, der 25,00 EUR übersteigt. Kindergartenzuschüsse (bis 150 € monatlich), Heirats- und Geburtsbeihilfen (einmalig bis 315 €), Essensgeldzuschüsse (bis 3,10 € pro Tag), Warengutscheine (bis 44 € monatlich).
= Auszahlungsbetrag	Der Auszahlungsbetrag ergibt sich aus der Differenz zwischen Nettoentgelt und steuer- und sozialversicherungsfreien Abzügen.

*) Anstelle der Rechnung [Bruttoentgelt + Zulagen = SV-pflichtiges Entgelt] ist auch das Schema [Grundlohn/-gehalt + Zulagen = Bruttoentgelt] möglich.

**) Ggf. sind im Einzelfall Steuerfreibeträge zu beachten.

***) Zu den geldwerten Vorteilen gehören Leistungen, die der Arbeitgeber dem Arbeitnehmer neben seinem gewöhnlichen Monatsentgelt gewährt (z. B. private Nutzung eines Geschäftswagens, kostenfreie oder verbilligte Mahlzeiten sowie die kostenfreie oder verbilligte Nutzung von Werkswohnungen). Der geldwerte Vorteil besteht in der kostenfreien/kostenvergünstigten Gebrauchsüberlassung.

****) Im Gegensatz zum geldwerten Vorteil werden hier Forderungen des Arbeitgebers gegenüber dem Mitarbeiter angesetzt.

Arbeitsblatt	Schema der Entgeltabrechnung

Bruttoentgelt (Gehalt/Lohn)
Laut Angabe im Arbeitsvertrag (individuelle oder tarifvertragliche Regelung).

+ Steuer-/sozialversicherungspfl. Zulagen
Urlaubsgeld, Weihnachtsgeld, 13. Monatsgehalt, Geburtsbeihilfen, Arbeitgeberzulage zu den Vermögenswirksamen Leistungen des Arbeitnehmers, Jubiläumsgratifikationen, geldwerte Vorteile, Überstundenzuschläge.

= Sozialversicherungspflichtiges Entgelt
Grundlage für die Berechnung der Sozialversicherungsbeiträge.

− Steuerfreibetrag (lt. Lohnsteuerkarte)
Freibetrag (für Werbungskosten, Sonderausgaben und außergewöhnliche Belastungen) ist aus der Lohnsteuerkarte des Mitarbeiters zu entnehmen.

= Steuerpflichtiges Entgelt
Grundlage für die Ermittlung der Lohn- und Kirchensteuer sowie des Solidaritätszuschlags.

Steuerabzüge

− Lohnsteuer
Zu beachten sind der Steuerfreibetrag und die Steuerklasse des Arbeitnehmers (Kinderfreibeträge wirken sich nicht aus).

− Solidaritätszuschlag
In der Steuerklasse I beträgt der SolZ 5,5 % der Lohnsteuer, Kinderfreibeträge wirken sich mindernd aus.

− Kirchensteuer
In der Steuerklasse I beträgt die Kirchsteuer abhängig vom Bundesland 8 %/9 % der Lohnsteuer (in NRW 9 %). Kinderfreibeträge wirken sich mindernd aus.

= Summe Steuerabzüge

Abzüge Sozialversicherungsbeiträge des Arbeitnehmers

− Rentenversicherung
___ % des soz.vers.pfl. Entgelts bzw. von der Beitragsbemessungsgrenze
akt. Beitragssatz: ___ %
akt. BBG ___ €

− Arbeitslosenversicherung
___ % des soz.vers.pfl. Entgelts bzw. von der Beitragsbemessungsgrenze
akt. Beitragssatz: ___ %
akt. BBG ___ €

− Krankenversicherung
___ % des soz.vers.pfl. Entgelts bzw. von der Beitragsbemessungsgrenze
akt. Beitragssatz: ___ %
akt. BBG ___ €

− Sonderbeitrag KV (vom AN allein zu tragen)
___ % des soz.vers.pfl. Entgelts bzw. von der Beitragsbemessungsgrenze
akt. Beitragssatz: ___ %
akt. BBG ___ €

Pflegeversicherung
akt. Beitragssatz: ___ %

Beitragspflichtige mit Kind
___ % des soz.vers.pfl. Entgelts bzw. von der Beitragsbemessungsgrenze
akt. BBG ___ €

Beitragspflichtige ohne Kind/älter als 23 Jahre
akt. Beitragssatz: ___ %

zusätzlich (vom AN **allein** zu tragen)
___ % des soz.vers.pfl. Entgelts bzw. von der Beitragsbemessungsgrenze
akt. BBG ___ €

= Summe Sozialversicherungsbeiträge

= Nettoentgelt

− Abzüge
Z. B. Verrechnung eines zuvor geleisteten Vorschusses, für einen Verkauf von Waren an die/den Mitarbeiter/in, für die Miete für Werkswohnungen und die VL-Sparrate des Arbeitnehmers.

+ Steuer- und sozialversicherungsfreie Zulagen
Sonn-, Feiertags- und Nachtarbeitszuschläge (keine Steuerbefreiung, sofern die Zuschläge aus einem Grundlohn (Stundenlohn) berechnet werden, der 25,00 EUR übersteigt. Kindergartenzuschüsse (bis 150 € monatlich), Heirats- und Geburtsbeihilfen (einmalig bis 315 €), Essensgeldzuschüsse (bis 3,10 € pro Tag), Warengutscheine (bis 44 € monatlich).

= Auszahlungsbetrag

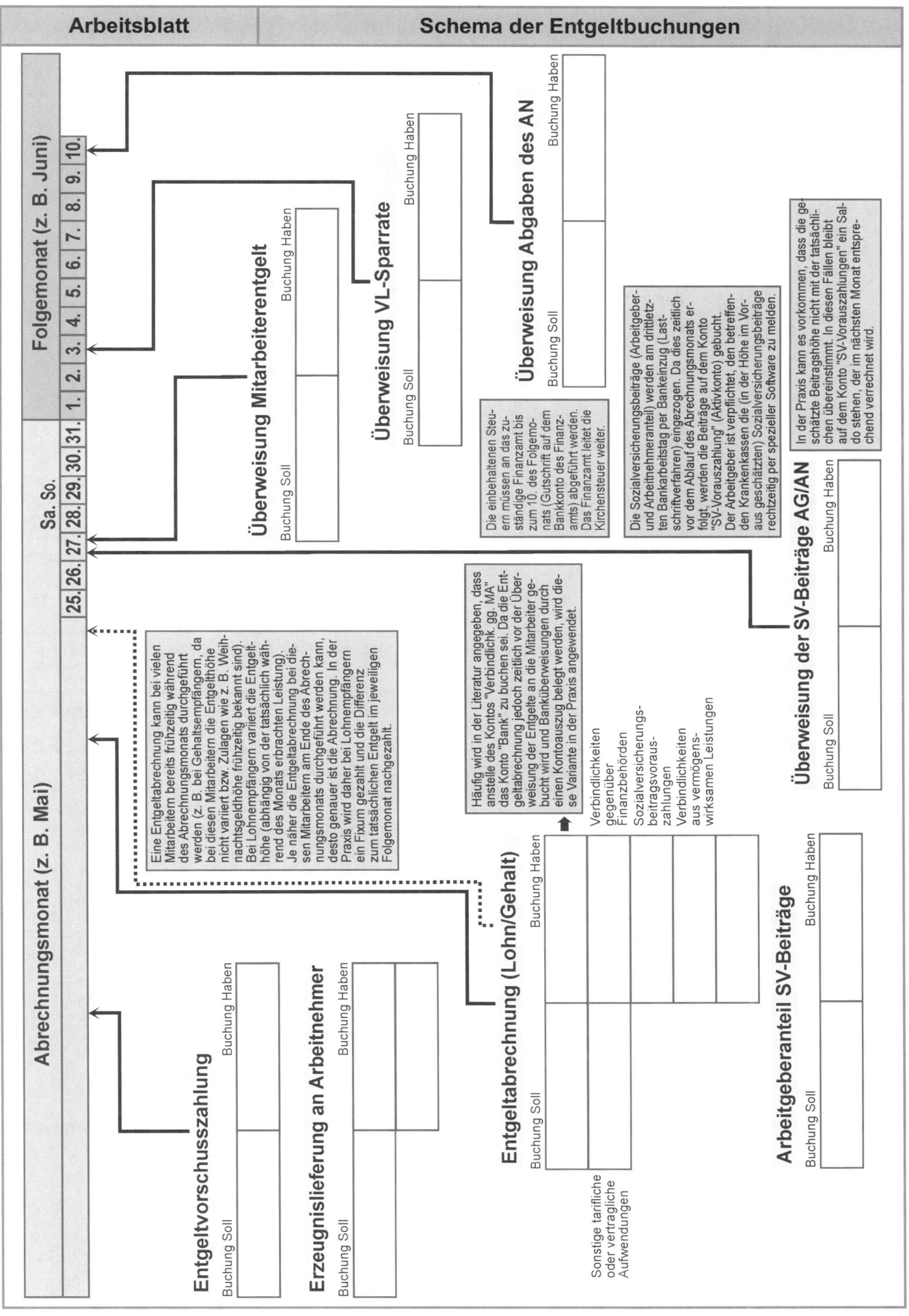

Arbeitsblatt | Schema der Entgeltbuchungen

Folgemonat (z. B. Juni)

10. 9. 8. 7. 6. 5. 4. 3. 2. 1.

Sa. So.

31. 30. 29. 28. 27.

25. 26.

Abrechnungsmonat (z. B. Mai)

Überweisung Abgaben des AN
Buchung Haben
Buchung Soll

Überweisung VL-Sparrate
Buchung Haben
Buchung Soll

Überweisung Mitarbeiterentgelt
Buchung Haben
Buchung Soll

Die einbehaltenen Steuern müssen an das zuständige Finanzamt bis zum 10. des Folgemonats (Gutschrift auf dem Bankkonto des Finanzamts) abgeführt werden. Das Finanzamt leitet die Kirchensteuer weiter.

Die Sozialversicherungsbeiträge (Arbeitgeber- und Arbeitnehmeranteil) werden am drittletzten Bankarbeitstag per Bankeinzug (Lastschriftverfahren) eingezogen. Da dies zeitlich vor dem Ablauf des Abrechnungsmonats erfolgt, werden die Beiträge auf dem Konto "SV-Vorauszahlung" (Aktivkonto) gebucht. Der Arbeitgeber ist verpflichtet, den betreffenden Krankenkassen die (in der Höhe im Voraus geschätzten) Sozialversicherungsbeiträge rechtzeitig per spezieller Software zu melden.

In der Praxis kann es vorkommen, dass die geschätzte Beitragshöhe nicht mit der tatsächlichen übereinstimmt. In diesen Fällen bleibt auf dem Konto "SV-Vorauszahlungen" ein Saldo stehen, der im nächsten Monat entsprechend verrechnet wird.

Überweisung der SV-Beiträge AG/AN
Buchung Haben
Buchung Soll

Eine Entgeltabrechnung kann bei vielen Mitarbeitern bereits frühzeitig während des Abrechnungsmonats durchgeführt werden (z. B. bei Gehaltsempfängern, da bei diesen Mitarbeitern die Entgelthöhe nicht variiert bzw. Zulagen wie z. B. Weihnachtsgeldhöhe frühzeitig bekannt sind). Bei Lohnempfängern variiert die Entgelthöhe (abhängig von der tatsächlich während des Monats erbrachten Leistung). Je näher die Entgeltabrechnung bei diesen Mitarbeitern am Ende des Abrechnungsmonats durchgeführt werden kann, desto genauer ist die Abrechnung. In der Praxis wird daher bei Lohnempfängern ein Fixum gezahlt und die Differenz zum tatsächlichen Entgelt im jeweiligen Folgemonat nachgezahlt.

Häufig wird in der Literatur angegeben, dass anstelle des Kontos "Verbindlichk. gg. MA" das Konto "Bank" zu buchen sei. Da die Entgeltabrechnung jedoch zeitlich vor der Überweisung der Entgelte an die Mitarbeiter gebucht wird und Banküberweisungen durch einen Kontoauszug belegt werden, wird diese Variante in der Praxis angewendet.

Entgeltabrechnung (Lohn/Gehalt)
Buchung Haben
Buchung Soll

Verbindlichkeiten gegenüber Finanzbehörden

Sozialversicherungsbeitragsvorauszahlungen

Verbindlichkeiten aus vermögenswirksamen Leistungen

Sonstige tarifliche oder vertragliche Aufwendungen

Arbeitgeberanteil SV-Beiträge
Buchung Haben
Buchung Soll

Entgeltvorschusszahlung
Buchung Haben
Buchung Soll

Erzeugnislieferung an Arbeitnehmer
Buchung Haben
Buchung Soll

Personalaufwendungen		
Arbeitsentgelt (Löhne, Gehälter) - direkte Personalaufwendungen -	**Soziale Aufwendungen** - indirekte Personalaufwendungen -	
	gesetzlich	freiwillig
● Grundlöhne/-gehälter ● Leistungsabhängige Zuschläge (z. B. Mehrarbeits-, Schichtarbeits-, Nachtarbeitszuschläge)	● Arbeitgeberbeiträge zur Sozialversicherung ● Beiträge zur Berufsgenossenschaft (Unfallversicherung) ● Entgeltzahlung bei Abwesenheit des Arbeitnehmers (Urlaub, Krankheit, Feiertage) ● Aufwand nach Betriebsverfassungsgesetz (z. B. Personalkosten für freigestellten Betriebsrat) ● Aufwand nach Schwerbehinderten- und Mutterschutzgesetz	● Leistungen des Arbeitgebers zu den vermögenswirksamen Leistungen des Arbeitnehmers ● Urlaubsgeld ● Gratifikationen ● Fahrtkostenerstattung ● Essensgeldzuschüsse, Mitarbeiterverpflegung ● Sportangebote ● Aufwand für Aus- und Fortbildung ● Altersversorgung ● Kinderbetreuung im Werkskindergarten

Übersicht über die Steuerklassen	
I	Nicht verheiratete, verwitwete oder geschiedene Arbeitnehmer sowie Verheiratete, die ständig getrennt leben.
II	Arbeitnehmer der Steuerklasse I, sofern sie mindestens ein Kind haben.
III*)	Verheiratete, jedoch nicht ständig getrennt lebende Arbeitnehmer, deren Ehegatte kein Arbeitsentgelt bezieht oder die Steuerklasse V hat.
IV	Verheiratete, nicht ständig getrennt lebende Arbeitnehmer, wenn beide ein Arbeitsentgelt beziehen.
V	verheiratete, nicht ständig getrennt lebende Ehegatten, die beide Arbeitslohn beziehen, wobei ein Ehegatte auf gemeinsamen Antrag in Steuerklasse III ist.
VI	Bezieht ein Arbeitnehmer Arbeitsentgelte von mehreren Arbeitgebern, erhält er die Steuerklasse VI.

*) Ehepaare können zwischen den Kombinationen der Lohnsteuerklassen III/V und IV/IV wählen. Ehepaare, bei denen ein Partner weitaus mehr verdient als der andere, wählen am besten die III/V-Variante. Für Ehepaare mit ähnlichem Bruttolohn ist die IV/IV-Variante günstiger. Ab 2010 können Ehepaare eine besondere IV/IV-Variante wählen, die als Faktorverfahren bezeichnet wird. Bei dieser Steuerklassenwahl teilt das Ehepaar dem Finanzamt das voraussichtliche Jahresbruttogehalt mit. Das Finanzamt errechnet daraus die wahrscheinlichen Lohnsteuersummen nach dem Splittingtarif und nach der herkömmlichen IV/IV-Variante. Aus diesen beiden Lohnsteuersummen wird dann ein gemeinsamer Faktor errechnet. Der Arbeitgeber der Ehepaare berechnet mit diesem Faktor die jeweilige monatlich zu zahlende Lohnsteuer. Wer sich für das Faktorverfahren entscheidet, ist anschließend zur Abgabe einer Einkommensteuererklärung beim Finanzamt verpflichtet. Bei der IV-IV-Variante ist das nicht zwingend erforderlich.

Wichtiges zur Lohnsteuer

● Auf Einkünfte aus nichtselbstständiger Arbeit ist Lohnsteuer zu zahlen.
 	
● Die Höhe der Lohnsteuer ist abhängig von
 	
  • der Lohnhöhe (mit steigender Lohnhöhe steigt der Lohnsteuersatz, somit steigt mit zunehmender Lohnhöhe die Lohnsteuerbelastung progressiv).
 	
  • der Steuerklasse (durch die Steuerklasse erhält der Arbeitnehmer Freibeträge, die die Lohnsteuerhöhe absenken).
 	
  • individuellen Freibeträgen des Arbeitnehmers (z. B. Werbungskosten).
 	
● Der Arbeitgeber ist verpflichtet (neben den Sozialversicherungsbeiträgen) die Lohnsteuer, den Solidaritätszuschlag und die Kirchensteuer einzubehalten und an das Finanzamt abzuführen.

MONAT 1 530,–*

Abzüge an Lohnsteuer, Solidaritätszuschlag (SolZ) und Kirchensteuer (8%, 9%) in den Steuerklassen

I – VI ohne Kinderfreibeträge · I, II, III, IV mit Zahl der Kinderfreibeträge . . .

Lohn/Gehalt bis €*	Kl	LSt	SolZ	8%	9%	Kl	LSt	0,5 SolZ	0,5 8%	0,5 9%	1 SolZ	1 8%	1 9%	1,5 SolZ	1,5 8%	1,5 9%	2 SolZ	2 8%	2 9%	2,5 SolZ	2,5 8%	2,5 9%	3 SolZ	3 8%	3 9%
1 532,99	I,IV	135,08	7,42	10,80	12,15	I	135,08	—	6,06	6,82	—	2,04	2,29	—	—	—	—	—	—	—	—	—	—	—	—
	II	108,—	5,40	8,64	9,72	II	108,—	—	4,13	4,64	—	0,54	0,61	—	—	—	—	—	—	—	—	—	—	—	—
	III	—	—	—	—	III	—	—	—	—	—	—	—	—	—	—	—	—	—	—	—	—	—	—	—
	V	380,66	20,93	30,45	34,25	IV	135,08	4,81	8,40	9,45	—	6,06	6,82	—	3,92	4,41	—	2,04	2,29	—	0,39	0,44	—	—	—
	VI	407,16	22,39	32,57	36,64																					
1 535,99	I,IV	135,91	7,47	10,87	12,23	I	135,91	—	6,13	6,89	—	2,08	2,34	—	—	—	—	—	—	—	—	—	—	—	—
	II	108,83	5,56	8,70	9,79	II	108,83	—	4,19	4,71	—	0,59	0,66	—	—	—	—	—	—	—	—	—	—	—	—
	III	—	—	—	—	III	—	—	—	—	—	—	—	—	—	—	—	—	—	—	—	—	—	—	—
	V	381,66	20,99	30,53	34,34	IV	135,91	4,98	8,47	9,53	—	6,13	6,89	—	3,98	4,48	—	2,08	2,34	—	0,44	0,49	—	—	—
	VI	408,16	22,44	32,65	36,73																					
1 538,99	I,IV	136,83	7,52	10,94	12,31	I	136,83	—	6,20	6,97	—	2,14	2,40	—	—	—	—	—	—	—	—	—	—	—	—
	II	109,66	5,73	8,77	9,86	II	109,66	—	4,24	4,77	—	0,63	0,71	—	—	—	—	—	—	—	—	—	—	—	—
	III	—	—	—	—	III	—	—	—	—	—	—	—	—	—	—	—	—	—	—	—	—	—	—	—
	V	382,66	21,04	30,61	34,43	IV	136,83	5,15	8,54	9,60	—	6,20	6,97	—	4,04	4,55	—	2,14	2,40	—	0,48	0,54	—	—	—
	VI	409,16	22,50	32,73	36,82																					
1 541,99	I,IV	137,66	7,57	11,01	12,38	I	137,66	—	6,26	7,04	—	2,19	2,46	—	—	—	—	—	—	—	—	—	—	—	—
	II	110,58	5,91	8,84	9,95	II	110,58	—	4,30	4,84	—	0,68	0,76	—	—	—	—	—	—	—	—	—	—	—	—
	III	—	—	—	—	III	—	—	—	—	—	—	—	—	—	—	—	—	—	—	—	—	—	—	—
	V	383,83	21,11	30,70	34,54	IV	137,66	5,31	8,60	9,68	—	6,26	7,04	—	4,10	4,61	—	2,19	2,46	—	0,52	0,59	—	—	—
	VI	410,33	22,56	32,82	36,92																					
1 544,99	I,IV	138,58	7,62	11,08	12,47	I	138,58	—	6,33	7,12	—	2,24	2,52	—	—	—	—	—	—	—	—	—	—	—	—
	II	111,41	6,08	8,91	10,02	II	111,41	—	4,36	4,91	—	0,72	0,81	—	—	—	—	—	—	—	—	—	—	—	—
	III	—	—	—	—	III	—	—	—	—	—	—	—	—	—	—	—	—	—	—	—	—	—	—	—
	V	384,66	21,15	30,77	34,61	IV	138,58	5,50	8,68	9,76	—	6,33	7,12	—	4,16	4,68	—	2,24	2,52	—	0,57	0,64	—	—	—
	VI	411,33	22,62	32,90	37,01																					
1 547,99	I,IV	139,50	7,67	11,16	12,55	I	139,50	—	6,40	7,20	—	2,29	2,57	—	—	—	—	—	—	—	—	—	—	—	—
	II	112,25	6,17	8,98	10,10	II	112,25	—	4,42	4,97	—	0,77	0,86	—	—	—	—	—	—	—	—	—	—	—	—
	III	—	—	—	—	III	—	—	—	—	—	—	—	—	—	—	—	—	—	—	—	—	—	—	—
	V	385,83	21,22	30,86	34,72	IV	139,50	5,66	8,74	9,83	—	6,40	7,20	—	4,22	4,74	—	2,29	2,57	—	0,62	0,69	—	—	—
	VI	412,33	22,67	32,98	37,10																					
1 550,99	I,IV	140,33	7,71	11,22	12,62	I	140,33	—	6,46	7,26	—	2,34	2,63	—	—	—	—	—	—	—	—	—	—	—	—
	II	113,08	6,21	9,04	10,17	II	113,08	—	4,48	5,04	—	0,82	0,92	—	—	—	—	—	—	—	—	—	—	—	—
	III	—	—	—	—	III	—	—	—	—	—	—	—	—	—	—	—	—	—	—	—	—	—	—	—
	V	386,83	21,27	30,94	34,81	IV	140,33	5,83	8,81	9,91	—	6,46	7,26	—	4,28	4,81	—	2,34	2,63	—	0,66	0,74	—	—	—
	VI	413,50	22,74	33,08	37,21																					
1 553,99	I,IV	141,25	7,76	11,30	12,71	I	141,25	0,13	6,53	7,34	—	2,40	2,70	—	—	—	—	—	—	—	—	—	—	—	—
	II	114,—	6,27	9,12	10,26	II	114,—	—	4,54	5,11	—	0,86	0,96	—	—	—	—	—	—	—	—	—	—	—	—
	III	—	—	—	—	III	—	—	—	—	—	—	—	—	—	—	—	—	—	—	—	—	—	—	—
	V	387,66	21,32	31,01	34,88	IV	141,25	6,—	8,88	9,99	0,13	6,53	7,34	—	4,34	4,88	—	2,40	2,70	—	0,70	0,79	—	—	—
	VI	414,50	22,79	33,16	37,30																					
1 556,99	I,IV	142,08	7,81	11,36	12,78	I	142,08	0,30	6,60	7,42	—	2,45	2,75	—	—	—	—	—	—	—	—	—	—	—	—
	II	114,83	6,31	9,18	10,33	II	114,83	—	4,60	5,18	—	0,90	1,01	—	—	—	—	—	—	—	—	—	—	—	—
	III	—	—	—	—	III	—	—	—	—	—	—	—	—	—	—	—	—	—	—	—	—	—	—	—
	V	388,83	21,38	31,10	34,99	IV	142,08	6,15	8,95	10,07	0,30	6,60	7,42	—	4,40	4,95	—	2,45	2,75	—	0,75	0,84	—	—	—
	VI	415,66	22,86	33,25	37,40																					
1 559,99	I,IV	143,—	7,86	11,44	12,87	I	143,—	0,46	6,66	7,49	—	2,50	2,81	—	—	—	—	—	—	—	—	—	—	—	—
	II	115,75	6,36	9,26	10,41	II	115,75	—	4,66	5,24	—	0,95	1,07	—	—	—	—	—	—	—	—	—	—	—	—
	III	—	—	—	—	III	—	—	—	—	—	—	—	—	—	—	—	—	—	—	—	—	—	—	—
	V	389,83	21,44	31,18	35,08	IV	143,—	6,20	9,02	10,14	0,46	6,66	7,49	—	4,46	5,01	—	2,50	2,81	—	0,80	0,90	—	—	—
	VI	416,66	22,91	33,33	37,49																					
1 562,99	I,IV	143,83	7,91	11,50	12,94	I	143,83	0,63	6,73	7,57	—	2,55	2,87	—	—	—	—	—	—	—	—	—	—	—	—
	II	116,58	6,41	9,32	10,49	II	116,58	—	4,72	5,31	—	1,—	1,12	—	—	—	—	—	—	—	—	—	—	—	—
	III	—	—	—	—	III	—	—	—	—	—	—	—	—	—	—	—	—	—	—	—	—	—	—	—
	V	391,—	21,50	31,28	35,19	IV	143,83	6,24	9,08	10,22	0,63	6,73	7,57	—	4,52	5,08	—	2,55	2,87	—	0,84	0,94	—	—	—
	VI	417,66	22,97	33,41	37,58																					
1 565,99	I,IV	144,75	7,96	11,58	13,02	I	144,75	0,80	6,80	7,65	—	2,60	2,93	—	—	—	—	—	—	—	—	—	—	—	—
	II	117,41	6,45	9,39	10,56	II	117,41	—	4,78	5,38	—	1,04	1,17	—	—	—	—	—	—	—	—	—	—	—	—
	III	—	—	—	—	III	—	—	—	—	—	—	—	—	—	—	—	—	—	—	—	—	—	—	—
	V	391,83	21,55	31,34	35,26	IV	144,75	6,29	9,15	10,29	0,80	6,80	7,65	—	4,58	5,15	—	2,60	2,93	—	0,88	0,99	—	—	—
	VI	418,83	23,03	33,50	37,69																					
1 568,99	I,IV	145,58	8,—	11,64	13,10	I	145,58	0,96	6,86	7,72	—	2,66	2,99	—	—	—	—	—	—	—	—	—	—	—	—
	II	118,25	6,50	9,46	10,64	II	118,25	—	4,84	5,45	—	1,09	1,22	—	—	—	—	—	—	—	—	—	—	—	—
	III	—	—	—	—	III	—	—	—	—	—	—	—	—	—	—	—	—	—	—	—	—	—	—	—
	V	393,—	21,61	31,44	35,37	IV	145,58	6,34	9,22	10,37	0,96	6,86	7,72	—	4,64	5,22	—	2,66	2,99	—	0,93	1,04	—	—	—
	VI	419,83	23,09	33,58	37,78																					
1 571,99	I,IV	146,50	8,05	11,72	13,18	I	146,50	1,13	6,93	7,79	—	2,72	3,06	—	—	—	—	—	—	—	—	—	—	—	—
	II	119,16	6,55	9,53	10,72	II	119,16	—	4,91	5,52	—	1,14	1,28	—	—	—	—	—	—	—	—	—	—	—	—
	III	—	—	—	—	III	—	—	—	—	—	—	—	—	—	—	—	—	—	—	—	—	—	—	—
	V	394,—	21,67	31,52	35,46	IV	146,50	6,38	9,29	10,45	1,13	6,93	7,79	—	4,70	5,28	—	2,72	3,06	—	0,98	1,10	—	—	—
	VI	420,83	23,14	33,66	37,87																					
1 574,99	I,IV	147,41	8,10	11,79	13,26	I	147,41	1,30	7,—	7,87	—	2,76	3,11	—	—	—	—	—	—	—	—	—	—	—	—
	II	120,—	6,60	9,60	10,80	II	120,—	—	4,97	5,59	—	1,18	1,33	—	—	—	—	—	—	—	—	—	—	—	—
	III	—	—	—	—	III	—	—	—	—	—	—	—	—	—	—	—	—	—	—	—	—	—	—	—
	V	395,16	21,73	31,61	35,56	IV	147,41	6,43	9,36	10,53	1,30	7,—	7,87	—	4,76	5,35	—	2,76	3,11	—	1,02	1,15	—	—	—
	VI	422,—	23,21	33,76	37,98																					

MONAT 1 800,–*

Abzüge an Lohnsteuer, Solidaritätszuschlag (SolZ) und Kirchensteuer (8%, 9%) in den Steuerklassen

Lohn/Gehalt bis €*	Kl	LSt (I–VI, ohne Kinderfreibeträge)	SolZ	8%	9%	Kl	LSt	0,5 SolZ	0,5 8%	0,5 9%	1 SolZ	1 8%	1 9%	1,5 SolZ	1,5 8%	1,5 9%	2 SolZ	2 8%	2 9%	2,5 SolZ	2,5 8%	2,5 9%	3** SolZ	3** 8%	3** 9%
1 802,99	I,IV	205,50	11,30	16,44	18,49	I	205,50	7,84	11,40	12,83	0,38	6,63	7,46	—	2,48	2,79	—	—	—	—	—	—	—	—	—
	II	176,75	9,72	14,14	15,90	II	176,75	6,34	9,22	10,37	—	4,64	5,22	—	0,93	1,04	—	—	—	—	—	—	—	—	—
	III	12,66	—	1,01	1,13	III	12,66	—	—	—	—	—	—	—	—	—	—	—	—	—	—	—	—	—	—
	V	476,83	26,22	38,14	42,91	IV	205,50	9,55	13,89	15,62	7,84	11,40	12,83	6,18	8,99	10,11	0,38	6,63	7,46	—	4,43	4,98	—	2,48	2,79
	VI	505,50	27,80	40,44	45,49																				
1 805,99	I,IV	206,25	11,34	16,50	18,56	I	206,25	7,88	11,46	12,89	0,53	6,69	7,52	—	2,52	2,84	—	—	—	—	—	—	—	—	—
	II	177,50	9,76	14,20	15,97	II	177,50	6,38	9,28	10,44	—	4,69	5,27	—	0,97	1,09	—	—	—	—	—	—	—	—	—
	III	13,—	—	1,04	1,17	III	13,—	—	—	—	—	—	—	—	—	—	—	—	—	—	—	—	—	—	—
	V	477,83	26,28	38,22	43,—	IV	206,25	9,59	13,95	15,69	7,88	11,46	12,89	6,21	9,04	10,17	0,53	6,69	7,52	—	4,48	5,04	—	2,52	2,84
	VI	506,66	27,86	40,53	45,59																				
1 808,99	I,IV	207,—	11,38	16,56	18,63	I	207,—	7,92	11,52	12,96	0,66	6,74	7,58	—	2,57	2,89	—	—	—	—	—	—	—	—	—
	II	178,25	9,80	14,26	16,04	II	178,25	6,42	9,34	10,50	—	4,74	5,33	—	1,01	1,13	—	—	—	—	—	—	—	—	—
	III	13,33	—	1,06	1,19	III	13,33	—	—	—	—	—	—	—	—	—	—	—	—	—	—	—	—	—	—
	V	479,—	26,34	38,32	43,11	IV	207,—	9,63	14,01	15,76	7,92	11,52	12,96	6,26	9,10	10,24	0,66	6,74	7,58	—	4,53	5,09	—	2,57	2,89
	VI	507,83	27,93	40,62	45,70																				
1 811,99	I,IV	207,83	11,43	16,62	18,70	I	207,83	7,96	11,58	13,03	0,81	6,80	7,65	—	2,61	2,93	—	—	—	—	—	—	—	—	—
	II	179,—	9,84	14,32	16,11	II	179,—	6,46	9,40	10,57	—	4,79	5,39	—	1,05	1,18	—	—	—	—	—	—	—	—	—
	III	13,83	—	1,10	1,24	III	13,83	—	—	—	—	—	—	—	—	—	—	—	—	—	—	—	—	—	—
	V	480,16	26,40	38,41	43,21	IV	207,83	9,67	14,07	15,83	7,96	11,58	13,03	6,29	9,16	10,30	0,81	6,80	7,65	—	4,58	5,15	—	2,61	2,93
	VI	509,—	27,99	40,72	45,81																				
1 814,99	I,IV	208,58	11,47	16,68	18,77	I	208,58	8,—	11,64	13,10	0,95	6,86	7,71	—	2,66	2,99	—	—	—	—	—	—	—	—	—
	II	179,83	9,89	14,38	16,18	II	179,83	6,50	9,46	10,64	—	4,84	5,45	—	1,09	1,22	—	—	—	—	—	—	—	—	—
	III	14,16	—	1,13	1,27	III	14,16	—	—	—	—	—	—	—	—	—	—	—	—	—	—	—	—	—	—
	V	481,33	26,47	38,50	43,31	IV	208,58	9,71	14,13	15,89	8,—	11,64	13,10	6,33	9,22	10,37	0,95	6,86	7,71	—	4,63	5,21	—	2,66	2,99
	VI	510,—	28,05	40,80	45,90																				
1 817,99	I,IV	209,33	11,51	16,74	18,83	I	209,33	8,04	11,70	13,16	1,08	6,91	7,77	—	2,70	3,04	—	—	—	—	—	—	—	—	—
	II	180,58	9,93	14,44	16,25	II	180,58	6,54	9,51	10,70	—	4,90	5,51	—	1,13	1,27	—	—	—	—	—	—	—	—	—
	III	14,50	—	1,16	1,30	III	14,50	—	—	—	—	—	—	—	—	—	—	—	—	—	—	—	—	—	—
	V	482,33	26,52	38,58	43,40	IV	209,33	9,75	14,19	15,96	8,04	11,70	13,16	6,38	9,28	10,44	1,08	6,91	7,77	—	4,68	5,27	—	2,70	3,04
	VI	511,16	28,11	40,89	46,—																				
1 820,99	I,IV	210,16	11,55	16,81	18,91	I	210,16	8,08	11,76	13,23	1,23	6,97	7,84	—	2,74	3,08	—	—	—	—	—	—	—	—	—
	II	181,33	9,97	14,50	16,31	II	181,33	6,58	9,57	10,76	—	4,94	5,56	—	1,17	1,31	—	—	—	—	—	—	—	—	—
	III	14,83	—	1,18	1,33	III	14,83	—	—	—	—	—	—	—	—	—	—	—	—	—	—	—	—	—	—
	V	483,50	26,59	38,68	43,51	IV	210,16	9,79	14,25	16,03	8,08	11,76	13,23	6,41	9,33	10,49	1,23	6,97	7,84	—	4,74	5,33	—	2,74	3,08
	VI	512,33	28,17	40,98	46,10																				
1 823,99	I,IV	210,91	11,60	16,87	18,98	I	210,91	8,12	11,82	13,29	1,36	7,02	7,90	—	2,79	3,14	—	—	—	—	—	—	—	—	—
	II	182,08	10,01	14,56	16,38	II	182,08	6,62	9,63	10,83	—	5,—	5,62	—	1,20	1,35	—	—	—	—	—	—	—	—	—
	III	15,33	—	1,22	1,37	III	15,33	—	—	—	—	—	—	—	—	—	—	—	—	—	—	—	—	—	—
	V	484,50	26,64	38,76	43,60	IV	210,91	9,84	14,31	16,10	8,12	11,82	13,29	6,45	9,39	10,56	1,36	7,02	7,90	—	4,78	5,38	—	2,79	3,14
	VI	513,50	28,24	41,08	46,21																				
1 826,99	I,IV	211,66	11,64	16,93	19,04	I	211,66	8,16	11,88	13,36	1,51	7,08	7,97	—	2,84	3,19	—	—	—	—	—	—	—	—	—
	II	182,83	10,05	14,62	16,45	II	182,83	6,65	9,68	10,89	—	5,05	5,68	—	1,24	1,40	—	—	—	—	—	—	—	—	—
	III	15,66	—	1,25	1,40	III	15,66	—	—	—	—	—	—	—	—	—	—	—	—	—	—	—	—	—	—
	V	485,66	26,71	38,85	43,70	IV	211,66	9,88	14,37	16,16	8,16	11,88	13,36	6,49	9,45	10,63	1,51	7,08	7,97	—	4,84	5,44	—	2,84	3,19
	VI	514,66	28,30	41,17	46,31																				
1 829,99	I,IV	212,50	11,68	17,—	19,12	I	212,50	8,20	11,94	13,43	1,65	7,14	8,03	—	2,88	3,24	—	—	—	—	—	—	—	—	—
	II	183,58	10,09	14,68	16,52	II	183,58	6,70	9,74	10,96	—	5,10	5,74	—	1,28	1,44	—	—	—	—	—	—	—	—	—
	III	16,16	—	1,29	1,45	III	16,16	—	—	—	—	—	—	—	—	—	—	—	—	—	—	—	—	—	—
	V	486,83	26,77	38,94	43,81	IV	212,50	9,92	14,44	16,24	8,20	11,94	13,43	6,53	9,50	10,69	1,65	7,14	8,03	—	4,89	5,50	—	2,88	3,24
	VI	515,83	28,37	41,26	46,42																				
1 832,99	I,IV	213,25	11,72	17,06	19,19	I	213,25	8,25	12,—	13,50	1,80	7,20	8,10	—	2,92	3,29	—	—	—	—	—	—	—	—	—
	II	184,33	10,13	14,74	16,58	II	184,33	6,74	9,80	11,03	—	5,15	5,79	—	1,32	1,49	—	—	—	—	—	—	—	—	—
	III	16,50	—	1,32	1,48	III	16,50	—	—	—	—	—	—	—	—	—	—	—	—	—	—	—	—	—	—
	V	488,—	26,84	39,04	43,92	IV	213,25	9,96	14,50	16,31	8,25	12,—	13,50	6,57	9,56	10,76	1,80	7,20	8,10	—	4,94	5,55	—	2,92	3,29
	VI	517,—	28,43	41,36	46,53																				
1 835,99	I,IV	214,—	11,77	17,12	19,26	I	214,—	8,29	12,06	13,56	1,93	7,25	8,15	—	2,97	3,34	—	—	—	—	—	—	—	—	—
	II	185,16	10,18	14,81	16,66	II	185,16	6,78	9,86	11,09	—	5,20	5,85	—	1,36	1,53	—	—	—	—	—	—	—	—	—
	III	16,83	—	1,34	1,51	III	16,83	—	—	—	—	—	—	—	—	—	—	—	—	—	—	—	—	—	—
	V	489,16	26,90	39,13	44,02	IV	214,—	10,01	14,56	16,38	8,29	12,06	13,56	6,61	9,62	10,82	1,93	7,25	8,15	—	4,99	5,61	—	2,97	3,34
	VI	518,16	28,49	41,45	46,63																				
1 838,99	I,IV	214,83	11,81	17,18	19,33	I	214,83	8,33	12,12	13,63	2,08	7,31	8,22	—	3,02	3,39	—	—	—	—	—	—	—	—	—
	II	185,91	10,22	14,87	16,73	II	185,91	6,82	9,92	11,16	—	5,26	5,91	—	1,41	1,58	—	—	—	—	—	—	—	—	—
	III	17,16	—	1,37	1,54	III	17,16	—	—	—	—	—	—	—	—	—	—	—	—	—	—	—	—	—	—
	V	490,16	26,95	39,21	44,11	IV	214,83	10,05	14,62	16,44	8,33	12,12	13,63	6,65	9,68	10,89	2,08	7,31	8,22	—	5,04	5,67	—	3,02	3,39
	VI	519,33	28,56	41,54	46,73																				
1 841,99	I,IV	215,58	11,85	17,24	19,40	I	215,58	8,37	12,18	13,70	2,21	7,36	8,28	—	3,06	3,44	—	—	—	—	—	—	—	—	—
	II	186,66	10,26	14,93	16,79	II	186,66	6,86	9,98	11,22	—	5,31	5,97	—	1,45	1,63	—	—	—	—	—	—	—	—	—
	III	17,66	—	1,41	1,58	III	17,66	—	—	—	—	—	—	—	—	—	—	—	—	—	—	—	—	—	—
	V	491,33	27,02	39,30	44,21	IV	215,58	10,09	14,68	16,51	8,37	12,18	13,70	6,69	9,74	10,95	2,21	7,36	8,28	—	5,10	5,73	—	3,06	3,44
	VI	520,50	28,62	41,64	46,84																				
1 844,99	I,IV	216,41	11,90	17,31	19,47	I	216,41	8,41	12,24	13,77	2,36	7,42	8,35	—	3,11	3,50	—	—	—	—	—	—	—	—	—
	II	187,41	10,30	14,99	16,86	II	187,41	6,90	10,04	11,29	—	5,36	6,03	—	1,49	1,67	—	—	—	—	—	—	—	—	—
	III	18,—	—	1,44	1,62	III	18,—	—	—	—	—	—	—	—	—	—	—	—	—	—	—	—	—	—	—
	V	492,33	27,07	39,38	44,30	IV	216,41	10,13	14,74	16,58	8,41	12,24	13,77	6,73	9,80	11,02	2,36	7,42	8,35	—	5,14	5,78	—	3,11	3,50
	VI	521,66	28,69	41,73	46,94																				

MONAT 2 250,–*

Lohn/ Gehalt bis €*	Abzüge an Lohnsteuer, Solidaritätszuschlag (SolZ) und Kirchensteuer (8%, 9%) in den Steuerklassen																								
	I – VI					I, II, III, IV																			
			ohne Kinderfreibeträge					mit Zahl der Kinderfreibeträge . . .																	
								0,5			1			1,5			2			2,5			3**		
		LSt	SolZ	8%	9%		LSt	SolZ	8%	9%	SolZ	8%	9%	SolZ	8%	9%	SolZ	8%	9%	SolZ	8%	9%	SolZ	8%	9%
2 252,99	I,IV	327,25	17,99	26,18	29,45	I	327,25	14,22	20,68	23,27	10,61	15,44	17,37	7,19	10,46	11,77	—	5,76	6,48	—	1,79	2,01	—	—	—
	II	295,91	16,27	23,67	26,63	II	295,91	12,57	18,29	20,57	9,05	13,17	14,81	4,58	8,31	9,35	—	3,85	4,33	—	0,33	0,37	—	—	—
	III	84,33	—	6,74	7,58	III	84,33	—	3,10	3,49	—	—	—	—	—	—	—	—	—	—	—	—	—	—	—
	V	654,75	36,01	52,38	58,92	IV	327,25	16,08	23,40	26,32	14,22	20,68	23,27	12,39	18,03	20,28	10,61	15,44	17,37	8,88	12,92	14,54	7,19	10,46	11,77
	VI	686,91	37,78	54,95	61,82																				
2 255,99	I,IV	328,08	18,04	26,24	29,52	I	328,08	14,26	20,75	23,34	10,66	15,51	17,45	7,23	10,52	11,84	—	5,81	6,53	—	1,84	2,07	—	—	—
	II	296,75	16,32	23,74	26,70	II	296,75	12,62	18,36	20,65	9,09	13,23	14,88	4,71	8,36	9,41	—	3,90	4,38	—	0,37	0,41	—	—	—
	III	85,—	—	6,80	7,65	III	85,—	—	3,14	3,53	—	—	—	—	—	—	—	—	—	—	—	—	—	—	—
	V	656,—	36,08	52,48	59,04	IV	328,08	16,13	23,46	26,39	14,26	20,75	23,34	12,44	18,10	20,36	10,66	15,51	17,45	8,92	12,98	14,60	7,23	10,52	11,84
	VI	688,16	37,84	55,05	61,93																				
2 258,99	I,IV	328,91	18,09	26,31	29,60	I	328,91	14,30	20,81	23,41	10,70	15,57	17,51	7,27	10,58	11,90	—	5,86	6,59	—	1,88	2,11	—	—	—
	II	297,58	16,36	23,80	26,78	II	297,58	12,66	18,42	20,72	9,13	13,29	14,95	4,86	8,42	9,47	—	3,94	4,43	—	0,40	0,45	—	—	—
	III	85,50	—	6,84	7,69	III	85,50	—	3,18	3,58	—	0,02	0,02	—	—	—	—	—	—	—	—	—	—	—	—
	V	657,25	36,14	52,58	59,15	IV	328,91	16,17	23,53	26,47	14,30	20,81	23,41	12,48	18,16	20,43	10,70	15,57	17,51	8,96	13,04	14,67	7,27	10,58	11,90
	VI	689,41	37,91	55,15	62,04																				
2 261,99	I,IV	329,75	18,13	26,38	29,67	I	329,75	14,35	20,88	23,49	10,74	15,63	17,58	7,31	10,64	11,97	—	5,92	6,66	—	1,92	2,16	—	—	—
	II	298,41	16,41	23,87	26,85	II	298,41	12,70	18,48	20,79	9,18	13,35	15,02	5,—	8,48	9,54	—	4,—	4,50	—	0,44	0,50	—	—	—
	III	86,16	—	6,89	7,75	III	86,16	—	3,22	3,62	—	0,06	0,07	—	—	—	—	—	—	—	—	—	—	—	—
	V	658,50	36,21	52,68	59,26	IV	329,75	16,22	23,60	26,55	14,35	20,88	23,49	12,53	18,22	20,50	10,74	15,63	17,58	9,01	13,10	14,74	7,31	10,64	11,97
	VI	690,75	37,99	55,26	62,16																				
2 264,99	I,IV	330,66	18,18	26,45	29,75	I	330,66	14,40	20,94	23,56	10,78	15,69	17,65	7,36	10,70	12,04	—	5,97	6,71	—	1,96	2,21	—	—	—
	II	299,25	16,45	23,94	26,93	II	299,25	12,75	18,54	20,86	9,22	13,41	15,08	5,15	8,54	9,60	—	4,04	4,55	—	0,48	0,54	—	—	—
	III	86,66	—	6,93	7,79	III	86,66	—	3,26	3,67	—	0,09	0,10	—	—	—	—	—	—	—	—	—	—	—	—
	V	659,75	36,28	52,78	59,37	IV	330,66	16,27	23,66	26,62	14,40	20,94	23,56	12,57	18,28	20,57	10,78	15,69	17,65	9,05	13,16	14,81	7,36	10,70	12,04
	VI	692,—	38,06	55,36	62,28																				
2 267,99	I,IV	331,50	18,23	26,52	29,83	I	331,50	14,44	21,—	23,63	10,83	15,76	17,73	7,39	10,76	12,10	—	6,02	6,77	—	2,—	2,25	—	—	—
	II	300,08	16,50	24,—	27,—	II	300,08	12,79	18,61	20,93	9,26	13,47	15,15	5,28	8,59	9,66	—	4,09	4,60	—	0,52	0,58	—	—	—
	III	87,33	—	6,98	7,85	III	87,33	—	3,30	3,71	—	0,13	0,14	—	—	—	—	—	—	—	—	—	—	—	—
	V	661,—	36,35	52,88	59,49	IV	331,50	16,31	23,73	26,69	14,44	21,—	23,63	12,61	18,35	20,64	10,83	15,76	17,73	9,09	13,22	14,87	7,39	10,76	12,10
	VI	693,25	38,12	55,46	62,39																				
2 270,99	I,IV	332,33	18,27	26,58	29,90	I	332,33	14,48	21,07	23,70	10,87	15,82	17,79	7,43	10,82	12,17	—	6,08	6,84	—	2,04	2,30	—	—	—
	II	300,91	16,55	24,07	27,08	II	300,91	12,83	18,67	21,—	9,30	13,53	15,22	5,43	8,65	9,73	—	4,14	4,66	—	0,56	0,63	—	—	—
	III	87,83	—	7,02	7,90	III	87,83	—	3,34	3,76	—	0,17	0,19	—	—	—	—	—	—	—	—	—	—	—	—
	V	662,25	36,42	52,98	59,60	IV	332,33	16,36	23,80	26,77	14,48	21,07	23,70	12,65	18,41	20,71	10,87	15,82	17,79	9,13	13,28	14,94	7,43	10,82	12,17
	VI	694,50	38,19	55,56	62,50																				
2 273,99	I,IV	333,16	18,32	26,65	29,98	I	333,16	14,53	21,14	23,78	10,91	15,88	17,86	7,48	10,88	12,24	—	6,14	6,90	—	2,09	2,35	—	—	—
	II	301,75	16,59	24,14	27,15	II	301,75	12,88	18,74	21,08	9,34	13,59	15,29	5,58	8,71	9,80	—	4,19	4,71	—	0,59	0,66	—	—	—
	III	88,50	—	7,08	7,96	III	88,50	—	3,40	3,82	—	0,20	0,22	—	—	—	—	—	—	—	—	—	—	—	—
	V	663,58	36,49	53,08	59,72	IV	333,16	16,40	23,86	26,84	14,53	21,14	23,78	12,70	18,48	20,79	10,91	15,88	17,86	9,17	13,34	15,01	7,48	10,88	12,24
	VI	695,75	38,26	55,66	62,61																				
2 276,99	I,IV	334,—	18,37	26,72	30,06	I	334,—	14,57	21,20	23,85	10,95	15,94	17,93	7,52	10,94	12,30	—	6,19	6,96	—	2,13	2,39	—	—	—
	II	302,58	16,64	24,20	27,23	II	302,58	12,92	18,80	21,15	9,39	13,66	15,36	5,71	8,76	9,86	—	4,24	4,77	—	0,63	0,71	—	—	—
	III	89,16	—	7,13	8,02	III	89,16	—	3,44	3,87	—	0,24	0,27	—	—	—	—	—	—	—	—	—	—	—	—
	V	664,83	36,56	53,18	59,83	IV	334,—	16,45	23,93	26,92	14,57	21,20	23,85	12,74	18,54	20,85	10,95	15,94	17,93	9,21	13,40	15,08	7,52	10,94	12,30
	VI	697,—	38,33	55,76	62,73																				
2 279,99	I,IV	334,91	18,42	26,79	30,14	I	334,91	14,62	21,26	23,92	11,—	16,—	18,—	7,56	11,—	12,37	—	6,24	7,02	—	2,18	2,45	—	—	—
	II	303,41	16,68	24,27	27,30	II	303,41	12,97	18,86	21,22	9,43	13,72	15,43	5,86	8,82	9,92	—	4,29	4,82	—	0,66	0,74	—	—	—
	III	89,66	—	7,17	8,06	III	89,66	—	3,48	3,91	—	0,28	0,31	—	—	—	—	—	—	—	—	—	—	—	—
	V	666,08	36,63	53,28	59,94	IV	334,91	16,50	24,—	27,—	14,62	21,26	23,92	12,79	18,60	20,93	11,—	16,—	18,—	9,25	13,46	15,14	7,56	11,—	12,37
	VI	698,25	38,40	55,86	62,84																				
2 282,99	I,IV	335,75	18,46	26,86	30,21	I	335,75	14,66	21,33	23,99	11,04	16,06	18,07	7,59	11,05	12,43	—	6,30	7,09	—	2,22	2,49	—	—	—
	II	304,25	16,73	24,34	27,38	II	304,25	13,01	18,92	21,29	9,47	13,78	15,50	6,01	8,88	9,99	—	4,34	4,88	—	0,70	0,79	—	—	—
	III	90,33	—	7,22	8,12	III	90,33	—	3,52	3,96	—	0,32	0,36	—	—	—	—	—	—	—	—	—	—	—	—
	V	667,33	36,70	53,38	60,05	IV	335,75	16,54	24,06	27,07	14,66	21,33	23,99	12,83	18,66	20,99	11,04	16,06	18,07	9,29	13,52	15,21	7,59	11,05	12,43
	VI	699,50	38,47	55,96	62,95																				
2 285,99	I,IV	336,58	18,51	26,92	30,29	I	336,58	14,71	21,40	24,07	11,08	16,12	18,14	7,64	11,11	12,50	—	6,36	7,15	—	2,26	2,54	—	—	—
	II	305,08	16,77	24,40	27,45	II	305,08	13,05	18,99	21,36	9,51	13,84	15,57	6,14	8,94	10,05	—	4,39	4,94	—	0,74	0,83	—	—	—
	III	90,83	—	7,26	8,17	III	90,83	—	3,56	4,—	—	0,34	0,38	—	—	—	—	—	—	—	—	—	—	—	—
	V	668,58	36,77	53,48	60,17	IV	336,58	16,59	24,13	27,14	14,71	21,40	24,07	12,87	18,73	21,07	11,08	16,12	18,14	9,34	13,58	15,28	7,64	11,11	12,50
	VI	700,75	38,54	56,06	63,06																				
2 288,99	I,IV	337,41	18,55	26,99	30,36	I	337,41	14,75	21,46	24,14	11,13	16,19	18,21	7,68	11,17	12,56	—	6,41	7,21	—	2,30	2,59	—	—	—
	II	305,91	16,82	24,47	27,53	II	305,91	13,10	19,06	21,44	9,55	13,90	15,63	6,18	9,—	10,12	—	4,44	4,99	—	0,78	0,87	—	—	—
	III	91,50	—	7,32	8,23	III	91,50	—	3,60	4,05	—	0,38	0,43	—	—	—	—	—	—	—	—	—	—	—	—
	V	669,83	36,84	53,58	60,28	IV	337,41	16,63	24,20	27,22	14,75	21,46	24,14	12,92	18,79	21,14	11,13	16,19	18,21	9,38	13,65	15,35	7,68	11,17	12,56
	VI	702,08	38,61	56,16	63,18																				
2 291,99	I,IV	338,33	18,60	27,06	30,44	I	338,33	14,79	21,52	24,21	11,17	16,25	18,28	7,72	11,23	12,63	—	6,46	7,27	—	2,35	2,64	—	—	—
	II	306,75	16,87	24,54	27,60	II	306,75	13,14	19,12	21,51	9,59	13,96	15,70	6,22	9,05	10,18	—	4,49	5,05	—	0,82	0,92	—	—	—
	III	92,16	—	7,37	8,29	III	92,16	—	3,64	4,09	—	0,42	0,47	—	—	—	—	—	—	—	—	—	—	—	—
	V	671,08	36,90	53,68	60,39	IV	338,33	16,68	24,26	27,29	14,79	21,52	24,21	12,96	18,86	21,21	11,17	16,25	18,28	9,42	13,71	15,42	7,72	11,23	12,63
	VI	703,33	38,68	56,26	63,29																				
2 294,99	I,IV	339,16	18,65	27,13	30,52	I	339,16	14,84	21,59	24,29	11,21	16,31	18,35	7,76	11,29	12,70	0,11	6,52	7,34	—	2,39	2,69	—	—	—
	II	307,58	16,91	24,60	27,68	II	307,58	13,19	19,18	21,58	9,63	14,02	15,77	6,26	9,11	10,25	—	4,54	5,10	—	0,86	0,96	—	—	—
	III	92,66	—	7,41	8,33	III	92,66	—	3,69	4,15	—	0,45	0,50	—	—	—	—	—	—	—	—	—	—	—	—
	V	672,33	36,97	53,78	60,50	IV	339,16	16,72	24,33	27,37	14,84	21,59	24,29	13,—	18,92	21,28	11,21	16,31	18,35	9,46	13,77	15,49	7,76	11,29	12,70
	VI	704,58	38,75	56,36	63,41																				

Lektion 2:   Buchung von Entgeltabrechnungen (Teil 2)

Ausgangssituation:

In der Personalbuchhaltung werden die Daten folgender Mitarbeiter und Mitarbeiterinnen geführt:

Name Mitarbeiter/in	Angaben der Lohnsteuerkarte*)	VL-Zulage Arbeitgeber	VL-Sparrate Arbeitnehmer monatlich	Geschätzte SV-Beiträge (AG/AN-Anteil)
Breuer, Thomas, 45 Jahre	I, 0, ev.	26,00 €	40,00 €	1.600,00 €
Franken, Melanie, 27 Jahre	IV, 2, rk., Lohnsteuerfreibetrag 410,00 €	26,00 €	26,00 €	1.700,00 €
Klein, Beate, 36 Jahre	III, 0,5**), ev., Lohnsteuerfreibetrag 533,00 €	26,00 €	40,00 €	1.700,00 €
Özpay, Ayse, 52 Jahre	V, 0, -, Lohnsteuerfreibetr. 125,00 €	26,00 €	26,00 €	1.800,00 €

*)   Lohnsteuerkarte; bei den Aufgaben ist davon auszugehen, dass eine Versteuerung in Nordrhein-Westfalen stattfindet; der Lohnsteuerfreibetrag bezieht sich auf einen Monat.

**)   Zu halben Kinderfreibeträgen kommt es, wenn sich zwei Steuerpflichtige die Kinderfreibeträge teilen. Eine Ausnahme bildet die Steuerklasse IV. In dieser Steuerklasse erhalten beide Steuerpflichtige grundsätzlich den Kinderfreibetrag des Gatten. Haben die Steuerpflichtigen beispielsweise ein Kind, so erhalten beide einen vollen Kinderfreibetrag. Hat ein Ehegatte den halben Kinderfreibetrag der geschiedenen Ehefrau (beide haben ein Kind), so erhält der (neue) Ehegatte ebenfalls einen halben Kinderfreibetrag.

Aufgaben:

Berechnen Sie für die folgenden Mitarbeiter/innen den Auszahlungsbetrag.

1. Mitarbeiter: Thomas Breuer (ledig, ohne Kinder), monatliches Bruttogehalt 3.9260,00 EUR. Ein gezahlter Gehaltsvorschuss in Höhe von 250,00 EUR wird mit der Gehaltsabrechnung verrechnet.
2. Mitarbeiterin: Melanie Franken (verheiratet, zwei Kinder), Zeitlohn 4.314,00 EUR zuzüglich, 620,00 EUR Sonn-/Feiertagszuschlag.
3. Mitarbeiterin: Beate Klein (verheiratet, ein Kind), monatliches Bruttogehalt 4.044,00 EUR zuzüglich 1.450,00 EUR Urlaubsgeld
4. Mitarbeiterin: Ayse Özpay (verheiratet, ohne Kinder), monatliches Bruttogehalt 4.894,00 EUR.

Übertragen Sie dann die Ergebnisse in folgenden Auszug aus der Lohnbuchhaltung und nehmen Sie dann eine Sammelbuchung vor.

Mitarbeiter/in	Brutto-entgelt	Zulagen	SV-Beiträge	Steuer-abzüge	Netto-entgelte	Ab-züge	VL-Sparrate	Aus-zahlung
Breuer, T.								
Franken, M.								
Klein, B.								
Özpay, A.								
Summe								

3 959,99* MONAT

Abzüge an Lohnsteuer, Solidaritätszuschlag (SolZ) und Kirchensteuer (8%, 9%) in den Steuerklassen

Lohn/ Gehalt bis €*	I – VI					I, II, III, IV		mit Zahl der Kinderfreibeträge . . . 0,5			1			1,5			2			2,5			3**		
		LSt	ohne Kinderfreibeträge SolZ	8%	9%		LSt	SolZ	8%	9%	SolZ	8%	9%	SolZ	8%	9%	SolZ	8%	9%	SolZ	8%	9%	SolZ	8%	9%
3 917,99	I,IV	869,25	47,80	69,54	78,23	I	869,25	42,84	62,32	70,11	38,06	55,36	62,28	33,45	48,66	54,74	29,03	42,22	47,50	24,77	36,04	40,54	20,70	30,11	33,87
	II	828,25	45,55	66,26	74,54	II	828,25	40,67	59,16	66,55	35,97	52,32	58,86	31,44	45,73	51,44	27,09	39,40	44,33	22,92	33,34	37,50	18,92	27,52	30,96
	III	514,16	28,27	41,13	46,27	III	514,16	24,64	35,84	40,32	21,08	30,66	34,49	17,61	25,62	28,82	14,24	20,72	23,31	7,46	15,94	17,93	—	11,32	12,73
	V	1 354,—	74,47	108,32	121,86	IV	869,25	45,30	65,90	74,13	42,84	62,32	70,11	40,43	58,81	66,16	38,06	55,36	62,28	35,74	51,98	58,48	33,45	48,66	54,74
	VI	1 386,25	76,24	110,90	124,76																				
3 920,99	I,IV	870,33	47,86	69,62	78,32	I	870,33	42,90	62,41	70,21	38,12	55,45	62,38	33,51	48,74	54,83	29,08	42,30	47,58	24,82	36,11	40,62	20,74	30,18	33,95
	II	829,33	45,61	66,34	74,63	II	829,33	40,73	59,24	66,65	36,02	52,40	58,95	31,49	45,81	51,53	27,14	39,48	44,41	22,97	33,41	37,58	18,97	27,59	31,04
	III	515,—	28,32	41,20	46,35	III	515,—	24,68	35,90	40,39	21,12	30,73	34,57	17,66	25,69	28,90	14,29	20,78	23,38	7,60	16,—	18,—	—	11,37	12,79
	V	1 355,25	74,53	108,42	121,97	IV	870,33	45,36	65,98	74,23	42,90	62,41	70,21	40,49	58,90	66,26	38,12	55,45	62,38	35,79	52,06	58,57	33,51	48,74	54,83
	VI	1 387,50	76,31	111,—	124,87																				
3 923,99	I,IV	871,50	47,93	69,72	78,43	I	871,50	42,96	62,49	70,30	38,17	55,53	62,47	33,56	48,82	54,92	29,13	42,38	47,67	24,87	36,18	40,70	20,79	30,25	34,03
	II	830,41	45,67	66,43	74,73	II	830,41	40,78	59,32	66,74	36,08	52,48	59,04	31,55	45,89	51,62	27,19	39,56	44,50	23,01	33,48	37,66	19,02	27,66	31,12
	III	515,83	28,37	41,26	46,42	III	515,83	24,72	35,96	40,45	21,16	30,78	34,63	17,70	25,74	28,96	14,32	20,84	23,44	7,73	16,05	18,05	—	11,42	12,85
	V	1 356,58	74,61	108,52	122,09	IV	871,50	45,42	66,07	74,33	42,96	62,49	70,30	40,54	58,98	66,35	38,17	55,53	62,47	35,85	52,14	58,66	33,56	48,82	54,92
	VI	1 388,75	76,38	111,10	124,98																				
3 926,99	I,IV	872,58	47,99	69,80	78,53	I	872,58	43,02	62,58	70,40	38,23	55,61	62,56	33,62	48,90	55,01	29,18	42,45	47,75	24,92	36,26	40,79	20,84	30,32	34,11
	II	831,50	45,73	66,52	74,83	II	831,50	40,84	59,41	66,83	36,13	52,56	59,13	31,60	45,96	51,71	27,24	39,63	44,58	23,06	33,55	37,74	19,06	27,73	31,19
	III	516,66	28,41	41,33	46,49	III	516,66	24,76	36,02	40,52	21,21	30,85	34,70	17,74	25,81	29,03	14,36	20,89	23,50	7,90	16,12	18,13	—	11,48	12,91
	V	1 357,83	74,68	108,62	122,20	IV	872,58	45,48	66,16	74,43	43,02	62,58	70,40	40,60	59,06	66,44	38,23	55,61	62,56	35,90	52,22	58,75	33,62	48,90	55,01
	VI	1 390,—	76,45	111,20	125,10																				
3 929,99	I,IV	873,66	48,05	69,89	78,62	I	873,66	43,08	62,66	70,49	38,29	55,70	62,66	33,67	48,98	55,10	29,24	42,53	47,84	24,97	36,33	40,87	20,89	30,39	34,19
	II	832,58	45,79	66,60	74,93	II	832,58	40,90	59,50	66,93	36,19	52,64	59,22	31,65	46,04	51,80	27,29	39,70	44,66	23,11	33,62	37,82	19,11	27,80	31,27
	III	517,33	28,45	41,38	46,55	III	517,33	24,81	36,09	40,60	21,25	30,92	34,78	17,78	25,86	29,09	14,41	20,96	23,58	8,03	16,17	18,19	—	11,53	12,97
	V	1 359,08	74,74	108,72	122,31	IV	873,66	45,54	66,24	74,52	43,08	62,66	70,49	40,66	59,15	66,54	38,29	55,70	62,66	35,96	52,31	58,85	33,67	48,98	55,10
	VI	1 391,25	76,51	111,30	125,21																				
3 932,99	I,IV	874,75	48,11	69,98	78,72	I	874,75	43,14	62,75	70,59	38,34	55,78	62,75	33,73	49,06	55,19	29,29	42,60	47,93	25,02	36,40	40,95	20,94	30,46	34,26
	II	833,66	45,85	66,69	75,02	II	833,66	40,96	59,58	67,02	36,24	52,72	59,31	31,71	46,12	51,89	27,34	39,78	44,75	23,16	33,70	37,91	19,15	27,86	31,34
	III	518,16	28,49	41,45	46,63	III	518,16	24,86	36,16	40,68	21,29	30,97	34,84	17,82	25,93	29,17	14,44	21,01	23,63	8,16	16,22	18,25	—	11,58	13,03
	V	1 360,33	74,81	108,82	122,42	IV	874,75	45,60	66,33	74,62	43,14	62,75	70,59	40,72	59,23	66,63	38,34	55,78	62,75	36,02	52,39	58,94	33,73	49,06	55,19
	VI	1 392,50	76,58	111,40	125,32																				
3 935,99	I,IV	875,91	48,17	70,07	78,83	I	875,91	43,20	62,84	70,69	38,40	55,86	62,84	33,78	49,14	55,28	29,34	42,68	48,02	25,08	36,48	41,04	20,99	30,53	34,34
	II	834,75	45,91	66,78	75,12	II	834,75	41,02	59,66	67,12	36,30	52,80	59,40	31,76	46,20	51,97	27,40	39,86	44,84	23,21	33,76	37,98	19,20	27,94	31,43
	III	519,—	28,54	41,52	46,71	III	519,—	24,89	36,21	40,73	21,34	31,04	34,92	17,86	25,98	29,23	14,48	21,06	23,69	8,30	16,28	18,31	—	11,64	13,09
	V	1 361,58	74,88	108,92	122,54	IV	875,91	45,66	66,42	74,72	43,20	62,84	70,69	40,78	59,32	66,73	38,40	55,86	62,84	36,07	52,47	59,03	33,78	49,14	55,28
	VI	1 393,75	76,65	111,50	125,43																				
3 938,99	I,IV	877,—	48,23	70,16	78,93	I	877,—	43,26	62,92	70,79	38,46	55,94	62,93	33,84	49,22	55,37	29,39	42,76	48,10	25,13	36,55	41,12	21,03	30,60	34,42
	II	835,83	45,97	66,86	75,22	II	835,83	41,07	59,74	67,21	36,35	52,88	59,49	31,81	46,28	52,06	27,45	39,93	44,92	23,26	33,84	38,07	19,25	28,—	31,50
	III	519,83	28,59	41,58	46,78	III	519,83	24,94	36,28	40,81	21,38	31,10	34,99	17,91	26,05	29,30	14,52	21,13	23,77	8,46	16,34	18,38	—	11,69	13,15
	V	1 362,83	74,95	109,02	122,65	IV	877,—	45,72	66,51	74,82	43,26	62,92	70,79	40,83	59,40	66,82	38,46	55,94	62,93	36,13	52,55	59,12	33,84	49,22	55,37
	VI	1 395,08	76,72	111,60	125,55																				
3 941,99	I,IV	878,08	48,29	70,24	79,02	I	878,08	43,32	63,01	70,88	38,51	56,02	63,02	33,89	49,30	55,46	29,44	42,83	48,18	25,18	36,62	41,20	21,08	30,67	34,50
	II	837,—	46,03	66,96	75,33	II	837,—	41,13	59,83	67,31	36,41	52,96	59,58	31,87	46,36	52,15	27,50	40,—	45,—	23,31	33,91	38,15	19,30	28,07	31,58
	III	520,66	28,63	41,65	46,85	III	520,66	24,98	36,34	40,88	21,42	31,16	35,05	17,94	26,10	29,36	14,56	21,18	23,83	8,60	16,40	18,45	—	11,74	13,21
	V	1 364,08	75,02	109,12	122,76	IV	878,08	45,78	66,60	74,92	43,32	63,01	70,88	40,89	59,48	66,92	38,51	56,02	63,02	36,18	52,63	59,21	33,89	49,30	55,46
	VI	1 396,33	76,79	111,70	125,66																				
3 944,99	I,IV	879,25	48,35	70,34	79,13	I	879,25	43,37	63,09	70,97	38,57	56,11	63,12	33,94	49,38	55,55	29,50	42,91	48,27	25,23	36,70	41,28	21,13	30,74	34,58
	II	838,08	46,09	67,04	75,42	II	838,08	41,19	59,92	67,41	36,46	53,04	59,67	31,92	46,44	52,24	27,55	40,08	45,09	23,36	33,98	38,23	19,35	28,14	31,66
	III	521,50	28,68	41,72	46,93	III	521,50	25,02	36,40	40,95	21,46	31,22	35,12	17,99	26,17	29,44	14,61	21,25	23,90	8,73	16,45	18,50	—	11,80	13,27
	V	1 365,33	75,09	109,22	122,87	IV	879,25	45,84	66,68	75,02	43,37	63,09	70,97	40,95	59,57	67,01	38,57	56,11	63,12	36,24	52,71	59,30	33,94	49,38	55,55
	VI	1 397,58	76,86	111,80	125,78																				
3 947,99	I,IV	880,33	48,41	70,42	79,22	I	880,33	43,43	63,18	71,07	38,63	56,19	63,21	34,—	49,46	55,64	29,55	42,98	48,35	25,28	36,77	41,36	21,18	30,81	34,66
	II	839,16	46,15	67,13	75,52	II	839,16	41,25	60,—	67,50	36,52	53,13	59,77	31,97	46,51	52,32	27,61	40,16	45,18	23,41	34,06	38,31	19,39	28,21	31,73
	III	522,16	28,71	41,77	46,99	III	522,16	25,07	36,46	41,02	21,50	31,28	35,19	18,03	26,22	29,50	14,64	21,30	23,96	8,86	16,50	18,56	—	11,85	13,33
	V	1 366,66	75,16	109,33	122,99	IV	880,33	45,90	66,77	75,11	43,43	63,18	71,07	41,01	59,65	67,10	38,63	56,19	63,21	36,29	52,79	59,39	34,—	49,46	55,64
	VI	1 398,83	76,93	111,90	125,89																				
3 950,99	I,IV	881,41	48,47	70,51	79,32	I	881,41	43,49	63,26	71,17	38,68	56,27	63,30	34,05	49,54	55,73	29,60	43,06	48,44	25,33	36,84	41,45	21,23	30,88	34,74
	II	840,25	46,21	67,22	75,62	II	840,25	41,30	60,08	67,59	36,58	53,21	59,86	32,03	46,59	52,41	27,66	40,23	45,26	23,46	34,12	38,39	19,44	28,28	31,81
	III	523,—	28,76	41,84	47,07	III	523,—	25,11	36,53	41,09	21,55	31,34	35,26	18,07	26,29	29,57	14,69	21,37	24,04	9,03	16,57	18,64	—	11,90	13,39
	V	1 367,91	75,23	109,43	123,11	IV	881,41	45,96	66,86	75,21	43,49	63,26	71,17	41,07	59,74	67,20	38,68	56,27	63,30	36,35	52,88	59,49	34,05	49,54	55,73
	VI	1 400,08	77,—	112,—	126,—																				
3 953,99	I,IV	882,58	48,54	70,60	79,43	I	882,58	43,55	63,35	71,27	38,74	56,36	63,40	34,11	49,62	55,82	29,65	43,14	48,53	25,38	36,92	41,53	21,28	30,95	34,82
	II	841,33	46,27	67,30	75,71	II	841,33	41,36	60,17	67,69	36,63	53,29	59,95	32,08	46,67	52,50	27,71	40,30	45,34	23,51	34,20	38,47	19,49	28,35	31,89
	III	523,83	28,81	41,90	47,14	III	523,83	25,16	36,60	41,17	21,59	31,41	35,33	18,11	26,34	29,63	14,73	21,42	24,10	9,16	16,62	18,70	—	11,96	13,45
	V	1 369,16	75,30	109,53	123,22	IV	882,58	46,02	66,94	75,31	43,55	63,35	71,27	41,13	59,82	67,30	38,74	56,36	63,40	36,41	52,96	59,58	34,11	49,62	55,82
	VI	1 401,33	77,07	112,10	126,11																				
3 956,99	I,IV	883,66	48,60	70,69	79,52	I	883,66	43,61	63,44	71,37	38,80	56,44	63,49	34,16	49,70	55,91	29,71	43,22	48,62	25,43	36,99	41,61	21,33	31,02	34,90
	II	842,41	46,33	67,39	75,81	II	842,41	41,42	60,25	67,78	36,69	53,37	60,04	32,13	46,74	52,58	27,76	40,38	45,42	23,56	34,27	38,55	19,53	28,42	31,97
	III	524,66	28,85	41,97	47,21	III	524,66	25,19	36,65	41,23	21,63	31,46	35,39	18,15	26,41	29,71	14,76	21,48	24,16	9,30	16,68	18,76	—	12,02	13,52
	V	1 370,41	75,37	109,63	123,33	IV	883,66	46,08	67,03	75,41	43,61	63,44	71,37	41,18	59,90	67,39	38,80	56,44	63,49	36,46	53,04	59,67	34,16	49,70	55,91
	VI	1 402,58	77,14	112,20	126,23																				
3 959,99	I,IV	884,75	48,66	70,78	79,62	I	884,75	43,67	63,52	71,46	38,86	56,52	63,59	34,22	49,78	56,—	29,76	43,29	48,70	25,48	37,06	41,69	21,37	31,09	34,97
	II	843,50	46,39	67,48	75,91	II	843,50	41,48	60,34	67,88	36,74	53,45	60,13	32,19	46,82	52,67	27,81	40,46	45,51	23,61	34,34	38,63	19,58	28,48	32,04
	III	525,50	28,90	42,04	47,29	III	525,50	25,24	36,72	41,31	21,67	31,53	35,47	18,19	26,46	29,77	14,81	21,54	24,23	9,43	16,73	18,82	—	12,08	13,59
	V	1 371,66	75,44	109,73	123,44	IV	884,75	46,14	67,12	75,51	43,67	63,52	71,46	41,24	59,99	67,49	38,86	56,52	63,59	36,52	53,12	59,76	34,22	49,78	56,—
	VI	1 403,83	77,21	112,30	126,34																				

4 319,99*   MONAT

Abzüge an Lohnsteuer, Solidaritätszuschlag (SolZ) und Kirchensteuer (8%, 9%) in den Steuerklassen

Lohn/Gehalt bis €* 4 277,99

I – VI ohne Kinderfreibeträge:

St.-Kl.	LSt	SolZ	8%	9%
I,IV	1 005,33	55,29	80,42	90,47
II	962,25	52,92	76,98	86,60
III	612,66	33,69	49,01	55,13
V	1 505,25	82,78	120,42	135,47
VI	1 537,41	84,55	122,99	138,36

I, II, III, IV mit Zahl der Kinderfreibeträge:

Kl.	LSt	SolZ 0,5	8%	9%	SolZ 1	8%	9%	SolZ 1,5	8%	9%	SolZ 2	8%	9%	SolZ 2,5	8%	9%	SolZ 3**	8%	9%
I	1 005,33	50,07	72,84	81,94	45,04	65,51	73,70	40,17	58,44	65,74	35,49	51,62	58,07	30,98	45,06	50,69	26,65	38,76	43,61
II	962,25	47,78	69,50	78,19	42,82	62,29	70,07	38,04	55,34	62,25	33,44	48,64	54,72	29,01	42,20	47,47	24,75	36,01	40,51
III	612,66	29,92	43,53	48,97	26,25	38,18	42,95	22,66	32,96	37,08	19,15	27,86	31,34	15,73	22,89	25,75	12,41	18,05	20,30
IV	1 005,33	52,66	76,60	86,17	50,07	72,84	81,94	47,53	69,14	77,78	45,04	65,51	73,70	42,58	61,94	69,68	40,17	58,44	65,74

Lohn/Gehalt bis €* 4 286,99

I – VI ohne Kinderfreibeträge:

St.-Kl.	LSt	SolZ	8%	9%
I,IV	1 008,83	55,48	80,70	90,79
II	965,66	53,11	77,25	86,90
III	615,16	33,83	49,21	55,36
V	1 509,—	82,99	120,72	135,81
VI	1 541,25	84,76	123,30	138,71

I, II, III, IV mit Zahl der Kinderfreibeträge:

Kl.	LSt	SolZ 0,5	8%	9%	SolZ 1	8%	9%	SolZ 1,5	8%	9%	SolZ 2	8%	9%	SolZ 2,5	8%	9%	SolZ 3**	8%	9%
I	1 008,83	50,26	73,10	82,24	45,21	65,77	73,99	40,35	58,69	66,02	35,65	51,86	58,34	31,14	45,30	50,96	26,80	38,99	43,86
II	965,66	47,96	69,77	78,49	43,—	62,55	70,37	38,21	55,58	62,53	33,60	48,88	54,99	29,16	42,42	47,72	24,91	36,23	40,76
III	615,16	30,06	43,73	49,19	26,38	38,37	43,16	22,78	33,14	37,28	19,27	28,04	31,54	15,85	23,06	25,94	12,53	18,22	20,50
IV	1 008,83	52,85	76,87	86,48	50,26	73,10	82,24	47,71	69,40	78,08	45,21	65,77	73,99	42,76	62,20	69,97	40,35	58,69	66,02

Lohn/Gehalt bis €* 4 295,99

I – VI ohne Kinderfreibeträge:

St.-Kl.	LSt	SolZ	8%	9%
I,IV	1 012,33	55,67	80,98	91,10
II	969,08	53,29	77,52	87,21
III	617,66	33,97	49,41	55,58
V	1 512,75	83,20	121,02	136,14
VI	1 545,—	84,97	123,60	139,05

I, II, III, IV mit Zahl der Kinderfreibeträge:

Kl.	LSt	SolZ 0,5	8%	9%	SolZ 1	8%	9%	SolZ 1,5	8%	9%	SolZ 2	8%	9%	SolZ 2,5	8%	9%	SolZ 3**	8%	9%
I	1 012,33	50,44	73,38	82,55	45,39	66,03	74,28	40,52	58,94	66,30	35,82	52,10	58,61	31,30	45,53	51,22	26,95	39,21	44,11
II	969,08	48,15	70,04	78,79	43,17	62,80	70,65	38,38	55,83	62,81	33,76	49,11	55,25	29,32	42,65	47,98	25,06	36,45	41,—
III	617,66	30,20	43,93	49,42	26,51	38,56	43,38	22,91	33,33	37,49	19,40	28,22	31,75	15,98	23,25	26,15	12,65	18,40	20,70
IV	1 012,33	53,04	77,15	86,79	50,44	73,38	82,55	47,90	69,67	78,38	45,39	66,03	74,28	42,93	62,45	70,25	40,52	58,94	66,30

Lohn/Gehalt bis €* 4 313,99

I – VI ohne Kinderfreibeträge:

St.-Kl.	LSt	SolZ	8%	9%
I,IV	1 019,33	56,06	81,54	91,73
II	976,—	53,68	78,08	87,84
III	622,83	34,25	49,82	56,05
V	1 520,33	83,61	121,62	136,82
VI	1 552,58	85,39	124,20	139,73

I, II, III, IV mit Zahl der Kinderfreibeträge:

Kl.	LSt	SolZ 0,5	8%	9%	SolZ 1	8%	9%	SolZ 1,5	8%	9%	SolZ 2	8%	9%	SolZ 2,5	8%	9%	SolZ 3**	8%	9%
I	1 019,33	50,82	73,92	83,16	45,75	66,55	74,87	40,86	59,44	66,87	36,15	52,59	59,16	31,62	46,—	51,75	27,26	39,66	44,61
II	976,—	48,51	70,57	79,39	43,53	63,32	71,23	38,72	56,32	63,36	34,09	49,59	55,79	29,64	43,11	48,50	25,36	36,89	41,50
III	622,83	30,47	44,32	49,86	26,77	38,94	43,81	23,17	33,70	37,91	19,65	28,58	32,15	16,23	23,61	26,56	12,88	18,74	21,08
IV	1 019,33	53,41	77,70	87,41	50,82	73,92	83,16	48,26	70,20	78,98	45,75	66,55	74,87	43,28	62,96	70,83	40,86	59,44	66,87

MONAT   4 770,—*

Abzüge an Lohnsteuer, Solidaritätszuschlag (SolZ) und Kirchensteuer (8%, 9%) in den Steuerklassen

Lohn/Gehalt bis €* 4 772,99

I – VI ohne Kinderfreibeträge:

St.-Kl.	LSt	SolZ	8%	9%
I,IV	1 203,25	66,17	96,26	108,29
II	1 157,50	63,66	92,60	104,17
III	753,66	41,45	60,29	67,82
V	1 713,16	94,22	137,05	154,18
VI	1 745,33	95,99	139,62	157,07

I, II, III, IV mit Zahl der Kinderfreibeträge:

Kl.	LSt	SolZ 0,5	8%	9%	SolZ 1	8%	9%	SolZ 1,5	8%	9%	SolZ 2	8%	9%	SolZ 2,5	8%	9%	SolZ 3**	8%	9%
I	1 203,25	60,62	88,18	99,20	55,23	80,34	90,38	50,01	72,75	81,84	44,98	65,42	73,60	40,12	58,36	65,65	35,43	51,54	57,98
II	1 157,50	58,17	84,61	95,18	52,86	76,89	86,50	47,73	69,42	78,10	42,77	62,21	69,98	37,99	55,26	62,16	33,38	48,56	54,63
III	753,66	37,51	54,56	61,38	33,65	48,94	55,06	29,88	43,46	48,89	26,20	38,12	42,88	22,61	32,89	37,—	19,11	27,80	31,27
IV	1 203,25	63,38	92,19	103,71	60,62	88,18	99,20	57,90	84,22	94,75	55,23	80,34	90,38	52,60	76,51	86,07	50,01	72,75	81,84

Lohn/Gehalt bis €* 4 787,99

I – VI ohne Kinderfreibeträge:

St.-Kl.	LSt	SolZ	8%	9%
I,IV	1 209,41	66,51	96,75	108,84
II	1 163,58	63,99	93,08	104,72
III	758,16	41,69	60,65	68,23
V	1 719,41	94,56	137,55	154,74
VI	1 751,66	96,34	140,13	157,64

I, II, III, IV mit Zahl der Kinderfreibeträge:

Kl.	LSt	SolZ 0,5	8%	9%	SolZ 1	8%	9%	SolZ 1,5	8%	9%	SolZ 2	8%	9%	SolZ 2,5	8%	9%	SolZ 3**	8%	9%
I	1 209,41	60,95	88,66	99,74	55,55	80,80	90,90	50,32	73,20	82,35	45,28	65,86	74,09	40,41	58,78	66,12	35,71	51,95	58,44
II	1 163,58	58,49	85,08	95,72	53,17	77,34	87,01	48,03	69,86	78,59	43,06	62,64	70,47	38,27	55,67	62,63	33,66	48,96	55,08
III	758,16	37,74	54,90	61,76	33,88	49,29	55,45	30,11	43,80	49,27	26,42	38,44	43,24	22,83	33,21	37,36	19,32	28,10	31,61
IV	1 209,41	63,72	92,68	104,27	60,95	88,66	99,74	58,23	84,70	95,28	55,55	80,80	90,90	52,91	76,97	86,59	50,32	73,20	82,35

Lohn/Gehalt bis €* 4 796,99

I – VI ohne Kinderfreibeträge:

St.-Kl.	LSt	SolZ	8%	9%
I,IV	1 213,08	66,71	97,04	109,17
II	1 167,25	64,19	93,38	105,05
III	760,66	41,83	60,85	68,45
V	1 723,25	94,77	137,86	155,09
VI	1 755,41	96,54	140,43	157,98

I, II, III, IV mit Zahl der Kinderfreibeträge:

Kl.	LSt	SolZ 0,5	8%	9%	SolZ 1	8%	9%	SolZ 1,5	8%	9%	SolZ 2	8%	9%	SolZ 2,5	8%	9%	SolZ 3**	8%	9%
I	1 213,08	61,15	88,94	100,06	55,74	81,08	91,21	50,51	73,47	82,65	45,46	66,12	74,39	40,58	59,03	66,41	35,88	52,19	58,71
II	1 167,25	58,69	85,37	96,04	53,36	77,62	87,32	48,21	70,13	78,89	43,24	62,90	70,76	38,44	55,92	62,91	33,82	49,20	55,35
III	760,66	37,88	55,10	61,99	34,02	49,49	55,67	30,25	44,—	49,50	26,55	38,62	43,45	22,96	33,40	37,57	19,45	28,29	31,82
IV	1 213,08	63,92	92,98	104,60	61,15	88,94	100,06	58,42	84,98	95,60	55,74	81,08	91,21	53,10	77,24	86,90	50,51	73,47	82,65

Einmalzahlungen

Hierunter fallen Zuwendungen, die dem Arbeitsentgelt zuzurechnen sind und nicht für die Arbeit in einem einzelnen Entgeltabrechnungszeitraum gezahlt werden, sondern aus einem bestimmten Anlass gewährt werden (z. B. Weihnachtsgelder, Gratifikationen, Gewinnbeteiligungen, Urlaubsgeld sowie Urlaubsabgeltungen).

Für die Beitragsberechnung bei Einmalzahlungen sind folgende Punkte zu beachten:

1. Zuordnung des einmalig gezahlten Arbeitsentgelts: Grundsätzlich wird einmalig gezahltes Arbeitsentgelt versicherungspflichtig Beschäftigter dem Entgeltabrechnungszeitraum zugeordnet, in dem es gezahlt wird.

2. Höhe der anteiligen Jahresbeitragsbemessungsgrenze: Das einmalig gezahlte Arbeitsentgelt ist bei der Feststellung des beitragspflichtigen Arbeitsentgelts für versicherungspflichtig Beschäftigte zu berücksichtigen, soweit das bisher gezahlte beitragspflichtige Arbeitsentgelt die anteilige Beitragsbemessungsgrenze nicht erreicht.

In der Zeit vom 1. Januar bis zum 31. März einmalig gezahltes Arbeitsentgelt ist dem letzten Entgeltabrechnungszeitraum des vergangenen Kalenderjahres zuzuordnen, wenn es vom Arbeitgeber dieses Entgeltabrechnungszeitraumes gezahlt wird und zusammen mit dem sonstigen für das laufende Kalenderjahr festgestellten beitragspflichtigen Arbeitsentgelt die anteilige Beitragsbemessungsgrenze übersteigt (so genannte „**Märzklausel**").

Überblick über die Buchungs- und Auszahlungszeitpunkte

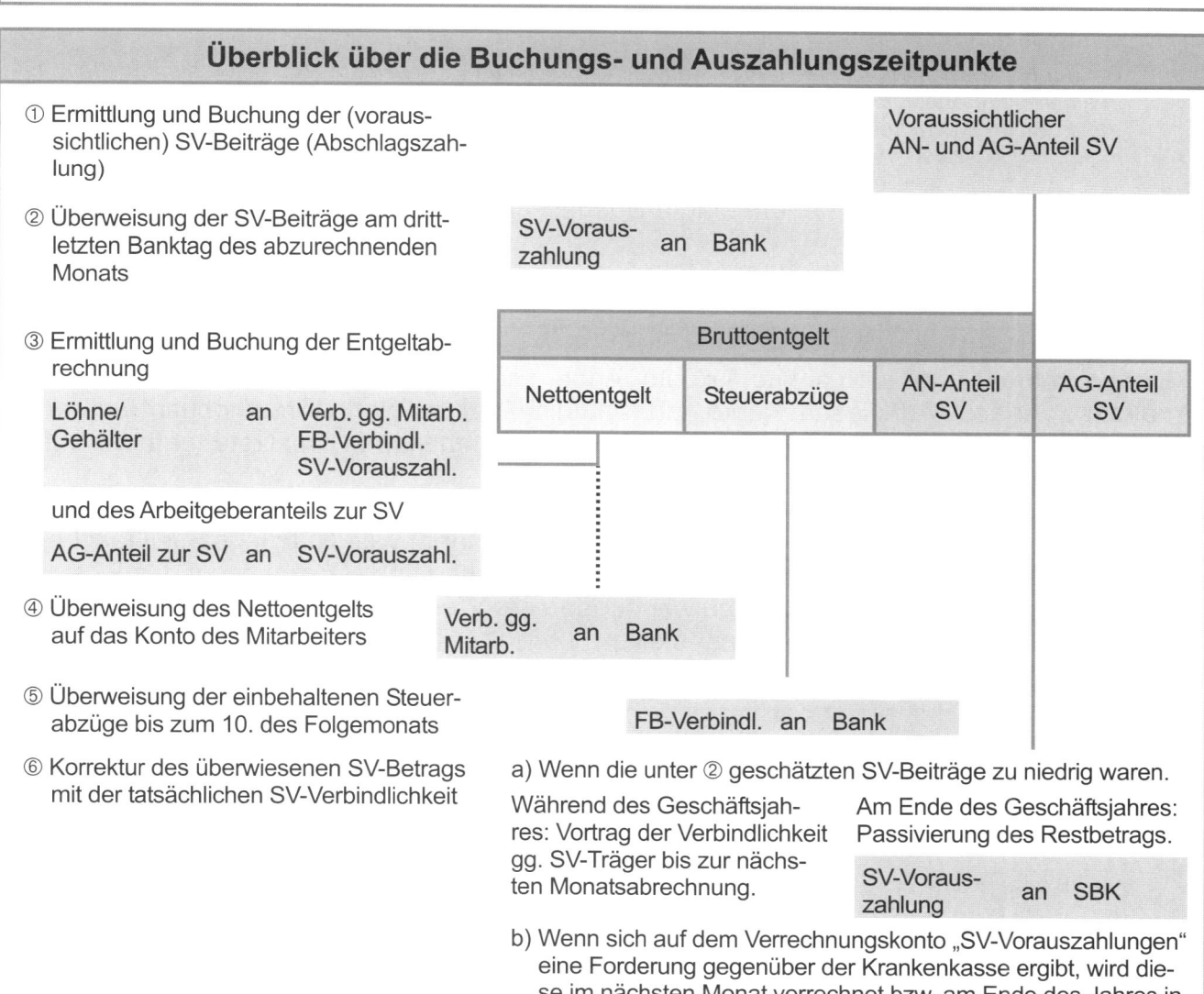

① Ermittlung und Buchung der (voraussichtlichen) SV-Beiträge (Abschlagszahlung)

Voraussichtlicher AN- und AG-Anteil SV

② Überweisung der SV-Beiträge am drittletzten Banktag des abzurechnenden Monats

SV-Vorauszahlung an Bank

③ Ermittlung und Buchung der Entgeltabrechnung

Löhne/Gehälter an Verb. gg. Mitarb. FB-Verbindl. SV-Vorauszahl.

und des Arbeitgeberanteils zur SV

AG-Anteil zur SV an SV-Vorauszahl.

Bruttoentgelt

| Nettoentgelt | Steuerabzüge | AN-Anteil SV | AG-Anteil SV |

④ Überweisung des Nettoentgelts auf das Konto des Mitarbeiters

Verb. gg. Mitarb. an Bank

⑤ Überweisung der einbehaltenen Steuerabzüge bis zum 10. des Folgemonats

FB-Verbindl. an Bank

⑥ Korrektur des überwiesenen SV-Betrags mit der tatsächlichen SV-Verbindlichkeit

a) Wenn die unter ② geschätzten SV-Beiträge zu niedrig waren.

Während des Geschäftsjahres: Vortrag der Verbindlichkeit gg. SV-Träger bis zur nächsten Monatsabrechnung.

Am Ende des Geschäftsjahres: Passivierung des Restbetrags.

SV-Vorauszahlung an SBK

b) Wenn sich auf dem Verrechnungskonto „SV-Vorauszahlungen" eine Forderung gegenüber der Krankenkasse ergibt, wird diese im nächsten Monat verrechnet bzw. am Ende des Jahres in der Schlussbilanz aktiviert.

Buchungen einer Entgeltabrechnung mit geldwertem Vorteil

Zu den geldwerten Vorteilen zählen unter anderem:

● die Überlassung eines Geschäftswagens zur privaten Nutzung
(z. B. bei Außendienstmitarbeitern),

Überlässt der Arbeitgeber einem Arbeitnehmer einen Geschäftswagen für die private Nutzung, so muss der Arbeitnehmer den daraus gewonnenen geldwerten Vorteil (auch Nutzungswert) versteuern. Dies geschieht dadurch, dass der Arbeitgeber monatlich den Nutzungswert berechnet und diesen dem Gehalt des Mitarbeiters zuschlägt. Auf diese Weise wird der geldwerte Vorteil bei der Berechnung der Lohn- und Kirchensteuer sowie des Solidaritätszuschlags und eventuell auch bei den Sozialversicherungsbeiträgen herangezogen. Bei der Berechnung des Nutzungswertes kann zwischen einer Pauschalierungs- und einer Nachweismethode gewählt werden.

Bei der Pauschalierungsmethode (die auch 1%-Regelung genannt wird) beträgt der Nutzwert

○ *bei Privatfahrten monatlich 1 % des Listenpreises des genutzten Fahrzeugs,*

○ *bei Fahrten zwischen der Wohnung und der Arbeitsstätte monatlich 0,03 % des Listenpreises je Entfernungskilometer.*

Unter dem Listenpreis ist die unverbindliche Preisempfehlung des Herstellers für das Fahrzeug zum Zeitpunkt der Erstzulassung zu verstehen. Dieser umfasst auch die Umsatzsteuer sowie sämtliche Kosten für Sonderausstattungen. Nicht zum Listenpreis gehören die Kosten für die Zulassung und die Überführung. Der Listenpreis ist auf volle 100,00 EUR abzurunden. Vorteil der Pauschalierungsmethode ist, dass weder der Mitarbeiter die Privatfahrten nachweisen noch der Arbeitgeber die Gesamtkosten belegen muss.

Bei der Nachweismethode, die häufig steuerlich vorteilhafter ist, muss der Mitarbeiter die Privatfahrten in einem Fahrtenbuch nachweisen. Auf diese Weise kann der Privatanteil an der Gesamtfahrleistung des Fahrzeugs ermittelt werden. Darüber hinaus muss der Arbeitgeber alle Fahrzeugkosten einzeln belegen. Der Nutzwert errechnet sich sodann aus dem Privatanteil aus den gesamten Fahrzeugkosten.

● die kostenfrei oder kostenermäßigte Überlassung einer Werkswohnung.

● das kostenfrei oder kostenermäßigte Angebot von Mahlzeiten.

Der geldwerte Vorteil wird auf dem Konto „Andere sonstige betriebliche Erträge" buchhalterisch erfasst. Auf diesem Konto darf (natürlich) nur der Nettoertrag gebucht werden. Die in der an den Arbeitnehmer gewährten Leistung enthaltene Umsatzsteuer muss auf dem Konto „Umsatzsteuer" gebucht werden.

Durch diese Art der buchhalterischen Erfassung wird der private Nutzungsanteil (als betrieblicher Ertrag) den Aufwendungen (z. B. Abschreibung und Benzinkosten des Pkw, Instandhaltungs- und Renovierungsaufwendungen der Werkswohnung, Anschaffungskosten des Kantinenessens) entgegengestellt.

Lektion 1: Buchung von Wechselforderungen

Situation

Sie sind als Auszubildende/r in der Verkaufsabteilung des Bekleidungsherstellers Heller Natur GmbH, Düsseldorf, eingesetzt. Ihre Ausbilderin, Frau Jensen, legt Ihnen heute eine Ausgangsrechnung vor (Beleg 1). Die Ware soll in einer Woche an den Kunden versandt werden. Frau Jensen macht Sie auf den hohen Rechnungsbetrag aufmerksam.

Aufgaben

1. Welche Probleme können sich für Ihr Unternehmen bei der Lieferung der Ware ohne weitere Sicherung der Zahlung ergeben? Erarbeiten Sie Lösungsmöglichkeiten für diese Probleme.

2. Lesen Sie sich den Informationstext in der Anlage durch und füllen Sie sodann die leeren Felder des nachstehend abgebildeten Schaubilds aus.

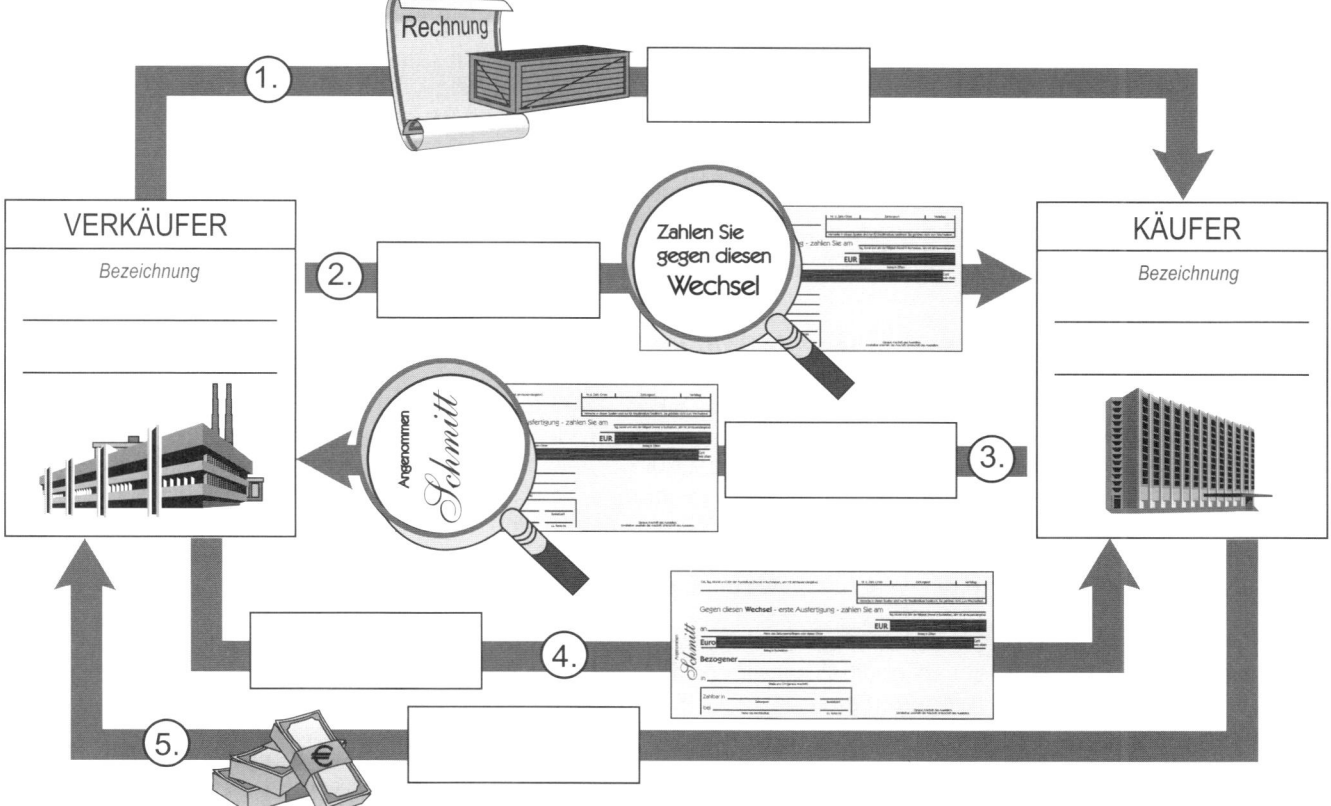

3. Bilden Sie den Buchungssatz für die Ausgangsrechnung (Beleg 1).

4. Füllen Sie das nachfolgend abgebildete Wechselformular für den Kunden Ezee Wear Deutschland GmbH in Bezug auf die Ausgangsrechnung (Beleg 1) aus. Der Wechsel soll in drei Monaten (gerechnet ab dem Rechnungsdatum) fällig sein. Nummer des Zahlungsorts Düsseldorf: 44/21. Die Wechselsumme soll dem aufgezinsten Rechnungsbetrag entsprechen (unterstellter Diskontsatz: 6 %).

	Ort, Tag, Monat und Jahr der Ausstellung (Monat in Buchstaben, Jahr mit Jahrtausendangabe)	Nr. d. Zahl.-Ortes	Zahlungsort	Verfalltag

Vermerke in diesen Spalten sind nur für Kreditinstitute bestimmt. Sie gehören nicht zum Wechseltext.

Gegen diesen **Wechsel** - erste Ausfertigung - zahlen Sie am _____

Tag, Monat und Jahr der Fälligkeit (Monat in Buchstaben, Jahr mit Jahrtausendangabe)

an **Heller Natur GmbH**   **EUR**

Name des Zahlungsempfängers oder dessen Order   Betrag in Ziffern

Euro _____   Cent wie oben

Betrag in Buchstaben

Bezogener _____

in _____

Straße und Ort (genaue Anschrift)

Zahlbar in _____   Bankleitzahl

       Zahlungsort

bei _____

Name des Kreditinstituts   z.L. Konto Nr.

Angenommen

Genaue Anschrift des Ausstellers. Unmittelbar unterhalb der Anschrift: Unterschrift des Ausstellers.

5. Der Kunde hat den Wechsel akzeptiert und schickt ihn unterschrieben zurück.

    a) Buchen Sie den Zugang des Akzepts.

    b) Buchen Sie die Barzahlung des Kunden nach Vorlage des Wechsels am Verfalltag.

6. Die Heller Natur GmbH erhält von ihrem Lieferanten, der Cordial Lederwarenfabrik AG, eine Rechnung über die Lieferung verschiedener Waren (Beleg 2). Da die Heller Natur GmbH den hohen Rechnungsbetrag auch innerhalb der Zahlungsfrist nicht zahlen kann, bittet das Unternehmen um eine Verlängerung des Zahlungsziels auf 90 Tage. Hierfür erklärt sich die Heller Natur GmbH bereit, die Verbindlichkeit durch einen Wechsel abzusichern und die Wechselsumme am Verfalltag bar auszugleichen. Buchen Sie ...

    a) den Zugang der Rechnung.

    b) das Wechselakzept.

    c) die Begleichung der Wechselverbindlichkeit am Verfalltag.

INFO-TEXT: *Der Wechsel als Zahlungsmittel*

Der Wechsel ist eine Urkunde, in der ein Gläubiger einen Schuldner auffordert, an ihn (oder einen anderen) zu einem bestimmten Zeitpunkt eine bestimmte Summe zu zahlen. Offensichtlich ähnelt der Wechsel somit einem normalen Schuldschein. Im Gegensatz zur Forderungsabsicherung durch einen Schuldschein - hier würde bei Streitigkeiten das BGB als Rechtsgrundlage herangezogen - ist das Wechselgeschäft durch das Wechselgesetz abgesichert. In diesem Gesetz finden sich strenge Regelungen bezüglich der Wechselform, der Haftung der Wechselverpflichteten, der Besonderheiten beim Wechselprotest sowie der Vorschriften bei Einlösung eines Wechsels (Es gilt die so genannte „Wechselstrenge").

Um eine Zahlung durch Wechsel durchzuführen, wird das Wechselformular vom Gläubiger ausgestellt (d. h. mit den wichtigen Wechselinhalten versehen). Der Schuldner wird auf dem Wechsel als Bezogener be zeichnet, der Gläubiger hingegen als Aussteller. Durch das Ausfüllen des Wechsels entsteht ein so genannter „gezogener" Wechsel, auch Tratte genannt. Er ist eine unbedingte Zahlungsanweisung.

Der gezogene Wechsel wird sodann dem Bezogenen zur Annahme vorgelegt. Die Annahme der im Wechselformular festgeschriebenen Bedingungen erfolgt durch Unterschrift des Bezogenen (die Unterschrift wird hochkant auf der linken Seite des Formulars vorgenommen; wegen der geltenden Wechselstrenge und den besonderen rechtlichen Auswirkungen sagt der Volksmund daher: „Schreib hin, schreib her, schreib niemals quer").

Durch die Unterschrift des Bezogenen wird aus der Tratte ein so genanntes Akzept, der Wechsel steht somit für die Zahlungsverpflichtung des Unterschreibenden.

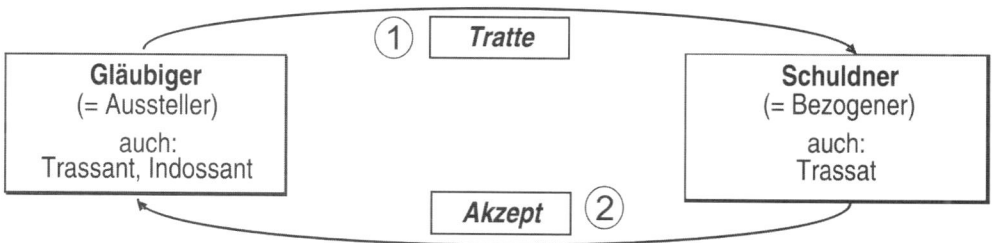

Da der Wechsel i. d. R. zur Sicherung einer längerfristigen Forderung herangezogen wird, muss auf dem Wechsel vermerkt werden, wann die Wechselsumme an den Wechselinhaber gezahlt werden soll („Verfalltag des Wechsels").

Grundsätzlich gibt es drei Verwendungsmöglichkeiten für einen gehaltenen Wechsel:

① **Halten des Wechsels bis zum Verfalltag**

Der Geldgläubiger ist einverstanden, dass der Geldschuldner (Bezogener) einen Wechsel akzeptiert. Er hält den akzeptierten Wechsel bis zum Verfalltag. Am Verfalltag bzw. an einem der beiden folgenden Werktage wird der Geldgläubiger den Wechsel beim Bezogenen vorlegen und sich die Wechselsumme auszahlen lassen (Achtung: Wird die Vorlagefrist nicht eingehalten, so verliert der Wechselinhaber sein Rückgriffsrecht und er hat nur noch Ansprüche gegenüber dem Bezogenen).

Verfalltag	Letzter Vorlegungstag	Zahlungstage
Di.	Do.	Di. bis Do.
Do.	Mo.	Do. bis Mo.
Do. (Feiertag)	Di.	Fr. bis. Di.
Sa./So.	Mi.	Mo. bis Mi.

In der Praxis wird der Wechsel nur noch selten vom Wechselinhaber persönlich am Verfalltag beim Gläubiger vorgelegt. Der Wechselnehmer übergibt vielmehr den Wechsel vor dem Verfalltag seiner Bank und lässt die Wechselsumme vom Konto des Bezogenen abbuchen (man sagt in diesem Fall: Wechselinkasso). Vor der Einlösung muss der Bezogene bzw. die Zahlstelle die formale Ordnungsmäßigkeit des vorgelegten bzw. eingereichten Wechsels, die Lückenlosigkeit der Indossamentenkette und die Berechtigung des Wechselinhabers prüfen.

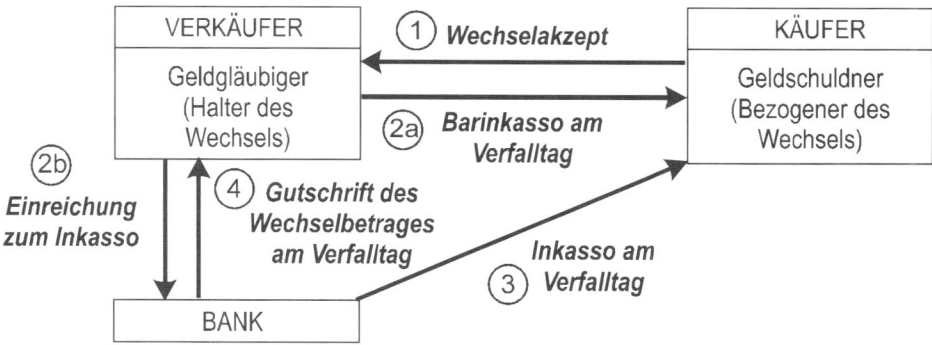

Zahlt der Bezogene den Wechselbetrag, erlischt die Wechselschuld und der Bezogene kann die Herausgabe des quittierten Wechsels verlangen.

② **Verkauf des Wechsels an eine Bank (Diskontierung)**

Häufig kommt es vor, dass der Wechselinhaber bereits vor dem Verfalltag über die Wechselsumme verfügen möchte. In einem solchen Fall kann er sich die Wechselsumme bei einer Bank auszahlen lassen. Man sagt dann, dass der Wechsel zum Diskont eingereicht wird. Offensichtlich wird die Bank jedoch nicht die volle Wechselsumme auszahlen, da sie selbst erst am Verfalltag den Wechselgegenwert beim Bezogenen eintreiben kann. Für die Diskontierung vor Fälligkeit zieht sie Zinsen (den so genannten Diskont) ab. Der Barwert berechnet sich somit aus der Differenz zwischen Wechselsumme und Diskont. Aus diesem Grund zinst der Geldgläubiger häufig den ursprünglichen Forderungswert auf. Würde er dies nicht machen, so bekäme er erst am Verfalltag die ursprüngliche Rechnungssumme. In der

Zwischenzeit, der Wechsellaufzeit, gewährt er dann einen zinslosen Kredit. Soll dies nicht so sein, so rechnet er den Diskont für die Laufzeit auf die Forderungshöhe auf.

Achtung: Nicht jeder Wechsel wird von einer Bank diskontiert. Obwohl ein Wechsel durch das strenge Wechselgesetz besonders abgesichert ist, diskontieren Banken i. d. R. nur „gute" Handelswechsel. Im Gegensatz zu Handelswechseln, denen ein Waren- oder Dienstleistungsgeschäft zu Grunde liegt, dienen Finanzwechsel ausschließlich zur Geldbeschaffung. Um eine „Wechselreiterei" (zwei Personen stellen gegenseitig Finanzwechsel aus, um sich durch die Diskontierung günstige Kredite zu verschaffen) zu unterbinden, ist die Diskontierung von Finanzwechseln unmöglich.

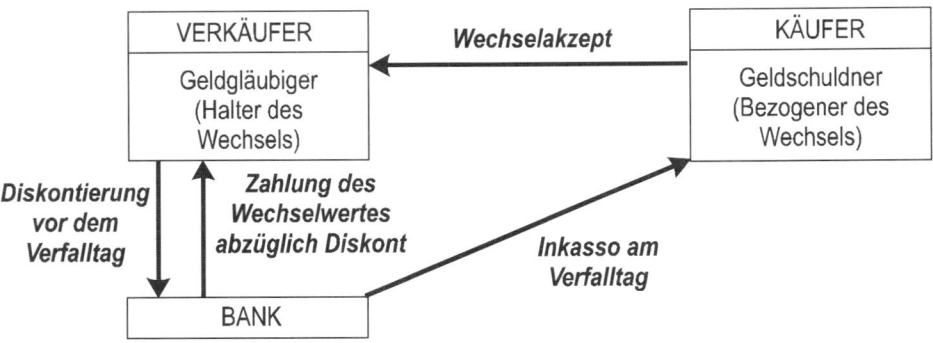

③ **Weitergabe des Wechsels als Zahlungsmittel (Indossierung)**

Jeder Wechselinhaber kann seinerseits Schulden mit einem Wechsel begleichen. Voraussetzung ist natürlich, dass der entsprechende Gläubiger die Zahlung mittels Wechsel akzeptiert. Den Weitergabevorgang nennt man indossieren. Auf der Rückseite des Wechsels wird in diesem Fall der Übertragungsvermerk angebracht; den Übertragungsvermerk nennt man Indossament („in dosso" = ital.: auf dem Rücken).

Durch das Indossament werden die Rechte aus dem Wechsel an den Empfänger übertragen. Zu beachten ist, dass der Weitergebende durch seine Unterschrift allen folgenden Wechselnehmern gegenüber für die Wechselsumme haftet. Kann der Bezogene am Verfalltag die Wechselsumme nicht zahlen, so kann der letzte Wechselinhaber von jedem in der Indossamentenkette die Zahlung verlangen.

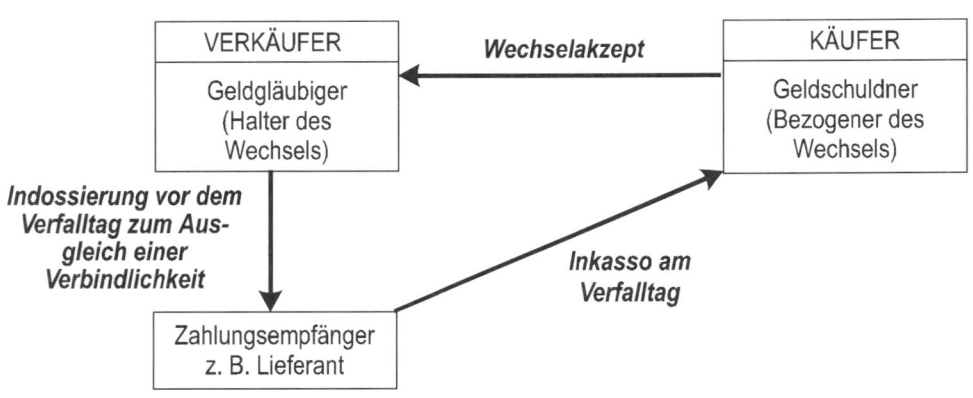

HELLER NATUR

Heller Natur GmbH • Auf'm Hennekamp 39 • 40225 Düsseldorf

EZEE WEAR Deutschland GmbH
Frau Hansen
Wilhelmstr. 15 - 36
70182 Stuttgart

Lieferschein/Rechnung

Rechnungsnummer	Auftrag	Kunden-Nr.	Kundebetreuer/in		Datum
255841-299	4285601	DE-52885	Herr Frentzen		21. Jan. 2010

Leistung	Menge	Einzelpreis (EUR)	Gesamtpr. (EUR)
Ledergürtel mit Logo „Heller Natur", Gr. 85, Art.-Nr. 98001470	50	45,90	2.295,00
Ledergürtel mit Logo „Heller Natur", Gr. 90, Art.-Nr. 98001471	50	45,90	2.295,00
Ledergürtel mit Logo „Heller Natur", Gr. 95, Art.-Nr. 98001472	20	45,90	918,00
Ledergürtel mit Logo „Heller Natur", Gr. 100, Art.-Nr. 98001473	10	45,90	459,00
Ledergürtel mit Logo „Heller Natur", Gr. 105, Art.-Nr. 98001474	10	45,90	459,00
Ledergürtel mit Logo „Heller Natur", Gr. 110, Art.-Nr. 98001475	50	45,90	2.295,00
Wiederverkäuferrabatt 6 %			- 523,26

Zwischen-summe (EUR)	Fracht/Ver-packung (EUR)	Rechnungs-betrag netto (EUR)	USt. Satz (EUR)	Umsatz-steuer (EUR)	Rechn.betrag brutto (EUR)
8.197,74	145,00	8.342,74	19 %	1.585,12	9.927,86

Bitte gleichen Sie die Rechnung bis zum 31.01.2010 abzüglich 3 % Skonto oder bis zum 21.02.2010 ohne Abzüge auf eines unserer Geschäftskonten aus. Vielen Dank. Wir freuen uns auf Ihre nächste Bestellung.

USt.-Id.-Nr. DE42551410 - St.-Nr. 340/654/125421

Heller Natur GmbH
Auf'm Hennekamp 39
40225 Düsseldorf
Telefon (0211) 458 0
Telefax (0211) 457780

Firmensitz und Registergericht:
Düsseldorf HRB 89978

Geschäftsführer:
Dr. Dieter Mertens, Marianne Gerfurth

Bankverbindungen: Deutsche Bank AG Düsseldorf
BLZ 340 400 00, Kto. 745 211 233
Postbank Essen
BLZ 360 100 43, Kto. 604 644 433

Beleg 1

Cordial Lederwarenfabrik AG • Karl-Zeiss-Str. 23 • 34117 Kassel

Heller Natur GmbH
Frau Kärntner
Auf'm Hennekamp 39
40225 Düsseldorf

Rechnung/Commercial Invoice

Rechnungsnummer Invoice number	Kundenummer Buyer's Reference	Auftragsnummer Commission number	Sachbearbeiter/in Official in charge	Kassel
4251210	5201104	7850202	Mr. Henke	12.01.2010

Artikelbezeichnung Description	Art.-Nr. Ref.-No.	Menge Quanity	Einzelpreis je St. Unit price p.p.	Gesamtpreis (EUR) Amount (in EUR)
Ledergürtel mit Logo „Heller Natur", schwarz, L 85	422101	750	15,42	11.565,00
Ledergürtel mit Logo „Heller Natur", schwarz, L 90	422102	750	15,42	11.565,00
Ledergürtel mit Logo „Heller Natur", schwarz, L 95	422103	750	15,42	11.565,00
Ledergürtel mit Logo „Heller Natur", schwarz, L 100	422104	750	15,42	11.565,00
Ledergürtel mit Logo „Heller Natur", schwarz, L 105	422105	750	15,42	11.565,00
Ledergürtel mit Logo „Heller Natur", schwarz, L 110	422106	750	15,42	11.565,00
abzgl. Sonderrabatt 5 %				3.469,50

Zwischensumme Total cost	Fracht freight	Skonto Cash disc.	USt-Satz Tax-rate	Umsatzsteuer Tax	Endbetrag Invoice total
65.920,50	6.939,00	2 %	19 %	13.843,31	86.702,81

Wir bitten um Rechnungsausgleich
unter Abzug von 1.690,34 EUR Skonto bis zum 26.01.2010,
ohne Abzug bis zum 12.02.2010.

Cordial Lederwarenfabrik AG
Karl-Zeiss-Str. 23 • 34117 Kassel
Klaus Gawumke, Dieter Damert, Frank Molitor
Tel.: (0561) 9370 -0 • Fax (0561) 30084

Sitz der Gesellschaft: Kassel
Eintragung im Handelsregister
Amtsgericht Kassel HRB 1927
USt.-Id.-Nr. DE31002581

Vorstand: Klaus J. Olschewski, Sprecher
Bernd Schafstein, Frank Schafstein
Vorsitzender des Aufsichtsrates: Reinhard Conrads
St.-Nr. 332/420/85695417

Beleg 2

Lektion 2: Buchung von Wechselverbindlichkeiten

Situation

Sie sind als Auszubildende/r in der Buchhaltung des Bekleidungsherstellers Heller Natur GmbH, Düsseldorf, eingesetzt. Ihr Ausbilder, Martin Benten, legt Ihnen den von einem Kunden akzeptierten Wechsel vor:

Aufgaben

1. Die CentrumModen Linke KG hat den Wechsel für den Bezug von Waren akzeptiert. Buchen Sie

   a) die zugehörige Ausgangsrechnung.

   b) das Wechselakzept.

2. Die Heller Natur GmbH kann den erhaltenen Wechsel nun wie folgt verwenden. Nehmen Sie die entsprechenden Buchungen vor. Die Heller Natur GmbH ...

   a) legt den Wechsel am Verfalltag dem Kunden vor und lässt sich den Wechselwert bar auszahlen.

b) lässt den Wechsel von Ihrer Bank am Verfalltag einziehen (Inkasso). Es liegt folgender Beleg vor:

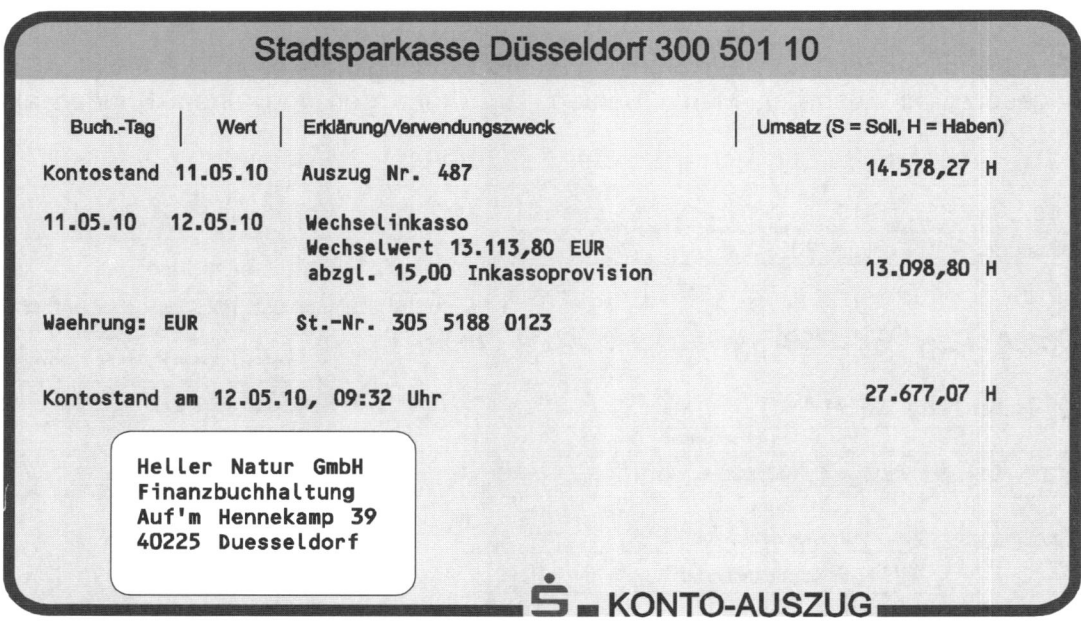

c) diskontiert den Wechsel bei Ihrer Bank und erhält folgenden Beleg:

Diskont-Wechsel-Abrechnung		40215 Düsseldorf, 15. Feb. 2010	
Einreicher: Heller Natur GmbH Auf'm Hennekamp 39 40225 Duesseldorf		Wechsel-Nr. 2544101	Verfalltag 11. Mai 2010
auf Duesseld.	zahlbar bei Stadtsparkasse D´dorf	Aussteller	

Konto-Nr. Wertstellung 745211233 16.02.2010	Abrechnungstag 15.02.2010	Zinstage 86	Diskontsatz 6 %	Zins-# 10.993
Netto-Betrag 12.925,84 EUR	Spesen 12,00 EUR	Diskont 187,96 EUR	Wechselbetrag 13.113,80 EUR	

Bezogener Heller Natur GmbH Finanzbuchhaltung Auf'm Hennekamp 39 40225 Duesseldorf	Für den obigen Wechsel haben wir Sie E.v. mit dem Nettobetrag erkannt. Rückbuchungen vorbehalten, falls die noch laufenden Auskünfte unseren Anforderungen nicht entsprechen. **Sparkasse Düsseldorf**

d) gibt den Wechsel an einen Lieferanten weiter. Gegenüber dem Lieferanten besteht eine Verbindlichkeit in Höhe von 15.660,00 EUR. Zum Ausgleich der Restverbindlichkeit erhält der Lieferant einen Verrechnungsscheck.

3. Welche Vorteile hat der Wechselakzept für den Geldgläubiger (Verkäufer) und für den Geldschuldner (Käufer)?

4. Denken Sie noch einmal über die Einsatzmöglichkeiten des Wechsels nach. Welche Funktionen kamen dem Wechsel im Einzelnen zu?

Übungsaufgaben

1. Aufgabe:

Bilden Sie die Buchungssätze zu folgenden Geschäftsfällen:

a) Ausgangsrechnung für den Verkauf von Handelsware, Rechnungsbetrag 5.402,60 EUR.

b) Kunde aus a) akzeptiert zur Sicherung der Zahlung einen Wechsel.

c) Der Besitzwechsel aus b) wird bei der Bank diskontiert, Wechseldiskont 79,00 EUR (6 %, 90 Tage).

d) Belastung des Kunden mit dem Diskontaufwand aus c).

2. Aufgabe:

Bilden Sie die Buchungssätze zu folgenden Geschäftsfällen:

a) Eingangsrechnung eines Lieferers, 12.000,00 EUR netto.

b) Wir begleichen die Lieferantenverbindlichkeit aus a) durch Wechselakzept.

c) Der Gläubiger aus b) zieht am Verfalltag die Wechselsumme durch seine Bank ein.

3. Aufgabe:

Bilden Sie die Buchungssätze zu folgenden Geschäftsfällen:

a) Ausgangsrechnung für den Verkauf von Handelswaren, 5.600,00 EUR netto.

b) Der Kunde aus a) begleicht die Rechnung durch Wechselakzept.

c) Wir geben den Kundenwechsel aus b) zum Ausgleich einer Verbindlichkeit an einen Lieferanten weiter.

4. Aufgabe:

Betrachten Sie noch einmal die Buchungssätze aus Übungsaufgabe 1. In dem dargestellten Fall wurde die Wechselsumme über die Gesamtforderung festgelegt. Durch die Annahme des Kundenwechsels gibt der Lieferant dem Kunden einen Kredit über die Wechselsumme bis zum Verfalltag, denn erst am Verfalltag kann er über die Wechselsumme in voller Höhe verfügen. Diskontiert er den Wechsel vor dem Verfalltag, verringert sich sein umsatzsteuerpflichtiger Umsatzerlös.

a) Die Diskontbelastung bucht der Lieferant in voller Höhe als Aufwand und damit verringert sich sein Umsatzerlös in der selben Höhe. Begründen Sie, warum bei der Diskontierung eine Umsatzsteuerberichtigung sinnvoll wäre.

b) Wie müsste der Buchungssatz für die Umsatzsteuerberichtigung lauten, wenn der Lieferant den im Diskont enthaltenen Umsatzsteueranteil (12,61 EUR) berichtigen würden?

c) Hätte die unter b) vorgenommene Umsatzsteuerberichtigung für den Kunden buchhalterische Folgen? Erläutern Sie ihre Bedenken.

d) In der Übungsaufgabe 1 wird der vom Lieferanten aufgebrachte Diskont dem Kunden nachträglich in Rechnung gestellt. Ist in diesem Fall ebenfalls eine Umsatzsteuerberichtigung sinnvoll? Erläutern Sie ihre Antwort anhand der anfallenden Buchungssätze.

Lektion 1: Die zeitliche Erfolgsabgrenzung

Situation

Sie absolvieren eine Ausbildung beim Bekleidungshersteller Heller Natur GmbH in Düsseldorf. In der Zeit von November 2006 bis Februar 2007 sind Sie in der Finanzbuchhaltung eingesetzt und sollen hier die notwendigen Kenntnisse und Fertigkeiten erlernen. Für Ihre Kollegen sind die Monate um das Ende des Kalenderjahres besonders „stressig", denn mit dem Kalenderjahr endet auch das Geschäftsjahr Ihres Ausbildungsunternehmens. Welche Bedeutung dem 31.12. in der Finanzbuchhaltung zukommt, lernen Sie in den folgenden Aufgaben.

Bevor Sie sich jedoch an die Erarbeitung der Aufgaben begeben, lesen Sie sich zur Vorbereitung den nachfolgend abgebildeten Informationstext gut durch.

INFORMATIONSTEXT: *Die zeitliche Erfolgsabgrenzung*

Sicher ist Ihnen schon aufgefallen, dass in der Finanzbuchhaltung Belege die Auslöser für Buchungssätze sind. Im Gegensatz zu den Lehrbuchangaben, bei denen so genannte Geschäftsfälle bzw. Geschäftsvorfälle zu buchen sind. In der Praxis werden diese Geschäftsfälle durch Belege „repräsentiert". Hieraus ist auch ein Grundsatz ordnungsgemäßer Buchführung abgeleitet, nämlich dass „keine Buchung ohne Beleg" durchzuführen ist.

Zu Ihren Aufgaben als Finanzbuchhalter/in gehört es somit, Belege buchhalterisch im Grund- und Hauptbuch festzuhalten. Dabei ist eine „zeitnahe" Buchung vorzunehmen. Dies bedeutet, dass Sie die Belege nicht „unendlich lange" aufbewahren und dann erst buchen dürfen. Sie müssen die Belege in der chronologischen, also zeitlich aufeinander folgenden Reihenfolge und relativ schnell nach deren Zugang in der Buchhaltung buchen.

Sie haben schon diverse Belege gebucht. Vielleicht ist Ihnen dabei aufgefallen, dass durch die Belege Ausgaben bzw. Einnahmen buchhalterisch erfasst wurden und dass diese Liquiditätsveränderungen zu einem bestimmten *Zeitpunkt* vorlagen (eine Überweisung führt beispielsweise sofort zu einer Verringerung des Bankguthabens; eine quittierte Einnahme belegt, dass zu einem bestimmten Zeitpunkt Geld in die Kasse floss). Ebenso verhält es sich mit allen übrigen Änderungen, die sich auf die Bestände des Unternehmens auswirken (BGA, Forderungen, Kredite, Verbindlichkeiten etc.). Die Veränderung findet immer zu einem bestimmten Zeitpunkt statt.

Demgegenüber haben Sie aber auch schon Aufwendungen und Erträge erfasst (z. B. haben Sie eine Zinsgutschrift oder die Überweisung der Monatsmiete gebucht). In diesen Fällen haben Sie

Erfolgsveränderungen buchhalterisch erfasst, die sich innerhalb eines bestimmten *Zeitraums* ergaben (Zinsen fallen beispielsweise für einen Monat oder ein Jahr an, die Miete ist für einen Mietmonat fällig etc.).

Genau diese Erfolgsveränderungen können in der Finanzbuchhaltung zu Problemen führen. Diese entstehen immer dann, wenn Aufwendungen oder Erträge sich über das Geschäftsjahr hinaus „erstrecken". Ziel bei der Erstellung der Gewinn- und Verlustrechnung ist es nämlich, die Aufwendungen und Erträge *eines Geschäftsjahres* gegenüber zustellen. Aufwendungen und Erträge aus dem vorherigen oder dem folgenden Geschäftsjahr würden dieses Ergebnis jedoch verfälschen. Derartige Erfolgsveränderungen müssen somit „zeitlich abgegrenzt" werden.

Ein einfaches Beispiel stellt folgender Fall dar: Sie erhalten im Dezember einen Kontoauszug, aus dem zu erkennen ist, dass Ihr Unternehmen im Dezember die Miete für eine Lagerhalle vorschüssig für den kommenden Januar überwiesen hat. Sie müssen im aktuellen Geschäftsjahr den Kontoauszug (also die Überweisung) buchen. Der Buchungssatz lautet:

Mietaufwand an Bank

Der Mietaufwand gehört jedoch nicht in das aktuelle Geschäftsjahr. Er muss am Bilanzstichtag abgegrenzt werden. Da man die Miete vorschüssig gezahlt hat, besteht gegenüber dem Vermieter für Januar eine **Leistungsforderung**. Diese wird auf dem Konto „**Aktive Rechnungsabgrenzung (ARA)**" gebucht. Der Buchungssatz zum 31.12.(01) lautet somit:

ARA	an	Mietaufwand

Im neuen Geschäftsjahr wird dann das aktive Bestandskonto „ARA" wieder eröffnet. Es folgt:

Mietaufwand	an	ARA

Ebenso verhält es sich mit Erträgen, die zwar im „alten" Geschäftsjahr gebucht, sich jedoch erfolgswirksam im „neuen" Geschäftsjahr auswirken. Erhalten Sie beispielsweise am Ende des Dezembers vom Mieter einer vermieteten Lagerhalle vorschüssig die Miete überwiesen, so buchen Sie den Kontoauszug:

Bank	an	Mieterträge

Am Ende des Geschäftsjahres müssen Sie den Ertrag nun jedoch abgrenzen. Sie buchen:

Mieterträge	an	PRA

Die **passive Rechnungsabgrenzung (PRA)** stellt eine **Leistungsverbindlichkeit** dar. Der Mieter der Lagerhalle kann verlangen, die Lagerhalle im Januar zu nutzen, da er die Miete bereits gezahlt hat.

Im neuen Geschäftsjahr eröffnen Sie dann das Konto „PRA" mit folgendem Buchungssatz:

PRA	an	Mieterträge

Durch die aktive und die passive Rechnungsabgrenzung erreichen Sie, dass Aufwendungen bzw. Erträge in das kommende („neue") Geschäftsjahr übertragen werden. Man nennt diese beiden Konten daher auch „**transitive Posten**" (transiere = lat. für überführen, übertragen).

Anders sieht die Sache aus, wenn Aufwendungen und Erträge, die eigentlich in das „alte" Geschäftsjahr gehören, erst im neuen buchhalterisch erfasst werden, weil erst dann der entsprechende Beleg vorliegt. So etwas passiert z. B., wenn man die Zinsgutschrift für ein Guthaben im „alten" Geschäftsjahr erst im „neuen" Geschäftsjahr erhält. Würde man erst dann den Ertrag buchen, dann würde dies zu einer Verfälschung des GuV des „neuen" Jahres führen. Man muss daher bereits am Ende des Geschäftsjahres den Ertrag buchen, obwohl dieser erst im „neuen" Geschäftsjahr belegt wird. Im Fall der Zinsen lautet der Buchungssatz:

Sonstige Forderungen	an	Zinserträge

Das Konto „**Sonstige Forderungen**" steht für eine **Geldforderung**, die am Bilanzstichtag aufgrund eines im „alten" Geschäftsjahr erwirtschafteten Ertrags entsteht.

Die „Sonstige Forderung" wird am Ende des Geschäftsjahres als **aktives Bestandskonto** in das SBK abgeschlossen und im neuen Jahr wieder eröffnet. Sobald nun der zu buchende Beleg in der Finanzbuchhaltung vorliegt, bucht man:

Bank	an	Sonstige Forderungen

Auf diese Weise wird der Ertrag im „alten" und die zugehörige Einnahme im „neuen" Geschäftsjahr gebucht.

Analog verhält es sich mit Aufwendungen. Zahlt man beispielsweise den Beitrag zu einer Versicherung nachschüssig (beispielsweise den Beitrag zur Haftpflichtversicherung), so bucht man im „alten" Geschäftsjahr:

Versicherungs-aufwand	an	Sonstige Verbindlichkeiten

Auf diese Weise wird erreicht, dass der Aufwand im „alten" Geschäftsjahr erfasst wird. Am Ende des Geschäftsjahres wird die „**Sonstige Verbindlichkeit**" wie eine **Geldforderung** passiviert. Im „neuen" Geschäftsjahr wird das **passive Bestandskonto** dann wie gewohnt eröffnet.

Erhält man nun im „neuen" Geschäftsjahr den Kontoauszug, der den Ausgleich des Versicherungsbeitrags belegt, wird gebucht:

Sonstige Verbindlichkeiten	an	Bank

Auf diese Weise wird der Aufwand im „alten" und die zugehörige Ausgabe im „neuen" Geschäftsjahr erfasst.

Da die sonstigen Forderungen bzw. Verbindlichkeiten am Ende des Geschäftsjahres „vorweg" genommen werden müssen, werden sie auch als „**antizipative Posten**" bezeichnet (antizipieren = lat. für vorwegnehmen, vorhersehen).

Situationserweitung 1

Frau Wagner, eine Mitarbeiterin legt Ihnen den nachfolgend abgebildeten Kontoauszug vor.

Kontoauszug		Kontonummer 0 604 644 433 Datum 30.12.2010	Auszug 541 Blatt 4	**Postbank**

Buch	Wert	PN-Nummer	Vorgang/Buchungsinformation	Umsatz in Euro
30.12.	30.12.	2151	Gutschrift Mietzahlung für vermieteten Lagerraum Auf'm Hennekamp für Dez. 06, INTERCOOL GMBH &Co KG	7.100,00 +
31.12.	31.12.	2151	Gutschrift Januar-Miete für vermietetes Lagergebäude Suitbertusstraße, CARGO KG	12.200,00 +

Postbank Essen • D-45125 Essen

Heller Natur GmbH
Finanzbuchhaltung
Auf'm Hennekamp 39
40225 Düsseldorf

Postbank Essen	Privatkunden	Tel.: 0180 - 30 40 700, Fax: 0180-30 40 800, 7x24 Stunden	direkt@postbank.de	www.postbank.de
45125 Essen	Geschäftskunden	Tel.: 0180 - 30 40 400, Fax: 0180-30 40 999, 7x24 Stunden	business@postbank.de	
BLZ 360 100 43	Firmenkunden	firmenkunden@postbank.de		

1. Buchen Sie die beiden Gutschriften.

2. Betrachten Sie die beiden Gutschriften nun genauer. Fallen Ihnen Unterschiede auf? Beachten Sie, dass der Bilanzstichtag Ihres Ausbildungsunternehmens der 31.12.2010 ist. Welche Auswirkungen hat dieser Sachverhalt auf die beiden gebuchten Gutschriften? Erstellen Sie eine Übersicht über die von Ihnen erkannten Zusammenhänge.

3. Buchen Sie die Korrektur zu den zuvor durchgeführten Buchungen und begründen Sie Ihre Vorgehensweise.

Situationserweitung 2

Frau Wagner legt Ihnen nun den nachfolgend abgebildete Rechnung vor.

HUK-COBURG
Versicherungen · Bausparen

Geschäftstelle : W.-Becker-Allee 11, 40202 Düsseldorf

Heller Natur GmbH
Finanzbuchhaltung
Auf'm Hennekamp 39
40225 Düsseldorf

Bei Vertragsangelegenheiten erreichen Sie uns:
persönlich in der Geschäftsstelle
Mo-Do: 8:00-18:00, Fr: 8:00-16:00
telefonisch
Mo-Fr: 8:00-20:00

Ihre Kundebetreuung
Telefon 0180 2 153 153*
Telefax 0180 2 153 486*
* 6 ct je Anruf aus dem Festnetz der Deutschen Telekom

Bei Schadenangelegenheiten erreichen Sie uns unter:
Telefon 0180 2 HUK HILFE bzw. 0180 2 48544533**
Telefax 0211 7706-270

** Rund um die Uhr, 6 ct je Anruf aus dem Festnetz der Deutschen Telekom

Coburg, 15.11.2010

Beitragsrechnung für Kraftfahrtversicherung Nr. 531/377490-A

Pkw, VW GOLF, amtl. Kennzeichen: D-HN 388
Die für Ihren Vertrag berücksichtigten Tarifmerkmale finden Sie auf der Rückseite.

Kraftfahrzeug-Haftpflichtversicherung
unbegrenzte Deckungssumme;
bei Personenschäden Versicherungssumme 7.669.379 € je geschädigte Person.
Beitragszahlung vorschüssig für Abrechnungszeitraum 2011.

	Regional-klasse	Typklasse	Schadensfrei-heitsklasse	Beitragssatz in %	Versicherungs-beitrag in €	Versicherungs-beitrag in €
bisheriger Beitrag	B6	21	6	55	302,29	
neuer Beitrag	B6	20	7	50	259,00	**259,00**

Fahrzeugversicherung (Kasko)
Vollkaskoversicherung mit 511 € Selbstbeteiligung
einschließlich Teilkaskoversicherung ohne Selbstbeteiligung.
Beitragszahlung vorschüssig für Abrechnungszeitraum 2011.

	Regional-klasse	Typklasse	Schadensfrei-heitsklasse	Beitragssatz in %	Versicherungs-beitrag in €	
bisheriger Beitrag	B4	16	15	35	181,32	
neuer Beitrag	B4	16	15	35	191,00	**191,00**

Kraftfahrt-Unfallversicherung
- nicht abgeschlossen -

Der Jahresbeitrag ist am 01.01.2011 fällig   450,00
(einschließlich der Versicherungssteuer von zurzeit 19 %)

Bitte überweisen Sie fristgerecht   450,00

* * * * **Diese Rechnung wird auch als Beitragsnachweis von Behörden (z. B. Finanzamt) anerkannt** * * * *
Es ist niemand berechtigt, in unserem Namen Versicherungsbeiträge einzuziehen!

1. Buchen Sie die Rechnung.

2. Wie beurteilen Sie die von Ihnen durchgeführte Buchung? Beachten Sie, dass der Bilanzstichtag Ihres Ausbildungsunternehmens der 31.12.2010 ist. Welche Auswirkung hat dieser Sachverhalt auf die Buchung der Rechnung? Erstellen Sie eine Übersicht über die von Ihnen erkannten Zusammenhänge.

3. Buchen Sie die Korrektur zu der zuvor durchgeführten Buchung und begründen Sie Ihre Vorgehensweise.

Situationserweitung 3

Sie erhalten nun von Frau Wagner nachfolgend abgebildeten Kontoauszug.

| Kontoauszug | Kontonummer 0 604 644 433 | Auszug 501 | Postbank |
| | Datum 30.01.2011 | Blatt 4 | |

Buch	Wert	PN-Nummer	Vorgang/Buchungsinformation	Umsatz in Euro
30.01.	30.01.	3192	Lastschrift für Abonnement Fachzeitschr. ABSATZWIRTSCHAFT, MEDIA Verlag Zeitraum 01.01.–31.12.2007	59,50 –

Postbank Essen • 45125 Essen

Heller Natur GmbH
Finanzbuchhaltung
Auf'm Hennekamp 39
40225 Düsseldorf

Alter Kontostand	Euro	36.352.20
Zahlungseingänge	Euro	14.725,52
Zahlungsausgänge	Euro	11.369,27
Neuer Kontostand	Euro	39.708,45
Zinssatz für Dispokredit:		12,750%
Zinssatz für geduldete Überziehung		17,750%

Postbank Essen — Privatkunden — Tel.: 0180 - 30 40 700, Fax: 0180-30 40 800, 7x24 Stunden — direkt@postbank.de — www.postbank.de
45125 Essen — Geschäftskunden — Tel.: 0180 - 30 40 400, Fax: 0180-30 40 999, 7x24 Stunden — business@postbank.de
BLZ 360 100 43 — Firmenkunden — firmenkunden@postbank.de

1. Buchen Sie die Lastschrift.

2. Wie beurteilen Sie die von Ihnen durchgeführte Buchung? Beachten Sie, dass der Bilanzstichtag Ihres Ausbildungsunternehmens der 31.12. ist. Welche Auswirkung hat dieser Sachverhalt auf die Buchung der Lastschrift? Erstellen Sie eine Übersicht über die von Ihnen erkannten Zusammenhänge.

3. Buchen Sie die Korrektur zu den zuvor durchgeführten Buchungen und begründen Sie Ihre Vorgehensweise.

Situationserweitung 4

Frau Wagner überreicht Ihnen im Dezember 2010 den nachfolgend abgebildeten Kontoauszug aus der Kreditorenbuchhaltung. Sie erklärt Ihnen, dass die Heller Natur GmbH bei diesem Lieferanten einen Bonus in Höhe von 2 % auf den Jahresumsatz erhält. Die Gutschrift erfolgt normalerweise im Januar oder Februar des Folgejahres. Versuchen Sie nun, diesen Beleg zu buchen.

K O N T O A U S Z U G   K R E D I T O R E N

Kreditoren-Konto: 70012	Stichtag: 31.12.2010				Vorsteuer: 19 %	
Buchungs-index	Beleg-datum	Nr.	Buchungs-text	Gegen-konto	USt./VSt.	Betrag	
						Soll	Haben
159	08.01.	121	Handelswaren RG 12698	4400	0	16.898,00	
341	20.03.	125	Handelswaren RG 130214	4400	0	14.875,00	
294	31.05.	127	Handelswaren RG 132478	4400	0	12.138,00	
442	14.06.	701	Handelswaren RG 145771	4400	0	14.756,00	
470	27.07.	702	Handelswaren RG 148210	4400	0	11.662,00	
469	05.08.	524	Storno zu 148210	2800	0		4.664,80
489	18.10.	703	Handelswaren RG 150081	4400	0	13.566,00	
501	30.11.	703	Handelswaren RG 158244	4400	0	14.399,00	
Kontoumsatz						98.294,00	4.664,80
Saldo							93.629,20

Übungsaufgaben

1. Aufgabe

Bilden Sie die Buchungssätze zum 31. Dezember 20.. (ohne Wertangabe).

a) Die Garagenmiete für Dezember in Höhe von 45,00 € wird von unserem Mieter am 3. Januar des folgenden Jahres überwiesen.

b) Die Zinsgutschrift bis einschließlich Dezember in Höhe von 400,00 € für unsere Termineinlage erfolgt erst im Januar des folgenden Jahres.

c) Für eine Reparatur an unserem Firmenwagen im alten Jahr liegt die Rechnung in Höhe von 820,00 € zuzüglich Umsatzsteuer beim Jahresabschluss noch nicht vor.

d) Die Auszahlung der Vertreterprovision in Höhe von 15.300,00 € zuzüglich Umsatzsteuer für die Monate November und Dezember erfolgt erst im Januar. Die Abrechnungen werden erst Ende Januar erstellt.

e) Der Eingang der Dezembermiete für eine Werkswohnung in Höhe von 1.000,00 € steht im Dezember noch aus.

f) Der Betrag für das zweite Halbjahr an unseren Fachverband in Höhe von 600,00 € wird erst im Januar des folgenden Jahres beglichen.

g) Unser Darlehensschuldner hat die Zinsen für das zweite Halbjahr zum Jahresende noch nicht überwiesen, 500,00 €.

2. Aufgabe

Bilden Sie zu folgenden Geschäftsfällen die Buchungen zum 31. Dezember 20.. und bei der Zahlung im neuen Geschäftsjahr (mit Wertangabe).

a) Die Vierteljahresmiete für eine gemietete Lagerhalle in Höhe von 3.000,00 € überweisen wir am 2. Januar des folgenden Jahres von unserem Bankkonto.

b) Die Hypothekenzinsen für das zweite Halbjahr in Höhe von 3.600,00 € überweisen wir am 2. Januar des folgenden Jahres durch die Bank.

c) Für ein Mitarbeiterdarlehen erhalten wir Zinsen für die Monate Oktober, November und Dezember in Höhe von 750,00 € erst am 8. Januar des neuen Jahres auf unser Bankkonto überwiesen.

d) Für eingekaufte Werbegeschenke, die zum Jahreswechsel an unseren Kunden verteilt werden, erhalten wir am 28. Dezember folgende Rechnung: Werbegeschenke 2.500,00 € netto. Wir begleichen die Rechnung am 12. Januar durch Banküberweisung.

e) Für vermietete Garagen erhalten wir die Dezembermiete in Höhe von 450,00 € erst am 10. Januar auf unser Bankkonto überwiesen.

f) Für die Renovierung der Büroräume, die im alten Jahr durchgeführt wurde, lag ein verbindlicher Kostenvoranschlag in folgender Höhe vor: Material und Arbeitslohn 3.500,00 € netto. Die endgültige Rechnung über diesen Betrag, die am 10. Januar bei uns eingeht, wird am 15. Januar durch Banküberweisung beglichen.

3. Aufgabe

Bilden Sie für die folgenden Geschäftsfälle die Buchungssätze zum Jahresabschluss im alten Geschäftsjahr und bei der Zahlung im neuen Geschäftsjahr.

a) Ein Darlehensschuldner zahlt uns die Zinsen nachträglich für jeweils ein halbes Jahr. Die Zahlungstermine sind: 30. November und 30. Mai.

    aa) Buchung im alten Jahr (31. Dezember 20..);

    ab) Buchung bei der Zahlung per Bank am 30. Mai.

b) Für eine gemietete Lagerhalle zahlen wir die vierteljährliche Miete nachträglich. Für die Monate Dezember, Januar und Februar ist am 28. Februar ein Betrag von 450,00 € zu zahlen.

    ba) Buchung im alten Jahr (31.12.19..);

    bb) Buchung bei der Zahlung am 28. Febr. durch Banküberweisung.

c) Die uns für Dezember zustehende Provision ist zum 31. Dezember noch nicht bei uns eingegangen. Die Abrechnung liegt am 31. Dezember vor. Der Betrag von 750,00 € zuzüglich Umsatzsteuer wird uns am 20. Januar per Bank überweisen.

    ca) Buchung im alten Jahr (31. Dezember 20..);

    cb) Buchung bei der Zahlung am 20. Januar.

d) Wir vermieten eine leerstehende Lagerhalle zum 31. Oktober. Die Zahlung erfolgt vierteljährlich in Höhe von 4.500,00 €, erstmals am 1. Februar des folgenden Jahres.

    da) Buchung im alten Jahr (31. Dezember 20..);

    db) Buchung bei Zahlungseingang auf unserem Bankkonto.

e) Jeweils zum 1. Februar und zum 1. August überweisen wir (halbjährlich) an unseren Lieferer für ein aufgenommenes Darlehen 840,00 € Zinsen nachträglich.

    ea) Buchung im alten Jahr (31. Dezember 20..);

    eb) Buchung bei der Zahlung per Banküberweisung am 1. Februar.

f) Am 15. Dezember wurden unsere Büromaschinen durch den Kundendienst überholt. Die Reparaturrechnung beläuft sich laut Auskunft des Monteurs auf 410,00 € zuzüglich Umsatzsteuer. Die Rechnung über diesen Betrag trifft am 10. Januar bei uns ein und wird am gleichen Tag per Banküberweisung beglichen.

    fa) Buchung im alten Jahr (31. Dezember 20..);

    fb) Buchung bei Zahlung am 10. Januar des folgenden Jahres.

4. Aufgabe

Bilden Sie zu folgenden Geschäftsfällen die Buchungssätze zum Jahresende und bei der Zahlung im neuen Geschäftsjahr (mit Wertangabe).

a) Die Zinsen für ein Darlehen an einen Geschäftsfreund sind vertragsgemäß halbjährlich jeweils am 30. April und am 30. Oktober nachträglich zu zahlen. Die erste Zahlung in Höhe von 660,00 € ging termingerecht am 30. April auf unserem Bankkonto ein.

b) Für die Monate November, Dezember und Januar betragen die Stromrechnungen jeweils 345,00 €, 460,00 € und 402,50 € einschließlich Umsatzsteuer. Die vierteljährliche Gesamtabrechnung in Höhe von 1.207,50 € geht am 5. Februar bei uns ein und wird am gleichen Tag durch Banküberweisung beglichen.

c) Einem unserer Vertreter stehen für die abgelaufenen Monate noch Vermittlungsprovisionen einschließlich Umsatzsteuer in folgender Höhe zu: für Dezember 644,00 €, für November 1.012,00 € und für Januar 897,00 €. Die endgültige vierteljährliche Abrechnung wird am 5. März erstellt. Der Gesamtbetrag in Höhe von 2.553,00 € wird am 8. März per Bank überwiesen.

d) Vereinbarungsgemäß erhalten wir nachträglich die vierteljährliche Miete für eine vermietete Produktionshalle. Die erste Zahlung in Höhe von 4.200,00 € ist am 28. Februar fällig und geht auch termingerecht auf unserem Bankkonto ein.

5. Aufgabe

Buchen Sie jeweils zum Jahresabschluss am 31. Dezember und bei Angabe eines Zahlungstermins auch bei der Zahlung im neuen Geschäftsjahr.

a) Eine Rechnung für Reparaturarbeiten im Dezember am Geschäftsgebäude in Höhe von netto 7.600,00 € liegt bereits vor, ist aber zum Zeitpunkt der Erstellung des Jahresabschlusses noch nicht beglichen.

b) Die Gewerbeertragsteuervorauszahlung für das letzte Quartal in Höhe von 3.500,00 € wurde uns auf Antrag gestundet. Wie ist jeweils zu buchen ba) am 31. Dezember, bb) bei Zahlung am 15. Februar durch Banküberweisung?

c) Die Miete für eine Werkswohnung für die Monate November, Dezember und Januar von monatlich 350,00 € wird uns vereinbarungsgemäß am 31. Januar auf unser Bankkonto überwiesen.

d) da) Für Vermittlungsgeschäfte stehen uns noch Provisionen zu, und zwar für November 402,50 €, für Dezember 747,50 € jeweils einschließlich Umsatzsteuer. db) Der Gesamtbetrag in Höhe von 1.150,00 € wird uns am 10. Januar auf unser Bankkonto überwiesen.

6. Aufgabe

Bilden Sie die Buchungssätze zum Jahresabschluss im alten Geschäftsjahr und im neuen Geschäftsjahr. Es ist davon auszugehen, dass die Zahlungen im alten Jahr bereits erfolgt sind und nur die erforderlichen Abgrenzungsbuchungen zum Jahresabschluss durchgeführt werden sollen.

a) Die Garagenmiete für den Monat Januar ging am 28. November auf unserem Bankkonto ein: 65,00 €.

b) Für ein von uns aufgenommenes Darlehen werden die Zinsen in Höhe von 300,00 € für das 4. Quartal erst am 2. Januar des folgenden Jahres durch Bankscheck beglichen.

c) Die Geschäftsmiete für den Monat Januar wird im Voraus vom 28. November vom Bankkonto überwiesen: 5.825,00 €.

d) Die Stromkosten für den Monat November werden erst im Januar des folgenden Jahres mit 792,00 € zuzüglich Umsatzsteuer überwiesen. Die Rechnung liegt bereits im alten Jahr vor.

e) Am 9. Dezember begleichen wir die Leasinggebühren für das erste Quartal des folgenden Jahres von 4.000,00 € zuzüglich Umsatzsteuer aufgrund der bereits vorliegenden Rechnung durch Banküberweisung.

f) Auf unserem Bankkonto geht am 1. Dezember die Januarmiete für eine Werkswohnung in Höhe von 750,00 € ein.

g) Die Bank schreibt uns die Zinsen für das 4. Quartal in Höhe von 760,00 € erst im Januar gut.

h) Wir überweisen am 8. Dezember die Kfz-Steuer für unseren Lieferwagen für das kommende Jahr in Höhe von 420,00 €.

7. Aufgabe

Bilden Sie die Buchungssätze zu folgenden Geschäftsfällen 1.) beim Zahlungseingang/bei Zahlung, 2.) am 31. Dezember, 3.) im neuen Jahr nach Konteneröffnung.

a) Wir zahlen durch Banküberweisung am 1. November Miete für die Geschäftsräume in Höhe von 4.500,00 € für drei Monate im Voraus.

b) Wir erhalten am 1. September per Banküberweisung Darlehenszinsen für die Zeit vom 1. September bis 28. Februar in Höhe von 480,00 € im Voraus.

c) Die Haftpflichtversicherung für das kommende Jahr in Höhe von 800,00 € wird von uns bereits am 8. Dezember per Bankauftrag überwiesen.

Vertiefungsaufgaben

1. Aufgabe

Fristgemäß überweisen wir zum 01.05.(*01*) den Beitrag zur Gebäudehaftpflichtversicherung für ein Jahr im Voraus, Prämienhöhe 840,00 €.

a) Buchen Sie die Überweisung der Prämie.

b) Wie ist zum Geschäftsjahresende zu buchen?

c) Welche Buchung ist zum Beginn des neuen Geschäftsjahres auszuführen?

2. Aufgabe

Am Ende des Jahres stellen wir fest, dass wir bei einem Lieferanten Rohstoffe zum Gesamtwert von 359.480,00 € netto bezogen haben. Laut den Konditionen dieses Lieferanten steht uns ein Umsatzbonus in Höhe von 3,5 % des Umsatzes zu, den wir im neuen Geschäftsjahr gutgeschrieben bekommen werden.

a) Welche Buchung muss am 31.12.(*01*) ausgeführt werden?

b) Buchen Sie die Bonusgutschrift des Lieferanten auf unserem Konto am 25.01.(*02*).

3. Aufgabe

Am 01.09.(*01*) nehmen wir zur Finanzierung einer neuen Maschine ein Darlehen in Höhe von 45.000,00 € auf. Es gelten folgende Kreditbedingungen: Disagio 5 %, Laufzeit 5 Jahre, Zinssatz 12 % p. a., halbjährliche Zins- und Tilgungszahlung, Tilgungshöhe 9.000,00 € jährlich.

a) Buchen Sie die Gutschrift des Darlehens auf dem Bankkonto.

b) Welche Buchung ist am Ende des Geschäftsjahres durchzuführen?

c) Buchen Sie die erste Zins- und Tilgungszahlung im neuen Geschäftsjahr.

4. Aufgabe

An einen Kunden verkaufen wir laut Rechnung (Rechnungsdatum 17.11.(*01*)) fertige Erzeugnisse zum Listenpreis in Höhe von 25.900,00 € netto, gewährter Mengenrabatt 6 %, gewährter Skonto 3 %, 10 % Transportkostenpauschale auf den Listenpreis, Zahlungsziel 30 Tage netto. Kurz vor Ablauf des Zahlungsziels bittet uns der Kunde um Verlängerung des Zahlungsziels. Wegen eigener Zahlungsverpflichtungen und zur Sicherung des Realkredits vereinbaren wir mit dem Kunden eine Wechselziehung. Die Laufzeit des Wechsels soll 90 Tage betragen, der Zinssatz wird auf 9 % p. a. festgelegt (taggenaue Berechnung). Der Wechselwert wird durch Aufzinsung (Agio) berechnet.

a) Buchen Sie die Ausgangsrechnung.

b) Berechnen Sie die Höhe der Wechselsumme.

c) Buchen Sie die Wechselziehung.

d) Nehmen Sie die Buchung am Jahresende vor.

e) Wie lautet die Buchung zu Beginn des neuen Geschäftsjahres?

f) Buchen Sie das Wechselinkasso am 17.03.(*02*).

5. Aufgabe

An einen Kunden haben wir am 05.12.(*01*) fünfzehn Fertigerzeugnisse, Listenpreis 4.750,00 €/St., Sonderrabatt 2,5 %, zusätzlich in Rechnung gestellte Transportkosten 9,90 €/St., Zahlungsbedingung: 30 Tage netto verkauft. Am 08.12.(*01*) reklamiert der Kunde drei Fertigerzeugnisse, da diese beim Transport leicht beschädigt wurden. Er verlangt eine Preisminderung in Höhe von 45 % des Rechnungswertes der betroffenen Güter. Ein Außendienstmitarbeiter soll im neuen Jahr den Schaden begutachten und über die Höhe der Preisminderung entscheiden.

a) Buchen Sie die Ausgangsrechnung.

b) Wie ist am Ende des Geschäftsjahres zu buchen?

c) Am 25.01.(*02*) legt der Außendienstmitarbeiter den Schaden auf

    ca) 7.259,00 € brutto

    cb) 7.616,00 € brutto fest.

Frei nach Campino:
Und die Jahre ziehen ins Land ...

Zeitliche Erfolgsabgrenzung

Lektion 2: Rückstellungen

Ausgangssituation

Sie haben in der Zwischenzeit zahlreiche Buchungen zur zeitlichen Abgrenzung durchgeführt. Sie haben erkannt, dass eine zeitliche Abgrenzung notwendig ist, um die Höhe des Geschäftsjahreserfolgs richtig zu bestimmen. Neben der aktiven und passiven Rechungsabgrenzung sowie den sonstigen Forderungen und Verbindlichkeiten existiert jedoch noch ein weiterer Abgrenzungsposten.

Leitfragen zur Erarbeitung

Ihr Ausbilder legt Ihnen Beleg 1 vor.

1. Um welche Art von Beleg handelt es sich und welche Informationen sind daraus zu entnehmen?

2. Bilden Sie den Buchungssatz für die letzte im Geschäftsjahr 2007 vorgenommene Gewerbesteuervorauszahlung.

3. Lesen Sie sich den nachfolgend abgebildeten Gesetzestext gut durch. Erklären Sie sodann, was man unter einer Rückstellung zu verstehen hat. Gehen Sie dabei insbesondere auf die Bedeutung der Rückstellung für die zeitliche Rechungsabgrenzung ein. Zeigen Sie des Weiteren auf, wann ein Unternehmen Rückstellungen vornehmen muss bzw. kann.

4. Bilden Sie - bezogen auf den Beleg 1 - den Buchungssatz für die zu bildende Steuerrückstellung für das Jahr 2010. Die Rückstellung soll 10.000,00 EUR betragen.

5. Nachdem Sie im Januar 2008 den Gewerbesteuerbescheid erhalten haben, muss die zuvor gebildete Rückstellung aufgelöst werden. Bilden Sie hierzu den Buchungssatz.

§ 249 Rückstellungen. (1) Rückstellungen sind für ungewisse Verbindlichkeiten und für drohende Verluste aus schwebenden Geschäften zu bilden. Ferner sind Rückstellungen zu bilden für
1. im Geschäftsjahr unterlassene Aufwendungen für Instandhaltung, die im folgenden Geschäftsjahr innerhalb von drei Monaten, oder für Abraumbeseitigungen, die im folgenden Geschäftsjahr nachgeholt werden,
2. Gewährleistungen, die ohne rechtliche Verpflichtung erbracht werden.
Rückstellungen dürfen für unterlassene Aufwendungen für Instandhaltung auch gebildet werden, wenn die In-

standhaltung nach Ablauf der Frist nach Satz 2 Nr. 1 innerhalb eines Geschäftsjahres nachgeholt wird.
(2) Rückstellungen dürfen außerdem für ihrer Eigenart nach genau umschriebene, dem Geschäftsjahr oder einem früheren Geschäftsjahr zuzuordnende Aufwendungen gebildet werden, die am Abschlussstichtag wahrscheinlich oder sicher, aber hinsichtlich ihrer Höhe oder des Zeitpunkts ihres Eintritts unbestimmt sind.
(3) Für andere als die in den Absätzen 1 und 2 bezeichneten Zwecke dürfen Rückstellungen nicht gebildet werden. Rückstellungen dürfen nur aufgelöst werden, soweit der Grund hierfür entfallen ist.

§ 5 Gewinn. [...] (2a) Für Verpflichtungen, die nur zu erfüllen sind, soweit künftig Einnahmen oder Gewinne anfallen, sind Verbindlichkeiten oder Rückstellungen erst anzusetzen, wenn die Einnahmen oder Gewinne angefallen sind.
(3) Rückstellungen wegen Verletzung fremder Patent-, Urheber- oder ähnlicher Schutzrechte dürfen erst gebildet werden, wenn
1. der Rechtsinhaber Ansprüche wegen der Rechtsverletzung geltend gemacht hat oder
2. mit einer Inanspruchnahme wegen der Rechtsverletzung ernsthaft zu rechnen ist.

Eine nach Satz 1 Nr. 2 gebildete Rückstellung ist spätestens in der Bilanz des dritten auf ihre erstmalige Bildung folgenden Wirtschaftsjahres gewinnerhöhend aufzulösen, wenn Ansprüche nicht geltend gemacht worden sind. [...]
(4a) Rückstellungen für drohende Verluste aus schwebenden Geschäften dürfen nicht gebildet werden.
(4b) Rückstellungen für Aufwendungen, die in künftigen Wirtschaftsjahren als Anschaffungs- oder Herstellungskosten eines Wirtschaftsguts zu aktivieren sind, dürfen nicht gebildet werden. [...]

Übungsaufgaben

Sie erhalten von Ihrem Ausbilder die Belege 2 bis 4.

1. Bilden Sie die aufgrund der aus der Belegen abzuleitenden Folgen für die zeitliche Abgrenzung die Buchungssätze am Ende des Geschäftsjahres.

2. Nehmen Sie die entsprechenden Buchungen für die Belege im neuen Geschäftsjahr vor.

Finanzamt Düsseldorf Mitte   40227 Düsseldorf   30.01.2011
                                               Kruppstr. 110-112
Steuernummer: 340/654/125421
(Bitte bei Rückfragen angeben)   Telefon 0211/225-1
                                               Telefax 0800 10092675128

Finanzamt Düsseldorf Mitte
40220 Düsseldorf

680/--/00101471   30.01.11   0,55 €   **Gewerbesteuerbescheid**

Firma
Heller Natur GmbH
Finanzbuchhaltung
Auf'm Hennekamp 39
40225 Düsseldorf

Veranlagungszeitraum	2010	2011	2012
Art der Veranlagung	Jahresveranl.	Jahresveranl.	Erstveranl.
Steuerfestsetzung in	EUR	EUR	EUR
Gewerbeertrag	355.900,00	296.700,00	288.100,00
Steuermesszahl v. H.	5	5	5
Messbetrag	17.795,00	14.835,00	14.405,00
Hebesatz v. H.	445	445	445
Verspätungszuschlag			
Jahressteuerschuld	79.187,75	66.015,75	64.102,25
bisher festgesetzte Vorauszahlungen	66.000,00	64.000,00	
Abschlusszahlung	13.187,75	2.015,75	64.102,25
Abschlusszahlungen werden bis zum 28.02.2011 fällig.			

Festsetzung der zukünftigen Vorauszahlungen			
Für das laufende Kalenderjahr		Für das zukünftige Kalenderjahr	
fällig am	EUR	fällig am	EUR
15.02.2011	19.700,00	15.02.2012	21.100,00
15.05.2011	19.700,00	15.05.2012	21.100,00
15.08.2011	19.700,00	15.08.2012	21.100,00
15.11.2011	19.700,00	15.11.2012	21.100,00

- -

Konten der Finanzkasse

Institut	:	St Spk Düsseldorf	Deutsche Bank
Ort	:	Düsseldorf	Wuppertal
Kontonummer	:	22707	330 01503
Bankleitzahl	:	340 500 00	330 000 00

- -

Beleg 1

STADTWERKE DÜSSELDORF AG
40258 DÜSSELDORF

D§W

	persönlich	telefonische
Öffnungszeiten:		
Mo - Mi	8.00 - 15.00 Uhr	8.00 - 18.00 Uhr
Do	8.00 - 18.00 Uhr	8.00 - 18.00 Uhr
Fr	8.00 - 12.00 Uhr	8.00 - 18.00 Uhr
Sa		8.00 - 14.00 Uhr

Herrn/Frau/Firma

Heller Natur GmbH
Finanzbuchhaltung
Auf'm Hennekamp 39
40225 Düsseldorf

Bushaltestellen
„Stadtwerke"
Linie 708

Auskunft erteilt: Kundenberatung
Telefon 01802 / 345 344
(6 Ct. je Anruf aus dem Festnetz)
Telefax 0212 / 295 2499

Bitte bei Zahlung angeben!

Kunden-Nr.:	11213378
Rechnungs- Nr.:	6100455857

Jahresabrechnung

Vertragskonto: 29036644
Heller Natur GmbH
Auf'm Hennekamp 39

Düsseldorf, 16.01.2011

Sehr geehrte Kundin, sehr geehrter Kunde,

für den Abrechnungszeitraum 01.01.2010 bis 31.12.2010 stellen wir Ihnen folgende
Beträge aus Energie- und Wasserlieferungen in Rechnung:

Strom	130.367,11 EUR
Wasser	18.256,63 EUR
Abwasser	17.952,26 EUR
Summe, fällig bis zum 01.02.2011	166.576,00 EUR
geleistete Abschlagszahlungen (ohne USt.)	
01.01.2010	75.839,25 EUR
01.06.2010	75.839,25 EUR
Gesamtforderung	14.897,50 EUR

Im Rechnungsbetrag sind 7 % Umsatzsteuer (10.897,50 EUR) enthalten.

Bitte beachten Sie, dass alle Forderungen termingerecht auf
unserem Konto-Nr. 1024, Stadtsparkasse Solingen, BLZ 34250000
oder durch eine gebührenfreie Bareinzahlung bei der Solinger
Sparkassen-Filiale Mühlenhof auszugleichen ist.

Den detaillierten Berechnungsnachweis entnahmen Sie bitte den
beiliegenden Anlagen.
Bei Rückfragen stehen Ihnen unsere Kundenberater selbstverständlich
telefonisch und persönlich gerne zur Verfügung.

HAFT IT®

*Am 31.12.2010 wurde
eine Rückstellung in
Höhe von 5.000,00 EUR
gebildet.*
P. Klasen

Stadtwerke Düsseldorf AG
Oberbilker Allee 163 - 165
40258 Düsseldorf
Postfach 40 40 20
40000 Düsseldorf

Telefon (0211) 295-0
Telefax (0211) 295-1414

e-mail: info@swd-duesseldorf.de
www.swd-duesseldorf.de

Vorsitzender des Aufsichtsrates
Bernd Krebs
Geschäftsführer:
Dipl.-Kaufmann Stefan Grützmacher
Dipl.-Betriebswirt Conrad Troullier

Beleg 2

Düsseldorf   Der Oberbürgermeister
Entsorgungsbetriebe Düsseldorf
- Grundabgaben -

Düsseldorf,   **30.01.2011**
Tel.-Durchwahl   (0211) 290- **4333**
Tel.-Durchwahl   (0211) 290- **4334**
Tel.-Sammel-Nr.   (0211) 290-0
Telefax   (0211) 290-4380

Stadt Düsseldorf Der Oberbürgermeister EBS 40255 Düsseldorf

Herrn/Frau/Firma

HELLER NATUR GMBH
FINANZBUCHHALTUNG
AUF'M HENNEKAMP 39
40225 DÜSSELDORF

HERANZIEHUNGSBESCHEID
ZUR GRUNDSTEUER UND
ZU DEN BENUTZUNGSGEBÜHREN

GRUNDSTÜCK AUF'M HENNEKAMP 39
FLUR 56, FLURSTÜCK 285
ABGABEPFLICHTIGE(R)
HELLER NATUR GMBH

Debitoren-Nr., bitte bei allen
Zahlungen und Eingaben angeben!

0256882

Erhebungszeitraum		Bezeichnung der Abgabe(n)	Kenn-ziffer	Hebesatz/ Abgaben-satz	Maßgabemaßstab		Betrag d. Ab-gabe(n) Soll-Zugang/- Abgang(-) EUR
Ab Monat/ Jahr	Bis Monat/ Jahr				Veränderung der Berech-nungsmerk-male Zugang/ Abgang(-)	Bestand an Berechnungs-merkmalen für das laufende Jahr	
01.10	12.10	**GRUNDSTEUER B**	07	490 V.H.		2.020,00 €	9.898,00 €

HAFT IT®

Am 31.12.2010 wurde eine Rückstellung in Höhe von 2.000,00 EUR gebildet.

P. Klasen

Zahlungen erbeten auf die Konten
der Stadtsparkasse Solingen

Stadt-Sparkasse
Solingen Nr. 2766
BLZ 342 500 00

GESAMTBETRAG   9.898,00 €

Bei den vorstehend festgesetzten Beträge sind bereits für das laufende Jahr in früheren Bescheiden festgesetzter Beträge wie folgt zu berücksichtigen:

Datum	Betrag/EUR	Datum	Betrag/EUR	Datum	Betrag/EUR	Datum	Betrag/EUR
15.03.09	**2.100,00**	**15.06.09**	**2.100,00**	**15.09.09**	**2.100,00**	**15.12.09**	**2.100,00**

Beleg 3

Deutsche Telekom
Ihre Rechnung

T • • • • • •

Deutsche Telekom AG
Postfach 10 01 69, 58086 Hagen

143/2E2//0023052/10//60774

| 143/2E2//0023052/10/ |
| /60774 |

Heller Natur GmbH
Finanzbuchhaltung
Auf'm Hennekamp 39
40225 Düsseldorf

Datum	10.01.2011
Seite	1 von 10
Kundennummer	123 621 5826
Rechnungsnummer	939 558 5462
Buchungskonto	477 085 1984
haben Sie noch Fragen zu Ihrer Rechnung?	Sie erreichen Ihren Kundenservice kostenfrei unter
Telefon	freecall 0800 33 0 1020
Telefax	freecall 0800 33 0 1029

Ihre Rechnung für Januar 2011 (11.12.10 - 10.01.2011)

Die Leistungen im Überblick (Summe)		Beträge (Euro)
Monatliche Grundgebühr/Telefonanschluss Verrechnungsnummer 0211/658541		13,50
Verbindungen Deutsche Telekom (11.12.10 - 31.12.10)		412,25
Verbindungen Deutsche Telekom (01.01.11 - 11.01.11)		1.128,95
Beträge andere Anbieter (11.12.10 - 31.12.10)		124,44
Beträge andere Anbieter (01.01.11 - 11.01.11)		387,24
Summe der oben aufgeführten Beträge		2.066,38
Umsatzsteuer 19 % auf ...	2.066,38	392,61

Rechnungsbetrag 2.458,99

Falls Sie den beigefügten Zahlschein nicht verwenden, leisten Sie bitte Ihre Zahlungen immer unter der oben genannten Rechnungsnummer. Der Rechnungsbetrag muss spätestens am 10. Kalendertag nach Zugang der Rechnung auf unserem Konto gutgeschrieben sein.

Ihre Rechnung im Detail und weitere Hinweise finden Sie auf der Rückseite und den folgenden Seiten.

Vielen Dank!

HAFT IT®

Am 31.12.2010 wurde eine Rückstellung in Höhe von 2.100,00 EUR gebildet.

P. Klasen

Deutsche Telekom AG
Postanschrift Postfach 10 01 69, 58086 Hagen
Bankverbindung Postbank Frankfurt (BLZ 500 100 60) Kto.Nr. 498515-605
Steuernummern 205/577/0518 USt-IdNr.: DE 123475223 Inkassounternehmen im Sinne des RBerG

Beleg 4

Kapitel 15: Bewertung von Vermögen und Schulden

Ausgangssituation

Sie absolvieren eine Ausbildung beim Bekleidungshersteller Heller Natur GmbH in Düsseldorf. In der Zeit von Dezember bis Februar sind Sie in der Finanzbuchhaltung eingesetzt und sollen hier die notwendigen Kenntnisse und Fertigkeiten erlernen. Aus der Berufsschule sind Ihnen bereits die Grundlagen der Buchhaltung bekannt. Sie wissen, dass Ihr Ausbildungsunternehmen das Geschäftsjahr am 31.12.2006 beschließt.

Aufgaben

1. Deutsche Unternehmen müssen einen Jahresabschluss unter Beachtung der Vorschriften des Handelsgesetzbuches (HGB) aufstellen. Nennen Sie die Bestandteile, aus denen der Jahresabschluss bestehen muss. Nutzen Sie hierzu den Auszug aus dem HGB in der Anlage.

2. Was versteht man unter der Publizitätspflicht? Erläutern Sie den Begriff und zeigen Sie auf, welche Unternehmen der Publizitätspflicht unterliegen.

3. Unter bestimmten Bedingungen müssen Unternehmen bei der Gliederung der Jahresbilanz die Vorgaben des HGB beachten. Welche Unternehmen sind davon betroffen und wie ist die Gliederung vorzunehmen?

4. Neben der Bilanz müssen Unternehmen auch eine Gewinn- und Verlustrechnung aufstellen. Welche Positionen müssen mittelgroße und große Kapitalgesellschaften in die GuV aufnehmen?

5. In § 252 (1) HGB werden diverse Bewertungsgrundsätze angeführt. Nennen und erläutern Sie diese und geben Sie jeweils ein praktisches Beispiel.

6. Was versteht man unter der in § 5 (1) EStG beschriebenen Maßgeblichkeit der Handelsbilanz für die Steuerbilanz? Erläutern Sie dieses Prinzip und zeigen Sie anhand von Beispielen die sich daraus ergebenden Konsequenzen für die Bilanzierung in der Handels- und Steuerbilanz auf.

7. Ein Maschinenbauunternehmen benötigt eine neue Maschine. Hierzu liegen folgende Informationen vor:

Beschaffung der Maschine von einem Lieferanten	
Angebotsbedingungen des Lieferanten	
Listenpreis	120.000 €
Sonderrabatt	10 %
Montagekosten (nicht skontierbar)	20.000 €
Skontohöhe vom Zieleinkaufspreis	3 %
Zusätzliche Kosten	
Frachtkosten durch eine Spedition	2.000 €

Eigenfertigung der Maschine	
Fertigungsmaterial	10.000 €
Fertigungslöhne	20.000 €
Sondereinzelkosten der Fertigung	3.000 €
Sondereinzelkosten des Vertriebs	2.000 €
Materialgemeinkostenzuschlagssatz	30 %
Fertigungsgemeinkostenzuschlagssatz	220 %
Verwaltungsgemeinkostenschlagssatz	55 %
Vertriebsgemeinkostenzuschlagssatz	35 %

Mit welchem Wert ist die Maschine bei den beiden Beschaffungsalternativen im Jahr der Anschaffung bzw. Herstellung zu bilanzieren (eine Abschreibung für das Jahr der Anschaffung soll an dieser Stelle unberücksichtigt bleiben)? Begründen Sie Ihre Vorgehensweise und geben Sie die Gesetzespassagen an, auf die Sie sich beziehen.

8. Wie ist die Bewertung des abnutzbaren Anlagevermögens vorzunehmen, das bereits vom Unternehmen genutzt wurde und daher einem Wertverlust unterlag? Unterscheiden Sie dabei zwischen beweglichen und unbeweglichen Wirtschaftsgütern.

9. Eine Industrieunternehmung erwarb im Oktober 2007 ein mit einer Lagerhalle bebautes Grundstück zum Wert von 580.000,00 EUR. 380.000,00 EUR des Wertes entfielen auf das Grundstück, der Rest auf die Lagerhalle. Im Juni 2008 wurden auf einem Teil des Grundstücks Bodenverunreinigungen festgestellt, die beseitigt werden mussten. Hierdurch kam es zu einer Wertminderung in Höhe von 50.000,00 EUR. Im August 2009 wurde ein Teil der Lagerhalle durch einen Blitzschlag getroffen. Nach durchgeführter Reparatur des Schadens wurde die Wertminderung der Lagerhalle durch einen Experten der Versicherung auf 20.000,00 EUR festgelegt. Im gleichen Jahr erfuhr das

Grundstück im Oktober durch die Verbesserung der angrenzenden Infrastruktur eine Werterhöhnung auf 50.000,00 EUR. Die Werterhöhung der Lagerhalle wird auf 10.000,00 EUR geschätzt. Führen Sie die planmäßige und die außerplanmäßige Abschreibung durch und legen Sie sodann die jeweiligen zu bilanzierenden Werte am Bilanzstichtag (31.12.) fest.

Info-Text zu Aufgabe 9:

Grundsätzlich können alle Gebäude linear abgeschrieben werden. Die degressive Abschreibung kann nur bei selbst hergestellten Gebäuden oder bei Gebäuden, die im Jahr der Fertigstellung erworben werden, zur Anwendung kommen. Die Abschreibung ist vorzunehmen, sobald das Gebäude angeschafft oder hergestellt (fertig gestellt) ist. Erfolgte die Anschaffung bzw. Herstellung nach dem 31.12.2000, beträgt der Abschreibungssatz 3 Prozent.

---

10. Welche Vorschriften gelten bei der Bewertung des Umlaufvermögens? Gehen Sie auf die einzelnen Bestände ein, die von der Bewertungsproblematik betroffen sind und zeigen Sie auf, wie die Bewertung in den jeweiligen Fällen vorzunehmen ist.

11. Ihnen liegen die nachfolgend abgebildeten Informationen über den Lagerbestandsverlauf eines Werkstoffs vor:

Lagerbestandsverlauf						
Datum	Text	Zugang (in Stück)	Wert je Stück (in €/Stück)	Entnahme (in Stück)	Bestand (in Stück)	Bestand (in €)
01.01.	Anfangsbestand		1,10		17.000	18.700,00
16.03.	Materialentnahme			5.000	12.000	13.200,00
20.05.	Materialentnahme			11.000	1.000	1.100,00
02.06.	Lieferschein	20.000	1,20		21.000	
11.07.	Materialentnahme			15.000	6.000	
03.08.	Materialentnahme			3.000	3.000	
16.08.	Lieferschein	30.000	1,40		33.000	
23.09.	Materialentnahme			16.000	17.000	
01.10.	Materialentnahme			16.000	1.000	
16.12.	Lieferschein	17.000	1,30		18.000	

Ermitteln Sie die Höhe des zu bilanzierenden Endbestandes wenn der Marktwert des Rohstoffs am Bilanzstichtag a) 1,20 €/Stück beträgt, b) 1,40 €//Stück beträgt.

12. Am 16.11. haben Sie Fertigerzeugnisse zum Gesamtwert von 18.000,00 US-$ an einen amerikanischen Importeur verkauft. Das Zahlungsziel belief sich auf 60 Tage, sodass die (einwandfreie) Forderung am 31.12. zu bilanzieren ist. Ihnen liegen folgende Kursinformationen vor:

	Geldkurs (in US-$ für 1 €)	Briefkurs (in US-$ für 1 €)
16.11.	1,22	1,25
31.12.	1,47	1,50

13. Bei welchen Beständen der Passivseite kann es am Bilanzstichtag Bewertungsprobleme geben? Nennen Sie die Bestandspositionen und zeigen Sie auf, welche Bewertungsprobleme bestehen können? Wie ist in den von Ihnen genannten Fällen die Bewertung vorzunehmen? Geben Sie ggf. die Gesetzespassagen an, auf die Sie sich berufen.

14. Am 16.11. wurden von einem amerikanischen Exporteur Werkstoffe zum Gesamtwert von 25.000,00 US-$ gekauft. In der bereits gebuchten Rechnung wird ein Zahlungsziel von 90 Tagen sowie eine 60-tägige Skontoabzugsfrist bei einem Skontosatz von 3 % gewährt. Die Verbindlichkeit muss nun am 31.12. bilanziert werden. Ihnen liegen hierzu die in Aufgabe 12 abgebildeten Kurse vor. Nennen Sie den zu bilanzierenden Wert.

Informationstext 1

Vorschriften zur Bilanzierung

Nach den Vorschriften des Handelsgesetzbuches (HGB) sind alle Kaufleute verpflichtet, zum Ende eines jeden Geschäftsjahres eine Bilanz zu erstellen (§ 242 (1) HGB). In der Bilanz werden auf der Aktivseite die am Stichtag vorhandenen Vermögensbestände, auf der Passivseite die Kapitalbestände (Eigen- und Fremdkapital) ausgewiesen. Die Frage ist nun, wie man am Bilanzstichtag auf die zu bilanzierenden Werte kommt. Offensichtlich können nicht die Soll-Bestände des Hauptbuches in die Bilanz übernommen werden. Da es sich lediglich um buchmäßig ermittelte Werte handelt (Soll-Werte), müssen diese zunächst im Rahmen der Inventur kontrolliert werden. Hier ist zwischen einer körperlichen und einer buchmäßigen Bestandsaufnahme zu unterscheiden. Lediglich die materiellen Vermögensgegenstände*) können körperlich erfasst werden (durch Zählen, Messen und Wiegen). Immaterielle Vermögens- und Schuldenbestände müssen durch Kontenabgleich (z. B. Bankguthaben), durch Saldenbestätigung (z. B. bei Forderungen und Verbindlichkeiten) oder letztlich durch die Kontrolle von Salden ermittelt werden.

Unabhängig von der Bestandsart muss am Bilanzstichtag jedoch in jedem Fall die wertmäßige Höhe ermittelt und kritisch analysiert werden. Hierzu ist es bei allen Beständen notwendig, eine Bewertung in Euro vorzunehmen. Bei den Liquiditätsbeständen (Bank und Kasse) erscheint dies nicht schwierig. Bei allen anderen Beständen können sich in der Praxis jedoch Bewertungsprobleme ergeben.

Ein Interesse an der Bilanz haben unterschiedliche Personengruppen. Da diese die Bilanz mit unterschiedlichen Zielen auswerten, werden auch unterschiedliche Grundsätze bei der Erstellung der Bilanz angesetzt. Grundsätzlich existieren zwei gesetzliche Grundlagen für die Bilanzerstellung: das Handelsgesetzbuch (HGB) und das Einkommensteuergesetz (EStG), erweitert um die Einkommensteuerrichtlinien (EStR). Folglich ergeben sich auch zwei verschiedene Bilanzen, nämlich die Handels- und die Steuerbilanz. Der in der Steuerbilanz ausgewiesene Gewinn dient als Grundlage der Besteuerung. Daher bewirkt das EStG, dass die Gewinnermittlung möglichst realistisch ausfällt. Natürlich kann der Unternehmer bei der Erstellung der Steuerbilanz alle geltenden Spielräume so nutzen, dass er den Gewinn möglichst klein ausfallen lässt. Die handelsrechtlichen Vorschriften dienen hingegen in erster Linie dem Schutz der Interessen der Eigentümer (Teilhaber-, Aktionärsschutz) und der Gläubiger (Gläubigerschutz). Durch die Anwendung dieser gesetzlichen Bilanzierungsvorschriften soll erreicht werden, dass der Gewinn nicht zu groß ausgewiesen wird (Täuschung der Analysten). Bei den im Wirtschaftsteil der Zeitungen oder in veröffentlichten Geschäftsberichten dargestellten Bilanzen handelt es sich um Handelsbilanzen.

Gemäß HGB sind bei der Bewertung der Bilanzbestände folgende Grundsätze zu beachten:

- Bilanzkontinuität (§ 252 (1) Nr. 1 HGB),
- Unternehmensfortführung (§ 252 (1) Nr. 2 HGB),
- Stichtags- und Einzelbewertung (§ 252 (1) Nr. 3 HGB),
- Vorsichtsprinzip (§ 252 (1) Nr. 4 HGB),
- Abgrenzungsprinzip (§ 252 (1) Nr. 5 HGB),
- Bewertungsstetigkeit (§ 252 (1) Nr. 6 HGB).

Grundsätzlich sind bei der Aufstellung der Steuerbilanz die handelsrechtlichen Grundsätze ordnungsmäßiger Buchführung zu beachten (§ 5 EStG). Somit sind die handelsrechtlichen Bewertungsvorschriften auch für die Wertansätze der Steuerbilanz maßgeblich, soweit das Steuerrecht nicht andere Ansätze vorschreibt (Maßgeblichkeit der Handelsbilanz für die Steuerbilanz). Die Steuerbilanz wird demnach aus der Handelsbilanz abgeleitet. Umgekehrt bestimmen die Wertansätze der Steuerbilanz jedoch die Bewertung in der Handelsbilanz (umgekehrte Maßgeblichkeit).

---

*) Im Handelsrecht (§ 253 HGB) wird der Begriff Vermögensgegenstand, im Steuerrecht (§ 6 (12) EStG) der Begriff Wirtschaftsgut verwandt. Beide Begriffe haben die gleiche Bedeutung.

Auszug aus dem Handelsgesetzbuch (HGB)

§ 240 Inventar. (1) Jeder Kaufmann hat zu Beginn seines Handelsgewerbes seine Grundstücke, seine Forderungen und Schulden, den Betrag seines baren Geldes sowie seine sonstigen Vermögensgegenstände genau zu verzeichnen und dabei den Wert der einzelnen Vermögensgegenständen und Schulden anzugeben. (2) Er hat demnächst für den Schluss eines jeden Geschäftsjahres ein solches Inventar aufzustellen. Die Dauer des Geschäftsjahres darf zwölf Monate nicht überschreiten. [...] (3) Vermögensgegenstände des Sachanlagevermögens sowie Roh-, Hilfs- und Betriebsstoffe können, wenn sie regelmäßig ersetzt werden und ihr Gesamtwert für das Unternehmen von nachrangiger Bedeutung ist, mit einer gleich bleibenden Menge und einem gleich bleibenden Wert angesetzt werden, sofern ihr Bestand in seiner Größe, seinem Wert und seiner Zusammensetzung nur geringen Veränderungen unterliegt. Jedoch ist in der Regel alle drei Jahre eine körperliche Bestandsaufnahme durchzuführen. (4) Gleichartige Vermögensgegenstände des Vorratsvermögens sowie andere gleichartige oder annähernd gleichwertige bewegliche Vermögensgegenstände und Schulden können jeweils zu einer Gruppe zusammengefasst und mit dem gewogenen Durchschnittswert angesetzt werden.

§ 242 Pflicht zur Aufstellung der Bilanz. (1) Der Kaufmann hat zu Beginn seines Handelsgewerbes und für den Schluss eines jeden Geschäftsjahres einen das Verhältnis seines Vermögens und seiner Schulden darstellenden Abschluss (Eröffnungsbilanz, Bilanz) aufzustellen. [...] (2) Er hat für den Schluss eines jeden Geschäftsjahres eine Gegenüberstellung der Aufwendungen und Erträge des Geschäftsjahres (Gewinn- und Verlustrechnung) aufzustellen. (3) Die Bilanz und die Gewinn- und Verlustrechnung bilden den Jahresabschluss.

§ 243 Aufstellungsgrundsatz. (1) Der Jahresabschluss ist nach den Grundsätzen ordnungsgemäßer Buchführung aufzustellen. (2) Er muss klar und übersichtlich sein. (3) Der Jahresabschluss ist innerhalb der einem ordnungsmäßigen Geschäftsgang entsprechenden Zeit aufzustellen.

§ 244 Sprache, Währungseinheit. Der Jahresabschluss ist in deutscher Sprache und in Euro aufzustellen.

§ 246 Vollständigkeit, Verrechnungsverbot. (1) Der Jahresabschluss hat sämtliche Vermögensgegenstände, Schulden, Rechnungsabgrenzungsposten, Aufwendungen und Erträge zu enthalten, soweit gesetzlich nichts anderes bestimmt ist [...]. (2) Posten der Aktivseite dürfen nicht mit Posten der Passivseite, Aufwendungen nicht mit Erträgen, Grundstücksrechte nicht mit den Grundstückslasten verrechnet werden.

§ 252 Allgemeine Bewertungsgrundsätze. (1) Bei der Bewertung der im Jahresabschluss ausgewiesenen Vermögensgegenstände und Schulden gilt insbesondere Folgendes:
1. Die Wertansätze in der Eröffnungsbilanz des Geschäftsjahrs müssen mit denen der Schlussbilanz des vorhergehenden Geschäftsjahres übereinstimmen.
2. Bei der Bewertung ist von der Fortführung der Unternehmenstätigkeit auszugehen, sofern dem nicht tatsächliche oder rechtliche Gegebenheiten entgegenstehen.
3. Die Vermögensgegenstände und Schulden sind zum Abschlussstichtag einzeln zu bewerten.
4. Es ist vorsichtig zu bewerten, namentlich sind alle vorhersehbaren Risiken und Verluste, die bis zum Abschlussstichtag entstanden sind, zu berücksichtigen, selbst wenn diese erst zwischen dem Abschlussstichtag und dem Tag der Aufstellung des Jahresabschlusses bekannt geworden sind; Gewinne sind nur zu berücksichtigen, wenn sie am Abschlussstichtag realisiert sind.
5. Aufwendungen und Erträge des Geschäftsjahrs sind unabhängig von den Zeitpunkten der entsprechenden Zahlungen im Jahresabschluss zu berücksichtigen.
6. Die auf den vorhergehenden Jahresabschluss angewandten Bewertungsmethoden sollen beibehalten werden.

(2) Von den Grundsätzen des Absatzes 1 darf nur in begründeten Ausnahmefällen abgewichen werden.

§ 253 Wertansätze der Vermögensgegenstände und Schulden. (1) Vermögensgegenstände sind höchstens mit den Anschaffungs- oder Herstellungskosten, vermindert um Abschreibungen nach den Absätzen 2 und 3 anzusetzen. Verbindlichkeiten sind zu ihrem Rückzahlungsbetrag, Rentenverpflichtungen, für die eine Gegenleistung nicht mehr zu erwarten ist, zu ihrem Barwert und Rückstellungen nur in Höhe des Betrags anzusetzen, der nach vernünftiger kaufmännischer Beurteilung notwendig ist; Rückstellungen dürfen nur abgezinst werden, soweit die ihnen zu Grunde liegenden Verbindlichkeiten einen Zinsanteil enthalten. (2) Bei Vermögensgegenständen des Anlagevermögens, deren Nutzung zeitlich begrenzt ist, sind die Anschaffungs- oder Herstellungskosten um planmäßige Abschreibungen zu vermindern. Der Plan muss die Anschaffungs- oder Herstellungskosten auf die Geschäftsjahre verteilen, in denen der Vermögensgegenstand voraussichtlich genutzt werden kann. Ohne Rücksicht darauf, ob ihre Nutzung zeitlich begrenzt ist, können bei Vermögensgegenständen des Anlagevermögens außerplanmäßige Abschreibungen vorgenommen werden, um die Vermögensgegenstände mit dem niedrigeren Wert anzusetzen, der ihnen am Abschlussstichtag beizulegen ist, sie sind vorzunehmen bei einer voraussichtlich dauernden Wertminderung. (3) Bei Vermögensgegenständen des Umlaufvermögens sind Abschreibungen vorzunehmen, um diese mit einem niedrigeren Wert anzusetzen, der sich aus einem Börsen- und Marktpreis am Abschlussstichtag ergibt. Ist ein Börsen- oder Marktpreis nicht festzustellen und übersteigen die Anschaffungs- oder Herstellungskosten den Wert, der den Vermögensgegenständen am Abschlussstichtag beizulegen ist, so ist auf diesen Wert abzuschreiben. Außerdem dürfen Abschreibungen vorgenommen werden, soweit diese nach vernünftiger kaufmännischer Beurteilung notwendig sind, um zu verhindern, dass in der nächsten Zukunft der Wertansatz dieser Vermögensgegenstände aufgrund von Wertschwankungen geändert werden muss. (4) Abschreibungen sind außerdem im Rahmen vernünftiger kaufmännischer Beurteilung zulässig. (5) Ein niedrigerer Wertansatz nach Absatz 2 Satz 3, Absatz 3 oder 4 darf beibehalten werden, auch wenn die Gründe dafür nicht mehr bestehen.

§ 255 Anschaffungs- und Herstellungskosten. (1) Anschaffungskosten sind die Aufwendungen, die geleistet werden, um einen Vermögensgegenstand zu erwerben und ihn in einen betriebsbereiten Zustand zu versetzen, soweit sie dem Vermögensgegenstand einzeln zugeordnet werden können. Zu den Anschaffungskosten gehören auch die Nebenkosten sowie die nachträglichen Anschaffungskosten. Anschaffungspreisminderungen sind abzusetzen. (2) Herstellungskosten sind die Aufwendungen, die durch den Verbrauch von Gütern und die Inanspruchnahme von Diensten für die Herstellung eines Vermögensgegenstands seine Erweiterung oder für eine über seinen ursprünglichen Zustand hinausgehende wesentliche Verbesserung entstehen. Dazu gehören die Materialkosten, die Fertigungskosten und die Sondereinzelkosten der Fertigung. Bei der Berechnung der Herstellungskosten dürfen auch angemessene Teile der notwendigen Materialgemeinkosten, der notwendigen Fertigungsgemeinkosten und des Wertverzehrs des Anlagevermögens, soweit er durch die Fertigung veranlasst ist, eingerechnet werden. Kosten der allgemeinen Verwaltung sowie Aufwendungen für soziale Einrichtungen des Betriebs, für freiwillige soziale Leistungen und für betriebliche Altersversorgung brauchen nicht eingerechnet zu werden. [...] Vertriebskosten dürfen nicht in die Herstellungskosten einbezogen werden. (3) Zinsen für Fremdkapital gehören nicht zu den Herstellungskosten. Zinsen für Fremdkapital, das zur Finanzierung der Herstellung eines Vermögensgegenstands verwendet wird, dürfen angesetzt werden, soweit sie auf den Zeitraum der Herstellung entfallen, in diesem Falle gelten sie als Herstellungskosten des Vermögensgegenstands.

§ 256 Bewertungsvereinfachungsverfahren. Soweit es den Grundsätzen ordnungsmäßiger Buchführung entspricht, kann für den Wertansatz gleichartiger Vermögensgegenstände des Vorratsvermögens unterstellt werden, dass die zuerst oder dass die zuletzt angeschafften oder hergestellten Vermögensgegenstände zuerst oder in einer sonstigen bestimmten Folge verbraucht oder veräußert worden sind. 2 § 240 Abs. 3 und 4 ist auch auf den Jahresabschluss anwendbar.

§ 264 Pflicht zur Aufstellung des Jahresabschlusses und des Lageberichts. (1) Die gesetzlichen Vertreter einer Kapitalgesellschaft haben den Jahresabschluss (§ 242) um einen Anhang zu erweitern, der mit der Bilanz und der Gewinn- und Verlustrechnung eine Einheit bildet, sowie einen Lagebericht aufzustellen. Der Jahresabschluss und der Lagebericht sind von den gesetzlichen Vertretern in den ersten drei Monaten des Geschäftsjahrs für das vergangene Geschäftsjahr aufzustellen. Kleine Kapitalgesellschaften (§ 267 Abs. 1) brauchen den Lagebericht nicht aufzustellen; sie dürfen den Jahresabschluss auch später aufstellen, wenn dies einem ordnungsgemäßen Geschäftsgang entspricht, jedoch innerhalb der ersten sechs Monate des Geschäftsjahres. (2) Der Jahresabschluss der Kapitalgesellschaft hat unter Beachtung der Grundsätze ordnungsmäßiger Buchführung ein den tatsächlichen Verhältnissen entsprechendes Bild der Vermögens-, Finanz- und Ertragslage der Kapitalgesellschaft zu vermitteln. Führen besondere Umstände dazu, dass der Jahresabschluss ein den tatsächlichen Verhältnissen entsprechendes Bild im Sinne des Satzes 1 nicht vermittelt, so sind im Anhang zusätzliche Angaben zu machen. [...]

§ 266 Gliederung der Bilanz. (1) Die Bilanz ist in Kontoform aufzustellen. Dabei haben große und mittelgroße Kapitalgesellschaften (§ 267 Abs. 3, 2) auf der Aktivseite die in Absatz 2 und auf der Passivseite die in Absatz 3 bezeichneten Posten gesondert und in der vorgeschriebenen Reihenfolge auszuweisen. Kleine Kapitalgesellschaften (§ 267 Abs. 1) brauchen nur eine verkürzte Bilanz aufzustellen, in die nur die in den Absätzen 2 und 3 mit Buchstaben und römischen Zahlen bezeichneten Posten gesondert und in der vorgeschriebenen Reihenfolge aufgenommen werden.

(2) Aktivseite

A. Anlagevermögen:
   I. Immaterielle Vermögensgegenstände:
      1. Konzessionen, gewerbliche Schutzrechte und ähnliche Rechte und Werte sowie Lizenzen an solchen Rechten und Werten;
      2. Geschäfts- oder Firmenwert;
      3. geleistete Anzahlungen;
   II. Sachanlagen;
      1. Grundstücke, grundstücksgleiche Rechte und Bauten einschließlich der Bauten auf fremden Grundstücken;
      2. technische Anlagen und Maschinen;
      3. andere Anlagen, Betriebs- und Geschäftsausstattung;
      4. geleistete Anzahlungen und Anlagen im Bau;
   III. Finanzanlagen:
      1. Anteile an verbundenen Unternehmen;
      2. Ausleihungen an verbundene Unternehmen;
      3. Beteiligungen;
      4. Ausleihungen an Unternehmen, mit denen ein Beteiligungsverhältnis besteht;
      5. Wertpapiere des Anlagevermögens;
      6. sonstige Ausleihungen.
B. Umlaufvermögen:
   I. Vorräte:
      1. Roh-, Hilfs- und Betriebsstoffe;
      2. unfertige Erzeugnisse, unfertige Leistungen;
      3. fertige Erzeugnisse und Waren;
      4. geleistete Anzahlungen;
   II. Forderungen und sonstige Vermögensgegenstände:
      1. Forderungen aus Lieferungen und Leistungen;
      2. Forderungen gegen verbundene Unternehmen;
      3. Forderungen gegen Unternehmen, mit denen ein Beteiligungsverhältnis besteht;
      4. sonstige Vermögensgegenstände;
   III. Wertpapiere:
      1. Anteile an verbundenen Unternehmen;
      2. eigene Anteile;
      3. sonstige Wertpapiere;
   IV. Kassenbestand, Bundesbankguthaben, Guthaben bei Kreditinstituten und Schecks.
C. Rechnungsabgrenzungsposten.

(3) Passivseite

A. Eigenkapital:
   I. Gezeichnetes Kapital;
   II. Kapitalrücklage;
   III. Gewinnrücklagen:
      1. gesetzliche Rücklage;
      2. Rücklage für eigene Anteile;
      3. satzungsmäßige Rücklagen;
      4. andere Gewinnrücklagen;
   IV. Gewinnvortrag/Verlustvortrag;
   V. Jahresüberschuss/Jahresfehlbetrag.
B. Rückstellungen;
   1. Rückstellungen für Pensionen und ähnliche Verpflichtungen;
   2. Steuerrückstellungen;
   3. sonstige Rückstellungen.
C. Verbindlichkeiten:
   1. Anleihen, davon konvertibel;
   2. Verbindlichkeiten gegenüber Kreditinstituten;
   3. erhaltene Anzahlungen auf Bestellungen;
   4. Verbindlichkeiten aus Lieferungen und Leistungen;
   5. Verbindlichkeiten aus der Annahme gezogener Wechsel und der Ausstellung eigener Wechsel;
   6. Verbindlichkeiten gegenüber verbundenen Unternehmen;
   7. Verbindlichkeiten gegenüber Unternehmen, mit denen ein Beteiligungsverhältnis besteht;
   8. sonstige Verbindlichkeiten,
      davon aus Steuern,
      davon im Rahmen der sozialen Sicherheit.
D. Rechnungsabgrenzungsposten.

§ 267 Umschreibung der Größenklassen. (1) Kleine Kapitalgesellschaften sind solche, die mindestens zwei der drei nachstehenden Merkmale nicht überschreiten:
1. 3.438.000 EUR Bilanzsumme nach Abzug eines auf der Aktivseite ausgewiesenen Fehlbetrags (§ 268 Abs. 3).
2. 6.875.000 EUR Umsatzerlöse in den zwölf Monaten vor dem Abschlussstichtag.
3. Im Jahresdurchschnitt fünfzig Arbeitnehmer.
(2) Mittelgroße Kapitalgesellschaften sind solche, die mindestens zwei der drei in Absatz 1 bezeichneten Merkmale überschreiten und jeweils mindestens zwei der drei nachstehenden Merkmale nicht überschreiten:
1. 13.750.000 EUR Bilanzsumme nach Abzug eines auf der Aktivseite ausgewiesenen Fehlbetrags (§ 268 Abs. 3).
2. 27.500.000 EUR Umsatzerlöse in den zwölf Monaten vor dem Abschlussstichtag.
3. Im Jahresdurchschnitt zweihundertfünfzig Arbeitnehmer.
(3) Große Kapitalgesellschaften sind solche, die mindestens zwei der drei in Absatz 2 bezeichneten Merkmale überschreiten. [...]
(4) Die Rechtsfolgen der Merkmale nach den Absätzen 1 bis 3 Satz 1 treten nur ein, wenn sie an den Abschlussstichtagen von zwei aufeinander folgenden Geschäftsjahren über- oder unterschritten werden. Im Falle der Umwandlung oder Neugründung treten die Rechtsfolgen schon ein, wenn die Voraussetzungen des Absatzes 1, 2 oder 3 am ersten Abschlussstichtag nach der Umwandlung oder Neugründung vorliegen. (5) Als durchschnittliche

Zahl der Arbeitnehmer gilt der vierte Teil der Summe aus den Zahlen der jeweils am 31. März, 30. Juni, 30. September und 31. Dezember beschäftigten Arbeitnehmer einschließlich der im Ausland beschäftigten Arbeitnehmer, jedoch ohne die zu ihrer Berufsausbildung Beschäftigten. [...]

§ 275 Gliederung der Gewinn- und Verlustrechnung. (1) Die Gewinn- und Verlustrechnung ist in Staffelform nach dem Gesamtkostenverfahren oder dem Umsatzkostenverfahren aufzustellen. Dabei sind die in Absatz 2 oder 3 bezeichneten Posten in der angegebenen Reihenfolge gesondert auszuweisen.

(2) Bei Anwendung des Gesamtkostenverfahrens sind auszuweisen:

1. Umsatzerlöse
2. Erhöhung oder Verminderung des Bestands an fertigen und unfertigen Erzeugnissen
3. andere aktivierte Eigenleistungen
4. sonstige betriebliche Erträge
5. Materialaufwand:
   a) Aufwendungen für Roh-, Hilfs- und Betriebsstoffe und für bezogene Waren
   b) Aufwendungen für bezogene Leistungen
6. Personalaufwand:
   a) Löhne und Gehälter
   b) soziale Abgaben und Aufwendungen für Altersversorgung und für Unterstützung, davon für Altersversorgung
7. Abschreibungen:
   a) auf immaterielle Vermögensgegenstände des Anlagevermögens und Sachanlagen sowie auf aktivierte Aufwendungen für die Ingangsetzung und Erweiterung des Geschäftsbetriebs
   b) auf Vermögensgegenstände des Umlaufvermögens, soweit diese die in der Kapitalgesellschaft üblichen Abschreibungen überschreiten
8. sonstige betriebliche Aufwendungen
9. Erträge aus Beteiligungen, davon aus verbundenen Unternehmen
10. Erträge aus anderen Wertpapieren und Ausleihungen des Finanzanlagevermögens, davon aus verbundenen Unternehmen
11. sonstige Zinsen und ähnliche Erträge, davon aus verbundenen Unternehmen
12. Abschreibungen auf Finanzanlagen und auf Wertpapiere des Umlaufvermögens
13. Zinsen und ähnliche Aufwendungen, davon an verbundene Unternehmen
14. Ergebnis der gewöhnlichen Geschäftstätigkeit
15. außerordentliche Erträge
16. außerordentliche Aufwendungen
17. außerordentliches Ergebnis
18. Steuern vom Einkommen und vom Ertrag
19. sonstige Steuern
20. Jahresüberschuss/Jahresfehlbetrag.

(3) Bei Anwendung des Umsatzkostenverfahrens sind auszuweisen:

1. Umsatzerlöse
2. Herstellungskosten der zur Erzielung der Umsatzerlöse erbrachten Leistungen
3. Bruttoergebnis vom Umsatz
4. Vertriebskosten
5. allgemeine Verwaltungskosten
6. sonstige betriebliche Erträge
7. sonstige betriebliche Aufwendungen
8. Erträge aus Beteiligungen, davon aus verbundenen Unternehmen
9. Erträge aus anderen Wertpapieren und Ausleihungen des Finanzanlagevermögens, davon aus verbundenen Unternehmen
10. sonstige Zinsen und ähnliche Erträge, davon aus verbundenen Unternehmen
11. Abschreibungen auf Finanzanlagen und auf Wertpapiere des Umlaufvermögens
12. Zinsen und ähnliche Aufwendungen, davon an verbundene Unternehmen
13. Ergebnis der gewöhnlichen Geschäftstätigkeit
14. außerordentliche Erträge
15. außerordentliche Aufwendungen
16. außerordentliches Ergebnis
17. Steuern vom Einkommen und vom Ertrag
18. sonstige Steuern
19. Jahresüberschuss/Jahresfehlbetrag.

[...]

§ 276 Größenabhängige Erleichterungen. Kleine und mittelgroße Kapitalgesellschaften (§ 267 Abs. 1, 2) dürfen die Posten § 275 Abs. 2 Nr. 1 bis 5 oder Abs. 3 Nr. 1 bis 3 und 6 zu einem Posten unter der Bezeichnung „Rohergebnis" zusammenfassen. Kleine Kapitalgesellschaften brauchen außerdem die in § 277 Abs. 4 Satz 2 und 3 verlangten Erläuterungen zu den Posten „außerordentliche Erträge" und „außerordentliche Aufwendungen" nicht zu machen.

§ 316 Prüfung, Pflicht zur Prüfung. (1) Der Jahresabschluss und der Lagebericht von Kapitalgesellschaften, die nicht kleine im Sinne des § 267 Abs. 1 sind, sind durch einen Abschlussprüfer zu prüfen. [...]

Auszug aus den Einkommensteuerrichtlinien (EStR)

32 a. Anschaffungskosten. (1) Anschaffungskosten eines Wirtschaftsguts sind alle Aufwendungen, die geleistet werden, um das Wirtschaftsgut zu erwerben und in einen dem angestrebten Zweck entsprechenden (betriebsbereiten) Zustand zu versetzen. Zu den Anschaffungskosten gehören der Anschaffungspreis und die Nebenkosten der Anschaffung, soweit sie dem Wirtschaftsgut einzeln zugeordnet werden können. Nachträgliche Erhöhungen oder Minderungen der Anschaffungskosten sind zu berücksichtigen. Gemeinkosten gehören nicht zu den Anschaffungskosten. (2) Zu den Anschaffungskosten gehört auch der Wert übernommener Verbindlichkeiten. Der Wert einer übernommenen Rentenverpflichtung ist der Barwert der Rente, der grundsätzlich nach den §§ 12 ff BewG zu ermitteln ist; er kann auch nach versicherungsmathematischen Grundsätzen berechnet werden.

33. Herstellungskosten. (1) Herstellungskosten eines Wirtschaftsguts sind alle Aufwendungen, die durch den Verbrauch von Gütern und die Inanspruchnahme von Diensten für die Herstellung des Wirtschaftsguts, seine Erweiterung oder für eine seinen ursprünglichen Zustand hinausgehende wesentliche Verbesserung entstehen. Dazu gehören die Materialkosten einschließlich der notwendigen Materialgemeinkosten, die Fertigungskosten, insbesondere die Fertigungslöhne, einschließlich der notwendigen Fertigungsgemeinkosten, die Sonderkosten der Fertigung und der Werteverzehr des Anlagevermögens, soweit er durch die Herstellung des Wirtschaftsguts veranlasst ist. Kosten der allgemeinen Verwaltung sowie Aufwendungen für soziale Einrichtungen des Betriebs, für freiwillige soziale Leistungen und für betriebliche Altersversorgung brauchen nicht in die Herstellungskosten einbezogen zu werden. Vertriebskosten gehören nicht zu den Herstellungskosten.

36. Bewertung des Vorratsvermögens (1) Wirtschaftsgüter des Vorratsvermögens, insbesondere Roh-, Hilfs- und Betriebsstoffe, unfertige und fertige Erzeugnisse sowie Waren, sind nach § 6 Abs. 1 Nr. 2 EStG mit ihren Anschaffungs- oder Herstellungskosten (R 32a und 33) anzusetzen. Ist der Teilwert (R 35a) am Bilanzstichtag aufgrund einer voraussichtlich dauernden Wertminderung niedriger, so kann dieser angesetzt werden. [...] (2) Der Teilwert von Wirtschaftsgütern des Vorratsvermögens, deren Einkaufspreis am Bilanzstichtag unter die Anschaffungskosten gesunken ist, deckt sich in der Regel mit deren Wiederbeschaffungskosten am Bilanzstichtag, und zwar auch dann, wenn mit einem entsprechenden Rückgang der Verkaufspreise nicht gerechnet zu werden braucht. [...] Macht der Steuerpflichtige für Wertminderungen eine Teilabschreibung geltend, muss er die voraussichtliche dauernde Wertminderung nachweisen. [...] (3) Die Wirtschaftsgüter des Vorratsvermögens sind grundsätzlich einzeln zu bewerten. Enthält das Vorratsvermögen am Bilanzstichtag Wirtschaftsgüter, die im Verkehr nach Maß, Zahl oder Gewicht bestimmt werden (vertretbare Wirtschaftsgüter) und bei denen die Anschaffungs- oder Herstel-

lungskosten wegen Schwankungen der Einstandspreise im Laufe des Wirtschaftsjahres im Einzelnen nicht mehr einwandfrei feststellbar sind, so ist der Wert dieser Wirtschaftsgüter zu schätzen. In diesen Fällen stellt die Durchschnittsbewertung (Bewertung nach dem gewogenen Mittel der im Laufe des Wirtschaftsjahres erworbenen und gegebenenfalls zu Beginn des Wirtschaftsjahres vorhandenen Wirtschaftsgüter) ein zweckentsprechendes Schätzungsverfahren dar. (4) Zur Erleichterung der Inventur und der Bewertung können gleichartige Wirtschaftsgüter des Vorratsvermögens jeweils zu einer Gruppe zusammengefasst und mit dem gewogenen Durchschnittswert angesetzt werden. [...] Gleichartige Wirtschaftsgüter brauchen für die Zusammenfassung zu einer Gruppe (R 36a Abs. 3) nicht gleichwertig zu sein. [...] Macht der Steuerpflichtige glaubhaft, dass in seinem Betrieb in der Regel die zuletzt beschafften Wirtschaftsgüter zuerst verbraucht oder veräußert werden - das kann sich z. B. aus der Art der Lagerung ergeben -, so kann diese Tatsache bei der Ermittlung der Anschaffungs- oder Herstellungskosten berücksichtigt werden. Zur Bewertung nach unterstelltem Verbrauchsfolgeverfahren R 36a.

R 36a. Bewertung nach unterstellten Verbrauchs- und Veräußerungsfolgen. (1) Andere Bewertungsverfahren mit unterstellter Verbrauchs- oder Veräußerungsfolge als die in § 6 Abs. 1 Nr. 2a EStG genannte Lifo-Methode sind nicht zulässig. (2) Die Lifo-Methode muss den handelsrechtlichen Grundsätzen ordnungsmäßiger Buchführung entsprechen. Das bedeutet nicht, dass die Lifo-Methode mit der tatsächlichen Verbrauchs- oder Veräußerungsfolge übereinstimmen muss; sie darf jedoch, wie z. B. bei leicht verderblichen Waren, nicht völlig unvereinbar mit dem betrieblichen Geschehensablauf sein. Die Lifo-Methode muss nicht auf das gesamte Vorratsvermögen angewandt werden. Sie darf auch bei der Bewertung der Materialbestandteile unfertiger oder fertiger Erzeugnisse angewandt werden, wenn der Materialbestandteil dieser Wirtschaftsgüter in der Buchführung getrennt erfasst wird und dies handelsrechtlichen Grundsätzen ordnungsmäßiger Buchführung entspricht. (3) Für die Anwendung der Lifo-Methode können gleichartige Wirtschaftsgüter zu Gruppen zusammengefasst werden. Zur Beurteilung der Gleichartigkeit sind die kaufmännischen Gepflogenheiten, insbesondere die marktübliche Einteilung in Produktklassen unter Beachtung der Unternehmensstruktur, und die allgemeine Verkehrsanschauung heranzuziehen. Wirtschaftsgüter mit erheblichen Qualitätsunterschieden sind nicht gleichartig. Erhebliche Preisunterschiede sind Anzeichen für Qualitätsunterschiede. (4) Die Bewertung nach der Lifo-Methode kann sowohl durch permanente Lifo als auch durch Perioden-Lifo erfolgen. Die permanente Lifo setzt eine laufende mengen- und wertmäßige Erfassung aller Zu- und Abgänge voraus. Bei der Perioden-Lifo wird der Bestand lediglich zum Ende des Wirtschaftsjahres bewertet. [...]

Auszug aus dem Einkommensteuergesetz (EStG)

§ 5 Gewinn bei Kaufleuten nach HGB und bei bestimmten anderen Gewerbetreibenden. (1) Bei Gewerbetreibenden, die aufgrund gesetzlicher Vorschriften verpflichtet sind, Bücher zu führen und regelmäßig Abschlüsse zu machen, oder die ohne eine solche Verpflichtung Bücher führen und regelmäßig Abschlüsse machen, ist für den Schluss des Wirtschaftsjahres das Betriebsvermögen anzusetzen [...], das nach den handelsrechtlichen Grundsätzen ordnungsmäßer Buchführung auszuweisen ist. Steuerrechtliche Wahlrechte bei der Gewinnermittlung sind in Übereinstimmungen mit der handelsrechtlichen Jahresbilanz auszuüben.

§ 6 Bewertung. (l) Für die Bewertung der einzelnen Wirtschaftsgüter, die nach § 4 Abs. (l) oder nach § 5 als Betriebsvermögen anzusetzen sind, gilt das Folgende:
1. Wirtschaftsgüter des Anlagevermögens, die der Abnutzung unterliegen, sind mit den Anschaffungs- oder Herstellungskosten oder dem an deren Stelle tretenden Wert, vermindert um die Absetzungen für Abnutzung, erhöhte Absetzungen, Sonderabschreibungen, Abzüge nach § 6b und ähnliche Abzüge, anzusetzen. Ist der Teilwert aufgrund einer voraussichtlich dauernden Wertminderung niedriger, so kann dieser angesetzt werden. [...] Wirtschaftsgüter, die bereits am Schluss des vorangegangenen Wirtschaftsjahrs zum Anlagevermögen des Steuerpflichtigen gehört haben, sind in den folgenden Wirtschaftsjahren gemäß Satz l anzusetzen, es sei denn, der Steuerpflichtige weist nach, dass ein niedriger Teilwert nach Satz 2 angesetzt werden kann.
2. Andere als die in Nummer 1 bezeichneten Wirtschaftsgüter des Betriebs (Grund und Boden, Beteiligungen, Umlaufvermögen) sind mit den Anschaffungs- oder Herstellungskosten oder dem an deren Stelle tretenden Wert, vermindert um Abzüge nach §6b und ähnliche Abzüge, anzusetzen. 2 Ist der Teilwert (Nummer l Satz 3) aufgrund einer voraussichtlich dauernden Wertminderung niedriger, so kann dieser angesetzt werden. [...] Der Vorratsbestand am Schluss des Wirtschaftsjahres, das der erstmaligen Anwendung der Bewertung nach Satz l vorangeht, gilt mit seinem Bilanzansatz als erster Zugang des neuen Wirtschaftsjahres. Von der Verbrauchs- oder Veräußerungsfolge nach Satz 1 kann in den folgenden Wirtschaftsjahren nur mit Zustimmung des Finanzamts abgewichen werden.
3. Verbindlichkeiten sind unter sinngemäßer Anwendung der Vorschriften der Nummer 2 anzusetzen und mit einem Zinssatz von 5,5 von Hundert abzuzinsen. [...]
(2) Die Anschaffungs- oder Herstellungskosten oder der nach Absatz l Nr. 5 oder 6 an deren Stelle tretende Wert von abnutzbaren beweglichen Wirtschaftsgütern des Anlagevermögens, die einer selbstständigen Nutzung fähig sind, können im Wirtschaftsjahr der Anschaffung, Herstellung oder Einlage des Wirtschaftsguts oder der Eröffnung des Betriebs in voller Höhe als Betriebsausgaben abgesetzt werden, wenn die Anschaffungs- oder Herstellungskosten, vermindert um einen darin enthaltenen Vorsteuerbetrag (§ 9b Abs. l), oder der nach Absatz l Nr. 5 oder 6 an deren Stelle tretende Wert für das einzelne Wirtschaftsgut 410 Euro nicht übersteigen. Ein Wirtschaftsgut ist einer selbstständigen Nutzung nicht fähig, wenn es nach seiner betrieblichen Zweckbestimmung nur zusammen mit anderen Wirtschaftsgütern des Anlagevermö-

gens genutzt werden kann und die in den Nutzungszusammenhang eingefügten Wirtschaftsgüter technisch aufeinander abgestimmt sind. Das gilt auch, wenn das Wirtschaftsgut aus dem betrieblichen Nutzungszusammenhang gelöst und in einen anderen betrieblichen Nutzungszusammenhang eingefügt werden kann. Satz 1 ist nur bei Wirtschaftsgütern anzuwenden, die unter Angabe des Tages der Anschaffung, Herstellung oder Einlage des Wirtschaftsguts oder der Eröffnung des Betriebs- und der Anschaffungs- oder Herstellungskosten oder des nach Absatz 1 Nr. 5 oder 6 an deren Stelle tretenden Werts in einem besonderen, laufend zu führenden Verzeichnis aufgeführt sind. Das Verzeichnis braucht nicht geführt zu werden, wenn diese Angaben aus der Buchführung ersichtlich sind.

§ 7 Absetzung für Abnutzung oder Substanzverringerung. (1) Bei Wirtschaftsgütern, deren Verwendung oder Nutzung durch den Steuerpflichtigen zur Erzielung von Einkünften sich erfahrungsgemäß auf einen Zeitraum von mehr als einem Jahr erstreckt, ist jeweils für ein Jahr der Teil der Anschaffungs- oder Herstellungskosten abzusetzen, der bei gleichmäßiger Verteilung dieser Kosten auf die Gesamtdauer der Verwendung oder Nutzung auf ein Jahr entfällt (Absetzung für Abnutzung in gleichen Jahresbeträgen). Die Absetzung bemisst sich hierbei nach der betriebsgewöhnlichen Nutzungsdauer des Wirtschaftsguts. [...] Bei beweglichen Wirtschaftsgütern des Anlagevermögens, bei denen es wirtschaftlich begründet ist, die Absetzung für Abnutzung nach Maßgabe der Leistung des Wirtschaftsguts vorzunehmen, kann der Steuerpflichtige dieses Verfahren statt der Absetzung für Abnutzung in gleichen Jahresbeträgen anwenden, wenn er den auf das einzelne Jahr entfallenden Umfang der Leistung nachweist. Absetzungen für außergewöhnliche technische oder wirtschaftliche Abnutzung sind zulässig. (2) Bei beweglichen Wirtschaftsgütern des Anlagevermögens kann der Steuerpflichtige statt der Absetzung für Abnutzung in gleichen Jahresbeträgen die Absetzung für Abnutzung in fallenden Jahresbeträgen bemessen. Die Absetzung für Abnutzung in fallenden Jahresbeträgen kann nach einem unveränderlichen Hundertsatz vom jeweiligen Buchwert (Restwert) vorgenommen werden; der dabei anzuwendende Hundertsatz darf höchstens das Doppelte des bei der Absetzung für Abnutzung in gleichen Jahresbeträgen in Betracht kommenden Hundertsatzes betragen und 20 vom Hundert nicht übersteigen. (3) Der Übergang von der Absetzung für Abnutzung in fallenden Jahresbeträgen zur Absetzung für Abnutzung in gleichen Jahresbeträgen ist zulässig. [...] (4) Bei Gebäuden sind abweichend von Absatz 1 als Absetzung für Abnutzung die folgenden Beträge bis zur vollen Absetzung abzuziehen: 1. bei Gebäuden, soweit sie zum Betriebsvermögen gehören und nicht Wohnungszwecken dienen [...] jährlich 3 vom Hundert [...]

§ 9b Umsatzsteuerrechtlicher Vorsteuerabzug. (1) Der Vorsteuerbetrag nach § 15 des Umsatzsteuergesetzes gehört, soweit er bei der Umsatzsteuer abgezogen werden kann, nicht zu den Anschaffungs- oder Herstellungskosten des Wirtschaftsguts, auf dessen Anschaffung oder Herstellung er entfällt.

Kapitel 16: Abschreibung auf Forderungen

Ausgangssituation

Als Auszubildende/r erhalten Sie heute einen ganz speziellen Fall. Ihr Ausbildungsunternehmen hat im November an einen Kunden Handelswaren verkauft. Nachdem der Kunde innerhalb des Zahlungsziels die Rechnung nicht ausgeglichen hat, wurde er zunächst freundlich an seine Zahlungsverpflichtung erinnert. Der Kunde teilte der Buchhaltung daraufhin telefonisch mit, dass er zurzeit Zahlungsschwierigkeiten habe und die Rechnung sobald wie möglich zahlen würde. Als auch Wochen später keine Zahlung erfolgte, versandte die Buchhaltung mehrere Mahnungen. Doch auch nach der dritten Mahnung zahlte der Kunde nicht. Welche Auswirkungen die Zahlungsschwierigkeiten des Kunden auf die Buchhaltung haben, wird in den folgenden Aufgaben geklärt.

Lektion 1: Die direkte Abschreibung einer uneinbringlichen Forderung

Aufgaben

1. Buchen Sie den Beleg 1.

2. Im November 2010 erfahren Sie vom Insolvenzverwalter, dass über die Manhatten Streetwear GmbH das Insolvenzverfahren eröffnet worden ist. Die Einbringung unserer Forderung ist somit gefährdet. Sie sollen daher die ursprüngliche Forderung in eine „zweifelhafte Forderung" umwandeln. Bilden Sie den entsprechenden Buchungssatz.

3. Im Dezember 2010 erfahren wir vom Insolvenzverwalter, dass das Insolvenzverfahren mangels Masse nicht eröffnet werden konnte. Dies bedeutet, dass das Vermögen des insolventen Unternehmens noch nicht einmal ausreicht, um die zu erwartenden Verfahrenskosten abzudecken. Für die Heller Natur GmbH bedeutet dies, dass sie die Forderung gegenüber der Manhatten Streetwear GmbH abschreiben muss. Bilden Sie den dazugehörigen Buchungssatz.

4. Nachdem die Heller Natur GmbH im Einzelverfahren versucht hat, ihre Forderungen durchzusetzen, erhält Sie aus der Insolvenzmasse im Juli 2011 wegen ihrer ursprünglichen Forderung 714,00 EUR auf dem Bankkonto gutgeschrieben. Buchen Sie die Gutschrift.

5. Angenommen, zum Ende des Geschäftsjahres 2010 wäre die Forderung gegenüber der Manhatten Streetwear GmbH noch nicht abgeschrieben worden. Ein Insolvenzverfahren sei noch nicht mangels Masse abgelehnt worden. Das Amtsgericht habe vielmehr das Insolvenzverfahren eröffnet und das Verfahren habe noch zu keinem Ergebnis geführt.

   Am Ende des Geschäftsjahres muss in diesem Fall die zweifelhafte Forderung bilanziert werden. Ist zu befürchten, dass die Forderung nach Abschluss des Insolvenzverfahrens ganz oder teilweise ausfallen wird, darf die zweifelhafte Forderung nicht in der ursprünglich buchhalterisch erfassten Höhe bilanziert werden. Es muss das strenge Niederstwertwertprinzip beachtet werden, wonach nicht realisierte Verluste in der Bilanz auszuweisen sind (siehe Kapitel „Bewertung im Rahmen des Jahresabschlusses").

   Nachdem der Forderungsausfall geschätzt wurde, kann die Forderung im Rahmen des Jahresabschlusses direkt abgeschrieben werden. Bilden Sie den zugehörigen Buchungssatz für den 31.12.2010, wenn beispielsweise mit einem 40%igen Ausfall gerechnet wird.

6. Die vermeindlich einfache Buchung der direkten Abschreibung auf Forderungen hat jedoch im Nachhinein ihre Tücken. Nehmen wir beispielsweise an, der Insolvenzverwalter überweist nach Abschluss des Insolvenzverfahrens im März 2011 nun 2.611,46 EUR. In diesem Betrag sind natürlich 19 % Umsatzsteuer enthalten. Die Buchung dieser Überweisung auf dem Bankkonto erweist sich wertmäßig als nicht ganz einfach.

   a) Ermitteln Sie daher zunächst, wie viel Prozent der ursprünglichen Forderung der Insolvenzverwalter überwiesen hat. Überlegen Sie ausgehend von diesem rechnerischen Ergebnis, welche Folgen sich hierdurch für die buchhalterische Erfassung ergeben.

b) Füllen Sie mithilfe der vorliegenden Daten folgende Tabelle aus:

	Nettowert	Umsatzsteuer	Bruttowert
Ursprüngliche Forderung			
Direkte Abschreibung			
Restforderung			
Gutschrift Insolvenzverwalter			
Restverwendung			
Folge			

c) Buchen Sie nun die Bankgutschrift, die durch die Überweisung des Insolvenzverwalters ausgelöst wurde.

Lektion 2: Die indirekte Abschreibung einer zweifelhaften Forderung (Einzelwertberichtigung)

INFO-TEXT: *Das Besondere an der indirekten Abschreibung*

Unabhängig davon, ob es sich um die Abschreibung eines Anlagegutes oder einer Forderung handelt: Bei der direkten Abschreibung findet immer eine Buchung auf dem entsprechenden Aktivkonto statt. So lautet der Buchungssatz für die Abschreibung einer Maschine:

Buchung Soll	Buchung Haben
Abschreibung auf Sachanlagen	Maschinen

Entsprechend bucht man die direkte Abschreibung einer Forderung:

Buchung Soll	Buchung Haben
Abschreibung auf Forderungen	Zweifelhafte Forderungen

In beiden Fällen kommt es zu einer Aktiv-Passiv-Minderung, da sich das aktive Bestandskonto um den gleichen Wert verringert wie das Eigenkapital auf der Passivseite. Der Vorteil dieser Buchungstechnik liegt auf der Hand: Sie ist sehr einfach. Problematisch oder gar nachteilhaft ist jedoch, dass man nach erfolgter Buchung in der Bilanz nur noch den um die Abschreibung verringerten Betrag vorfindet. In der Bilanz lässt sich nicht mehr erkennen, um welchen Betrag das entsprechende Aktivkonto verringert wurde.

Abhilfe schafft in diesem Fall die so genannte indirekte Abschreibung. Wie der Name schon vermuten lässt, wird hierbei der Wertverlust nicht mehr direkt auf dem entsprechenden Aktivkonto gebucht. Im Fall der Abschreibung einer Forderung lautet der Buchungssatz dann folgendermaßen:

Buchung Soll	Buchung Haben
Einstellung in EWB	EWB zu Forderungen

Diese Buchung sieht zunächst sehr kompliziert aus. Sie wird jedoch verständlich, wenn man sich vergegenwärtigt, was genau hinter den verwendeten Konten steckt:

- Das Konto „Einstellung in Einzelwertberichtigung" ist ein Aufwandskonto. Auf diesem Konto wird - wie bei der direkten Abschreibung auch - der Forderungsverlust gebucht. Damit in der GuV erkennbar wird, dass eine indirekte Abschreibung erfolgte, wird dieses Konto anstelle des Kontos „Abschreibung auf Forderungen" angewandt.

- Das Konto „Einzelwertberichtigung zu Forderungen" ist ein Passivkonto. Es dient dazu, die abgeschriebene Forderung aufzunehmen. Dadurch, dass das Konto „Zweifelhafte Forderung" durch den Buchungssatz gar nicht berührt wird, folgt, dass die zweifelhafte Forderung in voller Höhe in der Bilanz ausgewiesen wird. Die abgeschriebene Forderung erscheint sodan auf der Passivseite der Bilanz. Aus der Gegenüberstellung kann man leicht erkennen, wie hoch die ursprüngliche Forderung war, mit welchem Werte diese abgeschrieben wurde und durch die Saldierung lässt sich berechnen, wie hoch der Wert der Forderung nach der durchgeführten Abschreibung ist. Bei der direkten Abschreibung lässt sich lediglich die letzte Information aus der Bilanz entnehmen.

Die sich aus der indirekten Abschreibung ergebende Klarheit in der Bilanz lässt sich aus folgender Darstellung entnehmen:

Direkte Abschreibung einer zweifelhaften Forderung	Indirekte Abschreibung einer zweifelhaften Forderung

Jahresabschluss *vor* der Abschreibung

A	**Bilanz**	P	S	**GuV**	H
Zw. Ford.	100		...	...	

Jahresabschluss *vor* der Abschreibung

A	**Bilanz**	P	S	**GuV**	H
Zw. Ford.	100		...	...	

Buchung der direkten Abschreibung

Buchung Soll	Wert Soll	Buchung Haben	Wert Haben
Abschr. a. Forderungen	20	Zweifelhafte Forder.	20

Buchung der indirekten Abschreibung

Buchung Soll	Wert Soll	Buchung Haben	Wert Haben
Einst. in EWB	20	EWB zu Forder.	20

Jahresabschluss *nach* der Abschreibung

A	**Bilanz**	P	S	**GuV**	H
Zw. Ford.	80		... Abschr. a. F. 20	...	

Jahresabschluss *nach* der Abschreibung

A	**Bilanz**	P	S	**GuV**	H
Zw. Ford.	100	EWB z. F. 20	... Einst. i. EWB 20	...	

7. Sie sollen nun nochmals - analog zu Aufgabe 5 - die zweifelhafte Forderung gegenüber der Manhatten Streetwear GmbH am 31.12.2010 abschreiben. Es wird wiederum mit einem 40%igem Forderungsausfall gerechnet. Bilden Sie den entsprechenden Buchungssatz nun jedoch für die indirekte Abschreibung.

8. Bilden Sie nun alle Buchungssätze, die im Rahmen des Jahresabschlusses notwendig sind, um sämtliche betroffenen Konten abzuschließen. Um sich einen besseren Überblick zu verschaffen, können Sie - entsprechend den Angaben des oben abgebildeten Informationstextes - die Konten aufzeichnen.

9. Ebenso wie bei der direkten Abschreibung soll der Insolvenzverwalter nach Abschluss des Insolvenzverfahrens im März 2011 nun 2.611,46 EUR überweisen. Bilden Sie erneut die Buchung dieser Überweisung auf dem Bankkonto.

INFO-TEXT: *Die Anpassung der Einzelwertberichtigung (EWB)*

Nachdem für die einzelnen zweifelhaften Forderungen Einzelwertberichtigungen gebildet wurden, gehen in der Regel in den Folgejahren Gutschriften für die nur zum Teil ausgefallenen Forderungen ein. Die Gutschriften führen dazu, dass der Teil der nicht mehr einzubringenden Forderung direkt abgeschrieben wird. Die Buchung entspricht dabei der der direkten Abschreibung, nur nutzt man nun das Konto „Abschreibung auf Forderungen wegen Uneinbringlichkeit". Da die Gutschrift zum Bruttowert erfolgt, ist die Buchung wertmäßig leicht zu erfassen. Es wird gebucht:

Buchung Soll	Buchung Haben
Bank	Zweifelhafte Forderung

Da die zweifelhafte Forderung durch die indirekte Abschreibung wertmäßig nicht berührt wurde, kann nun der Restwert der zweifelhaften Forderung entsprechend direkt abgeschrieben werden:

Buchung Soll	Buchung Haben
Abschreibung auf Forderungen	
Umsatzsteuer	Zweifelhafte Forderungen

Das Konto „Zweifelhafte Forderung" ist somit ausgeglichen. Ebenso wurde die Umsatzsteuer mit dem zutreffenden Wert korrigiert.

Bleibt nun nur noch das Passivkonto „EWB zu Forderungen". Dieses wurde durch die Abschreibung der Forderung noch nicht berücksichtigt. Da nun jedoch die zweifelhafte Forderung (zum Teil) eingebracht wurde, ist die Einzelwertberichtigung nun nicht mehr notwendig. Sie kann aufgelöst werden[*]:

Buchung Soll	Buchung Haben
EWB zu Forderungen	Erträge aus der Auflösung oder Herabsetzung von WB auf Ford.

[*] Anstatt die Einzelwertberichtigung aufzulösen kann die Einzelwertberichtigung - wie auch in den übrigen Einzelwertberichtigungen die für andere Forderungen gebildet wurden - weitergeführt werden. Am Ende des Geschäftsjahres wird dann das Konto „EWB zu Forderungen" einfach den wertmäßigen Abschreibungen des aktuellen Jahres angepasst.

a) Buchen Sie die Gutschrift des Insolvenzverwalters auf dem Bankkonto.

b) Buchen Sie die direkte Abschreibung der nicht mehr einzubringenden zweifelhaften Forderung.

c) Lösen Sie die Einzelwertberichtigung zu Forderungen auf.

d) Stellen Sie die Buchung der direkten und der indirekten Abschreibung der zweifelhaften Forderungen im konkret vorliegenden Fall mithilfe der Konten des Hauptbuches dar.

Lektion 3: Die Pauschalwertberichtigung (PWB) für Forderungen

INFO-TEXT: *Die Pauschalwertberichtigung zur Deckung des allgemeinen Forderungsausfallrisikos*

Bisher wurde unabhängig davon, ob Forderungen direkt oder indirekt abgeschrieben werden, lediglich eine Einzelbewertung dargestellt. In der Praxis bedeutet dies, dass am Bilanzstichtag jede einzelne Forderung auf ihr Ausfallrisiko geprüft werden muss. Dies ist bei einem großen Forderungsbestand sehr zeitintensiv, zumal die Höhe des Forderungsausfalls in der Regel nur grob geschätzt werden kann und selbst am Bilanzstichtag unzweifelhafte Forderungen im kommenden Geschäftsjahr aus unvorhersehbaren Gründen ganz oder teilweise ausfallen können.

Aus den zuvor genannten Gründen und um dem Vorsichtsprinzip bei der Bewertung Rechnung zu tragen, führen viele Unternehmen anstelle der Einzel- die Pauschalbewertung ihrer Forderungen durch. In diesem Fall wird vom bestehenden Forderungsbestand ein bestimmter Prozentsatz pauschal abgeschrieben. Dieser Prozentsatz ergibt sich dabei aus den Erfahrungen der zurückliegenden Geschäftsjahre. Zu beachten ist jedoch, dass der Pauschalabschreibungssatz rechnerisch nachweisbar sein muss. Hierdurch soll verhindert werden, dass ein Unternehmen ungerechtfertigterweise zu hohe Abschreibungen tätigt. In der Praxis reicht ein Durchschnittswert der letzten zurückliegenden 3 bis 5 Jahre aus.

Die Pauschalabschreibung wird indirekt vorgenommen. Analog zur Buchung der indirekten Einzelabschreibung wird gebucht:

Buchung Soll	Buchung Haben
Einstellung in PWB	PWB zu Forderungen

Das Konto „Einstellung in Pauschalwertberichtigung" ist dabei ein Aufwandskonto, das Konto „Pauschalwertberichtigung zu Forderungen" ein Passivkonto.

Beispiel: Am Bilanzstichtag beträgt der Bestand an Forderungen a. L. u. L. 49.980,00 EUR. Da in den zurückliegenden Geschäftsjahren der Forderungsausfall bei 2 % lag, soll nun eine Pauschalwertberichtigung vorgenommen werden.

Gesamtbestand Forderungen	49.980,00 EUR
- Umsatzsteuer	7.980,00 EUR
Bestand an Nettoforderungen	42.000,00 EUR

2 % Pauschalabschreibung auf 42.000,00 EUR =>   840,00 EUR

In der Schlussbilanz stehen sich dann der Gesamtbestand an Forderungen und die Pauschalwertberichtigung (als voraussichtlichem Forderungsausfall) gegenüber. Aus dieser Gegenüberstellung kann ersehen werden, in welcher Höhe die vorhandenen Forderungen einem Ausfallrisiko unterliegen.

Fallen während des laufenden Geschäftsjahres konkrete Forderungen aus, so werden diese wie gewohnt abgeschrieben:

Buchung Soll	Buchung Haben
Abschreibung auf Forderungen	
Umsatzsteuer	Forderungen a. L. u. L.

Das Konto „Pauschalwertberichtigung" wird hierdurch nicht berührt. Erst am Ende des Geschäftsjahres wird dann - wiederum auf der Grundlage der nun aktualisierten Erfahrungen - die PWB durch eine Zuschreibung heraufgesetzt oder ein Teil der PWB aufgelöst (Konto „Erträge aus der Herabsetzung einer WB auf Forderungen").

10. In den zurückliegenden vier Geschäftsjahren lagen in Ihren Ausbildungsunternehmen folgende Forderungsausfälle vor:

Geschäftsjahr	Durchschnittlicher Forderungsbestand	Forderungsabschreibungen
2006	30.240.280,00 EUR	381.180,00 EUR
2007	18.901.960,00 EUR	127.072,00 EUR
2008	26.354.930,00 EUR	265.764,00 EUR
2009	33.314.050,00 EUR	139.975,00 EUR

Am 31.12.2010 beträgt der Forderungsbestand 34.321.980,00 EUR. Bisher wurde noch keine Pauschalwertberichtigung vorgenommen.

a) Berechnen Sie aufgrund der vorliegenden Daten den durchschnittlichen Forderungsausfall in Prozent und bilden Sie für den Bilanzstichtag 31.12.2010 den Buchungssatz für die Pauschalwertberichtigung.

b) Während des Geschäftsjahres 2010 wird ein Kunde zahlungsunfähig und unsere Forderung in Höhe von 30.464,00 EUR uneinbringlich. Buchen Sie die Abschreibung dieser Forderung.

c) Nach Beendigung des Geschäftsjahres 2010 wird in der Finanzbuchhaltung festgestellt, dass im zurückliegenden Geschäftsjahr 1,2 % der Forderungen ausgefallen sind. Diese Ausfallhöhe soll bei der Höhe der Pauschalwertberichtigung Berücksichtigung finden, indem Sie bei der Ermittlung des pauschalen Ausfallrisikos der (nunmehr) fünf zurückliegenden Geschäftsjahre mit eingerechnet wird. Errechnen Sie die Höhe des nun anzusetzenden Pauschalabschreibungssatzes sowie die Höhe der nun geltenden PWB. Buchen Sie sodann die sich daraus ergebende Folge für die PWB zu Forderungen. Der Bestand an Forderungen beträgt am 31.12.2010 insgesamt 31.953.880,00 EUR.

HELLER NATUR

Heller Natur GmbH • Auf'm Hennekamp 39 • 40225 Düsseldorf

Manhattan Streetwear GmbH
Einkaufsabteilung
Am Hohlstein 22 - 26
47798 Krefeld

Lieferschein/Rechnung

Rechnungsnummer	Auftrag	Kunden-Nr.	Kundebetreuer/in	Datum
854100-522	4285658	DE-22485	Frau Zeitz	21. Sept. 2010

Leistung	Menge	Einzelpreis (EUR)	Gesamtpr. (EUR)
Langarmpullover Blau, Art.-Nr. 42752551, 100 % Baumwolle, Gr. XL	100	39,90	3.990,00

Zwischen-summe (EUR)	Fracht/Ver-packung (EUR)	Rechnungs-betrag netto (EUR)	USt. Satz (EUR)	Umsatz-steuer (EUR)	Rechn.betrag brutto (EUR)
3.990,00	0,00	3.990,00	19 %	758,10	4.748,10

Bitte gleichen Sie die Rechnung bis zum 04.10.2010 **abzüglich** 3 % Skonto oder bis zum 21.10.2010 **ohne Abzüge auf eines unserer Geschäftskonten aus. Vielen Dank. Wir freuen uns auf Ihre nächste Bestellung.**

USt.-Id.-Nr. DE42551410 - St.-Nr. 340/654/125421

Heller Natur GmbH Auf'm Hennekamp 39 40225 Düsseldorf Telefon (0211) 458 0 Telefax (0211) 457780	Firmensitz und Registergericht: Düsseldorf HRB 89978 Geschäftsführer: Dr. Dieter Mertens, Marianne Gerfurth	Bankverbindungen: Deutsche Bank AG Düsseldorf BLZ 340 400 00, Kto. 745 211 233 Postbank Essen BLZ 360 100 43, Kto. 604 644 433

Beleg 1

Übungsaufgabe 1

Bilden Sie die Buchungssätze für folgende Geschäftsvorgänge:

1. Ausgangsrechnung vom 09.05.2010: Verkauf von Fertigerzeugnissen zum Listenpreis von 27.400,00 € netto abzüglich 6 % Mengenrabatt zuzüglich 3.780,00 € Transportkosten, gewährter Skonto: 3 % innerhalb von 14 Tagen nach Rechnungsdatum, innerhalb 30 Tagen netto.

2. Eigenbeleg vom 15.06.2010: Über den Kunden aus Fall 1 wurde das Insolvenzverfahren eröffnet.

3. Eigenbeleg vom 31.12.2010: Am Bilanzstichtag wird mit einem Forderungsausfall in Höhe von 45 % gerechnet.

    a) Buchung der direkten Abschreibung.
    b) Buchung der indirekten Abschreibung.

4. Kontoauszug vom 04.03.2011: Der Insolvenzverwalter überweist

    (A) 15.827,00 €,

    (B) 21.420,00 €.

    Führen Sie sämtliche Buchungen durch, die durch die Überweisung des Insolvenzverwalters ausgelöst werden, wenn

    a) die Forderung direkt abgeschrieben wurde.
    b) die Forderung indirekt abgeschrieben wurde.

    Als Hilfsmittel zur Lösung verwenden Sie bitte folgende Tabelle:

Fall 4 (A)	Ursprüngliche Forderung	Abschreibung auf Grund Schätzung	Rest-betrag	Über-weisung	Differenz
Nettowert					
Umsatzsteuer					
Bruttowert					

Fall 4 (B)	Ursprüngliche Forderung	Abschreibung auf Grund Schätzung	Rest-betrag	Über-weisung	Differenz
Nettowert					
Umsatzsteuer					
Bruttowert					

Übungsaufgabe 2

Bilden Sie die Buchungssätze zu folgenden Fällen:

1. Ausgangsrechnung: Wir verkaufen an die Müller KG fertige Erzeugnisse für 47.580,00 € (netto).

2. Eigenbeleg: Wenig später erfahren wir durch eine Handelsregisterveröffentlichung, dass über das Vermögen des Kunden das Insolvenzverfahren eröffnet worden ist.

3. Eigenbeleg: Am Bilanzstichtag müssen wir mit einem (geschätzten) Ausfall von 60 % der Forderung gegenüber der Müller KG rechnen. Buchen Sie eine indirekte Abschreibung.

Alternative I:

4. Kontoauszug: Im neuen Geschäftsjahr überweist der Insolvenzverwalter 22.648,08 € (entspricht geschätzter Insolvenzquote).

5. Eigenbeleg: Abschreibung der Forderung wegen Uneinbringlichkeit.

6. Eigenbeleg: Auflösung der Einzelwertberichtigung.

Übersicht:		netto	USt.	brutto
	Zweifelhafte Forderungen			
	Abschreibung			
	Rest zweifelhafte Forderungen			
	Überwiesener Betrag			
	Unterdeckung			

Alternative II:

4. Kontoauszug: Im neuen Geschäftsjahr überweist der Insolvenzverwalter 16.986,06 € (entspricht einer Insolvenzquote von 30 %).

5. Eigenbeleg: Abschreibung der Forderung wegen Uneinbringlichkeit.

6. Eigenbeleg: Auflösung der Einzelwertberichtigung.

Übersicht:

	netto	USt.	brutto
Zweifelhafte Forderungen			
Abschreibung			
Rest zweifelhafte Forderungen			
Überwiesener Betrag			
Unterdeckung			

Alternative III:

4. Kontoauszug: Im neuen Geschäftsjahr überweist der Insolvenzverwalter 25.479,09 € (entspricht einer Konkursquote von 45 %).

5. Eigenbeleg: Abschreibung der Forderung wegen Uneinbringlichkeit.

6. Eigenbeleg: Auflösung der Einzelwertberichtigung.

Übersicht:

	netto	USt.	brutto
Zweifelhafte Forderungen			
Abschreibung			
Rest zweifelhafte Forderungen			
Überwiesener Betrag			
Unterdeckung			

Vertiefungsaufgaben

1. Aufgabe

Am 16.07.2010 versenden wir an einen Kunden eine Rechnung über den Verkauf fertiger Erzeugnisse, Nettorechnungsbetrag 85.200,00 €. Am 21.09.2010 erfahren wir durch einen Zeitungsartikel, dass über diesen Kunden ein Insolvenzverfahren eröffnet wurde. Im Rahmen der Jahresabschlussarbeiten legen wir den voraussichtlichen Forderungsausfall nach Rücksprache mit dem zuständigen Insolvenzverwalter auf 25 % fest.
Am 14.02.2011 überweist uns der Insolvenzverwalter nach Abschluss des Verfahrens

a) 76.160,00 €,

b) 75.803,00 €.

Nehmen Sie alle notwendigen Buchungen A) bei direkter, B) bei indirekter Abschreibung vor.

2. Aufgabe

Über einen Kunden, gegenüber dem wir eine Forderung aufgrund eines Verkaufs fertiger Erzeugnisse haben, wird am 18.10.2010 das Insolvenzverfahren eröffnet. Die Höhe der Forderung beträgt 28.469,86 €. Dem Kunden wurde ein Rabatt in Höhe von 7 % auf den Warenwert gewährt. Er wählte eine Freihauslieferung, für deren Durchführung die sich der Rechnungsbetrag um 5 % des Warenwertes erhöhte.

a) Berechnen Sie die Höhe des Listenpreises.

b) Buchen Sie die Ausgangsrechnung.

c) Nehmen Sie die Buchung am Ende des Geschäftsjahres vor, wenn mit einem Forderungsausfall von 40 % gerechnet wird (a) direkte, (b) indirekte Abschreibung).

d) Buchen Sie die Bankgutschrift, wenn der Insolvenzverwalter am 27.02. des Folgejahres 14.875,00 € überweist.

3. Aufgabe

Über das Vermögen des Kunden „Klaus-Peter Hansen Holzhandlung KG" ist das Insolvenzverfahren eröffnet worden. Die Forderung der „Büromöbel GmbH" wurde bereits auf das Konto „2470 Zweifelhafte Forderungen" umgebucht. Die Forderung beläuft sich auf 17.255,00 €. Der Forderungsausfall wird voraussichtlich 80 % betragen.

a) Bilden Sie den Buchungssatz für die entsprechende direkte Abschreibung der Forderung.

b) Nach Abschluss des Insolvenzverfahrens wird der Sinus Elektro-GmbH 3.105,90 € überwiesen. Wie hoch ist die Insolvenzquote?

c) Bilden Sie den Buchungssatz für

    ca) den Bankeingang.

    cb) den Abschluss des Kontos „Zweifelhafte Forderungen"

d) Der Bestand der einwandfreien Forderungen beläuft sich zum Jahresende auf 152.891,20 € (einschließlich 19 % USt.). Die bestehende Pauschalwertberichtigung (PWB) auf Forderungen beträgt am Ende des Geschäftsjahres 4.641,00 €. In den vergangenen Jahren belief sich der Forderungsausfall auf durchschnittlich 2,5 % der einwandfreien Forderungen. Ermitteln Sie den Betrag, um den die PWB am Ende verändert werden muss.

e) Ermitteln Sie den endgültigen Aufwand, der durch den Forderungsausfall und die Anpassung der PWB entsteht.

4. Aufgabe

Am Ende des Geschäftsjahres wurde bei einer Forderung gegenüber einem Kunden mit einem Forderungsausfall in Höhe von 35 % gerechnet und eine Forderungsabschreibung in Höhe von 23.303,28 € gebucht (indirekte Abschreibung). Beim Verkauf wurden dem Kunden 12 % Mengenrabatt gewährt. Im neuen Geschäftsjahr überweist der Insolvenzverwalter A) 45.935,56 €, B) 36.138,58 €.

a) Nehmen Sie die Buchung der Abschreibung vor.

b) Buchen Sie die Bankgutschrift im neuen Jahr für beide Alternativen.

c) Wie wäre im neuen Jahr zu buchen gewesen, wenn man am Jahresende die direkte Abschreibungsmethode gewählt hätte?

Kapitel 17: Analyse des Jahresabschlusses

Lektion 1: Grundlegendes zum Jahresabschluss

Grundlegendes

Nach den Vorschriften des HGB sind Unternehmen dazu verpflichtet, zum Schluss eines jeden Geschäftsjahres einen Jahresabschluss aufzustellen. Dieser setzt sich abhängig von der Unternehmensform aus unterschiedlichen Teilen zusammen:

Bei Einzelunternehmen und Personengesellschaften besteht der Jahresabschluss aus:

- der Bilanz,
- der Gewinn- und Verlustrechnung (GuV).

Bei Kapitalgesellschaften besteht der Jahresabschluss aus:

- der Bilanz,
- der Gewinn- und Verlustrechnung (GuV),
- dem Anhang.

Handelsgesetzbuch

§ 242 Pflicht zur Aufstellung der Bilanz. (1) Der Kaufmann hat zu Beginn seines Handelsgewerbes und für den Schluss eines jeden Geschäftsjahrs einen das Verhältnis seines Vermögens und seiner Schulden darstellenden Abschluss (Eröffnungsbilanz, Bilanz) aufzustellen. Auf die Eröffnungsbilanz sind die für den Jahresabschluss geltenden Vorschriften entsprechend anzuwenden, soweit sie sich auf die Bilanz beziehen. (2) Er hat für den Schluss eines jeden Geschäftsjahrs eine Gegenüberstellung der Aufwendungen und Erträge des Geschäftsjahrs (Gewinn- und Verlustrechnung) aufzustellen. (3) Die Bilanz und die Gewinn- und Verlustrechnung bilden den Jahresabschluss.

Handelsgesetzbuch

§ 264 Pflicht zur Aufstellung des Jahresabschlusses und des Lageberichts. (1) Die gesetzlichen Vertreter einer Kapitalgesellschaft haben den Jahresabschluss (§ 242) um einen Anhang zu erweitern, der mit der Bilanz und der Gewinn- und Verlustrechnung eine Einheit bildet, sowie einen Lagebericht aufzustellen. […] Kleine Kapitalgesellschaften (§ 267 Abs. l) brauchen den Lagebericht nicht aufzustellen; […]. (2) Der Jahresabschluss der Kapitalgesellschaft hat unter Beachtung der Grundsätze ordnungsmäßiger Buchführung ein den tatsächlichen Verhältnissen entsprechendes Bild der Vermögens-, Finanz- und Ertragslage der Kapitalgesellschaft zu vermitteln. Führen besondere Umstände dazu, dass der Jahresabschluss ein den tatsächlichen Verhältnissen entsprechendes Bild im Sinne des Satzes l nicht vermittelt, so sind im Anhang zusätzliche Angaben zu machen.

Die Elemente des Jahresabschlusses haben im Einzelnen folgende Bedeutung:

- **Die Bilanz**

  Die in der Schlussbilanz ausgewiesenen Bestände gelten für einen bestimmten Zeitpunkt, dem Bilanzstichtag. Die Bilanz ist somit eine Zeitpunktdarstellung. Sie stellt die Vermögens- und das Kapitalbestände gegenüber, sodass Aussagen über die Investitions- und Finanzierungslage möglich werden. Eine Gliederung der Bilanz ist zwar nur für Kapitalgesellschaften gemäß § 266 HGB vorgeschrieben, sie sollte jedoch auch von den übrigen Unternehmensformen zur besseren Vergleichbarkeit angewandt werden.

- **Die Gewinn- und Verlustrechnung**

  In der GuV werden die Aufwendungen und Erträge gegenübergestellt, die sich innerhalb eines Geschäftsjahres ergeben haben. Sie ist somit eine Zeitraumrechnung. Aus der GuV können Informationen über die Quellen des Unternehmenserfolgs entnommen werden. Bei Personengesellschaften wird die GuV in Kontenform, bei Kapitalgesellschaften gemäß § 275 HGB in Staffelform aufgestellt.

- **Der Anhang**

  Im Anhang der Kapitalgesellschaften werden einzelne Positionen der Bilanz und der GuV näher erläutert. Auf diese Weise können Veränderungen (z. B. Wertverlust am Anlagevermögen durch planmäßige oder außerplanmäßige Abschreibungen) und Entwicklungen (Eigenkapitalerhöhungen durch Selbstfinanzierung) erläutert werden.

Aufgaben

1. Nennen und erläutern Sie drei Aufgaben, die der Jahresabschluss eines Unternehmens erfüllen soll.
2. Nennen Sie in chronologischer Reihenfolge die im Rahmen des Jahresabschlusses von der Buchhaltung zu erledigenden Arbeiten. Erläutern Sie jede Aufgabe und zeigen Sie die zeitlichen Zusammenhänge auf.

Lektion 2: Der Ausweis des Eigenkapitals in der Bilanz

Ausgangssituation

Aus dem Buchführungsunterricht wissen Sie, dass das Eigenkapital des Unternehmens auf der Passivseite, also der Finanzierungsseite der Bilanz, ausgewiesen wird. Sie kennen diese Position schon sehr lange. Das erste Mal haben Sie das Eigenkapital bei der Aufstellung des Inventars kennen gelernt. Dort wurde es noch als „Reinvermögen" bezeichnet. Die Höhe des Eigenkapitals am Bilanzstichtag wurde nach der Formel

Vermögen - Schulden/Fremdkapital = Reinvermögen/Eigenkapital

berechnet. Die Formel deutet bereits an, dass es sich bei dem Eigenkapital um den Teil des Vermögens handelt, der nicht mit Schulden (also Zahlungsverbindlichkeiten gegenüber Dritten) belastet ist. In der Bilanz wurde dann das Vermögen (auf der Aktivseite) dem Eigen- und dem Fremdkapital (auf der Passivseite) gegenübergestellt. Auch hier konnte man erkennen, dass das Vermögen zum Teil durch Eigen- und zum Teil durch Fremdkapital gedeckt ist. Letztendlich entspricht aber auch in der Bilanz das Eigenkapital den Vermögenswerten, die durch den Unternehmer (Geschäftsinhaber) „selbst" aufgebracht wurden.

Die in der Bilanz ausgewiesene wertmäßige Höhe des Eigenkapitals stimmt jedoch in der Regel nur am Bilanzstichtag. Durch die erfolgsbeeinflussenden Geschäftsfälle (Aufwendungen und Erträge) wird es ständig verändert. Am Ende eines jeden Geschäftsjahres wird dann in der GuV-Rechnung ermittelt, ob sich das Eigenkapital „per Saldo" erhöht oder verringert hat. Neben dem Erfolg des Geschäftsjahres wird die Höhe des Eigenkapitals bei Einzelunternehmungen und Personengesellschaften jedoch auch noch durch die Privattätigkeit des Unternehmers bzw. der Gesellschafter beeinflusst. Dies führt dazu, dass das Eigenkapital abhängig von der Unternehmensform unterschiedlich in der Bilanz ausgewiesen wird.

Lesen Sie sich hierzu zunächst den nachfolgend abgebildeten Informationstext durch und bearbeiten Sie dann die nachfolgenden Aufgaben.

INFORMATIONSTEXT: *Der Ausweis des Eigenkapitals in der Bilanz*

Aufwendungen und Erträge nehmen direkt Einfluss auf die Höhe des Eigenkapitals. Sie werden ausgelöst durch die betriebliche Leistung (Einsatz der Produktionsfaktoren mit dem Ziel der Erstellung einer Leistung). Durch die Gegenüberstellung der Aufwendungen und Erträge im GuV-Konto wird am Ende des Geschäftsjahres festgestellt, ob sich per Saldo das Eigenkapital erhöht (bei Gewinn) oder verringert (bei Verlust). Im Fall des Gewinns hat der Einsatz der Produktionsfaktoren dazu geführt, dass das Unternehmen „sich selbst" finanziert hat. Dieser Effekt tritt natürlich nur dann ein, wenn der erzeugte Gewinn nicht aus dem Unternehmen herausgenommen wird. Bei den Personengesellschaften ist dies durch Privatentnahmen, bei den Kapitalgesellschaften durch Kapitalausschüttung möglich.

Da bei den einzelnen Unternehmensformen bezüglich des Eigenkapitals Besonderheiten zu beachten sind (z. B. Mindestkapitalvorschriften bei Kapitalgesellschaften), wird das Eigenkapital bei den einzelnen Unternehmensformen unterschiedlich ausgewiesen.

○ Einzelunternehmung

Bei der Einzelunternehmung gibt es nur ein Eigenkapitalkonto. Über dieses Konto wird sowohl das GuV-Konto als auch das Privat-Konto abgeschlossen. Sowohl die Unternehmensleistung als auch die Höhe der Privateinlagen bzw. -entnahmen entscheiden somit über die Höhe des Eigenkapitals am Ende des Geschäftsjahres. In der Bilanz wird jedoch nur eine Position „Eigenkapital" ausgewiesen. Der Einzelunternehmer trägt für die Richtigkeit der Angaben im Jahresabschluss die Verantwortung.

○ OHG und KG

Bei den Personengesellschaften wird für jeden Gesellschafter ein eigenes Eigenkapitalkonto geführt. Ebenso existiert für jeden Gesellschafter ein Privatkonto (Ausnahme: Kommanditisten der KG dürfen keine Privatentnahmen durchführen und verfügen daher nicht über ein entsprechendes Konto). Ansonsten entspricht die Eigenkapitaldarstellung der der Einzelunternehmung. Im Fall der OHG müssen die Gesellschafter, im Fall der KG die Komplementäre die Haftung für die Richtigkeit der Angaben des Jahresabschlusses übernehmen.

○ Gesellschaft mit beschränkter Haftung

Die Geschäftsführer müssen den Jahresabschluss (inklusive Anhang) aufstellen. Darüber hinaus muss der Jahresabschluss mittelgroßer und großer Kapitalgesellschaften um einen Lagebericht erweitert werden. Dieser ist nicht Bestandteil des Jahresabschlusses und gibt Auskunft über den Verlauf des abgeschlossenen Geschäftjahres. Dabei enthält er Informationen, die über die des Jahresabschlusses hinausgehen können (z. B. Entwicklung der Mitarbeiterzahl, Geschäftsfelder). Die Aufstellfrist beträgt für mittelgroße und große Unternehmen drei Monate, für kleine sechs Monate nach Abschluss des Geschäftsjahres. Bei mittelgroßen und großen Unternehmen muss unverzüglich nach Aufstellung eine Prüfung des Jahresabschlusses durch Abschlussprüfer stattfinden (z. B. Wirtschaftsprüfer). Im Anschluss daran wird der geprüfte Jahresabschluss, der Anhang und der Prüfbericht an den Aufsichtsrat weitergeleitet (soweit ein solcher besteht). Dieser nimmt eine erneute Prüfung vor und erstellt darüber einen Bericht, der an die Gesellschafter weitergeleitet wird.

Die Gesellschafter müssen nun innerhalb von acht Monaten (bei kleinen Unternehmen elf Monaten) in einer Gesellschafterversammlung einen Beschluss fassen über

- die Feststellung des Jahresabschlusses,
- die Verwendung des Unternehmensergebnisses.

Zu beachten ist, dass sich das Eigenkapital einer GmbH aus verschiedenen Teilen zusammensetzt: Das Stammkapital ist unveränderlich und wird als gezeichnetes Kapital bezeichnet. Der einbehaltene Gewinn wird sodann den Gewinnrücklagen zugeführt. Abhängig davon, ob vor oder nach der Gesellschafterversammlung über die Gewinnverwendung entschieden wird, wird das Eigenkapital in der Bilanz unterschiedlich ausgewiesen:

- Die Gewinnverwendung wird *nach* der Beschlussfassung durchgeführt:

  In der Bilanz wird ein Gewinn/Verlust als Jahresüberschuss/-fehlbetrag ausgewiesen.

- Die Gewinnverwendung wird *vor* der Beschlussfassung durchgeführt:

  Der Gewinn des Geschäftsjahres (Jahresüberschuss) kann (zum Teil) im Unternehmen behalten oder (zum Teil) ausgeschüttet werden. Der einbehaltene Gewinn kann sodann zur Deckung eines Verlustvortrags (Verlust aus dem vorherigen Geschäftsjahr), als Gewinnrücklagen eingestellt oder als Gewinnvortrag ausgewiesen werden.

Es gilt:

	Jahresüberschuss/-fehlbetrag
+	Gewinnvortrag aus dem Vorjahr
-	Verlustvortrag aus dem Vorjahr
+	Entnahmen aus der Gewinnrücklage
-	Einstellung in die Gewinnrücklagen
-	Gewinnausschüttung (Dividende)
=	Gewinn-/Verlustvortrag

○ **Aktiengesellschaft**

Der Jahresabschluss muss bei der AG durch den Vorstand innerhalb von drei Monaten nach dem Bilanzstichtag (bei kleinen AGs sechs Monate) aufgestellt werden. Die Prüfung des Jahresabschlusses erfolgt auch hier durch einen Abschlussprüfer. Im Anschluss an die Prüfung wird dieser an den Aufsichtsrat zur Billigung und zur Ausarbeitung eines Gewinnverwendungsvorschlags weitergeleitet. Die Hauptversammlung entscheidet letztendlich über die Gewinnverwendung.

Im Gegensatz zur GmbH, bei der über die Gewinnverwendung meist erst nach Aufstellung des Jahresabschlusses entschieden wird, geschieht dies bei der AG in der Regel vor der Aufstellung des Jahresabschlusses. Dies liegt unter anderem daran, dass bei AGs die Zuführung zu den Rücklagen teilweise gesetzlich geregelt wird.

Es gilt also:

	Jahresüberschuss/-fehlbetrag
+	Gewinnvortrag aus dem Vorjahr
-	Verlustvortrag aus dem Vorjahr
+	Entnahmen aus der Gewinnrücklage
-	Einstellung in die Gewinnrücklagen
=	Bilanzgewinn/-verlust

Wird erst in der Hauptversammlung über die Höhe der Dividende entschieden, wird in der Bilanz der AG dieser Bilanzgewinn/-verlust ausgewiesen. Ist die Höhe der Dividende sowie darauf aufbauend die Höhe der Einstellung in die Gewinnrücklagen beschlossen, so folgt:

	Bilanzgewinn/-verlust
-	Dividende an Aktionäre
-	Einstellung in die Gewinnrücklagen
=	Gewinn-/Verlustvortrag

Aufgaben

1. Die Frantzen GmbH verfügt über ein Stammkapital in Höhe von 12 Mio. EUR. Die Gewinnrücklage beläuft sich bereits auf 450.000,00 EUR. Aus dem vorherigen Geschäftsjahr liegt ein Gewinnvortrag in Höhe von 230.000,00 EUR vor. Der Jahresüberschuss des zurückliegenden Geschäftsjahres beläuft sich auf 990.000,00 EUR. Davon sollen 600.000,00 EUR als Dividende (inklusive Kapitalertragsteuer) an die Gesellschafter ausgeschüttet werden. 540.000,00 EUR sollen in die Gewinnrücklage eingestellt werden. Erstellen Sie eine Übersicht über die Gewinnverwendung und stellen Sie das Eigenkapital vor und nach der Gewinnverwendung dar.

2. Das Stammkapital der Metallbau GmbH beläuft sich auf 4.545.000,00 EUR. Bisher verfügt das Unternehmen über Gewinnrücklagen in Höhe von 1.520.000,00 EUR. Aus dem vorherigen Geschäftsjahr wurde ein Verlustvortrag in Höhe von 260.000,00 EUR übernommen. Im zurückliegenden Geschäftsjahr wurde ein Jahresüberschuss in Höhe von 611.250,00 EUR realisiert. In der Gesellschafterversammlung wird beschlossen, dass jedem Gesellschafter 4,5 % auf seinen Anteil am Stammkapital als Dividende ausgezahlt werden soll. 136.725,00 EUR sollen in die Gewinnrücklage aufgenommen werden. Erstellen Sie eine Übersicht über die Gewinnverwendung und stellen Sie das Eigenkapital vor und nach der Gewinnverwendung dar.

3. Die Deutsche Chemie AG wurde im zurückliegenden Geschäftsjahr mit einem Grundkapital in Höhe von 1 Mio. EUR gegründet. Das Grundkapital wurde durch Ausgabe von 1 Mio. Aktien mit einem Wert von 1,08 EUR je Aktie aufgebracht. Das Geschäftsjahr wird mit einem Jahresüberschuss in Höhe von 125.000,00 EUR abgeschlossen. Die Gewinnverteilung soll gemäß den Vorgaben des § 58 Aktiengesetz durchgeführt werden, der nachfolgend auszugsweise dargestellt wird:

Verteilung des Jahresüberschusses
Der Jahresüberschuss bzw. -fehlbetrag ist das in der Gewinn- und Verlustrechnung ermittelte Ergebnis des zurückliegenden Geschäftsjahres. Wird die Bilanz vor der Festlegung der Gewinnverwendung aufgestellt, so ist der Jahresüberschuss/-fehlbetrag in diese einzustellen. Der Jahresüberschuss eines Geschäftsjahres soll gemäß § 58 AktG wie folgt verteilt werden:

- **Ausgleich eines Verlustvortrags aus dem Vorjahr:**
  Ein Gewinn- bzw. Verlustvortrag stellt den Gewinn- bzw. Verlustrest des Vorjahres dar. Ein Verlust aus dem Vorjahr muss zuerst abgedeckt werden (da die Höhe des Grundkapitals der AG in das Handelsregister aufgenommen wird, kann es sich durch Gewinn oder Verluste nicht verändern). Nicht ausgeschüttete Gewinne werden daher in die Rückstellungen aufgenommen, Verluste als Verlustvortrag in das nächste Geschäftsjahr übernommen).

- **Einstellung in die Gewinnrücklage (gesetzliche Rücklage):**
  In diese Rücklage sind so lange mindestens 5 % des Jahresüberschusses einzustellen, bis die Summe aus gesetzlicher Rücklage und Kapitalrücklage 10 % des gezeichneten Kapitals ausmachen. Die Satzung kann einen höheren Teil des Grundkapitals bestimmen (§ 150 AktG; satzungsmäßige Rücklage).

- **Einstellung in die Gewinnrücklage / andere Rücklagen:**
  Höchstens 50 % des nach dem Abzug eines Verlustvortrages und der Einstellung in die gesetzlichen Rücklagen verbleibenden Betrages darf den anderen Rücklagen zugewiesen werden. In der Satzung kann ein größerer Teil festgelegt werden. Bei nicht börsennotierten Unternehmen ist auch ein geringerer Betrag möglich. Über die Zuführung entscheiden der Vorstand und der Aufsichtsrat.

- Der nach Abzug der zuvor genannten Abzüge verbleibende Betrag des Jahresüberschusses wird **Bilanzgewinn (Reingewinn)** genannt. In der Hauptversammlung wird über die weitere Verteilung entschieden. Es sind folgende Entscheidungen möglich:
  - Einstellung weiterer Beträge in die anderen Rücklagen:
    Nachdem Vorstand und Aufsichtsrat den Jahresabschluss festgelegt haben, kann die Hauptversammlung weitere Einstellungen beschließen.
  - Gewinnbeteiligung der Vorstandsmitglieder (Vorstandstantieme)
  - Gewinnbeteiligung der Aufsichtsratsmitglieder (Aufsichtsratstantieme)
  - Gewinnbeteiligung der Arbeitnehmer
  - Gewinnanteil der Aktionäre (Dividende)
  - Gewinnvortrag (Verbleibender Gewinn für das nächste Geschäftsjahr)

Führen Sie die Gewinnverteilung durch. Beachten Sie, dass die Tantiemen für die Mitglieder des Vorstands und des Aufsichtsrates bei der Ermittlung des Jahresüberschusses bereits berücksichtigt wurden. In der Hauptversammlung wurde vereinbart, dass jedem Aktionär eine Dividende in Höhe von 4,5 % auf den Nennwert der gehaltenen Aktien gezahlt und 40 % des Jahresüberschusses in die freiwilligen Gewinnrücklagen eingestellt werden soll. Führen Sie die Gewinnverwendung durch.

4. Die Deutsche Chemie AG (siehe vorherige Aufgabe) hat das zweite Geschäftsjahr mit einem Verlust in Höhe von 152.750,00 EUR abgeschlossen. In der Hauptversammlung wird daher beschlossen, dass in diesem Jahr die Dividende ausfallen soll. Ermitteln Sie nun die Zusammensetzung des Eigenkapitals.

5. Das dritte Geschäftsjahr kann die Deutsche Chemie AG (siehe Aufgaben zuvor) mit einem Jahresüberschuss in Höhe von 542.000,00 EUR abschließen. In der Hauptversammlung wird daraufhin beschlossen, dass jedem Aktionär eine Dividende in Höhe von 6 % auf den Nennwert der gehaltenen Aktien gezahlt und 60 % des Jahresüberschusses in die freiwilligen Gewinnrücklagen eingestellt werden soll. Führen Sie die Gewinnverwendung durch. Beachten Sie bei der Einstellung in die gesetzliche Rücklage den in Aufgabe 3 abgebildeten Informationstext.

Lektion 3: Die Analyse des Jahresabschlusses

Ausgangssituation

Nachdem ein Geschäftsjahr abgeschlossen wurde, ist es Zeit für das Unternehmen, „Bilanz zu ziehen". Für die Finanzbuchhaltung bedeutet dies, einen Jahresabschluss aufzustellen. Doch neben dieser Dokumentation der Geschäftsjahresdaten muss nun auch noch eine Auswertung der vorliegenden Daten erfolgen. Die Buchhaltung beschränkt sich somit nicht allein auf das festhalten (dokumentieren) von Geschäftsfällen und deren Auswirkung auf Bestände, sie hat auch die Aufgabe, die dokumentierten Daten zu analysieren und auszuwerten. Die Auswertung erstreckt sich dabei zunächst auf die beiden Seiten der Bilanz (Investierungs- und Finanzierungsanalyse). Darüber hinaus müssen natürlich auch die Informationen der GuV-Rechnung miteinbezogen werden.

Aufgaben

Sie erhalten von Ihrem Ausbilder die nachfolgend abgebildeten Bilanzen zweier konkurrierender Unternehmen.

1. Die Passivseiten der beiden Unternehmensbilanzen sehen wie folgt aus:

Bilanz der Südchemie GmbH
(Angaben in Tausend EUR)

Aktiva / Passiva

Bestand	Berichts-jahr	Vor-jahr
Gezeichnetes Kapital	15.200	15.200
Gewinnrücklagen	3.800	3.800
Bilanzgewinn	1.800	200
Pensionsrückstellungen	50	50
Sonstige Rückstellungen	100	80
Sonstige langfr. Verbindl.	16.200	18.300
Sonstige kurzfr. Verbindl.	7.400	12.200
	44.550	49.830

Bilanz der Chemischen Werke GmbH
(Angaben in Tausend EUR)

Aktiva / Passiva

Bestand	Berichts-jahr	Vor-jahr
Gezeichnetes Kapital	14.000	12.000
Gewinnrücklagen	4.000	3.800
Bilanzgewinn	1.200	300
Pensionsrückstellungen	40	35
Sonstige Rückstellungen	140	150
Sonstige langfr. Verbindl.	15.800	14.400
Sonstige kurzfr. Verbindl.	6.900	4.800
	42.080	35.485

Wodurch unterscheiden sich die Passivseiten? Finden Sie Unterschiede und zeigen Sie auf, welche Bedeutung dies für die Unternehmen hat.

2. Die Aktivseiten der beiden Unternehmensbilanzen sehen wie folgt aus:

Bilanz der Südchemie GmbH
(Angaben in Tausend EUR)

Aktiva / Passiva

Bestand	Berichts-jahr	Vor-jahr
Sachanlagen	16.400	14.400
Immaterielles Vermögen	800	800
Finanzanlagen	2.800	2.100
Vorräte Fertigerzeugnisse	6.200	6.300
Materialvorräte	5.300	8.140
Forderungen a. L. u. L.	6.900	2.300
Liquide Mittel	6.150	15.790
	44.550	49.830

Bilanz der Chemischen Werke GmbH
(Angaben in Tausend EUR)

Aktiva / Passiva

Bestand	Berichts-jahr	Vor-jahr
Sachanlagen	19.330	16.500
Immaterielles Vermögen	220	310
Finanzanlagen	1.740	880
Vorräte Fertigerzeugnisse	4.900	5.030
Materialvorräte	7.200	10.550
Forderungen a. L. u. L.	3.200	921
Liquide Mittel	5.490	1.294
	42.080	35.485

Wodurch unterscheiden sich die Aktivseiten? Finden Sie Unterschiede und zeigen Sie auf, welche Bedeutung dies für die Unternehmen hat.

3. Sie haben nun sowohl die Aktiv- als auch die Passivseite isoliert analysiert. Da auf beiden Seiten der Bilanz im Grunde dasselbe steht - einmal aus der Investierungs-, einmal aus der Finanzierungssicht - ist es sinnvoll, Positionen beider Bilanzseiten miteinander zu vergleichen. Überlegen Sie, welcher Bestand der Aktivseite mit einem der Passivseite sinnvoller Weise verglichen werden kann und welche Aussagen über das Unternehmen sich daraus ableiten lassen könnten.

Ausgangssituation

Sie haben nun die Bilanz hinreichend analysiert und entsprechende Auswertungen der Bestandsveränderungen vorgenommen. Neben der Bilanz spielt jedoch auch die Gewinn- und Verlustrechnung eine wichtige Rolle. Ihr Ausbilder übergibt Ihnen daher nun auch die GuV-Rechnungen (kurzgefasste Form in Anlehnung an § 275, 2 HGB) der beiden Unternehmen (Angaben in Tausend EUR):

	Aufwendungen und Erträge	Südchemie GmbH		Chemischen Werke GmbH	
		Berichtsjahr (T €)	Vorjahr (T €)	Berichtsjahr (T €)	Vorjahr (T €)
1.	Umsatzerlöse	182.220	193.214	180.774	140.147
2.	+ Bestandsmehrungen	140	132	13	---
3.	- Bestandsminderungen	---	---	---	21
4.	+ Aktivierte Eigenleistungen	14	8	21	8
5.	- Materialaufwand	139.770	142.328	122.355	99.214
6.	= Rohergebnis	42.604	51.026	58.453	40.920
7.	+ Erträge aus dem Finanzbereich	8	13	14	8
8.	- Personalaufwand	36.040	43.788	40.597	36.040
9.	- Abschreibungen	1.981	2.844	13.077	1.781
10.	- Fremdkapitalzinsen	2.215	2.154	2.163	2.083
11.	- Sonstige Aufwendungen	257	467	309	189
12.	= Ergebnis der gewöhnliche Geschäftstätigkeit	2.119	1.786	2.321	835
13.	+ außerordentliche Erträge	11	9	2	1
14.	- außerordentliche Aufwendungen	19	7	34	2
15.	= Außerordentliches Ergebnis	- 8	+ 2	- 32	- 1
16.	- Steuern	311	788	889	234
17.	= Jahresüberschuss	1.800	1.000	1.400	600
18.	- Einstellung in die Gewinnrücklage	0	800	600	300
19.	= Bilanzgewinn	1.800	200	800	300

Im Rahmen der Analyse des Jahresabschlusses kann nun ein Vergleich zwischen Daten aus der Bilanz und der GuV durchgeführt werden.

Aufgaben

4. Bei der Bestandsanalyse spielen neben den zeitpunktbezogenen Beständen häufig auch zeitraumbezogene Daten eine Rolle. Ein Ihnen sicher bekanntes Beispiel ist die Kennzahl der „Umschlagshäufigkeit". Ermitteln Sie - bezogen auf die Materialbestände in der Bilanz - die durchschnittliche Lagerdauer.

   In den vorliegenden Jahresabschlüssen werden nur die Daten für das Berichtsjahr und das Vorjahr wiedergegeben. Um die Lagerkennzahlen auch für das Vorjahr berechnen zu können, benötigen Sie noch die entsprechenden Anfangsbestände für die Werkstoffe: Südchemie GmbH 5.500 T€, Chemische Werke GmbH 3.400 T€.

5. Analog zu den Lagerkennzahlen kann auch der Bestand der Forderungen analysiert werden. Stellen Sie die entsprechenden Berechnungen an und werten Sie die Ergebnisse aus. Der Forderungsbestand zu Beginn des Vorjahres belief sich bei der Südchemie GmbH auf 14.100.000 EUR und bei der Chemischen Werke GmbH auf 9.900.000 EUR.

6. Die Südchemie GmbH hat einen Gewinn (Jahresüberschuss) in Höhe von 1.800.000 EUR (Vorjahr 1.000.000 EUR) erwirtschaftet. Die Chemischen Werke GmbH hingegen 1.400.000 EUR (Vorjahr 600.000 EUR). Da die außerordentlichen Aufwendungen und Erträge zwar den Jahresüberschuss verringern, jedoch nicht durch die betriebliche Leistung hervorgerufen werden, wird zunächst der bereinigte Jahresgewinn ermittelt:

	Südchemie GmbH		Chemischen Werke GmbH	
Aufwendungen und Erträge	Berichtsjahr (T €)	Vorjahr (T €)	Berichtsjahr (T €)	Vorjahr (T €)
Jahresüberschuss	1.800	1.000	1.400	600
- außerordentliche Erträge	11	9	2	1
+ außerordentliche Aufwendungen	19	7	34	2
- Erträge aus dem Finanzbereich	8	13	14	8
= Bereinigter Jahresgewinn	1.808	985	1.418	593

Welches Unternehmen war erfolgreicher? Beachten Sie dabei, dass das Eigenkapital zu Beginn des Vorjahres bei der Südchemie 18.200.000 EUR, das Gesamtkapital 51.270.000 EUR und bei der Chemischen Werke GmbH das Eigenkapital 12.300.000 EUR und das Gesamtkapital 32.215.000 EUR betrug. Versuchen Sie, mithilfe einer von Ihnen zu bildenden Kennzahl, den Erfolg der beiden Unternehmen zu beurteilen.

7. Ihr Ausbilder übergibt Ihnen folgenden Informationstext:

INFORMATIONSTEXT: *Der Cashflow*

Bei der Ermittlung der Rentabilität spielt die Höhe des (bereinigten) Jahresgewinns eine entscheidende Rolle. Der Gewinn ergibt sich dabei aus der Differenz von Erträgen und Aufwendungen. Der Höhe des Gewinns kommt bei der Selbstfinanzierung des Unternehmens eine bedeutende Rolle zu. Einbehaltene Gewinne werden entweder in das Vermögen investiert und können auf diese Weise die Leistungsfähigkeit des Unternehmens steigern oder sie dienen dazu, das Fremdkapital zu tilgen. Um die Selbstfinanzierungskraft eines Unternehmens beurteilen zu können, muss jedoch nicht allein die Höhe des Gewinns betrachtet werden. Auch die durchgeführten Abschreibungen aus Sachanlagen und die Zuführungen in die langfristigen Rücklagen spielen eine Rolle. Die Abschreibungen stehen für den Wertverlust, denen das Anlagevermögen unterliegt. Es handelt sich um einen Aufwand, der den Jahresgewinn schmälert. Der Wertverlust wurde somit bereits vom Gewinn abgedeckt, sodass er hinzugerechnet werden muss. Die langfristigen Rückstellungen stellen Verbindlichkeiten dar, die erst in weiter Zukunft zu Auszahlungen führen werden, wobei die Höhe und/oder Fälligkeit noch nicht genau bekannt ist. Ebenso wie bei den Abschreibungen liegen somit Aufwendungen vor, die nicht ausgabewirksam sind. Es wird gerechnet:

Jahresüberschuss
+ Abschreibungen auf Anlagen
(Aufwendungen für den Wertverlust am Anlagevermögen, nicht ausgabewirksamer Aufwand)
+ Zuführungen zu den langfristigen Rückstellungen
(Fremdkapital, das langfristig zinslos zur Verfügung gestellt wird, nicht ausgabewirksamer Aufwand)
= Cashflow

Häufig wird zur Ermittlung des Cashflows aus noch die Höhe der Gewinnausschüttung abgezogen. Auf diese Weise kann ermittelt werden, welche Finanzmittel tatsächlich für Investitionen zur Verfügung stehen. Es gilt dann:

Jahresüberschuss
- Gewinnausschüttung
+ Abschreibungen auf Anlagen
+ Zuführungen zu den langfristigen Rückstellungen
= Cashflow

Eine eindeutige Definition des Begriffs „Cashflow" existiert somit nicht. Er muss vielmehr auf die Bedingungen und Ziele der Auswertung angepasst werden.

Letztendlich bildet der Cashflow den Teil der Umsatzerlöse ab, der nicht als Betriebsausgaben und Ausgaben für Steuern vom Einkommen benötigt wird. Der Cashflow als absolute Größe gibt an, welche Mittel für Investitionen, zur Schuldentilgung und zur Gewinnausschüttung zur Verfügung stehen. Interessanter ist somit, den Cashflow ins Verhältnis zu den Umsatzerlösen zu setzen. In diesem Fall kann berechnet werden, wie viel Prozent der Umsatzerlöse für die drei genannten Zwecke verwandt werden kann. Es gilt somit:

$$\text{Cashflow-Umsatzrendite} = \frac{\text{Cashflow} \cdot 100}{\text{Umsatzerlöse}}$$

$$\text{Cashflow-Investitionsrendite} = \frac{\text{Cashflow} \cdot 100}{\text{Jahresinvestitionsvolumen}}$$

Berechnen Sie auf der Basis dieser Information für beide Unternehmen die Cashflow-Umsatzrendite. Gehen Sie dabei davon aus, dass sich im Vorjahr die langfristigen Rückstellungen nicht verändert haben. Versuchen Sie sodann, die Ergebnisse auszuwerten.

Übungsaufgabe

Analysieren Sie den nachfolgend abgebildeten Jahresabschluss der Heller Natur GmbH.

B I L A N Z der Heller Natur GmbH

Aktiva	Berichtsjahr 2010	Vorjahr 2009
A. Anlagevermögen		
I. Immaterielle Vermögensgegenstände		
1. Konzessionen, gewerbliche Schutzrechte sowie Lizenzen	38	42
2. Geschäfts- oder Firmenwert	---	---
II. Sachanlagen		
1. Grundstücke, grundstücksgleiche Rechte und Bauten	6.100	7.221
2. Technische Anlagen und Maschinen	5.420	3.487
3. Andere Anlagen, Betriebs- und Geschäftsausstattung	1.450	1.331
4. Geleistete Anzahlungen und Anlagen im Bau	12	3
III. Finanzanlagen	1.080	921
B. Umlaufvermögen		
I. Vorräte		
1. Roh-, Hilfs- und Betriebsstoffe	7.220	14.090
2. Unfertige Erzeugnisse	12.460	5.332
3. Fertige Erzeugnisse und Waren	5.212	2.147
4. Geleistete Anzahlungen	34	2
II. Forderungen und sonstige Vermögensgegenstände		
1. Forderungen aus Lieferungen und Leistungen	3.450	2.422
III. Wertpapiere	---	---
IV. Schecks, Kassenbestand usw.	1.223	1.160
C. Rechnungsabgrenzungsposten	181	112
	43.880	**38.270**

Passiva	Berichtsjahr 2010	Vorjahr 2009
A. Eigenkapital		
I. Stammkapital	11.000	9.000
II. Gewinnrücklage	7.855	7.855
III. Gewinnvortrag/Verlustvortrag	691	- 220
IV. Jahresüberschuss/Jahresfehlbetrag	2.711	911
B. Rückstellungen		
1. Rückstellungen für Pensionen und ähnliche Verpflichtungen	2.997	2.977
2. Steuerrückstellungen (kurzfristig)	732	623
3. Sonstige Rückstellungen	1.420	1.052
C. Verbindlichkeiten		
1. Anleihen	---	---
2. Verbindlichkeiten gegenüber Kreditinstituten		
- Langfristige Darlehen	5.980	9.840
- Kurzfristige Kredite	4.194	3.112
3. Erhaltene Anzahlungen auf Bestellungen	45	69
4. Verbindlichkeiten aus Lieferungen und Leistungen	6.145	3.022
5. Verbindlichkeiten aus der Annahme gezogener Wechsel und der Ausstellung eigener Wechsel	---	---
D. Rechnungsabgrenzungsposten	110	29
	43.880	**38.270**

Alle Beträge in Tausend Euro

Zusatzangaben zur Bilanz:

Anfangsbestand Werkstoffe 2009:   13.910,00 EUR
Anfangsbestand Eigenkapital 2009:   16.320,00 EUR

GEWINN UND VERLUSTRECHNUNG der Heller Natur GmbH		
Ermittlung des Jahresüberschusses/-fehlbetrages	Berichtsjahr 2010	Vorjahr 2009
1. Umsatzerlöse	109.885	112.998
2. Erhöhung/Verminderung des Bestandes an unfertigen und fertigen Erzeugnissen	223	- 945
3. Andere aktivierte Eigenleistungen	9	13
4. Sonstige betriebliche Erträge	2.985	2.024
5. Materialaufwand (Roh-, Hilfs-, Betriebsstoffe, bezogene Waren)	42.088	46.802
6. Personalaufwand		
a) Löhne und Gehälter	28.897	32.255
b) Soziale Abgaben und Aufwendungen für die Altersversorgung u. Unterstützung	7.054	8.992
7. Abschreibungen		
a) auf immaterielle Vermögensgegenstände des Anlagevermögens und Sachanlagen	5.125	6.289
b) auf Vermögensgegenstände des Umlaufvermögens	5	12
8. Sonstige betriebliche Aufwendungen	9.521	11.404
9. Erträge aus Beteiligungen	155	114
10. Erträge aus anderen Wertpapieren und Ausleihungen des Finanzvermögens	125	104
11. Sonstige Zinsen und ähnliche Erträge	411	155
12. Abschreibungen auf Finanzanlagen und auf Wertpapiere des Umlaufvermögens	-	-
13. Zinsen und ähnliche Aufwendungen	302	669
14. Ergebnis der gewöhnlichen Geschäftstätigkeit	20.801	8.040
15. Außerordentliche Erträge	32	45
16. Außerordentliche Aufwendungen	35	62
17. Außerordentliches Ergebnis	- 3	- 17
18. Steuern vom Einkommen und Ertrag	18.025	7.089
19. Sonstige Steuern	62	23
20. Jahresfehlbetrag/Jahresüberschuss	2.711	911

Lektion 1: Aufwendungen und Kosten

Arbeitsanweisung

Lesen Sie sich zunächst die unten stehenden Informationstexte gut durch und bearbeiten Sie dann die nachfolgend aufgeführten Aufgaben.

INFORMATIONSTEXT: *Das Zweikreis-System des Rechnungswesens*

Das Rechnungswesen eines Unternehmens besteht aus zwei, im Grunde in sich geschlossenen Bereichen: der Finanzbuchhaltung und der Kosten- und Leistungsrechnung. Die Finanzbuchhaltung, die auch als Rechnungskreis I bezeichnet wird, hat unter anderem zum Ziel, den Unternehmenserfolg zu ermitteln. Hierzu werden die Aufwendungen und Erträge einer Rechnungsperiode (in der Regel ein Jahr) in der GuV-Rechnung gegenübergestellt. Die Kosten- und Leistungsrechnung, auch Rechnungskreis II genannt, hingegen betrachtet den Erfolg nicht unternehmens- sondern betriebsbezogen. Diese feine aber bedeutende Unterscheidung führt dazu, dass im Rechnungskreis II anstelle des Begriffs „Aufwendungen" der Begriff „Kosten" und anstelle des Begriffs „Erträge" der Begriff „Leistungen" verwandt wird. Offensichtlich besteht zwischen den Begriffspaaren ein Unterschied. Obwohl die beiden Rechnungskreise unterschiedliche Ausrichtungen und Ziele haben, bilden beide dennoch eine sinnvolle Einheit. Die Daten der Kosten- und Leistungsrechnung basieren quasi auf denen der Finanzbuchhaltung.

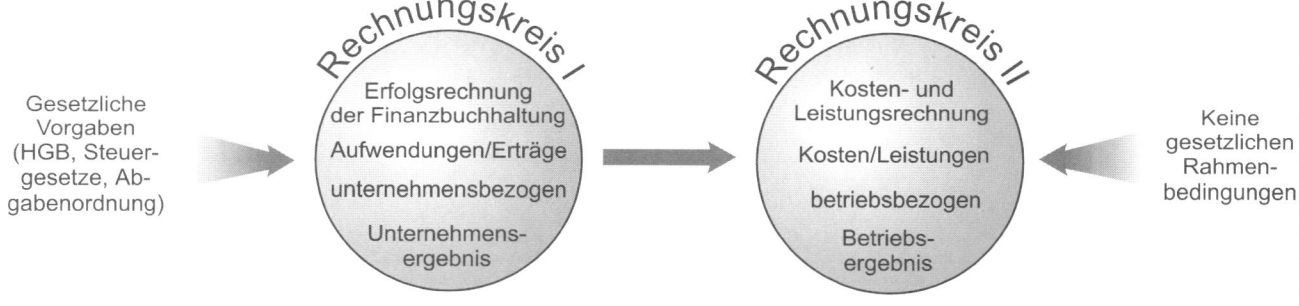

INFORMATIONSTEXT: *Grundbegriffe der Kosten- und Leistungsrechnung*

Wegen der unterschiedlichen Ziele der beiden Teilgebiete des Rechnungswesens werden im Folgenden unterschiedliche Begriffe verwandt, die sich teilweise inhaltlich decken, zum Teil jedoch feine Unterschiede aufweisen. Im Rahmen der Buchführung wurden im Zusammenhang mit der Erfolgsrechnung die Begriffe „Aufwand" und „Ertrag" genannt. Dabei wurden Geschäftsfälle nach ihrer Auswirkung auf den Unternehmenserfolg beurteilt.

Betrachtet man die Aufwendungen und Erträge genauer, so fällt auf, dass nicht alle im Rahmen der betrieblichen Leistungserstellung anfallen; man kann zwischen betriebsbedingten und betriebsneutralen Aufwendungen und Erträgen unterscheiden.

Wichtig ist es zu erkennen, was man unter der betrieblichen Leistungserstellung zu verstehen hat. Aus der Betriebswirtschaftslehre ist bekannt, dass Beschaffung, Produktion und Absatz die grundlegenden Betriebsfunktionen sind. Aufwendungen für Rohstoffe, Energiekosten und Abschreibungen für Maschinen und Aufwendungen für eine Werbekampagne sind offensichtlich notwendig, um den Unternehmenserfolg zu erreichen („Ohne Aufwendungen lassen sich keine Erträge realisieren" oder kurz: „Kein Ertrag ohne Aufwand").

Alle Aufwendungen, die mit dem eigentlichen Betriebszweck *nicht* zusammenhängen (z.B. Schenkungen, Spenden, Erhaltungsaufwendungen für betrieblich nicht genutzte Gebäude), lassen sich als nicht betriebsbedingt, also *neutral*, sachlich abgrenzen, damit man den reinen Betriebserfolg eindeutig feststellen kann. Die Salden des *betrieblichen Erfolgs* sowie des *neutralen Erfolgs* ergeben sodann den Gesamterfolg des Unternehmens. Es gilt:

Betriebserfolg + Neutraler Erfolg = Unternehmenserfolg

Anders ausgedrückt: Zieht man vom Unternehmenserfolg (Ergebnis der Finanzbuchhaltung) diejenigen Aufwendungen und Erträge ab, die nicht für die betriebliche Leistungserzielung anfallen (die so genannten neutralen Aufwendungen und Erträge), so erhält man den Betriebserfolg.

Neben der Ermittlung des Betriebserfolgs werden in der Kosten- und Leistungsrechnung jedoch noch andere Ziele verfolgt. So sollen im Rechnungskreis II die Kosten für die einzelnen erstellten Produkte ermittelt (Kalkulation im Rahmen der Kostenträgerstückrechnung) und kostenträgerbezogene Erfolge bestimmt werden (Kalkulation im Rahmen der Kostenträgerzeitrechnung). Dabei bezieht sich insbesondere die letztgenannte Abrechnung in der Regel nicht auf ein Geschäftsjahr, sondern auf kürzere Perioden (z. B. einen Monat, ein Quartal). Somit müssen die betrieblichen Aufwendungen und Erträge noch weiter auf ihre Tauglichkeit für die Verwendbarkeit im Rechnungskreis II beleuchtet werden.

Aufwendungen sind also dann zugleich Kosten, wenn sie

- **betriebsbedingt** sind:

    Die Aufwendungen fallen im Rahmen der betrieblichen Leistung an. Aufwendungen, die bei der Verfolgung betriebsfremder Ziele anfallen, sind keine Kosten.
    Z. B.: Spenden, Verluste aus Wertpapierverkäufen, Aufwendungen für ein betrieblich nicht genutztes Gebäude

- **regelmäßig** anfallen:

    Aufwendungen, die zwar betriebsbedingt sind, jedoch selten auftreten, verfälschen die Ergebnisse der Kostenrechnung, da sie z. B. die Kostenträger nur in bestimmten Perioden belasten.
    Z. B. Kursverluste bei Außenhandelsgeschäften, Verkauf von Anlagevermögen unter Buchwert, Instandsetzungs- und Reparaturaufwendungen nach Sturm- oder Feuerschaden.

- **periodengerecht** anfallen:

    Aufwendungen, die zwar regelmäßig anfallen und auch betriebsbedingt sind, die jedoch nicht in die abzurechnende Abrechnungsperiode gehören, werden nicht in die Kostenrechnung übernommen. Sie würden nicht die Perioden belasten, in der sie wirklich entstanden sind.
    Z. B. Steuernachzahlungen, Lohn-/Gehaltsnachzahlungen, vorschüssige Zahlung von Prämien[*]

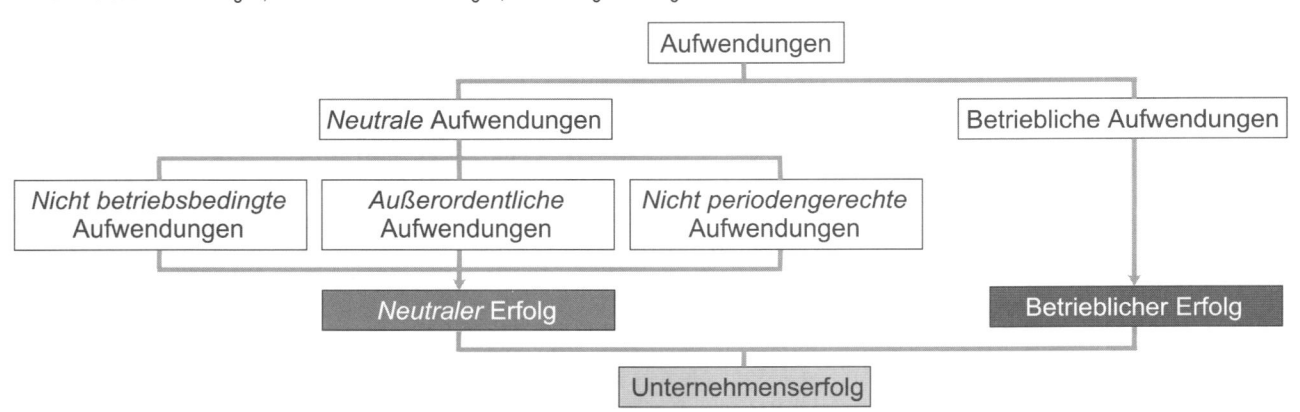

[*]   Zu beachten ist, dass bereits in der Finanzbuchhaltung eine periodengerechte Abgrenzung der Aufwendungen erfolgt (z. B. aktive und passive Rechnungsabgrenzung); Nachzahlungen können jedoch über der geplanten Rückstellung liegen. Auch in diesem Fall wird auf eine Erfassung in der Kostenrechnung verzichtet. Darüber hinaus bezieht sich die Abrechnungsperiode in der Betriebsbuchhaltung ggf. auch auf kleinere Zeitintervalle; hier ist eine periodengerechte Abgrenzung besonders wichtig.

Aufgabe 1:

Eine Großbäckerei stellt drei verschiedene Produktgruppen her: Brote, Kuchen und Kekse. Die Produkte werden auf unterschiedlichen Produktionsanlagen hergestellt. Die meisten der eingekauften Werkstoffe finden Eingang in alle drei Produktgruppen. Die Produktions- und Absatzmengen der einzelnen Produkte schwanken abhängig von den jeweiligen Kundenaufträgen. Das Unternehmen möchte nun den Erfolg (Gewinn oder Verlust) der einzelnen Produktgruppen, der innerhalb eines Monats erzielt wurde, bestimmen. Des Weiteren sollen die Produktionskosten der einzelnen Produkte ermittelt werden, um eine Preiskalkulation durchführen zu können.

Aus der Finanzbuchhaltung liegen dem Unternehmen unter anderem folgende Daten aus dem Monat Januar vor:

- Einkäufe Mehl, Gesamtwert 45.100,00 EUR: Der Zugang des Mehls wird aufwandsorientiert erfasst, der Verbrauch schwankt abhängig von der Produktionsmenge und kann erst im nachhinein konkret bestimmt werden, der Vorrat reicht jedoch mindestens für zwei Monate.

- Löhne und Gehälter, 39.800,00 EUR: Es wurden die monatlich anfallenden Aufwendungen inklusive Nebenkosten ermittelt.

- Abschreibungen Maschinen, 16.700,00 EUR: Die Jahresabschreibungsbeträge wurden auf den Monat Januar umgerechnet.
- Energiekosten Produktion und Verwaltung, 8.200,00 EUR: Die Kosten wurden für den Abrechnungsmonat Januar ermittelt.
- Zinsaufwendungen, 2.300,00 EUR: Die Zinsen fallen für Kredite und Darlehen an, die unter anderem für Unternehmensinvestitionen aufgenommen wurden, die Jahreszinsen sind auf einen Monat umgerechnet. Ein Teil des Fremdkapitals wurde für Wertpapierspekulationen verwandt.
- Verluste aus dem Abgang von Vermögenswerten, 10.500,00 EUR: Die Verluste sind durch den Verkauf eines nicht genutzten Grundstücks realisiert und auf einen Monat umgerechnet.
- Instandhaltungsaufwendungen, 12.400,00 EUR: Unter diese Aufwendungen fallen Reparaturen und Wartungen an den Betriebsmitteln und an einer zurzeit leer stehenden Lagerhalle.
- Außerordentliche Aufwendungen, 8.900,00 EUR: Diese Aufwendungen wurden durch Inventurdifferenzen bei den Lagerbeständen verursacht (z. B. Diebstahl). Die Jahresaufwendungen sind ebenfalls auf einen Monat umgerechnet.

Legen Sie fest, welche der aufgezählten Aufwendungen den Zielen der Kostenrechnung entsprechen und daher unverändert oder in einer anderen Höhe in den Rechnungskreis II übernommen werden können. Begründen Sie Ihre Entscheidungen.

Bitte beachten Sie:

Vielleicht ist Ihnen bei der Lösung der vorherigen Aufgabe aufgefallen, dass einige Aufwendungen aus bestimmten Gründen nicht in den Rechnungskreis II übernommen wurden, weil sie einem der Bestimmungskriterien für Kosten nicht entsprachen, obwohl sie Ihrer Meinung nach doch dorthin gehören. Ihr Gespür ist richtig: Die Aufwendungen werden nicht gänzlich aus der Kosten- und Leistungsrechnung fern gehalten, sie werden lediglich in einer veränderten Form dorthin überführt. Wie genau dies funktioniert, wird in folgendem Informationstext erläutert.

INFORMATIONSTEXT: *Kalkulatorische Kosten*

Nach der bisher erarbeiteten Definition deckt sich der Begriff Kosten mit dem des Aufwandes, wenn man die nicht betriebsbedingten, periodenfremden sowie außergewöhnlichen Aufwendungen weglässt. Dass nicht betriebsbedingte Aufwendungen mit den Zielen der Kostenrechnung nicht in Einklang zu bringen sind, ist offensichtlich. [*]

Anders verhält es sich jedoch mit den außergewöhnlichen Aufwendungen, schließlich müssen z. B. Aufwendungen, die durch einen nicht durch Versicherungen abgedeckten Feuerschaden im Lager entstehen, dennoch von den Produkten getragen werden. Jedoch dürfen die außergewöhnlichen Aufwendungen nicht in gleicher Höhe in die Kostenrechnung übernommen werden, da sie dort von Rechnungsperiode zu Rechnungsperiode zu Schwankungen in der Kostenentwicklung führen würden, die sowohl einen Zeitvergleich empfindlich stören als auch die Kalkulation uneinheitlich und ungenau gestalten würden.

Daher werden diese Aufwendungen von der Kostenrechnung ferngehalten und als „neutrale" Aufwendungen bezeichnet. Sie mindern auf diese Weise zwar den Gesamtgewinn des Unternehmens (im Rahmen der Finanzbuchhaltung), führen jedoch in der Kostenrechnung nicht zu Störungen.

An die Stelle der buchhalterischen Aufwendungen treten für die Kostenrechnung geeignete Beträge als so genannte „kalkulatorische" Kosten. Es handelt sich dabei um Kosten, die dem tatsächlichen Werteverzehr entsprechen, jedoch in anderer (konstanter) Höhe in die Kostenrechnung Eingang finden. Diese Art der kalkulatorischen Kosten nennt man daher auch „Anderskosten". Von Bedeutung sind:

In der Buchhaltung:	In der Kostenrechnung:
○ bilanzielle Abschreibungen	○ kalkulatorische Abschreibungen
○ angefallene Fremdkapitalzinsen	○ kalkulatorische Zinsen
○ eingetretene Wagnisse	○ kalkulatorische Wagnisse

Neben diesen Kosten, die lediglich in anderer Höhe bestimmten Aufwendungen gegenüberstehen, existiert auch noch eine weitere Art von kalkulatorischen Kosten. Diesen Kosten stehen keinerlei Aufwendungen gegenüber. So kann bei

---

[*] Würden z.B. die Mietaufwendungen für betrieblich nicht genutzte Räume als Kosten übernommen, so würden sie im Rahmen der Preiskalkulation die Stückkosten über Gebühr nach oben treiben.

Einzelunternehmen und Personengesellschaften ein „künstlicher" Unternehmerlohn in der Kostenrechnung berücksichtigt werden. Ebenso kann der Mietwert für die eigengenutzten Geschäftsräume kalkulatorische Berücksichtigung finden. Diese kalkulatorischen Kosten beeinflussen nur die Kostenrechnung. Man bezeichnet diese kalkulatorischen Kosten daher auch als „Zusatzkosten".

Somit gilt:

Aufwand								
neutraler Aufwand			**Zweckaufwand**					
betriebsfremder Aufwand	außerordentlicher Aufwand	periodenfremder Aufw.	**Aufwandsgleiche Kosten (Grundkosten)**	**Anderskosten**			**Zusatzkosten**	
				kalk. Abschreibung	**kalkulatorische Zinsen**	**kalkulatorische Wagnisse**	**kalk. Unternehmerlohn**	**kalkulatorische Miete**
z. B.: Spenden, Verluste aus Wertpapierverkäufen, Aufwendungen für ein betrieblich nicht genutztes Gebäude	z. B. Kursverluste, Verkauf von AV unter Buchwert, Instandsetzungs- und Reparaturaufwendungen nach Sturm-/Feuerschaden	z. B. Steuernachzahlungen, Lohn-/Gehaltsnachzahlungen, vorschüssige Zahlung von Prämien	z. B. Werkstoff-, Personal-, Miet- und Werbekosten, betriebliche Steuern					
				geschätzter Wertverlust bei realistischen Abschreibungszeiträumen, Abschreibung vom Wiederbeschaffungswert und Anwendung der linearen Abschreibungsmethode	geschätzte Zinsen für das betriebsnotwendige Kapital (EK und FK)	geschätzte Anlage-, Entwicklungs-, Fertigungs-, Kredit- und Gewährleistungswagnisse	geschätzte Entgelte für Einzelunternehmer und mitarbeitende Teilhaber in Personengesellschaften	geschätzte Kosten für genutzte Betriebsräume, die zum Eigentum des Unternehmens gehören
Kosten								

Durch die Verwendung von kalkulatorischen Kosten ergibt sich ...

① eine erhöhte *Genauigkeit* der Kosten- und Leistungsrechnung
(die neutralen Aufwendungen werden nicht unterschlagen, sondern lediglich vereinheitlicht)

② eine bessere *Vergleichbarkeit* der Kosten- und Leistungsrechnung mit

 ○ früheren Rechnungsperioden zum Zwecke des Zeitvergleichs
(offensichtliche Kostenschwankungen werden eliminiert)

 ○ branchengleichen Betrieben zum Zwecke eines Betriebsvergleichs
(der kalkulatorische Unternehmerlohn lässt z.B. einen Vergleich zwischen Kapital- und Personengesellschaften zu).

Aufgabe 2:

Erklären Sie, warum der Geschäftsführer einer GmbH ein Gehalt für seine Leistung erhält und der Einzelunternehmer oder die Gesellschafter einer Offenen Handelsgesellschaft bzw. einer Kommanditgesellschaft nicht.

INFORMATIONSTEXT: *Kalkulatorischer Unternehmerlohn*

In Kapitalgesellschaften beziehen die leitenden Personen (Geschäftsführer/ Vorstandsmitglieder) feste Gehälter, die als Kosten über die Personalaufwendungen der Personalbuchhaltung in die Kostenrechnung übernommen werden. Bei Einzelunternehmungen und Personengesellschaften dürfen dagegen an die mitarbeitenden Inhaber keine Gehälter ausgezahlt werden. Sie erhalten als Leistungsvergütung einen Teil aus dem Unternehmensgewinn.

Einzelunternehmen und Personengesellschaften	Kapitalgesellschaften

Entlohnung der mitarbeitenden Gesellschafter über den Unternehmensgewinn
 	
○ keine (Gehalts-) Kosten
 	
○ Zutreffend für:
  ○ Einzelunternehmer (e. K.)
  ○ mitarbeitende Teilhaber in Personengesellschaften (OHG, KG)
	Entlohnung der Unternehmensleitung durch Gehälter
	
	○ (Gehalts-) Kosten
	
	○ Zutreffend für:
	  ○ Leiter einer AG (Vorstandsmitglied)
	  ○ Geschäftsführer einer GmbH

Zum Zwecke des Kostenvergleichs innerhalb der Branche ist es aber zweckmäßig, auch für die Entlohnung der mitarbeitenden Gesellschafter in Personengesellschaften gegenüber den leitenden Personen in Kapitalgesellschaften einen entsprechenden Unternehmerlohn in die Kostenrechnung einzubeziehen. Schließlich bildet auch die Arbeitsleistung des Einzelunternehmers einen Leistungsverzehr und damit Kosten.

Dass der kalkulatorische Unternehmerlohn als „künstliche" Kostengröße angemessen sein muss, versteht sich von selbst. Das ist dann der Fall, wenn er dem Gehalt eines leitenden Angestellten entspricht, der in einem anderen (Kapital-) Unternehmen eine gleichartige Tätigkeit ausübt.

Aufgabe 3:
Erklären Sie, warum die in der Finanzbuchhaltung erfassten Zinsaufwendungen nicht in voller Höhe in die Kosten- und Leistungsrechnung übernommen werden dürfen.

INFORMATIONSTEXT: *Kalkulatorische Zinsen*

Jedes Unternehmen verfügt über eine mehr oder minder große Fremdkapitalbelastung, für die es Fremdkapitalzinsen zahlen muss. Die tatsächlich angefallenen Kapitalzinsen werden als Aufwand erfasst und müssen sich als Kosten in der Kostenrechnung widerspiegeln, schließlich müssen diese Kapitalkosten auch von den Leistungen des Betriebes erwirtschaftet werden.

Die Belastungssituation der jeweiligen Unternehmen hängt jedoch nicht immer von betriebsbedingten Gegebenheiten ab. Auch bei sonst identischen Unternehmen führen die Managemententscheidungen[*] zu unterschiedlichen Ergebnissen bei der Fremdkapitalfinanzierung. Auf der anderen Seite würde die Eigenkapitalfinanzierung durch die oben genannte Vorgehensweise nicht gewürdigt, da hierbei keinerlei Kosten entstehen. Darüber hinaus ist die Höhe der Fremdkapitalzinsen abhängig von den jeweiligen Verhältnissen auf dem Kapitalmarkt, auf die das Unternehmen keinen Einfluss hat. Beide Bestimmungsgrößen unterliegen u. U. erheblichen Schwankungen.

Aus diesem Grund sind für die Kalkulation die (nicht der Realität entsprechenden) Zinsen für das gesamte betriebsnotwendige Kapital, also für das Fremd- und das Eigenkapital, zu berechnen und als Kosten zu berücksichtigen. [**]

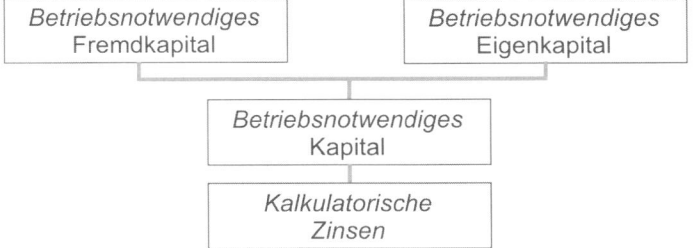

Die Zinsen[***] für das betriebsnotwendige Kapital werden als kalkulatorische Zinsen in die Kalkulation übernommen. Damit sind auch die Zinsen für das eingesetzte Eigenkapital gedeckt. Auf diese Weise werden wiederum die Kalkulationsergebnisse verschiedener Unternehmen angeglichen und vergleichbar. Dadurch, dass man bei der Berechnung der

---

[*] Man denke an die unterschiedlichen Investitionsalternativen, an Expansion oder Sortimentsbereinigung, Rationalisierung oder andere organisatorische Gestaltungsprozesse.

[**] Bei der Ermittlung des betriebsnotwendigen Kapitals dürfen Teile des Fremdkapitals, für die keine Zinsen anfallen (z. B. Liefererverbindlichkeiten), nicht berücksichtigt werden. Ebenso bleiben Anlagen, die im Betrieb nicht mehr genutzt werden, außer Ansatz.

[***] Der anzuwendende Zinssatz orientiert sich am landesüblichen Zinsfuß für langfristig angelegte Gelder. Er darf darüber hinaus keine Risikoprämie für den unternehmerischen Kapitaleinsatz enthalten, da er lediglich einen Gegenwert für die Zurverfügungstellung des Kapitals darstellen soll.

kalkulatorischen Zinsen von der fiktiven Größe des betriebsnotwendigen Kapitals ausgeht, wird erreicht, dass die in die Kostenrechnung eingehenden Zinsen von einem weiteren variablen Faktor, der von Unternehmen zu Unternehmen verschiedenen Vermögensstruktur, unabhängig bleiben.

Zu beachten ist in diesem Zusammenhang, dass auch diese kalkulatorischen Kosten die Selbstkosten des Unternehmens (also die Kosten der hergestellten Produkte) nicht etwa künstlich verteuern. Die Beachtung von kalkulatorischen Kosten führt vielmehr zu einer realistischeren und am Markt orientierten Preiskalkulation.

Aufgabe 4:

Erklären Sie, warum auch ein Unternehmen, das keine Miete für die Nutzung der Geschäftsräume zahlen muss, weil diese Eigentum des Unternehmens sind, eine kalkulatorische Miete in den Rechnungskreis II aufnehmen sollte.

INFORMATIONSTEXT: *Kalkulatorische Miete*

Mietkosten treten bei den Unternehmen auf, die in gemieteten Räumen arbeiten und somit Miete zahlen müssen. Für Unternehmen mit eigenen Geschäfts- und Fabrikgebäuden entfällt offensichtlich diese Kostenbelastung. Aus dem gleichen Grund sollte, wie zuvor bei den kalkulatorischen Zinsen, im Rahmen der Kostenrechnung auch für die eigenen Räume eine Ausgleichsposition in Form von kalkulatorischen Mieten aufgenommen werden.

Aufgabe 5

Erklären Sie, worin der Unterschied zwischen der bilanziellen und der kalkulatorischen Abschreibung besteht.

INFORMATIONSTEXT: *Kalkulatorische Abschreibung*

Bei der Einführung der Abschreibung im Rahmen der Buchführung wird nicht näher konkretisiert, ob die Abschreibungsbeträge der tatsächlichen Abnutzung der Vermögensteile entsprechen und somit auch tatsächlich in dieser Höhe Kosten für das Unternehmen entstehen.

In der Praxis werden die Abschreibungen häufig überhöht, auch wenn die tatsächlich eingetretene Wertminderung geringer ist. Der Unternehmer will aufgrund dieser hohen Abschreibungsbeträge seinen Gewinn möglichst niedrig halten, und er nutzt den steuerlich vorgegebenen Abschreibungsrahmen strategisch aus. Durch diese (künstliche) Gewinnminderung spart er Steuern und bildet gleichzeitig in seinem Unternehmen stille Reserven. Diese Abschreibung bezeichnet man als „buchhalterische" oder auch „bilanzielle" Abschreibung. Sie allein wirkt sich auf die Bilanz und den Jahreserfolg aus.

Die bilanzielle Abschreibung wird bestimmt durch:

① den **Abschreibungszeitraum**

Die den Abschreibungszeitraum bestimmende „betriebsgewöhnliche Nutzungsdauer" eines Anlagegutes ergibt sich aus den vom Finanzministerium erlassenen Abschreibungstabellen. Die hier aufgeführten Zeiträume stimmen in den wenigsten Fällen mit der (voraussichtlichen) tatsächlichen Nutzungsdauer überein.

② den **Anlagenwert**

Die bilanzielle Abschreibung wird vom Grundsatz der nominellen Kapitalerhaltung bestimmt, wonach im Laufe der betriebsgewöhnlichen Nutzungsdauer höchstens die Anschaffungs- bzw. Herstellkosten eines Wirtschaftsgutes abgeschrieben werden können. Betriebswirtschaftlich gesehen soll die Abschreibung aber die Wiederbeschaffung des genutzten Anlagegutes ermöglichen; Ausgangswert einer betriebswirtschaftlich orientierten Abschreibung muss also der Wiederbeschaffungspreis sein.

③ die **Abschreibungsmethode**

Im Rahmen der bilanziellen Abschreibung sind verschiedene Abschreibungsmethoden erlaubt, die weitgehend vom Prinzip der kaufmännischen Vorsicht bestimmt sind und die daher den tatsächlichen Werteverzehr in den wenigsten Fällen erfassen können.

Entspricht die bilanzielle Abschreibung nicht der tatsächlichen Wertminderung der Anlagen, so muss für eine ordnungsgemäße Kostenrechnung eine verbrauchsbedingte oder kalkulatorische Abschreibung berechnet und gebucht werden.

Sowohl die bilanzielle als auch die kalkulatorischen Abschreibungsbeträge sind in der Anlagenkartei auszuweisen. Im Gesamtergebnis der Gewinn- und Verlustrechnung wirkt sich jedoch nur die bilanzielle Abschreibung aus. Für die Kostenrechnung ergibt sich hingegen eine verbrauchsbedingte Abschreibung, die so lange vorgenommen wird, wie das Anlagegut dem betrieblichen Leistungsprozess dient bzw. bis die Wiederbeschaffungskosten des Wirtschaftsgutes in die Kalkulation eingegangen sind.

In der Buchhaltung:	In der Kostenrechnung:
○ Abschreibungszeitraum hängt ab von der „betriebsgewöhnlichen Nutzungsdauer" (AfA-Tabelle)	○ Abschreibungszeitraum hängt ab von der (voraussichtlichen) tatsächlichen Nutzungsdauer
○ Abschreibung von den Anschaffungs- bzw. Herstellkosten (Grundsatz der nominellen Kapitalerhaltung)	○ Abschreibung von (voraussichtlichen) Wiederbeschaffungswerten (Grundsatz der reellen Kapitalerhaltung)
○ Wahl einer steuerlich „günstigen" Abschreibungsmethode	○ Anwendung der linearen Abschreibung (konstante Abschreibungsbeträge)
○ Abschreibung nach geschätzter Nutzungsdauer beendet	○ Abschreibung erst nach Ausscheiden des Wirtschaftsgutes beendet

Aufgabe 6

Erklären Sie, was man unter kalkulatorischen Wagnissen zu verstehen hat.

INFORMATIONSTEXT: *Kalkulatorische Wagnisse*

Bereits im Rahmen der Überlegungen zur Inventur wurde festgestellt, dass Diebstahl, Schwund und Verderb den Sollbestand verringern können. Derartige Bestandsverluste senken den Gewinn des Unternehmens und müssen von den übrigen zum Verkauf stehenden Produkten getragen werden. Die tatsächlich angefallenen Kosten können jedoch aus den bereits erläuterten Gründen nicht in gleicher Höhe in die Kostenrechnung übernommen werden. Auch hier müssen anhand von Vergangenheitswerten Durchschnittswerte ermittelt und als kalkulatorische Wagnisse berücksichtigt werden.

Neben den **Bestandswagnissen** existieren für den Betrieb noch

○ **Anlagewagnisse**

An den Anlagegütern können Schäden entstehen (z.B. durch Maschinenbruch).

○ **Entwicklungswagnisse**

Bei der Entwicklung neuer Produktions- und Fertigungsverfahren kann es zu kostspieligen Fehlschlägen kommen.

○ **Fertigungswagnisse**

In der Herstellung können durch Konstruktions-, Material- und Bearbeitungsfehler hohe Mehrkosten entstehen.

○ **Kreditwagnisse**

Forderungen können uneinbringlich werden.

○ **Gewährleistungswagnisse**

Aufgrund des Verkaufs nicht einwandfreier Erzeugnisse können gegenüber dem Kunden Verpflichtungen entstehen (z.B. kostenlose Reparatur).

Fazit: Als Kosten versteht man also all die Werte der Güter und Dienstleistungen, die bei der Erstellung der betrieblichen Leistung verbraucht werden, soweit sie periodengerecht und in gewöhnlicher Höhe anfallen, sowie aus kalkulatorischen Gründen aufgenommene Kosten.

SITUATION

Sylvia Suhrmann ist Eigentümerin des Blumenladens „Blumenwelt KG". Als Geschäftsführerin ist sie auch Komplementärin des Unternehmens. Als Kommanditist beteiligte sie ihren Bruder, Manfred Herfurth. Im Gesellschaftsvertrag wurde vereinbart, dass jedem Gesellschafter vom Gewinn zunächst 4 % des eingesetzten Eigenkapitals zustehen. Ein verbleibender Restgewinn soll im Verhältnis 3 (Suhrmann) : 1 (Herfurth) verteilt werden.

Am Ende des aktuellen Geschäftsjahres lagen folgende Daten vor:

Bilanz zum 01.01.20(01)
(verkürzte Darstellung, Werte in EUR)

A		P	
I. Anlagevermögen	252.000	I. Eigenkapital	
II. Umlaufvermögen	157.000	Suhrmann	152.000
		Herfurth	83.000
		II. Fremdkapital	
		Verbindlichkeiten gegenüber Herfurth	12.240
		Sonstiges Fremdkap.	161.760
	409.000		409.000

Privatkonto Suhrmann zum 31.12.20(01)
(verkürzte Darstellung, Werte in EUR)

S		H	
Einlagen	5.170	Entnahmen für Lebensunterhalt und Sozialversicherung	62.400
	62.400		62.400

GuV zum 31.12.20(01)
(verkürzte Darstellung, Werte in EUR)

S		H	
Handelswaren	483.600	Umsatzerlöse Handelswaren	647.400
Aufw. f. bezogene Leistungen (Reparatur Wasserschaden)	3.900		
Gehälter Aushilfen	8.400		
Abschreibungen			
- Ladeneinrichtung	12.100		
- Werkzeuge	2.700		
- nicht genutzte manuelle Registrierkasse	600		
Verluste a. d. Abgang elektr. Werbetafel	900		
Kommunikation, Büromat.	14.400		
Werbung	2.400		
Steuern	32.700		
Zinsen für Fremdk.	9.200		
Steuernachzahlung f. 20(00)	2.100		
	647.400		647.400

Bilanz zum 31.12.20(01)
(verkürzte Darstellung, Werte in EUR)

A		P	
I. Anlagevermögen	289.200	I. Eigenkapital	
II. Umlaufvermögen	190.800	Suhrmann	
		Herfurth	
		II. Fremdkapital	
		Verbindlichkeiten gegenüber Herfurth	
		Sonstiges Fremdkap.	

ARBEITSAUFGABEN

1. Berechnen Sie den im aktuellen Geschäftsjahr realisierten Gewinn, führen Sie die Gewinnverteilung gemäß den Vorgaben des Gesellschaftsvertrages durch und vervollständigen Sie dann die Schlussbilanz.

2. Wie beurteilen Sie den Abschluss des Geschäftsjahres? Begründen Sie Ihr Urteil.

3. Frau Suhrmann hat in Ihrem Laden an 300 Tagen im zurückliegenden Geschäftsjahr durchschnittlich 60 Blumensträuße verkauft (aus Vereinfachungsgründen wird davon ausgegangen, dass nur Blumensträuße in einer einheitlichen Qualität eingekauft und wieder verkauft wurden). Berechnen Sie auf dieser Basis den Einkaufspreis je Stück, die Stückkosten und die Stückerlöse.

SITUATION

Durch die zunehmende Konkurrenz der Supermärkte, die verstärkt auch Pflanzen anbieten, ist Frau Suhrmann gezwungen, ihren Verkaufspreis für die Blumen zu senken. Sie befürchtet, dass dies unweigerlich zu einem Gewinneinbruch führen wird. Sie möchte daher nun genau ermitteln, bis zu welchem Wert sie die Preise senken kann.

4. Betrachten Sie die im zurückliegenden Fall angefallenen Aufwendungen genau und überlegen Sie, welche davon in eine Kostenrechnung nicht übernommen werden sollten. Begründen Sie Ihre Entscheidung und berechnen Sie nun die Stückkosten.

5. Frau Suhrmann hat sich dazu entschlossen, die neutralen Aufwendungen aus der Kostenkalkulation herauszunehmen. Wie hoch sind nun die Stückkosten je verkauftem Blumenstrauß?

SITUATION

Frau Suhrmann hat nun verstanden, dass einige Aufwendungen der Finanzbuchhaltung nur deshalb aus der Kostenrechnung fern gehalten werden müssen, weil die in der Buchhaltung erfasste Aufwandshöhe nicht dem tatsächlichen betrieblichen Leistungsverzehr entspricht. Die Aufwendungen werden also nur in anderer Höhe in die Kostenrechnung übernommen. Man nennt diese Kosten daher auch Anderskosten.

6. Bei der Blumenwelt KG fielen im zurückliegenden Geschäftsjahr 14.800 EUR Abschreibungen an. Dieser Aufwand wird durch die Abschreibung der Ladentheke verursacht. Diese wird degressiv mit 20 % pro Jahr abgeschrieben. Der Anschaffungswert betrug 115.625 EUR netto. Das zurückliegende Geschäftsjahr war das dritte Nutzungsjahr. Die Nutzungsdauer wurde gemäß AfA-Tabelle mit 8 Jahren festgelegt.

a) Welches Problem ergibt sich für die Kalkulation von Frau Suhrmann, wenn sie die bei der degressiven Abschreibung ermittelten Aufwendungen in ihre Kostenrechnung übernimmt? Erläutern Sie das damit verbundene Problem. Greifen Sie dabei ggf. auf die Ergebnisse aus Aufgabe 4 zurück.

b) Frau Suhrmann ist sich im Grunde sowieso nicht klar, warum sie das Anlagevermögen, also in ihrem Fall die Ladentheke abschreibt. Dies macht sie in erster Linie, um Steuern zu sparen. Denn Abschreibungen sind Aufwendungen und Aufwendungen wirken sich gewinnmindernd aus. Und ein niedrigerer Gewinn führt letztendlich zu weniger Steuern. Dies war auch der Grund, warum sie damals die degressive und nicht die lineare Abschreibung wählte. Hier sind die Abschreibungsbeträge in den Anfangsjahren besonders hoch.

Frau Suhrmann rechnet das daher einmal durch: Angenommen, sie würde auf die Abschreibung verzichten. In diesem Fall fielen in ihrem Unternehmen niedrigere Kosten an und es entsteht ein höherer Gewinn. Und höhere Gewinne, so denkt sie weiter, ermöglichen höhere Privatentnahmen. Sie rechnet daher mit Folgendem:

GuV zum 31.12.20(01) (verkürzte Darstellung, Werte in EUR)			
S		**H**	
Handelswaren	483.600	Umsatzerlöse	
Aufw. f. bezogene Leistungen (Reparatur Wasserschaden)	3.900	Handelswaren	647.400
Gehälter Aushilfen	8.400		
Abschreibungen	15.400		
Verluste a. d. Abgang v. VG	900		
Mieten	14.400		
Werbung	2.400		
Steuern	32.700		
Zinsen für Fremdk.	9.200		
Steuernachzahlung f. 20(00)	2.100		
Gewinn	*74.400*		
	647.400		647.400

Gewinn mit Abschreibung: 74.400,00 EUR
Gewinn _ohne_ Abschreibung: 89.800,00 EUR

Vorteil: 15.400,00 EUR

Jährlich können nun 89.800 EUR aus dem Unternehmen entnommen werden, ohne dass sich das Eigenkapital der Gesellschafter verringert.

Stückkosten mit Abschreibung: 31,83 EUR
Stückkosten _ohne_ Abschreibung: 30,98 EUR

Vorteil: 0,85 EUR

Der Preis je Blumenstrauß kann um 0,85 EUR gesenkt werden, da weniger Kosten anfallen.

Welche Fehler entdecken Sie in der Ausarbeitung von Frau Suhrmann? Erläutern Sie, inwieweit die Überlegungen von Frau Suhrmann betriebswirtschaftlich problematisch sind.

c) Frau Suhrmann hat nun zunächst einmal die Aufwendungen bei Anwendung der linearen anstelle der degressiven Abschreibung ermittelt. Sie kommt zu folgenden Ergebnissen:

Verkaufspreis netto	35,97 EUR
Stückkosten mit Abschreibung (Gesamtaufwendungen inklusive 115.625 EUR : 8 Jahre = 14.453,13 EUR)	31,03 EUR
Stückkosten ohne Abschreibung	30,98 EUR

Gehen wir nun einmal davon aus, dass Frau Suhrmann auch in den nächsten Jahren jährlich immer wieder 18.000 Blumensträuße verkaufen wird und dass sie und Herr Herfurth den gesamten Jahresgewinn entnehmen.

Berechnen Sie, wie hoch der von den Gesellschaftern der Blumenwelt KG über die gesamte Nutzungsdauer der Ladentheke zu entnehmende Gewinn ist. Beachten Sie, dass es sich sowohl beim Verkaufspreis als auch bei den Stückkosten um gerundete Werte handelt und Sie mit ungerundeten Werten rechnen müssen. Überlegen Sie dann, welche Folgen das Weglassen der Abschreibung für die Gesellschafter und die KG hat.

d) Welche Schlussfolgerungen sollte Frau Suhrmann aus dem bisher gelernten für die Übernahme der Abschreibung in die Kostenrechnung ziehen? Fassen Sie die Ergebnisse der vorherigen Teilaufgaben hierzu zusammen.

SITUATION

Frau Suhrmann kennt nun den Unterschied zwischen bilanzieller und kalkulatorischer Abschreibung. Als sie ihren Mann darüber aufklärt, stellt dieser fest, dass die gleichen Zusammenhänge auch für den Aufwand „Fremdkapitalzinsen" gelten. Auch hier müsse man entsprechende Korrekturen vornehmen.

7. Die Zinsaufwendungen fallen für das in das Unternehmen eingesetzte Fremdkapital an. Ohne Fremdkapital lässt sich im Grunde kein Unternehmen finanzieren.

a) Führen Sie auf, welche Arten von Fremdkapital ein Unternehmen zur Finanzierung des Vermögens nutzen kann. Unterscheiden Sie sodann, inwieweit für das Fremdkapital Zinsen anfallen und mit welcher prozentualen Zinsbelastung ein Unternehmen rechnen muss.

b) Fremdkapital wird aus unterschiedlichen Gründen zur Finanzierung des Unternehmensvermögens genutzt. Erläutern sie mögliche Gründe.

c) Nennen Sie Möglichkeiten, in welche Vermögenswerte Fremdkapital investiert werden könnte und welche Faktoren bei der Investitionsentscheidung beachtet werden sollten.

d) Aus dem Buchführungsunterricht weiß Frau Suhrmann, dass die beiden Bilanzseiten wertmäßig übereinstimmen. Diese Ausgeglichenheit kommt dadurch zustande, dass auf beiden Seiten im Grunde das Gleiche steht, nur aus zwei verschiedenen Blickwinkeln gesehen. Auf der Aktivseite

stehen die Vermögenswerte, in die das Unternehmen das Kapital der Passivseite investiert hat. Und auf der Passivseite stehen die Finanzierungsquellen, aus denen das Kapital verwendet werden kann, das man in die Vermögenswerte der Aktivseite investiert. In der Schule hat der Rechnungswesenlehrer einmal gesagt: „Auf der Aktivseite der Bilanz steht das Vermögen, auf der Passivseite stehen die Schulden." Daraufhin meldete sich eine Schülerin und sagte: „Aber das stimmt

doch gar nicht! Auf der Passivseite stehen doch die Schulden und das Eigenkapital." Darauf erwiderte der Lehrer: „Da haben Sie wohl Recht, aber das Eigenkapital stellt aus Sicht des Unternehmens doch auch Schulden dar. Aber das werden Sie erst verstehen, wenn Sie sich besser mit den Rechtsformen der Unternehmung auskennen." Frau Suhrmann ist nun selbst Eigentümerin eines Unternehmens, versteht aber dennoch nicht, was der Lehrer gemeint hat. Können Sie ihr helfen? Erklären Sie Frau Suhrmann die Zusammenhänge.

e) Frau Suhrman hat nun verstanden, dass das Fremdkapital, das dem Unternehmen zur Verfügung steht, nicht nur für betriebliche Zwecke genutzt wird. In welche Vermögenswerte könnte ein Unternehmen Fremdkapital investieren, obwohl dies nicht dem eigentlichen betrieblichen Zweck entspricht? Nutzen Sie hierzu auch Ihre Antworten aus der Teilaufgabe 7 c).

f) Zinsen für Fremdkapital, das in Vermögenswerte investiert wird, die in keinem direkten Bezug zur eigentlichen betrieblichen Leistungserstellung stehen, stellen im Grunde nicht betriebsbedingte Aufwendungen dar. Diese Aufwendungen wurden ja bereits bei der Abgrenzung zwischen Aufwendungen und Kosten als „neutrale Aufwendungen" gar nicht erst in die Kostenrechnung übernommen. Warum ist die Abgrenzung „betriebsnotwendiger Fremdkapitalzinsen" von „betriebsfremden Fremdkapitalzinsen" jedoch in der Praxis nicht möglich? Machen Sie das Problem an einem selbst gewählten Beispiel deutlich.

g) Für Frau Suhrman ist immer noch nicht ganz klar, warum das von den Eigentümern des Unternehmens eingebrachte Eigenkapital bei der Ermittlung der kalkulatorischen Zinsen eine Rolle spielt. Von einem Bekannten, der Betriebswirtschaftslehre studiert, bekommt sie daher folgende Aufgabe:

Zwei konkurrierende Einzelunternehmen produzieren unter sonst gleichen Bedingungen. Lediglich die Kapitalstruktur ist unterschiedlich.

Bilanz der Alpha e. K. zum 01.01.20(01)
(verkürzte Darstellung, Werte in EUR)

A		P	
I. Anlagevermögen	200.000	I. Eigenkapital	300.000
II. Umlaufvermögen	100.000	II. Fremdkapital	0
	300.000		300.000

Bilanz der Beta e. Kfr. zum 01.01.20(01)
(verkürzte Darstellung, Werte in EUR)

A		P	
I. Anlagevermögen	200.000	I. Eigenkapital	200.000
II. Umlaufvermögen	100.000	II. Fremdkapital	100.000
	300.000		300.000

Wegen der unterschiedlichen Finanzierungsstruktur gibt sich trotz der ansonsten gleichen wirtschaftlichen Situation auch ein unterschiedlicher Erfolg.

GuV der Alpha e. K. zum 31.12.20(01)
(verkürzte Darstellung, Werte in EUR)

S		H	
Aufwendungen	876.000	Erträge	900.000
	900.000		900.000

GuV der Beta e. Kfr. zum 31.12.20(01)
(verkürzte Darstellung, Werte in EUR)

S		H	
Zinsaufwendungen	12.000	Erträge	900.000
Sonstige Aufwend.	876.000		
	900.000		900.000

Bestimmen Sie auf der Basis dieser Daten

- den Erfolg des zurückliegenden Geschäftsjahres.
- die Höhe des Fremdkapitalzinssatzes.
- die Verzinsung des Eigenkapitals (Eigenkapitalrentabilität).

Angenommen, die Geschäftsleitung der Alpha e. K. käme nun auf die Idee, wegen der starken Konkurrenzsituation mit dem Wettbewerber Beta e. K. und wegen des bestehenden Kostenvorteils die Verkaufspreise um jährlich 12.000 EUR zu senken (entsprechend dem Finanzierungsvorteil, weil keine Fremdkapitalzinsen anfallen). Wie würde sich dies auf die Eigenkapitalrentabilität der Alpha e. K. auswirken? Welche Schlussfolgerungen ziehen Sie aus diesem beispielhaften Fall?

h) Frau Suhrmann fasst das bisher erlernte noch einmal kurz zusammen: „Bei der Ermittlung der in der Kostenrechnung zu berücksichtigen „kalkulatorischen Kosten" gibt es also zwei Probleme: Zum einen kann man aus den in der Finanzbuchhaltung erfassten Fremdkapitalzinsen nicht den Anteil der betriebsbedingten Zinsen herausrechnen. Und zum anderen sollte aus kalkulatorischen Gründen auch das Eigenkapital berücksichtigt werden." Sie zieht ihr Gesicht in Falten und fragt dann: „Aber auf welcher Grundlage soll ich denn dann die Höhe der kalkulatorischen Zinsen berechnen?" Bei der Lösung dieser Frage hilft ihr wieder ihr Bekannter, der BWL studiert. Er übergibt ihr folgenden Informationstext:

Zur Ermittlung der kalkulatorischen Zinsen wird nicht auf das Kapital des Unternehmens zurück gegriffen sondern auf das Vermögen. Es gilt ja grundsätzlich, dass das Vermögen wertmäßig mit dem Kapital übereinstimmt (Bilanzgleichung). Zur Ermittlung der kalkulatorischen Zinsen wird ja eine „betriebsnotwendige Kapitalhöhe" benötigt, die man in der Praxis jedoch nicht bestimmen kann. Man wählt daher den Weg über das Vermögen und bestimmt einfach das „betriebsnotwendige Vermögen" mit folgender Formel:

  Anlagevermögen (kalkulatorische Restwerte, ohne vermietete Gebäude)
 + Umlaufvermögen (kalkulatorische Mittelwerte, ohne Wertpapiere)
  Betriebsnotwendiges Vermögen

Nun ist man schon fast am Ziel. Von diesem „betriebsnotwendigen Vermögen" wird nun nur noch der Teil des Fremdkapitals abgezogen, für den keine Zinsen zu zahlen sind:

  Betriebsnotwendiges Vermögen
 - Abzugskapital (Rückstellungen, Lieferantenkredite ohne Skontierung, Verbindlichkeiten gegenüber Mitarbeitern, Finanzbehörden u. Ä., Kundenanzahlungen)
  Betriebsnotwendiges Kapital

Auf der Grundlage des „betriebsnotwendigen Kapitals" werden dann mit einem marktüblichen Zinssatz die kalkulatorischen Zinsen berechnet.

Erklären Sie bitte Frau Suhrmann, warum bei der Ermittlung des „betriebsnotwendigen Kapitals" vom „betriebsnotwendigen Vermögen" das so genannte „Abzugskapital" abgezogen werden muss.

SITUATION

Bei der Ermittlung der „neutralen Aufwendungen" wurden Aufwendungen der „Blumenwelt KG" nicht in die Kostenrechnung übernommen, die unregelmäßig und in schwankender Höhe anfielen. Hierunter fielen beispielsweise die Verluste aus dem Abgang von Vermögensgegenständen (beim Verkauf von Betriebs- und Geschäftsausstattung unter Buchwert), die Verluste aus Diebstählen von Lagervorräten (Soll-Ist-Abweichungen bei der Inventur im Lager) aber auch alle nicht durch Versicherungen abgedeckte Schäden (z. B. Aufwendungen für Gewährleistungen, Feuer- und Wasserschäden, Unfälle an Pkw und Lkw). Diese Aufwendungen fielen ja tatsächlich an und waren in jedem Fall betriebsbedingt. Lediglich ihre „Unkalkulierbarkeit" führte zu der Entscheidung, sie aus der Kostenrechnung herauszuhalten. Trotzdem müssen diese Wagnisse irgendwie als Kosten Berücksichtigung finden. Es müssen kalkulatorische Wagnisse festgelegt werden.

8. a) Zeigen Sie auf, inwieweit sich die Aufwendungen für tatsächlich eingetretene betriebliche Wagnisse von den im Folgenden zu ermittelnden Kosten für kalkulatorische Wagnisse unterscheiden. Greifen Sie hierzu auf die im oben stehenden Text zur Situationsschilderung genannten Faktoren zurück.

    b) Neben dem allgemeinen Unternehmenswagnis bringt die Führung eines Unternehmens noch zahlreiche konkrete Wagnisse mit sich. In der Schilderung der Ausgangssituation werden Anlage- und Beständewagnisse beispielhaft angeführt. Welche weiteren konkreten Wagnisse gehen Unternehmer ein? Nennen Sie Beispiele.

SITUATION

Jetzt hat Frau Suhrmann schon drei verschiedene kalkulatorische Kosten kennen gelernt. In allen drei Fällen handelte es sich um so genannte Anderskosten, denn es handelte sich um Aufwendungen aus der Finanzbuchhaltung, die lediglich einer anderen wertmäßigen Höhe als kalkulatorische Kosten in die Kostenrechnung übernommen wurden.

Als geschäftsführende Gesellschafterin der Blumenwelt KG erhält Frau Suhrmann kein Gehalt für ihre Tätigkeit. Zur Finanzierung ihres Lebensunterhalts tätigt sie regelmäßig Privatentnahmen, die zu einer direkten Minderung des Eigenkapitals führen. Sie stellen keine Aufwendungen dar und werden daher nicht in der GuV erfasst. Anders wäre dies, wenn Frau Suhrmann und Herr Herfurth anstelle einer Kommanditgesellschaft eine Kapitalgesellschaft, also beispielsweise eine GmbH gegründet hätten. In diesem Fall wäre Frau Suhrmann als Geschäftsführerin Angestellte einer juristischen Person. Und in dieser Funktion bekäme sie auch ein Gehalt, das als Aufwand erfasst und in die GuV aufgenommen wird. „Gott sei Dank ist das nicht so. Denn dann hätte ich ja noch mehr Aufwendungen und einen noch geringeren Gewinn!" Ob diese Ansicht wohl zutrifft?

Von Ihrem Bekannten, dem BWL-Student, bekommt Frau Suhrmann folgende Gegenüberstellung:

Zwei konkurrierende Einzelunternehmen produzieren unter sonst gleichen Bedingungen. Lediglich die Rechtsform der Unternehmen ist unterschiedlich.

Bilanz der Alpha KG zum 01.01.20(01)				Bilanz der Beta GmbH zum 01.01.20(01)			
A	(verkürzte Darstellung, Werte in EUR)		P	A	(verkürzte Darstellung, Werte in EUR)		P
I. Anlagevermögen	200.000	I. Eigenkapital		I. Anlagevermögen	200.000	I. Eigenkapital	
		Komplementär	140.000			Stammkapital	50.000
II. Umlaufvermögen	100.000	Kommanditist	60.000	II. Umlaufvermögen	100.000	Gewinnrücklagen	150.000
		II. Fremdkapital				II. Fremdkapital	
		Verbindlichkeiten gegenüber Kommanditist	0				100.000
		Sonstiges Fremdkap.	100.000				
	300.000		300.000		300.000		300.000

Wegen der unterschiedlichen Finanzierungsstruktur gibt sich trotz der ansonsten gleichen wirtschaftlichen Situation auch ein unterschiedlicher Erfolg.

GuV der Alpha KG zum 31.12.20(01)			
S (verkürzte Darstellung, Werte in EUR)			H
Aufwendungen	876.000	Erträge	1.010.000
	1.010.000		1.010.000

GuV der Beta GmbH zum 31.12.20(01)			
S (verkürzte Darstellung, Werte in EUR)			H
Geschäftsführergehalt	96.000	Erträge	1.010.000
Sonstige Aufwend.	876.000		
	1.010.000		1.010.000

Privatkonto Komplementär Alpha KG zum 31.12.20(01)			
S (verkürzte Darstellung, Werte in EUR)			H
		Entnahmen	96.000
	96.000		96.000

GuV der Beta GmbH zum 31.12.20(01)			
S (verkürzte Darstellung, Werte in EUR)			H
Geschäftsführergehalt	96.000	Erträge	1.010.000
Sonstige Aufwend.	876.000		
	1.010.000		1.010.000

Bilanz der Alpha KG zum 31.12.20(01)			
A (verkürzte Darstellung, Werte in EUR)			P
I. Anlagevermögen	250.000	I. Eigenkapital Komplementär Kommanditist	
II. Umlaufvermögen	170.000	II. Fremdkapital Verbindlichkeiten gegenüber Kommanditist Sonstiges Fremdkap.	0
	420.000		420.000

Bilanz der Beta GmbH zum 31.12.20(01)			
A (verkürzte Darstellung, Werte in EUR)			P
I. Anlagevermögen	250.000	I. Eigenkapital Stammkapital Gewinnrücklagen	
II. Umlaufvermögen	170.000	II. Fremdkapital	
	420.000		420.000

9. a) Errechnen Sie auf der Basis der vorliegenden Daten den Gewinn des zurückliegenden Geschäftsjahres sowie die Höhe des Eigenkapitals am Ende des Geschäftsjahres für beide Unternehmen (aus Vereinfachungsgründen soll davon ausgegangen werden, dass der Gewinn bei der KG ausschließlich nach Köpfen verteilt wird).

b) Vergleichen Sie nun die Bilanzen am Ende des Geschäftsjahres. Was fällt Ihnen auf?

c) Allein die Wahl der Rechtsform der Unternehmung führt offensichtlich zu verfälschenden Ergebnissen in der Erfolgsrechnung. Der tatsächliche Erfolg wird verschleiert. In der Finanzbuchhaltung ist man zu der geschilderten Vorgehensweise der Erfassung der Privatentnahmen gezwungen. In der Kostenrechnung hingegen kann man durch den Ansatz eines kalkulatorischen Unternehmerlohns korrigierend eingreifen. Erläutern Sie, warum es bei allen Unternehmensformen, die keine Kapitalgesellschaften sind, ökonomisch notwendig ist, in der Kalkulation Zusatzkosten für den Unternehmerlohn einzusetzen.

d) Angenommen, bei der Alpha KG hätte man für das Geschäftsjahr 20(01) in der Kostenrechnung einen kalkulatorischen Unternehmerlohn in Höhe von 96.000,00 EUR eingeplant und der Komplementär hätte dann, wie in der Ausgangssituation geschildert, tatsächlich 96.000,00 EUR Privatentnahmen in diesem Geschäftsjahr getätigt. Welche Auswirkung hätte dies auf den Jahresabschluss der Alpha KG gehabt?

SITUATION

Die Geschäftsräume der Blumenwelt KG sind im Parterre des Wohnhauses von Herrn Herfurt untergebracht. Der Kommanditist verlangt hierfür keine Miete. Ansonsten hätten sich die beiden Gesellschafter auch gar nicht selbstständig machen können, denn eine hohe Miete für die Geschäftsräume hätte unweigerlich den Unternehmenserfolg stark geschmälert. Dies zeigt auch eine von Frau Suhrmann erstellte Übersicht (siehe folgende Seite oben). Derartig hohe Aufwendungen hätte sich das junge Unternehmen einfach nicht leisten können. Und für Herrn Herfurt ist das Ganze auch nicht problematisch, denn als Single verfügt er noch über ausreichend Wohnraum im ersten und zweiten Stock des Hauses.

Gegenüberstellung der Erfolgssituationen mit und ohne Ladenmiete:

GuV der Blumenwelt KG zum 31.12.20(01)			
S	(verkürzte Darstellung, Werte in EUR)		H
Aufwendungen	573.000	Erträge	647.400
Gewinn	***74.400***		
	647.400		647.400

Vergleichs-GuV der Blumenwelt KG zum 31.12.20(01)			
S	(verkürzte Darstellung, Werte in EUR)		H
Aufwendungen	573.000	Erträge	647.400
Mieten	18.000		
Gewinn	***56.400***		
	647.400		647.400

10. a) Zwischen Frau Suhrmann und Herrn Herfurt ereignet sich daraufhin folgender Dialog:

> **Dass wir keine Miete zahlen müssen ist wirklich ein Glück! Wenn diese Kosten auch noch auf uns zukommen würden, bräuchten wir den Laden gar nicht mehr aufmachen. Das wäre das Ende für unsere KG ...**

> **Tja, da hast du Recht. Das entlastet das Ergebnis des Unternehmens wirklich enorm. Aber ganz umsonst ist die Nutzung ja nicht. Ein wenig werde ich für die Überlassung ja durch meinen Gewinnanteil entschädigt. Sonst hätte ich den Teil des Gebäudes ja auch nicht in das Geschäftsvermögen der Blumenwelt KG übertragen. Der ist schließlich Teil meiner Kapitaleinlage. Und dafür bekomme ich ja auch einen satten Gewinn.**

> **Schön, dass du das so siehst. Ich hatte schon ein schlechtes Gewissen! So gar keine Miete - ich wollte dich ja nie ausnutzen...**

> **Das geht schon klar! Und schließlich ist das ja ein unglaublicher Kostenvorteil. Dadurch, dass wir keine Mietaufwendungen haben, sind unsere Kosten niedriger und wir können günstiger sein als die Konkurrenz.**

> **Das stimmt aber nicht so ganz. Ich glaube, ich erkläre dir das mit den Zusatzkosten noch einmal ...**

Können Sie nachvollziehen, welches Problem Frau Suhrmann mit der Einstellung von Herrn Herfurt hat? Erläutern Sie Ihre Ansicht.

b) Frau Suhrmann hat sich über den ortsüblichen Mietspiegel informiert, welche Miete für die genutzten Geschäftsräume angebracht ist. Diese Miete setzt sie in der Kostenrechnung als kalkulatorische Miete an. Nun hat Sie jedoch noch einige Fragen:

- Der genutzte Gebäudeteil gehört zum Betriebsvermögen der Blumenwelt KG. Kann Frau Suhrmann neben der kalkulatorischen Miete auch weiterhin eine Abschreibung des Gebäuderaumes vornehmen? Diese wird schließlich bei den kalkulatorischen Abschreibungen bereits berücksichtigt.

- An den Gebäuderäumen werden immer wieder Reparaturen vorgenommen. Diese Instandhaltungsaufwendungen wurden bisher in der Finanzbuchhaltung erfasst und in der Kostenrechnung als kalkulatorische Wagnisse berücksichtigt. Kann diese Vorgehensweise beibehalten werden?

- Bisher wurde auch die in der Finanzbuchhaltung buchhalterisch erfasste Grundsteuer und die Gebäudeversicherung in die Kostenrechnung übernommen. Muss dies durch den Ansatz der kalkulatorischen Miete geändert werden?

- Angenommen, Herr Herfurt wäre weiterhin Eigentümer der Geschäftsräume geblieben und hätte für die Nutzung eine Miete verlangt, die weiter unter dem ortsüblichen Mietspiegel gelegen hätte? Wäre auch in diesem Fall der Ansatz einer kalkulatorischen Miete möglich gewesen?

Diskutieren Sie Ihre Ansicht zu diesen Fragen!

Lektion 2: Die Abgrenzungstabelle

Arbeitsanweisung

Lesen Sie sich zunächst die unten stehenden Informationstexte gut durch und bearbeiten Sie dann die nachfolgend aufgeführten Aufgaben.

INFORMATIONSTEXT: *Produktionsweise der Abgrenzungstabelle*

Um aus der Finanzbuchhaltung (Rechnungskreis I) die Kosten und Leistungen für die Kosten- und Leistungsrechnung (Rechnungskreis II) ableiten zu können, wird eine so genannte Abgrenzungstabelle verwendet. Diese besteht aus drei Teilen:

- Gesamtergebnis der Unternehmensleistung: Dieser Teil entspricht den Aufwendungen und Erträgen, die aus der GuV-Rechnung übernommen werden. Der Saldo aus Aufwendungen und Erträgen entspricht dem Unternehmensgewinn bzw. dem -verlust, der während des Geschäftsjahres erwirtschaftet wurde.

- Betriebsergebnisrechnung: In diesem Teil werden die Kosten und Leistungen des Rechnungskreises II aufgenommen. Aus dem Saldo von Kosten und Leistungen ergibt sich der Betriebsgewinn oder -verlust.

- Abgrenzungsrechnung: Betriebsergebnis und Unternehmensergebnis unterscheiden sich durch die neutralen Aufwendungen und Erträge sowie die kalkulatorischen Kosten. Um diese Wertkorrekturen tabellarisch erfassen zu können, werden zwischen dem Unternehmens- und dem Betriebsergebnis zwei Spalten aufgenommen. Die eine Spalte dient der unternehmensbezogenen Abgrenzung (hier werden die neutralen Aufwendungen und Erträge aufgenommen) und die andere den kostenrechnerischen Korrekturen (hier werden die kalkulatorischen Kosten aufgenommen).

Rechnungskreis I	Rechnungskreis II		
Gesamtergebnis der Finanzbuchhaltung	Abgrenzungsrechnung		Betriebsergebnis-rechnung
	Unternehmensbezogene Abgrenzung	Kostenrechnerische Korrekturen	
Unternehmensergebnis	Neutrales Ergebnis	Kalkulatorische Kosten	Betriebsergebnis

Betrachtet man den Aufbau der Tabelle, so fällt auf, dass durch die drei Spalten des Rechnungskreises II das Unternehmensergebnis in drei Teile aufgespaltet wird. Insgesamt müssen die Salden des Rechnungskreises II somit mit dem Saldo des Rechnungskreises I übereinstimmen. Es gilt:

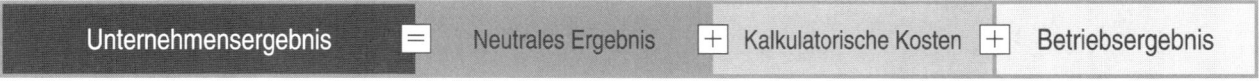

Vorgehensweise bei der Ermittlung des Betriebsergebnisses:

(A) Beispiel ohne neutrale Aufwendungen und Erträge sowie ohne kalkulatorische Kosten

- Schritt 1:

  Die Aufwendungen und Erträge der GuV-Rechnung werden in die Spalten des Rechnungskreises I übernommen.

  Beispiel: Werkstoffaufwendungen   10.000,00 EUR
  Umsatzerlöse   15.000,00 EUR

- Schritt 2:

  Da es sich in beiden Fällen um betriebsbedingte, gewöhnliche und periodengerechte Aufwendungen und Erträge handelt, können die Werte unverändert in die Betriebsergebnisrechnung übernommen werden.

Rechnungskreis I			Rechnungskreis II					
Gesamtergebnis der Finanzbuchhaltung			Abgrenzungsrechnung				Betriebsergebnis-rechnung	
			Unternehmensbezogene Abgrenzung		Kostenrechnerische Korrekturen			
Bezeichnung	Aufw.	Ertrag	neutrale Aufw.	neutrale Ertrag	Aufw. der Fibu	verrechn. Kosten	Kosten	Leistungen
Werkstoffaufw.	10.000						10.000	
Umsatzerlöse		15.000						15.000
Summe	10.000	15.000					10.000	15.000
Saldo	**5.000**						**5.000**	

Aus der Tabelle ergibt sich, dass der Unternehmenserfolg (Gewinn 5.000,00 EUR) dem Betriebsergebnis entspricht.

(B) Beispiel mit neutralen Aufwendungen und Erträgen jedoch ohne kalkulatorische Kosten

- Schritt 1:

  Die Aufwendungen und Erträge der GuV-Rechnung werden in die Spalten des Rechnungskreises I übernommen.

  Beispiel:

Werkstoffaufwendungen	*10.000,00 EUR*
Abschreibungen	*3.000,00 EUR davon 1.000,00 EUR für betrieblich nicht genutzte Maschine*
Verluste aus dem Abgang von Vermögenswerten	*2.000,00 EUR*
Umsatzerlöse	*15.000,00 EUR*
Mieterträge	*5.000,00 EUR*

- Schritt 2:

  Da es sich in beiden Fällen um betriebsbedingte, gewöhnliche und periodengerechte Aufwendungen und Erträge handelt, können die Werte unverändert in die Betriebsergebnisrechnung übernommen werden.

Rechnungskreis I			Rechnungskreis II					
Gesamtergebnis der Finanzbuchhaltung			Abgrenzungsrechnung				Betriebsergebnis-rechnung	
			Unternehmensbezogene Abgrenzung		Kostenrechnerische Korrekturen			
Bezeichnung	Aufw.	Ertrag	neutrale Aufw.	neutrale Ertrag	Aufw. der Fibu	verrechn. Kosten	Kosten	Leistungen
Werkstoffaufw.	10.000						10.000	
Abschreibungen	3.000		1.000				2.000	
Verl. a. d. Abg.	2.000		2.000					
Umsatzerlöse		15.000						15.000
Mieterträge		5.000		5.000				
Summe	15.000	20.000	3.000	5.000			12.000	15.000
Saldo	**5.000**		**2.000**				**3.000**	

Betrachtet man nun das Ergebnis der Tabelle, so wird Folgendes deutlich:

- ○ Das Geschäftsjahr wurde mit einem Unternehmensgewinn in Höhe von 5.000,00 EUR abgeschlossen.

○ Die betriebsbedingten, periodengerechten und gewöhnlichen Aufwendungen und Erträge (Werkstoffaufwendungen, Umsatzerlöse) wurden ohne Veränderung in die Betriebsergebnisrechnung überführt.

○ Da nur ein Teil der Abschreibungen (2.000,00 EUR) betriebsbedingt ist, werden 1.000,00 EUR als neutrale Aufwendungen angesetzt.

○ Da die Verluste aus dem Abgang von Vermögenswerten sich durch einen Verkauf von Anlagevermögenswerten unter Buchwert ergeben haben und daher nicht planbar waren (neben der planmäßigen Abschreibung fällt hier eine außerplanmäßige Abschreibung an), werden diese Aufwendungen wegen ihrer Besonderheit als neutrale Aufwendungen eingestuft und ebenfalls nicht in den Rechnungskreis II überführt.

○ Ebenso verhält es sich mit den Mieterträgen. Sie sind nicht betriebsbedingt, da das Unternehmensziel eines Industriebetriebs nicht die Vermietung und Verpachtung von Immobilen ist.

○ Im Endergebnis zeigt sich, dass sich der Unternehmenserfolg in Höhe von 5.000,00 EUR aus einem neutralen Erfolg in Höhe von 2.000,00 EUR und einem Betriebserfolg in Höhe von 3.000,00 EUR zusammensetzt. Dies bedeutet, dass nur 60 % des Unternehmenserfolgs auf der eigentlichen betrieblichen Leistung fußt. Die hohen Mieterträge führen - trotz der neutralen Aufwendungen - per Saldo zu einer Erhöhung des Unternehmenserfolgs.

(C) Beispiel mit kalkulatorischen Anderskosten

- Schritt 1:

Die Aufwendungen und Erträge der GuV-Rechnung werden in die Spalten des Rechnungskreises I übernommen.

Beispiel:

Werkstoffaufwendungen	*10.000,00 EUR*	
Bilanzielle Abschreibung	*3.000,00 EUR*	*(degressive AfA vom Anschaffungswert)*
Zinsaufwendungen	*1.000,00 EUR*	*(Zinsen für das gesamte Fremdkapital)*
Umsatzerlöse	*15.000,00 EUR*	
Mieterträge	*5.000,00 EUR*	

- Schritt 2:

Die vorliegenden Aufwendungen werden daraufhin untersucht, in welcher Höhe sie in das Betriebsergebnis übernommen werden können. Neutrale Aufwendungen werden abgegrenzt und durchlaufen den Filter „unternehmensbezogene Abgrenzung" nicht. Darüber hinaus werden nun die Aufwendungen genauer analysiert, an deren Stelle aus kalkulatorischen Gründen andere Werte treten (kalkulatorische Anderskosten). Dies ist beispielsweise bei den Abschreibungen und den Zinsen der Fall. Die bilanziellen Abschreibungen werden in erster Linie nach steuerlichen Gesichtspunkten vorgenommen (z. B. Wahl einer sinnvollen Abschreibungsmethode, Festlegung einer betriebsgewöhnlichen Nutzungsdauer, Abschreibung vom Anschaffungswert). Die kalkulatorische Abschreibung hingegen hat andere Ziele (z. B. Kapitalerhaltung). Aus diesem Grund wird in der Kostenrechnung ein anderer Wert angesetzt. Ebenso verhält es sich bei den Zinsaufwendungen: Bilanziell werden sämtliche Zinsen erfasst, die für das in Anspruch genommene Fremdkapital gezahlt werden müssen. In der Praxis kommt es jedoch vor, dass nur ein Teil dieses Fremdkapitals für die eigentliche betriebliche Leistungserbringung verwandt wird. Der Teil, der diesen Anspruch nicht erfüllt, muss aus der Betriebsergebnisrechnung fern gehalten werden.

Beispiel:

kalkulatorische Abschreibung	*4.500,00 EUR*	*(lineare AfA vom Wiederbeschaffungswert)*
kalkulatorische Zinsen	*800,00 EUR*	*(Zinsen für das betriebsnotwendige Kapital)*

Damit die Salden des Rechnungskreises II mit denen des Rechnungskreises I übereinstimmen, werden die Aufwendungen aus der Finanzbuchhaltung in der Aufwandsspalte der Spalten für die kostenrechnerischen Korrekturen aufgenommen. Die dafür angesetzten Anderskosten müssen dann im Gegenzug in die Spalte „verrechnete Kosten" eingetragen werden.

	Rechnungskreis I		Rechnungskreis II					
	Gesamtergebnis der Finanzbuchhaltung		Abgrenzungsrechnung				Betriebsergebnisrechnung	
			Unternehmensbezogene Abgrenzung		Kostenrechnerische Korrekturen			
Bezeichnung	Aufw.	Ertrag	neutrale Aufw.	neutrale Ertrag	Aufw. der Fibu	verrechn. Kosten	Kosten	Leistungen
Werkstoffaufw.	10.000						10.000	
Abschreibungen	3.000				3.000	4.500	4.500	
Zinsaufwand	1.000				1.000	800	800	
Umsatzerlöse		15.000						15.000
Mieterträge		5.000		5.000				
Summe	14.000	20.000	0	5.000	4.000	5.300	15.300	15.000
Saldo	**6.000**		**5.000**		**1.300**			**300**

Die Auswertung der Tabelle ergibt Folgendes:

○ Das Geschäftsjahr wurde mit einem Unternehmensgewinn in Höhe von 6.000,00 EUR abgeschlossen.

○ Ein Großteil dieses Gewinns ergab sich durch den hohen neutralen Gewinn. Die nicht betriebsbedingten Mieterträge führen zu einem neutralen Gewinn in Höhe von 5.000,00 EUR.

○ Auch die kostenrechnerischen Korrekturen machen deutlich, dass der Unternehmensgewinn nicht auf der betrieblichen Leistung fußt. Im Gegenteil: Dadurch, dass in der Finanzbuchhaltung bei den Abschreibungen zu geringe Werte (sprich unrealistische, dem tatsächlichen Wertverzehr nicht entsprechende Werte) angesetzt wurden, ergibt sich ein zu hoher Unternehmensgewinn.

○ Im Endeffekt ergibt die Abgrenzungstabelle, dass das Unternehmen betriebsbedingt sogar einen Verlust in Höhe von 300,00 EUR erwirtschaftet.

(D) Beispiel mit kalkulatorischen Zusatzkosten

• Schritt 1:

Die Aufwendungen und Erträge der GuV-Rechnung werden in die Spalten des Rechnungskreises I übernommen.

Beispiel:

Werkstoffaufwendungen   *10.000,00 EUR*
Umsatzerlöse   *15.000,00 EUR*

• Schritt 2:

Neben den in der Finanzbuchhaltung erfassten Aufwendungen fallen jedoch noch weitere Kosten an. Da diesen Kosten keine Aufwendungen im Rechnungskreis I gegenüberstehen, werden diese Kosten auch als kalkulatorische Zusatzkosten bezeichnet. Diese Kosten werden in die Betriebsergebnisrechnung aufgenommen, um dort die Ergebnisse für die spätere Auswertung in der KLR zu verbessern.

Beispiel:

kalkulatorischer Unternehmerlohn   *6.000,00 EUR*   *(Ansatz für Leistungsentgelte der OHG-Gesellschafter)*

kalkulatorische Miete   *1.000,00 EUR*   *(Ansatz für die Mietersparnis für die genutzten Geschäftsräume, die zum Eigentum der Gesellschafter gehören)*

Rechnungskreis I			Rechnungskreis II					
Gesamtergebnis der Finanzbuchhaltung			Abgrenzungsrechnung				Betriebsergebnis-rechnung	
			Unternehmensbezogene Abgrenzung		Kostenrechnerische Korrekturen			
Bezeichnung	Aufw.	Ertrag	neutrale Aufw.	neutrale Ertrag	Aufw. der Fibu	verrechn. Kosten	Kosten	Leistungen
Werkstoffaufw.	10.000						10.000	
Umsatzerlöse		15.000						15.000
Kalk. Untern.lohn						6.000	6.000	
Kalk. Miete						1.000	1.000	
Summe	10.000	15.000			0	7.000	17.000	15.000
Saldo	**5.000**				**7.000**			**2.000**

Die Auswertung der Tabelle ergibt Folgendes:

○ Das Geschäftsjahr wurde mit einem Unternehmensgewinn in Höhe von 5.000,00 EUR abgeschlossen.

○ Dieser Gewinn ist jedoch darauf zurückzuführen, dass in der Finanzbuchhaltung wichtige Bedingungen des Unternehmens nicht beachtet wurden. So erhielten die Geschäftsführer der OHG für ihre Leistungen kein Entgelt (wie zum Beispiel Geschäftsführer einer GmbH). Ihre Leistung wird (buchhalterisch gesehen) somit unentgeltlich erbracht. Die Gesellschafter haben im Gegenzug die Möglichkeit, zur Finanzierung ihrer Ausgaben für die private Lebensführung Privatentnahmen zu tätigen. Diese Entnahmen verringern zwar (wie Aufwendungen) die Höhe des Eigenkapitals, sie werden jedoch nicht wie Geschäftsführergehälter als Aufwand in der Finanzbuchhaltung erfasst. Somit wird die GuV von Einzelunternehmungen und Personengesellschaften quasi geschönt. Um dieses Problem zu beseitigen wird in der KLR ein entsprechender Unternehmerlohn angesetzt.

Ebenso verhält es sich mit der Miete. Da das Unternehmen die Geschäftsräume nutzen kann, die den Gesellschaftern gehören, müssen keine Mieten geleistet werden. Dieser Umstand führt nun ebenfalls dazu, dass der Unternehmensgewinn höher ausfällt als er unter realistischen Bedingungen ausfallen dürfte. Auch hier werden daher kalkulatorische Kosten angesetzt.

○ Letztendlich führt der Ansatz der kalkulatorischen Zusatzkosten dazu, dass die betrieblichen Erträge (Umsatzerlöse) die Kosten nicht decken können. Das Ergebnis der Betriebsergebnisrechnung macht deutlich, dass das Unternehmen im Grunde Verluste erwirtschaftet.

(E) Beispiel mit Verrechnungspreisen

● Schritt 1:

Die Aufwendungen und Erträge der GuV-Rechnung werden in die Spalten des Rechnungskreises I übernommen.

Beispiel:

Werkstoffaufwendungen, bewertet mit Anschaffungskosten	*10.000,00 EUR*
Umsatzerlöse	*15.000,00 EUR*

● Schritt 2:

Vergegenwärtigt man sich die Ziele, die durch den Ansatz kalkulatorischer Kosten erreicht werden sollen (unter anderem Überführung Schwankungen unterliegender Kosten in einen konstanten Wert), so fällt auf, dass auch die Werkstoffkosten diesen Zielen nicht in vollem Maße gerecht werden. Die Werkstoffkosten setzen sich aus den Verbrauchsmengen und den Anschaffungskosten je Stück zusammen. Der mengenmäßige Verbrauch wird anhand von Materialentnahmescheinen oder durch die Differenzmethode im Rahmen eines Inventurabgleichs ermittelt. Setzt man einen konstanten Anschaffungswert an, so verändern sich die Materialkosten proportional zur Verbrauchsmenge (variable Kosten). Ein Problem ergibt sich jedoch dadurch, dass die Werkstoffpreise über den Betrachtungszeitraum hin schwanken können. Sinkt beispielsweise die Verbrauchsmenge, steigt jedoch hingegen der Anschaffungswert, so können die Werkstoffkosten insgesamt ansteigen. Im Rahmen der Kostenkalkulation führen derartige Schwankungen zu Problemen. In der Praxis behilft man sich daher, in dem man statt der tatsächlichen Anschaffungskosten konstante Verrechnungspreise verwendet. Der Verrechnungspreis für einen Werkstoff ergibt sich dabei aus dem Durchschnittspreis der zurückliegenden Abrechnungsperioden. Von Zeit zu Zeit muss dieser Wert natürlich an die tatsächlichen Gegebenheiten angepasst werden.

Um die Verrechnungspreise anstelle der tatsächlichen Werkstoffkosten im Rechnungskreis II zu erfassen, werden die tatsächlichen Kosten in der Spalte „kostenrechnerische Korrekturen" durch die Verrechnungspreise ersetzt.

Beispiel:

Werkstoffaufwendungen,
bewertet mit Verrechnungspreisen 　　　　　　*11.000,00 EUR*

Rechnungskreis I			Rechnungskreis II					
Gesamtergebnis der Finanzbuchhaltung			Abgrenzungsrechnung				Betriebsergebnis-rechnung	
			Unternehmensbezogene Abgrenzung		Kostenrechnerische Korrekturen			
Bezeichnung	Aufw.	Ertrag	neutrale Aufw.	neutrale Ertrag	Aufw. der Fibu	verrechn. Kosten	Kosten	Leistungen
Werkstoffaufw.	10.000				10.000	11.000	11.000	
Umsatzerlöse		15.000						15.000
Summe	10.000	15.000			10.000	11.000		
Saldo	**5.000**				**1.000**			**4.000**

Die Tabelle zeigt somit, dass durch Ansatz der realistischeren Verrechnungspreise das Betriebergebnis sich vom Unternehmensgewinn um 1.000,00 EUR unterscheidet.

Übungsaufgaben

1. Aufgabe

Vervollständigen Sie die nachfolgend abgebildete Ergebnis-/Abgrenzungstabelle unter Beachtung folgender Angaben:

Die Rohstoffe werden angesetzt zu Verrechnungspreisen von	2.210 T€
Die kalkulatorischen Abschreibungen belaufen sich auf	580 T€
Der Kalkulatorische Unternehmerlohn beträgt	350 T€

	Rechnungskreis I		Rechnungskreis II						
	Erfolgsbereich		Abgrenzungsbereich				KLR-Bereich		
	Ergebnis der Finanzbuchhaltung		Unternehmensbezogene Abgrenzung		Kosten- und leistungsrechnerische Korrekturen		Kosten- und Leistungsarten		
Kontenbezeichnung	Aufwendungen (in T€)	Erträge (in T€)	Aufwendungen (in T€)	Erträge (in T€)	Aufwendungen (in T€)	Verrechnete Kosten (in T€)	Kosten (in T€)	Leistungen (in T€)
5000 Umsatzerlöse		9.220						
5200 Bestandsänderungen		275						
5400 Mieterträge		170						
5710 Zinserträge		50						
6000 Rohstoffaufwendungen	2.390							
6020 Hilfsstoffaufwendungen	720							
6030 Betriebsstoffaufwendungen	85							
6200 Löhne	3.200							
6300 Gehälter	600							
6400 Soziale Abgaben	850							
6520 Abschreibungen	650		40					
6800 Büromaterial	140							
6870 Werbung	305							
70/77 Gewerbesteuer	190		15					
7460 Verluste aus Wertpapieren	10		10					
7600 A. o. Aufwendungen	1.145		1.145					
Summe								
Saldo								

2. Aufgabe

Das Industrieunternehmen Fuchs KG weist auf dem GuV-Konto zum Jahresabschluss die unten stehenden Werte aus.

Bei der Erstellung der Abgrenzungstabelle sind folgende Angaben zu beachten:

- Statt der tatsächlich angefallenen Zinsen sollen kalkulatorische Zinsen in Höhe von 5 % p. a. auf das betriebsnotwendige Kapital in Höhe von 205.700,00 EUR angesetzt werden.

- Statt der angefallenen Forderungsverluste sollen kalkulatorische Wagnisse in Höhe von 11.500,00 EUR verrechnet werden.

- An die Stelle der bilanziellen Abschreibung soll die kalkulatorische Abschreibung rücken; Konditionen: Anschaffungskosten 46.150,00 EUR, Wiederbeschaffungskosten 48.200,00 EUR; Nutzungsdauer: 5 Jahre.

- Als kalkulatorischen Unternehmerlohn werden 60.000,00 EUR berücksichtigt.

- Die Vergleichsmiete für das zum Eigentum des Unternehmens gehörende Geschäftsgebäude wird auf 14.600,00 EUR jährlich geschätzt.

Erstellen Sie aufgrund des vorangestellten GuV-Kontos und der Angaben für die kostenrechnerischen Korrekturen eine Abgrenzungsrechnung mithilfe der Tabelle in der Anlage.

a) Ermitteln Sie sodann

   aa) das neutrale Ergebnis,

   ab) die Summe der Aufwendungen der kostenrechnerischen Korrektur,

   ac) die Summe der verrechneten Kosten,

   ad) die Höhe des Saldos aus Kosten und Leistungen (Betriebsergebnis).

b) Entscheiden Sie, ob folgende Aussagen bezogen auf die von Ihnen durchgeführte Abgrenzungsrechnung [1] richtig oder [2] falsch sind.

   ba) Die Ergebnisse des Rechnungskreises 1 entsprechen denen der Finanzbuchhaltung.

   bb) In die Spalte „verrechnete Kosten" werden lediglich die Zusatzkosten eingetragen.

   bc) Das Betriebsergebnis weist einen Verlust aus.

   bd) Dadurch, dass die neutralen Erträge größer als die neutralen Aufwendungen sind, realisiert das Unternehmen einen neutralen Gewinn.

   be) Das Betriebsergebnis ist u. a. deshalb niedriger als das Unternehmensergebnis, weil es sich bei dem Unternehmen um eine Personengesellschaft handelt, in der die Geschäftsführer kein Gehalt beziehen.

   bf) In der Abgrenzungsrechnung wurden Zusatzkosten nicht berücksichtigt.

GUV Fuchs KG
(Angaben in EUR)

Soll		Haben	
Aufwendungen für Rohstoffe	760.400,00	Umsatzerlöse	1.288.820,00
Vertriebsprovisionen	30.320,00	Periodenfremde Erträge	144.800,00
Fremdinstandhaltung	5.940,00	Zinserträge	12.380,00
Löhne, Gehälter	221.000,00		
Abschreibungen auf Sachanlagen	10.870,00		
Mieten, Pachten	18.110,00		
Büromaterial	95.760,00		
Energiekosten	20.940,00		
Abschreibungen auf Forderungen	7.850,00		
Verluste aus dem Abgang von Vermögenswerten	3.850,00		
Periodenfremde Aufw.	14.750,00		
Zinsaufwendungen	7.450,00		
Außerordentliche Aufwendungen	30.760,00		

3. Aufgabe

Aus dem GuV-Konto der Heinz Schlau OHG (siehe unten) ist der Erfolg des vergangenen Geschäftsjahres zu ersehen. Offensichtlich entspricht dieser Erfolg jedoch nicht ausschließlich der betrieblichen Leistung des Unternehmens. Werten Sie den Geschäftserfolg im Hinblick auf die betriebliche Leistung aus, indem sie neutrale Aufwendungen und Erträge von den betriebsbedingten abgrenzen. Dabei sollen vor allem folgende Positionen des GuV-Kontos daraufhin untersucht werden, ob sie für die Kosten- und Leistungsrechnung geeignet sind:

- Die Mieterträge werden für ein vermietetes Lagergebäude erzielt.
- Von den Abschreibungen entfallen 38.500,00 EUR auf das vermietete Gebäude.
- In der GuV-Position „Betriebliche Steuern" sind Grundsteuern enthalten; 12.480,00 EUR entfallen davon auf das vermietete Gebäude.
- Die Aufwendungen für Fremdinstandhaltung wurden für einen Feuerschaden an der Lagerhalle aufgewandt. Der Schaden ist nicht durch eine Versicherung abgedeckt.

Angaben für die kostenrechnerischen Korrekturen:

Daten für die kalkulatorische Abschreibung:

Anlage-vermögen	Wiederbe-schaffungskosten	Abschreibungs-satz
Gebäude	3.450.000,00 EUR	4 %
Maschinen und Anlagen	4.480.500,00 EUR	10 %
Betriebs- und Geschäftsausstattung	1.560.200,00 EUR	20 %

Daten zur Berechnung des betriebsnotwendigen Kapitals:

Betriebsnotwendiges Anlagevermögen zu kalk. Restwerten:	939.540,00 EUR
Betriebsnotwendiges Umlaufvermögen zu kalk. Mittelwerten:	1.485.410,00 EUR
Abzugskapital (zinslos zur Verfügung gestelltes Kapital)*):	120.540,00 EUR
Anzusetzender Zinssatz:	10 %

*) Kredite der Debitoren

Daten für den kalkulatorischen Unternehmerlohn:

Vergleichswert für die Unternehmensleitung (jährlich):	204.000,00 EUR

GuV der Heinz Schlau OHG
(Angaben in EUR)

Soll			Haben		
6000	Aufwend. für Rohstoffe	3.740.500	5000	Umsatzerlöse für fert. Erz.	12.392.540
6020	Aufwend. für Hilfsstoffe	854.400	5202	Mehrbestand an fert. Erz.	447.200
6030	Aufwend. für Betriebsstoffe	141.200	5400	Mieterträge	72.000
6160	Fremdinstandhaltung	47.820	5460	Erträge a. d. Abgang von Vermögensgegenständen	16.780
6200	Löhne	1.960.000			
6300	Gehälter	850.000	5480	Erträge a. d. Herabsetzung von Rückstellungen	19.500
6400	Soziale Abgaben	1.285.000			
6520	Abschreibungen auf Sachanlagen	832.000	5710	Zinserträge	42.780
6800	Büromaterial	42.100			
6870	Werbung	175.800			
6960	Verluste aus Vermögensabgang	83.430			
70/77	Betriebliche Steuern	203.553			
7460	Verluste aus Wertpapierverkäufen	61.200			
7510	Zinsaufwendungen	211.412			
7600	Außerordentliche Aufwendungen	179.000			

Abgrenzungstabelle Rechnungswesen

Konto	Rechnungskreis I (Finanzbuchhaltung) Gesamtergebnisrechnung		Rechnungskreis II (Kosten- u. Leistungsrechnung)					
			Abgrenzungsrechnung				Betriebsergebnisrechnung	
			Neutrale Aufwendungen und Erträge		Kostenrechnerische Korrekturen			
	Aufwendungen	Erträge	Aufwendungen	Erträge	betriebl. Aufwend.	verr. Kosten	Kosten	Leistungen
Summe								
Saldo								

Abgrenzungstabelle Rechnungswesen

	Rechnungskreis I (Finanzbuchhaltung)		Rechnungskreis II (Kosten- u. Leistungsrechnung)					
	Gesamtergebnisrechnung		Abgrenzungsrechnung				Betriebsergebnisrechnung	
			Neutrale Aufwendungen und Erträge		Kostenrechnerische Korrekturen			
Konto	Aufwendungen	Erträge	Aufwendungen	Erträge	betriebl. Aufwend.	verr. Kosten	Kosten	Leistungen
Summe								
Saldo								

Lektion 3: Fixe und variable Kosten

Situation

Im Produktionssegment „Büroregale" der Heinz Schlau OHG Büromöbelfabrik werden seit Jahren qualitativ hochwertige Produkte hergestellt. Da der Absatz in den letzten Jahren schwankte und sich daraus ergebend immer wieder unterschiedliche Erfolgssituationen in diesem Produktionsbereich ergaben, soll die Kosten- und Erlössituation näher betrachtet werden.

In einer Besprechung der Controllingabteilung, an der Sie als kaufmännischer Mitarbeiter / kaufmännische Mitarbeiterin teilnehmen werden, sollen anhand entsprechender Daten Vorschläge zur Verbesserung der Erfolgssituation erarbeitet werden. Um in diesem Gespräch kompetent auftreten zu können, arbeiten Sie sich zunächst einmal in die Materie ein.

Arbeitsaufträge

1. Was versteht man unter Kosten und Erlösen?

2. Definieren Sie die Begriffe Kapazität und Beschäftigung und nennen Sie jeweils auf die Ausgangssituation zutreffende Beispiele.

3. Nennen Sie bezogen auf das Ausgangsbeispiel mögliche Kosten, die im Zusammenhang mit der Produktion anfallen können. Wie verändert sich die Höhe dieser Kosten, wenn sich die Beschäftigung verändert?

4. Die Heinz Schlau OHG hat in ihrem aktuellen Katalog vier Varianten des Regals „Standard" im Angebot (siehe Anlage). Für die Version A fallen folgende Kosten an: 45,00 EUR Materialkosten je Stück, 25,00 EUR Akkordlohn je Stück. Die anteiligen Fixkosten für diesen Produktionsbereich werden mit 40.000,00 EUR monatlich festgelegt. Füllen Sie mit diesen Angaben die Tabelle (Gesamtkostenbetrachtung) sowie das Koordinatensystem im Anhang aus. Interpretieren Sie das erarbeitete Ergebnis.

5. Betrachten Sie noch einmal die Ergebnisse aus Aufgabe 4. Füllen Sie anhand dieser Werte nun die Tabelle (Stückkostenbetrachtung) im Anhang aus. Zeichnen Sie sodann den Kosten- und Erlösverlauf in das zweite Koordinatensystem. Welche Unterschiede und welche Gemeinsamkeiten zu den Ergebnissen aus Aufgabe 4 fallen Ihnen auf?

6. In der Abteilungssitzung äußert sich der Abteilungsleiter des Verkaufs folgendermaßen: „In den vergangenen Monaten haben wir vom Regal Standard, Variante A, durchschnittlich 600 Stück absetzen können. Dabei beliefen sich die Produktionskosten auf knapp 137,00 EUR pro Stück. Bei einem Verkaufspreis von lediglich 120,00 EUR pro Stück bringt uns dieses Produkt einen monatlichen Verlust von ca. 10.000,00 EUR. So kann es nicht weitergehen. Ich schlage vor, den Verkaufspreis auf 150,00 EUR anzuheben, damit wir mit diesem Produkt endlich wieder Gewinne machen." Halten Sie die Aussage des Verkaufsleiters für richtig? Wie schätzen Sie die Auswirkungen seines Vorschlags ein?

7. Der Leiter des Controllings widerspricht dem Abteilungsleiter des Einkaufs. Sein Vorschlag ist, den Preis zunächst im Rahmen einer Angebotsaktion auf 110,00 EUR zu senken. Wie beurteilen Sie diesen Vorschlag?

8. Der Leiter des Controllings fragt Sie, bis zu welchem Wert der Preis des Produktes überhaupt gesenkt werden darf, damit sich die Produktion lohnt. Was entgegnen Sie ihm?

9. Berechnen Sie mithilfe der Deckungsbeitragsrechnung die Gewinnschwelle für das Regal Standard, Version C, wenn die variablen Kosten pro Stück 39,00 EUR betragen und als monatliche Fixkosten für diesen Produktionsbereich 30.000,00 EUR festgelegt werden. Wie hoch ist der Gewinn bei einer monatlichen Produktionsmenge von 6.700 Stück? Nutzen Sie auch hier die Deckungsbeitragsrechnung.

10. Angenommen, die Kapazität für die Herstellung des Regals Standard, Version D, beträgt 3.600 Stück monatlich. Die variablen Stückkosten liegen bei 63,00 EUR, die monatliche Fixkostenbelastung des Produktionsbereichs bei 16.100,00 EUR. Zurzeit werden 3.000 Stück monatlich produziert und abgesetzt.

    a) Wie hoch ist der aktuelle Beschäftigungsgrad?

    b) Wie hoch ist der Gewinn im aktuellen Monat?

    c) Durch den Großauftrag eines neuen Kunden könnte die Produktion des Regals auf 4.000 Stück monatlich ausgeweitet werden. Da diese Produktionsmenge auf den bestehenden Anlagen nicht mehr gefertigt werden kann, müsste eine Produktionsausweitung (neue Maschinen, zusätzliches Personal) getätigt werden. Die zusätzlich anfallenden monatlichen Fixkosten werden auf 7.100,00 EUR geschätzt. Lohnt sich die Annahme des Auftrages unter diesen Bedingungen?

Büroregal "STANDARD"

Version A: 6 Böden, 72x194x36 cm
Version B: 6 Böden, 55x194x36 cm
Version C: 2 Böden, 55x84x36 cm
Version D: 2 Böden, 72x84x36 cm

Version A **120,-**
Version B **100,-**
Version C **45,-**
Version D **70,-**

Auszug aus dem Verkaufskatalog (Preisangaben netto)

Kosten-Erlös-Übersicht (Gesamtkosten-/-erlösbetrachtung)					
Ausbringungs-menge (Stck.)	fixe Kosten (EUR)	variable Kosten (EUR)	Gesamtkosten (EUR)	Erlöse (EUR)	Gewinn/Verlust (EUR)
0					
100					
200					
300					
400					
500					
600					
700					
800					
900					
1.000					
1.100					

Grafische Darstellung Kosten-Erlös-Verläufe (Gesamtkostenbetrachtung)

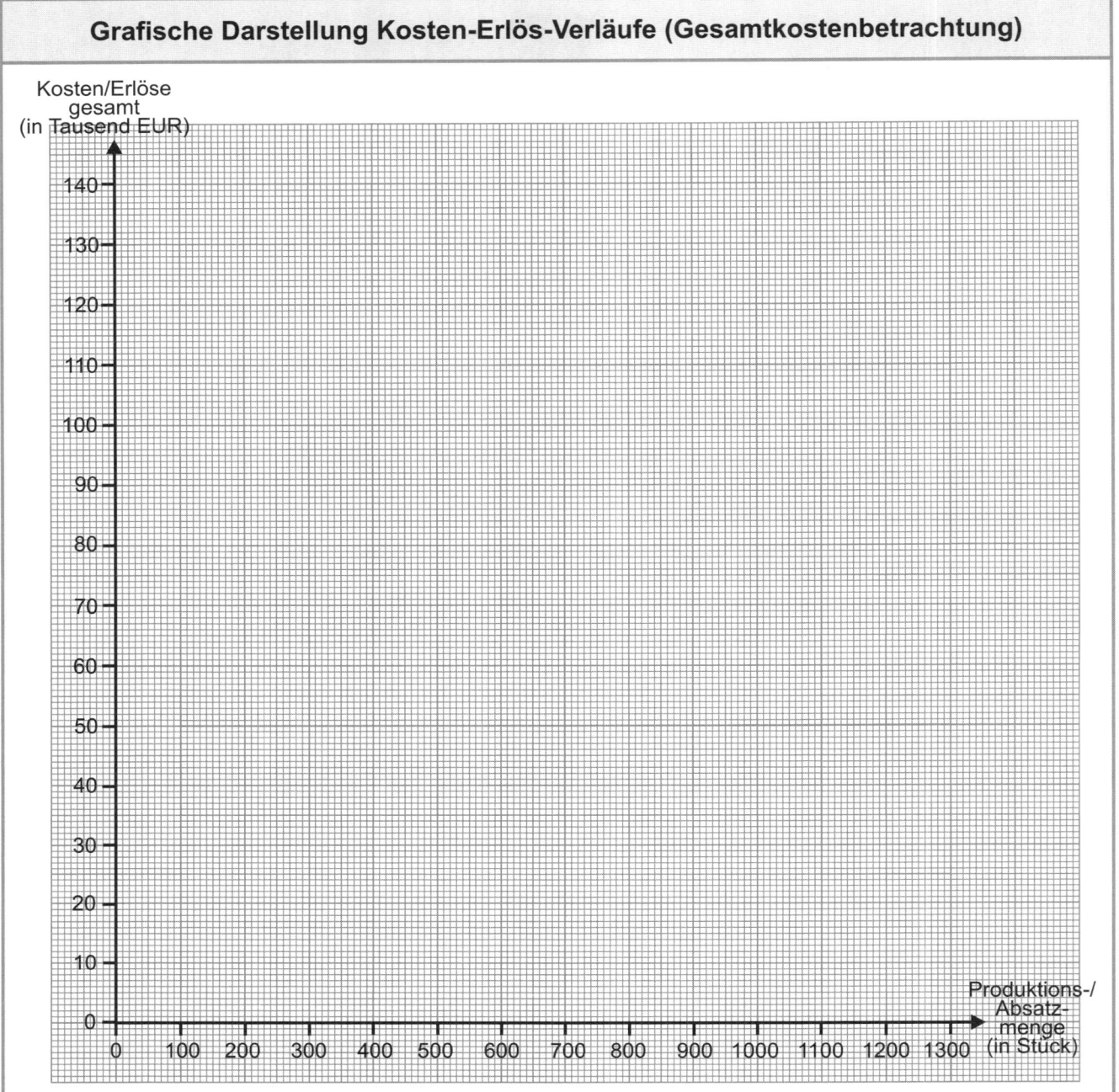

Kosten-Erlös-Übersicht (Stückkosten-/-erlösbetrachtung)

Ausbringungs-menge (Stck.)	fixe Kosten (EUR)	variable Kosten (EUR)	Gesamtkosten (EUR)	Erlöse (EUR)	Gewinn/Verlust (EUR)
0					
100					
200					
300					
400					
500					
600					
700					
800					
900					
1.000					
1.100					

Grafische Darstellung Kosten-Erlös-Verläufe (Stückkostenbetrachtung)

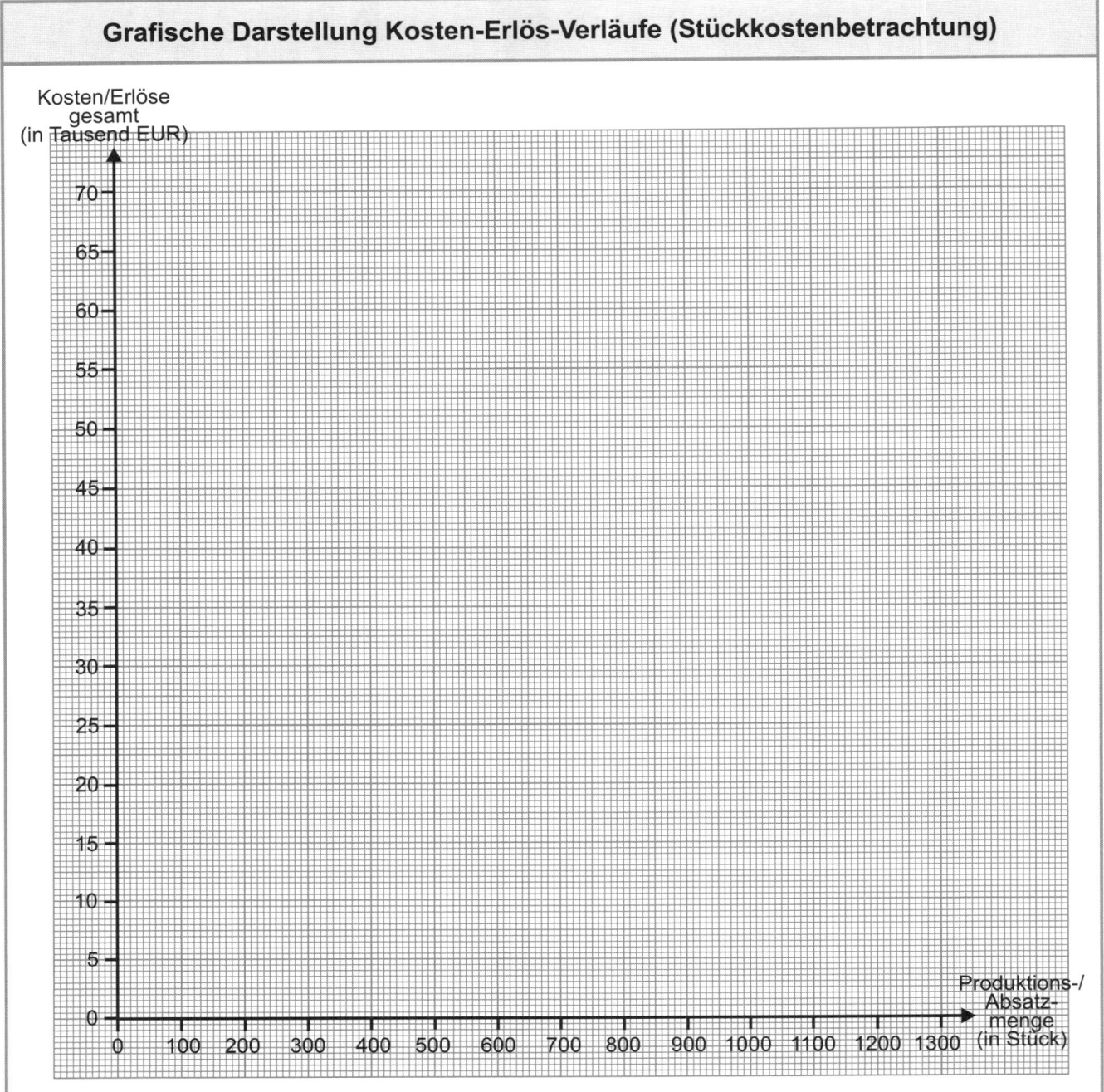

Übungsaufgaben

1. Aufgabe

Situation 1

Der Elektrogerätehersteller JOSTEN AG stellt in seinem Werk in Hilden Rasierapparate her. Im Produktionsbereich für das Rasierermodell „Easyshave 2100" wurden in den zurückliegenden Monaten nebenstehende Daten erhoben. Der Produktionsleiter gibt die derzeitige Kapazitätsgrenze mit 17.500 Stück an. Der Rasierer wird zurzeit zu einem durchschnittlichen Stückpreis von 44,50 € netto an Großhändler verkauft.

Daten aus der Kostenrechnung		
Monat	Produktions-/Absatzmenge	Herstellungskosten
Januar	16.540 St.	651.390,00 €
Februar	17.260 St.	671.910,00 €
März	15.980 St.	635.430,00 €
April	15.250 St.	614.625,00 €
Mai	14.330 St.	588.405,00 €
Juni	13.810 St.	573.585,00 €
Juli	11.100 St.	496.350,00 €

1. Berechnen Sie für den Monat Juli den Beschäftigungsgrad.

2. Warum sinken die Herstellungskosten in den zurückliegenden Monaten?

3. Welche Erfolgssituation lag im Januar, im April und im Juli vor?

4. Wie hoch sind die variablen und die fixen Kosten in jedem Monat?

5. Bei welcher Ausbringungsmenge (in Stück und in Prozent der Maximalkapazität) liegt die Gewinnschwelle?

Situation 2

Um den Absatzrückgang des Rasierers zu stoppen plant das Unternehmen eine Sonderangebotsaktion. Den Großhändlern wird ein Sonderrabatt in Höhe 10 % für die kommenden drei Monate gewährt. Daraufhin werden im August 13.980 Stück, im September 15.584 Stück und im Oktober 16.444 Stück produziert und abgesetzt.

6. Welcher Erfolg konnte in den einzelnen Monaten durch die Sonderangebotsaktion realisiert werden?

7. Berechnen Sie, bei welcher Ausbringungsmenge nun die Gewinnschwelle liegt.

8. Aufgrund der Erfahrungen der Vergangenheit nimmt die Nachfrage nach Rasierern im Herbst im Vergleich zum Sommer immer zu. Wie hoch hätte die Absatzmenge im Oktober sein müssen, damit bei unverändertem Verkaufspreis der gleiche Gewinn wie bei Anwendung der Sonderangebotsaktion realisiert hätte werden können?

Situation 3

Im November wird der Rasierer wieder zu den ursprünglichen Bedingungen angeboten. Da durch die Sonderangebotsaktion offensichtlich viele Konsumenten auf das Produkt aufmerksam geworden sind, liegen bereits zu Beginn des Monats Aufträge mit einem Produktionsvolumen in Höhe von 15.820 Stück vor. Nach Verhandlungen mit einem ausländischen Großhändler könnte das Auftragsvolumen sogar noch um eine Produktionsmenge von monatlich 2.400 Stück gesteigert werden. Der Großkunde verlangt jedoch wegen der in seinem Land vorliegenden Konkurrenzsituation einen Sonderrabatt, der langfristig gewährt werden soll. Darüber hinaus würde die Auftragsvergabe die Fixkosten durch Erweiterungsinvestitionen in den Maschinenpark und in Humankapital um 60.000,00 € ansteigen lassen.

9. Legen Sie einen Rabatt fest, der aus Ihrer Sicht vertretbar ist. Welcher Gewinn würde in diesem Fall im Monat November realisiert werden können?

10. Wie hoch fällt der Erfolg aus, wenn im Dezember das Auftragsvolumen (ohne den Auslandsauftrag) auf 14.200 Stück fällt?

11. Würden Sie den Zusatzauftrag vor der Hintergrund der Gefahr der Fixkostenremanenz annehmen? Nennen Sie Gründe, die für und gegen die Annahme sprechen.

2. Aufgabe

Eine Unternehmen kann für einen Produktionsprozess zwischen zwei Maschinen wählen. Die Produktionskosten sind bei beiden Maschinen linear von der produzierten Menge abhängig. Die Produktionskapazität der Unternehmung beträgt 900 Stück pro Monat. Für die beiden Maschinen liegen folgende Daten vor:

Maschine 1: fixe Kosten 350,00 EUR, variable Kosten 1,50 EUR/St.
Maschine 2: fixe Kosten 150,00 EUR, variable Kosten 2,00 EUR/St.

a) Berechnen Sie die Kosten für beide Maschinen bei unterschiedlichen Produktionsmengen.

b) Zeichnen Sie den Verlauf der Kosten beider Maschinen in ein Koordinatensystem ein.

c) Bestimmen Sie für beide Maschinen die Kostenfunktion.

d) Bestimmen Sie die kritische Produktionsmenge.

3. Aufgabe

Ein Unternehmen produziert Filtergeräte und hat eine Kapazität von 100 Stück pro Quartal. Die folgenden Angaben über die Produktions- und Erlössituation beziehen sich auf den Zeitraum von drei Monaten:

Produktionsmenge x	Erlöse E(x)	Kosten K(x)
0 Stück	0 EUR	120,00 EUR
13 Stück	84,50 EUR	165,50 EUR

a) Berechnen Sie den Gewinn/Verlust bei ausgewählten Ausbringungsmengen.

b) Bestimmen Sie die Kosten- und Erlösfunktion.

c) Bestimmen Sie die Gewinnschwelle (BEP).

d) Wie hoch sind die Stückkosten bei 80 Stück?

e) Wie hoch müsste der Verkaufspreis sein, wenn die Gewinnschwelle bei 20 Stück liegen soll?

f) Die fixen Kosten steigen um 25 % gegenüber der Ausgangssituation. Bestimmen Sie nun die Gewinnschwelle.

Lektion 4: Kostenarten

Der Auszubildende Jürgen Gerks hat nun schon einige Tage in der Abteilung Kosten- und Leistungsrechnung der Heinz Schlau OHG verbracht. Er weiß nun bereits, worin der Unterschied zwischen Aufwendungen und Kosten einerseits, Erträgen und Leistungen andererseits besteht. Als er morgens das Büro betritt, ist sein Ausbilder, Herr Bergmann, bereits bei der Arbeit.

Gerks: Guten Morgen Herr Bergmann ...

Bergmann: Hallo Herr Gerks! Gut, dass Sie kommen. Schauen Sie doch einmal, was ich hier habe.

Jürgen schaut Herrn Bergmann über die Schulter.

Gerks: Hm, das sieht aus wie eine Hausmitteilung der Verkaufsabteilung, ..., die fragen an, wie hoch die Preise für die Bürotische im kommenden Jahr sein werden.

Bergmann: Genau, der neue Verkaufskatalog soll nämlich gedruckt werden, und wir haben leider vergessen, der Verkaufsabteilung die neuen Preise zu nennen.

Gerks: Na, dann sollten wir aber mal schnell da anrufen!

Bergmann: Moment mal, so schnell geht das ja nun auch nicht. Wir haben doch noch gar keine Preise festgelegt. Da kommt ganz schön was an Arbeit auf uns zu.

Gerks: Wieso denn das? Wir können doch einfach die Preise von diesem Jahr nehmen und, ... hm, sagen wir mal 5 % aufschlagen.

Bergmann: Das ist doch wohl nicht ihr Ernst?! Nein, nein, da müssen wir schon in den sauren Apfel beißen und die aktuellen Kosten feststellen.

Gerks: Das ist aber doch gar nicht so schwer. Wir haben doch alle Kosten im Computer...

Bergmann: Das ist wohl richtig. Aber die erfassten Kosten sind doch nicht alle für die Bürotische angefallen. Schließlich stellen wir ja auch noch andere Produkte her.

Gerks: Ach so, ja, da haben Sie Recht.

Bergmann: Eben, also dann mal an die Arbeit ...

Arbeitsaufgaben

1. Welches Problem wird im Dialog aufgeworfen?

2. Sie haben sich bereits mit den Kosten eines Industriebetriebes auseinander gesetzt. Sie wissen, dass Material- und Personalkosten wertmäßig zu den größten Kostenpositionen eines Betriebs gehören.

   2.1 Bei der Ermittlung der Materialkosten für eine Abrechnungsperiode muss sowohl der mengen- als auch der wertmäßige Verbrauch an Werkstoffen erfasst werden. Welche Möglichkeiten zur mengen- und wertmäßigen Erfassung kennen Sie bereits aus dem Buchführungsunterricht? Welche Probleme können sich gerade im Bereich der Bestimmung des wertmäßigen Verbrauchs ergeben?

   2.2 Welche Entlohnungsformen kennen Sie? Erstellen Sie ein Schaubild, aus der die unterschiedlichen Entlohnungsformen hervorgehen. Welche Probleme bezogen auf die Ziele der Kostenrechnung ergeben sich bei den Personalkosten?

3. Erstellen Sie eine Liste mit sämtlichen Kosten, die in der Heinz Schlau OHG anfallen können. Entscheiden Sie sodann selbst, ob diese Kosten den in einer Abrechnungsperiode hergestellten Bürotischen eindeutig zugeordnet werden können oder nicht. Sollte eine Zuordnung möglich sein, so erklären Sie, mithilfe welcher Belege dies stattfinden könnte.

4. Aus folgender Tabelle lässt sich der mengen- und wertmäßige Materialverbrauch eines Werkstoffs entnehmen. Berechnen Sie über den gesamten Zeitraum die Verrechnungspreise für das Material nach der Methode des gleitenden Durchschnitts. Wie hoch ist der Wert des Endbestands am Ende des ersten Quartals?

Datum	Vorgang	Menge Zug./Abg. (in St.)	Einstands- preis (in €)	Bestand (in St.)	Wert (in €)	Verrechnungs- preis (in €)
01.01.	Anfangsbestand			3.400		36,00 EUR
15.01.	Div. Abgänge	-700				
22.01.	Zugang	1.500	35,00 EUR			
04.02.	Div. Abgänge	-1.800				
22.02.	Zugang	1.500	35,50 EUR			
02.03.	Div. Abgänge	-2.200				
15.03.	Zugang	1.800	37,00 EUR			
27.03.	Div. Abgänge	-2.100				
29.03.	Zugang	2.800	36,90 EUR			

Lektion 1: Vorbereitung einer Kostenstellenbildung

Ausgangslage

„Einzelkosten, Gemeinkosten, Sondereinzelkosten, variable Kosten, Fixkosten, ..., ganz schön kompliziert!" denkt sich Jürgen, der zurzeit im Rahmen seiner Ausbildung in der Kostenrechungsabteilung eingesetzt ist.

Das größte Problem bereitet Jürgen jedoch die Tatsache, dass Gemeinkosten nicht unmittelbar einem Kostenträger zugerechnet werden können. Herr Bergmann hat jedoch einmal angedeutet, dass alle Kosten für die Kalkulation den Endprodukten zugerechnet werden müssen. Scheinbar ein unlösbares Problem. Heute will Herr Bergmann Jürgen die so genannte Kostenstellenrechnung erklären. Dazu muss sich Jürgen jedoch erst noch einmal ein paar grundlegende Gedanken machen.

Aufgaben

1. In den beiden vorherigen Erarbeitungsschritten haben Sie die Begriffspaare variable/fixe Kosten sowie Einzel-/Gemeinkosten kennen gelernt. Inwieweit bestehen zwischen diesen unterschiedlichen Einteilungen Überschneidungen? Erstellen Sie eine Übersicht, aus der diese Überschneidungen deutlich werden.

2. Kosten können nach dem Kriterium der Zurechenbarkeit zum Kostenträger in Einzel- und Gemeinkosten unterschieden werden. Fassen Sie das Problem, das sich durch diese Trennung der Kosten bezüglich der Ziele der Kostenrechnung ergibt, zusammen.

3. Wie könnte das Problem der Zurechnung von Gemeinkosten zu den Kostenträgern gelöst werden. Erarbeiten Sie einen sinnvollen Lösungsvorschlag. Verwenden Sie zur Unterstützung die Übersicht über die Aufbauorganisation in der Heinz Schlau OHG (siehe Anlage).

4. Ziel der Kostenstellenbildung soll es unter anderem sein, Gemeinkosten verursachungsgerecht den Kostenträgern zuzurechnen. Welche Kostenstellen geben jedoch grundsätzlich nicht ihre Leistung für die Erstellung der Produkte sondern als Leistung an andere Stellen ab? Diskutieren Sie Ihre Ergebnisse.

5. Offensichtlich werden im Rahmen der Kostenstellenrechnung Gemeinkosten den Stellen im Betrieb zugerechnet, in denen sie entstanden sind (verursachungsgerechte Zuordnung). Finden Sie für ausgewählte Gemeinkosten mögliche Zuordnungskriterien heraus.

6. Jürgen weiß nun, dass im Rahmen der Kostenstellenrechnung die Gemeinkosten des Betriebs auf die einzelnen Kostenbereiche verteilt werden müssen. Hierzu erhält er von Herrn Bergmann einen so genannten Betriebsabrechnungsbogen (kurz: BAB) sowie einige Angaben bezüglich der Verteilung.

   6.1 Übernehmen Sie die in der Anlage aufgeführten Gemeinkosten in den BAB.

   6.2 Verteilen Sie die Gemeinkosten entsprechend den Angaben auf die Kostenbereiche.

   6.3 Bilden Sie die Summe der Gemeinkosten für jeden Kostenbereich.

   6.4 Welche Aussagen lassen sich aus der bisher durchgeführten Gemeinkostenverteilung ableiten?

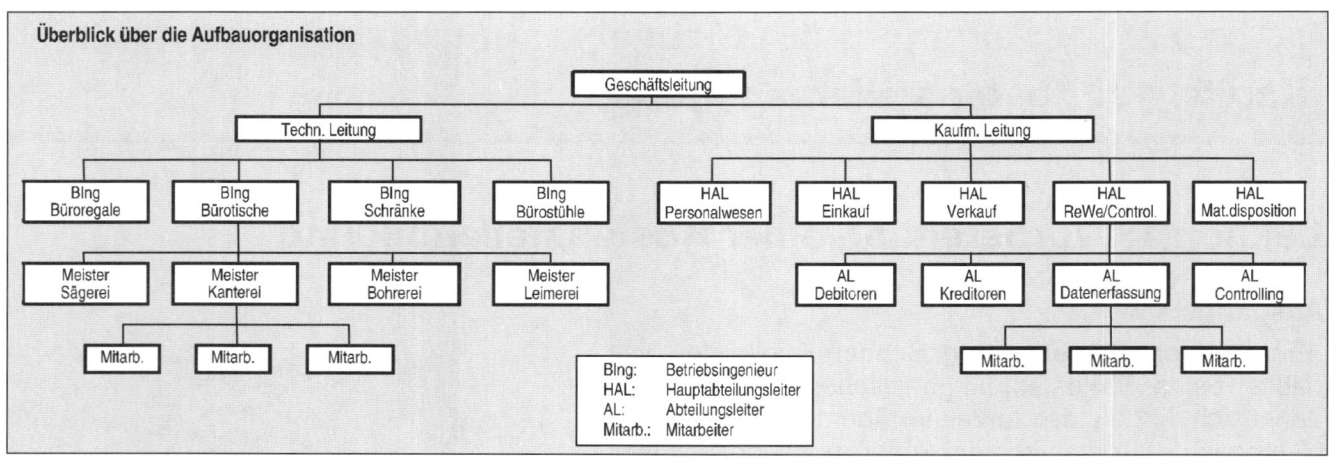

Aufbauorganisation in der Heinz Schlau OHG

Übersicht Gemeinkostenverteilung

Gemein-kostenarten	Werte (EUR)	Verteilungs-grundlage	Verteilungs-schlüssel	Material-stellen	Fertigungs-stellen	Verwaltungs-stellen	Vertriebs-stellen
Hilfsstoffe	854.400,00	MES	- - -		831.200,00		23.200,00
Betriebsstoffe	141.200,00	MES	- - -		139.780,00		1.420,00
Hilfslöhne	123.600,00	Lohnliste	- - -	37.800,00	85.800,00		
Gehälter	850.000,00	Gehaltsliste	3 : 2 : 4 : 1				
Sonst. Personalk.	1.285.000,00	Aufzeichn.	2 : 4 : 3 : 1				
Kalk. Abschreib.	832.000,00	Aufzeichn.	1 : 3 : 2 : 2				
Bürokosten	42.100,00	MES	- - -	13.650,00	4.320,00	16.780,00	16.780,00
Mieten	168.200,00	m²	- - -	252,3 m²	1.904,865 m²	1.059,66 m²	147,175 m²
Energie	256.300,00	kWh	- - -	115.335 kWh	288.337,5 kWh	76.890 kWh	32.037,5 kWh
Steuern	203.553,00	Aufzeichn.	- - -	36.900,00	62.300,00	58.600,00	45.753,00
Kalk. Zinsen	211.412,00	Aufzeichn.	- - -	23.700,00	76.900,00	83.400,00	27.412,00
Kalk. Untern.lohn	132.000,00	Aufzeichn.	- - -		32.000,00	100.000,00	

Betriebsabrechnungsbogen (BAB)

Gemein-kostenarten	Werte	Material-stellen	Fertigungs-stellen	Verwaltungs-stellen	Vertriebs-stellen
Hilfsstoffe	854.400,00		831.200,00		23.200,00
Betriebsstoffe	141.200,00		139.780,00		1.420,00
Hilfslöhne	123.600,00	37.800,00	85.800,00		
Gehälter	850.000,00				
Sonst. Personalk.	1.285.000,00				
Kalk. Abschreibungen	832.000,00				
Bürokosten	42.100,00	13.650,00	4.320,00	16.780,00	7.350,00
Mieten	168.200,00				
Energie	256.300,00				
Steuern	203.553,00	36.900,00	62.300,00	58.600,00	45.753,00
Kalk. Zinsen	211.412,00	23.700,00	76.900,00	83.400,00	27.412,00
Kalk. Unternehmerlohn	132.000,00		32.000,00	100.000,00	
Stellengemeinkosten					
Zuschlagsgrundlagen					
Fert.material		3.562.200,00			
Fert.löhne			3.064.700,00		
Herstellk. d. Umsatzes					
Zuschlagssätze					

Lektion 2: Der einstufige Betriebsabrechnungsbogen

Situation

Eine Industrieunternehmung hat sich auf die Herstellung von Schreibtischstühlen in verschiedenen Varianten spezialisiert. In der Kostenrechnung liegen folgende Daten vor:

Verteilungsgrundlage für die Gemeinkosten						
Kostenarten Gemeinkosten	**Verteilungs-grundlage**	**Werte (in EUR)**	**Kostenbereiche**			
			Material	**Fertigung**	**Verwaltung**	**Vertrieb**
Hilfsstoffaufwand	Mat.entnahmesch.	850.000,00	- - -	95 %	- - -	5 %
Betriebsstoffaufwand	Mat.entnahmesch.	220.000,00	- - -	86 %	3 %	11 %
Energiekosten	Energieverbrauch	62.400,00	37.000 kWh	88.500 kWh	28.500 kWh	2.000 kWh
Gehaltsaufwendungen	Gehaltslisten	952.000,00	33 %	28 %	34 %	5 %
Soziale Aufwendungen	Gehaltslisten	324.000,00	28 %	25 %	37 %	10 %
Mieten, Leasing	Miet-/Leasingvertr.	98.160,00	950 m²	1.250 m²	980 m²	910 m²
Büroaufwendungen	Mat.entnahmesch.	28.000,00	21 %	12 %	42 %	25 %
Werbung	Eingangsrechnung	88.000,00	- - -	- - -	- - -	100 %
Betriebl. Steuern	Anlagenkartei etc.	58.000,00	14 %	29 %	42 %	15 %
Kalk. Abschreibung	Anlagenkartei etc.	226.000,00	15 %	58 %	22 %	5 %
Kalk. Zinsen	Verteilungsschlüssel	37.000,00	3 Teile	4 Teile	2 Teile	1 Teil

Zusätzliche Angaben	Mehrbestand an Fertigerzeugnissen (in EUR)	150.000,00
	Fertigungsmaterial (in EUR)	1.520.000,00
	Fertigungslöhne (in EUR)	1.340.000,00

Aufgabe 1

Verteilen Sie die Gemeinkosten im unten abgebildeten BAB.

Aufgabe 2

Ermitteln Sie die Zuschlagssätze der jeweiligen Kostenbereiche.

B E T R I E B S A B R E C H N U N G S B O G E N (BAB)					
Kostenarten Gemeinkosten	**Werte (in EUR)**	**Kostenbereiche**			
		Material	**Fertigung**	**Verwaltung**	**Vertrieb**
Hilfsstoffaufwand	850.000,00				
Betriebsstoffaufwand	220.000,00				
Energiekosten	62.400,00				
Gehaltsaufwendungen	952.000,00				
Soziale Aufwendungen	324.000,00				
Mieten, Leasing	98.160,00				
Büroaufwendungen	28.000,00				
Werbung	88.000,00				
Steuern	58.000,00				
Kalk. Abschreibung	226.000,00				
Kalk. Zinsen	37.000,00				
Summe					
Zuschlagsgrundlage					
Zuschlagssatz					

Aufgabe 3

Kalkulieren Sie den Verkaufspreis für folgende Kostenträger:

	Kostenträger (Wertangaben in EUR)	
	Stuhl „Avantgarde"	**Stuhl „Elegance"**
Fertigungsmaterial	9,00	12,00
Materialgemeinkosten		
Materialkosten		
Fertigungslöhne	11,00	14,00
Fertigungsgemeinkosten		
Fertigungskosten		
Herstellkosten		
Verwaltungsgemeinkosten		
Vertriebsgemeinkosten		
Selbstkosten		
Gewinn (15 %)		
Barverkaufspreis		
Kundenskonto (3 %)		
Zielverkaufspreis		
Kundenrabatt (5 %)		
Listenverkaufspreis		

Lektion 3: Der mehrstufige Betriebsabrechnungsbogen

Situation

Der Auszubildende Jürgen Gerks hat gestern zum ersten Mal einen Betriebsabrechnungsbogen ausgefüllt.

Gerks: *So, Herr Bergmann, das mit dem BAB ist mir ja jetzt so einigermaßen klar geworden. Ich habe jetzt also alle Gemeinkosten auf die Kostenbereiche verteilt. Für die Verteilung haben wir beide uns auf geeignete Verteilungsschlüssel geeinigt. Was mir jetzt noch nicht ganz klar ist, ..., was hat das eigentlich mit der Kalkulation zu tun?*

Bergmann: *Auf diese Frage habe ich schon gewartet. Naja, denken Sie doch noch einmal an das Ausgangsproblem: Gemeinkosten können den Kostenträgern nicht direkt zugerechnet werden. Nun haben wir sozusagen einen Zwischenschritt eingelegt und die Gemeinkosten auf Kostenstellen verteilt. Und jetzt kommt's: Für jeden Kostenbereich wählen wir jetzt eine geeignete Bezugsgröße. Na, können Sie sich vorstellen, welche das sind ...?*

Gerks: *Hm, die Kostenstellen des Materialbereichs haben in erster Linie alle etwas mit dem Material zu tun ...?!*

Bergmann: *Genau, Materialeinkauf, Materiallagerung usw., das sind die Kostenstellen des Materialbereichs. Also nehmen wir die Materialeinzelkosten als Bezugsgröße.*

Gerks: *Aha, und im Fertigungsbereich sind dann wohl die Fertigungslöhne die Bezugsgröße, nicht wahr!?*

Bergmann: *Stimmt genau! Aber vorher müssen wir uns noch Gedanken über die Hilfskostenstellen machen.*

Gerks: *Ach ja, die Kosten dieser Kostenstellen sind ja noch gar nicht verteilt.*

Bergmann: *Und, wie sieht da ihr Vorschlag aus?*

Gerks: *Da Hilfskostenstellen ihre Leistung nicht an Kostenträger, sondern an andere Kostenstellen abgeben, müsste man sie eigentlich den empfangenden Kostenstellen zurechnen.*

Bergmann: *Genau so machen wir es. Und dann schauen wir mal, wie es mit der Kalkulation weitergeht ...*

Aufgaben

1. Neben Kostenstellen, die ihre Leistung für die Erstellung von Produkten abgeben (marktorientierte Leistungen) existieren in einem Betrieb Kostenstellen, die Leistung für andere Kostenstellen erbringen. Bereits in der vorherigen Lerneinheit wurde auf die Einteilung in Haupt- und Hilfskostenstellen eingegangen. Nennen Sie typische Beispiele für diese Kostenstellen und begründen Sie Ihre Antwort.

2. Nennen Sie Beispiele für innerbetriebliche Leistungen und bilden Sie sinnvolle Gruppen.

3. Betrachten Sie den BAB in der Anlage. Welche Veränderungen gegenüber dem ursprünglichen BAB (vergleiche vorherigen Lernabschnitt) wurden vorgenommen? Welchen Sinn haben diese Veränderungen?

4. Durch die Verteilung der Gemeinkosten im BAB werden den Kostenstellen die Kosten zugerechnet, die diese verursacht haben. Welche Ziele werden mit dieser Verteilung verfolgt? Beachten Sie bei Ihrer Antwort auch die Erläuterungen von Herrn Bergmann im oben dargestellten Dialog.

Arbeitsaufträge

Betrachten Sie den mehrstufigen BAB in der Anlage und

1. berechnen Sie die Summe der auf die Kostenstellen/-bereiche verteilten primären Gemeinkosten.

2. nehmen Sie die Verteilung der sekundären Gemeinkosten der Kostenstelle Kantine anhand des vorgegebenen Verteilungsschlüssels vor.

3. führen Sie die Verteilung der sekundären Gemeinkosten der Kostenstelle Arbeitsvorbereitung anhand des angegebenen Verteilungsschlüssels durch.

4. berechnen Sie die Summe der Stellengemeinkosten.

5. berechnen Sie die Herstellkosten der in der Abrechnungsperiode produzierten Güter sowie die Herstellkosten des Absatzes (Bestandsmehrung: 102.520,00 €). Lesen Sie zur Unterstützung den Info-Text.

INFO-TEXT !!!

Herr Bergmann erklärte, dass die Gemeinkosten des Kostenbereiches „Material" den Materialeinzelkosten, die Gemeinkosten des Kostenbereichs „Fertigung" den Fertigungslöhnen zugeschlagen werden. Aus der Summe ergeben sich die Herstellkosten für die in der Abrechnungsperiode erzeugten Güter. Zu diesen Herstellkosten müssen nun noch die Gemeinkosten der Kostenbereiche „Verwaltung" und „Vertrieb" aufgeschlagen werden. Es wird jedoch aus kostenrechnerischen Erwägungen unterstellt, dass diese Kosten nicht für die hergestellten, sondern für die abgesetzten Produkte anfallen. Daher müssen die Herstellkosten um Bestandsänderungen an fertigen und unfertigen Erzeugnissen korrigiert werden. Diesen Herstellkosten des Absatzes werden sodann die Verwaltungs- und Vertriebsgemeinkosten zugeschlagen.

Schema der Zuschlagskalkulation:

	Fertigungsmaterial
+	Materialgemeinkosten
=	**Materialkosten**
	Fertigungslöhne
+	Fertigungsgemeinkosten
=	**Fertigungskosten**
	Materialkosten
+	Fertigungskosten
=	**Herstellkosten der Erzeugung**
-	Bestandsmehrungen FE/UE
+	Bestandsminderungen FE/UE
=	**Herstellkosten des Umsatzes**
+	Verwaltungsgemeinkosten
+	Vertriebsgemeinkosten
=	**Selbstkosten des Umsatzes**

Fragen Sie den Experten:

Das mit dem Betriebsabrechnungsbogen ist eigentlich ganz einfach: Zuerst werden alle Unternehmensteile in Verantwortungsbereiche aufgeteilt.

Und was habe ich mir unter so einem Verantwortungsbereich vorzustellen?

Verantwortungsbereiche sind Teile des Unternehmens. Dies können Abteilungen, einzelne Räume oder sogar die einzelnen Mitarbeiter sein. Diese bezeichnet man dann als Kostenstellen.

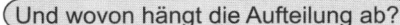

Und wovon hängt die Aufteilung ab?

Nun ja, das hängt davon ab, inwieweit die Kostenstelle als Kostenverursacher bestimmt werden kann. Werden beispielsweise Bleistifte für einzelne Abteilungen aus dem Lager entnommen, so ist die Abteilung die Kostenstelle. Benötigt hingegen in der Produktion ein bestimmter Mitarbeiter eine Art von Schraube, so kann er allein zur Kostenstelle werden.

Und wie geht es nun weiter?

Jetzt werden die in einer Abrechnungsperiode - das kann ein Monat oder ein Quartal sein - angefallenen Gemeinkosten auf die Kostenstellen verteilt.

Und wie wird diese Verteilung durchgeführt?

Bei einigen Gemeinkosten kann die Zurechnung sehr genau erfolgen, da entsprechende Belege vorliegen. So zeigen die Materialanforderungskarten genau, welche Kostenstelle Material verbraucht hat. Bei anderen Gemeinkosten ist dies nicht so einfach. Hat man beispielsweise keine Einzelzähler in den Räumen angebracht, kann man den Stromverbrauch des gesamten Unternehmens nur „künstlich" verteilen. Dies erfolgt dann zum Beispiel aus der Basis der Raumgröße.

Und wie erfolgt nun der Zuschlag auf die Einzelkosten?

Das ist nicht ganz so einfach! Zunächst einmal werden die Einzelkosten des Betriebes festgelegt. Dies sind normalerweise das Fertigungsmaterial - also die Roh- und ein Teil der Hilfsstoffe, die Fertigungslöhne - sprich die Akkordlöhne. Und damit hat es sich eigentlich schon.

Aber das sind doch zu wenig Kosten als Zuschlagsgrößen!

Eben! Und hier liegt das Problem. Man muss nun „künstliche" Zuschlagsgrundlagen bilden. Diese sind im „einfachen" BAB die Herstellkosten des Umsatzes. Diese werden nach dem bekannten Schema berechnet. In der Praxis ist das natürlich viel komplizierter. Hier werden betriebsindividuell Bezugsgrößen festgelegt. Der mehrstufige BAB vermittelt einen Eindruck von der tatsächlichen Vorgehensweise in der Praxis.

Und wie genau funktioniert das jetzt mit den Zuschlagssätzen?

Die angefallenen Gemeinkosten werden den einzelnen Kostenstellen zugerechnet. Und dann ordnet man diese bestimmten Kostenbereichen zu. Ein Kostenbereich ist also eine Zusammenfassung verschiedener Kostenstellen. Dabei ist zu beachten, dass für jeden Kostenbereich nur ein Einzelkostenfaktor als Grundlage dient.

Zum Kostenbereich „Material" gehört dann beispielsweise die Kostenstelle „Einkauf". Und der Einzelkostenfaktor des Einkaufs ist das Fertigungsmaterial. Alle Gemeinkosten des Einkaufs werden dann auf die Höhe der Kosten für das verbrauchte Fertigungsmaterial aufgeschlagen. Richtig?

Genau! Der auf diese Weise gebildete Zuschlagssatz zeigt an, wie viel Prozent Gemeinkosten je angefallenem Einzelkostenfaktor anfallen. Man kann auf diese Weise die gemeinkosten auf die Einzelkosten aufschlagen und letztendlich durch die Zuschlagskalkualtion Gemeinkosten doch einem bestimmten Kostenträger zurechnen. Man macht auf diese Weise quasi das Unmögliche möglich!

Mehrstufiger Betriebsabrechnungsbogen (BAB)

Gemein-kostenarten	Werte	AKS Kantine	Material-stellen	AKS Arb.-Vorbereitung	Fert.stelle Fräserei	Fert.stelle Dreherei	Fert.stelle Schleiferei	Verwaltungs-stellen	Vertriebs-stellen
Hilfsstoffe	854.400,00				278.400,00	287.300,00	265.500,00		23.200,00
Betriebsstoffe	141.200,00			5.200,00	35.200,00	26.780,00	72.600,00		1.420,00
Hilfslöhne	123.600,00		37.800,00	85.800,00					
Gehälter	850.000,00	125.500,00	255.000,00	89.900,00	54.400,00	46.200,00	69.400,00	124.600,00	85.000,00
Sonst. Personalk.	1.285.000,00	79.800,00	257.000,00	26.800,00	225.000,00	102.500,00	122.500,00	342.900,00	128.500,00
Abschreibungen	832.000,00	66.500,00	178.800,00	62.400,00	105.200,00	98.700,00	135.200,00	58.800,00	126.400,00
Bürokosten	42.100,00	1.350,00	13.650,00	8.620,00	1.560,00	1.200,00	1.560,00	6.810,00	7.350,00
Mieten	168.200,00	13.700,00	12.615,00	9.870,00	33.520,75	26.850,25	25.002,25	39.283,00	7.358,75
Energie	256.300,00	18.520,00	57.667,50	3.780,00	49.048,00	44.250,25	50.870,50	16.145,00	16.018,75
Steuern	203.553,00	2.630,00	36.900,00	2.360,00	22.450,00	26.540,00	13.310,00	53.610,00	45.753,00
Zinsen	211.412,00		23.700,00		76.900,00			83.400,00	27.412,00
Unternehmerlohn	132.000,00				32.000,00			100.000,00	
Summe									
Umlage Kantine									
Summe									
Umlage Arb.vorbereitung									
Stellengemeinkosten									
Zuschlagsgrundlagen									
Fertigungsmaterial			3.562.200,00						
Fertigungslöhne					998.520,00	1.245.500,00	820.700,00		
Herstellk. des Umsatzes									
Zuschlagssätze									

Gemeinkostenverteilung Hilfskostenstellen	Material-stellen	AKS Arb.-Vorbereitung	Fert.stelle Fräserei	Fert.stelle Dreherei	Fert.stelle Schleiferei	Verwaltungs-stellen	Vertriebs-stellen
Umlage Kantine	7,00	1,00	4,00	5,00	6,00	2,00	3,00
Umlage Arb.vorber.			4,00	3,00	2,00	2,00	

Übungsaufgabe

Situation

Eine Industrieunternehmung hat sich auf die Herstellung von Schreibtischstühlen in verschiedenen Varianten spezialisiert. In der Kostenrechnung liegen folgende Daten vor:

Verteilungsgrundlage für die Gemeinkosten								
Kostenarten Gemeinkosten	Werte (in EUR)	Kostenstellen						
		AHKS Kantine	Material	HKS Arb.vorber.	Fert. I	Fert. II	Verwaltung	Vertrieb
Hilfsstoffaufw.	850.000				13 %	82 %		5 %
Betriebsstoffaufw.	220.000				9 %	77 %	3 %	11 %
Energiekosten	62.400	12.000 kWh	25.000 kWh	12.400 kWh	21.400 kWh	67.100 kWh	16.100 kWh	2.000 kWh
Gehaltsaufw.	952.000	12 %	21 %	22 %	6 %	22 %	12 %	5 %
Soziale Aufw.	324.000	11 %	17 %	20 %	6 %	19 %	17 %	10 %
Mieten, Leasing	98.160	90 m²	860 m²	80 m²	370 m²	800 m²	980 m²	910 m²
Büroaufw.	28.000	5 %	16 %	3 %	2 %	7 %	42 %	25 %
Werbung	88.000							100 %
Betriebl. Steuern	58.000	6 %	8 %	9 %	8 %	13 %	42 %	14 %
Kalk. Abschr.	226.000	1 %	14 %	11 %	22 %	25 %	22 %	5 %
Kalk. Zinsen	37.000	9 %	19 %	3 %	15 %	18 %	24 %	12 %
Umlage Kantine			15 %	3 %	38 %	36 %	5 %	3 %
Umlage Arbeitsvorbereitung					47 %	53 %		

Zusätzliche Angaben		
	Mehrbestand an Fertigerzeugnissen (in EUR)	150.000,00
	Fertigungsmaterial (in EUR)	1.520.000,00
	Fertigungslöhne Fertigungsbereich I (in EUR)	560.000,00
	Fertigungslöhne Fertigungsbereich II (in EUR)	780.000,00

Aufgabe 1

Verteilen Sie die Gemeinkosten der Hauptkostenstellen im nachfolgend abgebildeten BAB.

Aufgabe 2

Verteilen Sie die Gemeinkosten der Hilfskostenstellen auf nachfolgend abgebildeten BAB.

Aufgabe 3

Ermitteln Sie die Zuschlagssätze der jeweiligen Kostenstellen.

Aufgabe 4

Kalkulieren Sie den Verkaufspreis für folgende Kostenträger:

	Kostenträger (Wertangaben in EUR)	
	Stuhl „Avantgarde"	Stuhl „Elegance"
Fertigungsmaterial	9,00	12,00
Materialgemeinkosten		
Materialkosten		
Fertigungslöhne Fert I	7,00	7,50
Fertigungsgemeinkosten		
Fertigungslöhne Fert II	2,00	5,00
Fertigungsgemeinkosten		
Sondereinzelkosten Fert.	1,00	1,50
Fertigungskosten		
Herstellkosten		
Verwaltungsgemeinkosten		
Vertriebsgemeinkosten		
Sondereinzelkosten Vtr.	0,60	0,50
Selbstkosten		
Gewinn (15 %)		
Barverkaufspreis		
Kundenskonto (3 %)		
Zielverkaufspreis		
Kundenrabatt (5 %)		
Listenverkaufspreis		

Welche Definition gefällt Ihnen am besten?

Sondereinzelkosten des Vertriebs und der Fertigung sind Kostenelemente, die eindeutig einem bestimmten Fertigungs- oder Kundenauftrag zugeordnet werden können und damit auch in der Kalkulation berücksichtigt werden. Beispiele sind Sonderwerkzeuge und Vorrichtungen für Produkte, spezielle Fracht- oder Werbekosten für einen bestimmten Auftrag oder Kunden. Als Sondereinzelkosten der Fertigung oder als Sondereinzelkosten des Vertriebs in der Kalkulation verwendete kalkulatorische Kosten (Einzelkosten) zur Ermittlung der Selbstkosten einer Leistungseinheit.
Beispiele für Sondereinzelkosten der Fertigung sind Kosten für Konstruktionszeichnungen, Spezialwerkzeuge oder Lizenzgebühren.
Beispiele für Sondereinzelkosten des Vertriebs sind Vertreterprovisionen, Transportversicherungen oder Verpackungsmaterial und Frachtkosten.

Sondereinzelkosten (SEK) des Vertriebs und der Fertigung sind Kostenelemente, die eindeutig einem bestimmten Fertigungs- oder Kundenauftrag zugeordnet werden können und damit auch in der Kalkulation berücksichtigt werden.
Beispiele: Sonderwerkzeuge und Vorrichtungen für Produkte, spezielle Fracht- oder Werbekosten für einen bestimmten Auftrag oder Kunden.

Sondereinzelkosten sind Einzelkosten, die in unregelmäßiger Höhe und Abständen anfallen (im Unterschied zu Fixkosten). Man unterscheidet:
Sondereinzelkosten der Fertigung (pro Auftrag erfassbare Kosten für Werkzeuge, Schablonen, Modelle, Analysen etc.)
Sondereinzelkosten des Vertriebs (Kosten für Verpackungsmaterial, Provision, Frachten, Zölle, Werbekosten etc.)

B E T R I E B S A B R E C H N U N G S B O G E N (BAB)

Kostenarten Gemeinkosten	Werte (in EUR)	Kostenstellen						
		AHKS Kantine	Material	HKS AV*)	Fertigung I	Fertigung II	Verwal-tung	Vertrieb
Hilfsstoffaufw.	850.000							
Betriebsstoffaufw.	220.000							
Energiekosten	62.400							
Gehaltsaufw.	952.000							
Soziale Aufw.	324.000							
Mieten, Leasing	98.160							
Büroaufw.	28.000							
Werbung	88.000							
Betriebl. Steuern	58.000							
Kalk. Abschr.	226.000							
Kalk. Zinsen	37.000							
Zwischensumme								
Umlage Kantine		└──▶						
Zwischensumme								
Umlage Arbeitsvorbereitung				└──▶				
Stellengemeinkosten								
Zuschlagsgrundlage								
Zuschlagssatz								
Herstellkosten der Fertigung								
Bestandsmehrung/-minderung an FE								
Herstellkosten des Vertriebs								

*) Hilfskostenstellen Arbeitsvorbereitung

Situationserweiterung

Eine Industrieunternehmung hat sich auf die Herstellung von Schreibtischstühlen in verschiedenen Varianten spezialisiert. Im zurückliegenden Quartal lagen folgende Daten in der Kostenrechnung vor:

Kostenarten	Werte (in EUR)
Rohstoffkosten	660.000
Akkordlöhne FB*) 1	395.000
Akkordlöhne FB*) 2	670.000
Hilfsstoffe	520.000
Betriebsstoffe	72.000
Gehälter **)	850.000
Energiekosten ***)	330.000

Kostenarten	Werte (in EUR)
Bürokosten	89.000
Werbung	260.000
Betriebl. Steuern	105.000
Kalk. Abschr.	226.000
Kalk. Zinsen	37.000
Kalk. Untern.lohn	340.000

*)   FB = Fertigungsbereich

**)   Inklusive soziale Aufwendungen des Arbeitgebers.

***)   Maschinenunabhängige Kosten (z. B. für Beleuchtung, Beheizung)

Aufgabe 5

Bei welchen der zuvor aufgezählten Kostenarten handelt es sich um variable bzw. fixe Kosten, bei welchen um Einzel- bzw. Gemeinkosten? Begründen Sie Ihre Antwort.

Aufgabe 6

Verteilen Sie die Gemeinkosten mithilfe der unten stehenden Verteilungsschlüssel auf die Haupt- und Hilfskostenstellen in nachfolgend abgebildeten Betriebsabrechnungsbogen (Ergebnisse ggf. auf volle Euro runden) und ermitteln Sie sämtliche Zuschlagssätze.

In der Kostenrechnung liegen folgende Daten vor:

Kostenarten Gemeinkosten	Werte (in EUR)	AHKS Instand-haltung	Material	HKS Arb.vorber.	Fert. I	Fert. II	Verwaltung	Vertrieb
		Verteilungsgrundlage für die Gemeinkosten — **Kostenstellen**						
Hilfsstoffe	520.000				15 %	80 %		5 %
Betriebsstoffe	72.000				20 %	70 %		10 %
Gehälter	850.000	3 %	15 %	12 %	6 %	2 %	48 %	14 %
Energiekosten	330.000	49.000 kWh	25.000 kWh	26.400 kWh	49.400 kWh	32.100 kWh	74.400 kWh	43.700 kWh
Bürokosten	89.000	1 %	20 %	17 %	6 %	19 %	29 %	8 %
Werbung	260.000			5 %	6 %	5 %	18 %	66 %
Betriebl. Steuern	105.000	5 %	18 %		4 %	7 %	48 %	18 %
Kalk. Abschr.	226.000	2 %	9 %	5 %	25 %	23 %	18 %	18 %
Kalk. Zinsen	37.000		5 %		25 %	35 %	30 %	5 %
Kalk. Untern.lohn	340.000	1 %	15 %	10 %	20 %	24 %	20 %	10 %
Umlage Kantine		10 %	10 %	40 %	10 %	20 %	10 %	
Zwischensumme								
Umlage Arbeitsvorbereitung					40 %	60 %		
Stellengemeinkosten								
Zuschlagsgrundlage			660.000		395.000	670.000		
Zuschlagssatz								
Herstellkosten der Fertigung								
Bestandsmehrung/-minderung an FE					(+) 81.088			
Herstellkosten des Vertriebs								

Aufgabe 7

Definieren Sie die folgenden Begriffe:

- Hauptkostenstelle
- Allgemeine und besondere Hilfskostenstelle
- Innerbetriebliche Leistungsverrechnung

Aufgabe 8

Kalkulieren Sie mithilfe der im BAB ermittelten Zuschlagssätze den Verkaufspreis für folgende Kostenträger:

	Kostenträger (Wertangaben in EUR)	
	Stuhl „Standard"	Stuhl „Deluxe"
Fertigungsmaterial	5,00	24,00
Materialgemeinkosten		
Materialkosten		
Fertigungslöhne Fert I	5,60	7,80
Fertigungsgemeinkosten		
Fertigungslöhne Fert II	2,80	3,90
Fertigungsgemeinkosten		
Sondereinzelkosten Fert.	0,09	0,54
Fertigungskosten		
Herstellkosten		
Verwaltungsgemeinkosten		
Vertriebsgemeinkosten		
Sondereinzelkosten Vtr.	1,22	1,62
Selbstkosten		
Gewinn (15 %)		
Barverkaufspreis		
Kundenskonto (3 %)		
Vertreterprovision (10 %)		
Zielverkaufspreis		
Kundenrabatt (5 %)		
Listenverkaufspreis		

Als indirekter Bereich der Unternehmung werden alle Tätigkeitsbereiche bezeichnet, welche unterstützende Leistungen für die Hauptleistung erbringen. Die unterstützenden Leistungen können den verkauften Produkten (Kosten- und Erlösträgern) nicht direkt als Einzelkosten zugerechnet werden. Die Kosten des indirekten Bereichs sind somit Gemeinkosten.

Zum indirekten Bereich gehören beispielsweise: Geschäftsleitung, Controlling und Revision, Unternehmenskommunikation, Rechtsabteilung, Personalwesen, Marketing und Werbung, Organisationsabteilung, Beschaffung und Arbeitsvorbereitung.

B E T R I E B S A B R E C H N U N G S B O G E N (BAB)

Kostenarten Gemeinkosten	Werte (in EUR)	Kostenstellen						
		AHKS Instand-haltung	Material-stellen	HKS Arbeits-vorbereit.	Fertigung I	Fertigung II	Ver-waltungs-stellen	Vertriebs-stellen
Hilfsstoffe								
Betriebsstoffe								
Gehälter								
Energiekosten								
Bürokosten								
Werbung								
Betriebl. Steuern								
Kalk. Abschr.								
Kalk. Zinsen								
Kalk. Untern.lohn								
Zwischensumme								
Umlage Kantine		└──▶						
Zwischensumme								
Umlage Arbeitsvorbereitung				└──▶				
Stellengemeinkosten								
Zuschlagsgrundlage								
Zuschlagssatz								
Herstellkosten der Fertigung								
Bestandsmehrung/-minderung an FE								
Herstellkosten des Vertriebs								

Zusätzliche Angaben	Minderbestand an Fertigerzeugnissen (in EUR)	81.088

Echte Gemeinkosten sind Kosten, die den Kostenträgern nicht verursachungsgerecht zugerechnet werden können. Sie lassen sich lediglich verursachungsgerecht den Kostenstellen zuordnen und werden deshalb auch als Kostenstelleneinzelkosten bezeichnet. Kosten, für die sich auch kein direkter Verursachungsbezug zu einer Kostenstelle herstellen lässt, die also auch hier indirekt aufgeschlüsselt werden, sind dann auch Gemeinkosten bezogen auf die Kostenstelle, z. B. Gehälter für Forschung und Entwicklung, Aufwendungen für Abschreibungen, Feiertagslöhne, Urlaubslöhne.

Unechte Gemeinkosten sind Kosten, die den Kostenträgern direkt verursachungsgerecht zugerechnet werden könnten. Aus Gründen einer rationalen Kostenabrechnung wird aber darauf verzichtet. Das Entstehen solcher Kosten ist also abhängig von der Leistung, von den Kostenträgern, und nicht von der Arbeit der Kostenstellen. Obwohl nicht von den Stellen verursacht, werden die Kosten doch diesen zugerechnet und sind somit Kosten-stellengemeinkosten, z. B. Hilfsstoffe, geringwertige Materialien.

Lektion 4: Maschinenstundensatzrechnung

Information:

Maschinenstundensatzrechnung

Bei der Ermittlung des Fertigungskostenzuschlagssatzes werden die Fertigungslöhne ins Verhältnis zu den Fertigungsgemeinkosten gesetzt (man sagt auch: proportionalisiert). Dieser Zusammenhang besteht bei hochmaschinisierten Unternehmen nur noch sehr begrenzt, sodass die Proportionalisierung unweigerlich zu Fehlern führt.

Da die Gemeinkosten vielmehr durch den Maschineneinsatz verursacht werden (z. B. Energiekosten, Betriebsstoffkosten, Abschreibungen, Reparaturen und Instandhaltungskosten, kalkulatorische Zinsen für das gebundene Kapital, Platzkosten), erscheint es sinnvoll diese mit den Maschinenlaufzeiten ins Verhältnis zu setzen.

Gelöst wird dieses Problems dadurch, dass ein Maschinenplatz als Fertigungshauptkostenstelle angesehen wird. Die dort anfallenden Gemeinkosten werden sodann genau erfasst und in maschinenabhängige und maschinenunabhängige Gemeinkosten aufgeteilt:

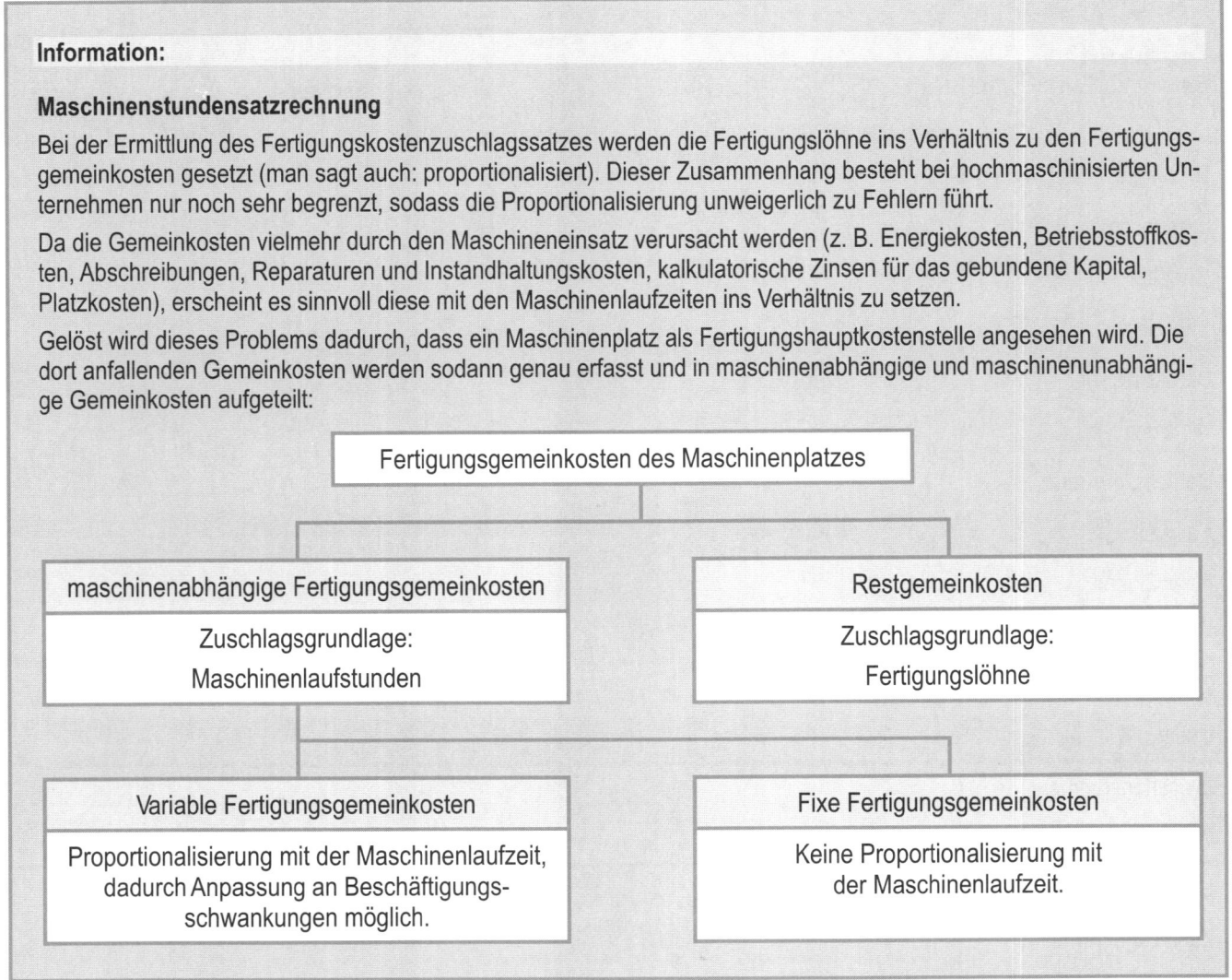

Situation

Eine Industrieunternehmung hat bisher die Gemeinkosten im Fertigungsbereich undifferenziert im BAB auf die Fertigungslöhne aufgeschlagen. Zur Verbesserung der Kalkulationsergebnisse soll nun eine Maschinenstundensatzrechnung im Fertigungsbereich II durchgeführt werden (siehe BAB in der Anlage).

Im Durchschnitt wird die Maschine in der Fertigungsstelle II wöchentlich 40,2 Stunden betrieben, wobei 2,2 Stunden durch Umrüsten und Reinigung/Instandhaltung nicht für die Produktion genutzt werden können. Insgesamt wird die Maschine 48 Wochen im Jahr genutzt.

Aufgabe 1

Berechnen Sie anhand der vorstehenden Angaben die durchschnittliche Maschinenlaufzeit pro Jahr.

Aufgabe 2

Komplettieren Sie den nachfolgend abgebildeten BAB, indem Sie die leeren Felder ausfüllen.

BETRIEBSABRECHNUNGSBOGEN (BAB) mit Maschinenplatz als Kostenstelle

Kostenarten Gemeink.	Werte (in EUR)	AHKS Kantine	Material-stellen	HKS Arbeits-vorbe-reitung.	Ferti-gungs-stelle I	Fertigungsstelle II masch.abhäng. FGK variabel	fix	Rest-Gemein-Kosten	Verwal-tungs-stellen	Ver-triebs-stellen
Hilfsstoffe	520.000				78.000	416.000				26.000
Betriebsst.	72.000				14.400	32.200	18.200			7.200
Gehälter	850.000	25.500	127.500	102.000	51.000			17.000	408.000	119.000
Energiek.	330.000	53.900	27.500	29.040	54.340	29.100	6.210		81.840	48.070
Bürokosten	89.000	890	17.800	15.130	5.340	8.800	6.200	1.910	25.810	7.120
Werbung	260.000			13.000	15.600		2.500	10.500	46.800	171.600
Betr. Steuern	105.000	5.250	18.900		4.200	1.200	2.400	3.750	50.400	18.900
Kalk. Abschr.	226.000	4.520	20.340	11.300	56.500		42.500	9.480	40.680	40.680
Kalk. Zinsen	37.000		1.850		9.250		9.800	3.150	11.100	1.850
Kalk. U.lohn	340.000	3.400	51.000	34.000	68.000		75.100	6.500	68.000	34.000
Zwischensumme	2.829.000	93.460	264.890	204.470	356.630				732.630	474.420
Umlage Kantine		└─▶	9.346	9.346	37.384		9.346		18.692	9.346
Zwischensumme			274.236	213.816	394.014				751.322	483.766
Umlage Arbeitsvorber.				└─▶	85.526		88.500	39.790		
Stellengemeinkosten			274.236		479.540					
Zuschlagsgrundlage			660.000		395.000			110.496		
Zuschlagssatz			41,55 %		121,40 %					

Herstellkosten der Fertigung

Bestandsmehrung/-minderung an FE　　　　　　(+) 60.592

Herstellkosten des Vertriebs

$$\text{Maschinenstundensatz} = \frac{\text{maschinenabhängige Fert.-GK}}{\text{Maschinenstunden}} = \frac{\text{EUR}}{\text{Std.}} =$$

Aufgabe 3

Führen Sie nun die Kalkulation der beiden Stühle durch. Dabei ist zu beachten:

	Stuhl „Standard"	Stuhl „Deluxe"
Bearbeitungszeit Maschine Fert. II	0,5 Min.	0,3 Min.

	Kostenträger (Wertangaben in EUR)	
	Stuhl „Standard"	Stuhl „Deluxe"
Fertigungsmaterial	5,00	24,00
Materialgemeinkosten		
Materialkosten	7,08	33,97
Fertigungslöhne Fert I	5,60	7,80
Fertigungsgemeinkosten		
Fertigungslöhne Fert II	2,80	3,90
Maschinenabhängige FGK		
Restgemeinkosten		
Sondereinzelkosten Fert.	0,09	0,54
Fertigungskosten		
Herstellkosten		
Verwaltungsgemeinkosten		
Vertriebsgemeinkosten		
Sondereinzelkosten Vtr.	1,22	1,62
Selbstkosten		
Gewinn (15 %)		
Barverkaufspreis		
Kundenskonto (3 %)		
Vertreterprovision (10 %)		
Zielverkaufspreis		
Kundenrabatt (5 %)		
Listenverkaufspreis		

Die Maschinenstundensatz-Rechnung wird angewendet, wenn die Herstellung maschinen-intensiv ist, d.h. die meisten Kosten durch die Bearbeitung auf einer oder mehreren Maschinen anfallen. Bei der gewöhnlichen Kalkulation würden enorm hohe Fertigungsgemeinkosten (FGK) anfallen und dann bei der Kalkulation mit den Fertigungseinzelkosten (Fertigungslöhne) einen hohen Zuschlagssatz bilden, der sich dann bei kleinsten Kostenabweichungen zu großen Kalkulationsfehlern auswirkt.

Lektion 5: Kostenüber- und -unterdeckung im BAB

Information:

Im Rahmen der Ist-Kostenrechnung geht man von den tatsächlich angefallenen Kosten einer Abrechnungsperiode aus. Da die Ist-Kosten wegen verschiedener Gründe Schwankungen unterliegen, ist eine auf Ist-Kosten basierende Kostenrechnung nicht in der Lage, Kostenkontrollen durchzuführen und einwandfreie Daten für eine verbindliche Angebotskalkulation zu liefern.

Bei der Normalkostenrechnung werden aus dem Durchschnitt von Vergangenheitswerten Normalkosten gebildet, die über einen längeren Zeitraum konstant gehalten werden. Für die Einzelkostenfaktoren werden dabei Verrechnungspreise angesetzt (Materialien zu festen Verrechnungspreisen, Löhne zu festen Lohnsätzen). Auf diese Weise können schwankende Einkaufspreise und Entgeltveränderungen (z. B. aufgrund von Tariferhöhungen) ausgeschaltet werden. Bei der Kalkulation mit Normalkosten können sich bei der Nachkalkulation, die mit tatsächlichen Ist-Kosten durchgeführt wird, Unter- und Überdeckungen ergeben.

Situation

Der Betriebsabrechnungsbogen der Industrieunternehmung ergab die unten stehenden Normalkosten (Durchschnittskosten der Vergangenheit). Diese Daten wurden für die Vorkalkulation verwendet.

In der Nachkalkulation eines Auftrags haben sich unten stehende Ist-Kosten ergeben.

Aufgaben

1. Berechnen Sie die Normal-Zuschlagssätze.
2. Berechnen Sie die Höhe der Kostenüber- bzw. -unterdeckung.
3. Nennen Sie Gründe für die Kostenabweichungen.

Auszug aus dem
BETRIEBSABRECHNUNGSBOGEN (BAB) mit Ist-Kosten

Kostenstellen					
	Material	Fert. I	Fert. II	Verwaltung	Vertrieb
Stellengemeinkosten	333.929,50	286.082,35	1.257.351,75	300.766,50	288.879,90
Zuschlagsgrundlage	1.520.000,00	560.000,00	780.000,00	4.587.363,60	4.587.363,60
Zuschlagssatz	21,97 %	51,09 %	161,20 %	6,56 %	6,30 %

Auszug aus dem
BETRIEBSABRECHNUNGSBOGEN (BAB) mit Normalkosten

Kostenstellen					
	Material	Fert. I	Fert. II	Verwaltung	Vertrieb
Stellengemeinkosten	304.000,00	296.800,00	1.209.000,00	252.305,00	307.353,36
Zuschlagsgrundlage	1.520.000,00	560.000,00	780.000,00	4.587.363,60	4.587.363,60
Zuschlagssatz					

Ist- und Normalkosten-Vergleich

Kostenstellen						
	Material	Fert. I	Fert. II	Verwaltung	Vertrieb	Summe
Stellengemeinkosten (Ist)						
Stellengemeinkosten (Soll)						
Kostenüber-/unterdeckung						

Kapitel 20: Kostenträgerrechnung

Lektion 1: Kalkulation der Kostenträger

Ausgangslage

Jürgen Gerks hat nun mithilfe eines Betriebsabrechnungsbogens die Gemeinkostenzuschlagssätze ermittelt. Nun soll er anhand dieser Angaben die Kalkulation für einzelne Produkte durchführen.

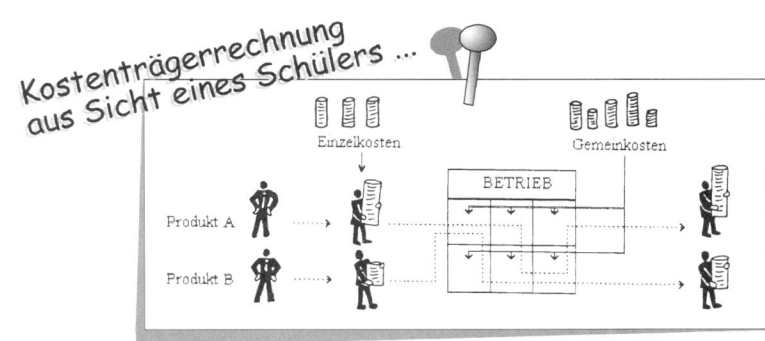

Arbeitsaufträge

1. Warum kann man die Kosten für einen Kostenträger im Grunde nicht dadurch ermitteln, dass man die Kosten der Abrechnungsperiode durch die Anzahl der in dieser Periode produzierten Stück teilt?

2. Die Kostenträgerrechnung unterscheidet zwischen Kostenträgerzeit- und Kostenträgerstückrechnung. Worin besteht der Unterschied?

3. In der Heinz Schlau OHG wurden in der vergangenen Abrechnungsperiode im Produktsegment „Junge Büromöbel" erstmals zwei Produktarten hergestellt. Nachfolgend erhalten Sie die notwendigen Daten für eine Kostenträgerzeitrechnung (BAB II). Ermitteln Sie das Betriebsergebnis.

4. Im BAB II wurde mit den Kosten der vergangenen Rechnungsperiode (i. d. R. ein Monat) gerechnet. Man bezeichnet diese Kosten auch als Ist-Kosten. Natürlich unterliegen diese Kosten ständigen Schwankungen, sodass sich immer wieder neue Ist-Kostenzuschläge ergeben. Erarbeiten Sie Gründe für Kostenschwankungen.

5. Welche Probleme können sich durch eine Kalkulation auf Ist-Kostenbasis bezogen auf die Ziele der Kostenrechnung ergeben? Welche Lösungsmöglichkeiten fallen Ihnen ein?

6. Ein Großhändler, der sich für den Schreibtisch im Angebotskatalog interessiert, fragt an, ob er bei Bestellung von 100 Stück einen besonderen Mengenrabatt erhalten könne.

   6.1 Kalkulieren Sie für den Schreibtisch zunächst den Gewinn, wenn folgende Angaben je Stück (Normalkosten) gelten: 29,95 EUR Fertigungsmaterial, 26,67 % Materialgemeinkostenzuschlag, 16,65 EUR Fertigungslöhne, Fertigungsgemeinkostenzuschlag 91,38 %, Verwaltungsgemeinkostenzuschlag 8,17 %, Vertriebsgemeinkostenzuschlag 4,83 %, Gewinnzuschlag ? %, Kundenskonto 3 %.

   6.2 Welche Rabatthöhe würden Sie dem Kunden gewähren? Begründen Sie Ihre Antwort und berechnen Sie den Gewinn, der sich nun ergibt.

   6.3 Angenommen, man würde sich entschließen, dem Kunden einen Mengenrabatt in Höhe von 10 % zu geben. Wie hoch ist nun der Gewinn?

   6.4 In der Nachkalkulation für den an den Kunden vergebenen Auftrag ergeben sich folgende Ist-Kosten: 27,5 % Materialgemeinkostenzuschlagssatz, 87,9 % Fertigungsgemeinkostenzuschlagssatz, 9,5 % Verwaltungsgemeinkostenzuschlagssatz, 5,1 % Vertriebsgemeinkostenzuschlagssatz. Berechnen Sie die Kostenabweichungen und nennen Sie mögliche Gründe.

7. Die bisherigen Berechnungen gingen davon aus, dass alle Kosten den Kostenträgern verursachungsgerecht zugeordnet werden müssen. Derartige Kostenrechnungssysteme werden als Vollkostenrechnung bezeichnet. Bei der Lösung der vorstehenden Arbeitsaufträge wurde deutlich, das dieses Kostenrechnungssystem Probleme bei der Kostenkalkulation und -auswertung mitsichbringt. Beschreiben Sie diese Probleme und machen Sie deutlich, warum im Rahmen einer Vollkostenrechnung diese Probleme quasi „vorprogrammiert" sind.

8. Bisher wurde bei den Erläuterungen davon ausgegangen, dass in der Heinz Schlau OHG eine Produktion der Möbel in Serie durchgeführt wird. Bei anderen Fertigungstypen können jedoch andere Kalkulationsverfahren sinnvoll sein. Um den Zusammenhang zwischen Fertigungstyp und Kalkulationsverfahren zu klären, füllen Sie bitte das nachfolgende Schaubild aus und bearbeiten sodann die dort angegebenen Aufgaben.

	Schreibtisch	Regal
Fertigungsmaterial	27.850,00	63.480,00
Fertigungslöhne	15.480,00	94.200,00
MGK-Satz	26,67 %	26,67 %
FGK-Satz	91,38 %	91,38 %
VWGK-Satz	8,17 %	8,17 %
VtGK-Satz	4,83 %	4,83 %
Mehrbestand	0,00	32 St.
Minderbestand	66 St.	0,00
Produzierte Menge	620 St.	930 St.

Heinz Schlau Büromöbel *Junge Büromöbel*

Schreibtisch
In Kiefer massiv, Oberfläche mit Klarlack behandelt, offenes fach, 104/50/77 cm
199,- *

Regal
Stabil aus massiver Kiefer, Oberfläche mit Klarlack behandelt, 5 Einlegeboden, 80/30/198 cm
299,- *

*) Alle Preise Nettoangaben.

Kostenträgerzeitrechnung	Zuschlags-satz	Istkosten gesamt	Schreibtisch	Regal
Fertigungsmaterial				
+ Materialgemeinkosten				
Materialkosten				
Fertigungslöhne				
+ Fertigungsgemeinkosten				
Fertigungskosten				
= **HK der Erzeugung**				
+ Minderbestand Erzeugnisse				
- Mehrbestand Erzeugnisse				
HK des Umsatzes				
+ Verwaltungsgemeinkosten				
+ Vertriebsgemeinkosten				
Selbstkosten d. Umsatzes				
Nettoumsatzerlöse				
Betriebsergebnis				

Arbeitsblatt: Zusammenhang zwischen Fertigungsverfahren und Kostenträgerrechnung

Bitte füllen Sie die leeren Felder aus und bearbeiten Sie die Aufgaben !!!

Fertigungstypen

Unterscheidung von Fertigungsverfahren nach der Menge gleichartiger Erzeugnisse

Mehrfachfertigung

Massenfertigung	Serienfertigung	Sortenfertigung	Einzelfertigung
Definition:	*Definition:*	*Definition:*	*Definition:*
Beispiele:	*Beispiele:*	*Beispiele:*	*Beispiele:*

Massenfertigung

Aufgabe:

Eine Industrieunternehmung stellt Plastikeimer her. Die Gesamtkosten einer Abrechnungsperiode (Monat) betragen bei einer Produktionsmenge von 8.800.000 Stück 5.280.000,00 €, wobei der variable Kostenanteil 3.960.000,00 € beträgt. Wie hoch werden die Kosten im kommenden Monat sein, wenn die Produktionsmenge auf 8.450.000 Stück sinkt? Berechnen Sie die Produktionsmenge, bei der die Erlöse den Gesamtkosten entsprechen. Für die Kalkulation des Listenverkaufspreises werden 25 % Gewinnzuschlag, 6 % Mengenrabatt und 2 % Skonto angewandt.

Art der Kalkulation:

Serienfertigung

Aufgabe:

Dem Hersteller von Küchengeräten liegen für einen Artikel folgende Daten vor: 21.500,00 € Materialverbrauch, 21.500,00 € Fertigungslöhne, 2 % Sondereinzelkosten der Fertigung, 12 % Materialgemeinkostenzuschlag, 120 % Fertigungsgemeinkostenzuschlag, 30 % Verwaltungsgemeinkostenzuschlag, 15 % Vertriebsgemeinkostenzuschlag, 3.500,00 € Sondereinzelkosten des Vertriebs. Die Produktionsmenge betrug 4.670 Stück. Wie hoch muss der Listenverkaufspreis festgelegt werden, wenn das Unternehmen mit 18 % Gewinnzuschlag, 5 % Mengenrabatt und 2 % Skonto kalkuliert?

Art der Kalkulation:

Sortenfertigung

Aufgabe:

In einer Großbäckerei wird aus gleichen Zutaten ein Brot in drei verschiedenen Größen hergestellt. Wegen der unterschiedlichen Ausmaße benötigen die Brote unterschiedlich lange Backzeiten (A: 30 Min., B: 45 Min., C: 50 Min.) Die Produktionsmengen betrugen in der zurückliegenden Abrechnungsperiode für A: 500 Stück, für B 600 Stück und für C 1.200 Stück. Insgesamt fielen dabei Kosten in Höhe von 2.060,00 € an. Wie hoch sind die Listenverkaufspreise für die drei Brote, wenn das Unternehmen mit 20 % Gewinnzuschlag, 4 % Mengenrabatt, 7 % Vertreterprovision und 3 % Skonto kalkuliert?

Art der Kalkulation:

Einzelfertigung

Art der Kalkulation:

Übungsaufgaben

1. Aufgabe

Eine Kaffeerösterei hat in der vergangenen Abrechnungsperiode

Materialkosten	31.560,00 €
Löhne und Gehälter	42.780,00 €
Sonstige Kosten	88.420,00 €

Ansonsten liegen folgende Daten aus der Lagerbestandsdatei vor:

Anfangsbestand	47.700,00 t
Endbestand	39.500,00 t
Verkaufte Menge	101.400,00 t

Berechnen Sie die Kosten für eine Tonne Kaffee.

2. Aufgabe

In einer Spielzeugfabrik werden zwei Modellautos hergestellt, deren Produktionsablauf sich sehr ähnelt. Es liegen für den zurückliegenden Monat folgende Daten vor:

Produkt	Produktionsmenge	Bearbeitungszeit
A	10.250 St.	25 St. pro Stunde
B	2.300 St.	10 St. pro Stunde

Für diesen Produktionsbereich fielen in der Abrechnungsperiode Herstellkosten in Höhe von 288.650,00 € an. Hinzu kommen 5 % Verwaltungs- und Vertriebsgemeinkosten. Im Verkauf wird mit einem Gewinnaufschlag von 25 % gerechnet. Kunden erhalten 4 % Rabatt sowie 3 % Skonto. Berechnen Sie die Listenverkaufspreise für die beiden Produkte.

3. Aufgabe

In einer Textilfabrik werden fünf hochwertige Stoffe hergestellt. In der zurückliegenden Abrechnungsperiode fielen insgesamt 224.800,00 € Materialkosten sowie 398.700,00 € Lohnkosten an. Die Materialkosten sollen auf der Grundlage der Rohstoffpreise je Quadratmeter, die Fertigungslöhne aufgrund der Lohnkosten pro Quadratmeter der einzelnen Sorten verteilt werden. Es gelten folgende Daten:

Stoffart	Produktions-menge (qm)	Rohstoffpreis je qm	Lohnkosten je qm
A	5.000	5,80 €	12,40 €
B	2.400	12,70 €	10,90 €
C	200	5,20 €	5,50 €
D	780	33,50 €	14,40 €
E	1.100	9,90 €	8,60 €

Berechnen Sie die Herstellkosten je Quadratmeter für jede Stoffart.

4. Aufgabe

Eine Industrieunternehmung kalkuliert für ein Produkt mit folgenden Daten:

Bezogene Fertigteile	2.320,00 € für 100 Stück
Fertigungsmaterial	3.060,00 € für 100 Stück

Fertigungslöhne:

Stanzerei	je 100 Stück 1.860 Min.
Entgraterei	je 100 Stück 920 Min.
Lackiererei	je 100 Stück 1.480 Min.
Montage	je 100 Stück 3.180 Min.

Für eine Arbeitsstunde werden in der Stanzerei, der Entgraterei und der Lackiererei einheitlich 18,80 €, in der Montage 16,20 € je Stunde gezahlt.

Für die Kalkulation werden folgende Zuschlagssätze angewandt:

Materialgemeinkostenzuschlag	15 %
Fertigungsgemeinkostenzuschlag	210 %
Verwaltungsgemeinkostenzuschlag	30 %
Vertriebsgemeinkostenzuschlag	6 %

In der Verkaufsabteilung gelten folgende Kalkulationsgrundlagen: Gewinnzuschlagssatz, 32 %, Skonto 3 %, Vertreterprovision 12 %, Rabatt 5 %

Berechnen Sie die Selbstkosten für ein Fertigprodukt sowie den Listenverkaufspreis.

5. Aufgabe

Eine Industrieunternehmung plant die Anschaffung einer Fertigungsstraße. Dabei gelten folgende Daten:

Anschaffungskosten	4.850.000,00 €
Betriebsgewöhnliche Nutzungsdauer	10 Jahre
Geschätzte Wiederbeschaffungskosten	5.500.000,00 €
Kalkulationszinssatz	12 %
Instandhaltungskosten pro Jahr	35.400,00 €
Verrechnete Miete pro Monat	5.800,00 €
Leistung der Maschine pro Std. (durchschn.)	120 kW
Leistungspreis je kWh	0,20 €

Der Einsatz der Fertigungsstraße erfolgt an circa 40 Wochen im Jahr mit durchschnittlich 36 Einsatzstunden im Einschichtbetrieb.

Berechnen Sie

1. den Maschinenstundensatz im Einschichtbetrieb.
2. den Maschinenstundensatz, wenn sich das Unternehmen zu einem Zweischichtbetrieb entschließt. In diesem Fall halbiert sich die betriebsgewöhnliche Nutzungsdauer. Des Weiteren wird geschätzt, dass die Instandhaltungskosten um 60 % ansteigen.

6. Aufgabe

Eine Industrieunternehmung kalkuliert die Selbstkosten für zwei Erzeugnisse unter anderem mithilfe von Maschinenstundensätzen. Es gelten folgende Daten:

Fertigungsmaterial A: 54.000,00 €, B: 22.100,00 €

Materialgemeinkostenzuschlagssatz	9 %

Kostenbereich A:
Fertigungslöhne A: 62.400,00 €, B: 88.200,00 €

Fertigungsgemeinkostenzuschlagssatz	140 %

Kostenbereich B:
Fertigungslöhne A: 34.700,00 €, B 12.300,00 €

Fertigungsgemeinkostenzuschlagssatz	45 %

Maschine 1:

Maschinenabhängige Gemeinkosten	12.700,00 €
Laufzeit für A	254 Std.
Laufzeit für B	470 Std.

Maschine 2:

Maschinenabhängige Gemeinkosten	53.200,00 €
Laufzeit für A	82 Std.
Laufzeit für B	372 Std.
Verwaltungsgemeinkostenzuschlagssatz	12 %
Vertriebsgemeinkostenzuschlagssatz	8 %

Berechnen Sie die Selbstkosten der beiden Erzeugnisse.

7. Aufgabe

Eine Brauerei stellt die Biersorten Export, Kölsch, Pils und Alt her. Bedingt durch die verschiedenen Brauverfahren verursacht die Herstellung von Kölsch 90 % der Kosten der Herstellung von Exportbier, die Herstellung von Pils 40 % mehr und die Herstellung von Altbier 20 % weniger als die Herstellung von Export.

Im Geschäftsjahr 2006 wurden 6.400 Hektoliter (hl) Altbier, 4.200 hl Kölsch, 7.500 hl Exportbier und 9.800 hl Pils hergestellt und verkauft.

Für die Herstellung sind folgende Kosten angefallen:

Hopfen	980.560,00 EUR
Malz	890.840,00 EUR
Betriebsstoffe	250.850,00 EUR
Löhne	380.420,00 EUR
Gehälter	150.450,00 EUR
Sozialabgaben	100.650,00 EUR
Verwaltung	280.550,00 EUR
Vertrieb	360.000,00 EUR
Sonstige Herstellkosten	130.890,00 EUR

Ermitteln Sie
a) die Selbstkosten pro Liter für alle vier Biersorten.
b) die Selbstkosten für das Jahr 2006 insgesamt.
c) die Selbstkosten je Biersorte.

8. Aufgabe

Ein Maschinenbauunternehmen kalkuliert auf Anfrage eines Kunden die Herstellung einer Spezialmaschine auf der Basis folgender Daten:

Fertigungsmaterial	120.000,00 EUR
Fertigungslöhne	40.000,00 EUR
Sondereinzelkosten der Fertigung	15.000,00 EUR
Sondereinzelkosten des Vertriebs	14.340,00 EUR
Geplanter Gewinnzuschlag	5 %
Geplanter Skontozuschlag	3 %
Materialgemeinkostenzuschlagssatz	10 %
Fertigungsgemeinkostenzuschlagssatz	250 %
Verwaltungsgemeinkostenzuschlagssatz	10 %
Vertriebsgemeinkostenzuschlagssatz	8 %

Berechnen Sie
a) die Materialkosten   d) die Selbstkosten
b) die Fertigungskosten   e) den Barverkaufspreis
c) die Herstellkosten   f) den Listenverkaufspreis

9. Aufgabe

Die Josef Hartmann KG, ein Hersteller von Getriebeteilen, möchte die Selbstkosten und den Angebotspreis für ein neues Produkt ermitteln. Für die Kalkulation liegen folgende Angaben vor

Fertigungsmaterial	520,00 EUR
Fertigungslöhne	132,00 EUR

Materialgemeinkostenzuschlagssatz	10 %
Fertigungsgemeinkostenzuschlagssatz	150 %
Verwaltungsgemeinkostenzuschlagssatz	25 %
Vertriebsgemeinkostenzuschlagssatz	15 %
Maschinenstunden	12
Gewinnzuschlagsatz	10 %

In der vorangegangenen Periode wurden für eine Maschinenstundenlaufzeit von 5.000 Stunden maschinenabhängige Fertigungsgemeinkosten in Höhe von 617.500,00 EUR ermittelt. Berechnen Sie
a) den Maschinenstundensatz
b) die Selbstkosten
c) den Gewinnzuschlag
d) den Angebotspreis für das neue Produkt.

10. Aufgabe

Dem BAB der Fahrzeugwerke Leibach können für den Zeitraum 09/1998 untenstehende Werte entnommen werden.

Gemeinkostenverteilung auf die Kostenstellen:

Allgemeine Hilfskostenstellen:

- Werkschutz	4.000,00 EUR
- Fuhrpark	25.000,00 EUR
Material	32.500,00 EUR

Fertigungshilfsstellen:

- Konstruktion	18.250,00 EUR
- Werkstatt	22.400,00 EUR
Stanzerei	70.100,00 EUR
Montage	66.900,00 EUR
Verwaltung	110.800,00 EUR
Vertrieb	54.650,00 EUR

Einzelkosten:

Fertigungsmaterial	456.800,00 EUR
Fertigungslöhne Stanzerei	98.540,00 EUR
Fertigungslöhne Montage	55.320,00 EUR

Die Gemeinkosten der allgemeinen Hilfskostenstellen sollen wie folgt verteilt werden:
Werkschutz zu gleichen Teilen auf alle anderen Kostenstellen, Fuhrpark nach folgender Nutzung der Fahrzeuge:

Material	3.000,00 EUR
Konstruktion	1.500,00 EUR
Werkstatt	7.500,00 EUR
Stanzerei	1.200,00 EUR
Montage	1.800,00 EUR
Verwaltung	4.500,00 EUR
Vertrieb	6.000,00 EUR

Die Gemeinkosten der Fertigungshilfsstellen werden nach folgenden Schlüsseln auf die Fertigungshauptstellen Stanzerei und Montage verteilt:
Konstruktion: 6:4, Werkstatt: 3:7

Erstellen Sie mit diesen Angaben einen mehrstufigen BAB und berechnen Sie sodann

a) die Gemeinkostensumme der Hauptkostenstellen,
b) die Gemeinkostenzuschlagssätze der Hauptkostenstellen
c) die Herstellkosten der Erzeugung

Lektion 2: Kostenanalyse mithilfe verschiedener Kostenrechnungssysteme

Information: Ist- und Normalkostenrechnung zu Vollkosten

Ist-Kostenrechnung zu Vollkosten

Im Rahmen der Ist-Kostenrechnung geht man von den tatsächlich angefallenen Kosten einer Abrechnungsperiode aus. Da die Ist-Kosten wegen verschiedener Gründe Schwankungen unterliegen, ist eine auf Ist-Kosten basierende Kostenrechnung nicht in der Lage, Kostenkontrollen durchzuführen und einwandfreie Daten für eine verbindliche Angebotskalkulation zu liefern. Dies liegt daran, dass ...

- keine Trennung zwischen variabeln und fixen Kosten durchgeführt wird.

  Bei Beschäftigungsschwankungen (Herstellung größerer oder kleinerer Produktionsmengen im Gegensatz zum Vormonat) ändern sich die Fixkosten je Stück und die Ergebnisse sind nicht miteinander zu vergleichen.

- die Ist-Kosten sich im Laufe der Zeit aufgrund von Wertschwankungen ändern.

  Durch Preisveränderungen bei den jeweiligen Kosten (Preisanstieg bei den Rohstoffen, Lohnerhöhungen durch Tarifvertragsänderungen, Mietsenkungen etc.) können sich Ist-Kosten ändern. Auf diese Veränderungen hat das Unternehmen jedoch keinen Einfluss.

Die Ist-Kosten werden berechnet:

Ist-Kosten = Ist-Verbrauchsmenge • aktuelle Preise

Durch die Kalkulation auf Ist-Kostenbasis ergeben sich wegen der großen Anteile nicht beeinflussbarer Kostenschwankungen folgende Probleme:

In der Kostenstellenrechnung:	In der Kostenträgerrechnung:
Eine Kostenkontrolle in den Kostenstellen ist nicht möglich. Da viele Kostenbeeinflussungsgrößen nicht auf ein Fehlverhalten der Kostenstelle zurückgeführt werden können, kann sie auch nicht für Kostensteigerungen verantwortlich gemacht werden.	Eine zuverlässige Preiskalkulation für zukünftige Angebote ist nicht durchführbar. Jederzeit können sich die Zuschlagssätze und damit die Selbstkosten ändern.

Vergleicht man die Ist-Kosten verschiedener Perioden miteinander, so kann es aus folgenden Gründen zu Abweichungen gekommen sein:

- **Preisabweichungen**

  Preisveränderungen (z. B. Anstieg der Materialkosten, Senkung der Energiekosten) haben dazu geführt, dass die Kosten gestiegen bzw. gesunken sind.

- **Beschäftigungsabweichungen**

  Da die Kosten auf Vollkostenbasis berechnet werden (also variable und fixe Kosten gleichsam zusammengerechnet werden) können sich durch eine Variation der Produktions-/Absatzmenge die variablen Gesamtkosten bzw. die Stückfixkosten verändern. Bei einer Vergrößerung der Ausbringungsmenge steigen die Kosten unweigerlich wegen der steigenden variablen Kosten an, dementsprechend sinken die Stückkosten aufgrund der Fixkostendegression.

- **Verbrauchsabweichungen**

  Durch unrationelles Handeln werden zu hohe Kosten verursacht, es folgt Verschwendung (z. B. zu hoher Rohstoffverbrauch durch hohe Ausschussraten wegen einer falsch eingestellten Maschine, „Kostenschlendrian" durch die Mitarbeiter). Demgegenüber können beispielsweise Rationalisierungen bei der Fertigungssteuerung zu einer Verringerung der Durchlaufzeit und damit zu einer Verringerung der Kosten führen. Diese Ursachen sollen im Grunde im Rahmen der Wirtschaftlichkeitskontrolle aufgedeckt werden.

Aufgabe 1

Ein Möbelhersteller ermittelt für den zurückliegenden Monat für einen Esstisch folgende Daten:

Rohstoffkosten: 3.000 St. • 12,00 €/St. = 36.000,00 €
Lohnkosten: 510 Std. • 50,00 €/Std. = 25.500,00 €
Gemeinkosten: 72.500,00 € (die Gemeinkosten sind zu 100 % Fixkosten)
Herstell-/Absatzmenge: 500 St.

Der Hersteller ermittelt somit Stückkosten in Höhe von: 134.000,00 € : 500 St. = 268,00 €

Für den kommenden Monat wird mit einer Ausbringungsmenge in Höhe von 450 St. des Tisches gerechnet. Der Möbelhersteller kalkuliert mit den Ist-Kosten in Höhe von 268,00 € je Tisch.

In der Nachkalkulation stellt der Hersteller jedoch fest, dass die Kosten für den Esstisch auf 302,00 € angestiegen sind. Dies hat dazu geführt, dass der Hersteller ein Verlust realisieren musste. Wie konnte es dazu kommen? Eine Antwort gibt folgende Analyse der Kosten:

Rohstoffkosten: 2.800 St. • 13,10 €/St. = 36.680,00 €
Lohnkosten: 500 Std. • 52,00 €/Std. = 26.000,00 €
Gemeinkosten: 73.220,00 € (die Gemeinkosten sind zu 100 % Fixkosten)

Welche Besonderheiten fallen Ihnen bei der Nachkalkulation des Auftrags auf?

Information: Alternative Kostenrechnungssysteme

Die unterschiedlichen Kostenrechnungssysteme werden in der Kostenstellenrechnung zur Ermittlung von Unwirtschaftlichkeiten an den Orten der Leistungserstellung und in der Kostenträgerzeit- und -stückrechnung zur Vor- und Nachkalkulation angewandt.

Mögliche Lösungsansätze:

○ **Anwendung von Verrechnungspreisen**

Bei einigen Kosten (Material-, Lohnkosten) können konstante Verrechnungspreise die Möglichkeit von Preisschwankungen ausschalten. Leider ist diese Lösung jedoch nicht bei allen Kosten möglich.

Ist-Kosten zu Verrechnungspreisen = Ist-Verbrauchsmenge • Verrechnungspreise

Vorteil: *Ausschluss von Preisschwankungen bei Einzelkosten.*

Nachteil: *Nur bei den Einzelkosten anwendbar.*

○ **Anwendung von Normalkosten**

Ähnlich wie bei den Verrechnungspreisen wird hier ein Durchschnitt aus den Ist-Kosten vergangener Abrechnungsperioden gebildet. Diese Lösungsmethode, die auf alle Kosten anwendbar ist, verringert sowohl die Vor- als auch die Nachteile der Ist-Kostenrechnung. Aufgrund der ermittelten Durchschnittswerte ist eine exakte Nachkalkulation nicht mehr möglich, Demgegenüber bietet sie jedoch erste Ansatzmöglichkeiten für eine Kostenkontrolle, da man Abweichungen der Ist- von den Normalkosten analysieren kann.

Normal-Kosten = Ist-Verbrauchsmenge • Durchschnittswerte von Ist-Preisen

Vorteil: *Ausschluss von Preisschwankungen, damit annähernd Kostenkontrolle in den Kostenstellen möglich.*

Nachteil: *Keine exakte Nachkalkulation möglich. Kostenabweichungen können sich aufgrund von Beschäftigungsänderungen ergeben.*

○ **Anwendung von Plankosten**

Auch dieser Lösungsansatz stellt eine Abkehr von der Ist-Kostenrechnung dar. Man versucht, Kostenvorgaben mithilfe von technischen Berechnungen und Verbrauchsstudien zu treffen (z. B. Ableitung des Materialverbrauchs aus Stücklisten, Messung des Normalverbrauchs an Hilfsstoffen, Festlegung von Zeitvorgaben für Bearbeitungsschritte). Neben diesen geplanten Mengengrößen werden auch die Wertgrößen im Voraus geplant. Beispielsweise finden geschätzte oder bereits definitiv feststehende Preiserhöhungen bei Material oder der Entlohnung Beachtung. Mithilfe dieser Planvorgaben kann sodann eine aussagefähige Kostenkontrolle durchgeführt werden. Werden die Plankosten an die aktuelle Beschäftigung angepasst (es ergeben sich sodann Sollkosten), können Wertabweichungen lediglich auf Verbrauchsabweichungen zurückgeführt werden (Achtung: Im Sonderfall der flexiblen Plankostenrechnung).

Plan-Kosten = Plan-Verbrauchsmenge • Plan-Preise

Vorteil: *Aussagefähige Kostenkontrolle in der Kostenstellenrechnung wird möglich, sinnvolle Vor- und Nachkalkulation in der Kostenträgerrechnung möglich.*

Nachteil: *Hoher Aufwand zur Ermittlung der Planwerte; Aussagefähigkeit hängt ab von der Qualität der Plandaten.*

Information: Starre Plankostenrechnung

In diesem System wird ein „starrer", d. h. während des Jahres unveränderter Beschäftigungsgrad, unterstellt. Ansonsten ist die Plankostenrechnung mit der Normalkostenrechnung vergleichbar. Im Gegensatz zur Normalkostenrechnung, deren Vorgaben sich lediglich auf Vergangenheitswerte beziehen, werden bei der Plankostenrechnung auch zukünftige Entwicklungen mit einbezogen. Grundlage der Berechnung ist auf der einen Seite die Planbeschäftigung, die sich aus der Jahresabsatzplanung ergibt. Auf der anderen Seite werden die bezogen auf diese Planbeschäftigung anfallenden Gemeinkosten festgelegt („geplant").

Es folgt:

$$\text{Plankosten-Verrechnungssatz} = \frac{\text{Plangemeinkosten (bei Planbeschäftigung)}}{\text{Planbeschäftigung}}$$

Es ist offensichtlich, dass die verrechneten Plankosten erheblich von den tatsächlichen Kosten abweichen können. Die Abweichungen sind um so größer, je weiter der Ist-Beschäftigungsgrad vom Plan-Beschäftigungsgrad abweicht und je höher der Fix-Kostenanteil an den jeweiligen Gesamtkosten ist.

Die nicht durchgeführte Trennung der Gemeinkosten in variable und fixe Bestandteile macht die starre Plankostenrechnung zu einem sehr fehleranfälligen Kostenrechnungssystem. Der Mangel ist auf die Proportionalisierung der Fixkosten im Plankosten-Verrechnungsatz zurückzuführen. Bei Beschäftigungsabweichungen kommt es hierdurch zur

○ Fixkostenunterdeckung bei Unterbeschäftigung

○ Fixkostenüberdeckung bei Überbeschäftigung

Ein Vergleich der Ist-Kosten (K^i) der Istbeschäftigung ist sowohl mit den Plankosten (K^p) der Planbeschäftigung als auch mit den bei Istbeschäftigung verrechneten Plankosten (K^{verr}) wenig aussagefähig, wenn Ist- und Planbeschäftigung differieren.

Folge: Zur kostenstellenbezogenen Kontrolle der Kostenwirtschaftlichkeit kann das System der starren PKR demnach insbesondere bei großen Beschäftigungsschwankungen nicht verwendet werden.

Aufgabe 2

Ein Möbelhersteller ermittelt für eine Kostenstelle Plankosten in Höhe von 130.000,00 € bei einer Planbeschäftigung von 500 Stück. In der Abrechnungsperiode lag die Ist-Beschäftigung bei 450 Stück und es fielen Ist-Kosten in Höhe von 135.900,00 € an. Worauf ist die Kostenabweichung zurückzuführen?

Information: Flexible Plankostenrechnung

Die flexible Plankostenrechnung plant wie die starre Plankostenrechnung in der Regel für ein Jahr im Voraus. Sie differenziert dabei die Einzelkosten nach Produktarten und die Gemeinkosten nach Kostenstellen unter Zugrundelegung der erwarteten Planbeschäftigung. Im Unterschied zur starren Plankostenrechnung wird jedoch berücksichtigt, dass die Gemeinkosten sich aus fixen und variablen Bestandteilen zusammensetzen. Dadurch wird eine bessere Anpassung der Kostenvorgaben an die effektive Ist-Beschäftigung möglich, weil nicht mehr davon ausgegangen wird, dass der gesamte Kostenblock sich proportional zur Beschäftigung verhält, sondern diese Linearitätsannahme nur noch für die Einzelkosten und den variablen Teil der Gemeinkosten gemacht wird. Gleichwohl bildet aber die flexible Voll-Plankostenrechnung Kostensätze, in die die vollen Kosten, also auch die Fixkosten, miteingehen.

Die Durchführung der flexiblen Plankostenrechnung in einer Unternehmung ist an bestimmte Voraussetzungen gebunden. Grundsätzlich ist die Einrichtung einer Plankostenrechnung nur dann möglich, wenn die Unternehmung über ein geordnetes und systematisch gegliedertes Rechnungswesen verfügt. Im Einzelnen müssen darüber hinaus folgende Erfordernisse erfüllt sein:

1. **Spezielle Gliederung der Kostenarten in Einzel- und Gemeinkosten**

   Insbesondere wichtig ist eine Einteilung der Kosten in die vom Kostenstellenleiter beeinflussbaren und *nicht* beeinflussbaren Kosten, um eine sinnvolle Kostenkontrolle zu ermöglichen.

2. **Ausrichtung des Kostenstellenplans nach den Bedürfnissen der Plan-Kostenrechnung**

   Die Kostenstelleneinteilung wird nicht nach abrechnungstechnischen Gesichtpunkten (wie bei der Ist-Kostenrechnung) sondern nach selbstständigen Verantwortungsbereichen durchgeführt.

3. **Ermittlung der Bezugsgrößen für die Plankosten in den Kostenstellen**

   Die Ermittlung von Bezugsgrößen hat gleichzeitig mit der Kostenstellenbildung zu erfolgen.

4. **Bestimmung der Planbeschäftigung gemessen in den jeweiligen Bezugsgrößen**

   Diese Festlegung schließt an die Bestimmung der Bezugsgrößen an. Die Grundlage der Planbeschäftigung ist die durchschnittliche oder erwartete Kapazität.

5. **Festlegung eines Planpreissystems zur Bewertung von Ist-, Soll- und Planmengen**

   Ein derartiges System dient der Bewertung der Mengenkomponenten der Kosten. Dies erleichtert die Kostenkontrolle, da eine einheitliche Kostenbewertung stattfindet.

Im Rahmen der Kostenartenrechnung erfolgt die eigentliche Planung der Kosten. Bei den Einzelkosten, die nach Produktarten differenziert werden, lassen sich grundsätzlich die Planung des Mengen- und die Planung des Wertgerüsts unterscheiden. Das Mengengerüst der Einzelmaterialkosten wird vielfach aufgrund von Stücklisten und unter Berücksichtigung von Ausschussvorgaben geplant. Bei den Einzellohnkosten erfolgt die Planung des Mengengerüsts mithilfe von REFA-Zeitaufnahmeverfahren oder durch Anwendung von Systemen vorbestimmter Zeiten.

Durch die Bewertung mit Planpreisen werden aus den Planmengen Plankosten. Die Planpreise werden in der Regel so festgesetzt, dass sie mindestens für ein Jahr beibehalten werden können.

Bei der Gemeinkostenplanung, die für jede Kostenstelle differenziert nach Kostenarten erfolgt, wird nicht immer zwischen Mengen- und Wertgerüstplanung unterschieden, sondern teilweise unmittelbar die Planung der Kosten selbst vorgenommen. Nach der Methode der einstufigen synthetischen Gemeinkostenplanung werden die Plankosten nur für eine einzige Planausprägung der Bezugsgröße ermittelt, wobei jedoch im Gegensatz zur starren Plankostenrechnung in beschäftigungsfixe und beschäftigungsvariable Kosten unterschieden wird. Dabei ist es erforderlich, dass fixe und variable Anteile geplant und nicht etwa einfach in dem Verhältnis festgesetzt werden, das sich im Nachhinein bei den Ist-Kosten der Vergangenheit ergab.

Soweit die Planung der Kostenarten für jede Kostenstelle differenziert erfolgt, ist mit der Kostenartenrechnung zugleich die erste Stufe der Kostenstellenrechnung vollzogen.

Eine Erweiterung erfährt die Kostenstellenrechnung in der flexiblen Plankostenrechnung dadurch, dass in ihr auch Abweichungen vom Planbeschäftigungsgrad Berücksichtigung finden müssen. Die Soll-Kosten (K_s) stellen Vorgaben dar, die der Kostenstellenleiter einhalten oder wenn möglich unterbieten soll. Mit der Berücksichtigung der Fixkosten können die Soll-Kosten an jeden möglichen Beschäftigungsgrad angepasst werden. Damit sind im Gegensatz zur starren Plankostenrechnung auch bei größeren Beschäftigungsschwankungen wirksame Kontrollen der Kostenwirtschaftlichkeit der einzelnen Kostenstellen möglich.

Aus Gründen der Wirtschaftlichkeit werden in der Abweichungsanalyse nur die wichtigsten Kosteneinflussgrößen gesondert erfasst und analysiert. Ausgehend vom wertmäßigen Kostenbegriff lassen sich Preis- und Mengenabweichungen unterscheiden, wobei im System der auf Vollkosten basierenden flexiblen Plankostenrechnung die Mengenabweichungen weiter aufgespalten werden in Verbrauchs- und Beschäftigungsabweichungen.

Preisabweichungen ergeben sich aus der Differenz zwischen den zu Ist-Preisen und den zu Planpreisen bewerteten Ist-Verbrauchsmengen. Für derartige Preisabweichungen kann der Kostenstellenleiter grundsätzlich nicht verantwortlich gemacht werden, da er auf Preisentwicklungen keinen Einfluss hat. Dies wird im System der flexiblen Plankostenrechnung dadurch berücksichtigt, dass bei der Kostenstellenkontrolle die Planpreise, nicht aber tatsächliche Ist-Preise herangezogen werden. Das bedeutet aber, dass es zweierlei „Ist-Kosten" gibt: Die Ist-Kosten der Ist-Kostenrechnung (Ist-Menge x tatsächlich angefallene Ist-Preise) und die Ist-Kosten der Plankostenrechnung (Ist-Menge x geplante Preise).

Auf dieser Basis ergibt sich folgendes Ergebnis:

Preisabweichung = tatsächliche Ist-Kosten - Ist-Kosten zu Planpreisen

Die Definition der Ist-Kosten zu Planpreisen in der Plankostenrechnung ermöglicht es, die für die Kostenkontrolle wichtigste Abweichung, die Verbrauchsabweichung, durch den einfachen Vergleich der Soll-Kosten mit den Ist-Kosten zu Planpreisen, die den Einfluss der Beschaffungspreisschwankungen von der Plankostenrechnung fernhalten, zu ermitteln:

Verbrauchsabweichung = Ist-Kosten zu Planpreisen - Soll-Kosten

Nur für die Verbrauchsabweichung kann der Kostenstellenleiter verantwortlich gemacht werden. Dagegen kann er für Beschäftigungsabweichungen, ebenso wie für Preisabweichungen in der Regel nicht zur Rechenschaft gezogen werden. Es gilt:

Beschäftigungsabweichung = Soll-Kosten - verrechnete Plan-Kosten

Diese Abweichung entsteht dadurch, dass der Plankostenverrechnungssatz auch Bestandteile der Fixkosten enthält, die somit bei abweichendem Beschäftigungsgrad in unzulässiger Weise proportionalisiert werden. Beschäftigungsabweichungen äußern sich also in Fixkostenüber- oder -unterdeckungen. Sie sind somit nur im System der Vollplan-Kostenrechnung denkbar.

Mithilfe der dargestellten Abweichungsanalysen lassen sich die Ist-Kosten wie folgt zerlegen:

Effektive Ist-Kosten   =   verr. Plan-Kosten + Beschäftigungsabweichung + Verbrauchsabweichung + Preisabweichung

Neben der kostenstellenbezogenen Wirtschaftlichkeitskontrolle ist die Erstellung von Plankalkulationen eine weitere wichtige Aufgabe der Plankostenrechnung. Sie wird im Rahmen der Kostenträgerrechnung durchgeführt. Im Allgemeinen lassen sich nur in Betrieben mit marktorientierter Fertigung exakte Plankalkulationen durchführen. Dabei können die im Rahmen der Ist-Kostenrechnung dargestellten Kalkulationsverfahren Anwendung finden, wenn die Ist-Zahlen durch Planzahlen ersetzt werden. Im Falle der Zuschlagskalkulation werden die aus einem Plan-BAB entwickelten Plankostensätze mit den Planbezugsgrößen des Kostenträgers multipliziert. Treten keine größeren Kostenabweichungen auf, kann die (in der Regel auf ein Jahr ausgerichtete) Plankalkulation die Aufgaben der (kurzfristigen bzw. auftragsbezogenen) Vorkalkulation übernehmen. Zugleich kann in diesem Fall auf eine laufende Nachkalkulation verzichtet werden.

Aufgabe 3

Ein Möbelhersteller ermittelt für eine Kostenstelle Plankosten in Höhe von 130.000,00 € bei einer Planbeschäftigung von 500 Stück. 75.000,00 € davon sollen Fixkosten sein. In der Abrechnungsperiode lag die Ist-Beschäftigung bei 450 Stück und es fielen Ist-Kosten in Höhe von 135.900,00 € an. Worauf ist die Kostenabweichung zurückzuführen?

Übungsaufgaben

Situation

Dem Industriebetrieb liegen bezogen auf die Kostenstellen- und die Kostenträgerechnung unten stehende Daten vor.

Aufgabe

1. Komplettieren Sie die Tabelle zur Kostenanalyse und werten Sie die Ergebnisse aus.

Kostenanalyse KOSTENSTELLENRECHNUNG	Kostenstelle Materialeinkauf		Kostenstelle Materialdisposition	
Plangemeinkosten	2.370.000,00	EUR	3.563.190,00	EUR
Planbeschäftigung	158.000	St.	23.850	St.
Plangemeinkostenverrechnungssatz				
Istbeschäftigung	154.000	St.	27.920	St.
Ist-Kosten				
Kostenabweichung				

Kostenanalyse KOSTENTRÄGERRECHNUNG	Stuhl „Avantgarde"		Stuhl „Elegance"	
Plangemeinkosten (Planselbstkosten)	5.056.000,00	EUR	1.120.950,00	EUR
Planbeschäftigung	158.000	St.	23.850	St.
Plangemeinkostenverrechnungssatz				
Istbeschäftigung	154.000	St.	24.980	St.
Ist-Kosten (tatsächliche Selbstkosten)	5.159.000,00	EUR	1.216.526,00	EUR
Verrechnete Plankosten				
Kostenabweichung				

Das Problem der Kostenabweichungen ergibt sich durch die Proportionalisierung der Fixkosten. Bei der Zuschlagskalkulation werden Gemeinkosten, also in erster Linie Fixkosten, auf den Kostenträger umgelegt. Da die Fixkostenhöhe jedoch von der Beschäftigung, also der aktuellen Produktionsmenge abhängt, ergeben sich nur bei dieser bestimmten Mengen richtige Selbstkosten. Werden nun in der nächsten Periode mehr oder weniger Stück hergestellt, verändern sich tatsächlich die Fixkosten je Stück. In der Kalkulation wird darauf jedoch nicht entsprechend Rücksicht genommen.

Information:

Flexible Plankostenrechnung

Die flexible Plankostenrechnung plant wie die starre Plankostenrechnung in der Regel für ein Jahr im Voraus. Sie differenziert dabei die Einzelkosten nach Produktarten und die Gemeinkosten nach Kostenstellen unter Zugrundelegung der erwarteten Planbeschäftigung. Im Unterschied zur starren Plankostenrechnung wird jedoch berücksichtigt, dass die Gemeinkosten sich aus fixen und variablen Bestandteilen zusammensetzen. Dadurch wird eine bessere Anpassung der Kostenvorgaben an die effektive Ist-Beschäftigung möglich, weil nicht mehr davon ausgegangen wird, dass der gesamte Kostenblock sich proportional zur Beschäftigung verhält, sondern diese Linearitätsannahme nur noch für die Einzelkosten und den variablen Teil der Gemeinkosten gemacht wird. Gleichwohl bildet aber die flexible Voll-Plankostenrechnung Kostensätze, in die die vollen Kosten, also auch die Fixkosten, mit eingehen.

Die Durchführung der flexiblen Plankostenrechnung in einer Unternehmung ist an bestimmte Voraussetzungen gebunden. Grundsätzlich ist die Einrichtung einer Plankostenrechnung nur dann möglich, wenn die Unternehmung über ein geordnetes und systematisch gegliedertes Rechnungswesen verfügt. Im Einzelnen müssen darüber hinaus folgende Erfordernisse erfüllt sein:

1. Spezielle Gliederung der Kostenarten in Einzel- und Gemeinkosten

   Insbesondere wichtig ist eine Einteilung der Kosten in die vom Kostenstellenleiter beeinflussbaren und nicht beeinflussbaren Kosten, um eine sinnvolle Kostenkontrolle zu ermöglichen.

2. Ausrichtung des Kostenstellenplans nach den Bedürfnissen der Plan-Kostenrechnung.

   Die Kostenstelleneinteilung wird nicht nach abrechnungstechnischen Gesichtpunkten (wie bei der Ist-Kostenrechnung) sondern nach selbstständigen Verantwortungsbereichen durchgeführt.

3. Ermittlung der Bezugsgrößen für die Plankosten in den Kostenstellen.

   Die Ermittlung von Bezugsgrößen hat gleichzeitig mit der Kostenstellenbildung zu erfolgen.

4. Bestimmung der Planbeschäftigung gemessen in den jeweiligen Bezugsgrößen.

   Diese Festlegung schließt an die Bestimmung der Bezugsgrößen an. Die Grundlage der Planbeschäftigung ist die durchschnittliche oder erwartete Kapazität.

5. Festlegung eines Planpreissystems zur Bewertung von Ist-, Soll- und Planmengen.

   Ein derartiges System dient der Bewertung der Mengenkomponenten der Kosten. Dies erleichtert die Kostenkontrolle, da eine einheitliche Kostenbewertung stattfindet.

Im Rahmen der Kostenartenrechnung erfolgt die eigentliche Planung der Kosten. Bei den Einzelkosten, die nach Produktarten differenziert werden, lassen sich grundsätzlich die Planung des Mengen- und die Planung des Wertgerüsts unterscheiden. Das Mengengerüst der Einzelmaterialkosten wird vielfach aufgrund von Stücklisten und unter Berücksichtigung von Ausschussvorgaben geplant. Bei den Einzellohnkosten erfolgt die Planung des Mengengerüsts mithilfe von REFA-Zeitaufnahmeverfahren oder durch Anwendung von Systemen vorbestimmter Zeiten.

Durch die Bewertung mit Planpreisen werden aus den Planmengen Plankosten. Die Planpreise werden in der Regel so festgesetzt, dass sie mindestens für ein Jahr beibehalten werden können.

Bei der Gemeinkostenplanung, die für jede Kostenstelle differenziert nach Kostenarten erfolgt, wird nicht immer zwischen Mengen- und Wertgerüstplanung unterschieden, sondern teilweise unmittelbar die Planung der Kosten selbst vorgenommen. Nach der Methode der einstufigen synthetischen Gemeinkostenplanung werden die Plankosten nur für eine einzige Planausprägung der Bezugsgröße ermittelt, wobei jedoch im Gegensatz zur starren Plankostenrechnung in beschäftigungsfixe und beschäftigungsvariable Kosten unterschieden wird. Dabei ist es erforderlich, dass fixe und variable Anteile geplant und nicht etwa einfach in dem Verhältnis festgesetzt werden, das sich im Nachhinein bei den Ist-Kosten der Vergangenheit ergab.

Soweit die Planung der Kostenarten für jede Kostenstelle differenziert erfolgt, ist mit der Kostenartenrechnung zugleich die erste Stufe der Kostenstellenrechnung vollzogen.

Eine Erweiterung erfährt die Kostenstellenrechnung in der flexiblen Plankostenrechnung dadurch, dass in ihr auch Abweichungen vom Planbeschäftigungsgrad Berücksichtigung finden müssen. Die Soll-Kosten (K_S) stellen Vorgaben dar, die der Kostenstellenleiter einhalten oder wenn möglich unterbieten soll. Mit der Berücksichtigung der Fixkosten können die Soll-Kosten an jeden möglichen Beschäftigungsgrad angepasst werden. Damit sind im Gegensatz zur starren Plankostenrechnung auch bei größeren Beschäftigungsschwankungen wirksame Kontrollen der Kostenwirtschaftlichkeit der einzelnen Kostenstellen möglich.

Aus Gründen der Wirtschaftlichkeit werden in der Abweichungsanalyse nur die wichtigsten Kosteneinflussgrößen gesondert erfasst und analysiert. Ausgehend vom wertmäßigen Kostenbegriff lassen sich Preis- und Mengenabweichungen unterscheiden, wobei im System der auf Vollkosten basierenden flexiblen Plankostenrechnung die Mengenabweichungen weiter aufgespalten werden in Verbrauchs- und Beschäftigungsabweichungen.

Preisabweichungen ergeben sich aus der Differenz zwischen den zu Ist-Preisen und den zu Planpreisen bewerteten Ist-Verbrauchsmengen. Für derartige Preisabweichungen kann der Kostenstellenleiter grundsätzlich nicht verantwortlich gemacht werden, da er auf Preisentwicklungen keine Einfluss hat. Dies wird im System der flexiblen Plankostenrechnung dadurch berücksichtigt, dass bei der Kostenstellenkontrolle die Planpreise, nicht aber tatsächliche Ist-Preise herangezogen werden. Das bedeutet aber, dass es zweierlei „Ist-Kosten" gibt: Die Ist-Kosten der Ist-Kostenrechnung (Ist-Menge x tatsächlich angefallene Ist-Preise) und die Ist-Kosten der Plankostenrechnung (Ist-Menge x geplante Preise).

Auf dieser Basis ergibt sich folgendes Ergebnis:

Preisabweichung = tatsächliche Ist-Kosten - Ist-Kosten zu Planpreisen

Die Definition der Ist-Kosten zu Planpreisen in der Plankostenrechnung ermöglicht es, die für die Kostenkontrolle wichtigste Abweichung, die Verbrauchsabweichung, durch den einfachen Vergleich der Soll-Kosten mit den Ist-Kosten zu Planpreisen, die den Einfluss der Beschaffungspreisschwankungen von der Plankostenrechnung fernhalten, zu ermitteln:

Verbrauchsabweichung = Ist-Kosten zu Planpreisen - Soll-Kosten

Nur für die Verbrauchsabweichung kann der Kostenstellenleiter verantwortlich gemacht werden. Dagegen kann er für Beschäftigungsabweichungen, ebenso wie für Preisabweichungen in der Regel nicht zur Rechenschaft gezogen werden. Es gilt:

Beschäftigungsabweichung = Soll-Kosten - verrechnete Plan-Kosten

Diese Abweichung entsteht dadurch, dass der Plankostenverrechnungssatz auch Bestandteile der Fixkosten enthält, die somit bei abweichendem Beschäftigungsgrad in unzulässiger Weise proportionalisiert werden. Beschäftigungsabweichungen äußern sich also in Fixkostenüber- oder -unterdeckungen. Sie sind somit nur im System der Vollplan-Kostenrechnung denkbar.

Mithilfe der dargestellten Abweichungsanalysen lassen sich die Ist-Kosten wie folgt zerlegen:

Effektive Ist-Kosten = verr. Plan-Kosten + Beschäftigungsabweichung + Verbrauchsabweichung + Preisabweichung

Neben der kostenstellenbezogenen Wirtschaftlichkeitskontrolle ist die Erstellung von Plankalkulationen eine weitere wichtige Aufgabe der Plankostenrechnung. Sie wird im Rahmen der Kostenträgerrechnung durchgeführt. Im Allgemeinen lassen sich nur in Betrieben mit marktorientierter Fertigung exakte Plankalkulationen durchführen. Dabei können die im Rahmen der Ist-Kostenrechnung dargestellten Kalkulationsverfahren Anwendung finden, wenn die Ist-Zahlen durch Planzahlen ersetzt werden. Im Falle der Zuschlagskalkulation werden die aus einem Plan-BAB entwickelten Plankostensätze mit den Planbezugsgrößen des Kostenträgers multipliziert. Treten keine größeren Kostenabweichungen auf, kann die (in der Regel auf ein Jahr ausgerichtete) Plankalkulation die Aufgaben der (kurzfristigen bzw. auftragsbezogenen) Vorkalkulation übernehmen. Zugleich kann in diesem Fall auf eine laufende Nachkalkulation verzichtet werden.

Situation

Der Industriebetrieb hat im Rahmen seiner Kostenstellenrechnung Ist- und Plan-Daten erhoben.

Aufgabe

2. Berechnen Sie die noch fehlenden Plan- und Ist-Daten in der Tabelle.

3. Stellen Sie die einzelnen Kostenabweichungen in den beiden Kostenstellen fest und nennen Sie jeweils Gründe, die zu diesen Abweichungen geführt haben könnten.

Kostenanalyse K O S T E N S T E L L E N R E C H N U N G				
	Kostenstelle Materialeinkauf		**Kostenstelle Materialdisposition**	
Plangemeinkosten bei Beschäftigung B_1	2.370.000,00	EUR	3.563.190,00	EUR
Plangemeinkosten bei Beschäftigung B_2	1.932.630,00	EUR	2.483.490,00	EUR
Planbeschäftigung B_1	158.000	St.	23.850	St.
Planbeschäftigung B_2	100.000	St.	15.000	St.
Variable Plangemeinkosten bei B_1 gesamt				
Fixe Plangemeinkosten gesamt				
Proportionaler Plankostenverrechnungssatz				
Ist-Beschäftigung	154.000	St.	27.920	St.
Ist-Kosten (bewertet mit Ist-Preisen)			4.252.360,00	EUR
Ist-Kosten (bewertet mit Plan-Preisen)	2.399.120,00	EUR	4.284.360,00	EUR
Variable Ist-Kosten (bewertet mit Ist-Preisen)	1.173.480,00	EUR	3.624.016,00	EUR
Fixe Ist-Kosten (bewertet mit Ist-Preisen)	1.225.640,00	EUR		
Kostenauswertung				
Ist-Kosten (bewertet mit Ist-Preisen)				
Ist-Kosten (bewertet mit Plan-Preisen)				
Sollkosten				
Verrechnete Plankosten				
Preisabweichung				
Beschäftigungsabweichung				
Verbrauchsabweichung				

Information:

Grenzplankostenrechnung (Direct Costing)

Die Grenzplankostenrechnung ist ein Teilkostenrechnungssystem. Diese Kostenrechnungssysteme versuchen, die Mängel der Vollkostenrechnung zu vermeiden und in größerem Maße dem Kostenverursachungsprinzip Rechnung zu tragen. Sie gehen davon aus, dass den Kostenträgern nur ein Teil der Gesamtkosten unmittelbar zugerechnet werden können.

In den Teilkostenrechnungssystemen wird nicht versucht, die Fixkosten verursachungsgerecht auf die einzelnen Erzeugniseinheiten zu verrechnen. Die Summe der Kostenarten ist demnach nicht mit den Summen der Kostenträgerkosten (Stückkosten) identisch.

Hieraus ergibt sich für die Kostenrechnung die Aufgabe, die Kostenarten nach beschäftigungsfixen und -variablen Kosten zu differenzieren (Kostenspaltung). Der Kostenstellenrechnung kommt in diesem System die Funktion zu, bestimmte Kostenarten weiter zu verrechnen. Daneben dient sie der Wirtschaftlichkeitskontrolle. Die Kostenträger-Stück-Rechnung zielt zunächst nicht auf die Ermittlung der gesamten Stückkosten, sondern auf die Errechnung der zurechenbaren Stückkosten (variable Stückkosten oder Stückeinzelkosten) ab. In ihrer kurzfristigen Erfolgsrechnung wird die Teilkostenrechnung durch Einbeziehung der Erlöse zur Deckungsbeitragsrechnung. Sie dient der Ermittlung eines Bruttoerfolgsbeitrages von Produkten sowie der kurzfristigen Ermittlung des gesamten Unternehmenserfolgs. Aus der Summe der Bruttoerfolgsbeiträge ergibt sich der Deckungsbeitrag, der dazu verwandt wird, die Teilkosten, die nicht auf die Kostenträger verrechnet wurden, zu decken.

Die Grenzplankostenrechnung ist eine Sonderform der flexiblen Plankostenrechnung, bei der den Erzeugnissen in den Kalkulationen und in der kurzfristigen Erfolgsrechnung nur die von ihnen verursachten proportionalen Selbstkosten zugerechnet werden. Den betrieblichen Erzeugnissen sollen grundsätzlich nur solche Kosten zugerechnet werden, die ursächlich von ihnen verursacht worden sind.

In den USA wird die Grenzplankostenrechnung als Direct Costing bezeichnet. In der kurzfristigen Erfolgsrechnung entspricht dem Grenzkostenprinzip die Deckungsbeitragsrechnung.

Das zentrale Motiv für die Entwicklung der Grenzplankostenrechnung bzw. des Direct Costing war zweifellos, die dispositiven Aufgaben der Kostenrechnung zu verbessern, d. h., eine Kostenrechnung zu entwickeln, die ohne Zeit raubende Nebenrechnungen die relevanten Kosten für alle Entscheidungsprobleme der kurzfristigen Planung ausweist.

Die Basisdaten, die eine Grenzplankostenrechnung für den Aufbau der betrieblichen Planung zur Verfügung stellt, sind die Grenzkostensätze, die beim Aufbau der Kostenplanung für alle Hauptkostenstellen ermittelt werden. Da der Kostenplanung die Hypothese linearer Gesamtkostenverläufe zu Grunde liegt, stimmen die Grenzkosten pro Bezugsgrößeneinheit mit den proportionalen Durchschnittskosten pro Bezugsgrößeneinheit überein. Mithilfe der proportionalen Plankostensätze werden für alle Produktarten Plankalkulationen erstellt, in denen die Grenzherstellkosten und die Grenzselbstkosten pro Produkteinheit ausgewiesen werden. Die Grenzkostensätze und die Ergebnisse der Plankalkulation werden meist für ein Jahr konstant gehalten. Sie bilden die Grundlage für Entscheidungen der Verkaufssteuerung und die Auswertung der kurzfristigen Erfolgsrechnung.

Situation

Die Industrieunternehmung hat bei der Kostenträgerrechnung bisher eine Vollkostendeckung angestrebt. Wegen der Nachteile, die eine Vollkostenüberwälzung hat, soll nun parallel dazu eine Teilkostenrechnung durchgeführt werden.

Die Kosten für das Fertigungsmaterial und die Fertigungslöhne setzen sich zu 100 % aus variablen Kosten zusammen, bei den Materialgemeinkosten beträgt der Anteil variabler Kosten 80 %, bei den Fertigungsgemeinkosten 60 %. Die Verwaltungsgemeinkosten bestehen zu 100 % und die Vertriebsgemeinkosten zu 70 % aus Fixkosten.

Aufgabe 4

Nennen Sie Nachteile der Vollkostenrechnung im Rahmen der Kostenträgerrechnung.

Aufgabe 5

Führen Sie eine Teilkostenrechnung für die beiden Kostenträger durch. Dabei sollen folgende Vorgaben gelten:

	Kostenträger (Wertangaben in EUR)			
	Stuhl „Avantgarde"		Stuhl „Elegance"	
	Vollkosten	Teilkosten	Vollkosten	Teilkosten
Fertigungsmaterial	9,00		12,00	
Materialgemeinkosten	1,98		2,64	
Materialkosten	10,98		14,64	
Fertigungslöhne Fert I	7,00		7,50	
Fertigungsgemeinkosten	3,58		3,83	
Fertigungslöhne Fert II	2,00		5,00	
Fertigungsgemeinkosten	3,22		8,06	
Sondereinzelkosten Fert.	1,00		1,50	
Fertigungskosten	16,80		25,89	
Herstellkosten	27,78		40,53	
Verwaltungsgemeinkosten	1,82		2,66	
Vertriebsgemeinkosten	1,75		2,55	
Sondereinzelkosten Vtr.	0,60		0,50	
Selbstkosten	31,95		46,24	
Gewinn (15 %)	4,79		6,94	
Barverkaufspreis	36,74		53,18	
Kundenskonto (3 %)	1,34		1,64	
Zielverkaufspreis	37,88		54,82	
Kundenrabatt (5 %)	1,99		2,89	
Listenverkaufspreis	39,87		57,71	

Aufgabe 6

Nennen Sie betriebliche Anwendungsgebiete für die Deckungsbeitragsrechnung.

Die Vollkostenrechnung folgt dem Gedanken der grundsätzlich vollständigen Deckung der Einzelkosten zuzüglich eines zugerechneten Anteils der Gemeinkosten. Die Vollkostenrechnung geht von der zurechnungsbezogenen Differenzierung von Einzel- und Gemeinkosten aus. Der Kostenträger wird mit seinen Einzelkosten belastet und es werden auch alle Gemeinkosten über entsprechende Verteilerschlüssel (Gemeinkostensätze) auf alle Kostenträger verteilt.

Die Teilkostenrechnung geht davon aus, dass zum Produkt selbst nur die Einzelkosten gehören, nicht aber die Gemeinkosten. Die Teilkostenrechnung nutzt die verhaltensorientierte Differenzierung von fixen und variablen Kosten. Den zum Erlös führenden Leistungen werden im einzelnen nur ihre spezifischen variablen Produktkosten zugerechnet, da die allgemeinen Gemeinkosten ohnehin anfallen. Entscheidend ist, dass die einzelne Leistungsart mindestens diese direkt verursachten Kosten deckt und wie hoch der dann in der Summe verbleibende Erlösanteil aus dem gesamten Leistungsvolumen zur Deckung der Strukturkosten ist. Teilkostenrechnung akzeptiert also, dass im Rahmen eines Gesamtsortiments einzelne Leistungsarten in abgrenzbaren Zeiträumen unter Umständen nur ihre Einzelkosten einbringen und einen mehr oder weniger hohen Anteil zur Deckung der Gemeinkosten. Es bleibt jedoch bei dem Grundsatz, dass mit der Leistungssumme über finanzierbare Zeiträume alle Kosten, die entstehen verdient werden müssen.

Lektion 3: Mehrstufige Deckungsbeitragsrechnung

> **Information:**
>
> **Fixkostenproblematik bei der Vollkostenrechnung**
>
> Im Rahmen der Kostenträgerkalkulation wird mit Vollkosten gerechnet. Dies bedeutet, dass auf jeden Kostenträger diejenigen Kosten abgewälzt werden, die dieser auch erzeugt hat. Als Ergebnis ergeben sich die Selbstkosten je Kostenträger.
>
> Problematisch bei dieser Vollkostenrechnung ist, dass sowohl fixe als auch variable Kosten dem Kostenträger zugerechnet werden. Das ermittelte Ergebnis stimmt jedoch nur bei der im Rahmen der Kalkulation unterstellen Beschäftigung. Sobald die tatsächliche Beschäftigung von der Planbeschäftigung abweicht, ergeben sich Vollkosten in anderer Höhe.
>
> Auf dieses Phänomen sind auch diverse Fehlentscheidungen bei Anwendung der Vollkostenrechnung zurückzuführen.

Situation

Ein Mehrproduktunternehmen hat für den zurückliegenden Abrechnungszeitraum die Kosten- und Erlössituation in einem so genannten Kostenträgerblatt (auch: BAB II) dargestellt (Kostenträger-Zeit-Rechnung):

	Kostenträgerzeitrechnung - Kostenträgerblatt (BAB II) (Wertangaben in EUR)			
	Summe	**Produkt A**	**Produkt B**	**Produkt C**
Fertigungsmaterial	1.374.200,00	144.700,00	358.400,00	871.100,00
+ Materialgemeinkosten (15 %)	206.130,00	21.705,00	53.760,00	130.665,00
Materialkosten	1.580.330,00	166.405,00	412.160,00	1.001.765,00
Fertigungslöhne	641.200,00	65.500,00	124.500,00	451.200,00
+ Fertigungsgemeinkosten (180 %)	1.154.160,00	117.900,00	224.100,00	812.160,00
Fertigungskosten	1.795.360,00	183.400,00	348.600,00	1.263.360,00
Herstellkosten	3.375.690,00	349.805,00	760.760,00	2.265.125,00
+ Verwaltungsgemeinkosten (14 %)	472.596,60	48.972,70	106.506,40	317.117,50
+ Vertriebsgemeinkosten (6 %)	202.541,40	20.988,30	45.645,60	135.907,50
Herstellkosten der Fertigung	4.050.828,00	419.766,00	912.912,00	2.718.150,00
- Mehrbestand an Fertigerz.*)				
Herstellkosten des Umsatzes				
Umsatzerlöse				
Betriebsergebnis				

*) Der Mehrbestand an Fertigerzeugnissen wurde mit den Herstellkosten der Fertigung abzüglich der Vertriebsgemeinkosten (= Herstellungskosten) bewertet.

Aus der Arbeitsvorbereitung sind folgende Daten bekannt:

	Produkt A	Produkt B	Produkt C
Produktionsmenge	47.800	88.500	27.800
Absatzmenge	46.200	75.400	24.800
Lagerbestandsmehrung	1.600	13.100	3.000

Aus der Absatzabteilung liegen folgende Daten vor:

	Produkt A	Produkt B	Produkt C
Verkaufspreise je Stück netto in EUR	10,56	7,80	112,44

Aufgabe 1

Ermitteln Sie das Betriebsergebnis für die drei Kostenträger.

Aufgabe 2

Welchen Vorschlag können Sie zur Verbesserung des Gesamtbetriebsergebnisses unterbreiten?

Information:

Fixkostenremanenz

Der Lösungsvorschlag, das Produkt B aus dem Programm herauszunehmen, führt nicht zur richtigen Lösung. Man vermutet zwar, dass sich durch die Elimination das Betriebsergebnis um 196.416,88 EUR verbessert. Dies ist jedoch nicht zutreffend, da die Kosten des Produkts nicht nur variabel sind. Ein Großteil der Kosten sind Fixkosten, also beschäftigungsunabhängige Kosten. Dies bedeutet, dass die Fixkosten auch bei Herausnahme des Produkts B aus dem Programm kurzfristig weiterhin bestehen bleiben (Remanenz). Nur langfristig ist es möglich, die Fixkosten abzubauen. Bei Elimination des Produktes B müssen die Fixkosten des Produktes B von den übrigen beiden Produkten getragen werden. Dies führt unweigerlich zu einer Verschlechterung des Betriebsergebnisses.

Aufgabe 3

Gehen Sie davon aus, dass die Fixkosten bei allen drei Produkten 60 % ausmachen. Ermitteln Sie aufgrund dieser Vorgabe die Höhe des Betriebsergebnisses, wenn das Produkt B aus dem Absatzprogramm herausgenommen wird.

	Kostenträgerzeitrechnung - Kostenträgerblatt (BAB II) (Wertangaben in EUR)			
	Summe	**Produkt A**	**Produkt B**	**Produkt C**
Herstellkosten des Umsatzes				
Umsatzerlöse				
Betriebsergebnis				

Information:

Undifferenzierte/einstufige Deckungsbeitragsrechnung

Offensichtlich entscheidet die Differenz zwischen variablen Kosten und Umsatzerlösen, ob ein Produkt dazu beiträgt, dass ein positives Betriebsergebnis erwirtschaftet wird. Die Differenz zwischen Umsatzerlös und variablen Kosten nennt man daher Deckungsbeitrag. Dieser Deckungsbeitrag dient zunächst dazu, den bestehenden Fixkostenblock zu decken. Die Fixkosten werden somit nicht auf die einzelnen Kostenträger verteilt, sondern als Block angesehen. Erbringen alle Kostenträger zusammen einen größeren Deckungsbeitrag als diese Fixkosten, bleibt also noch etwas von dem Deckungsbeitrag übrig, so entspricht diese Differenz dem Gewinn.

Aufgabe 4

Ermitteln Sie mithilfe der vorliegenden Daten die Deckungsbeiträge der drei Kostenträger und berechnen Sie erneut das Betriebsergebnis, wenn das Produkt B *nicht* aus dem Programm herausgenommen wird.

	Kostenträgerzeitrechnung - Kostenträgerblatt (BAB II) (Wertangaben in EUR)			
	Summe	**Produkt A**	**Produkt B**	**Produkt C**
Umsatzerlöse				
- variable Kosten				
Deckungsbeitrag				
- Fixkostenblock				
Betriebsergebnis				

Information:

Mehrstufige Deckungsbeitragsrechnung

Die bisherige Erarbeitung hat ergeben, dass im Rahmen von Programmentscheidungen zunächst nicht allein die Vollkosten herangezogen werden sollten. Aussagekräftiger sind die Deckungsbeiträge der einzelnen Produkte. Da die Fixkosten bisher undifferenziert von der Summe aller Deckungsbeiträge abgezogen wurde und im Folgenden eine Differenzierung des Fixkostenblocks vorgenommen wird, soll dieser Deckungsbeitrag als Deckungsbeitrag I bezeichnet werden.

Betrachtet man den Fixkostenblock genauer, so fällt auf, dass ein Teil der Fixkosten den einzelnen Kostenträgern zurechenbar sind (z. B. eine Maschine wird nur zur Produktion bestimmter Erzeugnisse genutzt wird, Kosten für Patente, Entwicklungs- und Forschungskosten fallen nur für ein bestimmtes Erzeugnis an, Rüst- und Werkzeugkosten werden für ein bestimmtes Produkt aufgewandt). Diese Fixkosten werden als erzeugnisfixe Kosten bezeichnet.

Liegen Informationen über die erzeugnisfixen Kosten vor, so werden diese vom Deckungsbeitrag abgezogen. Es gilt beispielsweise:

Erzeugnis	A	B	C	Summe
Deckungsbeitrag II	71.000,00 €	150.000,00 €	75.000,00 €	296.000,00 €
- erzeugnisgruppenfixe Kosten	40.000,00 €		15.000,00 €	55.000,00 €
Deckungsbeitrag III	181.000,00 €		60.000,00 €	241.000,00 €
- unternehmensfixe Kosten	121.000,00 €			121.000,00 €
Betriebsgewinn	120.000,00 €			120.000,00 €

Aufgabe 5

Vervollständigen Sie das nachfolgend abgebildete Schema der mehrstufigen Deckungsbeitragsrechnung und werten Sie es aus.

	Kostenträgerzeitrechnung - Kostenträgerblatt (BAB II) (Wertangaben in EUR)			
	Summe	Produkt A	Produkt B	Produkt C
Umsatzerlöse	3.864.504,00	487.872,00	588.120,00	2.788.512,00
- variable Kosten	1.446.311,65	162.567,12	313.814,75	969.929,78
Deckungsbeitrag I				
- Erzeugnisfixe Kosten	318.423,29	122.512,25	91.425,78	104.485,26
Deckungsbeitrag II				
- Erzeugnisgruppenfixe Kosten	1.698.258,72	104.077,82	1.594.180,90	
Deckungsbeitrag III				
- Unternehmensfixe Kosten	167.451,75	167.451,75		
Betriebsergebnis				

Aufgabe 6

Die Geschäftsleitung denkt nun darüber nach, den Absatz des Produkts B zu fördern. Aus diesem Grund soll der Angebotspreis deutlich gesenkt werden.

a) Überlegen Sie, bis zu welchem Preis je Stück eine Preissenkung vertretbar wäre. Begründen Sie Ihre Antwort.

b) Die Geschäftsleitung entschließt sich, den Preis des Produktes B auf 6,50 EUR zu senken. Um wie viel Prozent müsste der Absatz des Produktes aufgrund dieser Preissenkung mindestens steigen, damit sich das Betriebsergebnis verbessert?

Lektion 1: Grundlegendes zur Teilkostenrechnung

Ausgangslage

In der Kostenrechnung der Heinz Schlau OHG hat Jürgen nun schon viel gelernt. Herr Bergmann übergibt Jürgen heute eine Übersicht über das Produktprogramm „Büroregale". Im Programm werden vier Varianten geführt. Sofort fällt Jürgen auf, dass ein Regal offensichtlich ein „Verlustbringer" ist. Seiner Meinung nach sollte das Regal in der Version C aus dem Programm herausgenommen werden. Herr Bergmann schüttelt den Kopf und meint, dass Jürgen noch Einiges lernen müsse.

Arbeitsaufträge

1. Verschaffen Sie sich einen Überblick über das nachfolgend abgebildete Zahlenmaterial. Sind Sie auch der Meinung, dass das Regal in der Version C aus dem Programm herausgenommen werden sollte? Welche Folgen hätte diese Produktelimination?

2. Zeichnen Sie ein Koordinatensystem, in dem die Entwicklung der Fixkosten, der variablen Kosten und der Erlöse für das Regal Version C ersichtlich werden (Format: Ordinate 0 bis 75.000,00 EUR; Abszisse 0 bis 1.500 Stück). Interpretieren Sie die Ergebnisse.

3. Zeichnen Sie nun ein Koordinatensystem, in dem die Entwicklung der variablen Kosten pro Stück, der Fixkosten pro Stück und der Erlöse pro Stück ersichtlich werden (Format: Ordinate 0 bis 75.000,00 EUR; Abszisse 0 bis 1.500 Stück). Stimmen die Aussagen, die Sie aus dieser Zeichnung ableiten können, mit denen aus Arbeitsauftrag 2 überein?

4. Stellen Sie eine Formel zur Berechnung der Gewinnschwelle („Break-Even-Point") auf.

5. Betrachten Sie das Ergebnis aus dem vorherigen Arbeitsauftrag. Wie stehen Sie nun zu der diskutierten Elimination des Regals? Unterbreiten Sie ggf. andere Vorschläge zur Lösung des Ausgangsproblems.

6. Wenn Sie nun noch einmal an die zuvor erarbeiteten Lösungen denken. Welche Möglichkeiten und Vorteile ergeben sich durch die Berechnung von Deckungsbeiträgen?

7. Nennen Sie Gründe, warum das Regal in der Version C auch dann im Angebotsprogramm der Heinz Schlau OHG enthalten sein sollte, wenn es einen negativen Deckungsbeitrag leistet.

8. Um die Absatzzahlen im Segment Regale zu steigern, hat man sich in der Heinz Schlau OHG dazu entschlossen, im nächsten Katalog die Preise im Rahmen einer Sonderangebotsaktion um 10 % zu senken. Alle sonstigen Bedingungen bleiben unverändert.

8.1 Wie hoch wird der Gesamtgewinn nach Durchführung der Sonderangebotsaktion sein, wenn das Regal in der Version C aus dem Programm eliminiert wird und ansonsten folgende Absatzzahlen pro Abrechnungsperiode prognostiziert werden?

Version A: 186 St.,
Version B: 205 St.,
Version D: 148 St.

8.2 Tatsächlich stieg die Nachfrage jedoch stärker als geplant. Die nachgefragte Menge kann mit den vorhandenen Kapazitäten nicht voll befriedigt werden. Die Montageabteilung stellt einen Engpass dar. Es gelten folgende Bedingungen:

	Version A	Version B	Version D
Montagezeit (Min./St.)	26	15	14
Absetzbare Menge (St.)	195	220	155

Insgesamt stehen für die Regalmontage 160 Stunden pro Abrechnungsperiode zur Verfügung.

Alle Preise Nettoangaben

Statistik Kostenrechnung - Kostenträgeranalyse

	Kosten-Erlös-Auswertung				
	Version A	Version B	Version C	Version D	Summe
Nettoverkaufserlöse (EUR)	15.120,00	13.500,00	11.430,00	6.020,00	46.070,00
Selbstkosten (EUR)	9.802,80	10.233,00	13.665,20	5.916,80	39.617,80
Betriebsergebnis (EUR)	5.317,20	3.267,00	- 2.235,20	103,20	6.452,20

	Kosten-Erlös-Auswertung				
	Version A	Version B	Version C	Version D	Summe
Absatzmenge (St.)	126	135	254	86	601
Var. Kosten/Stück (EUR)	67,00	65,00	43,00	58,00	- - -

Lektion 2: Anwendungsgebiete der Teilkostenrechnung

Ausgangslage

Bisher haben Sie sich in erster Linie mit den Anwendungsgebieten der Vollkostenrechnung beschäftigt. Ziel der Vollkostenrechnung ist die Verrechnung aller anfallenden Kosten (Einzel- und Gemeinkosten) auf den Kostenträger durch die Nutzung von Gemeinkostenzuschlagssätzen. Damit nutzt die Vollkostenrechnung die Ergebnisse des BAB, in dem die Gemeinkostenzuschlagssätze errechnet werden. Letztendlich ermöglicht die Vollkostenrechnung in Mehrproduktunternehmen die Kalkulation der Selbstkosten und ist somit Grundlage für die Ermittlung von Verkaufspreisen für die einzelnen Fertigerzeugnisse. Darüber hinaus werden die Ergebnisse der Vollkostenrechnung auch zur Bewertung der Bestände an Halb- und Fertigerzeugnissen für die Steuerbilanz benötigt.

Dennoch weist die Vollkostenrechnung auch zahlreiche Nachteile auf. Die Vor- und die Nachteile der beiden Kostenrechnungssysteme können dem nachfolgend abgebildetem Schaubild entnommen werden:

Vor- und Nachteile der Voll- und Teilkostenrechnung	
Vollkostenrechnung Verrechnung aller anfallenden Kosten (Einzel- und Gemeinkosten) auf den Kostenträger durch die Nutzung von Gemeinkostenzuschlagssätze (BAB). *Die Gesamtkosten werden in Einzel- und Gemeinkosten aufgeteilt.*	**Teilkostenrechnung** Dem Kostenträger werden lediglich die variablen Kosten zugerechnet. Die Fixkosten werden als Block behandelt und die gesamte betriebliche Leistung damit belastet. *Die Gesamtkosten werden in variable und fixe Kosten aufgeteilt.*
Vorteile: ○ Alle anfallenden Kosten werden auf die Kostenträger umgelegt, sodass keine Kosten unverrechnet bleiben. ○ Festlegung der (gesamten) Selbstkosten als Grundlage für die Kalkulation des Verkaufspreises ist möglich.	**Vorteile:** ○ Es findet keine Fixkostenproportionalisierung statt, sodass es nicht zu Kostenabweichungen kommen kann, die lediglich auf Beschäftigungsschwankungen zurückzuführen sind. ○ Dadurch, dass keine Fixkostenverrechnung stattfindet, werden unverfälschte Daten zur Lösung zahlreicher betriebswirtschaftlicher Probleme ermittelt (z. B. zur Festlegung des gewinnmaximalen Produktionsprogramms).
Nachteile: ○ Bei der Festlegung der Selbstkosten bleibt der zu Grunde gelegte Beschäftigungsgrad unberücksichtigt. Da bei den Kosten jedoch keine Aufspaltung in variable und fixe Bestandteile vorgenommen wird, ergeben sich bei unterschiedlichen Beschäftigungsgraden unterschiedlich hohe Selbstkosten. ○ Da die Gemeinkosten über Gemeinkostenzuschlagssätze auf die Einzelkosten aufgeschlagen werden, ergibt sich eine Proportionalisierung der in den Gemeinkosten enthaltenen Fixkosten. Es wird also unterstellt, dass sich die Gemeinkosten abhängig von der Beschäftigung verändern. Für die in den Gemeinkosten enthaltenen Fixkosten gilt dies jedoch nicht.	**Nachteile:** ○ Dadurch, dass die Fixkosten nicht den Kostenträgern zugerechnet werden, liegen für die Kalkulation der Selbstkosten nur unzureichende Informationen vor (so lässt sich lediglich die kurzfristige Preisuntergrenze definitiv bestimmen, bei der langfristigen Preisuntergrenze müssen Vollkosten herangezogen werden). ○ Eine einseitige Beachtung des Deckungsbeitrags kann dazu führen, dass das Unternehmen im Rahmen der Preispolitik ein zu niedriges Preisniveau erreicht. Wird bei der Preisfestsetzung lediglich darauf geachtet, dass ein positiver Deckungsbeitrag erreicht wird, werden die Fixkosten nicht entsprechend gewürdigt. ○ Trotz der Vorteile einer in erster Linie auf die Ermittlung kurzfristig gültiger Daten ausgerichteten Teilkostenrechnung kann auf eine Vollkostenrechnung nicht verzichtet werden, da diese insbesondere bei langfristigen Entscheidungen realistischere Ergebnisse erbringt (z. B. sind bei der Ermittlung der Herstellkosten im Rahmen der Bewertung von Lagerbeständen an Halb- und Fertigerzeugnissen für die Steuerbilanz auch Gemeinkosten heranzuziehen.

Bei zahlreichen betriebswirtschaftlichen Entscheidungen erbringt eine Teilkostenrechnung im Gegensatz zur Vollkostenrechnung verwertbarere Ergebnisse. Typische Anwendungsbereiche sind:

1. Preispolitische Entscheidungen

Werden Preise auf der Grundlage von Vollkosten kalkuliert, so führt dies unweigerlich zu falschen Entscheidungen bei der Preisfestlegung.

Beispiel:

In einem Unternehmen liegen (bezogen auf einen Monat) folgende Informationen vor:

	Produkt A	Produkt B	Produkt C
Produktionsmenge	4.000 St.	5.500 St.	6.000 St.
Erlös pro Stück	60,00 €	70,00 €	80,00 €
Variable Stückkosten	38,00 €	60,00 €	60,00 €
Fixkosten gesamt	48.000,00 €	44.000,00 €	54.000,00 €
Gesamtkosten pro Stück	50,00 €	68,00 €	68,00 €

Berechnen Sie auf der Basis dieser Daten die Erfolgssituation.

	Produkt A	Produkt B	Produkt C	Summe
Umsatzerlös gesamt				
Gesamtkosten				
Gewinn-/Verlust				

Die Geschäftsleitung ist mit dem geringen Gewinn des Produktes B nicht zufrieden. Man entscheidet sich daher zu einer Anhebung des Verkaufspreises um 2,00 € je Stück. Die Absatzmenge sinkt daraufhin um 20 %. Berechnen Sie die Veränderung der Erfolgssituation, die durch diese Entscheidung ausgelöst wird.

	Produkt A	Produkt B	Produkt C	Summe
Umsatzerlös gesamt				
Gesamtkosten				
Gewinn-/Verlust				

Welche Schlüsse ziehen Sie aus dem berechneten Ergebnis?

Erfolgversprechender wäre in vorliegendem Fall vielleicht eine Preissenkung gewesen. Die Frage ist nur, bis zu welchem Preis man einen Nachlass gewähren sollte. Betrachtet man die Angaben der Vollkostenrechnung, so kommt man zu dem Schluss, dass die Preissenkung maximal 2,00 € betragen dürfte (Stückerlös 70,00 €, Gesamtkosten pro Stück 68,00 €). Diese Aussage ist jedoch falsch, wie folgendes Beispiel zeigt:

Die Geschäftsleitung entschließt sich zu einer Senkung des Verkaufspreises von 70,00 € auf 67,00 € je Stück. Die Absatzmenge steigt daraufhin um 50 %. Ermitteln Sie nun erneut den Geschäftserfolg.

	Produkt A	Produkt B	Produkt C	Summe
Umsatzerlös gesamt				
Gesamtkosten				
Gewinn-/Verlust				

Welche Schlüsse lassen sich nun aus diesem Ergebnis ableiten?

2. Annahme von Zusatzaufträgen

Es kann in der betrieblichen Praxis vorkommen, dass Unternehmen von ihren Kunden Anfragen erhalten, die besondere Konditionen beinhalten. Dabei spielt der Preis eine bedeutende Rolle. So könnte ein Kunde einen besonderen Preisnachlass verlangen, weil er ein Produkt neu in sein Programm aufnehmen möchte. Da derartige Aufträge neben den bereits bestehenden Aufträgen angenommen werden, spricht man in diesen Fällen von Zusatzaufträgen. Dabei ist natürlich zunächst zu klären, ob mit den vorhandenen Kapazitäten ein Zusatzauftrag überhaupt fristgerecht erbracht werden kann. Liegen freie Kapazitäten vor, so stellt sich die Frage, ob sich die Annahme von Zusatzaufträgen auch zu besonders niedrigen Preisen lohnt. Auch in diesem Fall erbringt die Teilkostenrechnung gegenüber der Vollkostenrechnung verwertbarere Informationen.

Beispiel:

Es sollen die Daten aus der ersten Überlegung gelten. Ein Neukunde fragt an, ob er 500 Stück des Produktes A zum Sonderpreis in Höhe von 65,00 € je Stück erhalten kann. Obwohl noch entsprechende freie Kapazitäten vorliegen, lehnt der zuständige Verkäufer ab, da er weiß, dass sich die Gesamtkosten auf 68,00 € je Stück belaufen. Diese Reaktion ist jedoch aus kostenrechnerischen Überlegungen falsch. Er hätte den Auftrag annehmen können, da der Auftrag einen positiven Stückdeckungsbeitrag erbringt:

> Stückerlös
> - variable Stückkosten
> _____
> = Stückdeckungsbeitrag

Begründen Sie, warum der Zusatzauftrag angenommen werden sollte!

3. Planung des Produktionsprogramms

Auch für die Planung der Zusammensetzung des Produktionsprogramms lassen sich die Ergebnisse der Deckungsbeitragsrechnung sehr gut nutzen. In diesem Fall müssen die absoluten Deckungsbeiträge jedoch in relative Deckungsbeiträge umgewandt werden. Im Gegensatz zum absoluten Deckungsbeitrag, der sich auf eine bestimmte Menge (z. B. ein Stück) bezieht, bezieht sich der relative Deckungsbeitrag auf eine bestimmte Zeit.

Beispiel:
Wieder sollen die bereits bekannten Informationen gelten.

	Produkt A	Produkt B	Produkt C
Erlös pro Stück	60,00 €	70,00 €	80,00 €
Variable Stückkosten	38,00 €	60,00 €	60,00 €
Deckungsbeitrag je Stück	22,00 €	10,00 €	20,00 €
Fixkosten gesamt	48.000,00 €	44.000,00 €	54.000,00 €

Nun kommt jedoch noch folgende Informationen hinzu: Aufgrund eines konjunkturellen Aufschwungs wird mit einer Zunahme der Absatzmenge für alle drei Produkte in Höhe von 10 % gerechnet.
In der Montageabteilung, die von allen drei Produkten durchlaufen wird, ist jedoch nur eine monatliche Kapazität von 1.330 Stunden (79.800 Min.) vorhanden. Je Stück wird die Montage durch die drei Produkte wie folgt beansprucht: Produkt A 12 Min., Produkt B 3 Min., Produkt C 2 Min. (ansonsten soll in der Produktion kein Engpass vorliegen, d. h. innerhalb der Produktion stehen ansonsten genügend freie Kapazitäten zur Verfügung). Dies führt zu folgendem Problem:

	Produkt A	Produkt B	Produkt C	Summe
Geplante Produktionsmenge	4.400 St.	6.050 St.	6.600 St.	17.050 St.
Montagezeit gesamt	52.800 Min.	18.150 Min.	13.200 Min.	84.150 Min.

Die geplanten Produktionsmengen können somit mit der vorhandenen Kapazität nicht hergestellt werden. Entweder weitet man somit die Kapazität aus, was unweigerlich zu einer Steigerung der Fixkosten führt (Phänomen der sprungfixen Gesamtkosten) oder man entschließt sich dazu, die Produktionsmenge sinnvoll einzuschränken.

Die Frage ist nun, welches Produkt eingeschränkt werden sollte. Es drängt sich auf, dasjenige Produkt auszuwählen, das den niedrigsten (absoluten Deckungsbeitrag aufweist (im vorliegenden Fall Produkt B). Zunächst muss daher die Menge festgelegt werden, die von Produkt B mit der vorhandenen Kapazität hergestellt werden kann:

Montagezeit gesamt	Min.
- Montagezeit Produkt A	Min.
- Montagezeit Produkt C	Min.
= verbleibende Restzeit	Min.

Berechnen Sie, wie viele Stück des Produktes B in der Restzeit noch hergestellt werden können und berechnen Sie auf der Basis dieser Daten den Erfolg.

	Produkt A	Produkt B	Produkt C	Summe
Produktionsmenge				
Umsatzerlöse				
Gesamtkosten				
Erfolg (Gewinn/Verlust)				

Die Frage ist nun, ob es sich hierbei wirklich um das Produktionsprogramm handelt, das den größten Gewinn erzielt. Offensichtlich spielt nämlich nicht nur die Höhe des (absoluten) Deckungsbeitrags bei der Entscheidung eine wichtige Rolle sondern auch die Zeit, die die einzelnen Produkte von der vorhandenen Produktionszeit beanspruchen. Aus diesem Grund soll nun der so genannte relative Deckungsbeitrag berechnet werden. Es gilt:

$$\text{relativer Deckungsbeitrag} = \frac{\text{absoluter Deckungsbeitrag}}{\text{Bearbeitungszeit im Engpass}}$$

Es ergibt sich folgendes Ergebnis:

	Produkt A	Produkt B	Produkt C
relativer Deckungsbeitrag			

Auf der Grundlage dieser Information kommt man nun zu dem Ergebnis, dass zunächst Produkt C und dann Produkt B mit der erreichbaren maximalen Stückzahl in die Montage eingeplant werden sollte. Die Restzeit sollte dann für das Produkt A verwandt werden. Es gilt dann:

Montagezeit gesamt	Min.
- Montagezeit Produkt C (6.600 St. • 2 Min/St.)	Min.
- Montagezeit Produkt B (6.050 St. • 3 Min/St.)	Min.
= verbleibende Restzeit	Min.

Berechnen Sie, wie viele Stück des Produktes A in der Restzeit noch hergestellt werden können und berechen Sie auf der Basis dieser Daten den Erfolg.

	Produkt A	Produkt B	Produkt C	Summe
Produktionsmenge				
Umsatzerlöse				
Gesamtkosten				
Erfolg (Gewinn/Verlust)				

Welche Schlüsse lassen sich nun aus diesem Ergebnis ableiten?

4. Entscheidung über Eigenfertigung oder Fremdbezug

Grundsätzlich muss in einem Industriebetrieb die Frage gestellt werden, ob ein bestimmtes Erzeugnis produziert oder besser fremdbezogen werden sollte (diese Entscheidung kann sich sowohl auf den Primär- als auch auf den Sekundärbedarf beziehen). In die Entscheidung können folgende Faktoren einbezogen werden:

○ **Kostenaspekt**

Es ist zu klären, welche Kosten durch die Eigenfertigung entstehen und welche Anschaffungskosten diesen bei Fremdbezug gegenüber stehen.

○ **Beschäftigungsaspekt**

Zu klären ist, ob das betroffene Gut mit den vorhandenen Kapazitäten in der geplanten Menge hergestellt werden kann oder ob ohne weitere Investitionen nur ein Fremdbezug möglich ist.

○ **Qualitätsaspekt**

Ebenfalls muss festgestellt werden, ob ein bestimmter Qualitätsstandard bei Eigenfertigung oder bei Fremdbezug eingehalten werden kann bzw. welche Alternative zu einer besseren Qualität führt.

○ **Aspekt der technischen Machbarkeit**

Es muss festgestellt werden, ob im eigenen Unternehmen bzw. bei infrage kommenden Lieferanten genügend technisches Wissen vorhanden ist, um das betreffende Gut herzustellen.

○ **Sonstige Aspekt**

Neben den genannten Aspekten kann die Abhängigkeit vom Lieferanten, die durch die Auslagerung der Produktion entsteht, die Herausgabe von technischem Wissen an den Lieferanten etc. ein wichtige Rolle bei der Entscheidung spielen.

Lässt man bei der Entscheidung lediglich die ersten beiden Aspekte zu, so ergeben sich folgende alternative Situationen:

1. **Im Unternehmen liegen genügend freie Kapazitäten vor und man steht vor dem Problem, ein Fertigerzeugnis selbst herzustellen oder es von einem Lieferanten zu beziehen. Die Eigenfertigung würde zu einer Verbesserung der Auslastung führen.**

   Beispiel:

   Ein Produkt A wird bisher zu einem Einstandspreis in Höhe von 70,00 €/St. netto von einem Lieferanten beschafft. Sollte man sich zur Eigenfertigung entscheiden, würden folgende Kosten anfallen: Rohstoffaufwand 20,00 €, Fertigungslöhne 30,00 €, Materialgemeinkostenzuschlagssatz 10 % (davon 20 % variable Kosten), Fertigungsgemeinkostenzuschlagssatz 120 % (davon 30 % variable Kosten). Zusätzlich wird für die Belegung einer Maschine (beanspruchte Bearbeitungszeit 5 Min.) ein Maschinenstundensatz in Höhe von 12,00 €/Std. angesetzt.

Auswertung bei Vollkostenrechnung:	*Auswertung bei Teilkostenrechnung:*
Fertigungsmaterial	*Fertigungsmaterial*
+ *var. Materialgemeinkosten*	+ *var. Materialgemeinkosten*
+ *fixe Materialgemeinkosten*	+ *Fertigungslöhne*
+ *Fertigungslöhne*	+ *var. Fertigungsgemeinkosten*
+ *var. Fertigungsgemeinkosten*	+ *Maschinenkosten*
+ *fixe Fertigungsgemeinkosten*	
+ *Maschinenkosten*	*Variable Herstellkosten je Stück*
Herstellkosten je Stück	

Welche Schlüsse lassen sich nun aus diesem Ergebnis ableiten?

2. **Im Unternehmen liegen kapazitive Engpässe vor, sodass die Eigenfertigung des betreffenden Produkts unweigerlich zu einer Verringerung der Produktionsmenge eines anderen Produktes führen würde. Der Fremdbezug würde eine Herstellung der geplanten Menge der übrigen Fertigerzeugnisse ermöglichen.**

Beispiel:

Das Industrieunternehmen stellt das Produkt A zu den zuvor genannten Bedingungen her. Der Verkaufspreis beträgt 90,00 €/St. Alternativ zum Produkt A könnte das Unternehmen auch das Produkt B produzieren, das zurzeit von einem Lieferanten zum Preis von 120,00 €/St. bezogen wird. Sollte man sich zur Eigenfertigung des Produktes B entscheiden, würden folgende Kosten anfallen: Rohstoffaufwand 25,00 €, Fertigungslöhne 40,00 €, Materialgemeinkostenzuschlagssatz 10 % (davon 20 % variable Kosten), Fertigungsgemeinkostenzuschlagssatz 120 % (davon 30 %) variable Kosten. Zusätzlich wird für die Belegung einer Maschine (beanspruchte Bearbeitungszeit 6 Min.) ein Maschinenstundensatz in Höhe von 12,00 €/Std. angesetzt.

Hinweise zum Lösungsweg

Da die Produktionskapazität bereits durch die Herstellung des Produktes A ausgelastet ist, führt die Produktion des Produktes B automatisch zu einer Nichtherstellung des Produktes A. Da das Produkt A jedoch einen positiven Deckungsbeitrag erbracht hat, geht dieser bei der Entscheidung für die Herstellung des Produktes B verloren.

Um nun festlegen zu können, ob sich die Eigenfertigung des Produktes B tatsächlich lohnt, spielen somit folgende Aspekte eine Rolle:

1. Die variablen Kosten, die durch die Herstellung des Produkte B anfallen (die Fixkosten spielen keine Rolle, da diese ja auch bei der Herstellung des Produktes A anfallen).

2. Die Höhe des Deckungsbeitrags, der durch das Produkt B erzielt werden kann. Da der Deckungsbeitrag des Produktes A nicht mit dem des Produktes B übereinstimmt, muss bei der Entscheidung im Grunde die Differenz der beiden mit eingerechnet werden. Um die Berechnung zu vereinfachen nutzt man folgende Überlegung: Wenn anstelle von Produkt A das Produkt B hergestellt wird, verzichtet man auf den Deckungsbeitrag von Produkt A (Nutzenverzicht). Dieser Nutzenverzicht kann als Kostenfaktor des Produktes B angesetzt werden (in der Betriebswirtschaftslehre spricht man von so genannten Opportunitätskosten).

Zu beachten ist weiterhin, dass der absolute Deckungsbeitrag in Engpasssituationen nicht aussagefähig ist. Er muss vielmehr in den relativen Deckungsbeitrag umgewandet werden.

	Produkt A	*Produkt B*
Variable Kosten:		
Fertigungsmaterial		
+ *var. Materialgemeinkosten* (20 % von 10 %)		
+ *Fertigungslöhne*		
+ *var. Fertigungsgemeinkosten* (30 % von 120 %)		
+ *Maschinenkosten* (12 € : 60 Min. • 6 Min.)		
Variable Herstellkosten je Stück		
Opportunitätskosten:		
Verkaufspreis		
- *var. Stückkosten*		
Deckungsbeitrag je Stück		
⇒ *Deckungsbeitrag je Minute* (27,80 € • 5 Min.)		
⇒ *Opportunitätskosten im Engpass* (5,56 € • 6 Min.)		
Gesamtkosten je Stück		

Welche Schlüsse lassen sich nun aus diesem Ergebnis ableiten?

Übungsaufgaben

1. Aufgabe

Dann rätselt mal schön ...!

Programmplanung und Programmanalyse nach den Grundsätzen der Deckungsbeitragsrechnung

Artikel	A	B	C	Summe
Erlös je Stück (Preis) in €	120,00	140,00	80,00	
Variable Kosten je Stück in €	70,00	100,00	45,00	
Absoluter Deckungsbeitrag je Stück in €				
Rangfolge				
Engpassstelle in Stunden pro Monat				3.400
Zeitbedarf in Minuten je Stück	30	15	20	
Produzierte Stück je Stunde				
Relativer Deckungsbeitrag je Stunde in €				
Rangfolge				

Beweis:

	A	B	C	Summe
Mögliche **Absatzmengen** St. je Monat	3.000	8.000	4.800	
Produzierbare Menge nach abs. DB je St.				
Aufzuwendende Stunden				3.400
Monatlicher **DB** in €				
Produzierbare Menge nach rel. DB in St.				
Aufzuwendende Stunden				3.400
Monatlicher **DB** in €				

☞ **Zusatzaufgabe:**
Welche Annahme wird durch die unten stehende "Beweisführung" bestätigt?

Programmplanung und Programmanalyse nach den Grundsätzen der Deckungsbeitragsrechnung

2. Aufgabe

Ökonomische Informationen:

		A	B	C	D	Kapazitätsbedarf
absetzbare Endprodukte						
mögliche Absatzmengen	Stück pro Monat	3.000	8.400	500	4.800	
Nettoverkaufserlöse je Einheit	EUR (p)	120	140	280	80	
erzeugungsabhängige Kosten je Einheit	EUR (k_v)	70	100	290	35	
Deckungsbeitrag je Einheit (absoluter db)	EUR/Stück (db)					
Rangfolge der Produkte im Programm						

Technische Informationen:

Kapazitätsanalyse	Kapazität	A	B	C	D	Kapazitätsbedarf
Stelle I / Engpassbedarf in Min. pro St.	7.400 Stunden/Monat	20	25		50	
Stelle II / Engpassbedarf in Min. pro St.	7.600 Stunden/Monat	25	40		25	
Stelle III / Engpassbedarf in Min. pro St.	2.500 Stunden/Monat	5	5		25	
Maximal produzierbare Menge	Stück					

Lösungs-Tipp: Versuchen Sie herauszufinden, bei welcher Produktionsmenge der einzelnen Produkte der höchste Gewinn erzielt wird.

Aufteilung der Engpasseinheiten:

		A	B	C	D	
engpassbezogener Deckungsbeitrag (rel. db)	EUR/Min.					
Rangfolge der Produkte im Programm						

Kapazitätsanalyse	Kapazität	A	B	C	D	Kapazitätsbedarf
Stelle I / Engpassbedarf in Min. pro St.	7.400 Stunden/Monat	20	25		50	
Stelle II / Engpassbedarf in Min. pro St.	7.600 Stunden/Monat	25	40		25	
Stelle III / Engpassbedarf in Min. pro St.	2.500 Stunden/Monat	5	5		25	
Maximal produzierbare Menge	Stück					

Ergebnisvergleich unterschiedlicher Rangfolgen: | *Summen:*

	Summen:		
monatl. Deckungsbeitrag in EUR (nach Rangfolge abs. db)			
monatl. Deckungsbeitrag in EUR (nach Rangfolge rel. db)			
Fixkosten pro Monat in EUR	351.000,00	351.000,00	
monatliches Ergebnis (Rangfolge rel. db)			

Kapitel 22: Auftragsvergabe

Ausgangssituation

Trotz eines relativ engen Angebotsprogramms hat es die Heinz Schlau OHG geschafft, sich durch innovative Produktgestaltung und gleich bleibend hohe Produktqualität einen festen Kundenstamm zu sichern. Bisher gehören jedoch lediglich Groß- und Einzelhändler im Raum Nordrhein-Westfalen zu den Abnehmern. Obwohl die Herstellung im Rahmen der Auftragsfertigung durchgeführt wird, konnte in vielen Betriebsbereichen bisher eine gleich bleibend gute Auslastung der Kapazitäten erreicht werden. In bestimmten Produktionsbereichen herrscht jedoch immer noch Unterauslastung.

Um den Kundenstamm auszuweiten, war die Heinz Schlau OHG auf der Büromöbelmesse „Office-Tec" mit einem eigenen Präsentationsstand vertreten. Dem Verkaufsleiter Herrn Maier gelang es bei dieser Gelegenheit, einige Interessenten für die Produkte seines Unternehmens zu gewinnen. Die Schreiben von zwei Unternehmen gehen heute in der Verkaufsabteilung ein (siehe Anlage). Da Herr Maier sich zurzeit auf einer Dienstreise befindet, sollen Sie die beiden Anfragen bearbeiten und Herrn Maier entsprechende Lösungsvorschläge unterbreiten. Nutzen Sie hierzu die in der Anlage zur Verfügung stehenden Informationen.

Arbeitsaufträge

1. Wie hoch sind bei der derzeitigen Kapazitätsauslastung die Gesamtkosten eines Schreibtisches?

2. Nachdem Sie Herrn Kleinert, einem Mitarbeiter aus der Kostenrechnung, Ihr Entscheidungsproblem unterbreitet haben, ist dieser der Meinung, dass aus kostenrechnerischen Gründen sogar an beide Unternehmen ein Angebot abgegeben werden könnte, da bei beiden Unternehmen der Verkaufspreis über den variablen Stückkosten liegt. Versuchen Sie, seine Argumentation nachzuvollziehen. Begründen Sie diese Aussage.

3. Wie hoch wäre der monatliche Gesamtgewinn für die Produktion des Schreibtisches bei Annahme des Auftrags der Magistratus GmbH, und wie hoch wäre er bei der Mader & Krummscheidt GmbH & Co. KG? Stellen Sie Ihre Ergebnisse grafisch dar.

4. Treffen Sie eine begründete Entscheidung, indem Sie bei Ihrer Angebotsvergabe neben kostenrechnerischen Gesichtspunkten auch die übrigen zur Verfügung stehenden Informationen mit in Ihre Entscheidungsfindung einbeziehen. Halten Sie Ihre Argumente auf Ihrer Meinung nach am besten geeignetsten Präsentationsmaterialien fest.

Auszug aus dem Verkaufskatalog der Heinz Schlau OHG

Informationen aus der Kostenrechnung

Kosteninformation für die Herstellung des Schreibtisches „Classic Line" (Angaben pro Monat)

Kostenart:	Wert (EUR)
Fertigungsmaterial	150.700,00
Fertigungslöhne	295.000,00
Verpackungsmaterial (variabel)	4.300,00
Abschreibung für Produktionsmaschinen	95.000,00
Wartungskosten Maschinen	1.450,00
Energiekosten (Heizung, Beleuchtung)	1.200,00
Gehälter	22.000,00
Versicherungen Produktionshalle	350,00
Gesamtkosten	570.000,00

Derzeitige Produktion:	1.000 Stück/Monat
Produktionszeit pro Tisch:	1,5 Std.
Derzeitige Kapazitätsauslastung in Std.:	1.500 Std.
Maximale Produktionskapazität:	1.950 Std.

MAGISTRATUS GMBH
Möbel für moderne Bürokultur

Magistratus GmbH • Grafenberger Allee 155 • 40320 Düsseldorf

Heinz Schlau OHG
Büromöbelwerke
Herrn Maier
Suitbertusstr. 12
40213 Düsseldorf

Ihr Zeichen, Ihre Nachricht vom	Unser Zeichen, unsere Nachricht vom	☎ (0211) 7701 -, Name	Datum
	tr-wa	244, M. Wagener	13.05.2010

Anfrage

Sehr geehrter Herr Maier,

anlässlich der Büromöbelmesse OfficeTec im Februar dieses Jahres sprachen wir darüber, dass Sie kurzfristig 300 Schreibtische der Marke „Classic" Line liefern können.

Da ich beabsichtige, das Angebotsprogramm unseres Hauses im Segment „Hochwertige Büromöbel" auszuweiten, ist es nicht auszuschließen, dass wir Ihnen auch in Zukunft Aufträge in größerem Volumen zukommen lassen. Wie ich Ihnen bereits auf der Messe mitteilte, ist mir jedoch der Angebotspreis für den oben genannten Schreibtisch zu hoch. Um Ihr Büromöbelprogramm in unserem Sortiment aufzunehmen, wäre ich an einem besonders günstigen Einführungspreis interessiert. Als langjähriger Großkunde Ihres Unternehmens bitte ich Sie um einen Sonderrabatt, der zeitlich befristet ist.

Bei einem Preisnachlass in Höhe von 28 % auf den derzeitigen Verkaufspreis stelle ich Ihnen die - zunächst einmalige - Bestellung der 300 Schreibtische in Aussicht. Bitte überprüfen Sie Ihre Kalkulation vor diesem Hintergrund noch einmal und teilen Sie mir mit, ob Sie meinen Vorstellungen entgegen kommen können.

Mit freundlichen Grüßen

Magistratus GmbH

M. Wagener

Markus Wagener

Magistratus GmbH	Tel.: 0211/7701-01	Geschäftsführer:	Bankverbindungen:
Grafenberger Allee 155	Fax: 0211/77685	Frank Bergmeister, Bärbel Meinert	Postbank Essen, Kto.Nr. 895 452, BLZ 320 200 20
40320 Düsseldorf	magistratus@gmx.de	Handelsregister Düsseldorf: HRB 21001	Commerzbank Düsseldorf, Kto.Nr. 285 474 101, BLZ 300 100 10
St.-Nr. 340/7441/520	USt.-Id.-Nr.: DE 411583207		

Anfrage 1

 **Mader & Krummscheidt**

Mader & Krummscheid GmbH & Co. KG • Postfach 3542 • 80120 München

Heinz Schlau OHG
Büromöbelwerke
Herrn Maier
Suitbertusstr. 12
40213 Düsseldorf

Anfrage bezüglich Bürotisch „Classic Line"   München, 13.05.2010

Sehr geehrter Herr Maier,

nach Durchsicht Ihres Verkaufskataloges, den Sie mir dieses Jahr an Ihrem Stand auf der Büromöbelmesse „OfficeTec" übergaben, bin ich zu der Ansicht gekommen, dass Ihre Produkte eine Bereicherung für unser Angebotsprogramm darstellen würden. Besonders Ihr Schreibtisch „Classic Line"
verspricht wegen seiner qualitativen Vorzüge meines Erachtens gute Absatzchancen in dem von uns
bedienten Marktsegment. Allerdings liegt der Angebotspreis erheblich über dem eines vergleichbaren Konkurrenzmodells, welches wir zurzeit vertreiben. Bei einem günstigeren Listenpreis wären wir
geneigt, das Konkurrenzmodell durch Ihr Produkt auszutauschen.

Ich möchte Sie bitten, Ihre Preisvorstellung noch einmal zu überdenken. Bei einem Verkaufspreis
von 560,00 EUR können wir Ihnen eine monatliche Bestellmenge von 100 Stück in Aussicht stellen.

Rufen Sie mich doch einmal an: 089-3401 - 42. Für Ihre Bemühungen bedanke ich mich im Voraus.

Mit freundlichen Grüßen

Mader & Krummscheid GmbH & Co. KG

Christoph Mader

Christoph Mader, Komplementär

M& K - Mader & Krummscheid GmbH & Co. KG - Büroeinrichtungen
Verwaltung München-Süd, Luitpold Allee 13, 80120 München
Tel.: 089/3401-10, Bürozeiten: Mo.-Fr. 8:00 - 16:30 Uhr
Fax: 098/340148, Net: www.mader-und-krummscheid.de, E-mail: service@muk.de

Anfrage 2

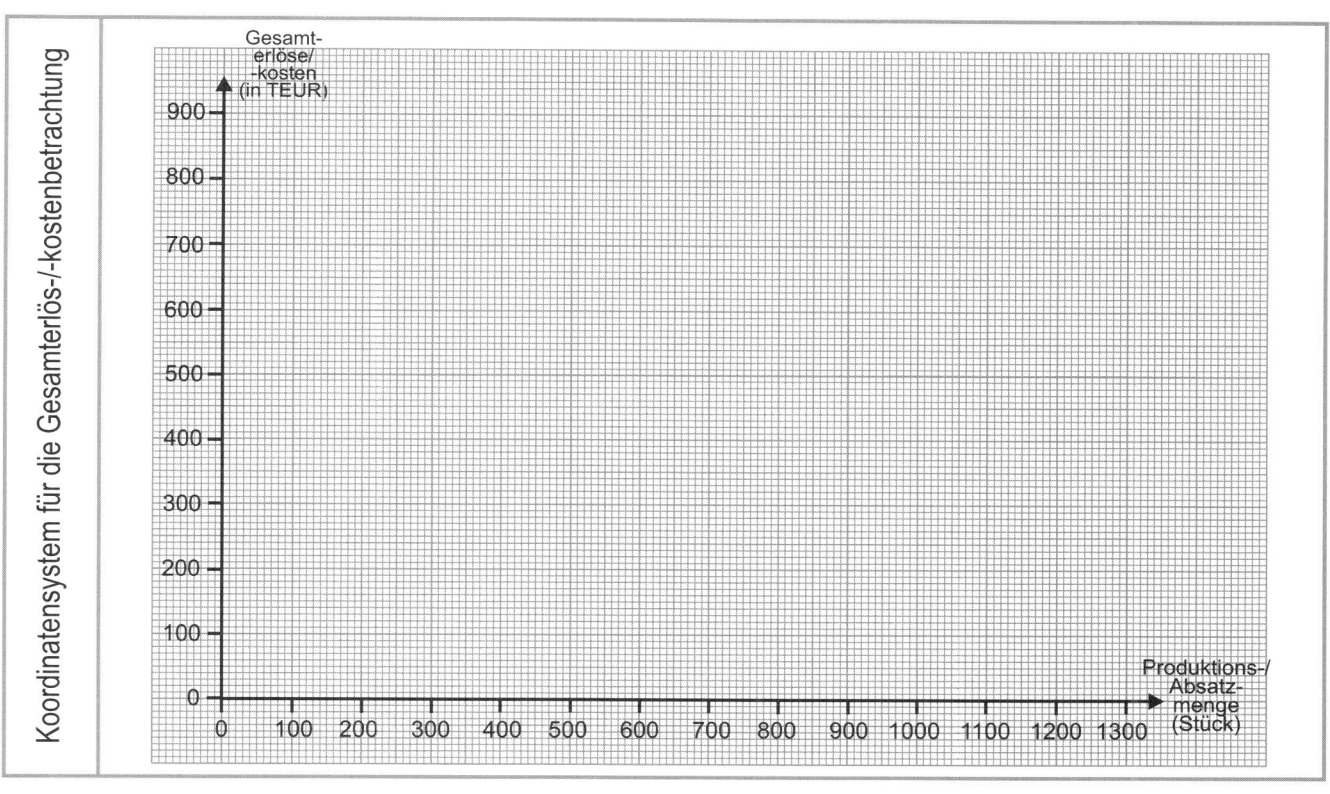

Koordinatensystem für die Gesamterlös-/-kostenbetrachtung

Gesamt-
erlöse/
-kosten
(in TEUR)

Produktions-/
Absatz-
menge
(Stück)

Koordinatensystem für die Stückerlös-/-kostenbetrachtung

Stück-
erlöse/
-kosten
(in EUR/St.)

Produktions-/
Absatz-
menge
(Stück)

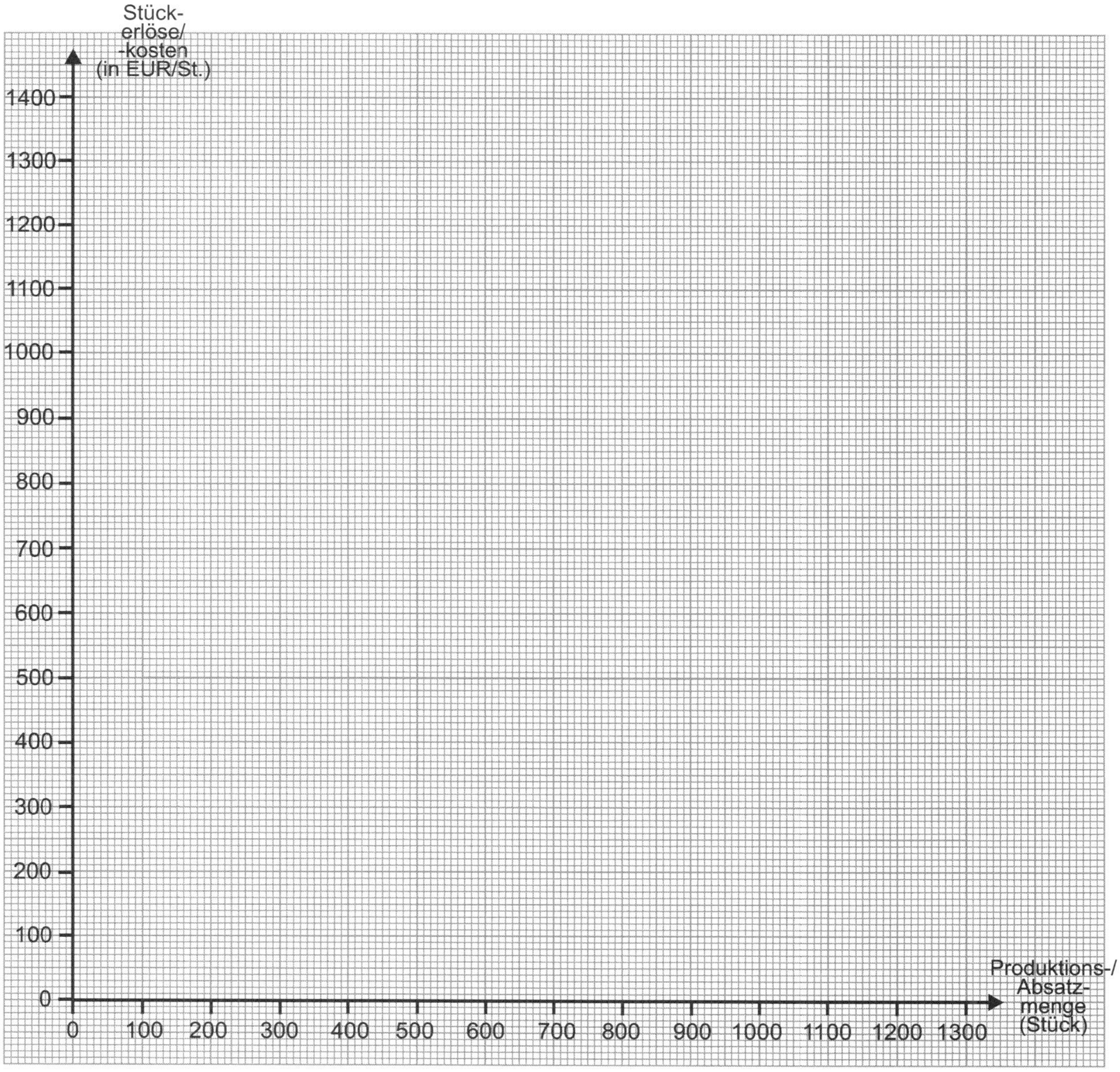

Kapitel 23: Prozesskostenrechnung

Lektion 1: Nachteile traditioneller Kostenrechnungssysteme

Ausgangssituation

Probleme traditioneller Kostenrechnungssystem

Kostenrechnungssysteme unterscheiden sich unter anderem darin, welche Kosten im Rahmen der Kostenträgerrechnung einem bestimmten Kostenträger zugerechnet werden können. Ziel der Vollkostenrechnung ist es, alle innerhalb einer Abrechnungsperiode angefallenen Kosten den Kostenträgern zuzurechnen (Kostenträgerzeitrechnung). Auf diese Weise soll erreicht werden, die angefallenen Kosten über einen zumindest Kosten deckenden Preis wieder zu erwirtschaften. Da diese Vorgehensweise diverse Nachteile aufweist, wurden verschiedenartige Teilkostenrechnungssysteme entwickelt. Dabei geht man von einem erzielbaren Marktpreis aus und zieht hiervon zunächst die variablen Kosten (in erster Linie Einzelkosten) ab. Der verbleibende Ertragsüberschuss dient als Deckungsbeitrag dazu, die verbleibenden Fixkosten zu decken. Da die Fixkosten durch die Betriebsbereitschaft entstehen, werden sie als Fixkostenblock betrachtet oder bei differenzierten Kostenrechnungssystemen detaillierter aufgeteilt.

```
                        Kostenrechnungssysteme
```

Unterscheidung nach der **Bezugsgrundlage**	Unterscheidung nach dem **Umfang der Kostenzurechnung**	Unterscheidung nach dem **Zeitpunkt des Kostenanfalls**
Kostenträgerzeitrechnung Ermittlung der während einer Abrechnungsperiode angefallenen Kosten sowie Ermittlung des Betriebsergebnisses (BAB II, Kostenträgerblatt).	**Vollkostenrechnung** Einbeziehung aller Kosten in die Kostenträgerrechnung. Ziel. Ermittlung sämtlicher Kosten, die durch einen Kostenträger erzeugt wurden.	**Istkostenrechnung** Ermittlung der tatsächlich angefallenen Kosten (Bewertung der tatsächlichen Verbrauchsmengen erfolgt mit den tatsächlich aufgewandten Kosten). Ziel: Nachkalkulation.
Kostenträgerstückrechnung Ermittlung der für einen Kostenträger angefallenen Kosten (einfache oder differenzierte Zuschlagskalkulation).	**Teilkostenrechnung** Ermittlung des Deckungsbeitrags je Kostenträger. Ziel: Beurteilung des Erfolgsbeitrags je Kostenträger. Die Fixkosten werden als Block angesehen und nicht dem Endprodukt zugerechnet.	**Normalkostenrechnung** Ermittlung der durchschnittlich angefallenen Kosten auf der Basis der Istkosten vergangener Abrechnungsperioden (Bewertung der tatsächlichen Verbrauchsmengen mit durchschnittlich aufgewandten Kosten). Ziel: Vorkalkulation.
		Plankostenrechnung Ermittlung der zukünftig angefallenen Kosten auf der Basis von Prognoserechnungen, Verbrauchsstudien und Schätzungen über die Preis- und Mengenentwicklung (Bewertung der geplanten Verbrauchsmengen mit geplanten Kosten). Ziel: Analyse von Kostenabweichungen.

Zu beachten: Als Kosten wir der bewertete Einsatz („Verzehr") von eingesetzten Produktionsfaktoren angesehen. Zur Ermittlung der Kostenhöhe muss die Menge des eingesetzten Produktionsfaktors (z. B. Stück Rohstoff, Anzahl Arbeitsstunden, Liter Betriebsmittel) mit dessen Einzelwert (Wert je Mengeneinheit) multipliziert werden.

Es gilt:

Verbrauchsmenge Kostenfaktor • Wert je Mengeneinheit = Kostenhöhe

Aufgabe 1

a) Zeigen Sie die Vor- und die Nachteile von Voll- und Teilkostenrechnungssystemen auf. Lesen Sie sich hierzu zunächst den nachfolgend abgebildeten Informationstext durch.

b) Bei diversen betriebswirtschaftlichen Entscheidungen führt die Anwendung einer Vollkostenrechnung zu falschen Ergebnissen und löst somit fehlerhafte Entscheidungen aus. Zeigen Sie an selbst gewählten Beispielen diese Problematik auf.

Aufgabe 2

Erläutern Sie, warum Einzelkosten immer variable Kosten, Gemeinkosten hingegen variable und fixe Kosten sind. Belegen Sie Ihre Aussagen durch entsprechende Beispiele.

Information

Problem der Gemeinkostenverteilung

Im Rahmen der kostenorientierten Preisfestlegung waren Unternehmen schon immer bestrebt, realistische Preise für ihre Produkte festzulegen. In erster Linie strebten Sie dabei eine Vollkostendeckung an. Dies bedeutet, dass die hergestellten Produkte diejenigen Kosten zu tragen hatten, die sie auch erzeugt haben. Um dieses Ziel zu erreichen wurden grobe
oder verfeinerte Kalkulationsverfahren angewandt (von der Durchschnitts- bis zur differenzierten Zuschlagskalkulation).

Mit zunehmendem Wettbewerb treten jedoch die Nachteile dieser traditionellen Kalkulationsverfahren immer mehr in den Vordergrund. Die Verringerung der verfahrensimmanenten Verfälschungen (falsche Ergebnisse, die sich aufgrund des angewandten Abrechnungsverfahrens ergeben) führt zu Wettbewerbsvorteilen und unterstützt das Ziel eines wettbewerbsfähigen, dynamischen Unternehmens.

Zu den grundlegensten Problemen der traditionellen Kostenrechnungssysteme zählen:

○ **Proportionalisierung der fixen Gemeinkosten**

Im Betriebsabrechnungsbogen (BAB) wird durch die Bildung von Gemeinkostenzuschlagssätzen ein lineares Verhältnis zwischen Einzel- und Gemeinkosten unterstellt. Diese Proportionalisierung führt jedoch bei den Fixkosten immer dann zu falschen Ergebnissen, wenn die Ist- von der Planbeschäftigung abweicht, also die geplante von der tatsächlichen Produktionsmenge abweicht.

Beispiel: *Im Materialbereich fallen für die Einkäufer Gehälter in Höhe von 30.000,00 EUR monatlich an. Im zurückliegenden Monat wurden für 6.000 verkaufte Fertigerzeugnisse Fertigungsmaterial im Wert von 50.000,00 EUR beschafft. Im Rahmen des BAB wird nun auf der Basis dieser Daten der Materialgemeinkostenzuschlagssatz (MGZS) gebildet:*

$$MGKZ = \frac{30.000 \text{ EUR} \bullet 100}{50.000 \text{ EUR}} = 60\,\%$$

Wird nun für den kommenden Monat mit einer Kostensteigerung bei den Materialeinkäufen von 5 % und mit einer Absatzsteigerung von 5 % gerechnet, so ergibt sich folgende Kalkulation:

Fertigungsmaterial	*55.125,00 EUR*	*50.000 EUR ● 1,05 : 6.000 St. ● (6.000 St. ● 1,05)*
+ Materialgemeinkosten	*33.075,00 EUR*	*55.125,00 EUR ● 0,6*
= Materialkosten	*88.200,00 EUR*	

Tatsächlich fallen jedoch nur 30.000,00 EUR Materialgemeinkosten an, da die Gehälter fixe Kosten darstellen.

○ **Verfälschung der Gemeinkostenzuschlagssätze durch Veränderung des Verhältnis zwischen Einzel- und Gemeinkosten**

Durch die zunehmende Mechanisierung und Automatisierung sind die Fertigungslöhne als Einzelkostenfaktor wertmäßig ständig zurückgegangen, wohingegen die Gemeinkosten in diesem Bereich ständig zugenommen haben. Dies führt unweigerlich zu einem überhöhten Fertigungsgemeinkostenzuschlagssatz. Nimmt man nun noch das zuvor angesprochene Problem der Fixkostenproportionalisierung hinzu, so erkennt man, dass bei hohen Gemeinkostenzuschlagssätzen das Problem noch weiter verschärft wird.

Beispiel: *Im Fertigungsbereich fallen an einer Maschine Abschreibungen in Höhe von 22.000,00 EUR monatlich an. Im zurückliegenden Monat wurden für 5.000 hergestellte und verkaufte Fertigerzeugnisse Fertigungslöhne in Höhe von 10.000,00 EUR gezahlt. Im Rahmen des BAB wird auf der Basis dieser Daten der Fertigungsgemeinkostenzuschlagssatz (FGZS) gebildet:*

$$FGKZ = \frac{22.000 \text{ EUR} \bullet 100}{10.000 \text{ EUR}} = 220\,\%$$

Die Maschine wird nun weiter automatisiert, sodass bei geringerem Personaleinsatz die Leistung konstant gehalten werden kann. Diese Maßnahme führt dazu, dass nun zur Herstellung von 5.000 St. Abschreibungen in Höhe von

29.000,00 EUR, dafür jedoch nur noch Fertigungslöhne in Höhe von 5.000,00 EUR anfallen. Es ergibt sich nun folgender MGZS:

$$FGKZ = \frac{29.000 \text{ EUR} \bullet 100}{5.000 \text{ EUR}} = 580 \text{ \%}$$

Für den kommenden Abrechnungsmonat wird nun mit einer Produktions- und Absatzsenkung auf 4.000 St. gerechnet. Bei der Maschine vor der Automatisierungsmaßnahme hätten sich folgende Werte ergeben:

Fertigungslöhne	*8.000,00 EUR*	*10.000 EUR : 5.000 St. ● 4.000 St.*
+ Fertigungsgemeinkosten	*17.600,00 EUR*	*8.000,00 EUR ● 2,2*
= Fertigungskosten	*25.600,00 EUR*	

Tatsächlich wäre man jedoch zu folgenden Ergebnissen gekommen:

Fertigungslöhne	*4.000,00 EUR*	*5.000 EUR : 5.000 St. ● 4.000 St.*
+ Fertigungsgemeinkosten	*23.200,00 EUR*	*4.000,00 EUR ● 5,8*
= Fertigungskosten	*27.200,00 EUR*	

In beiden Fällen hätten die tatsächlichen Gemeinkosten (hier: Abschreibungen in Höhe von 29.000 EUR) jedoch deutlich höher gelegen, wobei die Kostenabweichung nach der Rationalisierungsmaßnahme drastischer ausfällt.

○ **Einseitige Ausrichtung der Zuschlagssätze auf den Produktionsbereich**

Ein weiteres Problem traditioneller Kostenrechnungssysteme liegt in der einseitigen Ausrichtung auf die Produktionsleistung begründet. Wie die vorstehenden Beispiele zeigten, wird bei der Zuschlagskalkulation versucht, einen Zusammenhang zwischen Gemeinkosten und Produktionsleistung herzustellen. Sämtliche Zuschlagssätze basieren auf diesem Gedanken.

Beispiel: *Beim MGZS wird eine Linearität zwischen den Gemeinkosten der Materialkostenstellen und dem Fertigungsmaterial unterstellt. Bei den Gemeinkosten der Fertigung dienen die Fertigungslöhne als Bezugsgröße und im Verwaltungs- und Vertriebsbereich die Herstellkosten des Vertriebs.*

Diese einseitige Ausrichtung auf den Produktionsbereich ist heute nicht mehr aufrecht zu erhalten, da die so genannten „indirekten" Bereiche an Bedeutung zunehmen. Zu den indirekten Kostenbereichen werden diejenigen Kostenstellen gezählt, deren Leistung nicht direkt mit der Produktion in Zusammenhang gebracht werden kann (die so genannten Hilfskostenstellen). Diese werden beim mehrstufigen BAB zwar im Rahmen der innerbetrieblichen Leistungsverrechnung berücksichtigt, letztendlich findet hierbei jedoch nur eine Umverteilung der Gemeinkosten auf die leistungsempfangenden Stellen statt. Zu den Kostenstellen des indirekten Bereichs zählen beispielsweise die Beschaffung, die Konstruktion und Entwicklung, die Verkaufsabteilung, das Rechnungswesen und das Controlling, die Personalabteilung etc.

○ **Ungerechtfertigte Belastung der Kostenträger mit Gemeinkosten**

Die Problematik der Proportionalisierung der fixen Gemeinkosten wurde bereits im Zusammenhang mit Beschäftigungsschwankungen angesprochen. Zu dieser Verfälschung kommt noch erschwerend die Undifferenziertheit der Zuschlagssätze hinzu. So werden mit einheitlichen Gemeinkostenzuschlagssätzen die betrieblichen Realitäten nicht richtig abgebildet.

Beispiel: *Ein Unternehmen möchte die Materialkosten für zwei Aufträge kalkulieren. Im ersten Fall handelt es sich um einen Auftrag über ein Standardprodukt, dass bereits in großer Stückzahl gefertigt wurde. Die Materialkosten belaufen sich dabei auf 100.000,00 EUR. Sämtliche Vorgänge im Materialbereich laufen relativ kostengünstig ab (so muss das Material nicht gesondert bestellt werden, da es sich um ein Standardteil handelt). Beim zweiten Auftrag handelt es sich um ein selten produziertes Teil („Exot") im Wert von 10.000,00 EUR. Die tatsächlich anfallenden Gemeinkosten für dieses Produkt fallen deutlich höher aus (es müssen erst Anfragen bei diversen Lieferanten durchgeführt werden etc.). Obwohl beim ersten Auftrag viel geringere Gemeinkosten als beim zweiten anfallen, zeigt die Kalkulation bei einem Materialgemeinkostenzuschlagssatz in Höhe von 60 % etwas anderes:*

Auftrag 1:		Auftrag 2:	
Fertigungsmaterial	*100.000,00 EUR*	*Fertigungsmaterial*	*10.000,00 EUR*
+ Materialgemeinkosten	**60.000,00 EUR**	*+ Materialgemeinkosten*	**6.000,00 EUR**
= Materialkosten	*160.000,00 EUR*	*= Materialkosten*	*16.000,00 EUR*

Das Beispiel zeigt, dass das Standardprodukt fälschlicherweise mit hohen, das Exotenteil hingegen mit niedrigen Gemeinkosten belastet wird.

Zusammenfassung:

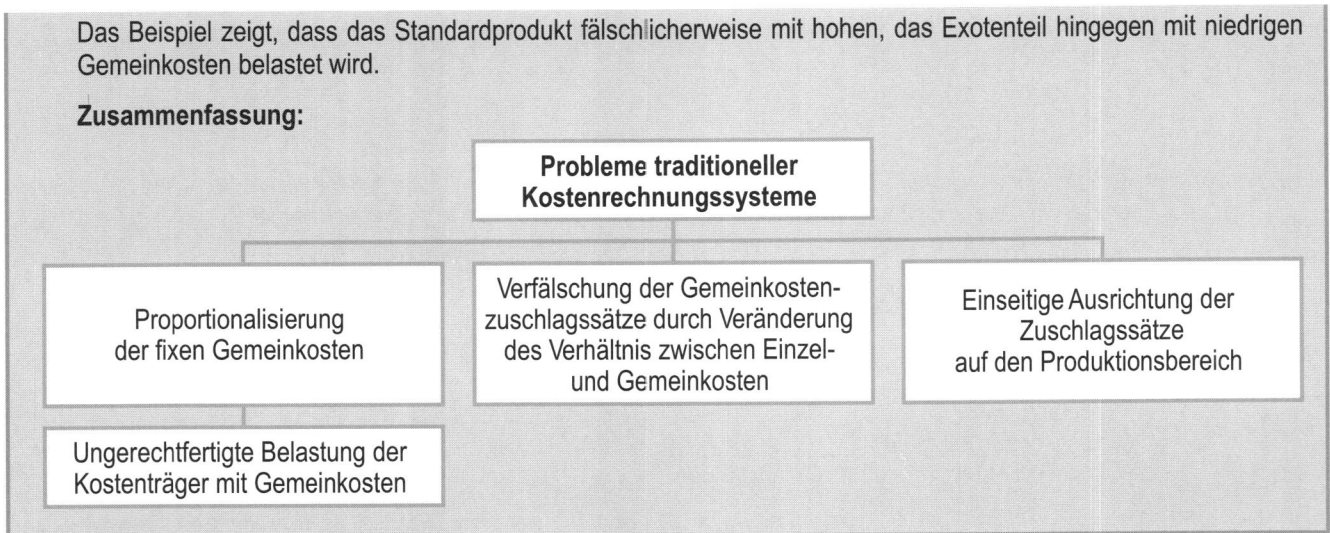

Lektion 2: Prozessbildung und Kostenzuweisung

Ausgangsproblem

Die Nachteile der Vollkostenrechnung werden durch die Teilkostenrechnung zum Teil behoben. Dennoch kann man auf eine Vollkostenrechnung nicht verzichten. Beide Kostenrechnungssysteme haben vielmehr bei ihren Zielsetzungen unterschiedliche Ausrichtungen und müssen daher parallel nebeneinander betrieben werden. Insbesondere das Verrechnungsproblem der Gemeinkostenverteilung auf die Kostenträger wird im Rahmen der Vollkostenrechnung durch die Anwendung der mehrstufigen Deckungsbeitragsrechnung oder die Anwendung einer Maschinenstundensatzrechnung verbessert. Und dennoch steht man bei immer weiter zunehmenden Gemeinkosten und den darin in immer geringerem Anteil enthaltenen variablen (im Sinne von beschäftigungsabhängigen) Kosten vor dem Problem der Fixkostenproportionalisierung. Mithilfe der so genannten Prozesskostenrechnung soll dieses Problem ansatzweise behoben werden.

Aufgaben

Die meisten Gemeinkosten fallen in Kostenstellen an, die nicht direkt an der betrieblichen Leistungserstellung beteiligt sind. Es sind vor- und nachgelagerte Prozesse. Nach der Theorie der Prozessorientierung stellen betriebliche Abläufe Prozessketten dar. Dies bedeutet, dass betriebliche Leistungen aus Tätigkeiten bestehen, die funktional zusammenhängen. Die Vielzahl der in einem Unternehmen vorliegenden Prozessketten führen zur Erbringung der betrieblichen Leistung (von der Materialbestellung über die Produktion bis hin zur Auslieferung des Fertigerzeugnisses).

a) Erläutern Sie, warum insbesondere die Verrechnung der Gemeinkosten in den so genannten indirekten Bereichen (= nicht fertigungsdurchführend oder fertigungsnahe Abteilungen) problematisch ist.

b) Inwieweit könnte diese Prozessorientierung für eine Optimierung der Kostenträgerrechnung genutzt werden? Erarbeiten Sie Lösungsvorschläge. Lesen Sie zuvor die beiden nachstehenden Informationstexte durch.

c) Die Prozesskostenrechnung baut auf so genannten repetitiven Teilprozessen auf. Was versteht man hierunter? Führen Sie praktische Beispiele an.

d) Aus welchen Teilprozessen und Tätigkeiten setzt sich der Hauptprozess „Materialbeschaffung" zusammen. Erstellen Sie - beispielhaft für diesen Hauptprozess - eine Übersicht über die ablaufenden Teilprozesse, Tätigkeiten und dabei erzielten Arbeitsergebnisse. Ordnen Sie darüber hinaus die Tätigkeiten einzelnen Kostenstellen zu.

e) Nachfolgend erhalten Sie einen Überblick über zwei Hauptprozesse, die beispielhaft Tätigkeiten in drei Kostenstellen verursachen. Berechnen Sie

ea) für die drei Kostenstellen 1 bis 3 die leistungsmengeninduzierten und die gesamten Prozesskostensätze, die je Teilprozess verursacht werden.

eb) für beide Hauptprozesse die Prozesskosten und die Prozesskostensätze.

Kostenstelle 1

Teil-prozess (TP)	Prozess-menge	(Teil-)Prozess-kosten lmi	lmn	(Teil-)Prozess-kostensatz lmi	gesamt
TP 11	1.000	80.000	20.000		
TP 12	500	30.000	72.000		
TP 13	400	48.000	148.000		
Teilprozesskosten 1					

Kostenstelle 2

Teil-prozess (TP)	Prozess-menge	(Teil-)Prozess-kosten lmi	lmn	(Teil-)Prozess-kostensatz lmi	gesamt
TP 21	2.500	50.000	30.000		
TP 22	1.200	24.000	4.800		
TP 23	800	32.000	56.000		
Teilprozesskosten 2					

Kostenstelle 3

Teil-prozess (TP)	Prozess-menge	(Teil-)Prozess-kosten lmi	lmn	(Teil-)Prozess-kostensatz lmi	gesamt
TP 31	1.100	33.000	44.000		
TP 32	500	12.000	3.000		
TP 33	700	35.000	1.400		
Teilprozesskosten 3					

Hauptprozess 1

Teil-prozess (TP)	Prozess-menge	(Teil-)Prozess-kostensatz lmi	gesamt	(Teil-)Prozess-kosten lmi	gesamt
TP 11					
TP 21					
TP 22					
TP 32					
TP 33					
Prozesskosten					
Kostentreiber		200	200		
Prozesskostensatz					

Hauptprozess 2

Teil-prozess (TP)	Prozess-menge	(Teil-)Prozess-kostensatz lmi	gesamt	(Teil-)Prozess-kosten lmi	gesamt
TP 12					
TP 13					
TP 23					
TP 31					
Prozesskosten					
Kostentreiber		500	500		
Prozesskostensatz					

Information

Wertschöpfung durch Prozesse

Aus der Theorie der Prozessorientierung ist bekannt, dass in einem Unternehmen Prozesse ablaufen, die auf den Markt ausgerichtet sind und andere, die diese Marktorientierung nicht aufweisen. Als Marktorientierung wird dabei verstanden, dass ein Prozess den Nutzen für den Kunden steigert. Man unterteilt Prozesse daher in:

Beitrag von Prozessen zur Wertschöpfung

Wertschöpfende Prozesse Kernprozesse/Schlüsselprozesse

Diese Prozesse/Aktivitätsabschnitte führen direkt zu einer Erhöhung des Kundennutzens, sie führen zu einer Erhöhung der Wertschöpfung.

Zu den Kernprozessen gehören:

- alle Prozesse im Rahmen der **Leistungserstellung** (Leistungsentwicklung und -herstellung),
- alle Prozesse im Bereich des **Absatzes** (Festlegung des Leistungsspektrums, Auftragsanbahnung und -abwicklung, Leistungsabgabe).

Kernprozesse sollten aus Sicht des Unternehmens

- einen direkten Kundennutzen erzeugen (**Nutzenorientierung**).
- nicht durch andere Unternehmen imitierbar/substituierbar sein (**Einzigartigkeit**).

Nicht-wertschöpfende Prozesse Unterstützungs-/Supportprozesse

Diese Prozesse/Aktivitätsabschnitte haben keinen direkten Einfluss auf den Kundennutzen. Sie sind wertschöpfungsneutral oder sogar -mindernd.

Diese Leistungen unterstützen die Kernprozesse. Zu den Unterstützungsprozessen gehören alle sekundären Aktivitäten wie:

- **Managementprozesse** (Strategische Planung und Steuerung),
- **Beschaffungsprozesse** (Heranführung der Produktionsfaktoren),
- **Investitions-/Finanzierungsprozesse** (Rechnungswesen),
- **Personalmanagementprozesse** (Personalwesen).

Supportprozesse sind für die Kernprozesse unumgänglich, da sie die planvolle Durchführung erst ermöglichen. Zwischen den Kern- und den Unterstützungsprozessen besteht somit eine enge Beziehung, deren Ausgestaltung den Grad der Kundenorientierung bestimmt.

Grundsätzlich kann als Prozess jede Zusammenfassung logisch aufeinander aufbauender, zusammenhängender Arbeitsschritte verstanden werden. Prozesse setzten sich somit aus Teilprozessen (Prozesselementen) zusammen, die aus Produktionsfaktor verzehrenden Arbeitsvorgängen bestehen. Kurz gesagt: **Jeder Arbeitsvorgang erzeugt durch den Einsatz der Produktionsfaktoren Kosten.**

Ziel der prozessorientierten Organisationsabbildung ist es nun, die Vielzahl der in einem Unternehmen ablaufenden Prozesse zu erfassen und abzubilden. Darauf baut dann die Prozesskostenrechnung auf. Hier wird versucht, einen Zusammenhang zwischen Prozessablauf und Gemeinkostenentstehung aufzudecken. Als Ergebnis werden auf diese Weise so genannte Teilprozesskostensätze ermittelt, die als Grundlage für die Kalkulation dienen.

Grundsätzlich ließen sich alle Tätigkeiten als Leistungen in Prozessen und darauf basierend Prozesskosten abbilden. Um jedoch eine eindeutige Kostenzuweisung zu Kostenbereichen und Produkten zu ermöglichen, erscheint es sinnvoll, eine ausreichende Standardisierung der Tätigkeiten und eine vorwiegend feste Abfolge der Leistungen zu fordern. Die im Rahmen der Prozesskostenrechnung erfassten Prozesse gründen somit auf Tätigkeiten, deren Abläufe eine weitgehend feste Struktur aufweisen und überwiegend gut standardisierte Leistungen beinhalten. Diesen Anspruch erfüllen in erster Linie Leistungen

- ○ mit repetitivem (= sich wiederholenden) Charakter,
- ○ deren Ressourcenbedarf in hohem Maße festgelegt ist und
- ○ deren Tätigkeitsverlauf absehbar und daher planbar ist.

Bei den Prozesselementen kann somit zwischen repetitiven (sich wiederholende) und nicht-repetitiven Tätigkeiten unterschieden werden. Im Rahmen der Prozesskostenrechnung werden lediglich die **repetitiven Prozesselement**e[*] beachtet. Diese zeichnen sich durch folgende Merkmale aus:

- ○ Der Arbeitsablauf ist **standardisiert** und läuft in der Regel schematisch ab. Dies bedeutet, dass die gleichen Prozesselemente in der gleichen Reihenfolge aufeinander folgen und für die durchführende Person kaum Entscheidungsspielräume bestehen.
- ○ Zwischen der Anzahl der Prozesselemente und dem dabei erbrachten Output besteht ein annähernd **proportionales Verhältnis**.

Sachbearbeitende und unterstützende Aufgaben eignen sich daher am ehesten für den Aufbau einer Prozesskostenrechnung. Je individueller eine Tätigkeit ist, desto weniger eignet sie sich für die Prozesskostenrechnung. Abteilungsleitungstätigkeiten sind somit beispielsweise völlig ungeeignet.

Die repetitiven Teilprozesse werden daher auch als leistungsmengeninduzierte (kurz: lmi) Prozesse bezeichnet. Dies bedeutet, dass die Häufigkeit der betrachteten Tätigkeit proportional abhängig ist von dem geforderten Leistungsergebnis.

Beispiel: Leistungsergebnis: *Erstelltes Angebot*
Leistungsmengeninduzierte Teilprozesse: - *Datenanalyse in Anfrage*
- *Angebotsnummer vergeben*
- *Artikelabfrage*
- *Angebotserstellung*

Die nicht-repetitiven Teilprozesse weisen diese Mengenbezogenheit nicht auf, weil sie entweder prozessunabhängig (pua) oder leistungsmengenneutral (lmn) anfallen.

---

[*] Fehlt die Standardisierung und die feste Abfolge bei einer Tätigkeit, um so schwieriger lassen sich Kostentreiber zuordnen und um so schwieriger gestaltet sich eine begründete (periodisch wiederkehrende) Verrechnung der Kosten.

Aufteilung von Teilprozessen

Repetitive (sich wiederholende) Teilprozesse

nicht-repetitive Teilprozesse

Leistungsmengeninduzierte (lmi) Teilprozesse

Die hierunter fallenden Kosten entsprechen den variablen Gemeinkosten der Plankostenrechnung (z. B. Anzahl der Gespräche mit Lieferanten in Abhängigkeit von der Anzahl der zu beschaffenden Warengruppe).

Leistungsmengenneutrale (lmn) Teilprozesse

Die hierunter fallenden Kosten entsprechen den fixen Gemeinkosten der Plankostenrechnung (z. B. Gehalt eines Abteilungsleiters).

Prozessunabhängige (pua) Teilprozesse

Problematik der lmi-Teilprozesse:
Zwischen der Prozessmenge des kostentreibenden Faktors und der Menge des hergestellten Produktes wird eine lineare Beziehung unterstellt.

Leistungsmengenvariable Kosten

Hierunter fallen alle Kosten, die direkt abhängig von der Anzahl der wiederholten Tätigkeiten sind (z. B. steigen die Tonerkosten je kopierter oder ausgedruckter Bestellung).
Diese Kosten stellen jedoch nur einen geringen Wert bei den lmi-Prozesskosten dar.

Leistungsmengenfixe Kosten

Die meisten lmi-Prozesskosten sind bezogen auf die Anzahl der ausgeführten Tätigkeiten fix (z. B. Gehälter der Sachbearbeiter). Durch die Zurechnung dieser Kosten auf einzelne Prozesse wird eine künstliche Proportionalisierung in Kauf genommen.

Bei der Bestimmung der Kostentreiber ist darauf zu achten, dass zwischen der Bezugsgröße (Kostentreiber) und den zugewiesenen Prozessgemeinkosten (zumindest mittelfristig) ein proportionales Verhältnis besteht.

Information

Prozesse und Prozesskosten

Ein Wertschöpfungsprozess besteht immer aus folgenden drei Elementen:

- **Faktoreinsatz**: Zur Erbringung einer Leistung müssen Produktionsfaktoren eingesetzt werden. Durch den Ressourceneinsatz entstehen die Prozesskosten.

- **Prozess**: Der Prozess setzt sich aus Tätigkeiten zusammen, die zu einem Arbeitsergebnis führen. Die Tätigkeiten verursachen den Faktoreinsatz.

- **Prozessergebnis**: Alle Prozesse führen zu einem Endergebnis, sodass diese Ergebnisse als Kostenträger bezeichnet werden können (unabhängig davon, ob es sich um Fertigerzeugnisse handelt oder andere Leistungen).

Im Gegensatz zur traditionellen, auf die Endprodukte (= Kostenträger) focussierten Kostenrechnung, zielt die Prozesskostenrechung auf eine Ermittlung und Bewertung der zur Erbringung einer Leistung notwendigen Prozesse. Um dieses Ziel zu verfolgen müssen folgende Schritte durchgeführt werden:

○ Ermittlung der betrieblichen Prozesse, Analyse und Bewertung mit dem Ziel der Optimierung (Prozessbildung).

○ Festlegung und Bewertung der kostentreibenden Faktoren (Prozesskostenermittlung).

○ Übertragung der ermittelten Prozesskosten auf die individuellen Produkte/Enderzeugnisse (Kostenträgerrechnung).

Ablauf „traditioneller" Kostenrechnungssysteme →		
Kostenartenrechnung	Kostenstellenrechnung	Kostenträgerrechnung
Ermittlung der ange-fallenen Kosten und Aufteilung in Einzel- und Gemeinkosten (Zurechenbarkeitsaspekt)	Aufteilung der Gemein-kosten auf Kostenstellen und Zuschlag auf die Gemeinkosten (Bildung Zuschlagssätze)	Kalkulation durch Zuordnung der Einzelkosten und prozentualem Aufschlag der Gemeinkosten (Selbstkostenermittlung)

Ablauf Prozesskostenrechnung →		
Kostenbereichs-/Ressourcenmanagement		Produktkostenmanagement
Ermittlung der betrieb-lichen Prozesse, Analyse, Bewertung und Optimierung (Prozessbildung)	Festlegung und Bewertung der kostentreibenden Faktoren (Prozesskostenermittlung)	Übertragung der ermittelten Prozess-kosten auf die indi-viduellen Produkte (Kostenträgerrechnung)

Die Prozesskostenrechnung stellt jedoch kein eigenständiges Kostenrechnungssystem dar. Sie ist vielmehr als eine Ergänzung gedacht. Sie erstreckt sich auf Gemeinkosten, für die mehr oder weniger eindeutige mengenabhängige Prozesse formulierbar sind. Die Kostenartenrechnung übernimmt weiterhin die Aufteilung der Kosten in Einzel- und Gemeinkosten. Der Gemeinkostenblock wird jedoch bereits an dieser Stelle weiter differenziert: Die Gemeinkosten des direkten Bereichs (fertigungsdurchführende bzw. fertigungsnahe Stellen) werden wie gehabt über die Einzelkostenzu-schläge verrechnet. Die verbleibenden Gemeinkosten werden dann nach ihrer Prozessbezogenheit aufgeteilt. Diejeni-gen Gemeinkosten, die sich auf repetitive Tätigkeiten zurückführen lassen, bilden den Kernpunkt der Prozesskosten-rechnung. Die übrig bleibenden Gemeinkosten (aus den nicht repetitiven Tätigkeiten) werden - notwendigerweise - tra-ditionell über Verrechnungssätze verrechnet.

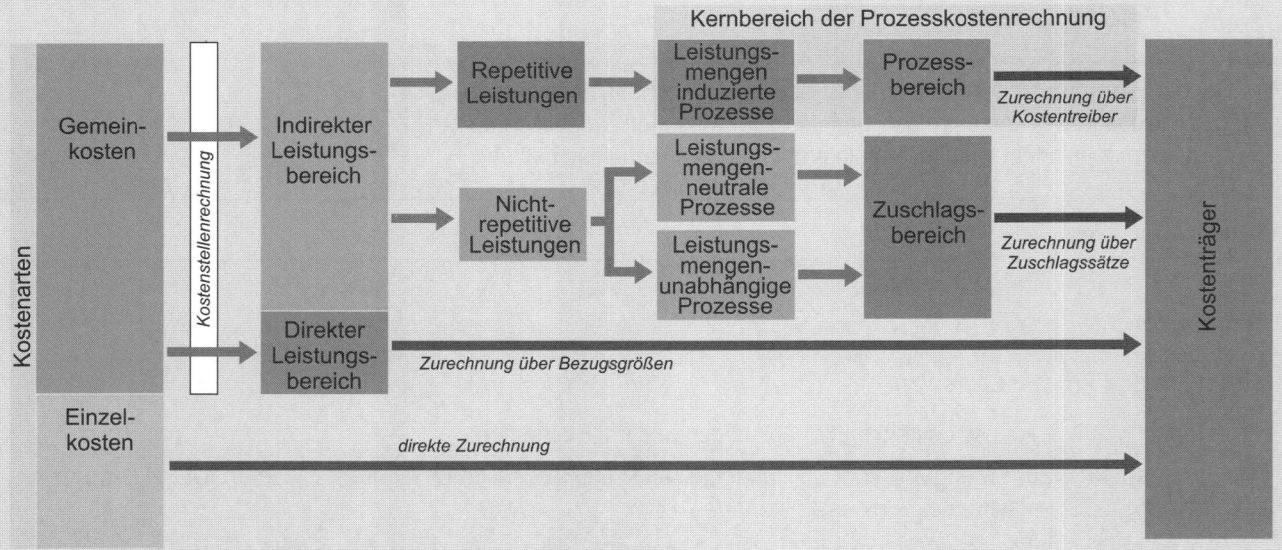

Auf die geschilderte Art und Weise führt die Prozesskostenrechnung zu einer Verfeinerung der Ergebnisse in der Kos-tenträgerstück- und der Kostenträgerzeitrechnung. Die Prozesskostenrechnung ist demnach als Vollkostenrechnung konzipiert.

Information

Grundbegriffe der Prozesskostenrechnung

- Hauptprozess: Zusammenfassung sachlogisch zusammengehörender *Teilprozesse*, die auf ein abschließendes Arbeitsergebnis ausgerichtet sind und für die (mindestens) ein *Kostentreiber* existiert.

- Kostentreiber: Maßgröße für die durch einen *Hauptprozess* verursachten Kosten.

- Imi-Prozesse: (Leistungsmengeninduzierte Prozesse) Prozesse, bei denen eine Abhängigkeit zwischen den Prozesskosten und der Anzahl der durchgeführten Prozesse besteht. Imi-Prozesse verhalten sich mengenvariabel in Bezug auf das zu erbringende Arbeitsvolumen.

- Imn-Prozesse: (Leistungsmengenneutrale Prozesse) Prozesse, bei denen die Höhe der Prozesskosten unabhängig von der Anzahl der Prozessdurchführungen ist. Da diese Kosten Bereitschaftskosten sind, verändern sie sich nicht bei Variation des Prozessvolumens.

- Prozess: Leistung, die abhängig von der Prozesshierarchie eine *Tätigkeit*, ein *Teilprozess* oder ein *Hauptprozess* sein kann.

- Prozess-durchführungen: Mengenmäßige Anzahl an getätigten *Prozesse*.

- Prozessgröße: Maßgröße für die durch einen *Prozess* verursachten Kosten, die die Abhängigkeit der Gemeinkosten bestimmt.

- Prozesskosten: Kosten, die einem *Prozess* innerhalb einer bestimmten Periode zugerechnet werden können.

- Prozesskostensatz: Prozesskosten je Mengeneinheit des *Kostentreibers*.

- Prozessmenge: Mengenmäßige Anzahl der *Prozessdurchführungen*.

- Prozess-unabhängige Leistungen: Leistungen, die sich nicht einem bestimmten *Prozess* zuordnen lassen, da sie einen freien Arbeitsinhalt haben.

- Tätigkeit: Kleinste abzugrenzende Leistung einer Kostenstelle, die auf ein bestimmtes Arbeitsergebnis ausgerichtet ist.

- Teilprozess: Zusammenfassung von sachlich aufeinander bezogenen Tätigkeiten in einer Kostenstelle, die zu einem Arbeitsergebnis führt und für die eine gemeinsame *Prozessgröße* gefunden werden kann.

Lektion 3: Kostentreiber und Prozesskostensätze

Ausgangsproblem

Im vorherigen Kapitel haben Sie gelernt, welche Bedeutung der Prozesskostenrechnung als Hilfsmittel zur Verfeinerung traditioneller Vollkostenrechnungssysteme zukommt. Ausgangspunkt für den Aufbau einer Prozesskostenrechnung ist die Tätigkeitsanalyse. Über die Tätigkeitsanalyse soll das Arbeitsvolumen einer Kostenstelle art- und mengenmäßig nach Vorgängen erfasst werden. Hierdurch kann aus der Beanspruchung der Kostenstellenmitarbeiter auf die Kostenhöhe geschlossen werden. Umgekehrt können die verursachten Kosten über den Zeiteinsatz der Mitarbeiter einzelnen Vorgängen zugeordnet werden.

Aufgaben

1. Grundlage für den Aufbau einer Prozesskostenrechnung ist die so genannte Tätigkeitsanalyse. Was ist hierunter zu verstehen? Beschreiben Sie die Vorgehensweise bei der Tätigkeitsanalyse und die damit bezweckten Ziele.

2. Nachfolgend erhalten Sie einen (vereinfachten) Überblick über die Teilprozesse in der Kostenstelle Einkauf.

   2.1 Legen Sie zunächst die Teilprozesskosten der Imn-Teilprozesse auf die Imi-Teilprozesse um. Als Aufteilungsmaßstab der jährlichen Kostenstellenkosten in Höhe von 460,00 EUR soll die Personalkapazität in den Teilprozessen dienen.

   2.2 Ermitteln Sie sodann auf der Grundlage der vorliegenden Daten die Prozesskostensätze.

	Teilprozesskostenübersicht und Prozesskostensätze der Kostenstelle Einkauf								
lfd. Nr.	**Teilprozess**	**Prozessgröße**	**Prozess- menge** (Anzahl pro Jahr)	**MA- Einsatz (MJ)*)**	**Prozesskosten** (T€ pro Jahr)			**Prozesskosten- satz** (€/VE)	
					Imi	**Imn- Umlage**	**ge- samt**	**Imi**	**ge- samt**
01	Anfragen erstellen	Materialanf.	2.400	1,2	122,12				
02	Angebote bearbeiten	Anz. Lieferanten	5.800	2,1	124,48				
03	Bestellungen durchf.	Einzelbestellungen	1.300	1,4	98,96				
04	Reklamationen bearb.	Anzahl Reklam.	220	0,2	33,57				
05	Lieferantenbetreuung	Anz. Lieferanten	380	1,1	41,12				
06	Abteilung leiten	---	---	0,4	---	---	---	---	---
			Summe	6,4				---	---

*) MA-Einsatz = Mitarbeitereinsatz, gemessen in MJ, MJ = Mitarbeiterjahre, Maßgröße für den Einsatz an Mitarbeitern bezogen auf ein Arbeitsjahr. MJ 1,2 bedeutet daher: für diese Tätigkeit wurden durchschnittlich 1,2 Mitarbeiter pro Jahr benötigt.

**) VE = Verrechnungseinheit der Prozessmenge (z. B. Anzahl Bestellungen, Anzahl Lieferanten)

Information

Die Erfassung von betrieblichen Tätigkeiten

Um eine Prozesskostenrechnung in einem Unternehmen einzuführen muss zunächst eine Tätigkeitsanalyse stattfinden. Ziel dieser Analyse ist es, sämtliche Tätigkeiten, die in einem Unternehmen ablaufen, festzustellen und ihren Stellenwert in Hauptprozessen festzulegen. Eine Tätigkeitsanalyse kann auf verschiedenen Wegen stattfinden:

o **Sekundärforschung: Rückgriff auf vorhandene Daten**
  Bei mittelständischen und großen Unternehmen existieren in der Regel Informationen über den organisatorischen Aufbau (Stellenbeschreibungen, Organigramme etc.). Diese können ohne großen Aufwand für die Tätigkeitsanalyse genutzt werden.

o **Primärforschung: Die notwendigen Daten werden eigens für die Tätigkeitsanalyse erfasst**
  Liegen keine oder nicht ausreichende Daten über die Unternehmensorganisation vor, so müssen diese speziell zum Zweck der Tätigkeitsanalyse ermittelt werden. Hierzu bieten sich die direkte und die indirekte Erfassung an. Im ersten Fall werden die Informationen durch Personen erfasst, die nicht direkt an der Leistungserstellung beteiligt sind (betriebseigene oder externe Mitarbeiter, z. B. einer Unternehmensberatung). Diese erfassen die Daten durch Beobachtung oder durch Interview der betroffenen Mitarbeiter. Bei dieser Vorgehensweise kann der Eindruck bei den Mitarbeitern bestehen, überwacht zu werden. Negative Einflüsse auf den Betriebsfrieden sollten daher möglichst ausgeschlossen werden. Im Fall der indirekten Datenerfassung sind die Mitarbeiter selbst für die Dokumentation verantwortlich. Sie sollen Art und Menge ihrer Tätigkeiten selbst festhalten (Selbstaufschreibungsbögen). In diesem Fall ist auf einen hohen Grad der Objektivität der Aufschreibung zu achten, da Mitarbeiter tendenziell zu einer subjektiven Überlastung neigen.

Das Ergebnis der Tätigkeitsanalyse ist ein Tätigkeitsverzeichnis bzw. -katalog. Beispielhaft für die Kostenstelle Einkauf könnte dies folgendermaßen aussehen:

Tätigkeitskatalog der Kostenstelle Einkauf

lfd. Nr.	Tätigkeit	Maßgröße	Mengen pro Jahr	Benötigte Zeit pro Jahr in %	Benötigte Zeit pro Jahr in AT*)
01	Bezugsquellen ermitteln	Anzahl Bez.quellen	10.000	9,8	46,70
02	Anfragen erstellen	Anzahl Anfragen	10.000	7,4	63,05
03	Anfragen fertig stellen/ausdrucken	Anzahl Anfragen	10.000	5,5	46,86
04	Anfragen versenden	Anzahl Anfragen	10.000	5,2	44,30
05	Erfassen/ablegen erhaltene Angebote	Anzahl Angebote	10.000	6,1	51,97
06	Auswertung Angebote/Auswahl günst. Anbieter	Anzahl Angebote	10.000	3,9	33,23
07	Bestellung schreiben	Anzahl Bestellungen	10.000	8,7	74,12
08	Bestellung fertig stellen/ausdrucken	Anzahl Bestellungen	10.000	2,2	18,74
09	Bestellungen versenden	Anzahl Bestellungen	10.000	4,9	41,75
...	...	...	...	...	...
41	Messebesuche	...	...	0,8	6,82
42	Allgemeine Korrespondenz	...	...	1,4	11,93
43	Leitung der Abteilung (Führung, Kontrolle etc.)	...	...	12,2	103,94
	Summen			**100**	**852**

*) AT = Arbeitstage

Die Anzahl der je Kostenstelle zu erledigenden Tätigkeiten hängt von der Komplexität der Tätigkeiten, der Prozesstiefe, dem Umfang des untersuchten Gemeinkostenbereichs und dem Grad der gewünschten Genauigkeit der Ergebnisse ab. Generell gilt: Je mehr Teilprozesse einer Stelle zugeordnet werden, desto genauer werden die erzielbaren Ergebnisse, desto höher sind jedoch die aufzuwendenden Kosten für die Datenerhebung. Hier ist also ein Mittelmaß anzustreben.

Es ist bereits bekannt, dass man zwischen leistungsmengeninduzierten (lmi) und leistungsmengenneutralen (lmn) Teilprozessen unterscheiden kann. Lmi-Teilprozesskosten sind in diesem Sinne Kosten, deren Höhe von der Menge des Ressourceneinsatzes abhängen. Da im Zentrum der Betrachtung die indirekten Bereiche stehen, fallen hierunter in erster Linie

○ die Personalkosten für Sachbearbeitung,

○ die Sachkosten für Verbrauchsmittel und für die Nutzung von Kommunikationsmitteln.

Die Zusammenfassung von Tätigkeiten zu Teilprozessen wird am Beispiel der Kostenstelle Einkauf verdeutlicht:

Teilprozesse der Kostenstelle Einkauf

lfd. Nr.	Tätigkeit	Teilprozess
01	Bezugsquellen ermitteln	
02	Anfragen erstellen	01 Anfragen erstellen
03	Anfragen fertig stellen/ausdrucken	
04	Anfragen versenden	
05	Erfassen/ablegen erhaltene Angebote	02 Angebote bearbeiten
06	Auswertung Angebote/Auswahl günstigsten Anbieter	
07	Bestellung schreiben	
08	Bestellung fertig stellen/ausdrucken	03 Bestellungen durchführen
09	Bestellungen versenden	
…	…	…
…	…	08 Reklamationen bearbeiten
…	…	09 Lieferantenbetreuung
43	Leitung der Abteilung (Führung, Kontrolle etc.)	10 Abteilung leiten

Information

Bestimmung von Prozessgrößen und Prozessmengen

Für die Imi-Teilprozesse müssen nun Prozessgrößen gefunden werden, um diese Teilprozesse mengenmäßig zu fixieren und ihre Durchführung messen zu können. Da die Prozessgrößen als Maßgröße für die Kostenentstehung angesehen werden, nennt man sie auch kostentreibende Faktoren. Für die Imn-Teilprozesse lassen sich keine Prozessgrößen definieren, da die hier entstehenden per Definition nicht vom Leistungsvolumen abhängen.

An die Prozessgrößen werden folgende Anforderungen gestellt:

○ Zwischen den Prozessgrößen und der Ressourcenbeanspruchung muss ein proportionales Verhältnis bestehen.

○ Die Prozessgrößen müssen eindeutig definiert und in der Praxis leicht messbar sein.

Steht die Prozessgröße, so muss nun die dazugehörige Prozessmenge definiert werden. Die Prozessmengen stellt die Anzahl der durchgeführten Tätigkeiten im Imi-Teilprozess dar.

Am Beispiel der Kostenstelle Einkauf wird der Zusammenhang zwischen Prozessgröße und Prozessmenge verdeutlicht:

Teilprozesse, Prozessgrößen und Prozessmengen der Kostenstelle Einkauf

lfd. Nr.	Teilprozess	Prozessgröße	Prozessmenge (Anzahl pro Jahr)	Prozessart
01	Anfragen erstellen	Materialanforderungen	2.400	Imi
02	Angebote bearbeiten	Anzahl der Lieferanten	5.800	Imi
03	Bestellungen durchführen	Einzelbestellungen	1.300	Imi
...	...	...	...	Imi
08	Reklamationen bearbeiten	Anzahl Reklamationen	220	Imi
09	Lieferantenbetreuung	Anzahl Lieferanten	380	Imi
10	Abteilung leiten	---	---	Imn

Information

Bestimmung von Teilprozesskosten und Teilprozesskostensätzen

Jedem Teilprozess müssen nun diejenigen Kosten zugeordnet werden, die durch die dort stattfindenden Tätigkeiten verursacht werden. Bei Imi-Teilprozessen findet die Kostenzurechnung über die festgelegten Prozessmengen (quantitative Leistungsfähigkeit) statt. Bei den Imn-Teilprozessen findet lediglich eine Bewertung der vorhandenen qualitativen Leistungsfähigkeit statt.

Da die Imn-Teilprozesse nicht quantifizierbar sind, die die Imi-Teilprozsse jedoch leiten oder organisieren, werden die dort anfallenden Kosten auf die Lmi-Teilprozesse proportional umgelegt.

Auf diese Weise werden je Imi-Teilprozess die entsprechenden Teilprozesskosten bestimmt.

In einem letzten Schritt müssen nun diese Teilprozesskosten durch die Prozessmengen dividiert. Es gilt:

$$\text{Teilprozesskostensatz} = \frac{\text{Imi} - \text{Teilprozesskosten}}{\text{Prozessmenge}}$$

Die auf diese Weise errechneten Teilprozesskostensätze stellen die (geplanten) Kosten pro einmaliger Durchführung eines Imi-Teilprozesses dar.

Der Teilprozesskostensatz (TPKS) kann nun genutzt werden

○ für die Wirtschaftlichkeitsanalyse der Kostenstelle (Kontrolle und Beeinflussung der Gemeinkostenhöhe),

○ als Gemeinkostenverrechnungssatz im Rahmen der Kostenträgerrechnung.

Information

Bildung von Hauptprozessen

Bisher wurden in den Kostenstellen über die festgestellten lmi-Teilprozesse Prozesskostensätz gebildet. Im nächsten Schritt können die einzelnen lmi-Teilprozesse zu Hauptprozessen gebündelt werden. Hierdurch werden die wesentlichen Kosten treibenden Faktoren bestimmten Hauptprozessen zugeordnet. Dabei kann es möglich sein, dass

- die Teilprozesse unterschiedlicher Kostenstellen zu einem Hauptprozess zusammengeführt werden.
- mehrere Teilprozesse einer Kostenstelle zu einem Hauptprozess zusammengeführt werden.
- ein Teilprozess einer Kostenstelle in mehrere Hauptprozesse eingeht.

Die dabei unterstellten Hauptprozesse müssen sich jedoch auf einzelne Funktionsbereiche des Unternehmens beschränken, da sich ansonsten keine operational bestimmbaren Kostentreiber bestimmen lassen. Die Hauptprozesse stellen somit immer einen Teilausschnitt einer Wertschöpfungskette dar (z. B. Auftragsabwicklung, Materialbeschaffung).

Nun müssen, wie bei den Teilprozessen, Kostentreiber als Maßgrößen für die Gemeinkostenentstehung in den Hauptprozessen definiert werden.

Information

Zusammenhang zwischen Kostentreibern und Gemeinkosten

Bei den leistungsmengeninduzierten Teilprozessen werden die quantifizierbaren Kostenauslöser als Kostentreiber (cost driver) bezeichnet. Da zwischen Kostentreibern und den lmi Teilprozessen ein proportionales Verhältnis besteht, stellen die Kostentreiber das Mengengerüst für die Kalkulation dar (ähnlich wie bei der Teilkostenrechnung, bei der zwischen der Produktions-/Ausbringungsmenge und den variablen Kosten ein proportionales Verhältnis besteht).

An dieser Stelle sei noch einmal darauf hingewiesen, dass es Ziel der Prozesskostenrechnung ist, auch die Gemeinkosten verursachungsgerecht einem Endprodukt zuzurechnen und dass sich dabei zunächst das Problem ergab, dass die meisten Gemeinkosten Fixkosten sind. Durch die Proportionalisierung der Fixkosten erhielt man bei der Vollkostenrechnung jedoch immer dann falsche Kalkulationsergebnisse, wenn die Plan- und die Istbeschäftigung voneinander abwich. Dieses Problem versucht die Prozesskostenrechnung dadurch zu lösen, dass man versucht, die Gemeinkosten nicht auf die Beschäftigungsmenge sondern auf Kostentreiber zu beziehen. Ausschlaggebend für die Kostenhöhe ist somit nicht mehr (allein) die Beschäftigungsmenge, sondern die Anzahl der Kostentreiber.

Kostenrechnungssysteme		
„Traditionelle" Kostenrechnungssysteme		Prozesskostenrechnung
Vollkostenrechnung	Teilkostenrechnung	
Ansatzpunkt: Verrechnung aller (variabler und fixer) Kosten auf den Kostenträger.	Ansatzpunkt: Nur noch die variablen Kosten (Einzelkosten) werden dem Kostenträger zugerechnet.	Ansatzpunkt: Die anfallenden Kosten werden Prozessen zugeordnet, die wiederum Kostenträgern zugeordnet werden.
Problem: Durch die Fixkostendegression entstehen Kostenabweichungen, die insbesondere bei zunehmenden Gemeinkosten (zum Großteil Fixkosten) immer eklatanter werden.	Problem: Die Fixkosten werden als Fixkostenblock aus der Kalkulation fern gehalten. Insbesondere bei zunehmenden Gemeinkosten (zum Großteil Fixkosten) sind die Kalkulationsergebnis kaum brauchbar. Ansatzweise verbessern sich die Ergebnisse durch die mehrstufige DB-Rechnung bzw. die Maschinenstundensatzrechnung.	Problem: Lediglich die lmi-Teilprozesse weisen ein proportionales Verhältnis zu den Kostentreibern auf. Ziel ist es somit, möglichst sinnvolle Kostentreiber (im Sinne von Kosteneinflussgrößen) ausfindig zu machen.

Ansatzpunkte der Kostentreiberbestimmung

Zur Ausgestaltung einer betrieblich praktikablen Prozesskostenrechnung sind somit zunächst adäquate Kostentreiber festzulegen. Diese müssen folgende Eigenschaften aufweisen:

- **Proportionalität**
  Zwischen dem Kostentreiber und der Höhe der anfallenden Kosten muss ein proportionales Verhältnis bestehen. Als Kostentreiber dienen hierbei Kosten verursachende, eindeutig quantifizierbare Sachverhalte.

- **Kostenträgerbezogenheit der Prozesse**
  Zwischen den Prozessen und den zu kalkulierenden Objekten (Kostenträgern) muss eine plausible Beziehung bestehen, sodass mittel- bzw. langfristig eine proportionale Beziehung zwischen Prozess-Gemeinkosten und Kostentreibern besteht.

- **Beeinflussbarkeit der Kostentreiber durch die Mitarbeiter**
  Sinnvoll ist auch, wenn Kostentreiber durch die Mitarbeiter beeinflusst werden können. In diesem Fall kann eine Optimierung der Kostenverursachung durch die Mitarbeiter angereizt werden.

- **Anzahl der Kostentreiber**
  Je mehr Kostentreiber festgelegt werden können, desto genauer sind die erzielbaren Ergebnisse der Prozesskostenrechnung.

- **Wirtschaftlichkeit der Kostentreiberbestimmung**
  Der Erfassungsaufwand der Kostentreiber muss in einer sinnvollen Relation zum Nutzen für die Prozesskostenrechnung stehen. Je mehr Kostentreiber erfasst werden müssen, desto höher fallen die dafür aufzuwendenden Kosten an und desto unwirtschaftlicher wird die sich daran anschließende Prozesskostenrechnung.

- **Anzahl der Kostentreiber**
  Je mehr Kostentreiber festgelegt werden können, desto genauer sind die erzielbaren Ergebnisse der Prozesskostenrechnung.

Auch an dieser Stelle gilt: So viel wie nötig, nicht so viel wie möglich! Übersetzt auf die Bestimmung der Anzahl der Kostentreiber bedeutet dies, dass gerade so viel Kostentreiber bestimmt werden sollten, wie dies sinnvoll und vor dem Hintergrund der Wirtschaftlichkeit vertretbar ist.

Bestimmung von Prozesskostensätzen und Kalkulation

Bei der Bestimmung von Kostentreibern wurde festgelegt, dass zwischen der Leistungsmenge des Kostentreibers (Prozessmenge) und den Prozesskosten ein proportionales Verhältnis bestehen muss. Es gilt somit:

$$\text{Prozesskostensatz} = \frac{\text{Prozesskosten}}{\text{Prozessmenge}}$$

Zum Zwecke der Kalkulation werden sodann die aufgewandten Leistungsmengen der Kostentreiber erfasst und entsprechend verrechnet:

Prozessbezogene Gemeinkosten = Prozessmenge (Leistungsmenge der Kostentreiber) • Prozesskostensatz

Es sei noch einmal betont, dass diese Vorgehensweise sich lediglich für die prozessbezogenen Gemeinkosten, also bei Vorliegen von Imi-Prozessen eignet. Die Kosten für die leistungsmengenneutralen und die prozessunabhängigen Kosten werden weiterhin mit den „traditionellen" Zuschlagssätzen verrechnet.

Lektion 4: Produktkalkulation

Ausgangsproblem

In den vorherigen Kapiteln haben Sie die Vorgehensweise bei der Ermittlung von Prozesskosten und Prozesskostensätzen kennen gelernt. Sie wissen, dass die Prozesskostenrechnung dem Wesen nach eine Vollkostenrechnung ist und kein eigenständiges Kostenrechnungssystem darstellt. Sie dient vielmehr dazu, traditionelle Kostenrechnungssysteme bei gemeinkostenstarken Unternehmen zu ergänzen und die Ergebnisse des Gemeinkostenmanagements und der Kostenträgerrechnung zu verfeinern.

Am Beispiel einer Auftragskalkulation wird nun die konkrete Vorgehensweise dargestellt. Beispielhaft soll hierzu der Hauptprozess „Abwicklung eines Kundenauftrags" herangezogen werden, der nachfolgend verkürzt und schematisch abgebildet ist.

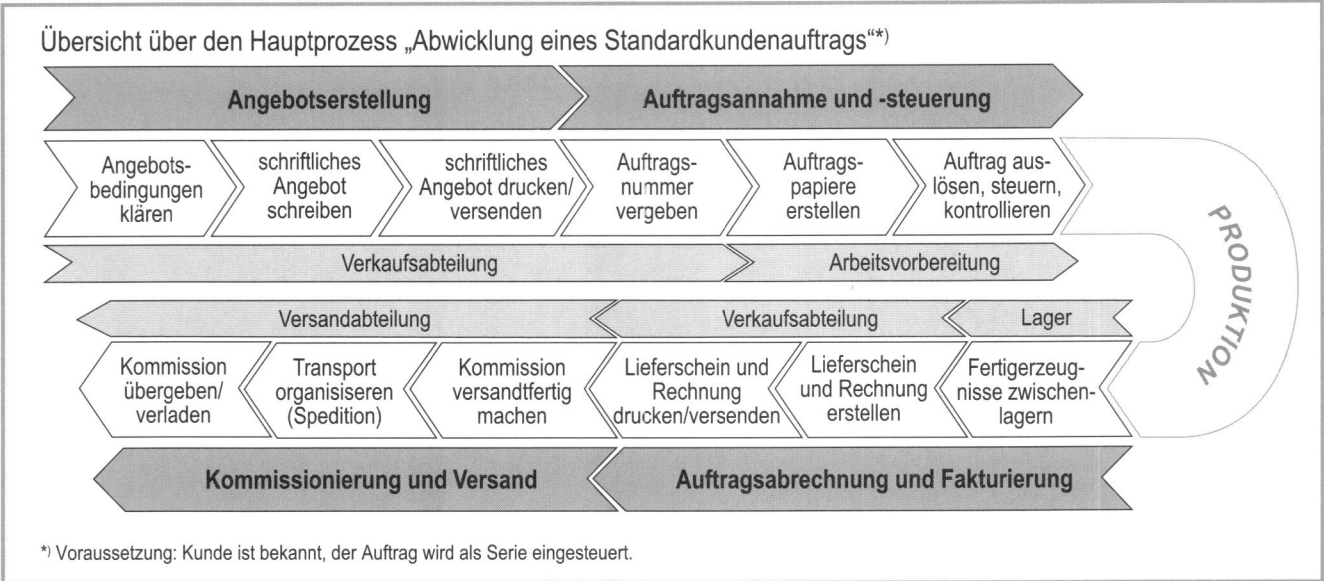

Übersicht über den Hauptprozess „Abwicklung eines Standardkundenauftrags"*)

*) Voraussetzung: Kunde ist bekannt, der Auftrag wird als Serie eingesteuert.

Für die Teilprozesse liegen folgende Informationen aus der Kostenrechnung vor:

Kostenstelle „Verkaufsabteilung"						
Teilprozess	**Teil-prozess-kosten**	**Kostentreiber je Kundenauftrag**	**Teil-prozess-menge**	**Teilpro-zess-kostensatz**	**Umlage-satz**	**Prozess-kosten-satz (gesamt)**
Angebotsbedingungen klären	60.000,00 €	Anzahl Angebote	400			
Angebot schreiben	20.000,00 €	Anzahl Angebote	400			
Angebot ausdrucken/versenden	36.000,00 €	Anzahl Angebote	400			
Auftragsnummer vergeben	4.000,00 €	Anzahl Angebote	400			
Lieferschein/Rechnung erstellen	25.000,00 €	Anzahl Liefersch./Rechn.	100			
Lieferschein/Rechnung versenden	15.000,00 €	Anzahl Aufträge	100			
Verkaufsabteilung leiten	32.000,00 €	---	---	---	---	---
Summe						

Kostenstelle „Arbeitsvorbereitung"						
Teilprozess	Teil-prozess-kosten	Kostentreiber je Kundenauftrag	Teil-prozess-menge	Teilpro-zess-kostensatz	Umlage-satz	Prozess-kosten-satz (gesamt)
Auftragspapiere erstellen	140.000,00 €	Anzahl Aufträge	700			
Auftrag auslösen, steuern, kontr.	180.000,00 €	Anzahl Aufträge	450			
Arbeitsvorbereitung leiten	16.000,00 €	---	---	---	---	---
Summe						

Kostenstelle „Lager"						
Teilprozess	Teil-prozess-kosten	Kostentreiber je 1.000 FE*⁾	Teil-prozess-menge	Teilpro-zess-kostensatz	Umlage-satz	Prozess-kosten-satz (gesamt)
Fertigerzeugnisse zwischenlagern	36.000,00 €	Anzahl Fertigerzeugnisse	1.200			
Lager leiten	6.000,00 €	---	---	---	---	---
Summe						

*⁾ FE = Fertigerzeugnis/Kostenträger

Kostenstelle „Versandabteilung"						
Teilprozess	Teil-prozess-kosten	Kostentreiber je 1.000 FE*⁾	Teil-prozess-menge	Teilpro-zess-kostensatz	Umlage-satz	Prozess-kosten-satz (gesamt)
Kommission versandfertig machen	98.000,00 €	Anzahl Fertigerzeugnisse	700			
Transport organisieren	37.000,00 €	Anzahl Fertigerzeugnisse	250			
Kommission übergeben/verladen	45.000,00 €	Anzahl Fertigerzeugnisse	500			
Versandabteilung leiten	7.200,00 €	---	---	---	---	---
Summe						

*⁾ FE = Fertigerzeugnis/Kostenträger

Aufgaben

1. Ermitteln Sie für die einzelnen Kostenstellen die Prozesskostensätze. Zur Verteilung der lmn-Teilprozesskosten verwenden Sie bitte die Teilprozesskosten der lmi-Teilprozesse.

2. Übertragen Sie die in der ersten Aufgabe ermittelten Teilprozesskostensätze in folgendes Schema:

Hauptprozesskosten „Abwicklung eines Standardkundenauftrags"			
Teilprozess	**Prozesskostensatz je Kundenauftrag**	**Prozesskostensatz je 1.000 FE**	**Kostenbereich**
Angebotsbedingungen klären			**Materialbereich (Material-prozesskosten)**
Angebot schreiben			
Angebot ausdrucken/versenden			
Auftragsnummer vergeben			
Auftragspapiere erstellen			
Auftrag auslösen, steuern, kontrollieren			**Fertigungsbereich (Fertigungs-prozesskosten)**
Fertigerzeugnisse zwischenlagern			
Lieferschein/Rechnung erstellen			**Verwaltungsbereich (Verwaltungs-prozesskosten)**
Lieferschein/Rechnung versenden			
Kommission versandfertig machen			**Vertriebsbereich (Vertriebs-prozesskosten)**
Transport organisieren			
Kommission übergeben/verladen			
Hauptprozesskostensatz			

3. Für einen Auftrag liegen zunächst (vor Einführung der Prozesskostenrechnung) folgende Daten vor:

Einzelkosten (je Stück)	
Materialeinzelkosten	10,00 €
Fertigungseinzelkosten	20,00 €

Sondereinzelkosten (je Stück)	
SEK der Fertigung	36,50 €
SEK des Vertriebs	265,57 €

Gemeinkostensätze	
Material-GK-Zuschlagssatz	14 %
Fertigungs-GK-Zuschlagssatz	60 %
Verwaltungs-GK-Zuschlagssatz	8 %
Vertriebs-GK-Satz	7 %

Kalkulieren Sie die Selbstkosten für einen Auftrag über 100 Stück und über 1.000 Stück.

Zuschlagskalkulation				
	Auftragsgröße 100 St.		Auftragsgröße 1.000 St.	
Kosten	Bereichs-kosten	Gesamt-kosten	Bereichs-kosten	Gesamt-kosten
Materialeinzelkosten				
+ Material-Gemeinkosten (14 %)				
= Materialkosten (MK)				
Fertigungseinzelkosten				
+ Fertigungs-Gemeinkosten (60 %)				
+ Sondereinzelkosten der Fertigung				
= Fertigungskosten (FK)				
Herstellkosten (MK + FK)				
+ Verwaltungs-Gemeinkosten (8 %)				
+ Vertriebs-Gemeinkosten (7 %)				
+ Sondereinzelkosten des Vertr.				
= Selbstkosten				

4. Nun sollen erneut die Selbstkosten für einen Auftrag über 100 Stück und über 1.000 Stück kalkuliert werden. Nun sollen jedoch die Daten der Prozesskostenrechnung beachtet werden. Die Einbeziehung der Prozesskostensätze führ zu folgenden leicht veränderten Daten:

Einzelkosten (je Stück)	
Materialeinzelkosten	10,00 €
Fertigungseinzelkosten	20,00 €

Sondereinzelkosten (je Stück)	
SEK der Fertigung	36,50 €
SEK des Vertriebs	265,57 €

Gemeinkostensätze	
Rest-Material-GK-Zuschlagssatz	8 %
Fertigungs-GK-Zuschlagssatz	45 %
Rest-Fertigungs-GK-Zuschlagssatz	12 %
Rest-Verwaltungs-GK-Zuschlagssatz	7 %
Rest-Vertriebs-GK-Satz	6 %

Berechnen Sie aufgrund dieser Daten die Selbstkosten für die beiden Auftragsgrößen. Vergleichen Sie sodann die Ergebnisse mit denen der vorhergehenden Aufgabe.

	Prozesskostenkalkulation				
	Auftragsgröße 100 St.			**Auftragsgröße 1.000 St.**	
Kosten	**Prozess-kostensatz**	**Bereichs-kosten**	**Gesamt-kosten**	**Bereichs-kosten**	**Gesamt-kosten**
Materialeinzelkosten					
+ Materialprozesskosten					
+ Rest-Material-Gemeinkosten (8 %)					
= Materialkosten (MK)					
Fertigungseinzelkosten					
+ Fertigungs-Gemeinkosten (45 %)					
+ Fertigungsprozesskosten je Auftrag					
+ Fertigungsprozesskosten je Stück					
+ Rest-Fertigungs-Gemeinkosten (12 %)					
+ Sondereinzelkosten der Fertigung					
= Fertigungskosten (FK)					
Herstellkosten (MK + FK)					
+ Verwaltungsprozessgemeinkosten					
+ Rest-Verwaltungs-Gemeinkosten (7 %)					
+ Vertriebsprozesskosten					
+ Rest-Vertriebs-Gemeinkosten (6 %)					
+ Sondereinzelkosten des Vertr.					
= Selbstkosten					

5. Berechnen Sie (aufgrund der vorliegenden Daten) die kalkulierten Kosten pro Stück bei Anwendung der Zuschlags- und der Prozesskostenkalkulation für eine Erzeugniseinheit und bei einer Auftragsgröße von 100, 1.000, 10.000 und 100.000 Stück. Welche Schlüsse ziehen Sie aus diesem Ergebnis über die Verwertbarkeit der Ergebnisse in der Praxis?

Selbstkosten pro Stück abhängig von der Auftragsgröße	100 Stück	1.000 Stück	10.000 Stück	100.000 Stück
Zuschlagskalkulation				
Prozesskostenkalkulation				

Information

Differenzierung der Kostenzurechnung

Ziel der Kostenträgerrechnung ist es, die im Unternehmen angefallenen Kosten so auf die Unternehmensleistung (Kostenträger) umzulegen, dass zwischen der Kostenentstehung und dem Endprodukt ein plausibler Zusammenhang besteht. Nach der Philosophie der Prozesskostenrechnung zieht die Prozessdurchführung Kosten nach sich und die Kostenzuweisung muss daher nach der Maßgabe der von dem betrachteten Kostenträger beanspruchten Prozesse erfolgen. Durch diese Vorgehensweise werden die prozentualen Zuschlagssätze der traditionellen Vollkostenrechnung teilweise abgelöst.

Die Verteilung der Kosten erfolgt folgendermaßen:

○ **(Produkt-)Einzelkosten**
Die Produkteinzelkosten werden durch die Erstellung des Kostenträgers unmittelbar und ausschließlich verursacht. Sie können in der Praxis daher leicht den jeweiligen Kostenträgern zugerechnet werden.

○ **Gemeinkosten der direkten Bereiche**
Kostenstellen, deren Leistung unmittelbar produktabhängig quantifiziert werden kann, werden wie gewohnt über Bezugsgrößen (Einzelkosten Fertigungsmaterial und -löhne) den Kostenträgern zugeschlagen.

○ **Gemeinkosten der indirekten Bereiche**
Die Kosten, die in diesen Bereichen anfallen, haben keine individuelle Beziehung zur Kostenträgerleistung. Da in diesen Bereichen jedoch die Tätigkeiten bestimmten Prozessen zugeordnet und diese wiederum den Kostenträgern zugeordnet werden können, wird über die Prozessabhängigkeit eine Zurechnung zu den betrieblichen Leistungen ermöglicht.

○ **Restgemeinkosten**
Kosten, die durch nicht standardisierte Tätigkeiten verursacht werden und daher prozessunabhängig sind, müssen weiterhin mit prozentualen Zuschlagssätzen den Kostenträgern zugewiesen werden.

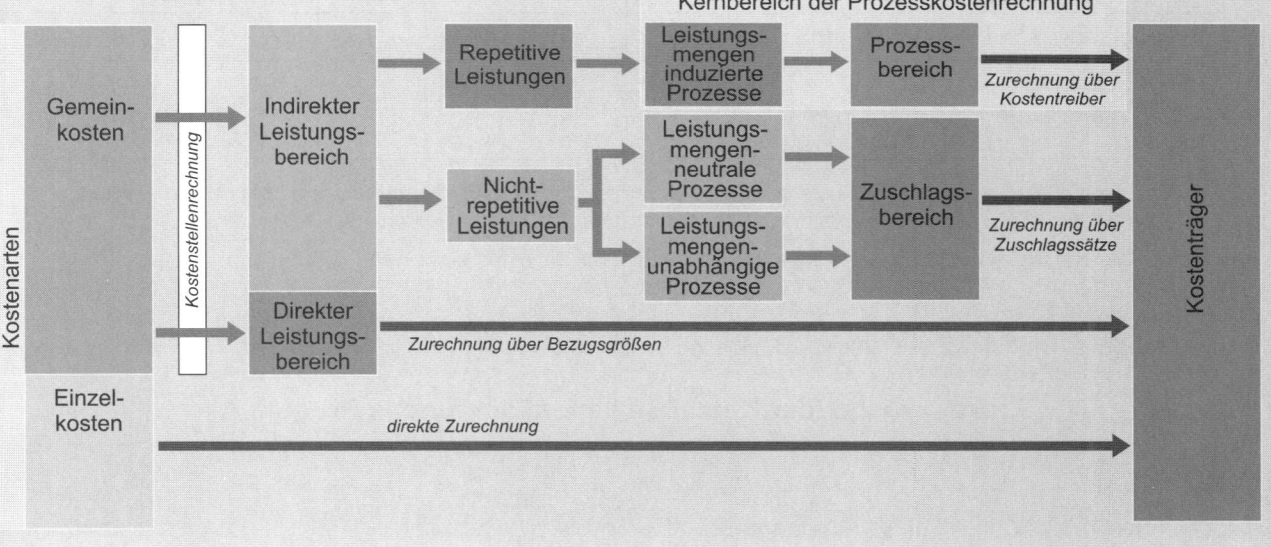

Information

Notwendige Schritte zur Organisation einer Prozesskostenrechnung

Um die Ziele der Prozesskostenrechnung zu erreichen und ein aussagefähiges prozessorientiertes Kostenmanagement in einem Unternehmen zu implementieren, sind folgende Schritte notwendig:

1. **Prozessbestimmung und -analyse**
Die im Unternehmen ablaufenden Prozesse müssen erkannt und analysiert werden. Die aufgedeckten Prozesse müssen in Teil- und Hauptprozesse aufgeteilt werden, wobei sich die Hauptprozesse aus den Teilprozessen zusammensetzen. In der Regel existieren relativ wenige standardisierte Hauptprozesse.

2. **Festlegung der Kostentreiber**
Nachdem die einzelnen Prozesse erfasst wurden, müssen nun diejenigen Einflussgrößen bestimmt werden, die für

die Entstehung der Gemeinkosten im Rahmen des Prozessablaufs verantwortlich sind. Bei der Bestimmung der Kostentreiber ist darauf zu achten, dass zwischen der Bezugsgröße (Kostentreiber) und den zugewiesenen Prozessgemeinkosten (zumindest mittelfristig) ein proportionales Verhältnis besteht.

3. Ermittlung der Prozesskostensätze

Aus dem Verhältnis von Prozesskosten und der zugewiesenen Prozessmenge ergibt sich der Prozesskostensatz. Es gilt:

$$\text{Prozesskostensatz} = \frac{\text{Prozesskosten}}{\text{Prozessmenge}}$$

Die Höhe der auf den Kostenträger verrechneten Kosten hängt somit von der Anzahl der durchzuführenden Tätigkeiten und ihres Zeitbedarfs und nicht mehr vom Einkaufswert ab.

Aus dem vorherigen Kapitel kennen Sie die folgende Übersicht:

Teilprozesskostenübersicht und Prozesskostensätze der Kostenstelle Einkauf

lfd. Nr.	Teilprozess	Prozessgröße	Prozessmenge (Anzahl pro Jahr)	MA-Einsatz (MJ)[*]	Prozesskosten (T€ pro Jahr)			Prozesskostensatz (€/VE[**])	
					lmi	lmn-Umlage	gesamt	lmi	gesamt[3]
01	Anfragen erstellen	Materialanf.	2.400	1,2	122,12	7,95	130,07	50,88	54,20
02	Angebote bearbeiten	Anz. Lieferanten	5.800	2,1	124,48	13,91	138,39	21,46	23,86
03	Bestellungen durchf.	Einzelbestellungen	1.300	1,4	98,96	9,28	108,24	76,12	83,26
04	Reklamationen bearb.	Anzahl Reklam.	220	0,2	33,57	1,33	34,90	152,59	158,64
05	Lieferantenbetreuung	Anz. Lieferanten	380	1,1	41,12	7,28	48,40	108,21	127,37
06	Abteilung leiten	---	---	0,4	---	---	---	---	---
		Summe		6,4	420,25	39,75	460,00	---	---

[*] MA-Einsatz = Mitarbeitereinsatz, gemessen in MJ, MJ = Mitarbeiterjahre, Maßgröße für den Einsatz an Mitarbeitern bezogen auf ein Arbeitsjahr. MJ 1,2 bedeutet daher: für diese Tätigkeit wurden durchschnittlich 1,2 Mitarbeiter pro Jahr benötigt.

[**] VE = Verrechnungseinheit der Prozessmenge (z. B. Anzahl Bestellungen, Anzahl Lieferanten)

Für ein spezielles Produkt können sich somit folgende Daten ergeben:

Prozesskosten der Kostenstelle Einkauf für das Produkt A

lfd. Nr.	Teilprozess	Prozessgröße	Prozesskostensatz (€/VE)		Anzahl notwendige Vorgänge	Prozesskosten	
			lmi	gesamt		lmi	gesamt
01	Anfragen erstellen	Materialanforderungen	50,88	54,20	18	915,84	975,60
02	Angebote bearbeiten	Anz. Lieferanten	21,46	23,86	12	257,52	286,32
03	Bestellungen durchführen	Einzelbestellungen	76,12	83,26	5	380,60	416,30
04	Reklamationen bearbeiten	Anzahl Reklamationen	152,59	158,64	2	305,18	317,28
05	Lieferantenbetreuung	Anz. Lieferanten	108,21	127,37	5	541,05	636,85
					Summe	2.400,19	2.632,35

Information

Differenzierung der Kostenzurechnung

Ziel der Kostenträgerrechnung ist es, die im Unternehmen angefallenen Kosten so auf die Unternehmensleistung (Kostenträger) umzulegen, dass zwischen der Kostenentstehung und dem Endprodukt ein plausibler Zusammenhang besteht. Nach der Philosophie der Prozesskostenrechnung zieht die Prozessdurchführung Kosten nach sich und die Kostenzuweisung muss daher nach der Maßgabe der von dem betrachteten Kostenträger beanspruchten Prozess erfolgen. Durch diese Vorgehensweise werden die prozentualen Zuschlagssätze der traditionellen Vollkostenrechnung teilweise abgelöst.

Die Verteilung der Kosten erfolgt folgendermaßen:

○ **(Produkt-)Einzelkosten**

Die Produkteinzelkosten werden durch die Erstellung des Kostenträgers unmittelbar und ausschließlich verursacht. Sie können in der Praxis daher leicht den jeweiligen Kostenträgern zugerechnet werden.

○ **Gemeinkosten der direkten Bereiche**

Kostenstellen, deren Leistung unmittelbar produktabhängig quantifiziert werden kann, werden wie gewohnt über Bezugsgrößen (Einzelkosten Fertigungsmaterial und -löhne) den Kostenträgern zugeschlagen.

○ **Gemeinkosten der indirekten Bereiche**

Die Kosten, die in diesen Bereichen anfallen, haben keine individuelle Beziehung zur Kostenträgerleistung. Da in diesen Bereichen jedoch die Tätigkeiten bestimmten Prozessen zugeordnet und diese wiederum den Kostenträgern zugeordnet werden können, wird über die Prozessabhängigkeit eine Zurechnung zu den betrieblichen Leistungen ermöglicht.

○ **Restgemeinkosten**

Kosten, die durch nicht standardisierte Tätigkeiten verursacht werden und daher prozessunabhängig sind, müssen weiterhin mit prozentualen Zuschlagssätzen den Kostenträgern zugewiesen werden.

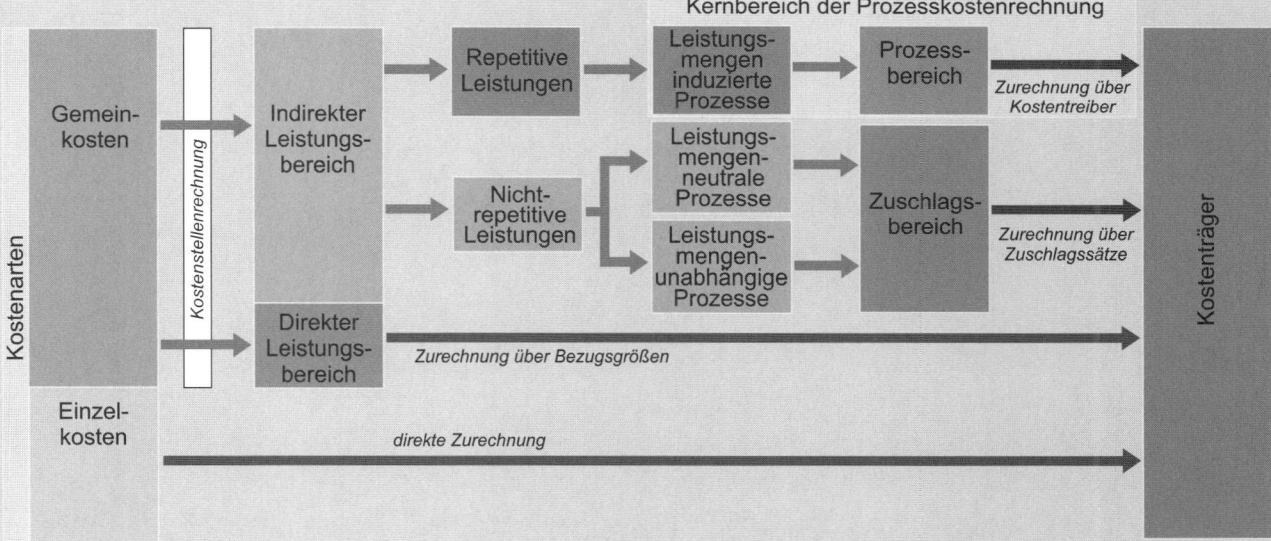

Durch die Anwendung der Prozesskostenzurechnung ergibt sich folgendes Kalkulationsschema:

Materialeinzelkosten	Materialkosten
+ *Materialprozessgemeinkosten*	+ Fertigungskosten
+ Sonstige Materialgemeinkosten	Herstellkosten
Materialkosten	+ *Verwaltungsprozessgemeinkosten*
	+ Sonstige Verwaltungsgemeinkosten
Fertigungseinzelkosten	+ *Vertriebsprozessgemeinkosten*
+ Fertigungsbezugsgrößengemeinkosten	+ Sonstige Vertriebsgemeinkosten
+ *Fertigungsprozessgemeinkosten*	+ Sondereinzelkosten des Vertriebs
+ Sonstige Fertigungsgemeinkosten	Selbstkosten
+ Sondereinzelkosten der Fertigung	
Fertigungskosten	

Stichwortverzeichnis